den Nordalpen

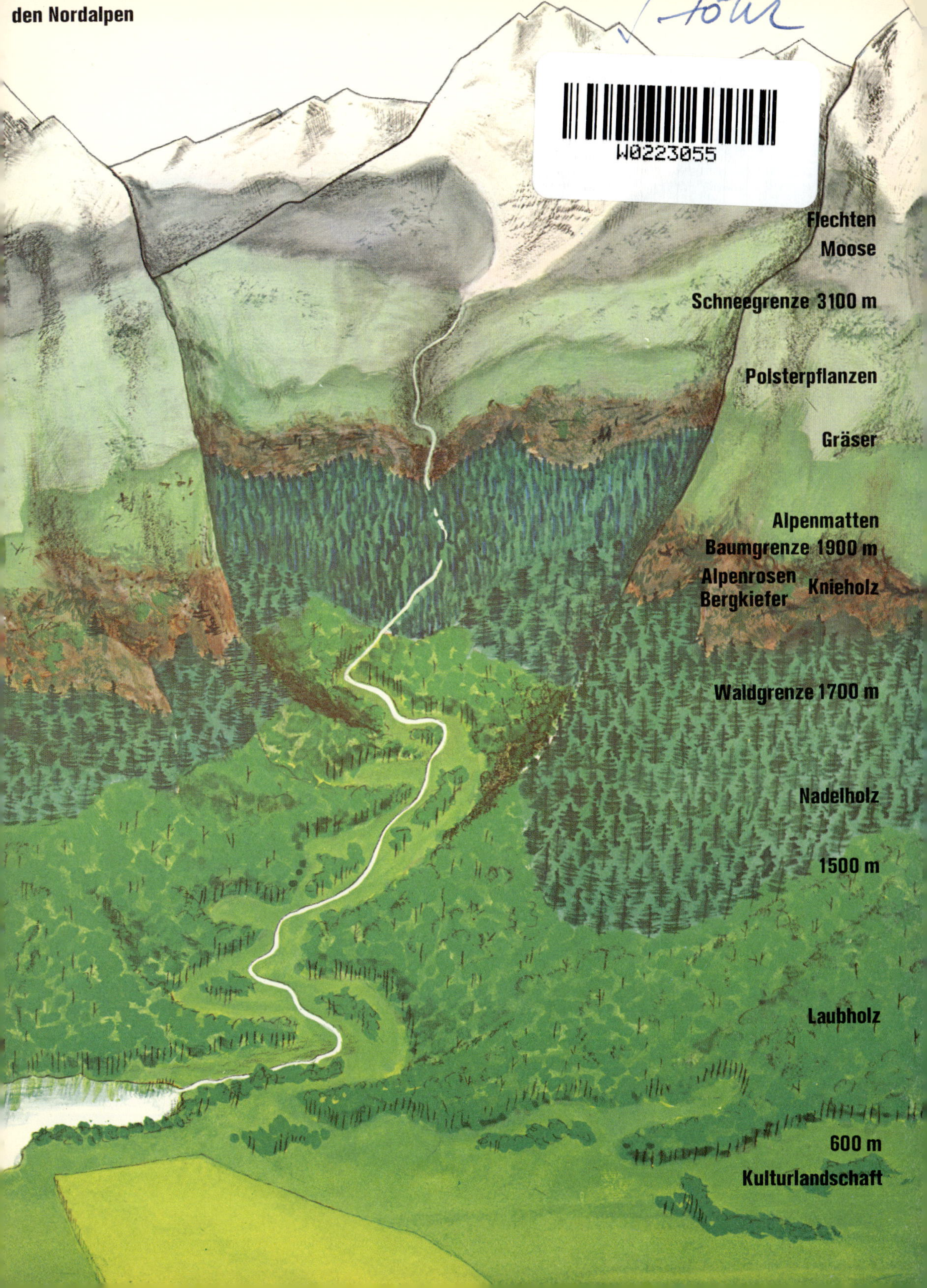

Schmeil

Biologisches Unterrichtswerk

Pflanzenkunde

Bearbeitet von Dr. Hanns Koch

Quelle & Meyer Heidelberg
Moritz Diesterweg Frankfurt/Main

Bildnachweis

Gezeichnete Abbildungen: E. Felsko-Schülke, D. Hoffmann, H. Lang-Landegg, U. Overbeck, E. Rauh, R. Schindler, W. Wyrwas.

Fotos: E. Burrichter, G. Christ, Deere & Company, R. Drews, R. Hartmann, M. Keil, H. Koch, H. Lang-Landegg, O. Melzer, W. Rauh, H. Schönbeck, V-Dia-Verlag, Wolff & Tritschler, Zeiss-Unterkochen.

Weitere Abbildungen aus Schmeil-Seybold, Lehrbuch der Botanik, sowie Verlagsarchiv.

Als Unterrichtsmittel für die Hand des Lehrers erscheinen im V-DIA-Verlag, Heidelberg 1, Postfach 1940, Lichtbildreihen, die inhaltlich und methodisch auf Schmeils Biologisches Unterrichtswerk abgestimmt sind. Zur *Pflanzenkunde* liegen vor:

K 23031	Der Haselstrauch
K 23032	Die Salweide
K 23055	Die Duftende Schlüsselblume
K 23058	Die Weiße Taubnessel
K 23062	Die Sonnenblume

In Vorbereitung ist: Einheimische Laubmoose

Verzeichnisse durch V-DIA-Verlag.

Berichtigungen

S. 52, Abschnitt 3. Blatt, letztes Wort in Spalte 1: Statt „(Kartoffel)" = „(Raps)"
S. 169, Spalte 2, 4. Zeile: Statt „Hydrócharia" = „Hydrócharis"
S. 227, Spalte 1, 18. Zeile: Statt „S. 267 f." = „S. 276 f."
S. 248, Spalte 1, 8. Zeile: Statt „Moss" = „Moos"
S. 256, Spalte 1, 8. Zeile von unten: Statt „Pest" = „Mumps"
S. 291, Spalte 2, 13. Zeile: Statt „(Myristica fragans)" = „(Myristica fragrans)"

Bestell-Nr. 5640

Unveränderte Neuauflage 1971

Layout, Satz und Druck: Universitätsdruckerei H. Stürtz AG., Würzburg
Einbandentwurf: Wolfgang Hanns, Freiburg, Rüdiger Hartmann, Würzburg

ISBN 3-494-05640-4 Quelle & Meyer
ISBN 3-425-05640-9 Diesterweg

Verzeichnis der Unterrichtsfilme

(Die Filme und zusätzlich Dia-Serien können in Stadt- und Kreislichtbildstellen entliehen werden)

F 181	Protoplasmaströmung in pflanzlichen Zellen
F u. FT 321	Im Watt zwischen Ebbe und Flut
F 328	Kartoffelkäfer: Biologie
F 329	Kartoffelkäfer: Ausbreitung und Bekämpfung
F u. FT 330	Seuchenbekämpfung: Diphtherie
F 341	Vermehrung und Veredlung von Obstbäumen
F 333	Die Kokospalme
F u. FT 361	Kakao von der Goldküste
F 378	Leben im Getreidefeld
F 379	Moose
F 382	Orangen und Zitronen aus Sorrent
F 449	Fleischfressende Pflanzen
F 450	Verbreitung von Samen
F 468	Kleintierleben in der Sommerwiese
FT 468	Wiesensommer
F 470	Rankenbewegungen
FT 476	Brandrodung und Reisbau im Urwald (Indonesien)
FT 546	Baumwolle aus Ägypten
FT 552	Tabak aus Virginien
FT 553	Tabakbau in Mazedonien
F 557 u. FT 1593	Kork aus Portugal
FT 569	Die Entwicklung des Maikäfers
F u. FT 581	Auf einer Kaffeepflanzung in Mittelamerika
FT 616	Auf einer Teeplantage in Dardschiling
FT 726	Kaffeepflanzer am Kilimandscharo
FT 764	Weizenrost
FT 788	Kernteilung: Mitose
FT 915	Wasserhaushalt der Pflanzen
FT 979	Reisbau in Thailand
F u. FT 1136	Schwamm
FT 1238	Kaffee
FT 1280	Stickstoffkreislauf
F u. FT 1446	Bestellung der Zuckerrübe
F u. FT 1447	Pflege der Zuckerrübe
FT 1463	Blattläuse

Erklärungen zum Inhalt:

: mikroskopisches Bild

Texte blau schrägstehend: Aufgaben, Beobachtungen, Versuche

Texte blau geradestehend: Zusammenfassungen

Inhaltsverzeichnis

Auch Pflanzen sind Lebewesen 1
Früh blühende Pflanzen 1
Die Gartentulpe 1
Die Duftende Schlüsselblume 5
Der Süßkirschbaum 7
Der Birnbaum 9
Der Apfelbaum 10
Bestäubung und Befruchtung 11
Vom Pflanzen und der Pflege der Obstbäume 12
Heckenrose und Edelrose 14
Balkon- und Zimmerpflanzen 17
Petunien 17
Fuchsien 19
Zimmerpflanzen und ihre Pflege 22
Blütenpflanzen von Feldern und Wegrändern 25
Keimung und Entwicklung einer Pflanze 25
Die Gemüsebohne 25
Die Blätter und ihre Aufgaben 29
Der Raps 30
Entwicklung einer Blütenpflanze, gezeigt am Beispiel des Rapses 31
Der Klatschmohn 32
Die Weiße Taubnessel 35
Die Zaunwinde 36
Die Rundblättrige Glockenblume 38
Die Kartoffel 40
In Gärten und Anlagen 43
Der Gemüsegarten 43
Der Ziergarten 44
Bäume an Straßen und Plätzen 45
Früchte und Samen in herbstlichen Parkanlagen 46
Vom bunten Herbstlaub und dem Laubfall 46
Gemüse und Obst auf dem Markt 49
Unsere Parkanlagen im Sommer und Herbst 49
Naturschutz – Landschaftsschutz 51
Vom Bau und Leben der Pflanze (Übersicht) 52
Gliederung des Pflanzenkörpers 52
Wuchsformen 54
Lebenserscheinungen 54
Von den Lebensbedingungen der Pflanze 54
Pflanzenverwandtschaft 55
Familien und Klassen 55
Das Schneeglöckchen 55
Krokus und andere Frühlingsblüher 56
Gattung und Art 58
Das Buschwindröschen 58
Hahnenfußarten 61
Stufenfolge im Pflanzenreich 63

Samen- oder Blütenpflanzen der Heimat

Bedecktsamer 64
Zweikeimblättler 64
Hahnenfußgewächse 64
Tabelle zum Bestimmen verbreiteter Hahnenfußgewächse 66
Seerosengewächse 68
Die Weiße Seerose 68
Mohngewächse 69
Kreuzblütler 71
Der Kohl, ein Beispiel für Pflanzenzüchtung 71
Das Wiesenschaumkraut 72
Andere Kreuzblütler 73
Insektenfangende Blütenpflanzen 75
Der Rundblättrige Sonnentau 75
Das Fettkraut — Der Wasserschlauch 76
Dickblattgewächse 76
Der Scharfe Mauerpfeffer 76
Steinbrechgewächse 78
Rosenartige Gewächse 80
Kernobstgewächse 80
Steinobstgewächse 81
Rosengewächse 82
Schmetterlingsblütler 83
Die Gartenerbse 83
Blütenbau und Bestäubung bei Schmetterlingsblütlern 85
Die Schmetterlingsblütler als Stickstoffsammler 87
Tabelle zum Bestimmen verbreiteter Schmetterlingsblütler 88
Weiderich-, Myrten-, Nachtkerzen- und Seidelbastgewächse 89
Veilchengewächse 91
Das Wohlriechende Veilchen 91
Hartheugewächse 93

Lindengewächse 93
Die Linde 93
Malvengewächse 95
Storchschnabelgewächse 95
Der Reiherschnabel 95
Bewegungen an Pflanzenorganen 97
Leingewächse 98
Der Flachs oder Lein 98
Roßkastanien- und Ahorngewächse 100
Die Roßkastanie 100
Ahornarten 101
Wolfsmilchgewächse 102
Die Sonnenwolfsmilch 102
Aus einander nahestehenden Familien 103
Pfaffenhütchen – Stechpalme – Faulbaum 103
Weinrebengewächse 104
Der Weinstock 104
Doldengewächse 107
Die Wilde Möhre 107
Efeugewächse 110
Der Efeu 110
Nahe Verwandte: Hartriegelgewächse 111
Wie Pflanzen ranken, winden und klettern 111
Birkengewächse 111
Die Hasel 111
Die Birke 113
Die Schwarzerle 114
Die Weiß- oder Hainbuche 115
Buchengewächse oder Becherfrüchtler 115
Die Eiche 115
Die Buche 117
Die Edelkastanie 119
Walnußgewächse 120
Weidengewächse 120
Die Salweide 120
Pappeln 122
Zwittrige und getrenntgeschlechtliche Pflanzen 123
Ulmen- und Maulbeergewächse 123
Hanfgewächse 124
Der Hopfen — Der Hanf 124
Nesselgewächse 125
Die Große Brennessel 125
Osterluzeigewächse 126
Die Osterluzei 126
Knöterichgewächse 127
Gänsefußgewächse 128
Die Runkelrübe — Die Zuckerrübe 128
Speicherorgane 129
Nelkengewächse 130
Die Steinnelke 130
Heidekrautgewächse 132
Das Heidekraut 132
Schlüsselblumengewächse 135
Ölbaum- oder Fliedergewächse 136
Rauhblättrige oder Boretschgewächse 138
Die Schwarzwurz oder der Beinwell 138
Lippenblütler 140
Der Wiesen-Salbei 140
Tabelle zum Bestimmen wichtiger Lippenblütler 142
Nachtschattengewächse 143
Rachenblütler 145
Das Gemeine Leinkraut oder der Frauenflachs 145
Ähnlichkeit und Verwandtschaft 148
Blütenpflanzen als Schmarotzer 148
Die Mistel 149
Halb- und Ganzschmarotzer 150
Wegerichgewächse 151
Labkrautgewächse 152
Geißblattgewächse 153
Kürbisgewächse 154
Der Kürbis 154
Was alles aus dem Fruchtknoten werden kann 155
Korbblütler 156
Die Sonnenblume 156
Der Gemeine Löwenzahn 158
Strahlenblütige 159
Röhrenblütige 161
Zungenblütige 162
Einkeimblättler 163
Liliengewächse 163
Eigentliche Liliengewächse 163
Herbstzeitlosengewächse 165
Die Herbstzeitlose 165
Spargelgewächse 165
Das Maiglöckchen 165
Binsengewächse 167

Narzissengewächse 168
Schwertlilien- oder Krokusgewächse 168
Die Wasserschwertlilie 168
Schwanenblumen-, Froschlöffel-, Froschbiß- und Laichkrautgewächse 169
Wie werden die Blüten bestäubt 170
Früchte oder Samen und ihre Verbreitung 171
Die Pflanze und ihr Standort 172
Gräser 173
Der Roggen 173
Andere bei uns angebaute Getreidearten 177
Der Anbau der Getreidearten 180
Schäden und Schädlinge 180
Das Getreidefeld als Pflanzenverein 181
Einige Unkräuter im Getreide oder am Feldrain 182
Einheimische Gräser 182
Riedgräser 188
Süßgräser, Sauergräser und Binsen 188
Knabenkrautgewächse oder Orchideen 189
Das Breitblättrige Knabenkraut 189
Ernährungsgemeinschaften zwischen Blütenpflanzen und Pilzen 192
Aronstabgewächse 194
Der Aronstab 194
Rohrkolbengewächse 196
Nacktsamer 197
Kieferngewächse 197
Die Kiefer 197
Die Fichte 201
Andere Kieferngewächse 203
Zypressen- und Eibengewächse 206
Nadelhölzer und die Entstehung der Braunkohle 207
Einteilung der Blütenpflanzen 208
Farnpflanzen 210
Der Wurmfarn 210
Der Ackerschachtelhalm 214
Der Kolben-Bärlapp 215
Die Farnpflanzen und die Entstehung der Steinkohle 216
Moose 217
Das Goldene Frauenhaar oder Haarmoos 217
Algen 223
Die Schraubenalge und verwandte Grünalgen 223
Kieselalgen und verwandte Gelbalgen 225
Braun- und Rotalgen 227
Augengeißelalgen 229
Blaualgen 230
Pilze 231
Der Feld-Champignon 231
Einteilung der Ständerpilze 233
Blätterpilze 233
Röhrenpilze, Porlinge und Faltenpilze 236
Stachelpilze – Keulenpilze 237
Bauchpilze 238
Rost- und Brandpilze, gefährliche Schmarotzer 238
Schlauchpilze 240
Niedere Pilze 244
Ernteverluste an Kulturpflanzen durch Krankheiten, tierische Schädlinge und Unkräuter in Zahlen 245
Flechten 246
Die Wand- oder Schüsselflechte 246
Schleimpilze 249
Bakterien 250
Viren 255
Das System der Pflanzen 256

Lebensgemeinschaften und Pflanzenvereine

Eine Wiese im Jahreslauf 259
Der Wald einst und jetzt 263
Blütezeit, Belaubung und Fruchtreife einiger Laubbäume und Sträucher 267
Bäume und Sträucher im Winter 267
Halden und Schutthaufen 270
Im Hochgebirge 272
Am Meeresstrand 274
Werden und Vergehen in einer Lebensgemeinschaft 276

Nutzpflanzen aus warmen Ländern

Fette und Öle 282
Stärke und Zucker 284
Südfrüchte 285
Genußmittel 288
Gewürze 291
Gespinstfasern 292
Kautschuk 293

Die Pflanzenwelt früherer Zeiten 294
Die Pflanzenreiche der Erde 296
Naturschutz 302

Vom inneren Bau und vom Leben der Pflanzen

Die Zelle 305
Die Zelle als Grundbestandteil des Pflanzenkörpers 305
Die Zellteilung (Mitose) 307
Kennzeichnende Lebensvorgänge und ihre Organe 309
Stoffwechsel 309
Stoffaufnahme 309
Leitung des Wassers und der Nährsalze 312
Verdunstung 313
Stoffaufbau 314
Die Assimilation des Kohlenstoffs 314
Die Erzeugnisse der Photosynthese und ihre Weiterverwendung 316
Stoffabbau 317
Nachweis der Atmung 317
Entwicklung und Wachstum 318
Das Längenwachstum 319
Das Dickenwachstum 319
Bewegung und Reizbarkeit – Fortpflanzung 320

Auch Pflanzen sind Lebewesen

Unser Bild zeigt eine kleine Fuchsie. Aus dem abgebrochenen Zweig einer größeren Topfpflanze ist sie herangezogen worden. Die Bruchstelle wurde glattgeschnitten, der Zweig dann in die Erde eines Blumentopfs gesteckt. Nach etwa 14 Tagen erschien nahe der Schnittfläche die erste Wurzel, die sich bald verzweigte. Kurz darauf streckte sich der Steckling, neue Blätter erschienen, schließlich Blüten. Aus einer der Blüten entstand sogar eine Frucht.

Wachsen, Blühen und Fruchten können wir an allen Blütenpflanzen beobachten. Es sind Lebenserscheinungen. Sie zeigen, daß auch die Pflanzen Lebewesen sind. Weitere Lebenserscheinungen werden wir noch kennenlernen.

An unserer Fuchsie können wir alle wichtigen Teile einer Pflanze unterscheiden:

1. Die Wurzel

Die Hauptwurzel bildet Nebenwurzeln aus. Wurzeln wachsen in der Regel nach unten und tragen niemals Blätter.

2. Der Sproß

Den Stengel oder die Zweige mitsamt den Blättern, Blüten und Früchten nennen wir Sproß. Ein Sproß wächst meist nach oben. Bei der Fuchsie sind die Blätter gestielt. Einige Blüten haben sich noch nicht geöffnet; es sind Blütenknospen.

Gliederung einer Pflanze (Fuchsie)

Früh blühende Pflanzen

Die Gartentulpe

Die Tulpe, eine Zierpflanze. Tulpen in vielen Formen und Farben blühen im Frühjahr in unseren Gärten und Anlagen. Sehr beliebt sind die Darwin- und die Lilientulpen, die ihre Blüten auf festen hohen Stengeln tragen. Gartentulpen werden aus Zwiebeln herangezogen, die schon im Herbst etwa 8 – 12 cm tief in den Boden gelegt werden.

Die Zwiebel, ein Sproß und ein Speicher. Schneiden wir eine noch nicht ausgetriebene Zwiebel der Länge nach durch, so sehen wir in der Mitte einen kurzen Stengel, der sich unten scheibenförmig verbreitert. Am Rande dieser Zwiebelscheibe bilden sich zahlreiche Wurzeln aus, die in die Erde dringen. Der Stengel selbst trägt einige kleine Blätter und eine winzige Blüte. Alle diese Teile sind von anderen Blättern schützend umgeben. Sie entspringen am Grunde der Scheibe und bilden die Hauptmasse der Zwiebel. Das sind die Zwiebelschalen. Die inneren weißen Schalen sind fleischig und saftig, die äußeren braunen dagegen trocken und brüchig. Einen Stengel mitsamt den Blättern und Blüten nennen wir einen Sproß. Die Tulpenzwiebel ist also ein unterirdischer Sproß, der noch nicht voll entfaltet ist. Daher wird sie als *unterirdische Knospe* bezeichnet.

Damit Stengel, Blätter und Blüte zur Erdoberfläche emporwachsen können, brauchen sie Baustoffe. Woher sie diese nehmen, erkennen wir deutlich an Zwiebeln, die wir auf „Hyazinthengläsern“ (S. 24) treiben lassen. Obgleich wir ihnen nichts weiter als reines Wasser geben, wachsen Blätter und Blüten doch kräftig heran. Sie beziehen die Baustoffe aus den fleischigen Zwiebelschalen. Die Zwiebel ist also eine *Vorratskammer*, die es der Tulpe ermöglicht, bei günstigem Wetter in kurzer Zeit zu grünen und zu blühen.

Zwiebel-Längsschnitte

austreibend *zur Blütezeit* *nach der Blüte*

Je mehr den „Nährblättern“ Vorratsstoffe entzogen werden, desto welker und trockener werden sie; die alte Zwiebel stirbt nach und nach ab. Trotzdem erscheinen dort, wo wir einmal eine Zwiebel in die Erde brachten, in den folgenden Jahren wieder Tulpen. Im Blattwinkel der innersten Zwiebelschale ist schon frühzeitig eine Knospe entstanden. Sie wird, wenn die Tulpe ihre grünen Blätter entwickelt hat, rasch größer und drängt die Schalen der alten Zwiebel nach außen. Ist diese *Ersatzzwiebel* endlich vollkommen ausgebildet, dann sind die Schalen der alten Zwiebel zu trockenen Häuten geschrumpft. Sie umgeben jetzt die Ersatzzwiebel. Die Tulpenzwiebel, die wir im Sommer aus dem Boden nehmen, ist also nicht dieselbe, die im Frühjahr Blätter und Blüten getrieben hat, sondern eine Knospe oder ein Nachkomme von ihr.

Auch in den Achseln der anderen Zwiebelschalen entstehen oft junge Zwiebeln. Verwesen später die eingetrockneten Schalen der alten Zwiebel, so werden diese *Brutzwiebeln* frei und bilden im nächsten Frühjahr neue Pflanzen.

Die Blätter und ihre Adern

1. Träufle Wasser auf die Blätter der Tulpe und beobachte, wie sich die Tropfen verhalten. – Tauche ein Tulpenblatt in Wasser und stelle fest, ob es benetzt wird. Entferne durch Reiben mit dem Finger die bläuliche Wachsschicht und tauche dann das Blatt abermals in Wasser.

2. Stelle eine abgeschnittene Tulpe in Wasser, das mit roter Tinte angefärbt wurde. Beobachte nach $^1/_4$, $^1/_2$, 1 und 2 Stunden.

Der junge Sproß hat eine harte Spitze; mit ihr kann er sogar eine feste Erdschicht durchstoßen. Die Spitze wird durch das größte, äußerste Blatt gebildet, das die anderen Blätter und die Blütenknospe umhüllt.

Die entfalteten Blätter sind ungestielt und umfassen den runden Stengel scheidenartig. Alle grünen Teile sind mit einer bläulichen Wachsschicht bedeckt; Regentropfen rollen daran herunter, ohne sie naß zu machen.

Die Blattflächen werden von zahlreichen feinen Strängen durchzogen, die man *Blattadern* oder Blattrippen nennt. Sie laufen unverzweigt dem Rande parallel. Das Blatt ist also *paralleladrig*. Da der Rand keine Einschnitte besitzt, bezeichnet man das Blatt als „ganzrandig“.

Die Bedeutung der Blattadern für das Leben der Pflanze erkennen wir, wenn wir einen frisch abgeschnittenen Tulpenstengel mit Blättern und einer weißen oder gelben Blüte in rot gefärbtes Wasser stellen. Wir beobachten, daß sich die Blattadern nach einiger Zeit rot färben. Sie sind also feine Röhren, in denen den Blättern das Wasser zugeführt wird. Aber auch der Stengel und die Blüten erscheinen bald rotgestreift, denn alle Teile der Pflanze sind von solchen *Leitungsröhren* durchzogen.

Blütenbau und Bewegung der Blumenblätter. Die Tulpenblüte besteht aus 6 farbigen Blumenblättern, 6 Staubblättern und einem Stempel. Die 6 *Blumenblätter* stehen in 2 Kreisen. Die 3 Blumenblätter des äußeren Kreises wechseln mit den 3 des inneren Kreises ab. Ebenso sind die 6 *Staubblätter* in 2 Kreisen angeordnet. Sie umgeben den *Stempel*, der sich in der Mitte der Blüte säulenförmig erhebt. Stempel, Staubblätter und Blumenblätter stehen auf dem oberen verbreiterten Ende des Stengels, dem *Blütenboden*.

Tulpe.
Verschiedene Tulpenrassen, violett eine Papageientulpe

Blüte mit Biene

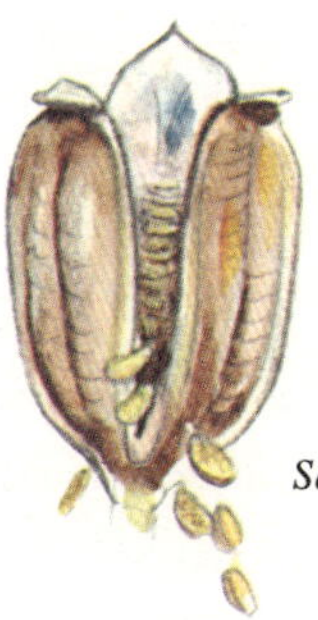

Frucht

Samen

Fruchtknoten

An jedem Staubblatt erkennen wir einen unteren fadenförmigen Teil, den *Staubfaden*, und einen oberen, dickeren, den *Staubbeutel*. Dieser hat 2 Fächer. Aus ihnen tritt, wenn sie sich öffnen, *Blütenstaub* (Pollen) hervor. Verwandeln sich Staubblätter in Blumenblätter, so entstehen gefüllte Blüten. Es kommt aber auch vor, daß sich Blumenblätter zusätzlich bilden.

Der Stempel trägt oben 3 klebrige Lappen, die *Narbe*. Sie sitzt auf dem *Fruchtknoten*, aus dem die Frucht hervorgeht. Er enthält zahlreiche *Samenanlagen*, die sich zu Samen entwickeln können.

Schneiden wir eine Tulpenblüte, kurz bevor sie sich öffnet, etwa in der Mitte quer durch, so werden von dem Schnitt alle Blütenteile getroffen. Wir erkennen dann leicht ihre Anzahl und Stellung. Eine vereinfachte Zeichnung des Schnittes ist der *Blütengrundriß*.

Blüte der Tulpe

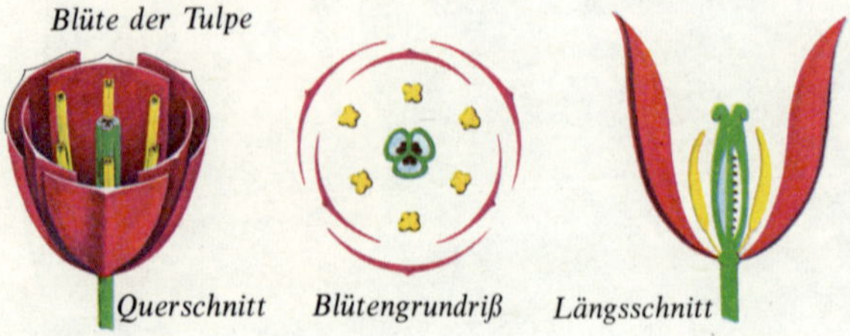

Querschnitt *Blütengrundriß* *Längsschnitt*

Im warmen Sonnenschein breiten sich die Blumenblätter aus. Gegen Abend schließt sich die Blüte wieder. Bei kühlem und nassem Wetter öffnet sie sich gar nicht; dadurch ist das Innere vor Feuchtigkeit geschützt. Die Blumenblätter können also *Bewegungen* ausführen, die von der Lufttemperatur abhängig sind.

Die Bestäubung. Die geöffneten Blüten werden von Bienen und anderen Insekten besucht, die den Blütenstaub verzehren. Entfernen wir von einer Tulpe die Blumenblätter, dann wird sie von den Insekten nicht beachtet. Die bunten Blumenblätter machen die Blüte für die Insekten auffällig.

Beim Herumkriechen in der Blüte bleiben zwischen den Haaren der Insekten Pollenkörner hängen. Besuchen die Tiere darauf andere Tulpenblüten, so werden Staubkörner an der klebrigen Narbe haftenbleiben.

Welche Bedeutung dieser Vorgang hat, zeigen folgende Versuche: Aus einigen Tulpenblüten werden frühmorgens die Staubblätter herausgeschnitten, noch ehe die Staubbeutel sich geöffnet haben. Auf die Narben einiger dieser Blüten wird mit einem Pinsel Pollen aus einer heilen Blüte übertragen. Alle behandelten Blüten werden in Plastiktüten eingebunden. Nur die Fruchtknoten solcher Blüten, deren Narben mit Blütenstaub versehen wurden, entwickeln sich zur Frucht. Die Insekten besorgen die Bestäubung unfreiwillig.

Geschlechtliche und ungeschlechtliche Vermehrung. Nach dem Verblühen wächst der Fruchtknoten bestäubter Blüten weiter. Die Samenanlagen im Innern des Fruchtknotens entwickeln sich zu scheibenförmigen *Samen*. Aus dem Fruchtknoten wird die *Frucht*, die zahlreiche Samen enthält. Sie bildet eine 3fächrige *Kapsel*, die sich bei der Reife mit 3 Klappen öffnet. Der Wind schüttelt dann die leichten Samen heraus und verweht sie. Da aus jedem Samen eine neue Tulpenpflanze hervorgehen kann, wird auf diese Weise die Tulpe vermehrt. Die Vermehrung durch Samen nennt man geschlechtliche Vermehrung. Sie ist für den Gärtner wichtig, der neue Tulpensorten züchten will. Staubblätter und Stempel, die der geschlechtlichen Vermehrung dienen, nennt man *Geschlechtsorgane*.

Zu Beginn des Sommers, wenn die Samen ausgestreut sind, sterben die oberirdischen Teile der Pflanze ab. Die Ersatzzwiebel und die Brutzwiebeln aber leben in der Erde weiter. Sie überstehen auf diese Weise in der Heimat der Tulpe (s. unten) die heißen und sehr trockenen Sommer. Unsere Gartentulpen erhalten und verbreiten sich nur mit Hilfe der Ersatz- und Brutzwiebeln. Diese Vermehrung ohne Samen nennt man ungeschlechtliche Vermehrung.

Die Herkunft der Gartentulpen. In Südeuropa und auf den weiten Steppen im westlichen Asien wachsen zahlreiche wilde Tulpen. Vor über 500 Jahren brachte man solche Pflanzen in die Gärten der Türkei. Im Jahre 1554 wurden die ersten Exemplare aus der Türkei nach Deutschland eingeführt. Mit besonderer Liebe wurde die Tulpe in Holland gepflegt. Dort entstanden zahlreiche Spielarten, die die Wildtulpen an Schönheit übertrafen. Die Tulpe wurde eine Modepflanze, für deren Zwiebel man sehr hohe Preise zahlte. Für eine seltene Sorte sind bis zu 13000 Gulden geboten worden.

Heute werden wie ehedem die meisten Tulpenzwiebeln in Holland herangezogen, besonders in der Umgebung von Haarlem. Aber auch deutsche Gärtner haben sich der Tulpenzucht mit Erfolg angenommen.

1. Die Zwiebel ist eine unterirdische Knospe mit besonders gestalteten Blättern, den Zwiebelschalen. Die fleischigen Schalen enthalten Nährstoffe.
2. Die Blätter der Tulpe sind ungestielt, ganzrandig und parallelnervig. Ihre Adern sind Leitungsröhren.
3. Die Blüte besteht aus 6 Blumenblättern, 6 Staubblättern und einem Stempel. Das Sichöffnen und -schließen der Blüte hängt von der Witterung ab.
4. Das Übertragen von Blütenstaub auf die Narbe nennt man Bestäubung. Sie ist notwendig, damit sich die Samenanlagen zu den Samen und der Fruchtknoten zur Frucht entwickeln können. Diese Vermehrung durch Samen nennt man geschlechtliche Vermehrung.
5. Unsere Gartentulpe erhält sich auf ungeschlechtlichem Wege durch ihre Ersatzzwiebel und vermehrt sich mit Hilfe ihrer Brutzwiebeln.

Die Duftende Schlüsselblume

Zeitig im Frühling, während der Boden noch von der Feuchtigkeit des schmelzenden Schnees durchtränkt ist, erscheinen auf Wiesen, in Busch und Wald die Schlüsselblumen. Den Namen Schlüsselblume oder Himmelsschlüssel hat man ihr gegeben, weil ihre Blüte Ähnlichkeit mit einer früher gebräuchlichen Schlüsselform hat. „Primel" (von lat. prima, die erste) wird sie auch genannt, weil sie eine der ersten unter den Blumen ist.

Der Erdsproß, ein Vorratsspeicher. Gräbt man eine Pflanze aus, dann sieht man, daß am oberen Ende eines unterirdischen, verdickten Stengels Blätter und Blüten sitzen. Wenn aber ein unterirdischer Pflanzenteil Blätter oder Blattreste trägt, dann haben wir stets einen unterirdischen Sproß, niemals eine Wurzel vor uns. Wir sprechen dann von einem Erdsproß. Da an diesem Wurzeln entspringen, nennt man ihn auch Wurzelstock. Oben wächst der Erdsproß alljährlich weiter, unten stirbt er langsam ab. Aus ihm entnimmt die Pflanze im Frühjahr bei günstigem Wetter Nährstoffe. In wenigen Tagen können daher Blätter und Blüten gebildet werden. Dieser Erdsproß ist somit ein Vorratsspeicher. Pflanzen, deren oberirdische Teile jedes Jahr absterben, die in unterirdischen Teilen aber weiterleben, nennt man *Stauden.*

Die Blätter verdunsten Wasser. Die jungen Blätter stehen steil aufgerichtet, sie sind eingerollt und gerunzelt. Werden sie größer und derber, dann breiten sie ihre Flächen aus und neigen sich dem Boden zu. Die Blattflächen sind eiförmig und laufen am Blattstiel herab; ihr Rand ist unregelmäßig gezähnt. Die Blattadern zweigen von einer Mittelrippe ab, ähnlich wie die Strahlen einer Vogelfeder. Man bezeichnet daher die Blätter einer Schlüsselblume als *fiederadrig.* Sie bilden zusammen eine grundständige *Rosette.*

1. In ein Einmachglas bringen wir einige frische grüne Blätter oder beblätterte Zweige irgendwelcher Pflanzen. Die Schnittflächen werden mit Vaseline abgedichtet, das Glas verschlossen und kühl gestellt. Die Glaswand beschlägt sich bald mit Wassertropfen.

2. Wir schneiden einen größeren beblätterten Zweig (z.B. von einer Linde) ab und stellen ihn in ein Gefäß mit Wasser. Damit das Wasser nicht verdunsten kann, gießen wir etwas Salatöl darauf. Dann wiegen wir das Ganze. Am nächsten Tag stellen wir das Gewicht um die gleiche Zeit erneut fest. Welcher Gewichtsunterschied zeigt sich?

Die rechte Waagschale sinkt; der Lindenzweig verdunstet Wasser.

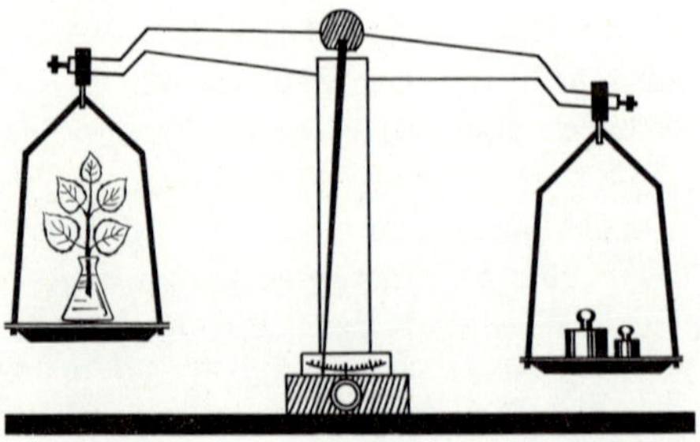

3. Ein zusammengerolltes Blatt und eines, dessen Blattfläche ausgebreitet und mit Nadeln festgehalten wird, werden der Sonne ausgesetzt. Wann welkt das eine, wann das andere?

Alle lebenden Pflanzen verdunsten fortwährend Wasser, vor allem durch ihre Blätter. Junge Blätter, wenn sie eingerollt, gerunzelt und steil aufgerichtet sind, verdunsten wenig Wasser. Sie welken daher auch in der Sonne nicht, obwohl sie zart gebaut sind.

Blütenstand und Blüte. Aus der Mitte der Blattrosette erheben sich ein oder mehrere feinbehaarte Stengel. Da sie blattlos sind, werden sie als Schaft bezeichnet. Am Ende des Schaftes entspringen mehrere Stiele, die je eine Blüte tragen. Einen solchen Blütenstand bezeichnet man als *Dolde*.

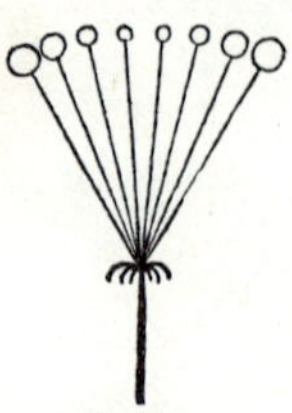

Dolde

Schlüsselblume Blütengrundriß

Wir untersuchen eine Einzelblüte: Außen finden wir eine grüne, krugförmige Hülle, die oben 5 Zipfel aufweist. Das ist der *Kelch*. An den 5 Zipfeln läßt sich erkennen, daß er aus 5 miteinander verwachsenen Kelchblättern entstanden ist. Der Kelch umgibt den unteren Teil der dottergelben *Blumenkrone*, die die Form einer Röhre hat. Sie ist oben in 5 Lappen aufgespalten, die auf 5 miteinander verwachsene Blumenblätter hindeuten (s. Blütengrundriß!). Blüten mit verwachsenen Blumenblättern werden *verwachsenblumenblättrig* genannt. Wo die Kronröhre sich etwas erweitert, sind ihr die 5 Staubblätter eingefügt. Der Stempel setzt sich bei der Schlüsselblume aus 3 Teilen zusammen: einem kugeligen *Fruchtknoten*, einem stielartigen *Griffel* und einer knopfförmigen *Narbe*. Der Fruchtknoten ist hohl. In den Hohlraum hinein ragt der verlängerte Blütenstiel, der kugelig angeschwollen ist; er trägt zahlreiche *Samenanlagen*.

Die Blüten und ihre Bestäuber. Die Insekten werden durch den Duft und die leuchtende Farbe der Blüten angelockt. Der Nektar findet sich am Grunde der langen, engen Blütenröhre. Daher ist er nur lang-

Bestäubung bei der Schlüsselblume. Ein Falter (Kleiner Fuchs) senkt seinen Rüssel in die Blütenröhre einer kurzgriffligen und einer langgriffligen Form (rechts ist der Rüssel noch eingerollt).

rüsseligen Hummeln und Faltern zugänglich (Hummelblume, Falterblume). Da Staubblätter und Narbe den Weg zum Nektar einengen, müssen sie von den saugenden Insekten gestreift werden. Die Tiere, die an den Nektar gelangen können, sind also auch die Bestäuber der Schlüsselblume.

Fremdbestäubung – Selbstbestäubung. Alle Blüten einer Pflanze haben entweder lange oder kurze Griffel. Bei der langriffligen Form stehen die Staubbeutel im Innern der Blütenröhre, bei der kurzgriffligen an deren oberem Ende. Saugt z.B. ein Falter an einer langgriffligen Blüte, dann berührt er mit dem Kopf die

Narbe und mit der Mitte des Rüssels die Staubbeutel. Besucht er darauf eine kurzgrifflige Blüte, dann streift er umgekehrt mit dem Kopf die Staubblätter und mit der Mitte des Rüssels die Narbe. Da er an dieser Stelle des Rüssels Blütenstaub von der vorher besuchten Pflanze mitbringt, wird er die Blüte bestäuben. Fliegt der Falter nun wieder zu einer langgriffligen Blüte, dann muß es gleichfalls zu einer Bestäubung kommen: kurz, er wird den Blütenstaub von langgriffligen Blüten zu kurzgriffligen tragen und umgekehrt, also fortgesetzt *Fremdbestäubung* herbeiführen. Die Blumengestalt ist somit der Bestäubung durch langrüsslige Insekten vollendet *angepaßt*. Nunmehr bilden sich die Fruchtkapseln mit zahlreichen Samen. Wenn aber einmal Blütenstaub einer Blüte auf die Narbe der gleichen Blüte gelangt, also *Selbstbestäubung* erfolgt, dann entstehen nur wenige Samen.

Frucht und Samenverbreitung. Die Frucht der Schlüsselblume ist eine *Kapsel*. Sobald die Samen reif sind, öffnet sie sich an der Spitze mit 10 Zähnen. Nach dem Verblühen haben sich die Blütenstiele aufgerichtet und sind wie der Schaft fest und elastisch geworden. Der Fruchtstand bildet jetzt eine Schleuder: Wird er vom Wind erschüttert, so werden die Samen weit verstreut. Tritt feuchte Witterung ein, dann krümmen sich die Zähne wieder nach innen (Versuch!). So werden die Samen gegen Nässe geschützt.

Verwandte. Mit der Duftenden Schlüsselblume stimmt die *Hohe Schlüsselblume* fast völlig überein. Sie besitzt aber größere, schwefelgelbe und meist geruchlose Blüten. Von ihr stammt die buntblütige hohe *Garten-Primel* ab. Die niedrige Garten-Primel ist aus der *Stengellosen Schlüsselblume* hervorgegangen, die in den Alpen und in Nordwestdeutschland vorkommt. Alpenschlüsselblumen sind auch die Stammeltern der dickblättrigen *Gartenaurikeln*.

1. Die Schlüsselblume besitzt einen Erdsproß als Nahrungsspeicher. Sie ist eine Staude.
2. Die Blätter der Pflanzen verdunsten ständig Wasser. Die jungen zarten Blätter der Schlüsselblume sind gegen das Welken geschützt. Die Blattflächen sind eiförmig, am Rande gezähnt und fiedernervig.
3. Der Blütenstand ist eine Dolde. Die einzelne Blüte besitzt eine röhrenförmige Blumenkrone, die von einem 5zipfligen Kelch umgeben ist. Der Stempel ist in Narbe, Griffel und Fruchtknoten gegliedert.
4. Blütenfarbe und Duft regen den Insektenbesuch an. Die röhrenförmige Blüte kann nur von den langrüsseligen Hummeln und Faltern bestäubt werden.
5. Die unterschiedliche Länge der Griffel in den Blüten fördert die Fremdbestäubung. Bei Selbstbestäubung werden nur wenige Samen reif.

Der Süßkirschbaum

In Laubwäldern und Gebüschen wachsen nicht selten „wilde“ Kirschbäume. Sie tragen kleine Früchte, die „Vogelkirschen“ genannt werden. Aus diesen Bäumen und anderen, die in Westasien ihre Heimat haben, sind im Lauf von Jahrtausenden die Kirschbäume entstanden, wie wir sie heute anpflanzen. Ihre Früchte übertreffen die des wildwachsenden Baumes weit an Größe und Wohlgeschmack. Von den „veredelten“ Bäumen wurden im Laufe der Zeit zahlreiche Sorten gezüchtet. Die Sorten mit weichem Fruchtfleisch haben meist Herzform und werden daher Herzkirschen genannt; die mit rundlichen Früchten und festerem Fleisch bezeichnet man dagegen als Knorpelkirschen.

Der Stamm. Auch unbelaubte Kirschbäume sind an ihrer „Ringelborke“ leicht zu erkennen. Der hohe Stamm und die größeren Zweige sind mit einer glatten, graubraunen *Borke* bedeckt, die sich in ringförmigen Streifen ablöst. Bei Krankheiten oder Verletzungen tritt aus Stamm und Ästen ein klebriger Stoff, das Kirschgummi, hervor.

Übergangsformen von Hüllblättern (Knospenschuppen) der Vogelkirsche zum Laubblatt

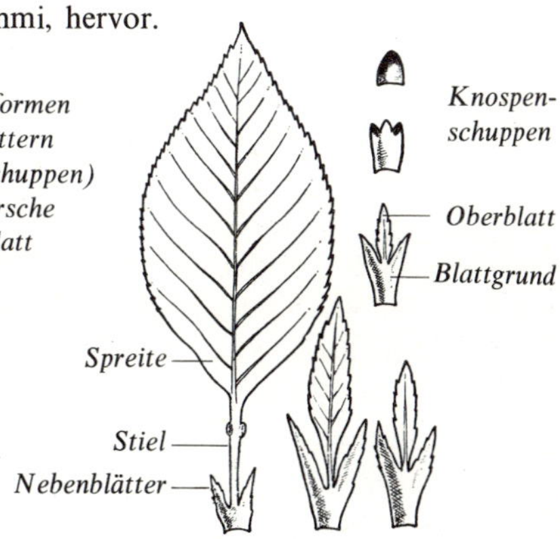

Eine sich entfaltende Knospe von einer Kirsche oder der Vogelkirsche zerlegen wir mit Hilfe zweier langer Nadeln. Knospenschuppen und Blättchen werden nach Form und Größe geordnet.

Süßkirschbaum.
Zweig mit Blüten
und Zweig mit Früchten

Blüte und Frucht (Längsschnitte)

Kirsche mit
Kirschfliegenmade

Kirschfruchtfliege

Bau der Blüte. Aus dicken „Tragknospen“ entfalten sich die weißen, duftenden Blüten. Sie sind langgestielt und zu doldenförmigen Büscheln vereinigt. An einer längsdurchschnittenen Blüte erkennen wir, daß der obere Teil des Blütenstiels, der Blütenboden, becherförmig ausgehöhlt ist. Der Becherrand trägt 5 grüne, zurückgeschlagene Kelchblätter, 5 weiße Blumenblätter und zahlreiche Staubblätter. Auf dem Grund des Bechers steht frei der einfächrige Fruchtknoten. Ein langer Griffel hebt die Narbe weit über den Becherrand hinaus.

Der blühende Kirschbaum wird von zahlreichen Bienen und Hummeln besucht. Ein süßer Duft lockt sie herbei. Außer Blütenstaub finden sie Nektar, der an der Innenseite der Kelchblätter ausgeschieden wird. Wie wichtig der Blütenbesuch ist, beweist folgende Tatsache: In Australien wollten die von den Ansiedlern ins Land gebrachten Obstbäume trotz aller Mühe keine Früchte tragen. Da wurden von einem deutschen Imker Bienen eingeführt, und – in demselben Jahr trugen die Bäume reiche Frucht.

Die Blätter. Die Blattknospen sind dünn und spitz. Erst nach der Blütezeit erscheinen die Blätter. Anfänglich sind sie gefaltet und senkrecht gestellt. Außerdem haben sie einen firnisartigen Überzug. Daher welken sie nicht leicht. Am Grunde des Stiels befinden sich kleine *Nebenblätter*, die bald abfallen. Die ausgebildeten Blätter sind eiförmig, der Blattrand ist gesägt. Der lange Blattstiel trägt an seinem oberen Ende 2 rötliche Drüsen, die eine süße Flüssigkeit absondern.

Die Frucht, eine Steinfrucht. Nachdem die Blüten bestäubt sind, fallen alle Blütenteile bis auf den Fruchtknoten ab. Dieser vergrößert sich nach der Befruchtung rasch und wächst zur Kirsche heran. In den milden Teilen Deutschlands, wie an der Bergstraße, gibt es schon Ende Mai reife Kirschen, in kälteren Gebieten, wie im Gebirge, und bei späten Sorten erst im Sommer.

Die Fruchtwand der Kirsche besteht aus 3 Schichten: einer äußeren Haut, einer fleischigen Mittelschicht und einer steinharten Innenschicht. Diese bildet den „Kirschkern“, der den Samen einschließt. Früchte mit solchen „Steinen“ heißen *Steinfrüchte.* Die äußere Haut ist gelblich und rotbackig oder rot bis fast schwarz.

Die reifen Kirschen locken zahlreiche Vögel an, die das saftige Fruchtfleisch fressen. Krähen, Drosseln und Grasmücken verschlucken die harten Kerne mit. Diese wandern unverändert durch den Darm und werden oft weit entfernt wieder ausgeschieden. Andere Vögel wie die Sperlinge und Stare fressen dagegen nur das Fleisch ab und verbreiten den Baum nicht weiter.

Die Kirschfruchtfliege, ein gefährlicher Schädling. In größeren Anpflanzungen von Kirschbäumen richtet die Kirschfruchtfliege oft großen Schaden an. Sie legt in die halbreifen Früchte ihre Eier ab, aus denen Maden schlüpfen, die sich bis zum Kirschkern durchfressen. Mit chemischen Mitteln wird sie bekämpft.

Die Sauerkirsche oder Weichsel. Sie stammt aus Kleinasien und unterscheidet sich von der Süßkirsche durch niedrigen, oft buschigen Wuchs, dünne Zweige, glänzende Blätter sowie durch Knospen, die neben Laubblättern auch Blüten enthalten.

Birnbaum *Birne von der Larve des Apfelwicklers befallen*

Der Birnbaum

Etwas später als die Süßkirsche beginnt der Birnbaum zu blühen. Er wurde vor Jahrhunderten bereits aus Wildbirnen gezüchtet, die gelegentlich in Laubwäldern und Feldgehölzen vorkommen. Die Zweige dieser Wildpflanzen tragen Dornen. Schneiden wir einen *Dorn* der Länge nach durch, dann sehen wir, daß er aus Holz besteht und von einer Rinde umgeben ist. Der Dorn ist also ein umgebildeter Zweig.

Die Wildfrüchte sind klein, herb von Geschmack und reich an steinigen Körnchen; sie werden Holzbirnen genannt.

Stamm und Krone. Der starke Stamm dringt mit einer kräftigen *Pfahlwurzel* tief in den Boden ein. Er ist mit einer grauschwarzen, rissigen Borke bedeckt. Die Äste wachsen schräg nach oben. Dadurch erhält die Baumkrone die Form eines Kegels.

Die Blüte. In kleinen Büscheln stehen die Blüten beieinander. Ihr Duft erinnert an Heringslake und lockt besonders Fliegen an. Aber auch Bienen und andere Insekten stellen sich ein, denn die Blüten sind reich an Nektar.

Schneiden wir eine Blüte der Länge nach durch, so sehen wir, daß der Blütenboden – anders als bei der

Birnbaum

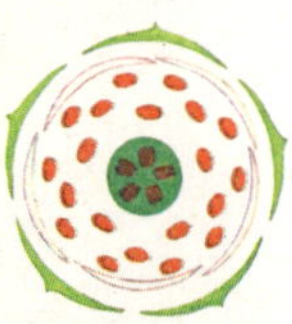

Blütengrundriß

Blüte (Längsschnitt)

Frucht

Blattknospe

Blütenknospe (Tragknospe)

Junges Blatt durchschnitten

Kirsche – einen nur flachen Becher bildet. Zwar trägt der Becherrand wie bei der Kirsche 5 Kelchblätter, ebenso viele Blumenblätter und zahlreiche Staubblätter, doch haben diese rote Staubbeutel. Aus der Öffnung des Bechers ragen im Gegensatz zur Kirsche 5 Griffel mit ihren Narben hervor. Sie gehören zu einem 5teiligen Fruchtknoten, der in den Blütenboden eingebettet und mit ihm fest verwachsen ist. Der Fruchtknoten ist durch Verwachsen von 5 Fruchtblättern entstanden. Weil er unterhalb der übrigen Blütenteile steht, nennt man ihn *unterständig*.

Die Blätter. Sie entwickeln sich nach den Blüten aus spitzen Blattknospen. Solange sie noch nicht voll entfaltet sind, tragen sie unterseits feine Härchen und sind von beiden Seiten her eingerollt. Dadurch werden sie gegen übermäßige Verdunstung geschützt. Der Blattstiel trägt 2 hinfällige Nebenblätter. Das ausgebildete Blatt ist eiförmig, am Rande gesägt und fiedernervig.

Die schräg abwärts gerichteten Blattflächen leiten das Regenwasser nach außen ab, so daß es vom unteren Rand der Krone wie von einem Dach zur Erde tropft. Gräbt man an dieser Stelle nach, dann findet man dort viele Saugwurzeln, die das Wasser aus dem Boden aufnehmen.

Die Birne, eine Kernfrucht. An der Bildung einer Birne ist nicht nur der Fruchtknoten, sondern auch der Blütenboden beteiligt. Der Fruchtknoten wird zum „Kerngehäuse“, dessen 5 Fächer jeweils 2 braune Samen enthalten. Der Blütenboden liefert das Fruchtfleisch.

Nicht selten findet man Birnen (auch Äpfel), in die eine kleine Raupe Gänge gefressen hat. Es ist die Larve eines Schmetterlings, des *Apfelwicklers*.

Vermehrung und Veredlung. Aus Samen der Birne gehen Bäume mit holzbirnartigen Früchten hervor. Man kann edle Birnen nur dadurch vermehren, daß man Zweigstücke von ihnen auf „Wildlinge“ überträgt. Diese werden so veredelt.

Die *Veredlung* geschieht in folgender Weise: Haben Wildling und Edelreis gleiche Stärke (s. Abb.), so bedient sich der Gärtner meist des Kopulierens: Er schneidet Wildling und Edelreis glatt und schräg durch. Darauf setzt er sie so zusammen, daß die Schnittflächen genau aufeinander passen, umwickelt

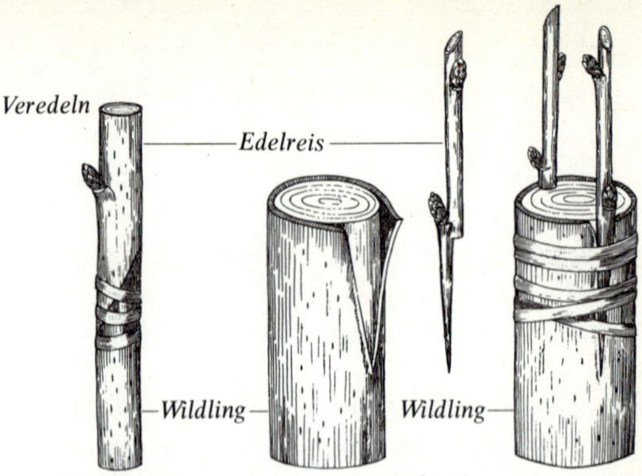

die Verbindungsstelle mit Bast und überstreicht sie mit Baumwachs. Ist dagegen der Wildling stärker als das Edelreis, so pfropft er ihn: Er schneidet oder sägt den Wildling waagerecht durch, spaltet und löst die Rinde auf eine kurze Strecke. Dann fügt er das Reis, das er zuvor so zugeschnitten hat, wie es die Abbildung zeigt, in den Spalt ein und legt wie beim Kopulieren einen Verband um die Pfropfstelle.

Von dem Wildling (der sog. Unterlage) hängt es im allgemeinen ab, welchen Wuchs die edle Sorte aufweist, ob sie früh oder spät blüht, ob sie viel oder wenig Blüten und Früchte trägt und in welchem Maß sie gegen Krankheiten widerstandsfähig ist.

Der Apfelbaum

Der Apfelbaum unterscheidet sich vom Birnbaum durch die breite, ausladende Krone, die helle Borke und die großen, etwas rötlichen Blüten. Die Staubbeutel sind gelb, die 5 Griffel in ihrem unteren Teil verwachsen. Gemeinsam aber sind beiden Obstbäumen die Zahl der Kelch-, Blumen- und Staubblätter. Auch entsteht eine Kernfrucht unter Beteiligung des Blütenbodens. *Apfelbaum und Birnbaum sind miteinander verwandt.*

Apfelzweig in Blüte

Wuchsformen von Apfel- und Birnbaum

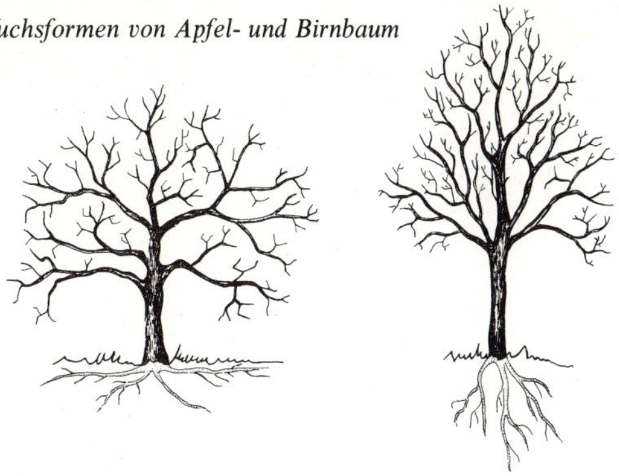

Wildwachsende Apfelbäume findet man gelegentlich in Laubwäldern. Ihre Äpfel sind klein und holzig. Viele Sorten der heimischen Apfelbäume liefern dagegen ein vorzügliches Tafelobst, das sich gut über den Winter hinaus lagern läßt.

1. Kirschbaum, Birnbaum und Apfelbaum sind Holzgewächse mit einem Stamm und einer Krone aus Ästen und Zweigen.
2. Am Süßkirschbaum und Birnbaum können Blattknospen von Blütenknospen (Tragknospen) unterschieden werden. Sauerkirschbaum und Apfelbaum haben Knospen, aus denen sowohl Blätter als auch Blüten entstehen.
3. Kelch-, Blumenblätter und Staubblätter stehen am Rande eines becherförmigen Blütenbodens. Am Grunde des Bechers befindet sich bei der Kirschblüte ein Stempel, bei Apfel- und Birnenblüte sind es 5 Stempel, deren Fruchtknoten mit dem Blütenboden verwachsen sind (unterständiger Fruchtknoten).
4. Kirschen sind Steinobst, Birnen und Äpfel Kernobst.
5. Edle Sorten von Kirsche, Birne und Apfel werden nicht aus Samen gezogen, sondern durch Veredlung von Wildlingen erhalten.

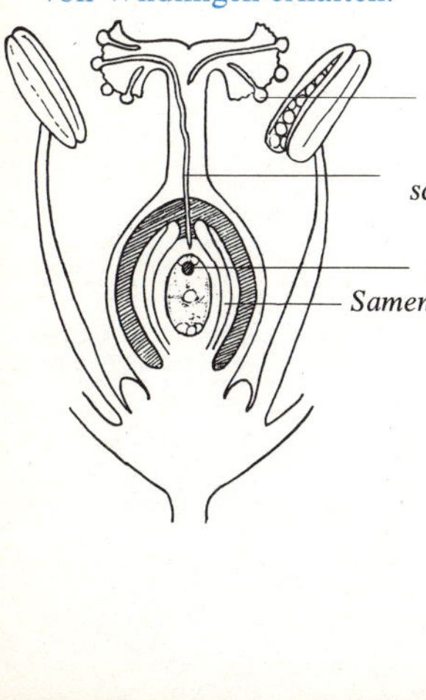

Befruchtung

Auf der Narbe liegt keimender Pollen. Ein Pollenschlauch hat den Griffel durchwachsen und die Samenanlage erreicht.

Bestäubung und Befruchtung

Beobachte an einem Blumenbeet oder einem Blumenkasten mit verschiedenen blühenden Pflanzen den Blütenbesuch einer einzelnen Hummel oder Biene. Werden die verschiedenen Blüten wahllos oder in einer bestimmten Reihenfolge beflogen?

Blütenstetigkeit und Befruchtung. Beobachten wir in einem Obstgarten die Honigbienen bei ihrer Sammeltätigkeit, so stellen wir fest, daß sie die Blüten nicht wahllos besuchen. Sie fliegen z.B. nie von einem blühenden Birnbaum zu einem blühenden Apfelbaum oder umgekehrt. Auf ein und demselben Sammelflug treffen wir sie nur an Birnblüten oder nur an Apfelblüten an. Dadurch kann Pollen von Birnblüten nur auf die Narbe von Birnblüten gelangen und nie auf die von Apfelblüten oder umgekehrt. Dasselbe gilt auch für alle anderen von Bienen besuchten blühenden Pflanzen. *Die Bienen sind blütenstet.*

Die Honigbiene ist „blütenstet“.
Sie fliegt immer nur zu Blüten gleicher Art, niemals von einer Art zur anderen.

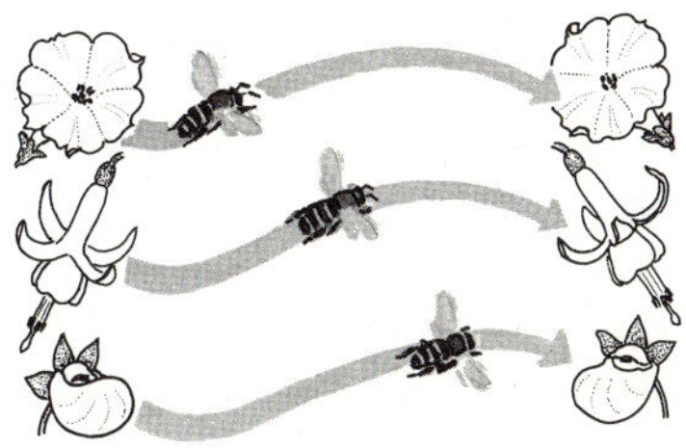

Anders ist es dagegen bei den Sorten ein und derselben Obstbaumart. Stehen z. B. mehrerlei Apfelbäume (wie Goldparmäne, Boskop u.a.) nebeneinander, so können wir feststellen, daß die Bienen sie nicht unterscheiden. Dadurch wird Blütenstaub der einen Sorte auch auf die Narben der anderen Sorte übertragen.
Auf der Narbe beginnen die Pollenkörner zu keimen. Jedes treibt einen Schlauch, der durch den Griffel in den Fruchtknoten bis zu einer Samenanlage wächst. Dort verschmilzt der Inhalt des Pollenschlauchs mit der *Eizelle*, die in jeder Samenanlage enthalten ist.

Dieser Vorgang heißt *Befruchtung*. Aus jeder befruchteten Samenanlage entsteht ein Samen, aus dem Fruchtknoten die Frucht, die die Samen umschließt.

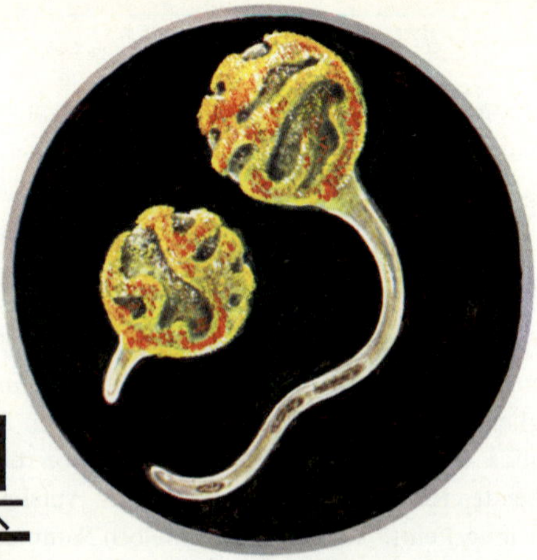

Pollenkeimung beim Löwenzahn-Pollen. Der Pollenschlauch ist verschieden weit entwickelt.

Die Befruchtung findet nur statt, wenn Blütenstaub, der z.B. auf die Narbe einer Apfelblüte gelangt, aus einer anderen Apfelblüte stammt. Daraus folgt, wie wichtig es ist, daß die Bienen blütenstet sind.

Gute und schlechte Pollenspender. Die meisten Apfel- und Birnbaumsorten setzen nur dann Früchte an, wenn ihre Blüten von dem Blütenstaub anderer Sorten bestäubt werden. Darum pflanzt man in einem Garten nicht nur eine Obstsorte an. Es ist aber nicht gleichgültig, welche Sorten man zusammenbringt. Wir wissen heute, daß viele unserer wertvollen Obstbäume Pollenkörner erzeugen, die schlecht keimen. Man nennt sie „schlechte Pollenspender". Dahin gehören z.B. unter den Apfelsorten der Gravensteiner und der Schöne von Boskop. Wenn diese tragen sollen, müssen Sorten mit gut keimendem Pollen, sog. „gute Pollenspender", mit angepflanzt werden, z.B. die Wintergoldparmäne. Diese selbst muß von einem anderen guten Pollenspender, etwa der Cox-Orange-Renette, bestäubt werden.

Die Art. Alle Sorten der Apfelbäume gehören der gleichen Art Apfelbaum an. Ebenso sind alle Birnbaumsorten der Art Birnbaum zuzurechnen. Alle Sorten der Süßkirsche bilden die Art Süßkirsche, ebenso die der Sauerkirsche die Art Sauerkirsche.

Pflanzen, die einander so ähnlich sind wie die Mutterpflanze und ihre Nachkommen, gehören ein und derselben Art an.

Die Vermehrung durch Samen nannten wir *geschlechtliche Vermehrung*, Staubgefäße und Stempel sind die *Geschlechtsorgane*. Die Vermehrung ohne Befruchtung, z.B. durch Zwiebeln (Tulpe) oder durch Veredlung (Obstbäume), ist eine *ungeschlechtliche Vermehrung*.

Vom Pflanzen und der Pflege der Obstbäume

Wie man Obstbäume pflanzt. Die Obstbäume brauchen im allgemeinen einen nahrhaften, nicht zu feuchten Untergrund und volles Sonnenlicht. Das Pflanzloch, in das der Obstbaum gesetzt werden soll, muß schon einige Monate vor dem Pflanzen gegraben werden. Es soll mindestens $1^{1}/_{2}$ m im Quadrat messen und 80 cm tief sein. Darauf schlägt man einen kräftigen Pfahl in die Grube und füllt diese mit guter, gedüngter Erde auf. Erst wenn sich die Erde völlig „gesetzt" hat, darf das Einpflanzen beginnen. Man gräbt das eingefüllte Erdreich im mittleren Teil der Grube wieder aus und stellt das Bäumchen so hinein, daß der Stamm nicht tiefer als an seinem ursprünglichen Wuchsort steht. Hierauf bedeckt man die vorher beschnittenen Wurzeln mit feiner Erde, wobei man darauf achten muß, daß zwischen ihnen kein freier Raum bleibt. Indem man abwechselnd Wasser und Erde nachfüllt, wird der Baum nach und nach „eingeschlämmt".

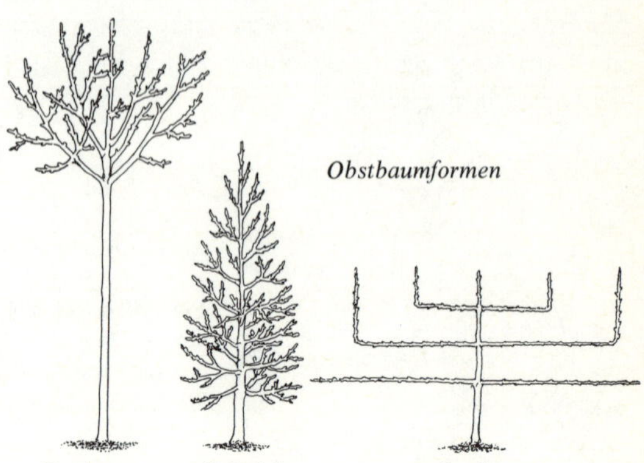

Obstbaumformen

Hochstamm *Spindel* *Spalier*

Endlich bindet man ihn durch Weidenruten, Kokosstricke oder dgl. zunächst locker, später aber fest an den Pfahl. Bei trockener Witterung ist das Bäumchen ausreichend zu gießen.

Die Obstbäume gedeihen wie alle anderen Pflanzen nur dann gut, wenn es ihnen nicht an Licht, Luft und Nahrung mangelt. Apfel-, Birn- und Kirschenhochstämme müssen mindestens 8 m, Zwetschen-, Aprikosen- und Pfirsichhochstämme 6 m, Halbhochstämme 5 m und Buschbäume 4 m voneinander entfernt sein. Die geeignetste Zeit für das Verpflanzen sind die Herbstmonate. Von den Obstbäumen sollen stets nur edle Sorten, und zwar diejenigen angepflanzt werden, die sich für die Gegend eignen.

Wie man Obstbäume pflegt. Damit Regen und Gießwasser ungehindert zu den Wurzeln gelangen können, läßt man rings um den Stamm eine kreisförmige Fläche von etwa $1^1/_2$ m Durchmesser unbepflanzt liegen. Diese Baumscheibe muß von Zeit zu Zeit gelockert und von Unkraut gesäubert werden.

Soll der Obstbaum „ins Holz gehen", so ist er im Herbst und Winter zu düngen; soll die Düngung aber den Früchten zugute kommen, dann hat sie im Juni und Juli zu geschehen. Stallmist und Handelsdünger sind hierfür geeignet.

Stamm und Äste sind stets frei von Moosen, Flechten und rissigen Rindenteilen zu halten. Da diese zahlreichen Schädlingen Unterschlupf bieten, müssen sie im Oktober oder November abgeschabt und verbrannt werden.

Wie man die Kronen sachgemäß beschneidet, erfährt man bei einem tüchtigen Gärtner. Äste, die nach innen gerichtet sind oder sich mit anderen kreuzen, sind im Winter zu entfernen. Kleinere Schnittflächen müssen mit Baumwachs, größere mit Holzteer bestrichen werden. Ast- und Zweigstümpfe sind glatt am Stamm abzuschneiden, weil die Schnittflächen nur dann verheilen.

[1] Das Zeichen ♂ bedeutet Männchen oder männlich; das Zeichen ♀ Weibchen oder weiblich. (♂ Himmelszeichen für Mars, ♀ für Venus.)

Schädlinge[1] im Obstgarten, Schadbilder

Frostspanner
♂ und ♀ Schmetterling, Raupe.
Fraßstellen an Kirsche.

Apfelwickler
Schmetterling und Raupe,
Apfel mit Made, die sich
zum Verpuppen an einem Faden herunterläßt.

Maikäfer. Käfer und Engerling. Fraßstellen an Möhre und Blättern eines Baumes.

Apfelblütenstecher (Brenner)
♂ und ♀ Käfer.
3 befallene Blüten neben 2 voll blühenden.

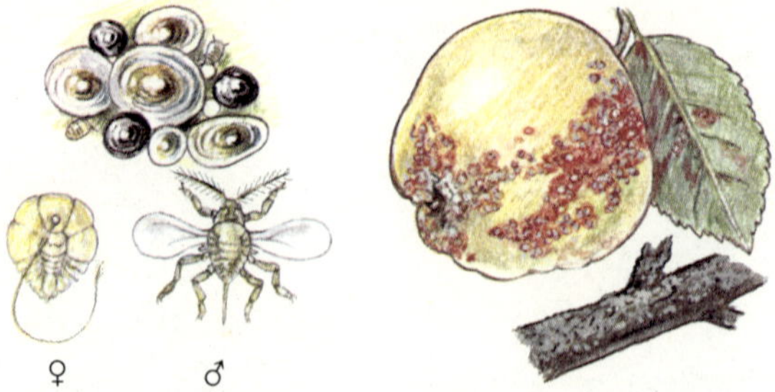

San-José-Schildlaus. ♂ und ♀ stark vergr., darüber ♀♀ unter Schildern. Befallener Apfel und Zweig.

Blutlaus. Ungeflügeltes und geflügeltes Tier mit Wachsausscheidungen. Krebsartige Wucherungen und Wachsausscheidungen von einer Laus-Kolonie an Apfelbaumzweigen.

Pilzerkrankungen an Obst. Obstschorf an einem Apfel und Fruchtfäule an einer Birne.

Tierische Schädlinge vernichten fast 7%, Pilzerkrankungen 8% der Obsternte Europas.

Heckenrose und Edelrose

Die Rosenhecke. An Waldrändern und in Gebüschen bildet die wilde oder Heckenrose oft dichte Hecken. Aus ihren Wurzeln kommen alljährlich Schößlinge hervor, die sich bogenförmig nach unten neigen. Im nächsten Jahr erheben sich von den Bogen kurze, blütentragende Zweige und lange, aufrechte Triebe. Diese krümmen sich gleichfalls bogenförmig und legen sich auf die alten Zweige. Im Laufe der Jahre entsteht schließlich ein undurchdringliches Gewirr von Stämmen und Ästen, in das die Vögel gern ihre Nester bauen.

An den Zweigen finden sich häufig die „bemoosten" Rosen- oder Schlafäpfel. Sie sind durch den Stich der *Rosengallwespe* entstanden. Im Innern leben die Larven dieses Insekts.

Bringe Rosenäpfel in ein Glas und beobachte das Ausschlüpfen der Rosengallwespen.

Rosengallen an der Heckenrose

Zweig mit Hagebutten

Heckenrose *Zweig in Blüte*

Die Stacheln. Die Rosenhecke wird besonders undurchdringlich dadurch, daß die Jungtriebe, die Mittelrippen der Blätter und die Blütenstiele dicht mit Stacheln besetzt sind. Stacheln sind Auswüchse der Rinde und leicht abzubrechen. Somit unterscheiden sie sich von den Dornen der Wildbirne, die wir als kurze, stechende Zweige erkannt haben.

Dorn

Stachel

Das Fiederblatt. Das Blatt besteht aus einer langen Mittelrippe und 3, 5 oder 7 einzelnen eirunden, gesägten Blättchen; man nennt ein solches Blatt zusammengesetzt. Von den Blättchen stehen sich je 2 gegenüber wie die Strahlen einer Feder. Das Ende der Mittelrippe dagegen nimmt ein einzelnes oder unpaares Blättchen ein; man sagt daher: Das Blatt ist unpaarig gefiedert. Am Grunde des Blattes finden sich 2 *Nebenblätter*, die mit der Mittelrippe verwachsen sind.

Die Blüte. Sie ist ähnlich wie die des Kirschbaumes gebaut (vgl. auch die Blütengrundrisse!). Der krugförmige Blütenboden trägt oben einen gelben, fleischigen Ring. Auf ihm stehen 5 Kelchblätter, 5 „rosenrote" Blumenblätter und viele Staubblätter. In der Höhlung des Blütenbodens aber finden sich zahlreiche Fruchtknoten. Die Griffel treten aus dem „Kruge" hervor und enden in hellgelben Narben.

Blütenfarbe und Duft locken die Insekten an. Sie finden nur Blütenstaub vor. Gegen Abend schließt sich die Blüte.

Heckenrose

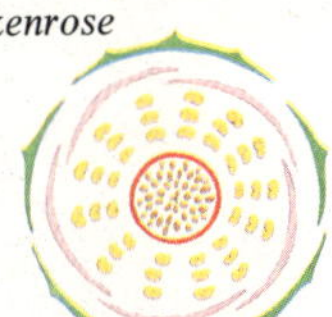

Blütengrundriß

Blüte

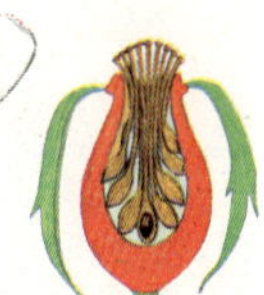

Hagebutte

Die Hagebutte. Aus dem Blütenboden und den Fruchtknoten entsteht die Hagebutte. Sie schließt mehrere Früchtchen ein, ist also eine *Sammelfrucht*. Der Blütenboden wird bei der Reife scharlachrot und fleischig. Die Früchtchen, behaart und hartschalig, öffnen sich bei der Reife nicht (Schließfrüchte). Man nennt sie *Nüßchen*. Vögel, die die Hagebutten fressen, verdauen die Nüßchen nicht (vgl. die Verbreitung des Kirschbaums durch Kirschsteine, S. 9).

Edelrosen. Viele unserer Gartenrosen werden von einer im Gebiet des Mittelmeeres und des Schwarzen Meeres verbreiteten Wildrose abgeleitet, andere von einer ostasiatischen Rose. Die Züchtung der Edelrosen geht bis in das Altertum zurück. Persien gilt als eines der ältesten Rosenländer der Erde. Die meisten Gartenrosen haben gefüllte Blüten. An manchen dieser Blüten kann man beobachten, daß die inneren, kleinen Blumenblätter an ihrer Spitze verkümmerte Staubbeutel tragen. Sie zeigen damit einen *Übergang von Staubblättern zu Blumenblättern* an. Etwas Ähnliches beobachten wir auch bei gefüllten Tulpen und und vielen anderen Gartenblumen.

Der Duft vieler Gartenrosen rührt von einem Öl her, das sich leicht verflüchtigt und keinen Fettflecken hinterläßt (ätherisches Öl). Dieses wertvolle Rosenöl wird besonders in Bulgarien und Südfrankreich gewonnen und dient zur Herstellung wohlriechender Wässer, Seifen und Salben.

Edelrosen werden meist durch *Okulieren* vermehrt. Dabei schneidet man eine Knospe oder ein „Auge" mit einem schildförmigen Stück Rinde und etwas Holz aus dem Edelreis, macht in einen Schößling der Heckenrose (Wildling) einen T-förmigen Schnitt, hebt die Rinde etwas empor, schiebt das

Edelrosen (Christian Dior)

(Kletterrosen)

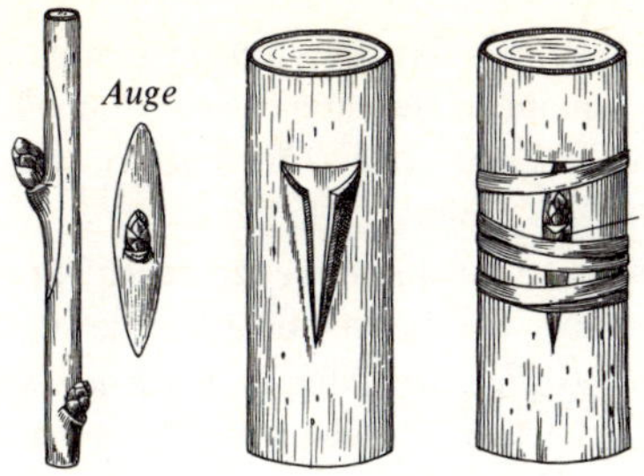

Auge darunter und verbindet die Wundstelle sorgfältig mit Bast. Ist das Auge angewachsen, dann schneidet man den Wildling darüber ab.

1. Die Heckenrose ist ein Holzgewächs, und zwar ein Strauch. Ihre jungen Zweige tragen Stacheln. Diese sind Auswüchse der Rinde.
2. Das Blatt ist unpaarig gefiedert und trägt 2 Nebenblätter.
3. Die Blüte ähnelt der des Kirschbaumes. Auf der Innenwand des krugförmigen Blütenbodens stehen zahlreiche Stempel; auch enthält die Blüte keinen Nektar.
4. Die Hagebutte ist eine Sammelfrucht.
5. Die Heckenrose vermehrt sich geschlechtlich durch Samen und ungeschlechtlich durch Wurzelschößlinge. Die Gartenrose wird durch Veredlung vermehrt.
6. An gefüllten Rosen kann man den Übergang von Staubblättern zu Blumenblättern beobachten.

Balkon- und Zimmerpflanzen

Heute wohnen die meisten Menschen in Städten, viele in Großstädten. Wälder und Felder liegen oft weit entfernt und sind nur zum Wochenende erreichbar. Daher wetteifern die großen Städte darin, ausgedehnte Parkanlagen zu schaffen, das Straßenbild durch Bäume zu verschönern und die Plätze gärtnerisch auszugestalten. Die Bewohner werden ermuntert, in Balkonkästen und an den Fenstern schön blühende Pflanzen zu ziehen.

Petunien

Im Mai werden Setzlinge der Petunie in Balkonkästen gepflanzt. Einige Wochen später beginnen sie zu blühen und sich so auszubreiten, daß die Kästen dicht gefüllt erscheinen. Die Blütezeit hält dann bis in den Oktober hinein an.

Petunie

Blüte (Längsschnitt)

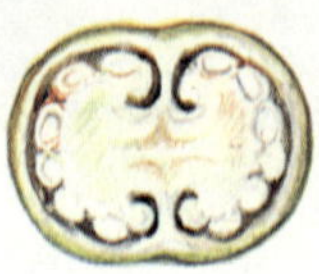

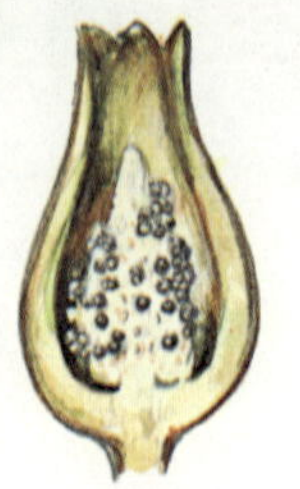

Frucht reifend — Same — Frucht (Querschnitt) — Frucht (Längsschnitt)

Petunien gibt es in vielen Farben und Formen: weiß, rosa, rot, violett, weiß mit roten Streifen, purpurn mit weißen Streifen, aufrechte und hängende Pflanzen.

Stengel und Blätter. Die stark verzweigten Stengel und die Blätter fühlen sich klebrig an. Sie sind mit Haaren bedeckt, die an ihrem köpfchenförmigen Ende einen klebrigen Saft ausscheiden.

Das einzelne Blatt ist im Umriß eiförmig. Die Blattfläche geht in einen kurzen Stiel über, so daß man nicht leicht sagen kann, wo die Blattfläche aufhört und der Stiel beginnt.

Bau der Blüte. Die Blüten stehen an langen Stielen. Eine jede trägt außen 5 grüne, längliche Blätter; sie bilden zusammen den *Blütenkelch.* Nach innen folgt die *Blumenkrone.* Die lange, trichterförmige Blütenröhre hat einen 5lappigen Rand.

Im Innern des Trichters finden sich 5 *Staubblätter.* Jedes von ihnen besteht aus einem *Staubfaden,* der an seinem oberen Ende 2 *Staubbeutel* trägt, die den *Blütenstaub* (Pollen) enthalten.

Zu innerst ist der *Stempel* zu sehen: Seine klebrige *Narbe* überragt die Staubblätter; sie sitzt auf einem dünnen *Griffel,* der unten in den *Fruchtknoten* übergeht. Schneiden wir einen Fruchtknoten mit einem scharfen Messer quer durch, dann sehen wir mit der Lupe, daß er durch eine Querwand zweigeteilt ist. An einer Verdickung in der Mitte dieser Querwand sitzen zahlreiche Körnchen, die *Samenanlagen.* Am Grunde des Trichters sind an der unteren Wand des Fruchtknotens 2 gelbliche Auswüchse zu sehen. Das sind Drüsen, die einen duftenden Saft, den *Nektar,* ausscheiden.

Bestäubung und Befruchtung. An sonnigen Tagen beobachten wir, daß Schwebefliegen in der Luft über den Blüten schweben und mit ihrem langen Rüssel an den Nektar zu gelangen suchen. Wenn wir Glück haben, können wir auch einmal einen Schmetterling beobachten, der vor der Blüte gleichsam in der Luft zu stehen scheint. Seine Flügel gehen so rasch hin und her, daß wir ihren Umriß nicht erkennen können. Beim genauen und geduldigen Zusehen beobachten wir, wie der Schmetterling, ein Taubenschwänzchen, seinen langen Rüssel in das Innere des Blütentrichters hineinsenkt. Dabei streift der Rüssel die Narbe und die Staubgefäße. Kommt der Schmetterling bereits von einer Petunie, dann bringt er Blütenstaub mit,

Drüsenhaare und andere Haare (Gundermann)

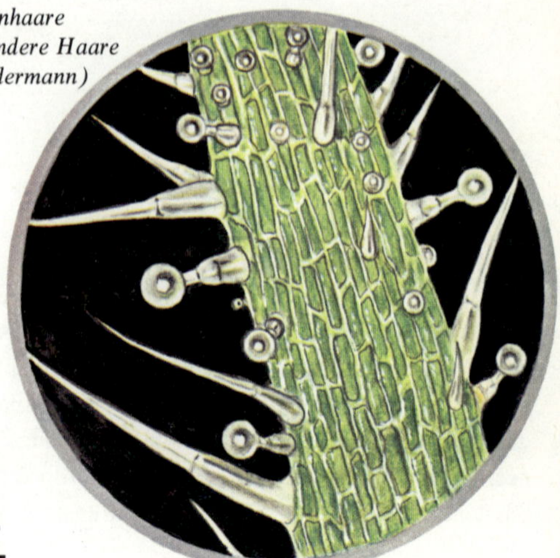

der zwischen den Haaren seines Rüssels hängengeblieben ist. Auf der klebrigen Narbe werden dann einige Pollenkörner abgestreift. Damit hat der Schmetterling die Blüte *bestäubt.*

Auf der Narbe beginnt der Pollen zu keimen, d.h. er treibt einen Pollenschlauch, der durch den Griffel bis in den Fruchtknoten wächst. Dort verschmilzt sein Inhalt mit der Eizelle in der Samenanlage. Erst nach der dadurch erfolgten *Befruchtung* entwickeln sich die Samenanlagen zu Samen, und der Fruchtknoten wird zur Frucht (vgl. S. 11).

Die Frucht der Petunie wird bei der Reife trocken und springt in 2 Längsrissen auf. Sie ist eine *Kapsel.* Die winzigen Samen werden ausgestreut und können zu neuen Pflanzen auskeimen.

Die Heimat der Petunien. Die Petunien kommen aus Südamerika. In Südbrasilien und in Argentinien wachsen wilde Petunien, die zum ersten Male 1825 nach Europa eingeführt wurden. Unsere Gärtner haben aus diesen die vielen Spielarten herangezogen. Das Wort „Petunie" kommt vom brasilianischen petun, d.h. Tabak. Mit dem echten Tabak haben die Petunien vieles gemeinsam. Darüber werden wir später mehr hören (S. 143).

Übertrage mit einem feinen Pinsel Blütenstaub von einer Blüte auf eine andersfarbige Petunienblüte. Wenn die Samen im Oktober reif sind, dann bewahre sie auf. Ende Februar streue sie auf frische Blumenerde in einem Blumentopf, der mit dem Deckel eines Einmachglases so lange abgedeckt wird, bis die Samen auskeimen. Die kräftigsten Keimlinge werden in Blumenkästen ausgesetzt. Zeichne alle Entwicklungsstufen vom Keimling bis zur Jungpflanze. Wie sind die kommenden Blüten gefärbt?

Petunie.
Same und Keimlingsentwicklung

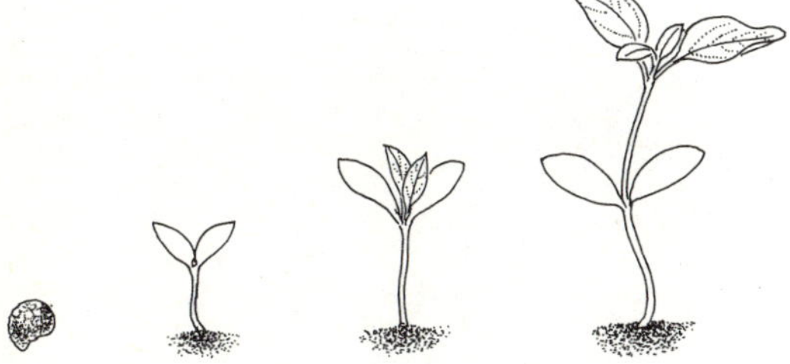

Fuchsien

Als Garten-, Zimmer- und Balkonpflanzen werden die Fuchsien sehr geschätzt. Auch in den Beeten unserer Anlagen fehlen sie nicht. Fuchsien werden als Bäumchen mit aufrechten oder hängenden Zweigen gezogen. Die Blütenfarbe ist rosa bis purpurrot. Es gibt aber auch Spielarten mit weißen Blütenblättern und rotem Blütenkelch. An einer Fuchsie hatten wir bereits die wichtigsten Teile einer Pflanze besprochen (S. 1).

Der Bau der Blätter und die Verdunstung des Wassers. Der Stengel ist mit Blättern besetzt, die meist paarig einander gegenüberstehen; je 2 Blattpaare bilden ein Kreuz. Daher nennt man diese Blattstellung: *kreuzweis-gegenständig.* Das einzelne Blatt ist eiförmig, zugespitzt und gestielt. Der Blattrand ist mit Zähnchen versehen.

1. Stelle einen Zweig des „Fleißigen Lieschens" (Impátiens sultáni) in Wasser, das mit roter Tinte angefärbt ist. Beobachte in Abständen von $^1/_2$ zu $^1/_2$ Stunden, wo und wie das gefärbte Wasser in der Pflanze aufsteigt (auch andere Impatiens-Arten – S. 99 – aus Gärten oder aus dem Walde eignen sich).

2. Eine Topfpflanze wird reichlich gegossen und dann in einen durchsichtigen Plastikbeutel eingebunden. Nach einiger Zeit beobachten wir, daß an den Zähnchen Wassertropfen ausgeschieden werden.

Fuchsie.
Ausscheidung
von Wassertropfen

Spaltöffnungen von der Unterseite eines Blattes (Ampelpflanze). Nur die Spaltöffnungszellen haben Blattgrün; das Blattgrün der tieferliegenden Zellen schimmert durch

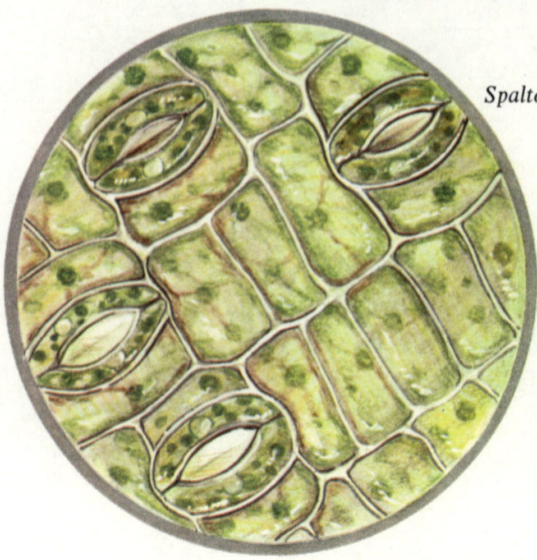

Die Pflanze nimmt Wasser mit ihren Wurzeln auf und leitet es durch den Stengel in feinen *Leitungsröhren* bis zu den Blättern. Diese enthalten in ihren Adern ebenfalls Leitungsröhren. Ein Zweig, in gefärbtes Wasser gestellt, läßt den Weg des Wassers erkennen. In den Blättern verdunstet das Wasser aus Poren, den *Spaltöffnungen.* Diese befinden sich in großer Zahl auf der Blattunterseite. Unter dem Mikroskop sind sie leicht zu erkennen. Wird die Verdunstung des Wassers aus den Spaltöffnungen durch eine Plastikhaube erschwert, dann preßt die Pflanze Wassertropfen aus den Blattzähnchen aus.

Blüte und Frucht. Die Blüten entspringen in den Achseln der Blätter. Sie hängen an langen Stielen, deren Ende zu einer langen Röhre erweitert ist. Am oberen Ende der Röhre befindet sich der scharlachfarbene Kelch mit seinen 4 Zipfeln. Mit diesen abwechselnd stehen die 4 Blumenblätter. Auch die 8 Staubblätter sind dem oberen Rand der Röhre eingefügt. Nur der Griffel mit seiner kopfigen Narbe geht durch die Röhre bis zum Fruchtknoten, der unterhalb der Röhre mit dem Blütenstiel verwachsen ist. Der Fruchtknoten ist also *unterständig* wie bei der Birne. Die Blüten werden von langrüßligen Bienen, Hummeln und Fliegen bestäubt.

Aus dem Fruchtknoten entstehen schwarzrote fleischige Früchte. Schneidet man sie quer durch, dann

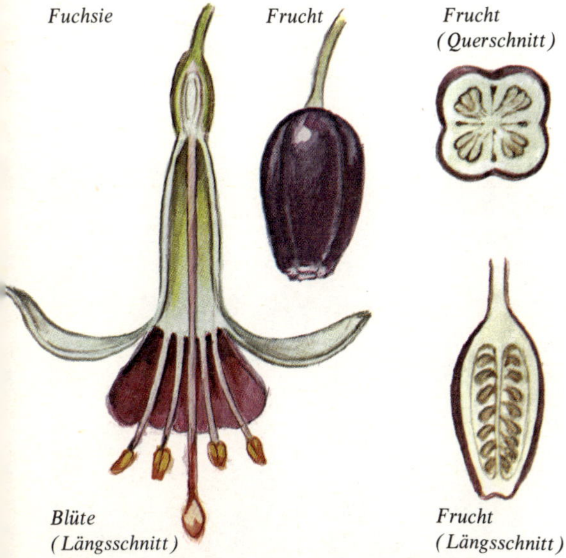

sieht man, daß innerhalb des Fruchtfleisches zahlreiche Samen in 4 Reihen angeordnet sind. Solche Früchte heißen *Beeren.*

Vermehrung. Schneiden wir Fuchsienzweige ab und stecken sie in feuchten Sand, dann bewurzeln sie sich nach kurzer Zeit. Man kann auf diese Weise neue Pflanzen heranziehen. Diese Vermehrung ohne Bestäubung und Befruchtung, also samenlos, ist eine *ungeschlechtliche Vermehrung.* Dagegen ist die Vermehrung aus Samen, wie wir sie bei der Petunie kennenlernten, eine *geschlechtliche Vermehrung.*

Woher die Fuchsien kommen. Die Heimat der Fuchsien ist das Hochgebirge von Mittel- und Südamerika. Dort werden die Blüten von Kolibris bestäubt. Seit dem Ende des 18. Jahrhunderts hat man Fuchsien in Kultur genommen und zahlreiche Spielarten hervorgebracht.

Ihren Namen hat die Pflanze nach dem Botaniker Leonard v. Fuchs erhalten, der im 16. Jahrhundert zum ersten Male die Pflanze beschrieben und in einem „Kräuterbuch“ abgebildet hat.

1. Petunien und Fuchsien sind Zierpflanzen, die aus Südamerika stammen.
2. Die Blätter verdunsten ständig Wasser, das die Pflanzen mit ihren Wurzeln aufnehmen und in Leitungsröhren durch den Stengel zu den Blättern leiten[1].
3. Der Wasserdampf tritt aus den Spaltöffnungen aus, die sich auf der Blattunterseite befinden. Die Fuchsien können an ihren Blattzähnen auch Wassertropfen ausscheiden.
4. Die Blumenblätter sind bei der Petunie miteinander zu einem 5zipfligen Trichter verwachsen. Auch der Kelch ist 5zipflig. Die 5-Zahl gilt auch für die Staubgefäße. Die Blüten der Fuchsie sind dagegen nach der 4-Zahl gebaut: 4 Kelchzipfel, 4 nicht verwachsene Blumenblätter, 8 (2 × 4) Staubgefäße.
5. Die Frucht der Petunie ist eine Kapsel, die der Fuchsie eine Beere.
6. Samen und Früchte werden erst ausgebildet, wenn die Blüten bestäubt worden sind.
7. Auf die Bestäubung folgt die Befruchtung, d.h., der Inhalt des Pollenschlauchs verschmilzt mit der Eizelle in der Samenanlage. Die Samenanlage wird zum Samen, der Fruchtknoten zur Frucht.
8. Die Vermehrung erfolgt geschlechtlich durch Samen, ungeschlechtlich durch Stecklinge.

[1] Zur Einführung in die Pflanzenkunde im Spätsommer bei Beginn des Schuljahrs werden an Petunie und Fuchsie Bau und Lebensweise einer Pflanze eingehend besprochen.

Zimmerpflanzen und ihre Pflege

1. Von einer Blattbegonie (Begónia rex) wird ein Blatt abgeschnitten, die stärkste Rippe durchtrennt und das Blatt auf feuchten Sand gelegt. Stülpe ein leeres Einmachglas über das Blatt. Wann und wo entstehen Wurzeln, wann und wo werden Jungpflanzen gebildet? Die Beobachtungen halte in einer Tabelle und durch Zeichnungen fest.

2. Schneide Zweige von Weiden und Pappeln ab und stelle sie in Wasser. Wann erscheinen Wurzeln? Ziehe die Pflanzen so lange in Töpfen auf, bis sie für die Topfkultur zu groß werden.

Licht und Luft. Die meisten Zimmerpflanzen müssen unmittelbar am Fenster stehen. Nur dort erhalten sie genügend Licht. Vor direkter Sonneneinstrahlung aber sollten sogar die Wüstenpflanzen wie die Kakteen und Wolfsmilchgewächse (Euphorbia) geschützt werden. Usambaraveilchen und Philodendron gedeihen als Schattenpflanzen des Urwaldes auch noch in einiger Entfernung vom Fenster.

Mit einem Wasserzerstäuber werden die Pflanzen regelmäßig eingenebelt, damit die Luft in ihrer nächsten Umgebung genügend Feuchtigkeit erhält. Zugluft ist allen Pflanzen schädlich. Werden die Pflanzen vom Fenster weggenommen, wenn gelüftet wird, dann sollten sie hinterher wieder ihren alten Standort erhalten. Kamelien und Winterkakteen werfen ihre Blütenknospen ab, wenn sie nicht wieder in die alte Richtung zum Licht gestellt werden.

Gießen. Weder Alpenveilchen noch Knollenbegonien müssen vom Untersatz her gegossen werden. Man sollte aber darauf sehen, daß das Gießwasser nicht auf die Knollen trifft. Stehende Nässe im Untersatz vertragen die wenigsten Zimmerpflanzen. Gegossen wird mit zimmerwarmem Wasser, wenn die Erde sich trocken anfühlt. Regelmäßiges Gießen am Morgen, bis

Christusdorn (Euphorbia splendens)

Blattkaktus (Phyllocactus)

das Wasser aus dem Abzugsloch heraustropft, dürfte meist genügen. Azaleen vertragen kein „hartes“, d.h. kalkhaltiges Wasser. Für sie kommt nur Regenwasser in Frage, wenn sie nicht verkümmern sollen. Zwiebelgewächse, wie „Amaryllis“ (Hippeastrum), brauchen von Oktober bis Dezember nicht gegossen zu werden. Das ist ihre Ruhezeit. Kakteen werden sehr mäßig, in der Blütezeit aber kräftig gegossen.

In den Industriegegenden müssen die Pflanzen besonders häufig gründlich überbraust werden; Blattpflanzen werden mit einem Schwamm abgewaschen.

Düngen. Den Topfpflanzen steht nur wenig Erde zur Verfügung, deren Nährstoffe bald verbraucht sind. Daher müssen die Pflanzen regelmäßig gedüngt werden. Im Handel sind Düngesalzgemische zu haben, die genau nach Vorschrift im Frühjahr und Sommer zu verwenden sind. In jeder Woche wird einmal mit Düngelösung gegossen. In der Ruhezeit, November bis Januar, ist das Düngen zu unterlassen, ebenfalls unmittelbar nach dem Umtopfen und wenn Stecklinge abgenommen werden sollen.

Wachsblume (Hoya carnosa)

Umtopfen. Das Frühjahr, März bis Mai, ist die beste Zeit dazu. Dann hat die Pflanze ihre Ruhezeit beendet. Der neue Topf wird sauber gewaschen und dann in Wasser gelegt, damit die Wandung sich vollsaugen kann. Der Topf soll etwa 2–3 cm weiter sein als der alte. Über das Abzugsloch legt man einen Scherben und füllt etwas Erde ein. Dann löst man die Pflanze aus dem alten Topf, indem man sie umdreht, den Stamm zwischen Zeige- und Mittelfinger hält und mit der Handkante gegen den Topfboden schlägt. Der Wurzelballen wird nun in den neuen Topf gestellt und sorgfältig mit frischer Blumenerde umgeben. Dann wird vorsichtig, aber kräftig angegossen, damit die Erde den Wurzeln dicht, ohne Hohlräume zu bilden, anliegt. Die richtige Blumenerde besorgt man sich beim Gärtner oder in Fachgeschäften.

Stecklinge. Geranien lassen sich wie Fuchsien leicht durch Stecklinge vermehren. Junge, noch grüne Geranienzweige werden im Frühjahr abgeschnitten und flach in feuchten Sand gesteckt. Über die Stecklinge stülpt man ein großes Einmachglas oder einen Plastikbeutel. Nach etwa 2 Wochen können die Stecklinge, die inzwischen Wurzeln gebildet haben, eingetopft werden. Zweige vom Oleander oder von der Wachsblume (Hoya) bewurzeln sich auch in einem Glas mit Wasser, müssen aber sehr vorsichtig eingetopft werden, damit die Wurzeln nicht abbrechen. Zweige der Ampelpflanze (Tradescantia) bewurzeln sich in Wasser besonders rasch.

Nelken lassen sich durch „Senker“ vermehren. Man schneidet einen Zweig unterhalb eines Stengelknotens bis zur Hälfte ein und biegt ihn dann um. Mit einem Drahthaken oder einem hakenförmig gebogenen Hölzchen wird er am Boden befestigt und die tiefste Stelle mit Erde bedeckt. Nach kurzer Zeit schlägt der Senker Wurzeln und kann von der Mutterpflanze abgetrennt werden.

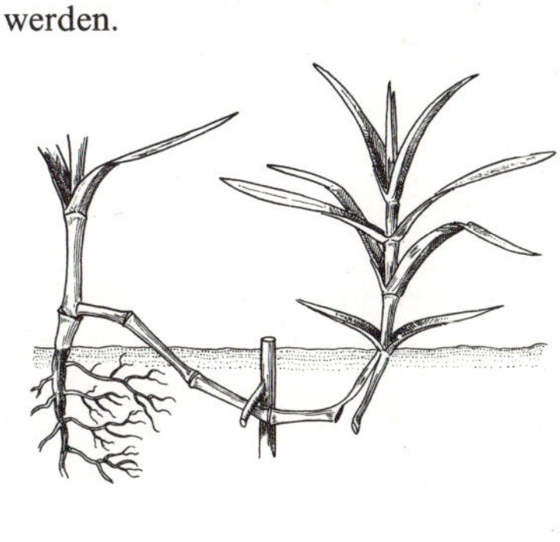

Senker einer Nelke

Hyazinthe, auf Wasser getrieben

Treiben von Frühjahrsblühern. Hyazinthen, deren Zwiebeln vom Gärtner besonders vorbehandelt sind („Treibhyazinthen"), können in besonderen Gläsern auf Wasser getrieben werden. Im Oktober setzt man die Zwiebeln so auf die Gläser, daß das Wasser die Zwiebel selbst nicht berührt. Die Gläser werden frostfrei und dunkel aufbewahrt, bis die Wurzeln bis zum Grunde des Glases gewachsen sind. Dann können die Pflanzen in ein warmes Zimmer gebracht werden. Bis zum Erscheinen des Blütenstandes müssen die Zwiebeln mit einem Hütchen bedeckt werden, damit die Blüten nicht „steckenbleiben".

Zimmerpflanzen ohne Erde. Jungpflanzen, Stecklinge oder Ableger eignen sich auch gut zu Wasserkulturen. Vom Wurzelballen einer solchen jungen Topfpflanze wird die Erde abgeschüttelt und mit lauwarmem Wasser nachgespült. Die Wurzeln müssen vollkommen sauber sein. Dann setzt man die Pflanzen in Vasen, die mit einem Einsatz versehen sind. Der Einsatz hat einen siebartigen Boden, durch den man die größeren Wurzeln zieht. Halt erhält die Pflanze im Einsatz durch Kieselsteine von Haselnußgröße. Die Vase wird mit einer Nährstofflösung so weit angefüllt, daß der Boden des Einsatzes soeben eintaucht. Alle Monate einmal wird die Lösung erneuert. Sie wird genau nach Anweisung aus Spezialdünger für *Hydrokulturen* angesetzt und enthält alle jene Stoffe, die sonst die Wurzel dem Boden entnehmen muß. Der Vorteil dieser Kulturen liegt darin, daß man sich auch bei längerer Abwesenheit um das Gießen nicht zu sorgen braucht.

Schädlinge. Wenn eine Pflanze welkt, obwohl sie regelmäßig gegossen wurde, stellt man den ganzen Topf in lauwarmes Wasser. Erdraupen, Insekten und Würmer kriechen dann aus dem Erdballen heraus und werden abgefischt.

Blatt- und Wollschmierläuse bekämpft man mit „Insektiziden", die unter peinlicher Beachtung der Vorschriften verstäubt werden. Die Insektenvertilgungsmittel sind alle giftig! Schildläuse an hartblättrigen Pflanzen (Gummibäume, Wachsblume, Kranzschlinge Stephanotis) vertreibt man durch Abwaschen der Blätter mit einer Schmierseifenlösung. Die „Rote Spinne" (Lupe!) wird durch regelmäßiges Spritzen mit lauwarmem Wasser vertrieben.

Zimmerpflanzen zur Auswahl. Für schattige Räume: Aralie, Blattbegonie, Farne, Efeu, Philodendron, Tradescantia, Usambaraveilchen. Für warme Räume: Anthúrium (Flamingoblume), Begónie, Caládium (Buntwurz), Columnéa, Farne, Gloxínie, Kakteen, Peperómia, Sansevièra, Tradescántia. Hängepflanzen: Aspáragus, Columnéa, Efeu, Isolépis (Frauenhaar), Chlorophýtum (Grünlilie), Fuchsie. Kletterpflanzen: Cissus (Zimmerrebe), Efeu, Passionsblume, Philodéndron, Stephanótis (Kranzschlinge), Wachsblume (Hoya).

Wie werden Schnittblumen behandelt? Bevor man sie in Wasser stellt, sollten die Stengel noch einmal um ein kurzes Stück beschnitten werden. Holzige Stengel, z.B. Zweige von Kirschbaum oder Lärche, werden mit einem Hammer am unteren Ende breitgeklopft. Dadurch wird die Oberfläche der wasseraufnehmenden Holzteile vergrößert. Das Wasser in den Vasen ist täglich zu erneuern. Tulpen brauchen nur wenig Wasser in der Vase.

Die japanische Blumenkunst *Ikebana* lehrt, wie man es in der schönen Anordnung von Schnittblumen in einer Vase zur Meisterschaft bringen kann.

Keimung und Entwicklung einer Pflanze

Die Gemüsebohne

Die Gemüsebohne wird als niedrig bleibende Buschbohne und als Stangenbohne angebaut, die sich an Stützen emporwindet. Sie stammt wie die Feuerbohne aus den heißen Ländern von Amerika und braucht zu ihrem Gedeihen viel Wärme. Auch ist sie frostempfindlich. Wir legen daher ihre Samen, die Bohnen, erst im Mai aus. In etwa 3 cm tiefe Pflanzlöcher werden jeweils 3–5 Bohnen gegeben. Die Löcher müssen bei Buschbohnen 30, bei Stangenbohnen 60 cm voneinander entfernt sein.

Gemüsebohne. Vereinfachter Längsschnitt (Schmalseite) durch einen Samen vergrößert

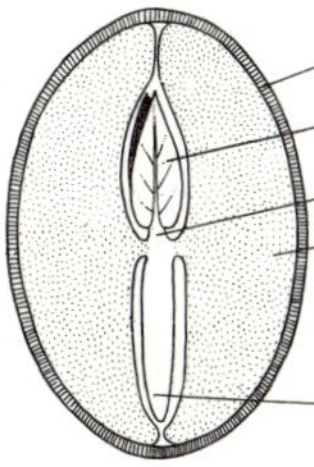

Samen und Keimling. Die Samen der Bohne haben an der eingebuchteten Seite einen matten Fleck, den Nabel. Hier saßen sie mit einem Stielchen an der Fruchtwand fest. Lassen wir Bohnen im Wasser aufquellen, so sehen wir, daß sie von einer lederartigen Haut umgeben sind, der *Samenschale*. Entfernen wir diese, dann erblicken wir zwei große nierenförmige Körper, die *Keimblätter*. Nehmen wir eines von ihnen weg, so erkennen wir eine winzige Pflanze. Sie besteht aus einem *Stengelchen*, einem *Würzelchen* und einer kleinen Knospe, der *Keimknospe*. In der Mitte trägt das Stengelchen die Keimblätter. Wir nennen die kleine Pflanze mit ihren Keimblättern den *Keimling*. Der Bohnensame enthält somit den Keimling der Bohne, den die derbe Samenschale schützend umhüllt.

1. Wir lassen Bohnensamen 24 Stunden lang in Wasser quellen und legen sie dann in feuchte Sägespäne. In einer Tabelle vermerken wir, wann die Wurzelspitze erscheint. Dann pflanzen wir die gekeimten Bohnen in Blumentöpfe und schreiben auf, wann die Sprosse die Erde durchbrechen und wann die Keimblätter ausgebreitet sind. Alle Stufen der Entwicklung werden gezeichnet.

2. Keimlinge mit gut entwickelten Wurzeln stecken wir mit Nadeln an einem Korken fest, wie es die Abb. S. 26 zeigt. Diesen Korken stellen wir auf eine umgekehrte Untertasse, die in einem mit Wasser gefüllten Teller steht. Darüber stülpen wir eine Glasglocke oder ein Einmachglas. Beobachte und zeichne, wie sich die Wurzeln verhalten.

3. Eine eingetopfte Bohnenpflanze mit entfalteten Keimblättern wird waagrecht gelegt. Beobachte und zeichne, wie der Sproß sich aufrichtet.

4. Stelle Keimungsversuche auch mit anderen Samen an, z.B. mit Feuerbohnen, Erbsen, Kürbiskernen usw. Beobachte und zeichne, welche Unterschiede die Keimlinge zeigen. Führe genau Buch über den Fortgang der Entwicklung.

Die Keimung. Betrachten wir im Abstand von 2 oder 3 Tagen Bohnen, die wir in feuchte Sägespäne gebracht haben, so sehen wir folgendes: Sie werden größer und schwerer, weil sie sich voll Wasser saugen. Dann platzt die Samenschale auf, und das Würzelchen kommt zum Vorschein. Es dringt senkrecht in den Boden ein und wird zur Hauptwurzel, die bald zahlreiche Seitenwurzeln treibt. Darauf wächst der Stengelteil unter den Keimblättern stark in die Länge. Er krümmt sich hakenförmig, durchbricht den Boden und zieht schließlich die Keimblätter samt der Knospe aus der Erde hervor. Die Keimblätter biegen sich jetzt auseinander, der Stengel streckt sich gerade, das erste Blattpaar entfaltet sich, und alle oberirdischen Teile ergrünen. Während die Pflanze sich weiter entwickelt, schrumpfen die Keimblätter und fallen schließlich ab.

Aus den Versuchen 2 und 3 ersehen wir, daß die Hauptwurzel das Bestreben hat, nach unten zu wachsen; der Sproß richtet sich immer nach oben. Werden Wurzeln und Sprosse waagrecht gelegt, dann können sie durch Krümmung die alte Richtung wieder einnehmen. Wir sprechen von *Krümmungsbewegungen*.

Die Knospe ist recht zart. Trotzdem wird sie beim Durchbrechen der Erde nicht verletzt; denn der derbe,

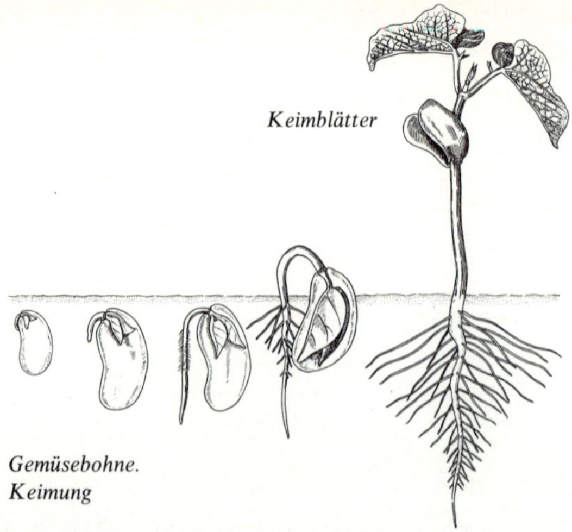

Gemüsebohne. Keimung

gebogene Stengel geht voran. (Wie ist der junge Trieb bei der Tulpe geschützt?)

Legen wir Bohnen in trockene Erde, so keimen sie nicht. Erst wenn sie reichlich befeuchtet werden, beginnt die Keimung. Bringen wir ferner einige trockene und einige gequollene Bohnen für mehrere Stunden in einen Kühlschrank und pflanzen sie darauf in Blumentöpfe, die im warmen Zimmer stehen, so werden die trockenen Samen bald, die aufgequollenen aber nicht keimen. Diese wurden durch die Kälte getötet; sie sind erfroren. Wasser und Wärme sind es also, die den „schlafenden" Keimling erwecken.

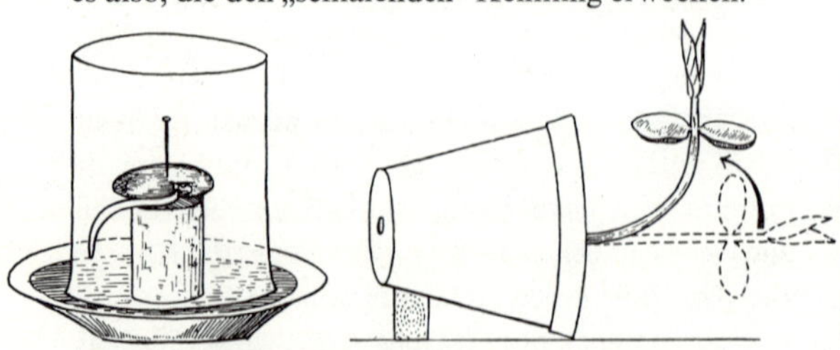

Krümmungsbewegungen.
Die Wurzelspitze der keimenden Bohne wächst nach unten, auch wenn die Wurzel waagrecht gerichtet wurde. Die Spitze des Sprosses wendet sich immer nach oben.

Bedeutung der Wurzeln. Da das Würzelchen zuerst aus der Samenschale hervorkommt, rasch in die Tiefe wächst und Seitenwurzeln treibt, wird die junge Pflanze fest im Boden verankert.

Die Wurzel hat aber noch eine andere Aufgabe, wie der folgende Versuch zeigt: Man zieht Bohnenpflanzen in Blumentöpfen heran, von denen die einen mit Gartenerde, die anderen mit reinem Sand gefüllt sind, und halten alle gleich feucht und warm. Die Pflanzen, die in der Gartenerde wurzeln, entwickeln sich kräftig, blühen und tragen Früchte; die im Sande stehenden dagegen gedeihen wohl einige Wochen, bis die Vorratsstoffe in den Keimblättern verbraucht sind. Dann aber verkümmern sie, und bald gehen sie ganz ein. Hieraus erkennen wir, daß die Pflanzen der Gartenerde Stoffe entnehmen, die zum Aufbau ihres Körpers nötig sind, die dem Sande dagegen fehlen. *Die in der Gartenerde vorhandenen Nährstoffe* lösen sich in dem Wasser auf, mit dem wir die Pflanzen begießen, und *werden von den Wurzeln aufgenommen.* Da die Wurzeln sich zuerst entwickeln, können sie die junge Pflanze auch sofort mit Nährstoffen versorgen.

Die Pflanze und das Licht

1. Lasse Bohnen im Dunkeln keimen. Eine im Dunkeln gezogene Keimpflanze wird ans Licht gestellt, sobald die Erstlingsblätter erschienen sind.
2. Überdecke eine junge Bohnenpflanze, die in einem Blumentopf herangezogen wurde, mit einem lichtdichten Pappkarton, in dessen eine Wand ein Loch von etwa 3 cm Durchmesser geschnitten ist. Zeichne die Wuchsform der Pflanze zu Beginn des Versuches und nach einigen Tagen.

Die oberirdischen Teile ergrünen, sobald sie sich über den Boden erhoben haben. Lassen wir aber Bohnen im Finstern keimen, so bleiben sie gelblich. Stellen wir solche „bleichsüchtigen" Pflanzen ins Licht, dann werden sie ebenfalls grün. *Das Licht bewirkt also das Ergrünen der Pflanzen.*

Das bestätigen auch die Triebe von Kartoffeln oder Zwiebeln, die im Keller lagern. (Vergleiche auch die inneren Blätter von Kopfsalat, Endiviensalat, Weißkraut).

Junge, gesunde Bohnenpflanzen, die in einen völlig dunklen Raum gebracht und regelmäßig begossen werden, bleichen schon nach wenigen Tagen aus. Lassen wir sie im Dunkeln stehen, dann verkümmern sie immer mehr, bis sie endlich absterben. Wie die Pflanzen dieses Versuchs können auch alle anderen grünen Gewächse ohne Licht nicht leben. Wir verstehen deshalb, daß im Versuch 2 die junge Bohnenpflanze sich dem Licht zuwendet.

Krümmungsbewegung.
Ein einseitig belichteter Bohnenkeimling wendet sich dem Lichte zu

Linkswinder (Bohne)

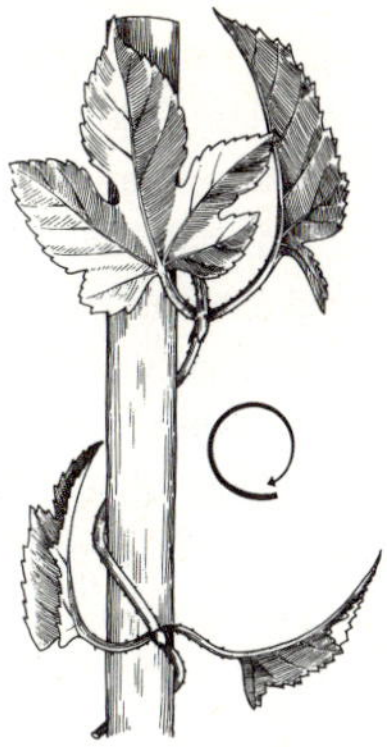

Rechtswinder (Hopfen)

Der Stengel und die Windebewegung. Bei den Buschbohnen ist der Stengel kurz und kräftig und kann sich aufrecht halten. Die Stangenbohnen dagegen haben einen so langen und schwachen Stengel, daß wir ihnen Stützen geben müssen, an denen sie sich emporwinden.

1. Bei einer Versuchspflanze spießen wir am Morgen eine Stecknadel neben der Spitze in die Stange. Das Verfahren wiederholen wir alle paar Stunden und stellen fest, wie lange der Sproß zu einer Umwindung braucht.
2. Eine in einem kleinen Blumentopf gezogene Jungpflanze von etwa 10 cm Höhe wird in ein Glas gestellt und oben mit einer flachen Glasscheibe abgedeckt. Durch die Glasscheibe schaut man senkrecht auf die Sproßspitze und markiert seine Lage mit einem Wachsstift auf der Glasplatte von Viertelstunde zu Viertelstunde. Die Sproßspitze läßt sich durch ein kurzes Glasröhrchen besonders gut senkrecht von oben beobachten.

Anfangs wächst der Stengel der Stangenbohnen gerade empor; dann aber neigt sich seine Spitze zur Seite und dreht sich langsam im Kreise. Der Stengel sucht gleichsam eine Stütze. Berührt er eine, dann legt er sich an sie an. Sein oberer Teil kreist weiter; daher wird die Stütze bald einmal oder mehrmals umwunden. Mit seinen kurzen, steifen Borsten haftet er fest an ihr. Die Windungen verlaufen, wenn man von oben auf die Pflanze schaut, in der entgegengesetzten Richtung, in der sich der Uhrzeiger bewegt; man sagt, die Bohne ist linkswindend.

Wir geben Stangenbohnen in der Regel 3 – 4 m lange Stangen, die am besten senkrecht in den Boden gedrückt werden.

Die Blätter und ihre Tag- und Nachtbewegungen. Die beiden ersten Blätter, die am Stengel entspringen, sind einfach. Alle folgenden dagegen setzen sich aus je 3 eiförmigen Blättchen zusammen: Sie sind dreizählig. Im Gegensatz zu dem endständigen Blättchen haben die beiden seitlichen ungleich große „Hälften“. Am Grunde des langen, gemeinsamen Blattstieles und der kurzen Stiele der Einzelblättchen finden sich winzige Nebenblätter.

Am Tage sind die dreizähligen Blätter waagrecht ausgebreitet. Wenn es dunkel wird, richtet sich aber der gemeinsame Blattstiel empor, und die 3 Blättchen senken sich herab. Man sagt: Die Blätter schlafen. Am Morgen geht diese *Nacht-* oder *Schlafstellung* wieder in die *Tagstellung* über.

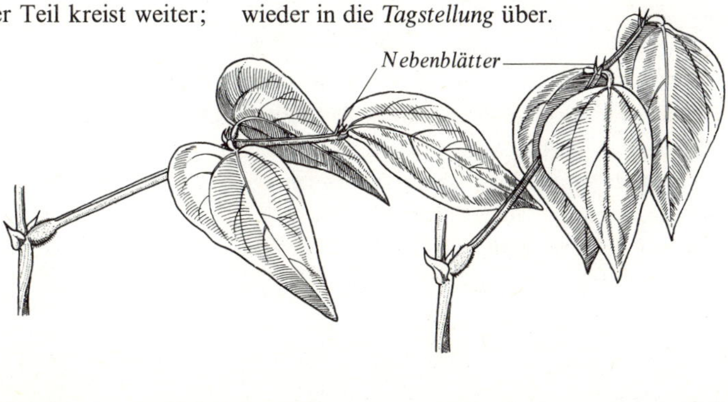

Blatt der Gemüsebohne in Tagstellung (links) und in Nachtstellung (rechts)

Die Bedeutung der grünen Laubblätter. Werden bei einer von 2 gleich hohen Bohnen alle Blätter abgeschnitten, dann beobachtet man schon nach wenigen Tagen, daß die entblätterte Pflanze im Wachstum zurückgeblieben ist. Entfernt man auch alle neu erscheinenden Blätter, dann stirbt die Pflanze ab. Die Blätter sind also lebenswichtige Teile.

Bei der Schlüsselblume und der Fuchsie haben wir bereits erfahren, daß die grünen Blätter durch die Spaltöffnungen ständig Wasser verdunsten. Besonders die Blattunterseite ist mit Spaltöffnungen übersät.

Da die Blätter ununterbrochen Wasser an die Luft abgeben, müssen die Wurzeln ständig Wasser aus dem Boden aufnehmen. Es gelangt in besonderen Leitungsröhren (vgl. Tulpe und Fuchsie) von den Wurzeln durch die Stengel in die Adern der Blätter. Wie wir gesehen haben, sind im Wasser des Bodens unentbehrliche Nährstoffe gelöst. Also werden der Pflanze mit dem Wasser ständig Nährstoffe zugeführt.

1. Wir bringen ein wenig käufliche Stärke mit etwas Wasser in ein Reagenzglas, schütteln um und setzen einige Tropfen Jodjodkalium hinzu. Die Stärke färbt sich blauschwarz. Wiederholen wir den Versuch mit anderen Stoffen (Zucker, Salz usw.), so erfolgt keine Blaufärbung. Jod ist also ein sicheres Erkennungsmittel für Stärke.

2. An einem Nachmittag schneiden wir einige Bohnenblätter ab, die dem vollen Sonnenlicht ausgesetzt waren, und geben sie in ein größeres Reagenzglas mit Spiritus. Tauchen wir dieses nun eine Zeitlang in kochendes Wasser, so werden die Blätter farblos, weil das Blattgrün in den Spiritus übergeht. Wir spülen die Blätter in Wasser ab und übergießen sie mit etwas Jodjodkalium. Sie färben sich blau, ein Zeichen, daß in ihnen Stärke vorhanden ist. Verwenden wir zu dem Versuch grüne Blätter anderer Pflanzen, so können wir in ihnen gleichfalls Stärke feststellen. Dies gilt für alle grünen Pflanzenteile.

In den Blättern wird mit Hilfe des Lichtes *Stärke* gebildet, und zwar aus Wasser und einem Bestandteil der Luft, dem Kohlendioxidgas. Diesen Vorgang nennt man *Assimilation.* Die Stärke verwenden die Pflanzen, um die Stoffe zu erzeugen, aus denen sie ihren Körper aufbauen. Dazu benötigen sie außerdem die Nährstoffe des Bodens, die von den Wurzeln in Wasser gelöst aufgenommen werden. Die Blätter dienen also mit den Wurzeln der Ernährung der Pflanzen. Solange der Keimling noch keine grünen Blätter oder andere grüne Teile hat, entnimmt er diese Stoffe den Keimblättern. Diese werden daher, je mehr die Keimpflanze heranwächst, immer weicher und schlaffer, bis sie endlich verschrumpfen und abfallen. *Die Keimblätter der Bohne sind demnach Vorratsspeicher für den Keimling.* Die in ihnen enthaltenen Stoffe werden von der Mutterpflanze gebildet. Die Prüfung mit Jodjodkalium zeigt, daß vor allem Stärke gespeichert wird.

Pflanzen atmen. Mensch und Tier können nur leben, wenn sie atmen. Beim Einatmen nehmen wir aus der Luft ein Gas auf, den Sauerstoff. Beim Ausatmen entfernen wir aus dem Körper ein schädliches Gas, das Kohlendioxid. In einem Glaszylinder mit Luft brennt eine Kerze so lange, bis der Sauerstoff der Luft verbraucht ist. In einem Glaszylinder mit Kohlendioxid erlischt die Kerze sofort.

Prüfung der Atemluft auf Kohlendioxid. Durch das Rohr M wird mit dem Mund ein- und ausgeatmet. Das Kalkwasser im Glaskolben links trübt sich erst sehr allmählich (eingeatmete Luft), das Kalkwasser im Kolben rechts trübt sich sofort (ausgeatmete Luft). Die ausgeatmete Luft enthält mehr Kohlendioxid als die eingeatmete.

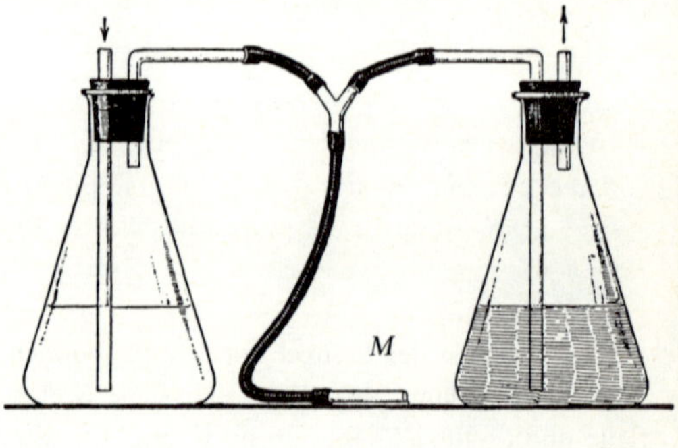

Die Anwesenheit von Kohlendioxid beim Ausatmen läßt sich leicht zeigen. Kohlendioxid hat nämlich die Eigenschaft, Kalkwasser zu trüben. Blasen wir mit einem Glasröhrchen Luft in Kalkwasser, dann wird es bald milchig trüb.

1. Samen der Bohne oder der Erbse, die soeben gekeimt sind, werden in einen luftdicht verschließbaren Glaszylinder gelegt und mit etwas Wasser befeuchtet. Nach

2 Tagen senken wir eine brennende Kerze in den Zylinder. Sie erlischt sofort.

2. Wir halten in diesen Zylinder einen Glasstab mit einem Tropfen Kalkwasser. Der Tropfen trübt sich.

3. Blätter vom Efeu werden in einen Glaszylinder gelegt und ins Dunkle gestellt. Am nächsten Tage wird mit Kalkwasser geprüft, ob dieses sich trübt.

Keimende Bohnen (Erbsen) verbrauchen den Sauerstoff der Luft (Versuch 1). Auch scheiden die Keimlinge Kohlendioxid aus (Versuch 2). Im Dunkeln müssen die Pflanzen ebenfalls atmen: Im 3. Versuch trübt sich das Kalkwasser am Morgen ebenfalls.

Die Pflanzen atmen wie der Mensch und die Tiere sauerstoffreiche Luft ein und kohlendioxidreiche Luft aus. *Alle Pflanzen atmen mit allen ihren Teilen, den Blättern, Stengeln und Wurzeln, Tag und Nacht.*

Die Blüte. Ihrem Aussehen verdankt sie den Namen *Schmetterlingsblüte*. Die Frucht wird als *Hülse* bezeichnet. Schmetterlingsblüte und Hülse werden wir bei der Erbse näher kennenlernen (S. 84).

Die Bohne als Nutzpflanze. Die grünen Früchte werden als „grüne Bohnen", die reifen Samen als „weiße Bohnen" gegessen. Die Gemüsebohne ist daher eine wichtige Nutzpflanze. In Gärten und Feldern bauen wir sie an und beziehen noch große Mengen aus dem Ausland.

Die Pflanze, ein lebendes Wesen. Wir haben gesehen, daß die Bohne sich aus einem Keimling entwickelt, daß sie wächst, sich ernährt und vermehrt. Auch stellten wir fest, daß die Blätter Tag- und Nachtbewegungen ausführen, daß sich die Stengelspitze kreisend bewegt, ja, daß ihr sogar eine Art Empfindung zukommen muß, mit deren Hilfe sie eine Stütze findet. Die Bohne zeigt also ähnliche Lebenserscheinungen wie die Tiere und der Mensch und ist daher wie diese ein lebendes Wesen.

1. Der Same enthält den Keimling der jungen Pflanze, der von der Samenschale schützend umgeben ist.
2. Wasser und Wärme regen die Keimung an.
3. In der ersten Zeit des Wachstums baut sich das junge Pflänzchen aus Nährstoffen auf, die in den zwei Keimblättern aufgespeichert sind.
4. Mit der Wurzel befestigt sich der keimende Samen in der Erde. Die Wurzel führt ihm Wasser und darin gelöste Nährstoffe zu.
5. Beim Durchbrechen der Erde geht der anfänglich gebogene Stengel voran. Später umwindet der schwache Stengel die Stütze. Die Bohne ist ein Linkswinder.
6. Die Blätter sind – mit Ausnahme der beiden ersten – zusammengesetzt, und zwar „dreizählig"; sie senken sich allabendlich herab (Nacht- oder Schlafstellung).
7. Die Nahrung der Bohne und aller grünen Pflanzen besteht aus Wasser mit den darin gelösten Nährstoffen sowie aus einem Bestandteil der Luft, dem Kohlendioxidgas.
8. Der Ernährung dienen Wurzeln und Laubblätter.
9. Ohne genügend Licht können die Laubblätter ihre Aufgabe nicht erfüllen.
10. Die Bildung der Stärke in den grünen Blättern bei Tageslicht wird Assimilation genannt.
11. Alle Pflanzen atmen mit allen ihren Teilen bei Tag und Nacht.
12. Pflanzen sind wie die Tiere und der Mensch lebende Wesen.

Die Blätter und ihre Aufgaben

Blätter sind sehr verschieden gestaltet. Neben gewöhnlichen grünen Blättern oder Laubblättern gibt es schuppenförmige oder häutige, die Hüllblätter; dickfleischig und schalenförmig sind die Schalen der Tulpenzwiebel, nierenförmig die Keimblätter der Bohne. Auch die Blütenteile entstehen aus Blättern.

1. Die *Keimblätter* liefern der jungen Bohnenpflanze die erste Nahrung, sie sind demnach Nährstoffbehälter. Die gleiche Bedeutung haben die Zwiebelschalen für die Tulpe; ferner umschließen diese die zarten Teile des unterirdischen Sprosses und schützen sie.

2. Die *Hüllblätter* schützen z. B. als Knospenschuppen (Kirsche) Blüten und Blattanlagen.

3. Die grünen *Laubblätter* dienen der Assimilation. Außerdem verdunsten sie einen Teil des von den Wurzeln aufgenommenen Wassers, das die Nährstoffe gelöst enthält.

4. Unter den *Blättern der Blüte* bilden Kelch- und Blumenblätter die Hülle für die Staubblätter und Fruchtblätter. Diese selbst treten in den Dienst der Fortpflanzung.

Der Raps

Der Raps wird als Winter- und als Sommerraps angebaut. Winterraps sät man im Spätsommer aus und erntet ihn etwa Ende Juni des nächsten Jahres. Sommerraps dagegen wird im Frühjahr ausgesät und im Herbst des gleichen Jahres geerntet.

Vom Sproß und der Wurzel des Rapses. Der Winterraps bleibt während der kalten Jahreszeit so niedrig, daß seine Blätter dem Erdboden fast anliegen und eine *Rosette* bilden. So werden alle Blätter gleichmäßig

Blühendes Rapsfeld

vom Licht getroffen. Im Frühling aber wächst der Stengel gleich dem des Sommerrapses rasch empor.

Die Stengelblätter nehmen nach oben hin allmählich an Größe ab. Außerdem sind sie rings um den Stengel verschieden hoch angeordnet. Kein Blatt steht über dem nächsten; sie sind *wechselständig* und werden daher alle gut belichtet. Die oberen Blätter sind ganzrandig, die unteren stark eingebuchtet, fast gefiedert. Da die Teilung der Blattfläche aber nicht bis zur Mittelrippe reicht, wird das Blatt *fiederspaltig* genannt (vgl. Heckenrose).

Die Blätter und Stengel sind von einer dünnen Wachsschicht bedeckt und sehen dadurch blaugrün aus. Träufelt man Wasser auf die Pflanze, so rollt es sofort in Tropfen ab (vgl. Tulpe). An den schräg aufwärts stehenden Blättern fließt das Regenwasser zum Stengel, an dem es zu den Wurzeln hinunterrieselt.

Der Raps hat eine pfahlförmige Hauptwurzel mit kurzen Seitenwurzeln.

Kreuzblüte zerlegt

Grundriß

Der Raps, ein Kreuzblütler. Die Blüte hat 4 schmale gelbgrüne Kelchblätter und 4 goldgelbe Blumenblätter, die sich kreuzweise gegenüberstehen (Kreuzblüte). Die Blumenblätter formen mit ihrem unteren, schmalen Teil eine Röhre. Von den 6 Staubblättern sind 2 kürzer als die 4 anderen. Am Blütengrund sitzen 4 grüne Nektardrüsen. Der Fruchtknoten ist langgestreckt und trägt auf einem kurzen Griffel eine knopfförmige Narbe. Insekten bestäuben die Blüte bei der Nektarsuche.

Die kurzgestielten Blüten entspringen übereinander am Stengel und an seinen Zweigen. Sie bilden einen Blütenstand, eine *Traube*.

Blühender Raps lockt durch seinen starken Duft viele Insekten (Bienen) an. Da die Blüten reich an Nektar sind, ist der Raps für den Bienenzüchter eine wichtige „Honigpflanze".

Aus den Fruchtknoten gehen langgestreckte Früchte hervor. Wenn sie sich öffnen, sieht man, daß sie aus 2 Klappen, den *Fruchtblättern*, bestehen, die durch eine häutige Wand verbunden sind. Eine solche Frucht bezeichnet man als *Schote*. Bei der Reife lösen sich die Klappen von unten nach oben so ab, daß die Wand mit den Samen stehenbleibt. Dann genügt schon eine leichte Erschütterung, um die Samen von ihren Stielchen zu lösen. Der Bauer erntet deshalb den Raps, bevor die Früchte völlig reif sind.

Bedeutung des Rapses. Zerdrückt man einige Samen zwischen Löschpapier, so entsteht ein bleibender Fettfleck, ein Zeichen, daß sie ein fettes Öl enthalten. Das gereinigte Öl wird als Speiseöl verwendet. Die bei der Ölgewinnung zurückbleibenden festen Bestandteile preßt man zu „Ölkuchen", die ein wertvolles Viehfutter sind. Auch wird die Pflanze im Frühjahr grün geschnitten und als Futter besonders für Rinder verwendet.

1. Der Raps besitzt Blätter, die das Wasser an dem Stengel hinunter zu den Wurzeln leiten.

2. Die Hauptwurzel ist rüben- oder spindelförmig verdickt und bildet nur wenige, kurze Seitenwurzeln aus.

3. Die Blüte ist eine Kreuzblüte. Die 4 Kelch- und die 4 Blumenblätter stehen einander kreuzweise gegenüber. Von den 6 Staubblättern sind 2 kürzer als die 4 anderen.

4. Die Frucht ist eine Schote. Sie öffnet sich mit 2 Klappen und ist durch eine Längsscheidewand in 2 Fächer geteilt.

5. Der Raps ist eine wichtige Nutzpflanze. Er geht alljährlich aus Samen hervor.

Entwicklung einer Blütenpflanze, gezeigt am Beispiel des Rapses

Unsere Abbildung zeigt die Entwicklung des Rapses vom Keimling zur blühenden und fruchtenden Pflanze. Stelle nach dieser Abbildung in einer Übersicht alle Hauptteile einer Blütenpflanze zusammen

Der Klatschmohn

Am Feldrain, auf Brachfeldern und an Bahndämmen blüht der Mohn vom Mai bis in den Juli hinein. In wenig gepflegten Äckern kann er sich so ausbreiten, daß er zu einem lästigen Unkraut wird. Der Name deutet auf das klatschende Geräusch hin, das entsteht, wenn Kinder die Blumenblätter zwischen den Handflächen zerschlagen.

Stempel

Samen

Frucht

Frucht (Querschnitt)

Schlafmohn

Klatschmohn

Vom Keimling zur Jungpflanze. Mohnsamen, der noch im Herbst keimt, bildet vor Eintritt des Winters eine Blattrosette aus. Diese treibt im Frühjahr einen Stengel, der tiefgespaltene Blätter trägt. Keimen die Samen aber erst im Frühjahr, dann entstehen Pflanzen ohne Blattrosette, die auf dem Acker mit der Saat in die Höhe schießen.

Auf Sandboden, der das Regenwasser rasch einsickern läßt, senkt der Klatschmohn eine Pfahlwurzel tief in die Erde. Auf wenig durchlässigem Lehmboden breiten sich die Wurzeln flach aus und verzweigen sich.

Alle grünen Teile sind behaart und enthalten einen weißen, giftigen *Milchsaft*. Ihm verdankt die Pflanze den bitteren Geschmack und unangenehmen Geruch; viele Tiere meiden daher den Mohn.

Die Blüte und ihre Entfaltungsbewegungen. Die Blütenknospe ist abwärts geneigt. 2 kahnförmige Kelchblätter schließen sie ein. Wenn die Blüte sich entfaltet, richtet sich der Stiel auf. Die Kelchblätter fallen ab und die 4 großen Blumenblätter breiten sich aus. In der Knospe waren sie wie Seidenpapier zusammengeknittert. Am Grunde der feuerroten Blumenblätter befindet sich ein schwarzer Fleck, der manches Mal von einem weißen Rand eingefaßt wird. Die Staubblätter sind violett und umstehen in großer Zahl den dicken Fruchtknoten. Dieser trägt eine schildförmige Narbe mit mehreren Haarleisten.

Bienen, Fliegen und Käfer, die die Blüten besuchen, finden in ihnen nur Blütenstaub als Nahrung (vgl. Tulpe und Rose). Als Anflugplatz dient die Narbe, in deren Haaren mitgebrachte Pollenkörner leicht hängenbleiben.

Bei Regenwetter schließen sich die Blüten. Auch nachts und bei trübem Wetter bleiben sie geschlossen.

1. Entferne von einzeln stehenden Blüten die Blumenblätter und beobachte den Insektenbesuch.

2. Mit einem Wasserzerstäuber kann man Blüten einnebeln. Nach welcher Zeit schließen sie sich?

Die Frucht, eine Porenkapsel. Durchschneiden wir eine reifende Frucht, dann sehen wir, daß der Innenraum durch Scheidewände, die aber nicht bis zur Mitte reichen, gekammert ist. An diesen Wänden sitzen die Samen, die sich bei der Reife loslösen. Zur Reifezeit entstehen unter dem Narbenrande kleine Löcher, Poren. Biegen wir jetzt einen Fruchtstiel, der hart und elastisch geworden ist, zur Seite und lassen ihn losschnellen, dann werden Samen aus den Öffnungen geschleudert. Das gleiche geschieht auch bei Windstößen.

Die Samen sind sehr klein, leicht und gerunzelt. Eine einzige Mohnpflanze bringt so viele Samen hervor, daß die Nachkommen ein ganzes Feld rot färben könnten. Daher stirbt der Mohn auch dann nicht aus, wenn Tausende seiner Samen zugrunde gehen.

1. Versuche festzustellen, wie viele Samen in einer Mohnkapsel enthalten sind.

2. Lasse eine reife Mohnkapsel hin- und herschnellen und stelle fest, wie weit die Samen geschleudert werden.

Der Schlafmohn. Wegen seiner großen, oft gefüllten Blüten halten wir ihn gern als Zierpflanze. Vielfach aber wird er auch feldmäßig angebaut, denn aus den Samen gewinnt man ein Speiseöl, außerdem verwendet man sie zu Gebäck aller Art. Wichtiger aber ist die Bedeutung des Schlafmohns als Heilpflanze. Aus dem Milchsaft der unreifen Früchte wird das Opium gewonnen. Aus dem Opium werden zahlreiche Heilmittel hergestellt, eines davon ist das Morphium, das unerträgliche Schmerzen stillt und Kranke zum Einschlafen bringt. Alle aus Opium hergestellten Stoffe sind gefährliche Gifte und gehören in die Hand des Arztes. Mißbrauch der Mittel führt zu schwersten gesundheitlichen Störungen.

1. Der Klatschmohn wird durch seine zahlreichen, winzigen Samen weit verbreitet.
2. Er keimt und gedeiht auch auf Ödland.
3. Ein giftiger, weißer Milchsaft ist in allen grünen Teilen enthalten.
4. An den Blüten (2 kurzlebige Kelchblätter, 4 Blumenblätter, zahlreiche Staubblätter und ein Stempel mit schildförmiger Narbe) sind Entfaltungsbewegungen zu beobachten: Die Blütenknospen sind gesenkt, die sich öffnende Blüte ist aufwärtsgerichtet.
5. Der Milchsaft des Schlafmohns liefert das Opium, aus dem wichtige Heilmittel hergestellt werden, u.a. das Morphium.

Gefleckte
Taubnessel
Weiße Taubnessel,
Goldnessel
Blütengrundriß
Blüte
Hummelbesuch
Teilfrüchtchen
Erdsproß
Stengel (Querschnitt)

Die Weiße Taubnessel

An Zäunen und Hecken, an Wegen und Gräben wächst die Weiße Taubnessel. Ihre weißen Blüten werden von Hummeln und Bienen besucht; deshalb nennt man sie auch weißer Bienensaug. Wenn sie nicht blüht, ist sie der Brennessel täuschend ähnlich. Da sie aber nicht brennt, wenn man sie berührt, heißt sie Taubnessel.

Blätter. Die Blätter sind kurz gestielt, herz-eiförmig und gesägt. Sie stehen *kreuzweis-gegenständig* (vgl. Fuchsie, S. 19) und werden gleichmäßig vom Sonnenlicht getroffen. Wie alle anderen grünen Teile sind sie rauh behaart und riechen unangenehm.

1. Vergleiche die Größe der Blätter von Taubnesseln, die an schattigen, feuchten Stellen vorkommen, mit solchen, die an trockenen Orten wachsen.
2. Schneide Zweige von Taubnesseln verschiedener Standorte ab und beobachte, welche zuerst welken.

Der oberirdische Sproß. Der Stengel ist *vierkantig* und zwischen den Kanten rinnenförmig vertieft. Betrachten wir einen dünnen Querschnitt mit der Lupe, so sehen wir, daß der Stengel innen hohl ist. Wird er von einem Windstoß getroffen und dadurch gebogen, so werden die Teile an der einen Seite gedehnt und an der anderen zusammengedrückt. Bei vollen Stengeln würden die Teile in der Mitte durch eine Biegung kaum verändert; sie können daher fehlen. In den 4 Kanten treten dicke Stränge hervor, die der Festigung dienen.
Wo die Blätter entspringen, ist der Stengel verdickt. Diese *Stengelknoten* sind nicht hohl, sondern ausgefüllt. Sie teilen den Stengel in mehrere kleine Röhren und versteifen ihn, so daß er nicht leicht knickt. Oft liegt der untere Teil eines Stengels auf dem Boden. Dann bilden die Knoten Wurzeln aus. Solche an Stengeln entspringende Wurzeln heißen *sproßbürtige Wurzeln.*

Der Erdsproß. Die unterirdischen Teile der Taubnessel sehen ähnlich aus wie die oberirdischen Stengel. Jedoch sind sie nicht hohl und reich bewurzelt. Sie tragen schuppenförmige Blätter, sind also unterirdische, verzweigte Sprosse, die gemeinsam den Erdsproß bilden. Die Schuppenblätter schützen die Knospen, die sich in ihren Achseln bilden.
Die unterirdischen Sprosse gehen entweder unmittelbar in oberirdische über oder aber kriechen im Boden dahin. Stirbt die Mutterpflanze ab, dann werden sie selbständig (ungeschlechtliche Vermehrung).

Ein Lippenblütler. In den Achseln der oberen Blätter entwickeln sich 3–7 Blüten. Wegen Platzmangels drängen sie einander zur Seite, so daß sie scheinbar einen Quirl rings um den Stengel bilden. Ein glockenförmiger, 5zipfliger Kelch umschließt die weiße Blumenkrone. Ihr unterer Teil ist eine gebogene Röhre. Ihre Hinterwand geht in die helmartige Oberlippe, ihre Vorderwand in die herzförmige Unterlippe über. Die Blumenkrone ist *verwachsenblumenblättrig* (vgl. Schlüsselblume und Petunie).
Mit der Wand der Röhre sind die Fäden der 4 Staubblätter zu einem Teil verwachsen. 2 Fäden sind länger als die beiden anderen. Daher liegen die Staubbeutel paarweise hintereinander unter der Oberlippe. Vom Fruchtknoten erhebt sich ein langer Griffel. Dieser endet in eine zweigespaltene Narbe, die zwischen den Staubbeuteln liegt.
Durch eine Lippenblüte kann man nur einen Schnitt führen, der sie in eine linke und rechte Hälfte teilt. Man bezeichnet sie daher als *zweiseitig*. Die Blüten der bisher besprochenen Pflanzen hingegen sind *strahlig* gebaut. Die Blüte der Tulpe und der Schlüsselblume ließe sich durch viele Schnitte in gleiche Hälften zerlegen.
Der Nektar wird am Grunde der langen Blütenröhre abgeschieden. Nur Insekten mit langen Rüsseln können ihn erreichen. Die Schmetterlinge sind zwar langrüsselig; sie vermögen aber wegen der großen und steifen Flügel nicht in die Blüte einzudringen. Desto besser sind hierzu die Hummeln imstande. Sie lassen sich auf der waagrecht stehenden Unterlippe wie auf einem Sitzbrett nieder und senken Kopf und Brust tief in die Röhre. Dabei muß das saugende Tier seinen Rücken der Oberlippe andrücken, wodurch es sich mit Blütenstaub aus den Beuteln belädt. Sucht die Hummel darauf eine andere Blüte der Taubnessel auf, dann berührt ihr Rücken zuerst den nach unten gerichteten Ast der Narbe, der so mit fremdem Blütenstaub belegt wird (Fremdbestäubung).
Nicht weit vom Unterende ist die Blütenröhre verengt und innen mit einem Ring feiner Haare versehen.

Kleine Insekten, die in die Röhre hinabkriechen, können den Haarzaun nicht durchdringen; für die Hummel ist er kein Hindernis. Die Blüte der Taubnessel ist also der Bestäubung durch die Hummeln aufs beste angepaßt, sie ist eine „*Hummelblume*" (vgl. Schlüsselblume, S. 6). Die Honigbiene, die infolge ihres kurzen Rüssels den Nektar auf „rechtem" Wege nicht erreichen kann, beißt Löcher seitlich in die Blütenröhre und gelangt so an den Nektar.

Frucht. Der Fruchtknoten zerfällt in *4 Teilfrüchtchen*, die sich bei der Reife vom Blütenboden lösen. Es sind olivenfarbene *Nüßchen*, die wegen ihres weißen, fleischigen Anhängsels von Ameisen verschleppt werden. Die Tiere verzehren nur das Anhängsel und lassen die Früchtchen irgendwo liegen. Dadurch tragen die Ameisen zur Verbreitung der Taubnessel bei.

Verwandte. Die *Gefleckte Taubnessel* wächst besonders an Waldrändern, in feuchtem Gebüsch oder in Hekken. Sie hat große, dünne Blätter, die zuweilen weißgefleckt sind (Namen!). Die Blüten sind purpurfarbig; ihre Unterlippe weist dunkle Flecken auf. – Im Frühjahr erblüht in mäßig feuchten Laubgehölzen die *Goldnessel*, die durch ihre goldgelbe Blüte mit rot gezeichneter Unterlippe unverkennbar ist. – Weiße Taubnessel, Gefleckte Taubnessel und Goldnessel sind in der Form und der Stellung der Blätter, im Bau der Blüten und der vierteiligen Frucht einander überaus ähnlich, in der Blütenfarbe aber deutlich verschieden: Sie sind miteinander *verwandt* (S. 10 und 55).

1. Der oberirdische Stengel der Taubnessel ist vierkantig und hohl, durch Querwände in den Stengelknoten und Verstärkungsleisten an den 4 Kanten versteift. Die Blätter stehen kreuzweis-gegenständig.
2. Der unterirdische Sproß (Erdsproß) und auch oberirdische, niederliegende Sprosse bilden sproßbürtige Wurzeln aus.
3. Die Blüten entspringen zu mehreren aus den Achseln der Blätter.
4. Die Einzelblüte ist 2seitig und verwachsenblättrig. Sie besteht aus einem 5zipfligen Kelch, einer weißen Blumenkrone, 2 langen und 2 kurzen Staubblättern und einem Stempel. Dieser gliedert sich in einen 4teiligen Fruchtknoten, einen langen Griffel und eine 2gespaltene Narbe. An der röhrenförmigen Blumenkrone werden Oberlippe und Unterlippe unterschieden (Lippenblüte). Die Bestäubung geschieht durch Hummeln.
5. Der Fruchtknoten zerfällt bei der Reife in 4 Teilfrüchtchen mit fleischigem Anhängsel.
6. Die Vermehrung erfolgt ungeschlechtlich mit Hilfe des verzweigten Erdsprosses oder geschlechtlich durch Samen.

Die Zaunwinde

Eine linkswindende Pflanze. An Hecken und Zäunen, in Ufergebüschen und Weinbergen blüht die Zaunwinde von Juni bis in den September hinein. Mit einem ausdauernden, ästigen Erdsproß überdauert sie den Winter und treibt im Frühjahr wieder aus. Sie ist eine *Staude* wie Schlüsselblume und Taubnessel.

Zaunwinde. Abends von einem Windenschwärmer besucht

Der Stengel ist so lang und schwach, daß er sich nicht aufrecht halten kann. An benachbarten Pflanzen klettert die Zaunwinde hoch, wobei ihr Stengel die Stütze von links nach rechts umwindet. Sie ist ein Linkswinder wie die Bohne. So kommt die Winde aus dem Schatten des Gebüsches heraus und ans Licht.

Die großen, gestielten Blätter sind pfeilförmig. Ihre Blattflächen wenden sich dem Lichte zu.

Die Blüte, eine Nachtfalter-Blume. Jede Blüte sitzt an einem langen Stiel, der aus der Achsel eines Laubblattes entspringt. Der kurze Kelch ist 5zipflig. Er umgibt den Grund der großen, leuchtend weißen Blumenkrone. Die Blumenblätter sind somit zu einem Trichter verwachsen. Die Blüte enthält 5 Staubblätter und einen Stempel mit einer 2teiligen Narbe.

Am Grunde des Fruchtknotens scheidet ein gelber Ring Nektar aus. Die Blüten öffnen sich besonders abends und in mondhellen Nächten. Dann werden sie von einem Schmetterling, dem Windenschwärmer, aufgesucht, der mit seinem langen Rüssel bis auf den Grund des Trichters an den Nektar reichen kann. Dabei vollzieht er die Bestäubung. Bei regnerischem Wetter öffnen sich die Blüten nicht.

Die Frucht ist eine runde Kapsel mit 4 schwarzen Samen, die vom Wind verbreitet werden.

Verwandte. Die *Ackerwinde* hat eine kleinere Blüte als die Zaunwinde. Sie ist weiß mit rosafarbigen Streifen und öffnet sich im Gegensatz zur Zaunwinde früh am Tage, um sich bereits nachmittags zu schließen. Hummeln und Bienen sorgen für die Bestäubung.

In Gärten und Äckern ist sie ein lästiges Unkraut, denn der tiefreichende, weit verzweigte Erdsproß entwickelt ständig neue Pflanzen, selbst noch aus einzelnen Teilstücken.

1. Die Zaunwinde ist wie die Bohne eine linkswindende Pflanze.
2. Ihre Blätter sind langgestielt und pfeilförmig; die Blattflächen wenden sich dem Lichte zu.
3. Die Blüte ist weiß, trichterförmig und verwachsenblumenblättrig.
4. Die Blüte öffnet sich bei Dunkelheit und wird von einem Nachtfalter bestäubt.
5. Die Vermehrung erfolgt ungeschlechtlich durch Ausläufer des Erdsprosses und geschlechtlich durch Samen.

Die Rundblättrige Glockenblume

Rundblättrige Glockenblume. Blühende Pflanze mit Pfahlwurzel und junge Pflanze mit fadenförmigem Erdsproß

Eine Trockenlandpflanze. Die Rundblättrige Glockenblume finden wir auf Wiesen und in lichten Wäldern, an Wegrändern, aber auch an Felsen, Mauern und im Felsschutt der Alpen.
Graben wir Pflanzen an verschiedenen Standorten aus, so können wir folgende Beobachtung machen: In lockerem Boden bilden sie einen kurzen, verdickten, halb unterirdischen Sproß aus, der sich in eine kräftige Pfahlwurzel fortsetzt. Auf steinigem Grund entsteht dagegen ein fadenförmiger, verzweigter Erdsproß, der die oberste Erdschicht durchzieht.

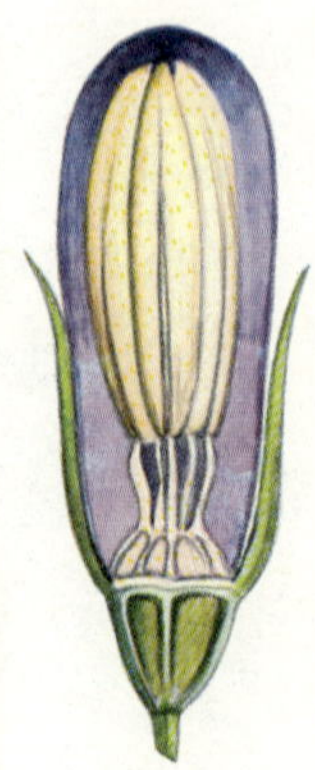

Blütenknospe aufgeschnitten

Die Pfahlwurzel, aber auch die zahlreichen feinen Wurzeln des Erdsprosses können selbst trockenem Boden noch genügend Feuchtigkeit entziehen. Die kleinen Blätter verdunsten wenig Wasser.

Im ersten Jahr blüht die Glockenblume nicht. Sie bildet kurze Triebe mit langgestielten, rundlichen Blättern. Erst im zweiten Jahr wachsen die Kurztriebe zu blütentragenden Langtrieben aus, deren Blätter schmal-linealisch sind.

Die Blüte. Die anfangs aufrecht stehenden Blüten neigen sich, wenn sie sich öffnen, nach unten. Sie haben einen kleinen, 5zipfeligen Kelch, der zu einem Teil mit dem Fruchtknoten verwachsen ist. Die dunkelblaue Blumenkrone bildet ein hängendes Glöckchen mit 5spaltigem Saum.

Dem Fruchtknoten liegt die gelbe Nektardrüse auf. Sie wird von den verbreiterten unteren Enden der 5 Staubfäden wie von einem Gewölbe überdacht. Zum Nektar führen nur 5 spaltenförmige Zugänge zwischen den Staubfäden, die durch Härchen versperrt sind. Nur größere Insekten können die Haarreusen mit ihrem Rüssel durchstoßen.

Öffnen wir eine aufrecht stehende Blütenknospe, so sehen wir, daß die Staubbeutel dem Griffel dicht anliegen. Der obere Teil des Griffels ist rings mit Haaren besetzt, so daß er einer Flaschenbürste ähnelt.

Bei einer etwas älteren, aber gleichfalls noch geschlossenen Blüte bemerken wir, daß die Staubbeutel sich nach innen öffnen. Dabei bleibt der grünblaue Blütenstaub zwischen den Haaren der „Griffelbürste" hängen. Hierauf schrumpfen die Staubblätter, die Blüte wird nickend und öffnet sich. Besucht jetzt ein Insekt die Blüte, so belädt es sich mit Blütenstaub von der Griffelbürste.

Nach einiger Zeit verschwinden die Haare der Griffelbürste. Gleichzeitig spreizen am oberen Ende des Griffels 3 Narbenäste auseinander, die bisher eng zusammen lagen. Ein Blütenbesucher wird nun die Narbenäste streifen. Bringt er Blütenstaub aus einer jüngeren Blüte mit, dann muß Fremdbestäubung eintreten. Da die Staubblätter früher als die Narben reifen, ist die Blüte „vorstäubend". Die Entwicklung der Blüte und ihre Bestäubung läßt sich bequem an der großblumigen *Gartenglockenblume* oder Marienglokke verfolgen. Sie stammt aus Südeuropa und wird wegen ihrer schönen weißen, blauen oder rosafarbigen Blüten in Gärten und Anlagen viel angepflanzt.

Die Frucht. Sie ist eine 3fächrige *Kapsel* und wie die Blüte nickend. Sie öffnet sich mit 3 Klappen. Bei feuchter Witterung schließen sich die Klappen.

1. Die Rundblättrige Glockenblume bildet je nach dem Standort eine Pfahlwurzel oder einen Erdsproß aus. Sie ist eine 2jährige Staude.
2. Kelch und Blumenkrone sind verwachsenblättrig und 5teilig. 5 freie Staubblätter umgeben den Griffel.
3. Die Blüten sind vorstäubend, d.h. die Staubblätter reifen früher als die Narben. Dadurch wird Fremdbestäubung erreicht.
4. Die Frucht ist eine 3fächrige Kapsel, die sich mit 3 Klappen öffnet.

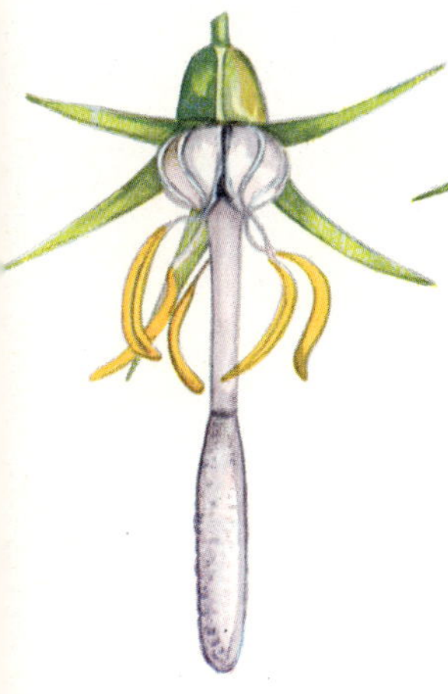

Staubblätter reif

Narben reif

Früchte geschlossen

Früchte geöffnet

Die Kartoffel

1. Laß eine Kartoffel im Tageslicht „keimen", eine andere im Dunkeln (z.B. in einer Schachtel). Welche Unterschiede zeigen sich?
2. Eine Knolle, an der alle „Augen" ausgeschnitten sind, wird in einen Blumentopf gepflanzt. Ein Teilstück einer anderen Knolle, das mindestens noch ein Auge enthalten muß, kommt in einen zweiten Blumentopf. Wie entwickeln sich die Knollen?
3. Schäle eine Kartoffel und wiege sie. Dann lasse sie bei mäßiger Hitze trocknen und bestimme das Gewicht von neuem. Fülle ein Glas mit so viel Wasser, wie die Knolle verloren hat.
4. Von einer geschälten Kartoffel schabe eine Spur ab und betrachte die Stärkekörner im Mikroskop. Dann füge etwas Jodjodkalium hinzu.

Die Knollen und ihre Triebe. Im Frühjahr „keimen" die Knollen im Keller; d.h. aus ihren Augen gehen blasse Triebe hervor. Das sind Stengel mit schuppenförmigen Blättern. Auch an Knollen, die wir in die Erde legen, bilden sich solche Triebe. Kommen sie an die Erdoberfläche, dann ergrünen sie und entwickeln sich zu jungen Kartoffelpflanzen. Nehmen wir eine Jungpflanze aus dem Boden, sobald sie einige Laubblätter gebildet hat, dann sehen wir an den farblosen unterirdischen Teilen, daß aus den Achseln ihrer Schuppenblätter wieder fadenförmige Zweige hervorgehen. Da diese gleichfalls schuppenförmige Blättchen tragen, haben wir unterirdische Sprosse, die *Ausläufer* genannt werden, vor uns. Aus ihren Stengelknoten brechen sproßbürtige Wurzeln (S. 35) hervor. Die schuppenförmigen Blätter sterben bald ab.

Die Enden der Ausläufer schwellen schon früh an. Graben wir nach einigen Wochen wieder eine Pflanze aus, so sehen wir, daß die Anschwellungen größer geworden sind und sich zu jungen Knollen entwickelt haben. Die Kartoffelknolle ist also ein verkürzter und stark angeschwollener Teil des Sprosses, eine *Sproßknolle.* – Häuft man um die unteren Teile der oberirdischen Stengel Erde an, so entwickeln sich die Zweige, die dort entstehen, gleichfalls zu Ausläufern. Daher bilden diese Pflanzen meist zahlreichere Knollen als „unbehäufelte".

Da die Knollen Sproßteile sind, finden sich an ihnen auch die schuppenförmigen Blätter samt den Knospen wieder. Im Volksmund heißen sie *Augen.* Sie liegen in Vertiefungen der Knolle. Wenn im Herbst die Ausläufer mitsamt der Mutterpflanze abgestorben sind, dann liegen die Knollen getrennt voneinander im Boden.

Knollen, die im Frühjahr ausgelegt werden sollen, müssen frostfrei aufbewahrt werden. Man kann sogar aus Teilstücken von Knollen, sofern sie wenigstens ein Auge besitzen, neue Stauden heranziehen. Die Kartoffel *vermehrt* sich also *ungeschlechtlich* durch ihre Knollen.

Stärkekörnchen aus einer Kartoffelknolle (100mal vergrößert)

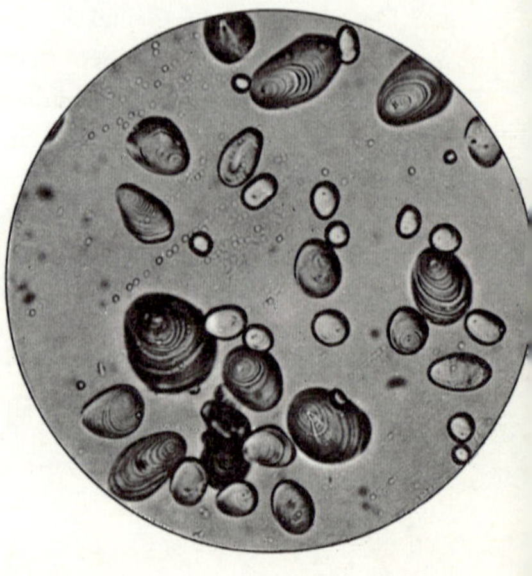

Geschälte Knollen trocknen rasch aus, ungeschälte nur sehr langsam. Die Knollen werden also durch ihre Schale davor bewahrt, rasch zu vertrocknen. Eine frische Kartoffelknolle enthält Wasser bis zu etwa zwei Drittel ihres Gewichts.

Die jungen Triebe der Kartoffelknolle müssen die Stoffe, aus denen sie sich aufbauen, der Knolle entnehmen. Erst wenn sich grüne Blätter gebildet haben

und Wurzeln entstanden sind, kann sich die Jungpflanze ernähren. Die „alte“ Knolle schrumpft nach und nach. Sind die Nährstoffe verbraucht, dann verfault der Rest.

Die Vorratsstoffe bestehen, wie eine Prüfung mit Jodjodkalium zeigt, vorwiegend aus *Stärke* (vgl. S. 28). Zerreiben wir einige rohe Kartoffeln und waschen wir den Brei wiederholt in Wasser aus, so bleibt Stärke zurück, die getrocknet als Kartoffelmehl bezeichnet wird.

Unsere Vorratskartoffeln schrumpfen im Laufe des Winters beträchtlich. Ein Großteil der Stärke wird nämlich veratmet, ein Zeichen, daß die Knolle lebt. Steigt die Temperatur im Keller über 8° C, wird die Stärke rasch aufgebraucht.

Die oberirdischen Teile der Kartoffel. Die kantigen Stengel tragen große, rauhhaarige und unpaarig gefiederte Blätter. Zwischen den größeren Fiederblättchen sind kleinere eingefügt (unterbrochen-gefiedert).

Die *Blüte* besteht aus einem grünen, 5zipfligen Kelch, einer weißen oder blaßvioletten, radförmigen Blumenkrone, deren Rand in 5 Ecken ausgezogen ist, 5 Staubblättern und einem Stempel. Die Staubbeutel bilden einen Kegel, dessen Spitze vom Griffel durchbrochen wird.

Die Blüten enthalten keinen Nektar, wenig Blütenstaub und werden auch nur selten von Insekten besucht. Vielfach bestäuben sie sich aber selbst. Da sie nämlich nach unten gerichtet sind, kann der Blütenstaub, der aus den beiden Löchern an der Spitze der Beutel hervorrieselt, auf die Narbe fallen.

Die Frucht ist eine *Beere* (S. 21) mit zahlreichen Samen, die in dem saftigen Fruchtfleisch stecken. Samen werden nur für die Züchtung neuer Sorten verwendet.

Im täglichen Leben wird die Kartoffelknolle oft als „Feldfrucht“ bezeichnet. Daß wir es hier aber nicht mit Früchten zu tun haben, hat uns schon ihre Entstehung gezeigt. Nur die aus den Fruchtknoten hervorgegangenen Beeren sind die Früchte der Kartoffel. Auch spricht man besser nicht vom „Keimen“ der Knollen, weil die Entwicklung einer neuen Pflanze aus den Samen als Keimung bezeichnet wird.

Alle grünen Teile der Kartoffel haben einen unangenehmen Geruch und enthalten ein Gift. In Mengen, die selbst dem Menschen gefährlich werden können, findet sich das Gift in den Früchten, in den jungen Trieben („Keimen“) und in denjenigen Knollen, die vom Sonnenlicht getroffen wurden und ergrünt sind.

Heimat und Verbreitung der Kartoffel. Die Kartoffel ist frostempfindlich; ihre Knollen erfrieren im Keller, wenn die Temperatur unter 0° C sinkt. Ihre Atmung hört auf. Die Kartoffel wird süß, weil die Stärke in Zucker verwandelt wird. Somit kann die Kartoffel bei uns nicht heimisch sein. Erst in der Mitte des 16. Jahrhunderts wurde sie aus ihrer warmen, südamerikanischen Heimat nach Europa gebracht. Von Spanien kam sie bald nach Italien. Dort nannte man die Knollen, weil sie fast wie Trüffeln aussehen, „Tartuffoli“. Daraus ist unsere Bezeichnung „Kartoffel“ entstanden. Langsam verbreitete sich die Pflanze weiter. Als im 18. Jahrhundert große Teile von Mitteleuropa durch Mißernten, Hungersnot und Teuerung heimgesucht wurden, erkannte man allmählich den Wert der Kartoffel. Ihr Anbau wurde gefördert, und heutzutage ist sie über den größten Teil der Erde verbreitet.

Vom Anbau. Die Saatknollen werden Ende April oder Anfang Mai flach in die Erde gelegt. Die Reihen sollen etwa 50 cm und die einzelnen Pflanzen ungefähr 40 cm voneinander entfernt sein. Der Boden muß bis zur Behäufelung der jungen Pflanzen mehrfach mit der Hacke gelockert („Hackfrucht“) und von Unkraut reingehalten werden.

Krankheiten und Schädlinge. Sehr gefürchtet sind die *Kraut- und Knollenfäule* sowie der *Kartoffelkrebs* (S. 244). In nassen Jahren haben diese große Verwüstungen angerichtet. Heute werden meist Kartoffelsorten angebaut, die gegen diese Krankheiten weitgehend widerstandsfähig sind. Von tierischen Schädlingen muß der *Maikäfer* genannt werden, dessen Engerlinge an den Knollen nagen. Besondere Beachtung verdient der *Kartoffelkäfer*. Käfer und Larven können die Stauden gänzlich entlauben. Die Ernteverluste durch Schädlinge, Pilzerkrankungen und Unkräuter betragen in beiden Teilen Deutschlands noch rund 31% der Ernte. Die Krankheiten stehen mit 22% an der Spitze der Verluste.

Bedeutung. Die Kartoffel ist *eine unserer wichtigsten Nährpflanzen*. Durch ihren Anbau können wir von einem Acker mehr leicht verwertbare und gut verdauliche Nährstoffe gewinnen als durch jede andere Pflanze. Sie gedeiht selbst noch auf magerem Sandboden und in Höhen, in denen kein Getreide mehr wächst. Sie liefert fast alljährlich eine reiche Ernte, und ihre lange haltbaren Knollen werden uns nie zuwider. Seitdem die Kartoffel auf unseren Feldern angebaut wird, hat eine Hungersnot wie vordem uns nicht wieder heimsuchen können. Deutschland ist eines der größten Kartoffelländer der Erde. Die Knollen sind nicht nur Nahrung für den Menschen, sondern auch *Futter für die Haustiere*. Auch stellt man aus ihnen *Spiritus* und *Stärke* her.

Gehalt der Nahrungsmittel an Nährstoffen zum Vergleich

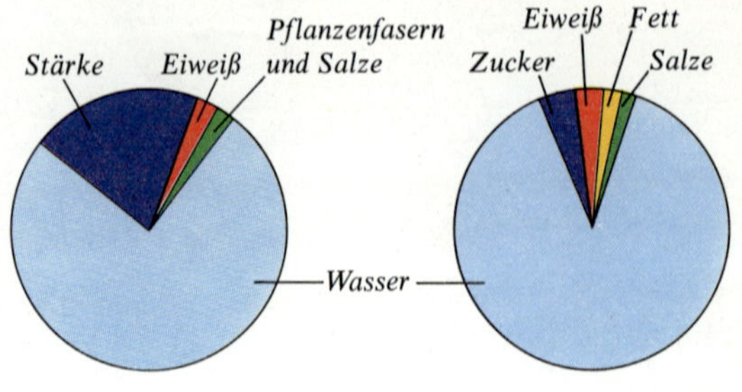

Kartoffel (frisch) *Milch (fettreiche Kuhmilch)*

Unsere Pflanzenzüchter haben erreicht, daß im Zeitraum von 1800 bis 1963 der Ertrag an Spätkartoffeln von 80 auf 284 Doppelzentner je Hektar angestiegen ist.

1. Die Kartoffelknolle ist ein angeschwollener Sproßteil (Sproßknolle).
2. Sie speichert Nährstoffe, die im Frühjahr für den raschen Aufbau einer neuen Pflanze genutzt werden.
3. Durch ihre Knollen vermehrt sich die Kartoffel ungeschlechtlich.
4. Die „Keime“ und alle grünen Teile der Pflanze, auch die Früchte, sind giftig.

In Gärten und Anlagen

Vor den Toren der Städte breiten sich Gartenanlagen aus, in denen der Städter nach der Tagesarbeit Ruhe und Entspannung findet. Die erste Anregung zu diesen Kleingärten gab der Leipziger Arzt Schreber, nach dem sie auch ihren Namen haben (Schrebergärten). Auch entstehen am Rande mancher Städte Heimstättensiedlungen, in denen jeder Siedler ein Eigenheim mit Gartenland hat.

Der Gemüsegarten

Von der Einteilung des Gartens. Für die mehrjährigen Gewächse (Rhabarber, Küchenkräuter u.a.) wählt man einen festen Platz aus. Alles übrige Land wird in 3 Abteilungen zerlegt, mit deren Bepflanzung man regelmäßig abwechselt. Die erste Abteilung ist für solche Gemüsearten bestimmt, die stark gedüngt werden müssen (Spinat, Salat, Sellerie, Kürbis, Gurken und alle Kohlsorten). In der zweiten Abteilung baut man Pflanzen an, die frischen Stalldünger nicht vertragen (Rüben, Radieschen, Möhren, Zwiebeln und Kartoffeln). Die dritte Abteilung endlich bepflanzt man mit Erbsen und Bohnen; sie gedeihen noch auf einem Boden, der vor 2 Jahren gedüngt wurde.

Vom Umgraben und Düngen. Das Gemüseland wird im Herbst tief umgegraben. Dabei sollen grobe Schollen entstehen, damit während des Winters Luft, Regen, Schnee und Kälte kräftig auf den Boden einwirken können. Auch vor jeder Neubestellung wird umgegraben. – Bei dieser Gelegenheit kommt auch der Dünger in die Erde. Außer Stalldünger werden mineralische Düngemittel (Kunstdünger) verwendet, deren Zusammensetzung sich nach den Pflanzen und der Beschaffenheit des Bodens richten muß. Neuerdings wird oft Torfmull verwendet, der bereits mit Mineraldünger versetzt ist. Der umgegrabene Boden wird im Frühjahr mit einem Rechen (Harke) sorgfältig geebnet und in Beete von etwa 1,20 m Breite geteilt.

Der Komposthaufen. An einer schattigen Stelle des Gemüsegartens legen wir einen Komposthaufen an, denn der beste Dünger ist der Kompost. Zweckmäßig baut man aus alten Brettern 2 Buchten. In die eine kommen im 1. Jahr alle leicht verwesenden Garten- und Küchenabfälle, Holzasche, Ruß und Mist. Im Spätherbst dieses Jahres wird das beim Abräumen der Gartenerde anfallende Krautzeug in die 2. Bucht geworfen und mit dem Inhalt aus der 1. Bucht gut durchmischt. Am Ende des 2. Jahres sticht man das stark verweste Gemisch heraus, durchmischt es sorgfältig mit gelöschtem Kalk und schichtet es zu einem glatten Haufen auf. Dieser darf nicht austrocknen, ist also immer wieder zu durchfeuchten. Im nächsten Frühjahr haben wir dann den guten Gartendünger. Von Unkräutern – mit Vorliebe stellen sich Wolfsmilcharten und Brennesseln ein – soll man den Komposthaufen möglichst freihalten. Mit gutem Erfolg bepflanzt man den 2jährigen Kompost mit Kürbissen.

Vom Säen und Pflanzen. Die Samen zahlreicher Gemüsearten werden sofort auf die Beete gesät. Die geeignetste Zeit hierzu sind für Möhren, Spinat, Rettiche, Radieschen, Petersilie, Erbsen und Zwiebeln die Monate März und April. Die Samen von Bohnen, Gurken, Kürbissen und anderen frostempfindlichen

Plan eines Gartens

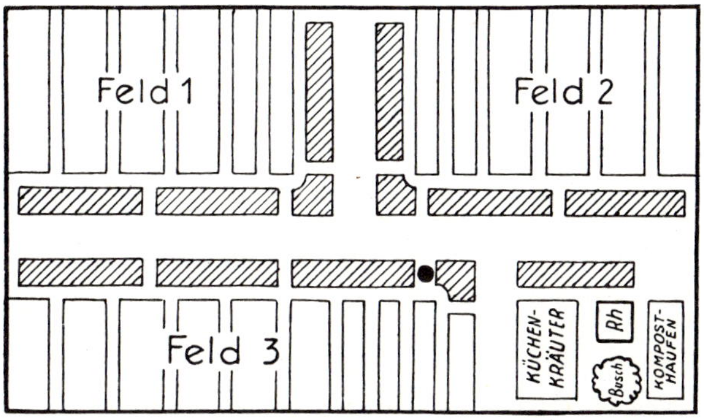

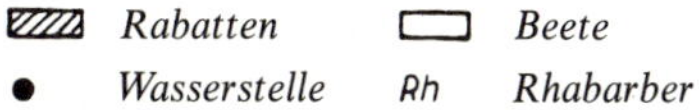

Gewächsen dagegen darf man erst im Mai auslegen. Die Aussaat sollte stets in Reihen erfolgen, da der Boden so am leichtesten zu bearbeiten ist. Auch spart man hierbei viel Saatgut. Außerdem erhält jede Pflanze einen freieren Stand, so daß ihr keine andere Licht, Luft und Nahrung streitig machen kann. Die flachen Furchen, die die Samen aufnehmen, drückt man gewöhnlich mit dem Rücken des Rechens zu. „Breitwürfig" ausgesäte Samen dagegen müssen mit den Zähnen des Rechens in den Boden gebracht oder mit lockerer Erde so überstreut werden, daß sie nur gerade bedeckt sind. Mit einem Brett drückt man die Erde an. Dann überbraust man die Beete. Auch später müssen sie feucht gehalten werden. Wurde zu dicht gesät, so ist ein Teil der aufgehenden Pflänzchen zu entfernen. Der Abstand zwischen ihnen soll z.B. bei Möhren, Rettichen, Spinat, Zwiebeln und Petersilie ungefähr 5 cm und bei Radieschen etwas weniger betragen. Erbsen legt man bei einem Reihenabstand von etwa 30 cm eng beieinander in flache Rinnen. Den Gurken ist möglichst viel Raum zu geben. Über das Auslegen der Bohnen s. S. 25.

Die Kohlarten zieht man wie Sellerie, Salat, Porree u.a. am besten in Früh- oder Mistbeeten heran, oder man kauft die jungen Pflanzen in einer Gärtnerei. Sie werden im Mai ausgepflanzt und angegossen. Salatpflanzen sollen etwa 20 cm, Porree-, Sellerie- und Kohlrabipflanzen 30 cm, Kopfkohl-, Wirsingkohl-, Rosenkohl-, Braunkohl-, Blumenkohl- und Rübenpflanzen 50–60 cm und Tomaten 80 cm Abstand voneinander haben.

Auch Gewürzkräuter (Petersilie, Dill, Majoran u.a.) werden im Gemüsegarten herangezogen. Ebenso wird sich hier Platz für Heilpflanzen, z.B. den Gartensalbei, finden.

Von der Pflege des Gartens. Zwischen den Gemüsepflanzen wächst allerlei Unkraut. Es muß durch Jäten und Hacken sorgfältig entfernt werden. Regnet es längere Zeit nicht, so ist durchdringend zu gießen. Nach starken Regengüssen bildet sich an der Oberfläche des Bodens oft eine harte Kruste, die mit einem „Grubber" aufgerissen werden muß. Auf die Schädlinge ist besonders zu achten. Sperlinge hält man von den ausgelegten Samen dadurch fern, daß man Reisig über die Beete deckt. Erdflöhe sind durch fleißiges Begießen der Pflanzen abzuwehren. Haben sie sich bereits eingestellt, so bekämpft man sie genau nach Anweisung mit chemischen Mitteln (Insektiziden), die auch gegen Blattläuse wirksam sind. Raupen und Schnecken müssen abgesucht werden. Die im Erdboden lebenden Schädlinge (Engerlinge, Erdraupen) sind beim Umgraben zu sammeln und zu töten. Die Eier und Raupen des Kohlweißlings werden vernichtet, die Maulwürfe vertrieben. Eine wichtige Hilfe im Kampf gegen die Schädlinge leisten in Gärten die Singvögel. Man hänge für sie an geeigneten Plätzen Nistkästen auf und störe sie nicht, wenn sie brüten. Auch die Kröte vertilgt viele Gartenschädlinge.

Der Ziergarten

An geeigneten Stellen des Ziergartens werden einige *Sträucher und Bäume* angepflanzt. Schön blühende Sträucher für die verschiedenen Jahreszeiten sind Rosen, Flieder, Schneeball, Goldflieder (Forsýthie), Garten-Jasmin (Pfeifenstrauch), Sommerflieder (Buddléia) und Goldregen. Lauben und Zäune bekleidet man z.B. mit Edlem oder Wildem Wein, mit Schlingknöterich, Pfeifen-Osterluzei, Geißblatt, Waldrebe (Clemátis) oder Kletterrosen. Unter den Bäumen werden Frühblüher, wie die Japanische Kirsche und der Vielblütige Beerenapfel, oft bevorzugt. Hinzu kommen Nadelhölzer, so die gegen Abgase unempfindliche Schwarzkiefer, neuerdings auch das schnellwüchsige Chinesische Rotholz (Metasequoia), das im Herbst die benadelten Kurztriebe abwirft (S. 205).

Blumen zieht man meist auf Rabatten oder auf Beeten, die in Rasenflächen liegen. Der Rasen ist stets kurz zu halten. Beliebte Einjahrespflanzen sind Stiefmütterchen, Löwenmaul, Gartenaster u.v.a. 2 Jahre brauchen zu ihrer Entwicklung z.B. Goldlack, Stockrose (Malve) und Marien-Glockenblume. Stets sollten auch winterharte Stauden angepflanzt werden: Schwertlilien, Pfingstrosen, Gartenprimeln, Veilchen, Rittersporne, ausdauernde Sonnenblumen, Herbst- und Winterastern, Flammenblumen (Phlox) u.a. Hochstämmige Rosen, Dahlien und andere Gewächse müssen durch Stäbe gestützt werden. Tulpen, Narzissen, Schneeglöckchen und Lilien sterben nach der Blütezeit bis auf die unterirdischen Teile ab. Die Knollen der Dahlien nimmt man im Herbst aus dem

Stelle die unterscheidenden Merkmale übersichtlich zusammen

Robinie

Schnurbaum

Götterbaum

Boden und läßt sie frostfrei überwintern. Hochstämmige Rosen werden niedergelegt und wie die niederen am besten mit Fichtenzweigen bedeckt.
Beliebt sind auch *Steingärten*, in denen zahlreiche niedrigbleibende Felsen- und Alpenpflanzen besonders im Frühjahr ihre Schönheit entfalten. Hier blühen Steinbrecharten, Schleifenblume, Blaukissen, Steinkresse usw.

Bäume an Straßen und Plätzen

Für die Bepflanzung von Straßen und Plätzen in den Städten eignet sich nicht jeder Baum. Die mit Verbrennungsgasen erfüllte Stadtluft ist manchen Bäumen, besonders vielen Nadelhölzern, abträglich. Es kommt hinzu, daß eine dichte Asphalt- oder Steindecke das Regenwasser nicht in den Boden eindringen läßt und die Luft von den Wurzeln fernhält. Nur in einem klein gehaltenen Bereich um den Stamm finden Wasser und Luft Zugang zum Boden. Die Bäume an den Straßen und manchmal auch auf den Plätzen müssen daher genügsam sein und mit dem Wasser haushalten können. Darum fehlen unter ihnen Buchen und einheimische Eichen. An belebten Verkehrswegen pflanzt man auch keine Bäume mehr an, deren Früchte wie die der Eberesche leicht zerquetscht werden und daher den Verkehr gefährden. Vielerorts hat man sie durch ausländische Mehlbeeren ersetzt.
Gern werden *Linden* wegen ihrer schattenspendenden Krone angepflanzt – *Roßkastanien* sind wegen ihres frühen Blütenschmucks und ihres tiefen Schattens beliebt, doch werfen sie ihr Laub bereits Anfang September ab. – Bewährt haben sich die verschiedenen *Platanen*, deren Heimat Amerika oder der Orient ist. Sie sind an den ahornartigen Blättern, den kugeligen Fruchtständen und der abblätternden Borke leicht zu erkennen (S. 79). – Auch *Robinien*, fälschlich Akazien genannt, werden angepflanzt. Ihre weißen oder rosafarbigen Blüten verbreiten einen starken Duft. Sie sind in Amerika beheimatet. – Ihnen ähnlich ist der japanische *Schnurbaum* (S. 85). An den stachelspitzen Fiederblättchen und gelbweißen Blüten, die in großen, zusammengesetzten Blütenständen stehen, sowie an den perlschnurartig gegliederten Früchten ist er leicht von der Robinie zu unterscheiden (S. 85). Robinie, Platane, aber auch die *Schwarz-Pappel* ertragen erstaunlich gut Abgase und Industriestaub. Neuerdings wird selbst in der Nachbarschaft der Hüttenanlagen der ostasiatische *Götterbaum* (Ailantus glandulosa) angepflanzt. Seine Fiederblätter und Flügelfrüchte erinnern ein wenig an die der Esche; jedoch ist der Baum ein Verwandter der Zitrone. – Als besonders widerstandsfähig hat sich in Industrielandschaften die nordamerikanische *Roteiche* bewährt. Ihr Laub nimmt im Herbst eine leuchtend rote Färbung an. An den glatten Stämmen sind die Bäume leicht von den einheimischen Eichen zu unterscheiden.

Früchte und Samen in herbstlichen Parkanlagen

Auch wenn das Laub schon von den Bäumen fällt, sollte man noch durch die Parkanlagen wandern. An den *Rosen*sträuchern sind jetzt die Hagebutten rot ausgereift. Die dornigen *Berberitzen*sträucher, die in zahlreichen Arten angepflanzt werden, haben ihre eiförmigen, kleinen Beeren ausgebildet, die so sauer sind, daß man auch vom *Sauerdorn* spricht. An *Holunder*büschen hängen noch einige schwarze Beeren, die die Amseln übersehen haben. Zwischen den tiefroten Blättern des *Schneeballs* leuchten die roten Beeren heraus. Die hellroten Fruchtbüschel der *Eberesche* werden von den Vögeln geplündert (Vogelbeeren). Auf dem Boden unter den *Roßkastanien* liegen aufgeplatzte, stachlige Kugeln, Früchte, die ihren glänzenden, braunen Samen entlassen. Wo die stattlichen *Edelkastanien* stehen, ist der Boden im Herbst übersät von den sehr langstachligen, kugeligen Fruchtbechern. Nach dem Aufspringen werden meist 2 braune Früchte, die Eßkastanien oder Maronen, frei. Ähnliche, wenn auch kleinere und weniger stachlige Becher sind unter den *Buchen* zu finden. Sie enthielten die braunen, dreikantigen Bucheckern, die nun herausgefallen sind. Kleine, halbkugelige Becher liegen mitsamt den Eicheln unter den *Eichbäumen.* Oft fallen die Eicheln noch am Baum aus ihren Bechern. *Pfaffenhütchen,* die man an den hellroten, 4zipfligen Kapseln erkennt, sind schon ohne Laub. Die Kapseln sind aufgesprungen, und aus jedem der 4 Fächer hängt an einem feinen, weißen Faden ein orangefarbiger Samen heraus. Den Rotkehlchen scheinen die Samen besonders gut zu schmecken.

Vom bunten Herbstlaub und dem Laubfall

1. Sammle und presse im Herbst farbiges Laub. Beobachte, in welcher Weise die Verfärbung auftritt. Bei manchen Bäumen und Sträuchern beginnt sie an der Blattspitze, bei anderen am Blattgrund oder schreitet vom Blattrand nach innen oder auch umgekehrt fort.
2. Auf eine Scheibe aus glattem Gummi oder Bodenbelag (PVC) lege ein frisch getrocknetes Blatt mit der Unterseite. Darüber decke mit der Schichtseite

nach unten ein Stück blaues Pauspapier und über dieses ein stärkeres Blatt Papier. Mit der Kante einer Blechschachtel reibe kräftig über das Papier. Dabei nimmt das gepreßte Blatt die Farbe des Pauspapiers an. Wenn du danach ein weißes Papier auf das Blatt legst, dann erhältst du schon nach einmaligem kräftigen Überfahren einen guten Abdruck.

Unsere Laubbäume und Sträucher werfen im Herbst ihr Laub ab. Vorher aber verfärbt es sich. Das Eichenlaub wird braun; rotbraun ist das Blatt der Buche. Das Rot vom Wilden Wein, der an Mauern und Häuserwänden emporrankt, ist dunkler als das des Schneeballs, tiefrot das der Brombeere. Gelb werden die Blätter von Ahorn und Birke. Auf den Ahornblättern werden dabei oftmals schwarze Flecken sichtbar, die von einer Pilzerkrankung herrühren.

Wenn die Blätter sich verfärben, so liegt das daran, daß das Blattgrün sich zersetzt und sich neue Farben herausbilden. Die Pflanze zieht in dieser Zeit aus den Blättern alle noch nützlichen Stoffe heraus. Danach bildet sich an der Ansatzstelle eines jeden Blattes eine Schicht aus, durch die es vom Zweig getrennt wird. Nunmehr löst sich das Blatt bereits bei völliger Windstille, besonders in frostklaren Nächten, vom Zweig.

Nach dem Abfallen der Blätter verheilt die Wunde durch eine dünne Korkschicht. Es entsteht eine Blattnarbe, wie wir sie besonders schön an den Zweigen der Roßkastanie sehen können (S. 100).
Warum verlieren die Bäume im Herbst ihr Laub? Auch in den Tropen werfen viele Bäume ihr Laub ab. Wenn man Bäume aus unserer Landschaft, etwa Linden oder Buchen, in die Tropen verpflanzt, dann verlieren sie auch dort ihr Laub. Darum muß es in der Natur der Bäume und Sträucher selbst liegen, daß das Laub regelmäßig von den Bäumen fällt. Man sagt, daß es sich um eine *ererbte Veranlagung* handelt. In unseren Breiten hat der Laubfall den Vorteil, daß der unbelaubte Baum im Winter, wenn der Boden tief gefroren ist, nicht unter Wassermangel zu leiden braucht. Auch können bei starkem Schneefall unbelaubte Zweige eher den Schneedruck aushalten, als belaubte.

Kürbis (Beere)

Karotten und Rettiche (Wurzeln)

Schwarzwurzeln (Wurzel)

Kohlrabi (verdickter Sproß)

Blumenkohl (Blütenstand)

Kohlköpfe (Blattknospen)

Gemüse auf dem Markt

Weintrauben (Beeren)

Pflaumen (Steinfrüchte)

Haselnüsse (Nüsse)

Walnüsse (Steinfrüchte)

Birnen (Kernfrüchte)

Äpfel (Kernfrüchte)

Obst auf dem Markt

Gemüse und Obst auf dem Markt

In den Herbsttagen lohnt es sich, einmal über den Markt zu bummeln. Wir lassen die Blumenstände beiseite und sehen uns die Stände mit Gemüse und Obst an. Da werden Kohlköpfe angeboten, Weißkohl, Rotkohl und Wirsing. Alle Kohlköpfe bestehen aus Blättern, die sich um einen kurzen, dicken Stengel zusammengeschlossen haben. Man könnte von einer riesigen *Knospe* sprechen, die „vergessen" hat, sich zu entfalten. Neben Möhren liegen Schwarzwurzeln und Rettiche. Das sind zur Hauptsache verdickte *Wurzeln.* Der Kohlrabi aber ist ein verdickter *Sproß* und der Blumenkohl ein fleischig gewordener *Blütenstand* von beträchtlichem Ausmaß.
Wie steht es mit dem Obst? Äpfel und Birnen sind *Kernfrüchte;* die Samen sitzen in einem Gehäuse. Zwetschgen und Pflaumen sind *Steinfrüchte* wie die Kirsche. Denn so nennt man – wie wir wissen – Früchte, die außen ein saftiges Fruchtfleisch haben und innen einen steinharten Kern, der den Samen einschließt. Somit ist auch die Walnuß eine Steinfrucht. Sie ist, wenn man sie vom Baum schüttelt, noch von einer dicken, grünen Schale umhüllt. Reste von ihr findet man gelegentlich noch an schlecht gereinigten Walnüssen. Die Haselnuß aber ist eine richtige *Nuß*, denn sie hat eine harte Fruchtschale, die den Samen-Kern umgibt. Weintrauben, die jetzt ebenfalls angeboten werden, sind *Beeren,* in deren saftigem Fleisch die Samen stecken. Auch Tomaten sind Beeren. Und weil der Kürbis im Grunde ebenso gebaut ist, müssen wir auch ihn eine Beere nennen; nur ist es eben eine Riesenbeere.

Im Spätherbst ist das Angebot an Südfrüchten besonders reichlich. Denn für Mandarinen und Apfelsinen, die aus dem Mittelmeergebiet eingeführt werden, beginnt jetzt die Haupterntezeit. Blutapfelsinen reifen sogar erst in den milden Wintermonaten. Die großen, hellgelben Pampelmusen, auch Grapefrüchte genannt, kommen vor allem aus dem vorderen Orient. Alle diese Früchte sind Beeren. Ihre Samenkerne sitzen in einem saftigen Fruchtfleisch, das durch Häute strahlig unterteilt ist. Kernlose Apfelsinen, nach einer kleinasiatischen Hafenstadt Jaffa-Orangen genannt, ferner kernlose Mandarinen (Clementinen) sind beim Käufer beliebt.

Dahlienblumen haben stets einen „Außenkelch"

Unsere Parkanlagen im Sommer und Herbst

Ein Korb voller Blüten. Im Sommer stehen unsere Anlagen und Gärten in voller Blütenpracht. Von besonderer Schönheit sind die großen Blumen der *Dahlien,* die in vielen Formen und Farben angepflanzt werden. Zweierlei Blumen lassen sich unterscheiden: „Einfache" Dahlien zeigen eine gelbe Scheibe, die von einem Kranz roter, zungenförmiger Blütenblätter

Astern und Chrysanthemen kann man leicht an den Blättern unterscheiden

umgeben ist. „Gefüllte“ Dahlien haben nur „Zungen“ in mancherlei Farben. Diese „Zungen“ können tütenförmig zusammengerollt sein; die Blume bildet dann ein kugeliges Köpfchen. Man nennt sie Ball-Dahlien. Sind die Zungen aber spitz und strahlenförmig ausgebreitet, dann spricht man von Kaktus-Dahlien. Eine Dahlienblume ist nicht eine einfache Blüte wie die der Petunie oder Fuchsie. Denn die gelbe „Scheibe“ setzt sich aus vielen Einzelblüten zusammen, und die „Zungen“ sind die Blumenkrone von Einzelblüten. Alle diese Einzelblüten sitzen gemeinsam in einem Körbchen, das aus dem scheibenförmig verbreiterten Blumenstiel und aus grünen „Hüllblättern“ gebildet ist. Eine Dahlienblume könnte man also einen Korb voller Blüten nennen.

An einer *Sonnenblume* läßt sich am einfachsten sehen, daß die Scheibe und die gelben Zungen von zahlreichen Einzelblüten gebildet werden. Aus jeder Scheibenblüte kann ein Sonnenblumenkern werden, eine Frucht. Wenn wir im Winter eine solche reife Sonnenblume auf den Balkon hängen, dann kommen die Meisen und picken die Kerne heraus.

Auch die *Astern* und *Chrysanthemen*, die vom frühen Sommer an bis zum Spätherbst Anlagen und Gärten schmücken und als Schnittblumen angeboten werden, sind solche „Korbblütler“. Astern und Chrysanthemen werden wie die Dahlien in einfachen und gefüllten Formen gezogen. Die Mehrzahl der sommerlichen Blütenpflanzen gehört zu den Korbblütlern. Wir werden sie später näher kennenlernen (S. 156).

Park in einer Großstadt

Unser Bild zeigt drei geschützte Alpenpflanzen (Weitere geschützte Pflanzen sind auf S. 303 abgebildet)

Naturschutz – Landschaftsschutz

Viele Menschen suchen am Wochenende und in den Ferien Ruhe und Entspannung im Freien. Unser Land ist aber dicht bevölkert. Städte und Dörfer dehnen sich immer weiter aus, denn die Bevölkerung wächst an. Wälder und Wiesen verschwinden, mit ihnen weite Teile der Landschaft, die der Erholung dienen könnten, und wo sich noch Pflanzen und Tiere ungestört beobachten ließen. Das Verschwinden zusammenhängender Waldungen, großer Wiesen und Weideflächen ist aber auch bedenklich, weil diese bei der Reinerhaltung der Luft mitwirken und die Wasserführung in den Bächen und Flüssen regeln.
Der Staat hat darum größere Landschaftsbezirke, besonders in der Nähe von Industrierevieren, zu *Landschaftsschutzgebieten* erklärt. Hier darf wohl Ackerbau, Gartenbau und Forstwirtschaft getrieben werden, doch sind Veränderungen der Landschaft genehmigungspflichtig: Bauten, Abholzungen, Steinbrüche. Zum Parken und Zelten werden eigens Plätze geschaffen.
Wesentlich schärfer sind die Bestimmungen für *Naturschutzgebiete*. Sie dürfen nur auf eigens gekennzeichneten Wegen betreten werden. Jedes Abpflükken von Blumen und Zweigen ist verboten. Kein geschütztes Tier darf gejagt oder gefangen werden.
In Naturschutzgebieten sollen besonders seltene Pflanzen und Tiere vor Eingriffen des Menschen bewahrt werden. Auch Pflanzen und Tiere außerhalb der Schutzgebiete können unter Naturschutz gestellt werden (S. 302).

Daß der Staat die Natur durch Gesetze schützt, geschieht zu unserem eigenen Besten. Wir selbst sollten aber auch alles tun, daß der natürliche Zustand der Landschaft möglichst erhalten bleibt. Papier, leere Konservendosen und leere Flaschen nimmt man mit oder wirft sie beim Gasthaus oder auf dem Parkplatz in die Abfallkörbe. Auch sollten blühende Weidenzweige im Frühjahr oder buntes Laub im Herbst nicht von den Bäumen gerissen werden. Vor allem aber muß das Verbot, im Walde zu rauchen oder abzukochen, beachtet werden. Allzu leicht entsteht ein Waldbrand mit unabsehbaren Folgen. Auch dürfen Wegränder und Hecken im Frühjahr nicht abgebrannt werden. Nistplätze der Vögel würden dann zerstört und die Pflanzen des Bodens geschädigt werden.

Gliederung des Pflanzenkörpers

1. Wurzel	a. Hauptwurzel, als Pfahlwurzel tief in den Boden eindringend (Klatschmohn) b. Seiten-(Neben-)wurzeln, von der Hauptwurzel abzweigend c. Sproßbürtige Wurzeln, aus Stengeln entspringend (Taubnessel)	Aufgabe der Wurzel: Verankerung der Pflanze im Boden. Aufnahme von Wasser mit den darin gelösten Nährsalzen.
2. Sproß	a. oberirdisch, bei Kräutern vergänglich, bei Bäumen und Sträuchern ausdauernd. Aufrecht oder windend b. unterirdisch, als Erdsproß mit farblosen Schuppenblättern, als Zwiebel; Nährstoffspeicher Gliederung des Sprosses: Stengel, Blätter und Blüten	Aufgabe des Sprosses: Leitung des Wassers und der Nährsalze in besonderen Leitungsröhren zu den Blättern. Blätter und Blüten werden zum Licht emporgehoben.
3. Blatt	a. Blattarten: Laubblätter Hüllblätter (z. B. Knospenschuppen) Nebenblätter (am Blattgrund der Rose) b. Gliederung des Blattes: Blattfläche, Blattstiel, Blattgrund c. Blattaderung: Paralleladrig (Tulpe), fiederadrig (Kirsche) d. Blattrand: Ganzrandig, gekerbt, gesägt, gezähnt u.a. e. Zusammengesetztes Blatt: Unpaarig gefiedert (Bohne), fiederspaltig (Kartoffel)	Aufgaben des Blattes: Auffangen des Sonnenlichtes. Verdunsten von Wasser. Aufnahme des Kohlendioxids aus der Luft. Bildung von Stärke aus Wasser und Kohlendioxid.

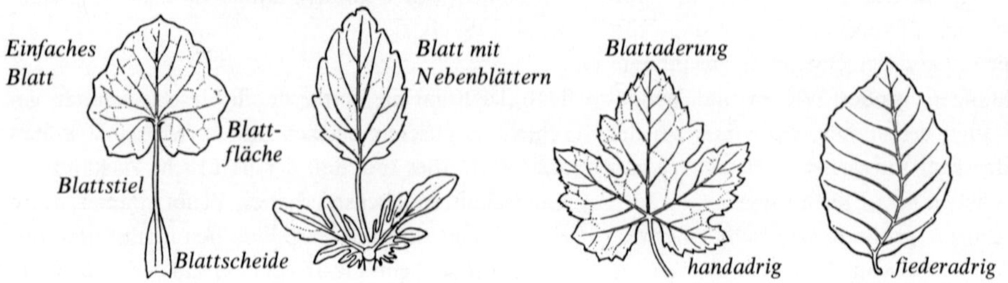

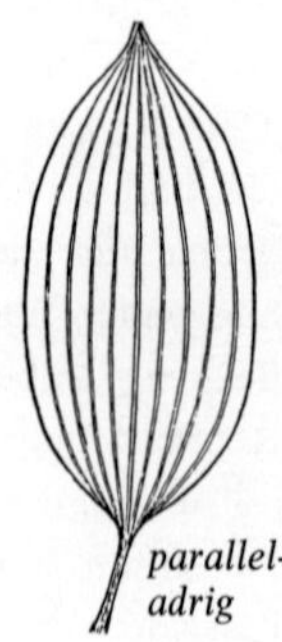

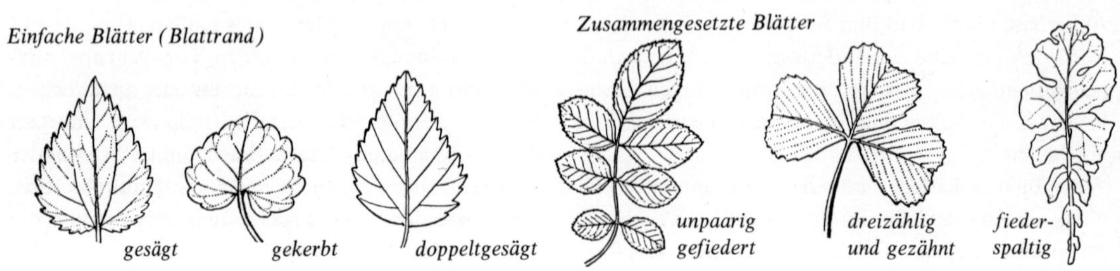

4. Blüte

a. Blütenstände: Dolde (Schlüsselblume), Traube (Raps)
b. Blütenhülle: Einfach (Tulpe), doppelt: mit Kelch und Krone, getrenntblättrig (Raps), verwachsenblättrig (Zaunwinde)
c. Bestäubung: Übertragung von Blütenstaub auf die Narbe einer Blüte der gleichen Art
d. Blumen und Insekten: Viele Blüten sind durch ihren Bau der Bestäubung durch bestimmte Insekten besonders angepaßt (Hummelblumen, Falterblumen)

Aufgaben der Blüte:
Sicherung der Bestäubung
Bestäubung und Befruchtung führen zur Entstehung von Samen und Früchten

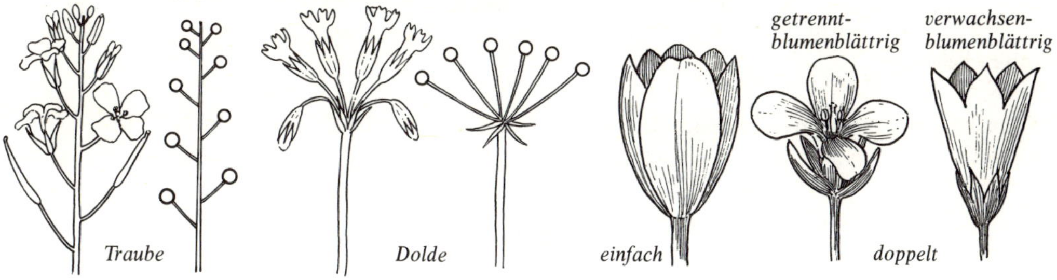

Blütenstände *Blütenhülle*

5. Frucht

a. Beere (saftiges Fruchtfleisch, das die Samen einschließt, z.B. Kartoffel)
b. Steinfrucht (Fruchtwand außen fleischig, innen steinhart, z.B. Kirsche)
c. Kernfrucht (Blütenboden an Fruchtbildung beteiligt, Kerngehäuse, z.B. Apfel)
d. Kapsel (öffnet sich bei der Reife, z.B. in Poren bei Mohn, in Klappen bei Glockenblume)
e. Schote (2 Fruchtblätter und eine Scheidewand, z.B. Raps)
f. Sammelfrucht (mehrere Früchte bei der Reife vereinigt, z.B. Hagebutte der Rose)
g. Nuß (Fruchtwand hart, bei Samenreife sich nicht öffnend, z.B. Einzelfrüchte der Rose, Haselnuß)

Aufgaben der Früchte:
Ihre Samen sorgen für die geschlechtliche Vermehrung und die Verbreitung der Pflanze

Kapsel *Schote* *Beere*

Stellung des Fruchtknotens

Oberständiger Fruchtknoten:
a) Fruchtknoten oberhalb des Blütenbodens (Raps)
b) Fruchtknoten frei in einer Aushöhlung des Blütenbodens (Kirsche)

Unterständiger Fruchtknoten:
Der Fruchtknoten ist in den Blütenboden eingesenkt und mit diesem verwachsen, Griffel und Narben frei (Birne)

Lege Dir eine Sammlung von Blättern der verschiedensten Formen an. Ergänze die Zusammenstellung durch Beispiele nach den bisher besprochenen Pflanzen.

Vom Bau und Leben der Pflanze (Übersicht)

Wuchsformen

1. Baum ♄: Verholzter Stamm mit einer Krone aus Ästen und Zweigen, ausdauernd
2. Strauch ♄: Holzgewächs, vom Grunde an verzweigt, ausdauernd (Rose)
3. Kraut ⊙: a. Einjährig (Bohne)
   ⊙: b. 2jährig, einmal überwinternd
   c. Stauden, mehrjährig, überwintern mit Erdsproß, Zwiebel, Knolle

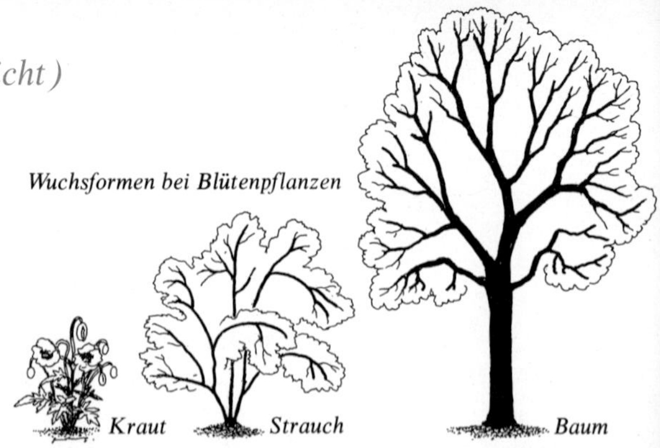

Wuchsformen bei Blütenpflanzen

Lebenserscheinungen

1. Atmung

Die Pflanzen atmen mit allen ihren Teilen bei Tag und Nacht Sauerstoff ein und scheiden Kohlendioxid aus.

2. Assimilation

In allen grünen Teilen baut die Pflanze bei Tage (Sonnenlicht) aus dem Kohlendioxid der Luft und dem Wasser des Bodens Stärke auf.

3. Entwicklung

Aus dem Keimling im Samen wächst die Pflanze mit Wurzel, Stengel, Blättern und Blüten hervor.

4. Bewegung

An den Sproßenden windender Pflanzen sind kreisende Bewegungen zu beobachten. Blätter können bei Tag und bei Nacht verschiedene Stellungen einnehmen. Blüten öffnen und schließen sich unter dem Einfluß des Lichtes oder der Temperatur.

5. Vermehrung

a. Geschlechtliche Vermehrung durch Samen nach Bestäubung und Befruchtung der Blüten.

b. Ungeschlechtliche Vermehrung durch Knollen, Erdsprosse, Ausläufer, Brutzwiebeln.

Von den Lebensbedingungen der Pflanze

1. Licht

a. Ohne Licht kann die Pflanze nicht ergrünen.

b. Viele Pflanzen erscheinen frühzeitig, bevor der Standort beschattet wird (Schlüsselblume).

c. Die Stellung der Blätter, kreuzweis-gegenständig oder wechselständig, sichert die gleichmäßige Besonnung.

d. Die Blattflächen kehren sich dem Licht zu (Zimmerpflanzen am Fenster).

e. Manche Stauden breiten im 1. Jahr ihre Blätter zu einer Rosette aus (Klatschmohn).

f. Pflanzen mit schwachen Stengeln können sich an einer Stütze emporwinden (Bohne).

2. Wärme

a. Ohne Wärme keimen die Samen nicht.

b. Mit zunehmender Sonnenwärme treiben viele Pflanzen aus.

c. Herbstkeimer stellen im Winter ihr Wachstum ein.

d. Stauden überwintern unter einer schützenden Erd- und Laubschicht: Zwiebel, Erdsproß.

e. Knospen tragen derbe Knospenschuppen und schützen so die zarten Blattanlagen im Winter.

f. Pflanzen aus warmen Ländern werden spät gesät.

3. Wasser

a. Wasser braucht die Pflanze für den Stofftransport und für die Assimilation.

b. Bei Mangel an Wasser welken die Pflanzen.

c. Junge Blätter werden durch Einrollen oder Einfalten vor zu starker Verdunstung geschützt.

d. Das Wurzelwerk breitet sich weit im Erdboden aus, um hinreichend Wasser aufnehmen zu können.

e. Manche Erdsprosse durchziehen die feuchteren, tiefgelegenen Erdschichten.

f. In Lehmboden wird das Wurzelwerk flacher ausgebreitet als in Sandboden.

4. Nährstoffe

a. Solange Wurzeln und Blätter noch nicht ausgebildet sind, nehmen die Keimlinge ihre Nährstoffe aus einer Knolle oder aus Keimblättern oder aus Samen.

b. Wurzeln entnehmen dem Boden die Nährstoffe zusammen mit dem Wasser.

c. Acker und Garten bringen nur dann gute Ernten, wenn regelmäßig gedüngt wird.

5. Luft

a. Pflanzen atmen wie die Tiere und der Mensch.

b. Zur Assimilation brauchen sie das Kohlendioxid der Luft.

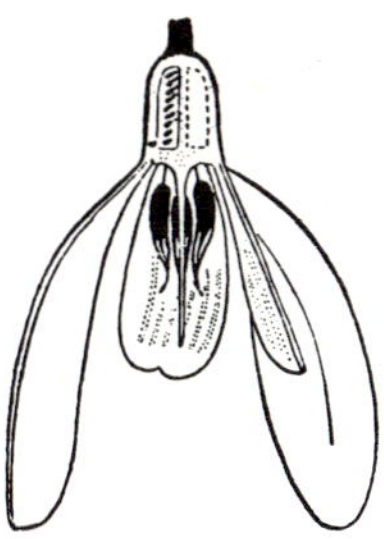

Blüte des Schneeglöckchens (Längsschnitt und vergr.)

Das Schneeglöckchen

Schneeglöckchen, Märzenbecher oder Krokus werden mit gefrorenem Boden aus dem Freien ins warme Zimmer gebracht. Wie lange dauert es, bis die Blüten sich öffnen? Stelle an abgeschnittenen Pflanzen fest, ob Kälte oder Dunkelheit auf das Schließen der Blüten einwirken.

Noch ehe der Schnee verschwunden ist, kommt das Schneeglöckchen aus der Erde hervor und öffnet seine weißen Blüten. Hier und da wächst es wild auf Wiesen und in Laubwäldern. Meist aber pflanzen wir es in Gärten an. Sobald der Sommer beginnt, zieht es sich in den Boden zurück.

Die Blätter. Aus einer Zwiebel, die wie bei der Tulpe als Vorratsspeicher dient, tritt schon im Herbst der oberirdische Sproß hervor, ohne aber die Erde zu durchbrechen. Er ist von einem häutigen, scheidenförmigen Hüllblatt (Niederblatt) umgeben. Die beiden Laubblätter sind lang, linealisch und paralleladrig (vgl. Tulpe). Sie liegen, wenn sie die Erde durchbrechen, mit ihren Oberseiten eng aneinander und schließen die Blütenknospe ein.

Die Blüte. Aus der Zwiebel entsteht wie bei der Tulpe alljährlich nur eine Blüte, und zwar auf einem hohen, 2kantigen Schaft. Die Blütenknospe steht aufrecht und wird von einer häutigen Scheide, einem *Hochblatt*, umhüllt. Aus dieser Hülle senkt sich die fertige Blüte nach unten.

Die Blüte ist ähnlich wie die der Tulpe gebaut, der Fruchtknoten aber ist *unterständig* (vgl. Birne und Fuchsie). Die 3 großen, weißen, äußeren Blumenblätter sind schräg nach außen gerichtet, die 3 kleinen, inneren formen eine Röhre. Am Grund dieser grünlichen Blumenblätter wird der Nektar abgeschieden. Die Beutel der 6 Staubblätter tragen einen borstenförmigen Fortsatz und öffnen sich mit 2 Löchern. Griffelspitze und Narbe ragen aus dem Kegel hervor, den die Staubbeutel bilden.

Stößt man die Borsten der Staubbeutel mit einer Nadel an, dann rieselt trockener Blütenstaub aus den Löchern. Dasselbe geschieht, wenn ein Insekt die Blüte besucht. Sobald es die Borsten berührt, wird es mit Blütenstaub bestreut. In der Kälte und gegen Abend schließen sich die Blüten. In einem warmen Zimmer öffnen sie sich rasch.

Frucht und Vermehrung. Die Früchte sind *Kapseln*, die sich mit 3 Klappen öffnen. Die Samen haben ein fleischiges Anhängsel, das Ameisen fressen; sie verschleppen daher die Samen. – Weit häufiger als durch Samen vermehrt sich das Schneeglöckchen ungeschlechtlich durch *Brutzwiebeln*, die in den Achseln der Laubblätter entstehen.

Verwandte des Schneeglöckchens

Wenig später als das Schneeglöckchen erscheint der *Märzenbecher*. Er hat große, duftende Blütenglokken. – Bei den *Narzissen* ist die Blütenhülle unten zu einer Röhre verwachsen, an deren Öffnung eine „Nebenkrone" sitzt. Diese ist bei der *Gelben Narzisse* groß, die Blütenröhre dagegen kurz (Hummelblume!). Bei der *Weißen Narzisse* aber ist die Nebenkrone kurz, die Blütenröhre lang und eng (Falterblume).

Ein Vergleich des Schneeglöckchens und des Märzenbechers mit den Narzissen zeigt, daß *alle diese Pflanzen in folgenden Merkmalen übereinstimmen:* Sie besitzen eine Zwiebel; die Blätter sind paralleladrig; die Blü-

Gelbe und weiße Narzisse

tenhülle besteht aus zwei 3blättrigen Kreisen; jede Blüte enthält 6 Staubblätter; der Fruchtknoten ist unterständig und 3fächerig.

Pflanzen, die – namentlich im Bau der Blüte – eine große Übereinstimmung aufweisen, werden als verwandt bezeichnet.

Verwandte Pflanzen faßt man – ähnliches gilt für Tiere – zu kleineren oder größeren Gruppen zusammen. Eine größere Verwandtschaftsgruppe wird eine *Familie* genannt. – Das Schneeglöckchen, der Märzenbecher und die Narzissen gehören zur Familie der *Narzissengewächse*.

Märzenbecher

Krokus und andere Frühlingsblüher

Krokusgewächse

Zeitig im Frühjahr erscheinen auf den Rasenflächen unserer Anlagen und in den Gärten die *Krokus*-Arten, die als Knollen überwintern. Bei ihnen entwickelt sich die junge Knolle über der alten und wird durch „Zugwurzeln" in die richtige Tiefenlage gebracht. Violette, weiße oder in beiden Farben gestreifte Blüten zeigt der *Frühlings-Krokus*, der auf Alpenmatten heimisch ist. Der *Gelbe Krokus* hingegen stammt aus dem südlichen Balkan und Kleinasien.

Aus den Mittelmeerländern sind auch *Blaustern* und *Traubenhyazinthe* zu uns gekommen. Dort bestimmt ihr leuchtendes Blau im Frühjahr wie im Herbst die Farbe der Fluren. Bei uns sind die Frühjahrsblüher ein beliebter Gartenschmuck. Einige Arten sind aber auch heimisch geworden. Doch sind sie ziemlich selten, so daß man sie unter Naturschutz stellen mußte. Es ist verboten, ihre Zwiebeln auszugraben. Der *Zweiblättrige Blaustern* wächst gesellig in Auen, lichten Laubwäldern und Baumgärten, vor allem im Rheingebiet. Er trägt 2–5 blaue, sternförmige Blüten. An ähnlichen Orten wie der Blaustern kommt die *Traubenhyazinthe* vor. Ihre oberen Blüten sind unfruchtbar und locken Insekten an. – In Obstgärten, aber auch in Laubwäldern erscheint der *Goldstern* bereits im zeitigen Frühjahr.

Verwandte Familien

Die Blüten von Traubenhyazinthe, Blaustern und Goldstern haben 6 Blütenhüllblätter und 6 Staubblätter. Ihr Fruchtknoten ist oberständig. Das sind Merkmale, wie wir sie bereits von der Tulpe her kennen. Mit dieser werden sie daher auch zu einer Pflanzenfamilie zusammengefaßt, die – weil auch die bekannten Lilien (S. 163) dazugehören – als Familie der *Liliengewächse* bezeichnet wird.

Die uns bereits bekannte Familie der *Narzissengewächse* unterscheidet sich im Blütenbau von der Familie der Liliengewächse lediglich durch den unterständigen Fruchtknoten.

Die Blüten der Krokusarten besitzen zwar auch 6 Blütenhüllblätter, und ihr Fruchtknoten ist wie bei den Narzissengewächsen unterständig, doch weisen sie nur 3 Staubblätter auf. Man ordnet sie daher wieder einer anderen Familie, nämlich den *Krokusgewächsen* zu, die nach ihren auffallendsten Vertretern auch *Schwertliliengewächse* genannt werden.

Die Pflanzen der 3 genannten Familien sind sich nicht nur im Blütenbau ähnlich, sie zeigen auch ähnlich gebaute Blätter, die immer paralleladrig sind. Des weiteren bilden ihre Samen beim Keimen im Gegensatz z. B. zur Bohne nur ein Keimblatt aus, das allerdings meist von der Samenschale umschlossen bleibt. Wir erkennen also, daß es sich um verwandte Familien handelt. Sie werden daher mit anderen ähnlich gearteten Pflanzenfamilien zur *Pflanzenklasse* der *Einkeimblättler* zusammengefaßt. Dieser Pflanzenklasse steht eine andere gegenüber, zu der jene Pflanzenfamilien gehören, deren Vertreter wie die Bohne beim Keimen 2 Keimblätter ausbilden: die Klasse der *Zweikeimblättler*. Alle Pflanzen, die im ersten Teil dieses Buches (S. 1 – 50) betrachtet wurden, zählen mit Ausnahme der Tulpe zu den Zweikeimblättlern. Ihre Blätter zeigen im Gegensatz zu denen der Einkeimblättler eine netzartige Aderung; sie sind hand- oder fiederadrig (S. 52).

Liliengewächse

Traubenhyazinthe *Blaustern* *Goldstern*

Klasse der *Einkeimblättler:* 1 Keimblatt, meist paralleladrige Blätter;
Klasse der *Zweikeimblättler:* 2 Keimblätter, meist netzadrige Blätter.

Bei den Einkeimblättlern wie bei den Zweikeimblättlern sind die Samen in Früchte eingeschlossen. Deshalb werden alle hierher gehörenden Blütenpflanzen als *Bedecktsamer* bezeichnet und den *Nacktsamern* (S. 197) gegenübergestellt.

Frühlings-Krokus. Knollen mit quergerunzelten Zugwurzeln

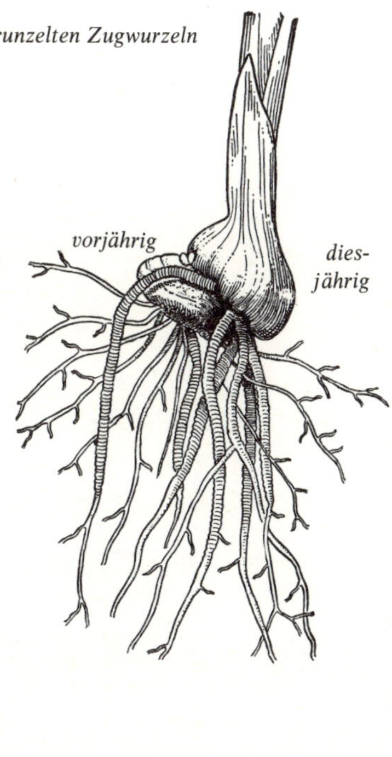

	Lilien-gewächse	Narzissen-gewächse	Krokus-gewächse
Blütengrundriß			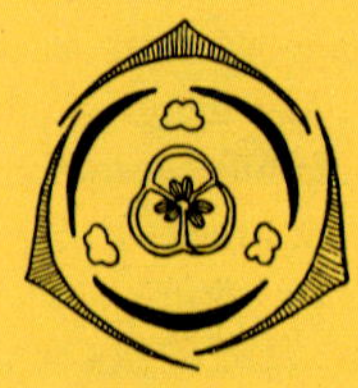
Blütenhüllblätter	6	6	6
Staubblätter	6	6	3
Fruchtknoten	oberständig	unterständig	unterständig

Gattung und Art

Das Buschwindröschen

1. Wie lange dauert es, bis ein Strauß Buschwindröschen, aus dem Wald nach Hause gebracht, sich wieder erholt hat, wenn man ihn in Wasser stellt?
2. Vergleiche das Welken bei Buschwindröschen, die mit Erdsproß und ohne diesen aus den Boden genommen wurden.

Der Erdsproß. Das Windröschen kann bereits im Vorfrühling erscheinen, weil es die ersten Baustoffe einem Erdsproß entnimmt. Dieser ist braun, liegt waagrecht im Boden und ist reich bewurzelt. Gräbt man ihn im Herbst aus, so zeigt er am vorderen Ende bereits den künftigen oberirdischen Sproß. Untersucht man einen Erdsproß nach der Blütezeit wieder, dann sieht man, daß er sich verlängert hat. Während er am Hinterende allmählich abstirbt, wächst er am Vorderende beständig weiter. Aus Knospen entstehen Seitenzweige. Stirbt der Sproß an der Verzweigstelle ab, so wird aus dem Zweig eine selbständige Pflanze.

Von Blüte und Frucht. Die Blüte hat fast das Aussehen eines Röschens und schaukelt im Winde hin und her (Windröschen). Sie hat eine einfache Blütenhülle, die aus meist 6 weißen oder rötlichen Blättern besteht. Die Insekten finden in ihr nur Blütenstaub, der in zahlreichen Staubblättern gebildet wird. Gegen Abend schließt sich die Blüte und neigt sich zur Seite. Die

Blüte des Buschwindröschens (vereinfachter Längsschnitt)

zahlreichen Früchtchen springen nicht auf. Jedes enthält nur einen Samen. Es sind *Schließfrüchte* wie die Nüßchen der Hagebutte.

Die Blätter. Der Blütenstiel, der sog. Schaft, trägt 3 mehrfach geteilte, grüne Blätter. Man bezeichnet sie als Hochblätter. Diese sind im Herbst noch sehr

Buschwindröschen. Der Erdsproß im Jahreslauf

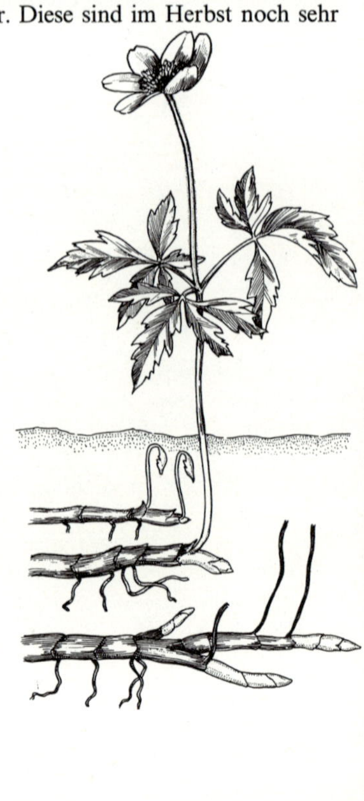

im Spätwinter

zur Blütezeit

nach der Blütezeit

Frühlingsblüher: *Gelbes Windröschen*

Buschwindröschen

Leberblume

klein und blaß und umhüllen schützend die Blüte in der Erde. Das einzige, ihnen sehr ähnliche, langgestielte Laubblatt entspringt neben dem Blütenstiel oder an einem Seitenzweig des Erdsprosses; oft fehlt es auch.

Solange sich die oberirdischen Teile noch im Boden befinden, sind Schaft und Blattstiel stark gekrümmt. Sie „gehen“ beim Durchbrechen des Erdreichs voran, so daß die Blüte und die Blattflächen unverletzt bleiben. Alle Teile der Pflanze sind schwach giftig.

Ein abgepflücktes Windröschen welkt sehr bald, denn die Blätter sind groß, dünn und behaart. Sie verdunsten daher schnell viel Wasser. Da das Windröschen in einem Boden wurzelt, der im Frühjahr recht feucht ist, kann es den Wasserverlust leicht wettmachen.

Verwandte. Am gleichen Standort wie das Buschwindröschen wächst das ihm ähnliche *Gelbe Windröschen.* – Neben dem Gelb der Schlüsselblumen sehen wir nicht selten das Blau der *Leberblume.* Auch als Gartenpflanze ist sie beliebt. Ihre lederartigen Blätter wurden früher, weil sie die Form einer Leber haben, als Heilmittel gegen Leberleiden benutzt. – Nasse Orte, vor allem Bachränder, bewohnt die *Sumpfdotterblume* mit ihren großen, dottergelben Blüten. Sie ist ihrem Standort entsprechend eine saftige, völlig unbehaarte Pflanze mit großen Blättern und strangartigen Wurzeln. Jede Blüte enthält mehrere griffellose Stempel. Die Früchte, die daraus hervorgehen, öffnen sich durch einen Längsriß, so daß die Samen verstreut werden. Daran lassen sie deutlich erkennen, daß sie aus einem einzigen *Fruchtblatt* hervorgegangen sind. Es sind sog. „Balgkapseln“.

Die hier genannten Pflanzen bilden Blüten mit zahlreichen Staubblättern und meist vielen Stempeln aus, von denen jeder aus nur einem Fruchtblatt hervorgegangen ist. Sie gehören deshalb ein und derselben Familie an. Da diese auch die zahlreichen Hahnenfußarten (s. unten) umfaßt, wird sie *Familie der Hahnenfußgewächse* genannt.

Vergleicht man Buschwindröschen, Gelbes Windröschen und Sumpfdotterblume an Hand der Übersicht miteinander, so sieht man, daß die beiden Windröschen in zahlreichen Merkmalen übereinstimmen. Die Sumpfdotterblume jedoch steht für sich; sie unterscheidet sich von den Windröschen vor allem in der

Frucht und in den Blättern, während Staubblätter und Stempel übereinstimmen. Die beiden Windröschen sind näher miteinander verwandt als mit der Sumpfdotterblume. Pflanzen innerhalb einer Familie, die eine engere Verwandtschaft zueinander aufweisen, werden zu einer besonderen Verwandtschaftsgruppe zusammengefaßt, der *Gattung*.

Das Buschwindröschen und das Gelbe Windröschen gehören zur Gattung Windröschen = Anemone. Die Sumpfdotterblume zählt zur Gattung Dotterblume = Caltha.

Um Verwechslungen zu vermeiden, hat man jeder Pflanze einen wissenschaftlichen Namen gegeben, der aus der griechischen oder lateinischen Sprache entnommen ist. Dieser Name besteht aus 2 Wörtern; das erste bezeichnet die Gattung, zu der die betref-

Art	Blumenblätter	Staubblätter	Stempel	Frucht	Blätter	Wurzelstock
Buschwind-röschen	meist 6, weiß oder rötlich	zahlreich	viele	Schließ-frucht	mehrfach geteilt	lang, waage-recht kriechend
Gelbes Windröschen	meist 5, gelb	zahlreich	viele	Schließ-frucht	mehrfach geteilt	lang, waage-recht kriechend
Sumpf-dotterblume	5, dottergelb	zahlreich	viele	Balgkapsel	nierenförmig ungeteilt	kurz

fende Pflanze gehört (Gattungsname), das zweite Wort die Art der Pflanze (Artname). So heißt:
Buschwindröschen = Anemóne nemorósa,
Gelbes Windröschen = Anemóne ranunculoídes,
Sumpfdotterblume = Caltha palústris.

Familie:	Hahnenfußgewächse	
Gattungen:	Windröschen	Dotterblume
Arten:	Buschwindröschen Gelbes Windröschen	Sumpf-dotterblume

Die netzadrigen Blätter kennzeichnen die Hahnenfußgewächse als Zweikeimblättler.

Hahnenfußarten

Lege Stengel vom Scharfen Hahnenfuß in ein Glas mit Wasser, Stengel von Schlüsselblume oder Taubnessel in ein anderes Gefäß mit Wasser. Beobachte, wie lange es dauert, bis die Stengel zu faulen beginnen. Das Hahnenfußgift ist fäulniswidrig.

Blatt vom Scharfen Hahnenfuß

Wenn die Sumpfdotterblume verblüht, überziehen sich unsere Wiesen mit den Blüten der gelben Hahnenfußpflanzen. Ihre Blätter sind nicht nierenförmig wie

	Kelch-blätter	Blumen-blätter	Frucht	Blätter	Stengel	Erdsproß
Scharfer Hahnenfuß	5, aufrecht	5, gelb	Schließ-frucht	5- und 3zipflig	rund	unverzweigt
Knolliger Hahnenfuß	5, zurück-geschlagen	5, gelb	Schließ-frucht	3zipflig	gefurcht	unverzweigt
Kriechender Hahnenfuß	5, aufrecht	5, gelb	Schließ-frucht	3zipflig	gefurcht	verzweigt
Scharbocks-kraut	3, aufrecht	5–8, gelb	Schließ-frucht	herz-nieren-förmig	rund	fehlt; Wurzelknollen

Hahnenfußgewächse: *Scharfer Hahnenfuß* *Knolliger Hahnenfuß* *Kriechender Hahnenfuß* *Scharbockskraut*

bei der Sumpfdotterblume, sondern geteilt. Die oberen, dreiteiligen Stengelblätter erinnern durch ihre Gestalt an die Füße eines Hahnes („Hahnenfuß"). Die unteren Blätter weisen 3 oder 5 Zipfel auf. Die Blüten haben stets 5 Kelchblätter und 5 Blumenblätter. Zahlreiche Staubblätter und viele Stempel kennzeichnen die Hahnenfußpflanzen als Verwandte von Windröschen und Sumpfdotterblume, die mit ihnen zur Familie der Hahnenfußgewächse gehören.

Vergleichen wir Hahnenfußpflanzen der Wiese miteinander, dann stellen wir leicht verschiedene Arten fest. Die wichtigsten unterscheidenden Merkmale von 3 verbreiteten Arten sind in der Tabelle S. 61 zusammengefaßt. Das Scharbockskraut, eine Pflanze des Vorfrühlings, ist ergänzend aufgenommen worden.

Die Übersicht zeigt, daß das Scharbockskraut mit den Hahnenfußarten gewisse Übereinstimmungen zeigt. Doch unterscheidet es sich deutlich in der Zahl der Kelchblätter, in der Blattform und in dem Fehlen eines Erdsprosses. Die Hahnenfußarten werden zur *Gattung Hahnenfuß = Ranúnculus* zusammengefaßt. Das Scharbockskraut bildet eine eigene Gattung: *Ficária.*

Vergleichen wir die Pflanzen dieser Gattungen aber mit der Sumpfdotterblume, so sehen wir 2 wichtige Unterschiede:

1. Die Frucht der Hahnenfußpflanzen und des Scharbockskrauts ist stets eine Schließfrucht, die der Sumpfdotterblume aber eine Balgkapsel.
2. Die Blüte aller Hahnenfußpflanzen und des Scharbockskrauts läßt eine Trennung in Kelch- und Blumenblätter erkennen, die der Blüte der Sumpfdotterblume fehlt. Dieses zweite Merkmal scheidet auch die Windröschen von den Hahnenfußpflanzen.

Aus der Familie der Hahnenfußgewächse haben wir somit bis jetzt 4 Gattungen kennengelernt:

Gattung Windröschen	=	Anemone
Gattung Dotterblume	=	Caltha
Gattung Hahnenfuß	=	Ranunculus
Gattung Scharbockskraut	=	Ficaria

Die Hahnenfußarten enthalten ein Gift. Sie werden darum vom Vieh gemieden. Im getrockneten Heu verliert sich allerdings die Giftwirkung.

Stufenfolge im Pflanzenreich

Wir wissen bereits, daß die Blütenpflanzen in die *Klasse der Einkeimblättler* und die *Klasse der Zweikeimblättler* eingeteilt werden (S. 57).

Vergleicht man innerhalb der Zweikeimblättler die Blüten der verschiedenen Pflanzen, so kann man wieder 2 Gruppen aufstellen, die sich durch ein auffallendes Merkmal unterscheiden: Heckenrose, Raps, Klatschmohn u. a. haben Blüten, deren Blumenblätter voneinander getrennt sind, so daß wir sie leicht einzeln entfernen können. Bei den Blüten der Schlüsselblume, der Zaunwinde, der Kartoffel, der Taubnessel u. a. sind dagegen die Blumenblätter miteinander verwachsen. Sie bilden Trichter (Zaunwinde), Glocken (Glockenblume) oder Röhren mit gleich großen (Schlüsselblume) oder verschieden gestalteten Zipfeln (Taubnessel). Demzufolge hat man die Zweikeimblättler in die *2 Unterklassen* der *Getrenntblumenblättrigen* und der *Verwachsenblumenblättrigen* gegliedert.

In beiden Unterklassen lassen sich jene Pflanzen, die vor allem im Bau ihrer Blüten weitgehend übereinstimmen, wieder zusammenfassen. Wir kommen auf diese Weise zu den *Familien.* Die Einkeimblättler bilden keine Unterklassen; sie werden nur in Familien (z. B. Familien der Lilien-, Narzissen-, Krokusgewächse) unterteilt.

Wie wir bei den Hahnenfußgewächsen sahen, können Familien noch einmal in *Gattungen* unterteilt werden. Schließlich werden alle Pflanzen, die untereinander so weitgehend übereinstimmen wie die Mutterpflanzen und ihre Nachkommen, zu einer *Art* zusammengefaßt (S. 61). Somit läßt sich eine Stufenfolge aufstellen, die mit den Arten beginnt und über die Gattungen und Familien zu den Unterklassen und schließlich den Klassen führt.

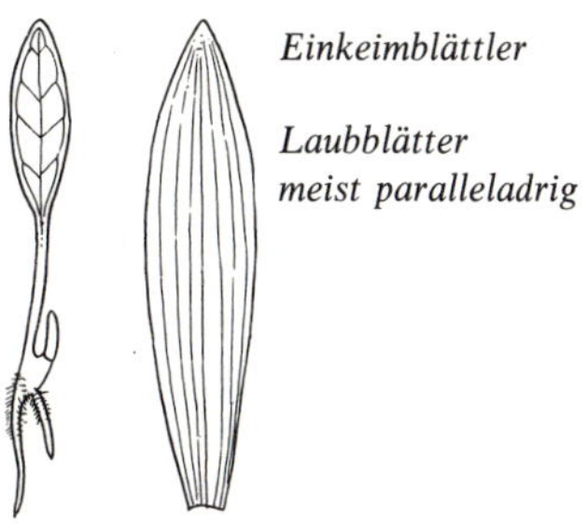

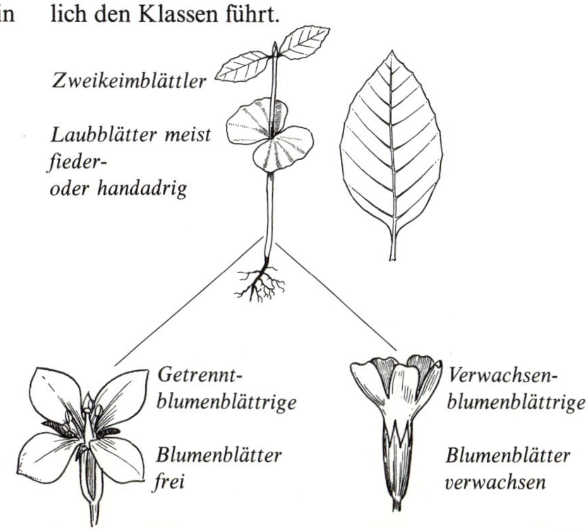

Abteilung	Unterabteilung	Klasse	Unterklasse	Familie	Gattung	Art
		Einkeimblättler	–	Narzissengewächse	Narzisse	Weiße Narzisse Gelbe Narzisse
Blütenpflanzen	Bedecktsamer	Zweikeimblättler	Verwachsenblumenblättrige	Lippenblütler	Taubnessel	Weiße Taubnessel Gefleckte Taubnessel Goldnessel
			Getrenntblumenblättrige	Hahnenfußgewächse	Windröschen	Buschwindröschen Gelbes Windröschen

Samen- oder Blütenpflanzen der Heimat

Bedecktsamer

Zweikeimblätter

Hahnenfußgewächse

Aus der *Gattung Hahnenfuß* (Ranunculus) kennen wir bereits den Scharfen, den Knolligen und den Kriechenden Hahnenfuß (R. acer, bulbósus und repens). Auf lehmigen Äckern gedeiht der schwefelgelb blühende *Ackerhahnenfuß* (R. arvénsis), der an den geschnäbelten, körnig-stachligen Früchten leicht zu erkennen ist. – Über den Spiegel stehender oder langsam fließender Gewässer hebt der *Wasserhahnenfuß* (R. aquátilis) seine weißen Blüten. Er bildet zweierlei Blätter aus: rundliche, die an der Wasseroberfläche schwimmen, und haarförmig zerteilte unter

Wasserhahnenfuß

dem Wasserspiegel. Versiegt das Gewässer, dann sterben die alten Sprosse ab. Neu gebildet werden dicke, kurze Sprosse mit wenig zerteilten, dickeren Blättern. Diese „Landform" stirbt im Winter ab. – Schnellfließende Gewässer bewohnt der *Flutende Hahnenfuß* (R. flúitans). Seine langen, borstenförmigen Blätter sitzen an meterlangen Stielen.

Die *Gattung Windröschen* wurde schon beschrieben (S. 58). – Auf sonnigen Hügeln, in lichten, trockenen Waldungen erscheinen im Frühjahr die *Kuhschellen.*

Kuhschelle

Feld-Rittersporn

Mit Hilfe einer langen Pfahlwurzel können sie sich auch in trockenen Zeiten mit Wasser versorgen. Die *Wiesen-Kuhschelle* (Pulsatílla praténsis) hat hängende, violette Blütenglocken, die Kuhschellen ähneln. Bei der *Gemeinen Kuhschelle* (P. vulgáris) stehen die hellvioletten Blüten aufrecht. Die fein gefiederten Blätter erscheinen erst nach der Blüte. Sie sind wie die ganze Pflanze seidig behaart. Gleichzeitig wachsen die Griffel der Blüten zu langen, federartigen Flugwerkzeugen für die Früchte heran. – Ähnliche Früchte besitzt die *Gemeine Waldrebe* (Clemátis vitálba). Sie klettert mit Hilfe rankender Blattstiele in Büschen und Bäumen empor. – An Lauben und Hauswänden läßt man gern großblumige *Clematis*-Arten aus Südeuropa und Asien emporwachsen. – Zu unseren schönsten Feldblumen gehört der *Feld-Rittersporn* (Consólida regális). Der Sporn der himmelblauen Blüten ist aus verwachsenen Blumenblättern entstanden und enthält Nektar. In jüngeren Blüten stehen die Staubbeutel, in älteren die Narben am Eingang zum Sporn. Die Blüte ist also „vorstäubend" wie die der Glockenblume. – Wie beim Rittersporn erfolgt auch die Bestäubung bei der *Akelei* (Aquilégia vulgáris) und beim *Sturm-* oder *Eisenhut* (Aconítum napéllus). Beide bewohnen Gebirgsgegenden unserer Heimat. Ritter-

Frühlings-Adonis

Akelei

Christrose

Eisenhut

Clematis.
Diese Zuchtform bildet keine Blattstielranken aus.

sporn, Akelei und Eisenhut in den verschiedensten Farben werden in unseren Anlagen und Gärten gezogen. Sie stammen von mehreren Arten ab, deren Heimat der ferne Osten und Südeuropa ist. Das Gift des Sturmhuts wird in der Heilkunde verwendet. – Auf Kalkböden steiniger Abhänge wächst die *Schwarze Nieswurz* (Helléborus niger), die ebenfalls als Gartenpflanze beliebt ist. Ihren Namen hat sie von den schwarzen, stark giftigen Wurzeln, die gepulvert zum Niesen reizen (im Schnupfpulver enthalten). Die weißen Blüten entfalten sich im Winter *(Schnee-* oder *Christrose).* – Beliebte Zierpflanzen unserer Gärten sind die großblumigen *Pfingstrosen* (Paeónia), alte Kulturpflanzen aus Japan und China.
Akelei, Sturmhut und Schwarze Nieswurz stehen unter Naturschutz. Geschützt ist auch das *Frühlings-Adonisröschen* (Adónis vernális), das besonders auf Kalk- und Gipsböden gedeiht. Seine gelben Blüten können bis zu 8 cm groß werden.

Sämtliche hier genannten Arten stimmen in wichtigen Merkmalen überein. Ihre Blüten enthalten viele Staubblätter und meist zahlreiche Fruchtknoten, die jeweils von einem Fruchtblatt gebildet werden. Das sind die *Familienmerkmale der Hahnenfußgewächse.*

Hahnenfußgewächse (verschiedene Blütenformen)

Buschwindröschen *Scharbockskraut* *Sumpfdotterblume* *Rittersporn* *Eisenhut*

Die unterscheidenden Merkmale der Arten und der Gattungen (S. 61 u. 62) lassen sich in Tabellen zusammenstellen, die es ermöglichen, den Namen eines unbekannten Hahnenfußgewächses zu ermitteln oder, wie man kurz sagt, eine Pflanze zu bestimmen. Eine solche *Bestimmungstabelle* ist hier wiedergegeben. Wir prüfen zuerst, ob 1a oder b zutrifft.

Sind die Blüten gespornt oder helmartig (2), so entscheiden wir uns bei 2 auf Grund weiterer Untersuchung der Pflanze zwischen a und b usw. Wenn die Blüten nicht gespornt oder helmartig sind (1b), prüfen wir bei 4, ob a) eine Wasserpflanze mit weißen Blüten und untergetauchten oder schwimmenden Blättern oder ob b) eine Pflanze vorliegt, deren Blätter nicht untergetaucht oder schwimmend sind.

Im Fall 4a handelt es sich um den Wasserhahnenfuß (oder eine nahe verwandte Art). Trifft der Fall 4b zu, dann ist weiter zu bestimmen.

Tabelle zum Bestimmen verbreiteter Hahnenfußgewächse[1]

1a	Blüten gespornt oder helmartig	**2**
– b	Blüten weder gespornt noch helmartig	**4**
2a	Ein Blatt der Blüte ist helmartig — Sturmhut, *Aconítum napéllus*	
– b	Blüten gespornt, kein helmartiges Blatt	**3**
3a	Blüten mit 5 aufwärtsgerichteten Spornen — Akelei, *Aquilégia vulgáris*	
– b	Blüten mit 1 Sporn — Rittersporn, *Consólida*	
4a	Wasserpflanze mit weißen Blüten; Blätter untergetaucht oder schwimmend — Wasserhahnenfuß, *Ranúnculus aquátilis*	
– b	Blätter nicht untergetaucht	**5**
5a	Blätter dreilappig — Leberblume *Hepática nóbilis*	
– b	Blätter anders gestaltet	**6**
6a	Am Stengel unter der Blüte ein Quirl von 3 (zuweilen scheinbar mehr als 3) Hochblättern	**7**
– b	Am Stengel kein Quirl von Hochblättern	**9**
7a	Hochblätter, wie die grundständigen Blätter gestaltet — Windröschen, *Anemóne*	**8**
– b	Hochblätter zerschlitzt, seidenhaarig — Kuhschelle, *Pulsatílla vulgáris*	
8a	Blüte gelb — Gelbes Windröschen *Anemóne ranunculoídes*	
– b	Blüte weiß — Buschwindröschen, *A. nemorósa*	
9a	Blätter ungeteilt, ganzrandig oder gekerbt	**10**
– b	Blätter eingeschnitten	**11**
10a	Blüte ohne grüne Kelchblätter; Wurzel ohne Knollen — Sumpfdotterblume, *Caltha palústris*	
– b	Blüte mit grünen Kelchblättern; an der Wurzel sind Knollen — Scharbockskraut, *Ficária vérna*	
11a	Blüten gelb — Hahnenfuß, *Ranúnculus*	**12**
– b	Blüten weiß, grün oder rötlich — Nieswurz, *Helléborus*	
12a	Blütenstiele gefurcht	**13**
– b	Blütenstiele rund	**15**

[1] Nach den „Tabellen zum Bestimmen der Pflanzen" von Schmeil-Siedentop, Verlag Quelle & Meyer, Heidelberg.

Sauerdorn. *Blühender Zweig* *Fruchtender Zweig*

13a Pflanzen an feuchten Standorten; Fruchtknoten kegelförmig — Gift-H., *R. scelerátus*
– b Pflanzen an trockenen Standorten; Fruchtknoten halbkugelig — **14**

14a Kelch zurückgeschlagen; Stengel am Grunde knollig verdickt — Knolliger H., *R. bulbósus*
– b Kelch der Blüte anliegend, höchstens abstehend — Kriechender H., *R. répens*

15a Blüten klein, blaßgelb; Früchtchen bestachelt — Acker-H., *R. arvénsis*
– b Blüten goldgelb; Früchtchen kahl — Scharfer H., *R. ácris*

Zu einer Familie, die den Hahnenfußgewächsen nahesteht, gehört der *Sauerdorn* oder die *Berberitze* (Bérberis vulgáris). Gartenformen aus Chile und Japan werden oft in Parkanlagen angepflanzt. Der heimische Sauerdorn findet sich in Hecken und Gebüschen. Auf seinen Blättern kann man häufig rostrote Flecken beobachten, die von einem gefährlichen Getreideschädling, dem Schwarzrost, herrühren. In der Nähe von Getreidefeldern werden daher die Berberitzen nicht geduldet. Die gelben, duftenden Blüten haben *reizbare Staubblätter*. Zunächst sind die 6 Staubblätter flach ausgebreitet. Berührt man mit einem spitzen Bleistift einen Staubfaden, dann richtet sich dieser blitzschnell auf. Eine Biene, die beim Nektarsammeln die Staubfäden berührt, wird so mit dem Pollen bepudert. Aus dem Fruchtknoten entwickeln sich rote, sauer schmeckende Beeren. – Aus Nordamerika kommen die immergrünen *Mahonien*. Diese Ziersträucher sind an den lederigen, dorniggezähnten Fiederblättern, den gelben Blüten und blauen Beeren leicht zu erkennen.

Als entfernte Verwandte kann man die *Magnolien* bezeichnen. Diese Parkbäume entfalten ihre großen, weißen Blüten noch vor den Blättern. In Japan und China sind sie beheimatet. – Nordamerikanischer Herkunft ist der *Tulpenbaum* (Liriodéndron tulipífera). Unverkennbar sind die leierförmigen Blätter und die tulpengroßen, gelbgrünen Blüten.

Beobachte die reizbaren Staubblätter an einer Berberitze oder einer Mahonie.

Weiße Seerose und Gelbe Teichrose.
Unter den Blütenlängsschnitten Samen und Stengelquerschnitte.
Rechts: Übergangsformen von Staubblättern zu Blumenblättern.
Links: Eine reifende Frucht der Seerose.

Seerosengewächse

Die Weiße Seerose

Teiche oder Weiher unserer Heimat erhalten durch die *Seerose* (Nymphaea alba) ihren schönsten Schmuck. Sie steht unter Naturschutz. In Märchen und Sagen wird die Seerose von einem Wassergeist, einer Wassermuhme, bewacht, die jeden in die Tiefe zieht, der die Nixenblume brechen will. Daher heißt sie auch im Volksmund Mummel oder Mümmel. Einige Seen in Deutschland sind so zu ihrem Namen „Mummelsee" gekommen.

Erdsproß und Blätter. Der armdicke Sproß ist im schlammigen Grund durch zahlreiche strangartige Wurzeln verankert. Am Vorderende trägt er Blätter und Blüten. Wie die Blattnarben zeigen, wächst er vorn alljährlich ein Stück weiter; hinten stirbt er ab. Am Grunde der Gewässer sinkt die Temperatur nicht bis zum Gefrierpunkt; so kann er den Winter überdauern.

Die herzförmigen, lederartigen Blätter breiten sich auf der Wasseroberfläche aus. Schneidet man den Blattstiel quer durch, dann sieht man schon mit bloßem Auge Hohlräume. Solche Höhlungen durchziehen auch den Stamm und die Blätter und dienen der Durchlüftung. Die Luft macht die Blätter so leicht, daß sie auf dem Wasser getragen werden. Mit seilartigen Stielen werden sie gegen Wind und Wellen gehalten.

Wir tauchen ein abgeschnittenes Seerosen- oder Teichrosenblatt (s. unten) ins Wasser und blasen durch den Stiel kräftig Luft ein. Von der Oberseite der Blattfläche steigen Luftblasen auf.

Die Luft entweicht an der Blattoberseite aus den Spaltöffnungen. Ihre Bedeutung für die Verdunstung haben wir bereits kennengelernt. Nur die Oberseite trägt Spaltöffnungen, so daß die Verdunstung ungehindert stattfinden kann. Ein Wachsüberzug des Blattes verhindert, daß Wasser die Spaltöffnungen verstopft.

Blüte und Frucht. Auf 4 Kelchblätter folgen zahlreiche weiße Blumenblätter, die nach innen zu kleiner werden und in Staubblätter übergehen. Der Fruchtknoten mit seiner schildförmigen Narbe erinnert an eine Mohnkapsel. Am Morgen öffnen sich die Blüten und werden dann von Fliegen und Käfern besucht; gegen Abend schließen sie sich wieder.

Die unter Wasser reifende Frucht ist gefächert und enthält zahlreiche Samen. Von einem schleimigen „Samenmantel" getragen, schwimmen diese auf dem Wasser und werden verbreitet. Nach einiger Zeit sinken sie zu Boden, keimen aber erst nach 1 – 2 Jahren aus.

Stelle eine Übergangsreihe von Blumenblättern zu Staubblättern bei der Seerose zusammen. Dazu eignen sich auch ausländische Seerosen, die in Gartenteichen und Warmbecken gehalten werden.

Verwandte. Die *Gelbe Teichrose* (Núphar lúteum), ebenfalls Mummel genannt, ist in stehenden oder langsam fließenden Gewässern häufig. Die *Riesen-Seerose* (Victória amazónica) vom Amazonenfluß bildet Blätter von 2 m Durchmesser aus, die bei gleichmäßiger Belastung etwa $1^1/_2$ Zentner tragen können (S. 301).

Den Seerosengewächsen steht das *Hornblatt* (Ceratophýllum) nahe. Es lebt freischwebend im Wasser, ist wurzellos und nimmt mit den fein zerteilten Blättern Wasser und Nährstoffe auf. Die kleinen, einfach gebauten Blüten öffnen sich im Wasser. Die Staubblätter lösen sich dann einzeln ab, steigen an die Wasseroberfläche und entlassen ihren Pollen ins Wasser. Dieser wird durch Wasserströmungen dann zu den langen Narben getragen. – Die Spitzen der Sprosse überdauern den Winter als Winterknospen und tragen so zur ungeschlechtlichen Vermehrung bei. Auch einzelne Sproßteile wachsen zu selbständigen Pflanzen aus. Daher ist das Hornblatt als Aquariumspflanze beliebt.

Mohngewächse

Vom *Klatschmohn* (Papáver rhoéas) und *Schlafmohn* (P. somníferum) war bereits die Rede (S. 32). – Das *Schöllkraut* (Chelidónium majus) wächst an Mauern, Hecken und Zäunen. Vom Frühjahr bis zum Spätherbst trägt die Staude Blüten mit 4 gelben Blumenblättern und schotenartigen Früchten. Der orangefarbige Milchsaft, der aus Wunden austritt, ist ein

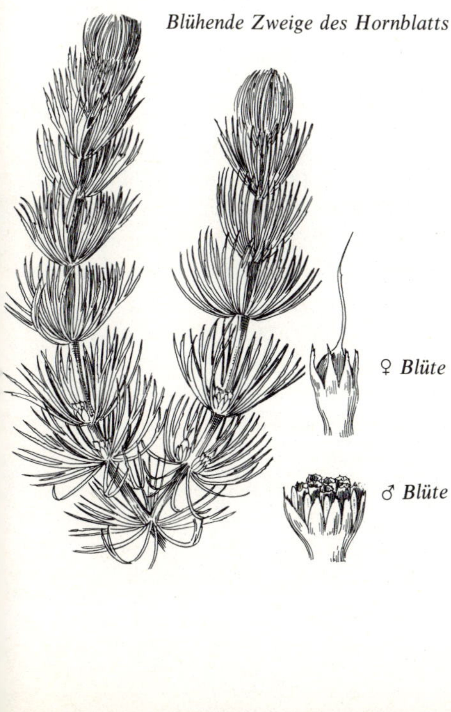

Blühende Zweige des Hornblatts

Schöllkraut. Blühend und fruchtend

Hohler Lerchensporn

Flammendes Herz

Erdrauch

sicheres Erkennungszeichen. Ameisen verschleppen die schwarzen Samen, deren weißes, fleischiges Anhängsel von ihnen verzehrt wird. Darum findet man das Schöllkraut besonders häufig an „Ameisenstraßen".

Der *Hohle Lerchensporn* (Corýdalis bulbósa) ist ein Bewohner mancher Laubwälder und Gebüsche. Er blüht zeitig im Frühjahr und überdauert die ungünstige Jahreszeit mit Hilfe eines Erdsprosses, der die Form einer hohlen Knolle hat. Die purpurroten oder weißen Blüten stehen in Trauben und sind zweiseitig. Von den beiden äußeren Blumenblättern bildet das eine die Oberlippe und den Sporn, das andere die Unterlippe der Blüte. Die beiden inneren Blumenblätter stehen seitlich und bilden mit ihren löffelartigen, verklebten Enden eine Kapuze. In dieser sind die Staubbeutel und die Narbe eingeschlossen. Den Nektar im Sporn kann nur eine langrüßlige Biene erreichen. Wenn sie eine junge Blüte anfliegt, dann reitet sie auf der Unterlippe wie auf einem Sattel und schiebt ihren Rüssel unter der Oberlippe in den Sporn. Dabei drückt sie die Kapuze herunter. Staubbeutel und Griffel werden jetzt frei. Mit der Unterseite ihres Kopfes fegt sie nun den klebrigen Pollen, der bereits auf dem Narbenkopf abgelagert ist, ab. Fliegt sie zu einer älteren Blüte, dann kann sie den Pollen auf deren Narbe übertragen, die inzwischen herangereift ist. Der Lerchensporn ist also vorstäubend. – Gleichen Blütenbau und gleiche Bestäubungsweise finden wir beim *Erdrauch* (Fumária officinális), einem verbreiteten Unkraut unserer Gärten und Felder. – Aus China stammt eine Zierpflanze, *Flammendes Herz* (Dicéntra spectábilis). Der Name wurde nach der Form und der Farbe der Blüte geprägt. Sie hat 2 große äußere, gespornte und 2 kleinere innere Blütenblätter. Man kann sich die Blüte durch 2 Schnitte in gleiche Hälften zerlegt denken (vgl. dagegen die Taubnessel, S. 35). Sie ist doppelt-symmetrisch.

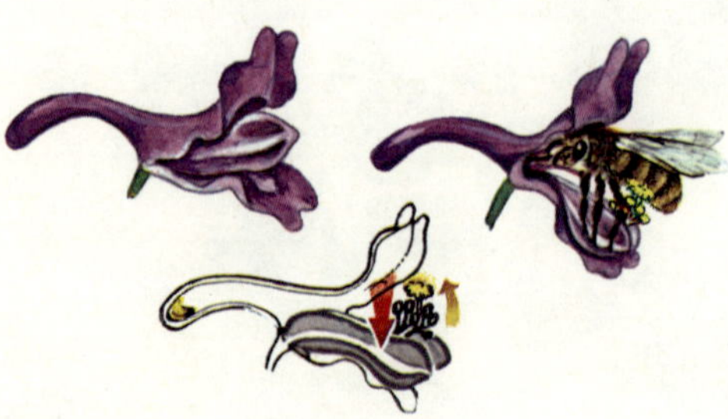

Lerchensporn.
Die Blüte und ihre Bestäubung

Der Kohl, ein Beispiel für Pflanzenzüchtung

Vom Wildkohl zum Gemüsekohl. Die Kohlarten gehören zu den Pflanzen, die der Mensch bereits in der Vorzeit anbaute. Wahrscheinlich legte er anfänglich nur auf die ölreichen Samen, später aber auch auf andere Pflanzenteile Wert. Je länger er den Kohl pflegte, um so mehr lernte er seine Lebensbedingungen kennen. Er begann das Wachstum durch Bearbeitung des Bodens, durch Düngung, durch Bewässerung oder Entwässerung und durch Vertilgen von Unkraut und von Schädlingen zu fördern. Bald machte er auch die Beobachtung, daß bei der einen oder anderen seiner Pflanzen die Blätter fleischiger und zarter wurden, daß die Wurzeln an Dicke und Wohlgeschmack zunahmen oder daß auch am Stengel eine Verdickung eintrat. Zog er die Abkömmlinge dieser Pflanzen getrennt von den anderen weiter, so ergab sich oft, daß einige die Veränderungen der Mutterpflanze beibehielten. Es waren bei der Mutterpflanze also neue Merkmale aufgetreten, die auf die Nachkommen *vererbt* wurden. Unter diesen wählte er immer nur solche Pflanzen aus, bei denen die gewünschten Merkmale besonders ausgeprägt waren. So gelang es dem Menschen im Lauf der Jahrhunderte, die angebauten Gewächse zu veredeln und aus einer Stammform verschiedene Spielarten zu züchten. Wie durch solche planmäßige *Auslese* unser Kohlrabi entstanden sein könnte, zeigt die Abbildung. In gleicher Weise arbeiten auch heute die Züchter an Nutz- und Zierpflanzen unablässig weiter und erzielen so immer neue Pflanzenformen.

Die Spielarten des Kohls. Sie lassen sich auf 4 Stammformen zurückführen:

1. Der *Gemüsekohl* (BráSsica olerácea) stammt von dem Wildkohl ab, der an den Küsten der Nordsee und Westeuropas heute noch vorkommt. Von ihm werden folgende Spielarten abgeleitet:

Der *Blätterkohl.* Seine Blätter schließen sich nicht zu einem „Kopf“. Unterschieden werden der Kuh-, Riesen- oder Baumkohl, vorwiegend als Futterpflanze angebaut, und der Grün-, Braun-, Kraus- oder Winterkohl mit meist gekräuselten Blättern, die wir als Wintergemüse verwenden.

Vom Wildkohl zum Kohlrabi

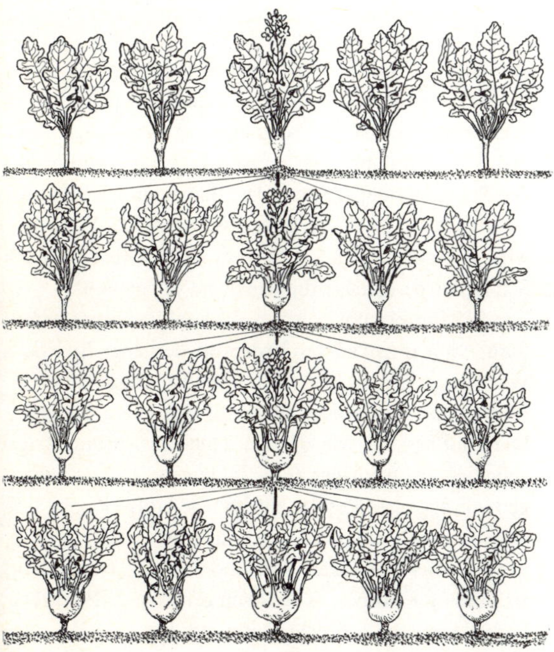

Gemüsekohl

Beim *Kopfkohl*, der auch Kraut, Weißkohl, Kappes oder Kappus genannt wird, bilden die Blätter einen festen Kopf. Werden sie fein zerschnitten mit Salz in Gefäße eingelegt, so entsteht durch Gärung das Sauerkraut. Die Sorten des Kopfkohls mit violetten Blättern werden als Rot- oder Blaukohl bezeichnet.

Der *Wirsing*-, Börs-, Welsch- oder Savoyerkohl hat blasig-faltige Blätter, die einen lockeren Kopf bilden.

Vom *Rosenkohl* (Sprossenkohl) benutzt man die Köpfchen, die sich in den Achseln der Blätter bilden.

Beim *Kohlrabi* (Oberkohlrabi) verdickt sich der untere Teil des Stengels zu einer fleischigen, saftigen Knolle.

Der *Blumenkohl* bildet seine oberen Blätter mitsamt den Blütenstielen zu einer weißen, fleischigen Masse um.

2. Vom *Rapskohl* (B. napus), der wahrscheinlich von der Küste des Mittelmeeres stammt, ist die Wildform nicht bekannt. Wahrscheinlich ist er ohne menschliches Zutun aus einer Kreuzung von Rübsen (s. unten) mit Kohl hervorgegangen. Züchter haben ihn aus beiden Arten neuentwickelt. Er wird als Raps (S. 30) und als Kohlrübe (Steckrübe, Unter- oder Erdkohl-

Kohlrübe

rabi, Wruke) angebaut. Die fleischige, weiße oder gelbe Rübenwurzel der Kohlrübe dient als Viehfutter oder – in zartfleischigen Sorten – als Wintergemüse.

3. Der *Rübenkohl* (B. rapa) stammt von einer Wildform ab, die noch heute in Südeuropa und Westasien wächst. Er unterscheidet sich vom Rapskohl besonders durch seine hellen, grünen, steifhaarigen Blätter. Man zieht ihn als Rübsen, der wie der Raps eine wichtige Ölfrucht ist, sowie als Weiße Rübe, die als Futtergewächs Wasserrübe, Stoppelrübe oder Turnip, als Gemüsepflanze aber Speiserübe, Mairübe oder Teltower Rübchen genannt wird.

4. Der *Senfkohl* oder *Schwarze Senf* (B. nigra) stammt wahrscheinlich aus dem Mittelmeergebiet. Er wird besonders wegen seiner schwarzen Samen angebaut, die man z. B. zur Herstellung von Tafelsenf verwendet.

Wann schießt der Kohl? Die Kohlarten sind 2jährige Pflanzen; sie bilden in der Regel erst im zweiten Jahr Blüten. Gelegentlich treiben sie schon im ersten Jahr Blüten, sie „schießen" und entwickeln dann nicht die gewünschte Form (Kohlkopf; Kohlrabiknolle). Man beobachtet das Schießen besonders dann, wenn im Frühjahr junge Kohlpflanzen starkem Bodenfrost ausgesetzt sind.

Der Kohl als Kreuzblütler. Alle Kohlarten gleichen sich im Bau der Blüten und Früchte. Sie haben Kreuzblüten und Schotenfrüchte wie der Raps (S. 30).

Das Wiesenschaumkraut

Das Wiesenschaumkraut (Cardámine praténsis) ist auf feuchten Wiesen oft so verbreitet, daß seine Blüten wie Schaum aussehen, der auf dem Gras liegt. Vielleicht rührt der Name „Schaumkraut" aber auch von den Schaumklümpchen her, die sich nicht selten an den Stengeln oder Blättern der Pflanze finden und als „Kuckucksspeichel" bezeichnet werden. Der Schaum wird von der grünen Larve eines kleinen Insekts, der Schaumzirpe, erzeugt, die sich darin versteckt hält.

Das Schaumkraut ist wie z. B. die Schlüsselblume eine Staude mit einem kurzen Erdsproß, der einen Büschel Wurzeln ausbildet. Er treibt zahlreiche grundständige Blätter und einen oder mehrere verzweigte Stengel. Die Blätter sind wie die der Heckenrose unpaarig gefiedert. Im niedrigen Gras bilden die grundständigen Blätter eine Rosette. In hohem Gras richten sie sich – dem Licht folgend – auf. An Blättern, die dem Wasser oder feuchtem Boden aufliegen, bilden sich häufig Knospen. Aus diesen gehen neue Pflanzen hervor (ungeschlechtliche Vermehrung).

Die Blüten stehen wie beim Raps und Kohl in einer Traube und sind Kreuzblüten. Bei Regenwetter und mit Anbruch des Abends schließen sie sich. Zugleich krümmen sich die Blütenstiele, so daß die „schlafende" Blüte „nickend" wird. Nach der Bestäubung entwickelt sich der Fruchtknoten zu einer Schote.

1. Suche die Larve der Schaumzirpe in den Schaumklümpchen an Wiesenpflanzen.
2. Lege grundständige Blätter des Wiesenschaumkrautes in einem Blumentopf auf Erde, die du immer feucht hältst.
3. Beobachte, wie die Blüten „Nachtstellung" einnehmen.

Andere Kreuzblütler

Alle Kreuzblütler haben 4 Kelchblätter und 4 Blumenblätter über Kreuz gestellt; ferner 4 lange und 2 kurze Staubblätter.

Die Früchte der bisher besprochenen Kreuzblütler sind langgestreckt und mindestens dreimal so lang wie breit. Wir haben sie *Schoten* genannt. Die Früchte anderer Kreuzblütler dagegen sind oft ebenso lang oder wenig länger als breit. Man bezeichnet sie als *Schötchen.* Danach werden die Kreuzblütler in 2 Gruppen eingeteilt:

Kreuzblütler mit Schoten. 2 Unkräuter in Garten und Feld sind der *Ackersenf* (Sinápis arvénsis) und der *Hederich* oder *Ackerrettich* (Ráphanus raphanístrum). Die beiden recht ähnlichen Pflanzen lassen sich leicht unterscheiden: Die Blüte des Ackersenfs ist dunkelgelb, hat einen abstehenden Kelch und eine schwach gegliederte Schote. Der Hederich hingegen zeigt eine hellere Blütenfarbe, einen aufrechtstehenden Kelch und eine deutlich gegliederte Schote. (Leicht zu merken: „*H*ederich *h*ebt und *S*enf *s*enkt den Kelch.") Da beide sehr viele Samen entwickeln (eine Pflanze des Ackersenfs bis zu 25000), die ihre Keimkraft Jahre hindurch behalten, gehören sie zu unseren lästigsten Garten- und Ackerunkräutern. – Eine Gliederschote besitzt auch der *Gartenrettich* (R. satívus), der als Winter- und Sommerrettich, aber auch als Radieschen angebaut wird.

Zierpflanzen unserer Gärten sind der *Goldlack* (Cheiránthus cheiri) und die *Sommerlevkoie* (Matthíola ánnua), während die *Winterlevkoie* (M. incána) als Topfpflanze gezogen wird. Die Blüten dieser aus Südeuropa stammenden Pflanzen verbreiten einen ange-

Kreuzblütler

Kreuzblütler: Hungerblümchen Hirtentäschelkraut Ackerhellerkraut Brunnenkresse

nehmen Veilchenduft. Der Volksmund nannte den Goldlack auch „Gelbveigelein", ein Name, der in Volksliedern vorkommt.

Am Aussehen vieler Pflanzen kann man erkennen, wie sie ihrem Standort angepaßt sind. So haben z.B. Kreuzblütler, die an wasserreichen Stellen leben, meist kahle, saftreiche Blätter. Das zeigt deutlich die *Brunnenkresse* (Nastúrtium officinále). Sie wächst an Quellen und Wassergräben und liefert einen schmackhaften Salat. – Große, dünne Blätter lassen den *Knoblauchshederich* (Alliária petioláta) als Schattenpflanze erkennen. Reibt man ein Blatt zwischen den Fingern, dann bemerkt man den starken, knoblauchartigen Duft. – Kreuzblütler, die an trockenen Stellen leben, sind meist zäh und hart und ihre Blätter wenig entwickelt. Ein Musterbeispiel ist die sparrige *Besenrauke* (Descuraínia sóphia), deren Blätter mehrfach gefiedert sind.

Kreuzblütler mit Schötchen. Als ausgeprägte Trockenpflanze der Wegränder und Bahndämme gibt sich die *Graukresse* (Bertéroa incána) daran zu erkennen, daß ihre grünen Teile dicht mit sternförmigen Haaren bedeckt sind. Dadurch erscheinen sie graufilzig.

Das niedrige *Frühlings-Hungerblümchen* (Eróphila verna) nimmt mit unfruchtbarem Boden vorlieb. Seine winzigen, weißen Blüten erscheinen kurz nach der Schneeschmelze. Mit dem Ende des Frühjahrs verschwindet es. Ein „Hungergewächs" ist auch das nach der Form seiner Früchte benannte *Hirtentäschelkraut* (Capsélla bursa-pastóris), wenn es auf trockenem Boden wächst. Auf Ackerland dagegen „schießt es üppig in das Kraut". – Einen ähnlichen Unterschied zeigt ein anderes bekanntes Unkraut, das *Ackerhellerkraut* (Thláspi arvénse), das seinen Namen gleichfalls nach der Form der Früchte trägt.

Zu den Schötchenfrüchtigen gehören auch mehrere Nutzpflanzen: Der *Meerrettich* (Armorácia lapathifólia) liefert in seiner dicken, fleischigen Wurzel ein Küchengewürz. – Als Salatpflanze wird die *Gartenkresse* (Lepídium satívum) angebaut, deren Samen schnell keimen. – Zu den Gartenzierpflanzen zählt das *Silberblatt* oder die *Mondviole* (Lunária ánnua). Sie stammt aus dem Mittelmeergebiet. Die silberglänzenden Scheidewände ihrer großen rundlichen Früchte werden in Trockensträußen geschätzt. – In Steingärten wird die südeuropäische *Schleifenblume* (Ibéris sempervírens) gezogen. Ihre leuchtend weißen Blumenblätter sind nach außen verlängert und täuschen eine Schleife vor. – Die *Aubrietie* (Aubriéta) vom östlichen Mittelmeergebiet wird ihrer blauen, violetten oder rosafarbigen Blüten wegen angepflanzt. – Die goldgelb blühende *Steinkresse* (Alýssum) ist in europäischen Gebirgen heimisch. Sie ist ein Frühlingsschmuck unserer Steingärten.

Insektenfangende Blütenpflanzen

Der Rundblättrige Sonnentau

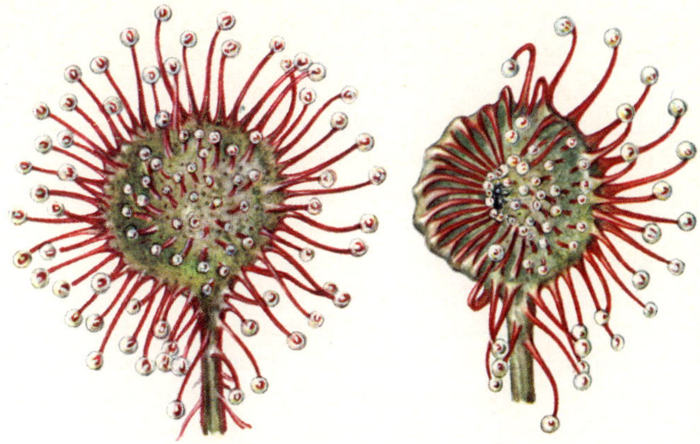

Blatt ausgebreitet und Blatt mit gefangener Fliege (vergr.)

In Torfmooren breitet der *Sonnentau* (Drósera rotundifólia) seine roten Blattrosetten aus. Daraus erheben sich im Sommer mehrere Schäfte mit kleinen, weißen, veilchenähnlichen Blüten. Die runden, etwas muldenförmigen, langgestielten Blätter sind auf der Oberseite mit zahlreichen roten Haaren besetzt, die in einem Köpfchen enden. Eine klebrige Flüssigkeit, die von den Köpfchen ausgeschieden wird, hüllt diese ein. Sie glänzen „wie der Tau in der Morgensonne". Die Haare sind langgestielte Drüsen. Die glänzenden und duftenden Tröpfchen locken Insekten an. Läßt sich aber ein Insekt auf der Blattfläche nieder, dann wird es von den Drüsen wie von einer Leimrute festgehalten. Selbst Tiere von der Größe einer Stubenfliege können sich von der zähklebrigen Flüssigkeit nicht befreien. Nunmehr krümmen sich die Drüsenstiele langsam nach der Blattmitte zu. Benachbarte Drüsenhaare, die nicht berührt wurden, beugen sich gleichfalls und drücken ihre Köpfchen auf die Beute. Schließlich greifen auch die entfernten Haare zu. Es werden gleichsam Meldungen von den berührten Haaren an die nicht berührten weitergegeben. Man spricht von einer Reizleitung. Am Sonnentau können wir somit *selbsttätige Bewegungen* und eine *Reizleitung* beobachten.

Das Insekt stirbt in der ausgeschiedenen Flüssigkeit. Da diese – wie unser Magensaft – Fleisch und andere eiweißhaltige Stoffe auflösen kann, verflüssigt sie die Weichteile der Beute. Nur der unverdauliche Panzer bleibt zurück. Die Flüssigkeit wird von den Blättern mitsamt den gelösten Stoffen aufgesogen und dient zum Aufbau der Pflanze. Der Sonnentau ist also eine insektenfangende Pflanze.

Versuche haben gezeigt, daß der Sonnentau auch ohne tierische Nahrung gedeiht. Steht ihm diese aber zur Verfügung, dann entwickelt er sich besonders kräftig und bildet zahlreiche Samen aus. Erst durch den Tierfang erhält er ausreichend jene Stoffe, die der arme Moorboden nicht liefern kann.

Aus Torfmooren kann man in Plastiktüten Sonnentau mitbringen und in einem größeren Einmachglas über längere Zeit halten. Bringe tote Fliegen oder Mücken auf ein Blatt. Wie lange dauert es, bis die ersten Krümmungen sich zeigen, wie lange bis zur Krümmung aller Drüsenhaare? Wie verhalten sich die Blätter bei Stückchen von Fleisch, Käse, Fett, Sandkörnchen u.a.?

Die *Sonnentaugewächse* bilden eine eigne Familie; Wasserschlauch und Fettkraut gehören den *Wasserschlauchgewächsen* an, die den Rachenblütlern (z. B. Löwenmaul, S. 146) nahestehen.

Das Fettkraut. Auf moorigem Boden in Gebirgsgegenden ist eine andere tierfangende Pflanze, das *Fettkraut* (Pinguícula vulgáris), verbreitet. Aus einer Rosette hellgrüner, fleischiger Blätter erheben sich auf langen Stielen violette Blüten, die „Rachenblüten" genannt werden (vgl. S. 145). Die Blätter sind an den Seitenrändern etwas aufgebogen und an der Oberfläche mit zahlreichen gestielten Drüsen ausgerüstet, die einen klebrigen Saft ausscheiden. Kleine Insekten kleben an den Drüsenhaaren fest. Der Blattrand rollt sich etwas ein, und die Beute wird ähnlich wie beim Sonnentau verdaut.

Fettkraut.
Blattrand vom Fettkraut im Querschnitt mit Ameise (vergr.)

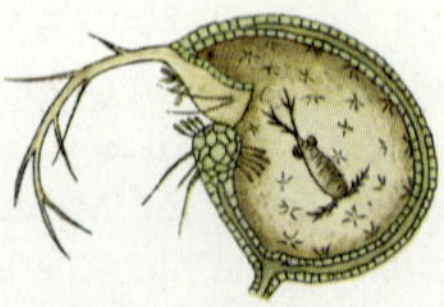

Wasserschlauch.
Blase vom Wasserschlauch im Durchschnitt mit Ruderfußkrebs (vergr.)

Der Wasserschlauch. Aus dem Wasser von Moorgewässern, Tümpeln und Gräben ragen im Sommer die goldgelben „Rachenblüten" des Wasserschlauchs (Utriculária vulgáris) hervor. Die Pflanze schwebt wurzellos im Wasser. Einzelne Zipfel der feinzerteilten Blätter sind zu Blasen umgewandelt, die durch eine Klappe verschlossen sind. In der Nachbarschaft der Klappe befindet sich eine Anzahl Borsten, von denen einige Zucker und Schleim ausscheiden. Dadurch werden kleine Wassertiere angelockt. Berührt ein solches Tier eine der Borsten oder die Klappe selbst, dann wird es von der Blase gleichsam eingeschluckt: Die Blasenwände, die vorher eingedellt waren, blähen sich plötzlich auf; der Blasenraum vergrößert sich, Wasser wird eingesogen, und mit dem Wasserstrom wird die Beute hineingerissen. Die Klappe, die sich nur nach innen elastisch öffnet, schließt sich wieder. In Verdauungssäften geht dann die Beute zugrunde. Das Wasser mit den Nährstoffen wird durch die Wand aufgesogen. – Der Wasserschlauch bildet Winterknospen aus wie das Hornblatt.

Fettkraut

Wasserschlauch

Dickblattgewächse

Der Scharfe Mauerpfeffer

„Mauerpfeffer" (Sédum ácre) wird die Pflanze genannt, weil sie sich häufig auf Mauern ansiedelt und weil ihre grünen Teile einen scharfen, pfefferartigen Geschmack haben. Außer Mauern bewohnt sie Felsen und sonnige, wasserarme Böden. Mit ihren oberirdischen Teilen überdauert sie den Winter.

Von einem kriechenden, reich verzweigten Sproß erheben sich zahlreiche aufrechte Triebe, die einen immergrünen Rasen bilden. Sie sind im ersten Jahr

Kurztrieb (vergr.)

Blüten im Langtrieb (vergr.)

Scharfer Mauerpfeffer

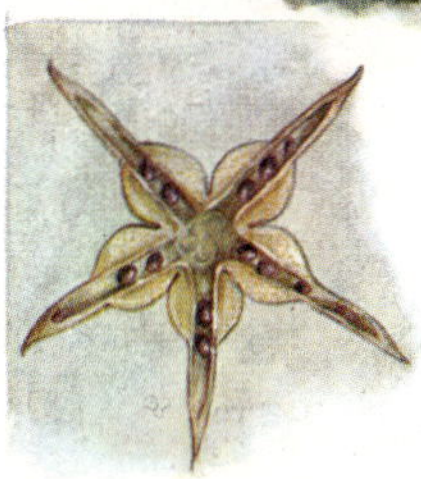

Frucht geöffnet (vergr.)

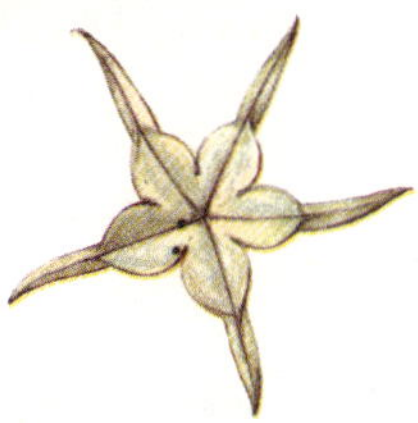

Frucht geschlossen (vergr.)

dichtbeblätterte *Kurztriebe;* im zweiten Jahre strecken sie sich zu blühenden *Langtrieben.* An diesen sterben die Blätter nach und nach ab; bald vertrocknen auch die Stengel, ein Zeichen, daß die Baustoffe, die in den Kurztrieben aufgespeichert waren, zur Ausbildung der Blüten und Früchte verwendet wurden.

Anpassung an trockene Standorte. Der Mauerpfeffer hat verhältnismäßig kurze, fadenförmige Wurzeln. Er kann daher tieferen Bodenschichten kein Wasser entnehmen. Auf Mauern und Felsen fehlt es ohnehin. Trotzdem erträgt der Mauerpfeffer wochenlang große Trockenheit. Selbst aus dem Boden genommen, grünt und blüht er weiter. Diese Lebenszähigkeit verdankt er dem Bau der oberirdischen Teile.

In den niedrigen Rasen verdunstet der Mauerpfeffer wenig Wasser. Die kleinen Blätter legen sich dicht dem Stengel an und decken sich zum Teil. Sie sind so vor dem Austrocknen geschützt. Ferner speichern die Blätter im Innern Wasser. Zerschneiden wir ein Blatt, so bleibt die Schnittfläche lange Zeit feucht, denn das Blatt ist reich an Pflanzenschleim, der das Wasser nur langsam abgibt. Außerdem hat es, wie das Mikroskop zeigt, nur wenige Spaltöffnungen.

Pflanzen mit fleischigen, saftigen Blättern oder Sprossen bezeichnet man als *Fettpflanzen* oder *Sukkulenten.*

Samenverbreitung. Die kleinen Blüten bestehen aus einem 5teiligen Kelch, 5 goldgelben Blumenblättern, 10 Staubblättern, die in 2 Kreisen stehen, und 5 Stempeln. Daraus gehen 5 Balgkapseln hervor (vgl. Sumpfdotterblume), die einen 5strahligen Stern bilden. Sie öffnen sich bei Regen, der die kleinen, braunen Samen herauswäscht und in Mauerritzen und Felsspalten spült; dort können sie sich zu neuen Pflanzen entwickeln.

Verwandte: Auf sonnigen Hügeln und Felsen finden sich weitere Arten der Gattung, die als *Fetthennen* bezeichnet werden.

Im Rhein-Mosel-Gebiet und in den Alpen kommt wild die *Hauswurz* (Sempervívum tectórum) vor. Man pflanzte sie gern auf Dächer und Mauern, weil sie den Blitzstrahl abhalten sollten (Donnerkraut). Ihre Kurztriebe bilden dichte Rosetten, aus denen später rosa blühende Langtriebe hervorgehen.

Hauswurz

Aus Südafrika stammen die *Dickblatt*-(Crássula) Arten, die als Zimmerpflanzen gern gehalten werden. Die Familie der *Dickblattgewächse* hat nach diesen in ihrer Heimat verbreiteten Arten ihren Namen erhalten.

1. Pflanze in einen Blumentopf einen Rasen des Mauerpfeffers. Wie lange bleibt das Aussehen der Pflanze unverändert, wenn sie eine Zeitlang nicht begossen wird?
2. Pflanze eine Rosette der Hauswurz in einen Blumentopf, stülpe ein großes Glas darüber und gieße reichlich. Beobachte, wie sich das Aussehen der Pflanze ändert.

Steinbrechgewächse

Der Stachelbeerstrauch. Seiner wohlschmeckenden Früchte wegen wird der Stachelbeerstrauch (Ribes grossulária) häufig angepflanzt. Im Schutze spitzer Stacheln entfaltet er bereits im Vorfrühling die gelappten und eingekerbten Blätter. Die unscheinbaren Blüten gleichen hängenden Glöckchen. Der halbkugelige Blütenboden ist an seinem Grunde mit dem unterständigen Fruchtknoten verwachsen. Am Rande des Blütenbodens stehen 5 rötliche, zurückgeschlagene Kelchblätter, 5 kleine, grünlichgelbe Blumenblätter und 5 Staubblätter. Die grünen, gelben oder roten Früchte sind Beeren, die von Vögeln gern verzehrt und deren Samen durch diese verbreitet werden. So findet man den Stachelbeerstrauch oft verwildert auf altem Gemäuer.
Gute Zuchtsorten werden durch Ableger oder Stecklinge, also ungeschlechtlich, vermehrt.
Ebenso vermehrt man auch den stachellosen *Johannisbeerstrauch* (Ribes rubrum). Seine roten oder weißlichen Beeren sind zu Trauben gehäuft. Schwarzfrüchtig ist die *Ahlbeere* (R. nigrum).

Verwandte: Darunter befinden sich zahlreiche Ziersträucher. Die *Gelb-* und die *Rotblühende Johannisbeere* (R. aúreum und sanguíneum) stammen aus Nordamerika. Die Blütenfarbe rührt von den Kelchblättern her. – Aus Südeuropa kommt der *Pfeifenstrauch* (Philadélphus). Wegen seiner weißen, stark duftenden Blüten wird er auch Garten-Jasmin genannt. – Beliebte Garten- und Topfpflanzen sind die *Hortensien* (Hydrángea), deren Heimat Ostasien oder Nordamerika ist. Ihre großen, weißen, rosa- bis dunkelroten und blauen Blütenstände haben einen Kranz unfruchtbarer Blüten, die als „Schauapparat" dienen. Bei den veredelten Formen sind meist sämtliche Blüten in Schaublüten umgewandelt.

Stachelbeerstrauch

Blüte (vergr.)

Johannisbeerstrauch. Blühende und fruchtende Trauben

Körner-Steinbrech

Herzblatt

Ein Frühlingsschmuck vieler Wiesen, besonders wenn sie an besonnten Hängen liegen, ist der *Körner-Steinbrech* (Saxífraga granuláta). Aus einer Rosette langgestielter, nierenförmiger und etwas fleischiger Blätter erhebt sich der Blütensproß mit kleineren Blättern. Die weißen Blüten entwickeln sich zu Kapselfrüchten, die sich zwischen den beiden stehenbleibenden Griffeln öffnen. Bevor die oberirdischen Teile absterben, haben sich in den Achseln älterer Blätter kleine, rötliche Brutzwiebeln („Körner") gebildet, die die ungünstige Jahreszeit überdauern.

In Steingärten wird oft der *Trauben-Steinbrech* (S. paniculáta) gezogen. Seine weißen, rotpunktierten Blüten stehen in traubenförmigen Rispen. Er bildet Rosetten, deren starre Blätter am Rande Kalk ausscheiden. Alle in den deutschen Gebirgen vorkommenden Steinbrecharten mit Blattrosetten stehen unter Naturschutz.

Im Spätsommer und Herbst erhalten nasse Wiesen durch das *Herzblatt* (Parnássia palústris) einen letzten Schmuck. Aus einer Rosette von herzförmigen, langgestielten Blättern erheben sich aufrechte Sprosse. In ihrer Mitte tragen sie ein stengelumfassendes Blatt und an der Spitze eine weiße Blüte. Innerhalb der 5 Blumenblätter finden sich außer den 5 Staubblättern und dem Stempel 5 grünlichgelbe, seltsam geformte Blättchen, die als umgewandelte Staubblätter angesehen werden. Ein jedes besteht aus einer fleischigen Scheibe, die in 7 – 10 gestielte Drüsen ausgezogen ist. Obgleich die Blüte nur Spuren von Nektar enthält, stellen sich auf ihr doch zahlreiche Fliegen und Käfer ein. Sie werden durch die gelben, glänzenden Drüsenköpfchen angelockt, die einen reichen Nektarvorrat vortäuschen.

Eine eigene Familie bilden die *Platanen* (Plátanus), von denen bereits die Rede war. Sie sind an den ahornartigen Blättern, den kugeligen Fruchtständen und der Borke, die in handgroßen Platten abspringt, zu erkennen. – Weitläufig verwandt ist die *Zaubernuß* (Hamamélis), die bereits an milden Januartagen ihre gelben Blüten öffnet. Erst im April erscheinen die haselnußartigen Blätter.

Platane

Frucht *Fruchtstand*

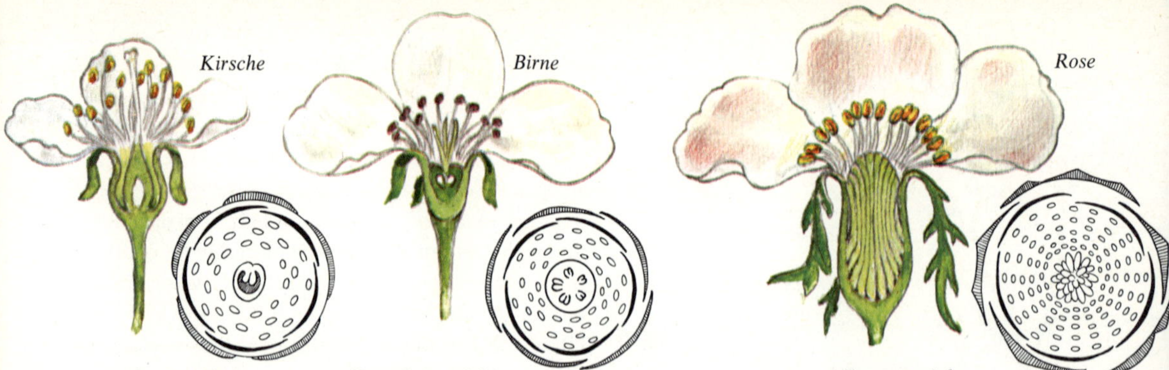

Steinobstgewächse *Kernobstgewächse* *Rosengewächse*

Rosenartige Gewächse, Blütenlängsschnitte und Blütengrundrisse zum Vergleich.

Rosenartige Gewächse

Von dieser Familie lernten wir den Kirschbaum (Prunus ávium), den Birnbaum (Pýrus communis), den Apfelbaum (Málus doméstica) und den Rosenstrauch (Rosa canína) kennen.

Allen gemeinsam ist, daß am Rande des Blütenbodens 5 Kelch-, 5 Blumen- und zahlreiche Staubblätter stehen. Beim Kirschbaum geht aus dem einzigen Fruchtknoten eine Steinfrucht hervor. Beim Birn- und Apfelbaum sind 5 Fruchtknoten unterständig und mit dem fleischig werdenden Blütenboden verwachsen; es entwickelt sich eine Kernfrucht. Beim Rosenstrauch stehen zahlreiche, aus einem Fruchtblatt entstandene Früchte frei auf dem Blütenboden. Nach diesen Merkmalen werden 3 Unterfamilien unterschieden: die Steinobst-, die Kernobst- und die Rosengewächse.

Kernobstgewächse

Erst wenn die Zweige voll belaubt sind, erblüht die aus dem Orient stammende *Quitte* (Cydónia oblónga). Sie hat gelbe, duftende, apfel- oder birnähnliche Früchte. Roh sind sie kaum genießbar, liefern aber ein beliebtes Gelee. Die *Japanische Quitte* (Chaenoméles lagenária) entfaltet ihre ziegelroten Blüten im zeitigen Frühjahr. – Die braunen Früchte, der bei uns

Quitte (auf $^1/_3$ verkleinert)

Mispel (auf $^1/_2$ verkleinert)

Eberesche (auf 1/2 verkleinert)

heimischen *Mispel* (Méspilus germánica) werden erst schmackhaft, wenn sie breiig geworden sind. – Mit dem *Weißdorn* (Cratáegus oxyacántha) werden Hekken angelegt. Seine kleinen, zu doldenartigen Sträußen angehäuften weißen Blüten duften nach Heringslake. Die Dornen sind kleine Zweige (Sproßdornen). Das sieht man daran, daß sie kleine Knospen tragen, aus denen gelegentlich Blätter ausschlagen. – Eine verbreitete, rote Abart ist der Rotdorn. – *Die Eberesche* (Sórbus aucupária) hat unpaarig-gefiederte Blätter und weiße, doldenartig gehäufte Blüten. Die roten Früchte nennen wir Vogelbeeren; für die Amseln sind sie Leckerbissen.

Steinobstgewächse

Außer der Süßkirsche wurde die Sauerkirsche (Prunus cérasus) besprochen. – Aus Westasien stammt vermutlich die *Zwetschge* oder *Pflaume* (P. doméstica). Sie wird in zahlreichen Kulturformen, z.B. auch als Mirabelle mit kleinen und als Reineclaude mit großen Früchten gezogen. – Die *Schlehe* (P. spinósa) bildet bei uns sparrige Sträucher mit starken Sproßdornen (Schwarzdorn) und blauschwarzen Früchten, die erst nach Frost genießbar werden. – Der *Pfirsich* (P. pérsica) wird bereits im Jahre 2000 v. Chr. in China erwähnt. Über Persien ist er nach Süd- und Mitteleuropa gelangt. – Die Heimat der *Aprikose* (Prunus armeníaca) ist Ostasien. Von dort kam sie über Griechenland und Italien zu uns. – Der *Mandelbaum* (P. amýgdalus) kommt aus dem westlichen Mittelasien. Er wird besonders in den Mittelmeerländern angepflanzt. In Deutschland reifen seine Früchte nur in einigen Weinbaugebieten. Man unterscheidet nach dem Geschmack der Samen bittere und süße Mandeln. Der bittere Geschmack rührt von einem Stoff her, aus dem sich beim Zerstoßen und Befeuchten der Samen die sehr giftige Blausäure entwickelt. Sie wird durch Rösten, Backen und Kochen zerstört. In der Heilmittelindustrie, zur Schönheitspflege und zur Herstellung von Backwerk und Marzipan werden Mandeln verwendet.

Rosenartige Gewächse: *Mandelbaum* *Weißdorn* *Schlehe*

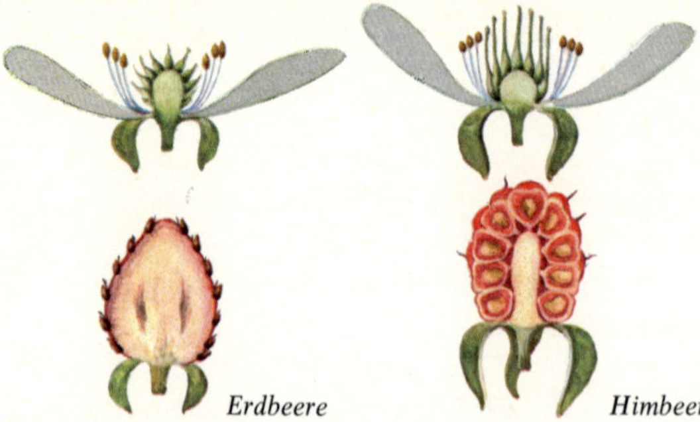

Erdbeere *Himbeere*

Blüte und Frucht (Längsschnitte)

Rosengewächse

Der Heckenrose gleicht sehr die *Weinrose* (Rosa rubiginósa). Der würzige Duft ihrer Blätter macht sie leicht kenntlich.

Die *Walderdbeere* (Fragária vésca) treibt aus den Achseln der 3zähligen Blätter lange Ausläufer, deren Endknospen sich zu selbständigen Pflanzen entwickeln. In ihren weißen Blüten stehen die zahlreichen Stempel frei auf dem kegelförmigen Blütenboden. Nach der Bestäubung vergrößert sich dieser beträchtlich; er wird fleischig und saftig, so daß die winzigen Nüßchen zum Teil in ihm eingesenkt sind. Die so entstehende scharlachrote, duftende „Erdbeere“ ist also wie die Hagebutte eine Sammelfrucht.

Durch Kreuzung einer winterfesten nordamerikanischen mit einer großfrüchtigen südamerikanischen Art ist die Gartenerdbeere entstanden, die beide Eigenschaften vereinigt. Sie braucht gut gedüngten Boden und freie Lage, wenn sie gedeihen soll. – Auf Waldblößen bildet die *Himbeere* (Rubus idáeus) ausgedehnte Bestände. Ihre Stämme sind bestachelt. Dem stielförmig verlängerten Fruchtboden sitzen zahlreiche Fruchtknoten auf. Aus diesen entwickeln sich kleine Steinfrüchte, die gemeinsam die Himbeere bilden. Der wohlschmeckenden Sammelfrüchte wegen, die den Himbeersaft liefern, pflanzt man den Strauch auch im Garten an. Unsere veredelten Sorten sind aus Kreuzungen mit amerikanischen Arten hervorgegangen. Hierbei haben sich gelbfrüchtige und zweimal tragende Sorten entwickelt. – Sammelfrüchte trägt auch die *Brombeere* (R. fruticósus). In unseren Gärten werden großfrüchtige, amerikanische Brombeeren gezogen.

Andere Rosengewächse haben saft- und geschmacklose Früchte. Von den zahlreichen *Fingerkräutern* (Potentílla) werden 3 gelbblühende Arten genannt: Das *Frühlings-Fingerkraut* (P. tabernaemontáni) wächst an trockenen Stellen. Die *Blutwurz* (P. erécta) ist ein Fingerkraut mit nur 4 Kelch- und 4 Blumenblättern. Ihr Erdsproß ist innen rot gefärbt. Das

Rosengewächse: *Gänse-Fingerkraut* *Nelkenwurz* *Odermennig* *Wiesenknopf*

Gänse-Fingerkraut (P. anserína) hat gefiederte, nicht gefingerte Blätter. Seine Blätter sind unterseits silberweiß. – Gelbe Blüten hat auch die *Gemeine Nelkenwurz* (Geum urbánum). Sie gedeiht unter Gebüsch und bildet im Herbst Rosetten. Ihre Griffel wachsen nach dem Verblühen weiter und wandeln sich in Haken um. Dadurch werden die Früchte leicht von vorbeistreifenden Tieren verschleppt. – Ebenso ist es bei den bestachelten Früchten des *Odermennigs* (Agrimónia eupatória), der an Wegrändern vorkommt. – Mehrere Rosengewächse haben sehr kleine, aber dafür zahlreiche Blüten. Dahin gehört die süß duftende *Sumpfspierstaude* oder das *Mädesüß* (Filipéndula ulmária). Es wächst in nassen Wiesen und hat gefiederte, unterseits weißfilzige Blätter. – Zu rotbraunen Köpfchen sind die Blüten des *Großen Wiesenknopfs* (Sanguisórba officinális) vereinigt. – Auf sonnigen Hügeln wächst der windblütige (S. 113) *Kleine Wiesenknopf* (S. minor), auch Pimpernelle oder Bibernelle genannt. Er wird wegen seiner gewürzhaften Fiederblätter auch als Küchenkraut angepflanzt. – Die Blattflächen des *Frauenmantels* (Alchemílla vulgáris) lassen sich mit einem ausgebreiteten Mantel vergleichen. In ihrem Grunde liegt morgens oft eine große, glänzende Wasserperle. Sie ist aus Tropfen entstanden, die aus den Blattzähnen hervorgetreten sind (vgl. Fuchsie S. 20).

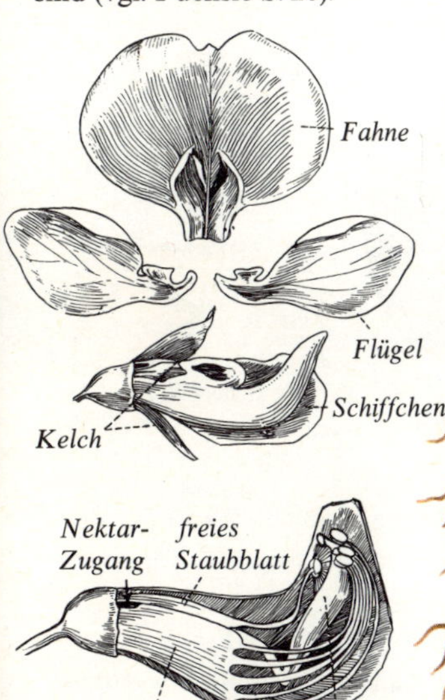

Zerlegte Blüte; Schiffchen geöffnet

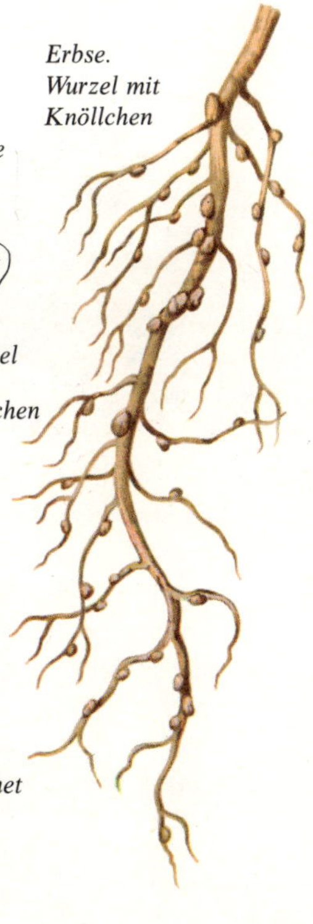

Erbse.
Wurzel mit Knöllchen

Erbse.
Zweig blühend und fruchtend

Schmetterlingsblütler

Die Gartenerbse

Eine rankende Pflanze. Die Erbse (Pisum satívum) hat einen hohen, stark verzweigten, hohlen Stengel, der gestützt werden muß. Im Garten verwenden wir Reiser, die sie mit ihren Ranken ergreift; auf dem Felde klammert sich eine Erbsenpflanze an die andere. Die Ranken nehmen an den paarig-gefiederten Blättern die Stelle der obersten Fiederblättchen und des Endblättchens ein. Es sind *Blattranken.* Am Grunde des Blattstieles stehen 2 große Nebenblätter, die den Stengel halb umfassen. Alle grünen Teile sind mit einer Wachsschicht überzogen.

Ein Schmetterlingsblütler. Die Blüten der Erbse sind 2seitig und haben Ähnlichkeit mit einem Schmetterling. Der becherförmige Kelch endet in 5 Zipfeln. Das große, obere Blumenblatt wird Fahne genannt; die beiden kleineren, seitlichen Blätter heißen Flügel, und die zwei unteren sind zu dem kahnförmigen Schiffchen verwachsen. Dieses umschließt den Stempel und die Staubblätter. Der langgestreckte Fruchtknoten setzt sich in einen langen, knieförmig gebogenen Griffel fort. Auf seiner Innenseite, dicht unter der Narbe, ist dieser bürstenartig behaart (*Griffelbürste*). Von den Fäden der 10 Staubblätter sind 9

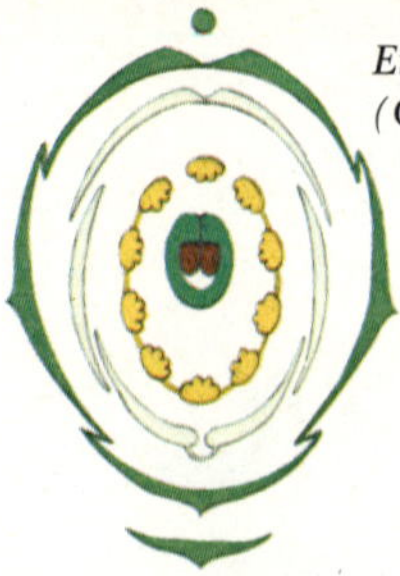

Erbsenblüte (Grundriß)

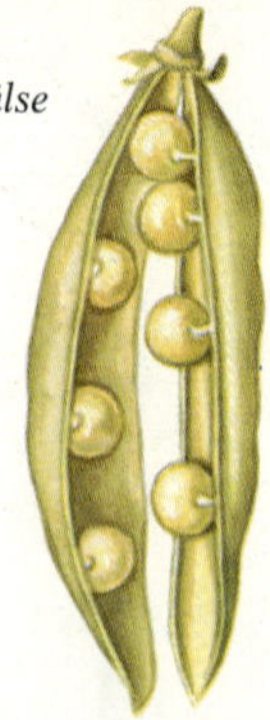

Erbse. Reife Hülse

Bürsteneinrichtung.
Eine Schmarotzerhummel als Besucher einer Erbsenblüte

miteinander zu einer oben offenen Röhre verwachsen, die den Fruchtknoten umgibt. Den Spalt dieser Scheide überdeckt der Faden des zehnten freien Staubblattes. Der Nektar wird innen am Grunde der Röhre abgeschieden.

Blüte und Insekt. Die Blüte der Erbse bestäubt sich bei uns in der Regel selbst. In der Heimat der Pflanze, in den Mittelmeerländern, wird die Bestäubung aber auch durch größere Bienen vermittelt. Die Flügel, die das Schiffchen überdecken, dienen dem langrüßligen Besucher als Sitzplatz. Flügel und Schiffchen sind fest miteinander verbunden, denn jeder Flügel greift mit einer Ausbuchtung in eine Vertiefung des Schiffchens ein. Setzt sich nun ein Insekt, das schwer genug ist, auf die Flügel, dann senkt sich mit den Flügeln auch das Schiffchen. Dabei tritt aus der Schiffchenspitze der Griffel hervor. Bringt der Besucher an der Körperunterseite Blütenstaub von einer anderen Erbsenblüte mit, dann bleibt etwas Pollen an der Narbe haften. Gleichzeitig aber nimmt er von neuem Pollen mit. Denn bereits vor dem Öffnen der Blüte haben die Staubblätter Pollen auf der Griffelbürste abgelagert, den das Tier nun mit seiner Unterseite wegfegt. Zum Nektar gelangt es mit seinem Rüssel durch den Schlitz in der Staubblattscheide. Beim Abflug kehren alle Blütenteile wieder in ihre alte Lage zurück.

Die Hülse besteht aus 1 Fruchtblatt,

die Schote aus 2 Fruchtblättern und einer Scheidewand

Alle nektarhaltigen Schmetterlingsblüten haben wie die der Erbse ein freies Staubblatt. In Blüten ohne Nektar sind alle Staubblätter zu einer geschlossenen Röhre miteinander verwachsen.

Ein Hülsenfrüchtler. Die Frucht entsteht wie die Balgfrucht aus einem einzigen Fruchtblatt. In der Mittelrippe ist dieses so gefaltet, daß seine Ränder zusammenwachsen. Hier sitzen in 2 Reihen die Samen, die Erbsen. Die Frucht öffnet sich bei der Reife an der Verwachsungsnaht und an der Mittelrippe. Eine solche Frucht nennt man eine *Hülse.*

Wirtschaftliche Bedeutung. Als Gemüse verwenden wir von einigen Erbsensorten, den Zuckererbsen, die ganze, noch grüne Frucht, von anderen Sorten die mehr oder weniger reifen Samen. Erbsen werden auch an Tauben verfüttert. Große Mengen müssen aus dem Ausland bezogen werden.

Der Nährwert der Erbse und der mit ihr verwandten Bohnen liegt in ihrem hohen Stärke- und Eiweißgehalt. Allerdings kann unser Körper nur einen Teil des Eiweißes aufschließen und verdauen. „Hülsenfrüchte“ gelten allgemein als nicht leicht verdaulich.

Beachte, daß das Eiweiß der Erbse nur zu einem Teil verdaut wird, das vom Schweinefleisch aber fast vollständig

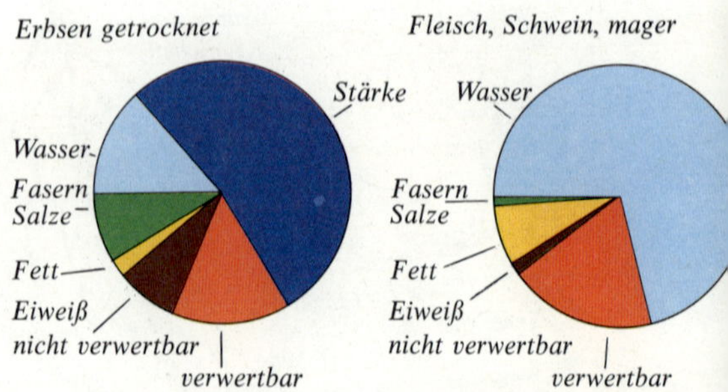

1. *Lasse Erbsen keimen (vgl. Versuche bei der Bohne).*
2. *Wie lange braucht eine Erbsenranke, um sich um einen Zweig zu ranken?*
3. *Vergleiche Blüte und Frucht von Erbse und Raps miteinander, zeichne Blütengrundriß und Fruchtquerschnitt.*
4. *Worin unterscheiden sich Balgfrucht und Hülse, worin gleichen sie sich?*

Frühlings-Platterbse *Zaunwicke* *Besenginster* *Honigklee*

Blütenbau und Bestäubung bei Schmetterlingsblütlern

Am Beispiel der Schlüsselblume, der Taubnessel, der Glockenblume und der Zaunwinde wurde gezeigt, wie weitgehend eine Blüte für die Bestäubung durch bestimmte Insekten eingerichtet sein kann. Kennzeichnend dafür sind die Namen „Hummel"- und „Falter"-Blumen. Man sagt: *Blütenbau und Körperbau des Bestäubers sind einander angepaßt.* In der Familie der Schmetterlingsblütler werden 4 verschiedene Bestäubungsarten verwirklicht, die jeweils auf den Besuch von Bienen oder Hummeln abgestimmt sind.

1. Bürsteneinrichtung. Hiervon war bereits bei der Erbsenblüte die Rede. Auch alle Verwandten, die unter dem Namen „Bohnen" bekannt sind, haben ähnlich ausgestattete Blüten: Die leuchtend rot blühende *Feuerbohne* (Phaséolus coccíneus), die *Dicke Bohne* (Vícia faba) und die besonders in Ostasien verbreitete *Sojabohne* (Glycíne híspida) mit behaarten Hülsen.Ihres hohen Nährwertes wegen versucht man Sojabohnen auch bei uns heimisch zu machen. Die *Linse* (Lens esculénta) wird in Mittelmeerländern angebaut. *Wicken* (s. Abb. *Zaunwicke*, Vícia sépium), *Platterbsen* (s. Abb. *Frühlings-P.*, Láthyrus vernus) und die bereits genannten Bäume *Robinie* (Robínia) und *Schnurbaum* (Sóphora) gehören hierher.

2. Klappvorrichtung. Ein Musterbeispiel ist der *Rotklee* (Trifólium praténse). Wenn ein Insekt die Blüte anfliegt, drückt es mit dem Schiffchen zugleich die mit diesem hebelartig verbundenen Flügel hinunter. Dabei treten Staubblätter und Stempel hervor und berühren die Unterseite des Besuchers. Beim Abflug klappen Staubblätter und Stempel des Rotklees elastisch wieder ins Schiffchen zurück. Nur langrüßlige Hummeln und Bienen können den Nektar am Grunde der langen Blütenröhre erreichen. Um ihn auch der Honigbiene zugänglich zu machen und zugleich die Bestäubung zu sichern, sucht man jetzt Sorten mit kurzen Blütenröhren heranzuziehen. Neuerdings ist es aber auch gelungen, langrüßlige Bienenrassen zu züchten. –

Klappvorrichtung.
Eine Zweizahnbiene besucht eine Blüte des Honigklees

Schmetterlingsblütler: Hornklee Rotklee Luzerne Esparsette

Der *Weißklee* (T. répens) hat eine weit kürzere Blütenröhre als der Rotklee und kann daher auch von der Honigbiene besucht werden. – Das gilt auch für die rotblühende *Esparsette* (Onóbrychis satíva), die aus dem Mittelmeergebiet stammt und ein wertvolles Viehfutter bildet. – In langen gelben oder weißen Trauben erblüht der *Honig-* oder *Steinklee* (Melilótus). – Als Zierstrauch wird seiner goldgelben Blütentrauben wegen der giftige *Goldregen* (Labúrnum anagyroídes) geschätzt.

3. Explosionseinrichtung. Am *Besenginster* (Sarothámnus scopárius) oder einer seiner Gartenformen (mit bunten Blüten) kann man diese Bestäubungsform bequem beobachten. Drückt man an einer frisch entfalteten Blüte die Flügel und damit das Schiffchen nach unten, dann reißt plötzlich das Schiffchen auf, Griffel und Staubbeutel spritzen förmlich hervor. Der Pollen wird herausgeschleudert, und der Griffel rollt sich zu einer Spirale ein. Im geschlossenen Schiffchen befinden sich Griffel und Staubblätter in starker Spannung wie Uhrfedern. Läßt sich nun eine Hummel auf einer frischen Blüte nieder, dann wird sie mit dem pulverigen Blütenstaub förmlich überschüttet. Wenn das Insekt abgeflogen ist, bleiben Flügel und Schiffchen gesenkt. – Mehrere *Ginster*-(Genísta-)Arten, die an steinigen Örtlichkeiten gedeihen, sind ähnlich ausgerüstet. – Auch die blaublühende *Luzerne* (Medicágo satíva) gehört hierher. Ihre Heimat liegt südlich des Kaukasus. Auf trockenem und steinigem Boden reicht ihre Pfahlwurzel mehr als 3 m tief. Sie ist ausdauernd und liefert daher als Futterpflanze („Ewiger Klee") mehrere Jahre hintereinander gute Erträge. Ihre Früchte sind schneckenartig eingerollt.

Explosionseinrichtung.
Eine Erdhummel besucht eine Blüte des Besenginsters

Pumpwerk. Eine Kegelbiene
als Blütenbesucher
des Hornklees.
Klebriger Pollen in der Schiffchenspitze

4. Pumpwerk. Der *Hornklee* (Lotus corniculátus) hat klebrigen Pollen, der bereits vor dem Blütenbesuch in der Schiffchenspitze abgelagert wird. Wenn eine Biene das Schiffchen niederdrückt, dann pressen die keulenförmig angeschwollenen Staubfadenenden gleich Pumpenkolben einen Teil der klebrigen Pollenmasse hervor. Diese tritt an der Schiffchenspitze nudelförmig aus und drückt sich auf die Unterseite des Insekts. Nach dem Abflug nehmen alle Blütenteile wieder die ursprüngliche Lage ein. Erst wenn der Pollenvorrat erschöpft ist, tritt bei weiterem Blütenbesuch der Griffel hervor. – Bei den *Lupinen* (Lupínus) ist es ebenso. Die *Gelbe Lupine* (L. lúteus) stammt aus dem Mittelmeerraum und wird als Futterpflanze angebaut. Die in vielen Farben gezogenen Gartenlupinen stammen von nordamerikanischen Arten ab.

An blühenden Ginsterbüschen im Garten und im Freien, am Hornklee auf einer Wiese und an der Platterbse, der sog. Wohlriechenden Wicke (Láthyrus odorátus), im Garten oder Balkonkasten lassen sich vor allem in den Morgenstunden leicht die verschiedenen Bestäubungsvorgänge beobachten.

Die Schmetterlingsblütler als Stickstoffsammler

An den Wurzeln der Erbse finden sich zahlreiche Knöllchen. Sie entstehen dadurch, daß gewisse Bakterien (S. 252) aus der Ackererde in die Wurzeln einwandern und diese veranlassen, knollige Wucherungen zu bilden. Die Wurzelbakterien vermehren sich rasch. Sie haben die Fähigkeit, den Stickstoff, den sie zum Aufbau ihres Körpers brauchen, der Luft zu entnehmen. Luft füllt auch in der Ackererde die Poren aus, dringt in die Knöllchen ein und gelangt zu den Bakterien. Ein Großteil der Bakterien wird schließlich von der Wirtspflanze verdaut, die so verarbeiteten Stickstoff gewinnt (vgl. Abb. S. 83).

Diese Verwertung des Luftstickstoffs findet sich bei allen Schmetterlingsblütlern. Für unsere Landwirtschaft ist sie von größter Bedeutung. Mit jeder Ernte wird der Boden ärmer an stickstoffhaltigen Stoffen, die für die Pflanzen unentbehrlich sind. Soll er im nächsten Jahr wieder eine gute Ernte bringen, dann muß der Bauer mit stickstoffhaltigen Stoffen düngen. Er kann aber auch Schmetterlingsblütler anbauen. Werden diese in grünem Zustande untergepflügt, dann verfaulen sie, und stickstoffhaltige Zersetzungsstoffe gelangen wieder in den Boden *(Gründüngung)*. Selbst stark sandige Böden können durch Verwendung von Schmetterlingsblütlern als Gründünger in den Stand gesetzt werden, Getreide und andere Feldfrüchte zu tragen. Gartenbeete, die mit Erbsen oder auch Bohnen bestellt werden, darf man nicht düngen (S. 43).

Der *Rotklee* hat als Stickstoffsammler die Felderwirtschaft völlig umgewandelt. Bis etwa zur Mitte des 18. Jahrhunderts wurden die Äcker im 1. Jahr mit Sommer- und im 2. Jahr mit Wintergetreide bestellt, dann aber ein 3. Jahr als „Brache" unbebaut liegengelassen (*Dreifelderwirtschaft*, s. auch S. 311). In dieser Zeit wucherten auf ihnen Unkräuter, die für Schafe und Rinder eine dürftige Weide bildeten. Durch die Aussaat von Klee aber liefert der Acker wertvolles Viehfutter und wird außerdem – wie durch alle Stickstoffsammler – mit Pflanzennährstoffen stark angereichert, so daß auf ihm andere Nutzpflanzen mit viel größerem Erfolg als nach der Brache angebaut werden können.

Als Gründünger ist früher zur Verbesserung sandiger Böden vor allem die *Gelbe Lupine* angebaut worden. Heute wird die amerikanische Blaue Lupine bevorzugt. Die grünen Teile der Lupinen und die Samen enthalten einen Bitterstoff, der die Pflanzen für das Vieh ungenießbar macht. 1934 gelang es einem Forschungsinstitut in Müncheberg bei Berlin, in größeren Mengen Sorten heranzuziehen, denen der Bitterstoff fast völlig fehlt. Mit diesen *Süßlupinen* hat die Landwirtschaft hochwertige Futterpflanzen erhalten.

Einer den Schmetterlingsblütlern nahestehenden Familien gehört die *Gleditschie* (Gledítschia triacánthos) an, ein stattlicher, an die Robinie erinnernder Parkbaum mit starken, verzweigten Dornen („Christusdorn") und sehr großen, braunen Hülsen. Ferner sind die echten *Akazien* (Acácia) zu nennen, die in den Gewächshäusern gezogen werden. Ihre gelbblühenden Zweige werden im Vorfrühling unter dem Namen „Mimosen" aus dem Mittelmeergebiet eingeführt. – Aus den Tropen stammt die *Sinnpflanze* (Mimósa pudíca), die schon bei schwacher Berührung ihre Fiederblättchen zusammenlegt und die Blattstiele senkt.

Tabelle
zum Bestimmen verbreiteter Schmetterlingsblütler[1]

Die Schmetterlingsblütler haben Schmetterlingsblüten; ihre Frucht ist eine Hülse.

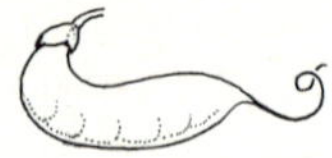
Besenginster (1)

Klee (2)

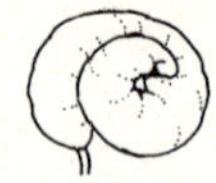
Schneckenklee (3)

1a	Stengel krautig	**7**
–b	Stengel holzig	**2**
2a	Blätter gefiedert	**6**
–b	Blätter einfach oder gefingert	**3**
3a	Blüten rosa (selten weiß)	Hauhechel, *Onónis*
–b	Blüten gelb	**4**
4a	Blätter alle einfach	Ginster, *Genísta*
–b	Mindestens die unteren Blätter gefingert	**5**
5a	Blüten einzeln; Griffel eingerollt; Frucht (1)	Besenginster, *Sarothámnus scopárius*
–b	Blüten wenigstens zu zweien; Griffel nicht eingerollt	Goldregen, *Labúrnum*
6a	Strauch oder Baum mit Stacheln	Robinie *Robínia pseudacácia*
–b	Strauch oder Baum ohne Stacheln; Hülse aufgeblasen	Blasenstrauch *Colútea arboréscens*
7a	Blätter gefiedert	**16**
–b	Blätter gefingert (mittleres Blättchen bei der Bohne gestielt)	**8**
8a	Blättchen 5–8 cm breit	Bohne, *Phaséolus* **9**
–b	Blättchen kleiner	**10**
9a	Blütentrauben kürzer als das stützende Blatt; Hülsen glatt	Gemüsebohne *Phaséolus vulgáris*
–b	Blütentrauben länger als das stützende Blatt; Hülsen rauh	Feuerbohne *Ph. coccíneus*
10a	Blätter 7–9fingerig	Lupine, *Lupínus*
–b	Blätter 3fingerig	**11**
11a	Nebenblätter den Blättchen gleichgestaltet, so daß das Blatt 5teilig erscheint	Hornklee *Lotus*
–b	Wenn Nebenblätter vorhanden, diese viel kleiner als die Blättchen	**12**
12a	Frucht nicht oder nur wenig aus dem Kelch hervorragend, von der vertrockneten Blumenkrone umhüllt (2)	Klee, *Trifólium* **24**
–b	Frucht viel länger als der Kelch; Blumenkrone abfallend	**13**
13a	Blüten in langen, lockerblütigen Trauben	Steinklee, *Melilótus* **14**
–b	Blüten in Köpfchen oder gedrängten Trauben	*Medicágo* **15**
14a	Blüten weiß	Weißer Steinklee, *Melilótus albus*
–b	Blüten gelb	Echter Steinklee *Melilótus officinális*
15a	Blüten gelb, Frucht (3)	Schneckenklee *Medicágo lupulína*
–b	Blüten blau oder violett	Luzerne, *M. satíva*
16a	Blätter unpaarig gefiedert	**25**
–b	Blätter paarig gefiedert	**17**
17a	Blatt endigt in einer Wickelranke	**19**
–b	Blatt endigt in einer nichtrankenden Spitze	**18**
18a	Blüten zu 1–4 in den Blattachseln; Hülsen 10–20 cm lang, Fiederblättchen mit Stachelspitze	Puff- oder Pferdebohne, *Dicke Bohne, Vícia faba*
–b	Blüten in mehrblütigen Trauben; Hülsen höchstens 3 cm lang	Frühlings-Platterbse *Láthyrus vernus*

[1] Nach den „Tabellen zum Bestimmen der Pflanzen“ von Schmeil-Siedentop, Verlag Quelle & Meyer, Heidelberg.

Zaunwicke

(4)

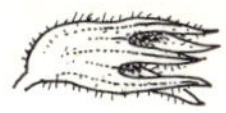

Saatwicke

(5)

---

19 a Blüte gelb — Wiesen-Platterbse, *L. praténsis*
– b Blüte andersfarbig — **20**

---

20 a Nebenblätter sehr groß, größer als die Blättchen; Blüte meist weiß — Erbse, *Pisum satívum*
– b Nebenblätter höchstens so groß wie die Blättchen — **21**

---

21 a Blüte violett oder rot — Wicke, *Vícia* — **22**
– b Blüte weiß oder schwach bläulichweiß — Linse, *Lens esculénta*

---

22 a Blüten in langgestielten, reichblütigen Trauben — Vogelwicke, *Vícia cracca*
– b Blüten in kurzgestielten, 1 – 5blütigen Trauben — **23**

---

23 a Blüten zu 3 – 5; Kelchzähne kurz (4) — Zaunwicke, *V. sépium*
– b Blüten zu 1 – 2; Kelchzähne etwa so lang wie die Kelchröhre (5) — Futterwicke, *V. satíva*

---

24 a Blüten weiß oder weißlich — Weißklee *Trifólium répens*
– b Blüten rot — Rotklee, *T. praténse*

---

25 a Blüten in 2 – 8blütigen Dolden, weiß oder rosa, Blätter mit 7 und mehr Teilblättchen — Serradella oder Klauenschote *Oníthopus satívus*
– b Blüten in Trauben, rosenrot — Esparsette, *Onóbrychis*

Myrte. Zweig mit Blüten und Früchten

Blutweiderich

Weiderich-, Myrten-, Nachtkerzen- und Seidelbastgewächse

Der *Blutweiderich* (Lythrum salicária) ist eine Staude nasser Wiesen und Grabenränder. Die Blätter sind ungestielt, gegenständig oder zu dreien am Stengel angeordnet. Unverkennbar sind die leuchtend roten Blütenkerzen. Sie werden aus den an einer gemeinsamen Hauptachse quirlartig gehäuften Blüten gebildet. Stempel und Staubblätter weisen 3 verschiedene Längen auf. Wie bei der Schlüsselblume setzen die Früchte nur dann gut an, wenn auf eine Narbe Blütenstaub gelangt, der aus Staubblättern stammt, deren Höhe der Griffellänge entspricht.

In den dichten Hartlaubgebüschen der Mittelmeerländer (der Macchie) ist die *Myrte* (Myrtus commúnis) daheim. Eine kleinblättrige Abart wird als Zimmer- und Gewächshauspflanze viel gehalten; ihre immergrünen Zweige dienen als Brautschmuck.

Blutweiderich

Langgriffel-Blüte

Mittelgriffel-Blüte

Kurzgriffel-Blüte

Nachtkerze

Waldblößen und ähnliche Stellen sind oft von den meterhohen *Weidenröschen* (Chamaenérion angustifólium) übersät. Die Blüte, der Blütenstiel und das Stengelende sind lebhaft rot gefärbt. Aus dem unterständigen Fruchtknoten entwickeln sich schotenförmige Kapseln, deren 4 Klappen sich bei der Reife von einer Mittelsäule ablösen. Die winzigen Samen tragen eine Federkrone und werden daher leicht verweht. – Die *Nachtkerze* (Oenothéra biénnis) wurde ihrer Rübenwurzeln wegen als Gemüsepflanze Anfang des 18. Jahrhunderts aus Nordamerika eingeführt. Inzwischen ist sie auf Sandböden und auf Eisenbahndämmen heimisch geworden. Die großen gelben Blüten sind wie die der Zaunwinde vollendete Nachtfalterblumen. – Die *Fuchsien* (Fúchsia) gehören in die nächste Verwandtschaft der Nachtkerzengewächse (S. 19).

Der *Seidelbast* (Daphne mezéreum) ist ein kleiner Strauch der Gebirgswälder; er steht unter vollständigem Naturschutz. Bereits im Vorfrühling entfalten sich seine rosaroten, wohlriechenden Blüten, noch ehe die lanzettlichen Blätter erschienen sind. Daher wird er gern als Zierstrauch angepflanzt. Die roten Steinfrüchte, wie auch alle anderen Pflanzenteile, enthalten ein starkes Gift.

An Nachtkerzen läßt sich leicht beobachten, daß sich bei sehr trübem Wetter die Blüten auch am Tage öffnen. Zur Beobachtung eignen sich auch Nachtkerzen, die als Gartenzierpflanzen gehalten werden.

Seidelbast

Blühender Zweig

Fruchtender Zweig

Wald-Weidenröschen

Frucht aufgesprungen

Das Wohlriechende Veilchen

An sonnigen und windgeschützten Stellen erblühen bereits im Vorfrühling die ersten Veilchen. Von Wiesen und Hecken haben wir sie in unsere Vorgärten verpflanzt.

Eine Staude. Das Veilchen (Víola odoráta) ist wie die Schlüsselblume eine Staude, die die ersten Baustoffe für Blätter und Blüten einem Erdsproß entnimmt. Dieser ragt ein wenig aus dem Boden heraus, treibt zahlreiche Wurzeln und am Vorderende ein Büschel von Blättern. Vorn verlängert er sich alljährlich um ein Stück, hinten stirbt er langsam ab.

Die Stiele der herzförmigen Blätter sind verschieden lang, je nachdem das Veilchen in niedrigem oder hohem Grase wächst. So werden die Blattflächen gut belichtet.

Aus den Achseln der untersten Blätter wachsen Zweige hervor. Sie liegen dem Erdboden auf und schlagen Wurzeln. Die Endknospen dieser Ausläufer entwikkeln sich zu jungen Pflanzen, die selbständig werden, wenn die Stengelglieder absterben. Auf diese Weise vermehrt sich das Veilchen ungeschlechtlich.

Blütenbau und Bestäubung. Die Blüte läßt sich wie bei der Taubnessel nur durch einen Schnitt in 2 spiegelbildlich gleiche Hälften zerlegen: sie ist 2seitig. Ein oben gekrümmter Stiel trägt in der Mitte 2 schuppenförmige Blätter; er hebt die Blüte aus dem Grase empor. Auf 5 grüne Kelchblätter folgen 5 violette Blumenblätter und ebenso viele Staubblätter. Das untere Blumenblatt verlängert sich in einen Sporn, in den 2 schmale Fortsätze der beiden unteren Staubblätter hineinragen. Diese sondern Nektar ab, der sich im Sporn sammelt. Alle 5 Staubblätter haben rotgelbe

Blütengrundriß

Frühlingsblüte (Längsschnitt)

Sommerblüte (Längsschnitt)

Anhängsel und umstehen den Fruchtknoten. Sämtliche Anhängsel neigen sich so zusammen, daß ein Hohlraum entsteht, aus dem der Griffel und die hakenförmige Narbe hervortreten. Öffnen sich die Staubbeutel, dann fällt der Blütenstaub in den Hohlraum. Die Blüte wird besonders von Bienen und Hummeln bestäubt. Um zu sehen, wie die Bestäubung erfolgt, führen wir in den Sporn einen Grashalm ein. Sobald wir die Narbe berühren, bewegt sich der Griffel ein wenig nach oben, und die rotgelben Anhängsel weichen auseinander. Dann rieselt trockener Blütenstaub aus dem Hohlraum hervor, da die Blüte schräg nach unten geneigt ist. Wenn ein Insekt mit seinem Rüssel in die Blüte eindringt, dann werden Rüssel und Kopf mit Blütenstaub bepudert. Fliegt es darauf zu einer anderen Blüte, wird es Pollen an deren Narbe abstreifen.

Das Veilchen ist eine *Kurztagpflanze* (S. 102), d.h. es blüht im Frühjahr, wenn die Tage kurz sind. Die später, an den langen Sommertagen erscheinenden „Sommerblüten" sind unscheinbar, duft- und nektarlos. Sie öffnen sich nicht. Aus ihnen entstehen Früchte durch Selbstbestäubung.

Feld-Stiefmütterchen

Frucht und Same. Nach der Befruchtung streckt sich der Fruchtstiel gerade. Die reife Fruchtkapsel öffnet sich durch 3 Klappen, die in der Mitte jeweils 2 Längsreihen von glattwandigen Samen tragen. Schrumpfen die kahnförmigen Klappen mehr und mehr ein, dann gelangen die Samen zwischen die Klappenränder und werden schließlich fortgeschnellt ähnlich den Kirschsteinen, die wir mit zwei Fingern „fortschnippen". Ameisen verschleppen die Samen, deren weißes, fettreiches Anhängsel sie verzehren. So tragen sie zur Verbreitung bei (vgl. Schöllkraut).

Veilchen. Frucht geschlossen

geöffnet

Same

Verwandte. Im Freien wachsen zahlreiche Veilchenarten, die – weil sie geruchlos sind – als wilde Veilchen bezeichnet werden. Unter ihnen ist das *Hundsveilchen* (V. canína) auf Wiesen recht häufig. Seine Blüten sind hellblau, weiß oder gelblich gespornt. – Ein Frühlingsblüher im Buchenwald ist das *Waldveilchen* (V. reichenbachiána). Seine Blüten sind violett und stehen an beblätterten Zweigen.

Auf Äckern und Triften ist das *Feld-Stiefmütterchen* (V. tricólor) verbreitet. Neben Pflanzen mit großen, blauen oder weiß (gelb) und blauen Blumen finden sich andere, die kleine, unscheinbare Blüten besitzen. Aus der großblumigen Form und einigen verwandten Arten sind die *Garten-Stiefmütterchen* hervorgegangen.

1. Wenn man auf die Platte eines Elektroherdes einige reife, aber noch geschlossene Kapseln legt, läßt sich bei schwachem Erwärmen beobachten, wie weit die Samen fortgeschleudert werden.

2. Lege Veilchensamen auf eine Ameisenstraße.

Hartheugewächse

Das *Tüpfel-Hartheu* oder *Johanniskraut* (Hypericum perforátum) wächst an Wegen und anderen trockenen, sonnigen Stellen. Dem Standort entsprechend hat es harte, saftarme Stengel (Gattungsname!) und kleine, länglich-eiförmige Blätter. Ein gegen das Licht gehaltenes Blatt erscheint getüpfelt (Artname!) oder wie durchlöchert. An solchen Stellen schimmern zahlreiche, im Blattgewebe liegende Öldrüsen durch. Außerdem kann man an den Laubblättern, aber auch an den 5 Kelch- und 5 Blumenblättern schwarze Punkte und Striche beobachten, die beim Zerreiben einen roten Farbstoff freigeben, das „Johannisblut". Ihm, aber auch der ganzen Pflanze, dem Johanniskraut, schrieb man früher besondere Heil- und Zauberkräfte zu. In den lebhaft gelben Blüten sind die zahlreichen Staubblätter am Grunde zu 3 Bündeln verwachsen. Die 3fächerige Kapsel öffnet sich nur bei trockenem Wetter, während sie sich bei feuchtem wieder schließt. Das Johanniskraut liefert Heilmittel bei verschiedenen Leiden.

Tüpfel-Hartheu oder Johanniskraut

Linde im Winter

Lindengewächse

Die Linde

Die *Linde* (Tília) erreicht ein Alter von 700 – 800 Jahren und eine Höhe von mehr als 30 m. In der lockeren Bewaldung der Berghänge und in den Auwäldern, die größere Flüsse begleiten, ist sie recht verbreitet. An Straßen und auf freien Plätzen wird sie gern angepflanzt. Mit den Linden verbinden sich viele Sagen und Legenden. Unter der ehrwürdigen Dorflinde berieten einst die „Ältesten" der Gemeinde. Vom Lindenbaum wird in zahlreichen Liedern berichtet.

Das weiche Holz des Baumes wird zu Schnitzarbeiten verwendet; aus dem Holz gewonnene Kohle dient zum Zeichnen. Die Blüten sind für die Bienen eine reiche Honigquelle; getrocknet liefern sie einen schweißtreibenden Tee.

Einheimische Linden. Die *Sommerlinde* (T. plathyphýllos) entfaltet ihr Laub bereits Anfang Mai; sie hat große, unterseits behaarte Blätter. Die *Winterlinde* (T. cordáta) schlägt dagegen erst Mitte Mai aus; ihre Blätter sind klein und kahl. Die Blätter beider Linden sind herzförmig mit ungleichen Hälften, lang zugespitzt und scharf gesägt.

Der Stamm. Der Stamm ist im Alter mit einer dunklen, rissigen Borke bedeckt und verzweigt sich schon in geringer Höhe. An Querschnitten durch ihn treten im Holz die sog. *Jahresringe* deutlich hervor. Sie finden sich bei allen unseren Holzgewächsen und entstehen dadurch, daß der Holzkörper des Stammes und der Zweige alljährlich um eine Schicht dicker wird. Dieses *Dickenwachstum* erfolgt an der Grenze von Holzkörper und Rinde. Die Zahl der Jahresringe am Stammquerschnitt gibt uns also das Alter des Baumes an.

Blüte und Frucht. Bei der Sommerlinde sind die Blütenstände gewöhnlich aus 2 oder 3, bei der Winterlinde aus 5–7 gestielten Blüten zusammengesetzt. Der untere Teil des Blütenstandstieles ist mit einem bleichen, pergamentartigen *Flugblatt* (Hochblatt) verwachsen. Die Blüte hat 5 kleine, gelbliche Kelch- und Blumenblätter, zahlreiche Staubblätter und einen Stempel. Die Blüten sind reich an Nektar und duften besonders abends angenehm.

Im Herbst löst sich der Fruchtstand mitsamt dem Flugblatt vom Zweige. Mit Hilfe dieses Flugblattes, das als Fallschirm dient, werden die Früchte verbreitet. Die Früchte öffnen sich bei der Reife nicht, sind also Nüßchen und enthalten nur einen Samen.

Verwandte. Unsere heimischen Linden leiden in den Städten oft an Wassermangel und verlieren frühzeitig ihr Laub. Man pfropft daher gern auf halbwüchsige Linden Reiser ausländischer Arten, die ausdauernder sind. Auch werden verschiedene ausländische Arten angepflanzt, so die besonders widerstandsfähige *Silber-Linde* (T. tomentósa) aus Südosteuropa, deren Blätter unterseits silbrig behaart sind.

1. Wie lange braucht ein Fruchtstand, um bei Windstille und bei windigem Wetter aus etwa 10 m Höhe zur Erde zu fallen?

2. Lasse Lindenfrüchte keimen und zeichne die Keimlinge.

3. Versuche, durch Zählung der Jahresringe an abgesägten Baumstämmen (Linde, Eiche, Fichte u.a.) das Alter der Bäume abzuschätzen.

Sommerlinde *Fruchtstand*

Jahresringe an einem Pappelstamm. Das Mark ist zerstört, der Stamm dadurch hohl.

Die *Wegmalve* (Malva neglécta) wächst – wie schon der Name andeutet – besonders an Wegen. Sie senkt ihre Wurzeln tief in den festen und oft wasserarmen Boden. Ihre Stengel und die rundlichen 5–7lappigen Blätter sind dicht behaart. In den Blattwinkeln stehen mehrere langgestielte Blüten, die unter dem 5zipfligen Kelch noch 3 „Hochblätter" aufweisen. Die 5 rosafarbenen Blumenblätter sind am Grunde mit den zahlreichen Staubblättern verschmolzen, deren Fäden in der unteren Hälfte zu einem Bündel verwachsen sind. Die Frucht reift im Schutz des Kelches heran und ist einem kleinen Käse nicht unähnlich („Käsepappel", wobei der Ausdruck „Pappel" vom mundartlichen Papp = Brei oder Schleim abzuleiten ist). Sie zerfällt bei der Reife in zahlreiche einsamige Teilfrüchtchen.

Auf feuchten Wiesen mit salzhaltigem Boden gedeiht der *Eibisch* (Althǽa officinális), eine mehr als meterhohe, weißfilzige Staude. Blätter, Blüten und Wurzeln wurden schon zu Zeiten Karls des Großen als Heilmittel verwandt. – Als Heilmittel dienen auch die Blüten der *Stockrose* (A. rósea), die in vielen Farben, gefüllt und ungefüllt, in Gärten und Anlagen gezogen wird. Sie ist als Gartenpflanze schon so alt, daß man nicht sicher weiß, woher sie stammt.

Der Reiherschnabel

Der Reiherschnabel (Eródium cicutárium; Abb. S. 96) ist auf Brachland recht verbreitet. Da er eine Pfahlwurzel tief in die Erde senkt, findet er im Sommer selbst auf sandigem Boden genügend Wasser. Seine grünen Teile sind dicht behaart und die Fiederblättchen tief eingeschnitten. Während des Winters bilden die Blätter eine regelmäßige Rosette. Im Frühling aber treibt die Pflanze langgliedrige Stengel, die sich jedoch nur emporrichten, wenn ihr das Licht streitig gemacht wird.

Die kleinen Blüten stehen zu mehreren auf einem langen Stiel. Sie haben 5 Kelchblätter, 5 rosafarbige Blumenblätter, 10 Staubblätter, die aber nur zur Hälfte Staubbeutel tragen, und einen Stempel. Am Grunde der Blumenblätter finden sich 5 Nektardrüsen, die von Haarbüscheln überdeckt werden. Während der Stempel zur Frucht heranreift, bleibt er von dem fortwachsenden Kelch umschlossen.

Wie die Pflanze verbreitet wird. Nach dem Verblühen wachsen Fruchtknoten und Griffel weiter, so daß beide einem langgeschnäbelten Vogelkopf (Name!) ähnlich werden. Nach und nach zerfällt der Frucht-

knoten in 5 Teile, die um eine Verlängerung des Fruchtstieles, eine Mittelsäule, geordnet sind. Jede Teilfrucht umschließt unten, im sog. Fruchtfach, einen Samen und ist oben zu einer langen Granne ausgezogen.

Bei trockenem Wetter lösen sich die reifen Teilfrüchte so von der Mittelsäule ab, daß sie ein Stück fortschnellen, also über eine größere Fläche verstreut werden. Hierbei rollt sich der untere Teil der Granne zu einer links gedrehten Schraube ein. Wird eine solche Teilfrucht befeuchtet, dann streckt sich die Granne gerade. Beim Austrocknen rollt sie sich wieder ein.

1. Eine eingerollte Granne wird befeuchtet und mit der Spitze schräg in die Erde gesteckt. Den geraden, oberen Teil der Granne drücken wir etwas in den Boden, damit er sich nicht drehen kann, wenn sich der korkenzieherartige Teil zu strecken sucht. Beim Austrocknen der Granne wird dann das Fruchtfach in die Erde gebohrt.
2. Zeichne auf ein Stück feste Pappe einen Kreis von 3 cm Durchmesser. Im Mittelpunkt bringe ein kleines Loch an und stecke in dieses fest eine Teilfrucht des Reiherschnabels. An Teilstrichen des Kreises läßt sich ablesen, wie die Luftfeuchtigkeit schwankt.

Auch im Freien wird sich eine Teilfrucht entsprechend dem Versuch 1 in die Erde bohren, wenn nur die Grannenspitze genügend Halt findet.

Verwandte. Wie bei den großblumigen *Storchschnabelarten* (Geránium) die Samen verbreitet werden, zeigt der *Wiesen-Storchschnabel* (G. praténse), der mit seinen blauvioletten Blüten Wiesen und Gebüsche schmückt: Die reifen Teilfrüchte lösen sich gleichfalls von der Mittelsäule ab, bleiben mit ihr aber durch den oberen Teil der Granne verbunden. Dabei wird der

Samen durch einen weiten Spalt im Fruchtfach mit großer Kraft fortgeschleudert. – Bei den kleinblumigen Storchschnabelarten dagegen lösen sich die Grannen wie beim Reiherschnabel völlig ab und schnellen mit den geschlossenen Fruchtfächern fort. So ist es z.B. beim *Ruprechtskraut* (G. robertiánum), das an schattigen, feuchten Orten gedeiht. Es hat einen widerlichen Geruch. Seine Blätter sind tief gelappt und aus 3 oder 5 gestielten und voneinander getrennten Blättchen zusammengesetzt. – Die Vielfalt unserer *Pelargonien* (ungenau: Geranien) erklärt sich aus ihrer Herkunft. Sie sind aus südafrikanischen Arten hervorgegangen. Wegen ihres angenehm duftenden Laubes werden die „Rosengeranien" als Zimmerpflanzen gehalten. Das von ihnen gewonnene Geranienöl wird in der Parfümindustrie verwandt. Pelargonien lassen sich leicht durch Stecklinge vermehren. Sie werden als Balkon- und Zimmerpflanzen viel gehalten.

Die Blüten der *Storchschnabelgewächse* sind aus 5 Blumenblättern, 2 × 5 Staubblättern und einem Stempel zusammengesetzt. Die Frucht zerfällt in 5 begrannte Teilfrüchte, die um eine Mittelsäule stehen.

Bewegungen an Pflanzenorganen

Der Sauerklee (Óxalis acetosélla) wächst im Schatten feuchter Wälder und Gebüsche. Seinen Namen trägt er nach den Blättern, die wie die des Rotklees aus 3 herzförmigen Teilblättchen zusammengesetzt sind und zudem sauer schmecken. An sonnigen Tagen zeigen dicht beieinander stehende Pflanzen oft ein recht verschiedenartiges Aussehen: Die beschatteten breiten ihre Einzelblättchen aus, die von der Sonne getroffenen senken sie nach unten und falten sie. Bei Einbruch der Dämmerung, aber auch bei Erschütterung nehmen alle Blätter die gleiche *Schlafstellung* ein.

Bei der Bohne wurde bereits von einer Schlafstellung der Blätter berichtet, die gegen Abend eingenommen wird. Ebenso ist es beim Sauerklee. Nur sind die Blätter weit empfindlicher als die der Bohne. Denn schon Beschattung löst die Bewegung aus. Zwischen der Licht- und der Schattenstellung gibt es keine Zwischenstellung. Entweder sind die Blätter voll entfaltet oder ganz gesenkt. Alle Reaktionen, bei denen es nur ein Entweder-Oder gibt, nennt man *„Alles-oder-Nichts-Reaktionen"*.

Anders ist es, wenn sich z. B. eine Zimmerpflanze oder deren Blätter dem Licht zuwenden. Hier sind die Bewegungen stets auf die Lichtquelle hin gerichtet; es sind *Richtungsbewegungen* von unterschiedlicher Stärke.

Auf Organbewegungen haben wir auch bei der Tulpe aufmerksam gemacht. Ihre Blüten öffnen sich in der Wärme und schließen sich bei Abkühlung. Bei der Nachtkerze ist es genau umgekehrt: Erst in der Abendkühle öffnen sich die Blüten. Alle diese Bewegungen dauern nur so lange an, bis die Blüte voll ausgewachsen ist. Es sind *Wachstumsbewegungen.*

Am Sauerklee kann ferner beobachtet werden, daß die Blätter Schlafstellung einnehmen, wenn man vorsichtig mit einem Finger über die Blätter streicht oder wenn die Pflanze geschüttelt wird. Hier erfolgt also die Reaktion auf Grund eines *Berührungs-* oder eines *Erschütterungsreizes.*

Sauerklee.
Die Blätter und die Blüte des linken Zweiges in Schlafstellung

Erinnern wir uns der Bewegungen der Drüsenhaare beim Sonnentau. Durch die Bewegung des Insekts, also durch eine Berührung oder Erschütterung, wird bewirkt, daß die Haare sich nach dem Blattinnern zu krümmen. Hier konnte sogar beobachtet werden, daß auch nicht berührte Haare sich nach innen krümmen, wenn benachbarte Haare gereizt wurden. Es muß demnach eine *Reizleitung* stattgefunden haben (S. 75).

Pflücke ein eben ausgewachsenes Blatt des Sauerklees vorsichtig ab und streiche einige Male über die Blättchen mit den Fingern. Nach etwa 4 Minuten senken sich die Blätter. Sie sind erschütterungsempfindlich. Für den Versuch eignen sich auch die gelbblütigen Arten auf Mauern und an Wegrändern.

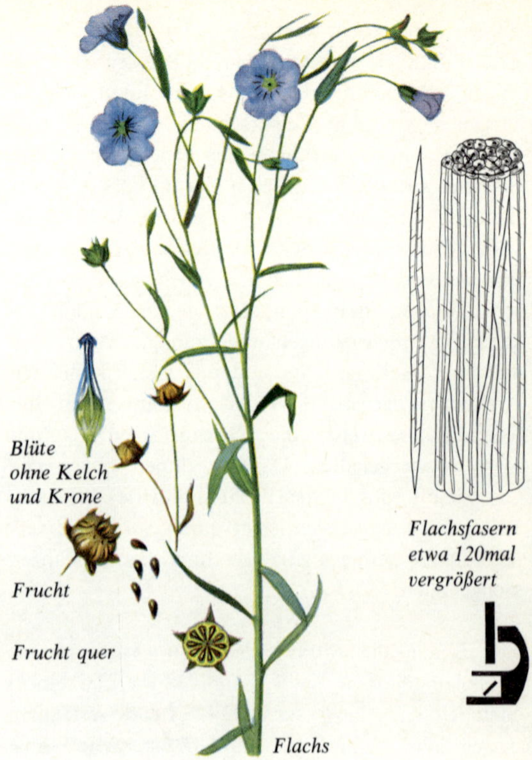

Leingewächse

Der Flachs oder Lein

Der Flachs (Linum usitatíssimum) gehört zu den Pflanzen, die der Mensch bereits in sehr früher Zeit in Pflege genommen hat. Schon die Pfahlbaumenschen und die alten Ägypter verstanden, aus seinen Fasern Gewebe herzustellen.

Flachsbau und Leinenweberei blühten in Deutschland besonders im ausgehenden Mittelalter. Seit dem 19. Jahrhundert drängt die billigere Baumwolle das Leinen immer mehr zurück. Aber auch heute noch ist „echtes Leinen“ der Stolz vieler Hausfrauen.

Die Flachspflanze. Der Flachs hat einen dünnen, bis meterhohen Stengel, der oben mehrfach verzweigt ist und zahlreiche, lineal-lanzettliche Blätter trägt. Die Blüten sind himmelblau und nach der 5-Zahl gebaut: 5 Kelch-, 5 Blumen-, 5 Staubblätter, ein Stempel mit 5 Griffeln und ein fünfblättriger Fruchtknoten. Die Blütezeit reicht von Juni bis Juli. Die Fruchtkapseln (Flachsknoten) enthalten glatte, braune Samen. Bei der Reife öffnen sie sich mit einem knackenden Geräusch; bei Zuchtsorten bleiben sie geschlossen. Aus wenig verzweigten Sorten werden die Flachsfasern gewonnen (Faserlein). Stark verzweigte Sorten, die reichlich blühen und fruchten, dienen der Ölgewinnung (Öllein). Die Samen werden ausgedroschen. Sie sind reich an einem fetten Öl (Leinöl). Werden sie befeuchtet, dann verschleimt die Oberhaut. Daher verkitten sie nach der Aussaat mit dem Boden und können gut keimen.

Die Samen werden von altersher zu Umschlägen bei Geschwüren benutzt. Das „Leinöl“ spielt ebenfalls in der Heilkunde, besonders aber bei der Herstellung von Firnissen, Ölfarben, Lacken und Kitten eine Rolle. Leinöl und gepulverter Korkstoff sind Hauptbestandteile des Linoleums. Die Preßrückstände der Samen, die Ölkuchen, dienen als Viehfutter.

Die Flachsfasern. Zerreißt man einen Flachsstengel, so schauen aus den Rißstellen dünne Fäden, die Flachsfasern, hervor. Sie bestehen, wie das Mikroskop erkennen läßt, aus sehr dickwandigen und bis zu 5 cm langen Faserzellen, deren zugespitzte Enden gleichsam ineinander gekeilt sind. Daher eignen sich die Flachsfasern vortrefflich zur Herstellung von Geweben.

Die Flachsfasern werden von altersher in folgender Weise gewonnen: Sobald die Stengel anfangen gelb zu werden, rauft man den Lein aus dem Boden und beseitigt (riffelt) die Früchte mit Hilfe eiserner Kämme. Sodann legt man die Pflanzen ins Wasser oder überläßt sie ausgebreitet einige Wochen dem Regen und Tau (sie werden geröstet). Die durchfeuchteten Pflanzenteile faulen bald, so daß sich die Flachsfasern loslösen lassen. Jetzt werden die Stengel getrocknet (gedörrt) und danach gebrecht, d.h. das mürbe gewordene Holz wird in kleine Stücke zerbrochen. Die Flachsfasern, die untereinander noch netzförmig verbunden sind, befreit man nunmehr durch Schlagen mit einem schwertförmigen Holz (Schwingen) von den anhängenden Holz- und Rindenteilchen und zieht sie endlich durch die Zähne einer Hechel. Hierdurch wird das Netzwerk in einzelne Stränge zerrissen; die langen Fasern erhalten eine gleichmäßige Lage und lassen sich von den kurzen, dem Werg oder der Hede, leicht trennen. In neuerer Zeit gewinnt man die Fasern in Fabriken nach besonderen Verfahren.
Die Flachsfasern werden schon seit undenklichen Zeiten zu Garn gesponnen, aus dem die Leinwand gewebt wird. Das Werg verwendet man zum Polstern und zur Herstellung von Stricken und von Packleinwand. Aus alten Leinengeweben (Lumpen) bereitet man die besten Papiersorten.

1. Untersuche die Samen durch Zerdrücken zwischen Papier auf Fett. Verbrenne einige Samen über einer Flamme.
2. Lege ein paar Samen auf feuchtes Löschpapier. Laß es nach einigen Tagen trocknen und beobachte, wie fest die Samen auf ihm haften.
3. Versuche einen Flachsstengel zu zerreißen.

Aus nahestehenden Familien. Gespornte, goldfarbige Blüten haben die aus Peru stammenden *Kapuzinerkressen* (Tropǣolum), die als Garten- und Balkonpflanzen geschätzt werden. Ihre schildförmigen Blätter haben rankende Stiele. Blütenknospen und junge Früchte werden als „Falsche Kapern" verwendet. – An feuchten Waldstellen wächst das *Große Springkraut* (Impátiens noli-tángere) oft in großen Mengen und fällt durch seine leuchtend gelben, langgestielten Spornblüten auf. Der Sporn wird vom hinteren Kelchblatt gebildet. Die Blüten sind „vorstäubend" (vgl. Glockenblume). Sobald der Blütenstaub abgeholt ist, fallen die Staubbeutel ab und geben die Narbe frei. Die schotenähnlichen Kapselfrüchte reißen bei leisester Berührung auf („Kräutchen Rührmichnichtan"). Die 5 Klappen rollen sich blitzschnell zurück und schleudern die Samen fort. – Als kaum auszurottendes Unkraut tritt in Wäldern und Anlagen das *Kleine Springkraut* (I. parviflóra) auf, das sich in den letzten 150 Jahren völlig eingebürgert hat. Es stammt aus der Mongolei und Südost-Sibirien.

Großes Springkraut

Großes Springkraut

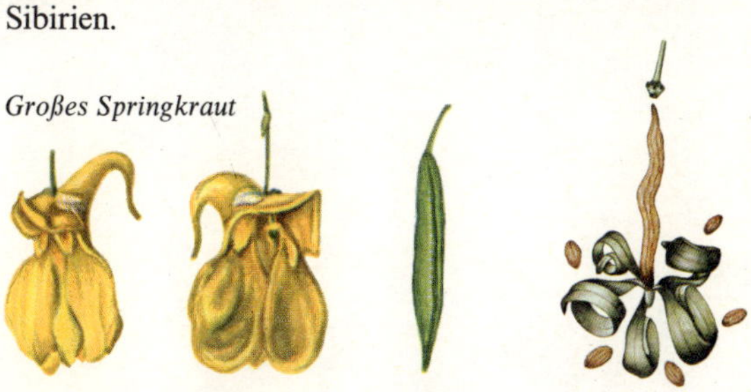

Staubbeutel reif — *Stempel reif* — *Frucht geschlossen* — *Frucht aufspringend*

Die Roßkastanie

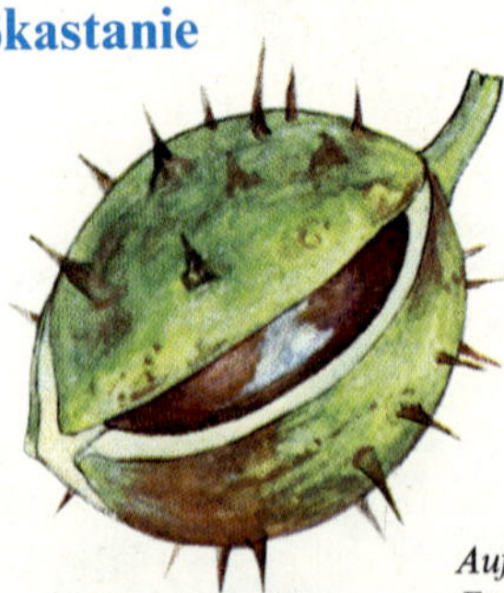

Aufspringende Frucht

1. Zerlege Knospen der Roßkastanie, die vorher einen Tag lang in verdünntem Spiritus gelegen haben.
2. Bringe Ende März einen Zweig der Roßkastanie im warmen Zimmer zum Austreiben.

Die Knospen. Sie sind bei der *Roßkastanie* (Aésculus hippocástanum) auffällig groß. Eine jede Knospe ist außen von lederartigen Blättchen, den Knospenschuppen, umhüllt, die mit Harz verklebt sind. Entfernen wir diese, nachdem wir das Harz in Spiritus aufgelöst haben, dann finden wir innen an einem winzigen Stengel 4 grüne, zusammengefaltete Blättchen, die dicht mit Wollhaaren bedeckt sind. Zu innerst steht bei endständigen Knospen ein kleiner Stengel mit Blütenknospen. Den seitlich am Zweig stehenden Knospen fehlt dieser Blütensproß. Knospen sind unentwickelte Sprosse. Bei näherem Zusehen erkennen wir unter jeder Knospe eine Blattnarbe. Hier saß im Vorjahr ein Blatt. Seitensprosse entstehen stets aus der Achsel eines Blattes.

Von den Blättern, der Blüte und der Frucht. Das *junge Blatt* ist wie der ganze Trieb anfangs dicht mit Haaren bedeckt. Die zahlreichen Haare sind Stellen starker Verdunstung. Dadurch werden die austreibenden Knospen in erhöhtem Maße mit Wasser und Nährsalzen versorgt und so im Wachstum gefördert.
Das *ausgebildete Blatt* der Roßkastanie ist aus 5 oder 7 fein gezähnten Einzelblättchen zusammengesetzt, die am Ende eines langen Stieles wie die Finger der Hand angeordnet sind (gefingertes Blatt).
Die *Blüten* sind zu großen Sträußen vereinigt. Jeder dieser Blütenstände ist von einem kräftigen Stengel durchzogen. Von ihm, der „Hauptachse", gehen zahlreiche „Nebenachsen" ab, die sich wieder verzweigen und an jedem ihrer Ästchen eine Blüte tragen. Der Blütenstand ist eine *Rispe.*
Die Blüte weist einen gelben, später rot werdenden Fleck auf. Eine genaue Untersuchung zeigt, daß nur wenige Blüten einen Stempel besitzen. Die unfruchtbaren Blüten sind für den Baum aber nicht wertlos. Sie erzeugen in langen Staubblättern reichlich Blütenstaub und machen die Blütenstände außerdem größer und auffälliger (Schaublüten).
Aus den fruchtbaren, gelbfleckigen Blüten ragt zuerst der lange Griffel hervor. Danach nehmen die Staubblätter seine Stelle ein; die Blüten werden rotfleckig („Nachstäubende Blüten"). Hummeln, die den Nektar im Blütengrund saugen, tragen unfreiwillig den Blütenstaub älterer Blüten zu den Narben jüngerer.
Die *Frucht* ist mit spitzen Stacheln bedeckt. Bei der Reife löst sie sich von ihrem Stiel ab. Die Fruchthülle zerspringt, und die großen, braunen, glänzenden Samen werden frei.

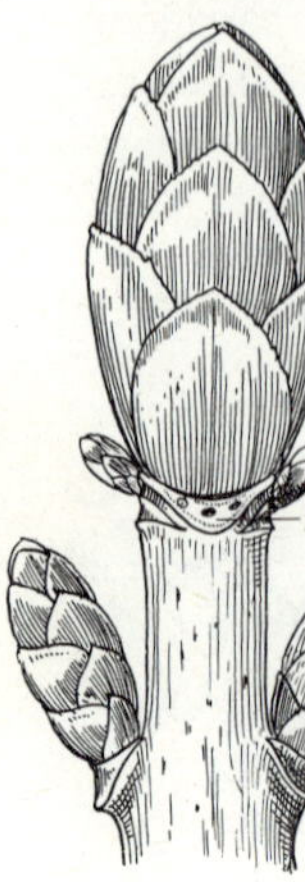

Zweigstück mit Knospen

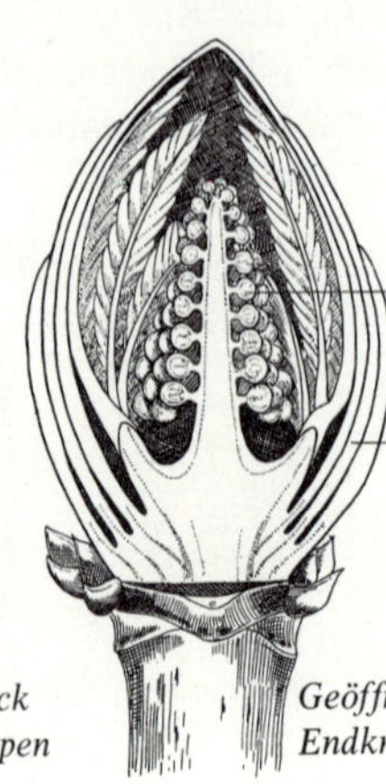

Geöffnete Endknospe

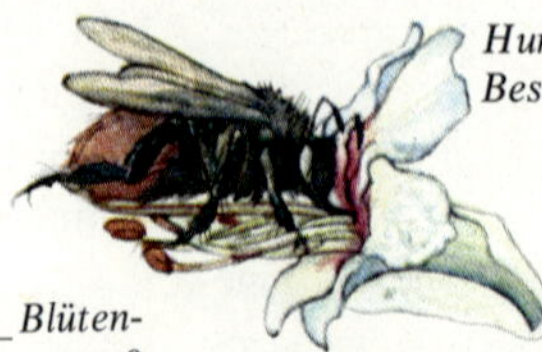

Hummel-Besuch

Reifer Stempel

Reife Staubblätter

Austreibende Knospe

Heimische Ahornarten

Ahornarten

Der Spitzahorn (Acer platanoídes) wird bis 20 m hoch. Er wächst wild besonders in Eichen- und Buchenwäldern und wird viel als Straßenbaum angepflanzt. Tischler und Drechsler schätzen sein festes Holz. Die Blätter sind 5- oder 7lappig mit spitzen Zähnen. Vor der Laubentfaltung öffnen sich die nektarreichen, gelbgrünen Blüten, die große, aufrechte Sträuße darstellen. Die Frucht bildet 2 große, fast waagrecht abstehende Flügel aus und spaltet sich in 2 einsamige Teile. Beim Herabfallen vom Baum geraten sie in drehende Bewegung. Infolge dieses Schraubenflugs fallen sie nur langsam zur Erde und werden vom Wind verstreut. – Der *Bergahorn* (A. pseudo-plátanus) ist ursprünglich ein Gebirgsbaum, wird aber in unseren Parkanlagen häufig angepflanzt. Er trägt hängende, mit den Blättern erscheinende Blütensträuße. Die 5 Lappen der Blätter sind grobgesägt und enden in stumpfen Spitzen. – Der *Feldahorn* (A. campéstre) kommt in Wäldern, Gebüschen und Hecken als Strauch und als Baum vor. Seine Blätter sind klein, 5lappig und ganzrandig oder schwach stumpfzähnig. Die Blütensträuße stehen aufrecht. Das schön gemaserte Wurzelholz („Maßholder") ist ein wertvolles Werkholz. – Als Straßen- und Parkbaum wird der nordamerikanische *Silberahorn* (A. saccharínum) angepflanzt. Seine spitzzähnigen Blätter sind unterseits bläulichweiß und verfärben sich im Herbst leuchtendgelb. – In Anlagen sieht man auch den *Eschen-Ahorn* (A. negúndo) aus Nordamerika. Seine Blätter sind eschenartig gefiedert.

Spitzahorn. Blühender und fruchtender Zweig. Eine Zwitterblüte (S. 112) und eine ♂ Blüte; beide kommen in einem Blütenstand vor

1. Stelle tabellarisch die kennzeichnenden Unterschiede der heimischen Ahornarten zusammen (Stamm, Blatt, Blüte, Frucht).

2. Versuche, unbelaubte Bäume voneinander zu unterscheiden (vgl. S. 268 f.).

Die Sonnenwolfsmilch

Die einjährige Sonnenwolfsmilch (Euphórbia helioscópia) ist in Garten und Feld eines der verbreitetsten Unkräuter. Wird die Pflanze verletzt, dann fließt ein weißer, klebriger *Milchsaft* aus, der die Wunde verschließt. Dieser Saft ist ätzend und giftig. Daher wird die Pflanze „Wolfsmilch" genannt und von Tieren gemieden.

Betrachten wir ein wenig Milchsaft in Wasser unter dem Mikroskop, dann können wir Tröpfchen und größere Stäbchen unterscheiden. Auf Zusatz von Jodjodkaliumlösung färben sich die Stäbchen blau. Sie bestehen aus Stärke. Die Tröpfchen hingegen sind Kautschuk (S. 293).

Sonnenwolfsmilch

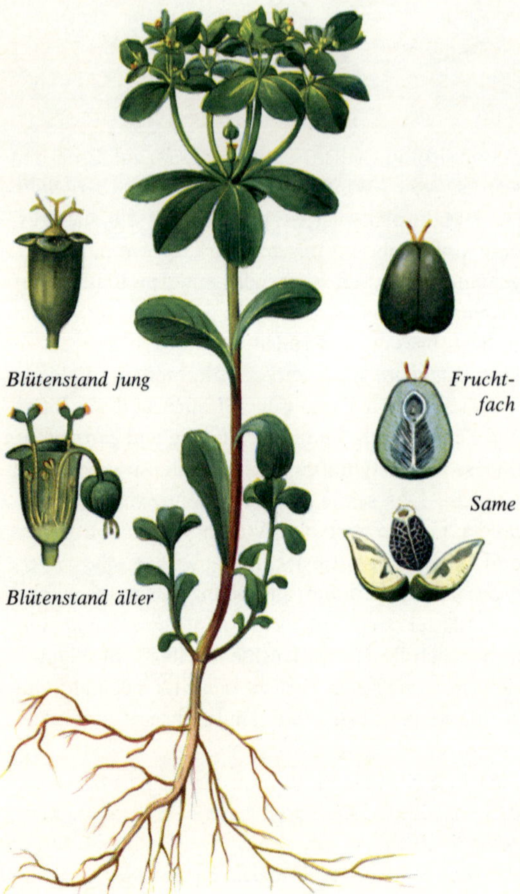

Der Stengel wird etwa 30 cm hoch und ist wenig verzweigt. An seiner Spitze trägt er einen Blütenstand, der einer Dolde (S. 6) ähnelt. Jede „Blüte" hat eine grüne, becherförmige Hülle, von deren Boden sich ein Stempel und mehrere Staubblätter erheben. „Stempel" wie „Staubblätter" sind gestielt und werden daher als Einzelblüten aufgefaßt, zumal einige Staubblätter an ihrem Grund Blättchen tragen. *Die „Blüte" der Wolfsmilch ist demnach ein kleiner Blütenstand.* Die Pflanze ist getrenntgeschlechtlich-einhäusig.

Aus der Hülle ragt zuerst der Stempel hervor. Er besteht aus einem 3teiligen Fruchtknoten und 3 Griffeln mit je 2 Narben. Nach einiger Zeit streckt sich der Stiel des Stempels, und der Fruchtknoten neigt sich nach unten. Dadurch wird Platz für die jetzt erst reifenden Staubblätter. 4 rundliche Drüsen am Rande der Hülle scheiden Nektar ab. Als Blütenbesucher stellen sich vor allem Fliegen ein. Sie müssen in jüngeren Blütenständen die Narben, in älteren die Staubbeutel berühren, also Fremdbestäubung vermitteln.

Nach der Bestäubung streckt sich der Stiel der Stempelblüte wieder gerade, und aus dem Fruchtknoten geht eine 3fächrige Kapsel hervor. Ist diese reif, dann lösen sich die Fächer mit solcher Kraft von der Mittelsäule los, daß sie weit fortgeschleudert werden. Hierbei reißt die Wand der Fächer auf, so daß der schwarze Same ausfällt. Er trägt ein weißes, von Ameisen geschätztes Anhängsel.

Verwandte. Ein lästiges Unkraut ist auch die *Garten-Wolfsmilch* (E. peplus). Sie hat halbmondförmige Honigdrüsen und nur 3 Doldenstrahlen. – An Wegrändern wächst oft in großen Beständen die *Zypressen-Wolfsmilch* (E. cyparíssias), die dichtstehende, nadelförmige Blätter hat. – Wolfsmilchgewächse sind auch 2 Zierpflanzen: Der *Christusdorn* (E. splendens) mit kleinen roten Hochblättern stammt aus Madagaskar. Der *Weihnachtsstern* (E. pulchérrima) mit großen roten oder weißen Hochblättern kommt aus Mittelamerika. Er ist eine echte *Kurztagpflanze* (S. 92). Will man verblühte Exemplare im nächsten Jahr wieder zum Blühen bringen, dann müssen sie ab Mitte Oktober etwa 14 Stunden „Nachtruhe" haben, d.h. gegen jegliches Licht geschützt sein.

Faulbaum. Zweig mit Blüten und Früchten verschiedenen Alters

Blüte

durchschnittene Frucht (vergr.)

Stechpalme, fruchtend und blühend

Pfaffenhütchen

fruchtend

blühend

Aus einander nahestehenden Familien

Das *Pfaffenhütchen* oder die *Bischofsmütze* (Euónymus europáea) wurde bereits (S. 46) erwähnt. Auffällig sind die rosenroten Fruchtkapseln mit den orangefarbigen Samen, die, an kurzen Fäden hängend, aus den aufspringenden Kapseln hervortreten. – Die *Stechpalme* (Ilex aquifólium), in Norddeutschland Hülsen genannt, zeichnet sich durch glänzende, immergrüne, lederartige Blätter aus, die in stachlige Spitzen ausgezogen sind. Ihr Rand ist meist wellig. Der Strauch oder Baum ist zweihäusig (S. 121); die Blüten sind weiß und wenig auffallend. Um so mehr heben sich die korallenroten Steinfrüchte aus dem dunklen Laub heraus. Der Baum steht unter Naturschutz. In Anlagen und Gärten wird er gern angepflanzt.

Nahe verwandt ist der *Faulbaum* (Rhámnus frángula). Er wächst als Strauch besonders in feuchten Laubwäldern und Mooren. Seinen Namen hat er von der Rinde, die in frischem Zustand faulig riecht. Die Früchte werden grün, dann rot, schließlich schwarz. Die kleinen, in den Blattachseln stehenden Blüten sind unscheinbar grünlichgelb. Aus der hellgetüpfelten Rinde gewinnt man ein Abführmittel.

Der Weinstock

Die Heimat der Weinrebe (Vitis vinífera) ist wahrscheinlich das östliche Mittelmeergebiet. In den Wäldern Westasiens klettern Reben bis in die Kronen der Bäume empor. Sie sollen die Stammformen des Weinstocks sein, der heute in vielen Teilen der Welt angebaut wird. Schon die alten Babylonier, Ägypter, Juden und Inder pflegten den Weinstock; nach Deutschland haben ihn die Römer gebracht.

Im Weinberg. Weinberge finden wir in den wärmeren Gegenden unserer Heimat. Da der Weinstock sehr licht- und wärmebedürftig ist, werden Bäume und Sträucher, die ihn beschatten könnten, ferngehalten. Infolge der regelmäßigen und starken Bodenbearbeitung bleiben im Weinberg nur Stauden erhalten, die entweder mit Zwiebeln überwintern (Wilde Tulpe, Traubenhyazinthe) oder tiefreichende Erdsprosse haben (Osterluzei). Die Weinbergsmauern werden oft vom Mauerpfeffer und von Steinbrecharten besiedelt.

Im nördlichen Deutschland reifen die Früchte nur an stark besonnten Hauswänden. Am Rhein und in der Pfalz, an der Mosel und Ahr, am Main und am Neckar sowie in zahlreichen anderen Gebieten zieht man ihn am sonnigen Berghang, seltener im freien Feld. Früher wurde Weinbau noch in Brandenburg und Pommern und weiter im Osten betrieben. Als später bessere Weine billig eingeführt wurden, lohnte sich der Anbau nicht mehr. Nur bei Grünberg in Schlesien, bei Naumburg an der Saale und bei Meißen in Sachsen hat er sich bis heute erhalten. Auch in vielen anderen Ländern gedeiht der Weinstock in zahlreichen Spielarten. Die wichtigsten, bei uns angepflanzten Sorten sind Riesling, Sylvaner, Muskateller und Burgunder. Sie werden durch Stecklinge oder durch Ableger vermehrt.

Vom Weinbau. Der Anbau des Weinstocks ist besonders an steilen Hängen sehr mühsam. Im Frühjahr muß der Winzer die Reben sachgemäß beschneiden und an Stützen binden. Den Sommer hindurch wird der Boden von Unkraut freigehalten. Die Schädlinge müssen bekämpft, die Reben „gegeizt" (s. unten), die unfruchtbaren Zweige entfernt und die fruchtbaren so angeheftet werden, daß jedes Blatt von den Sonnenstrahlen getroffen wird. Nach der Ernte werden Mauern und Treppen neu hergestellt oder instand gesetzt, der Boden gelockert, gedüngt, Stützen für die Reben angebracht und dergleichen mehr.

In einem Weinberg

Herrscht ungünstige Witterung oder treten Schädlinge in verheerender Weise auf, dann ist nicht selten die ganze Jahresarbeit umsonst.

Die Wurzel. In den Weinbergen herrscht während der Sommer- und Herbstmonate oft große Trockenheit. Da die Wurzeln des Weinstockes aber sehr tief – in Gesteinsspalten bis zu 20 m – in den Boden dringen, können sie selbst dann noch genügend Wasser beschaffen.

Stamm und Äste (Reben) sind von einer graubraunen Borke bedeckt, die in bandartigen Streifen abblättert. Der Stamm kann Baumstärke erreichen. Die jungen Reben (Lotten) sind sehr schwach; aber auch die ausgewachsenen können sich nicht selbst halten. Daher geben wir ihnen Stützen (Spaliere, Stäbe, Drähte), an denen sie sich anklammern. Aus den Blattachseln gehen im Lauf des Sommers Zweige (Geizen) hervor, die bei uns selten „reifes" Holz bilden. Daher entfernt man sie bald. An ihrem Grund entsteht eine dickschuppige Knospe, aus der im nächsten Jahr eine neue Rebe hervorwächst.

Die Blätter stehen abwechselnd in 2 Zeilen, sind herzförmig, grob gezähnt und in 5 Lappen geteilt. Werden die Reben angebunden, dann gelangt das Blattwerk zunächst in „Unordnung". Nach einigen Tagen aber haben sich die Blätter so gedreht, daß die Stiele wieder aufgerichtet und die Blattflächen schräg abwärts geneigt sind. Dann werden sie von den Sonnenstrahlen ziemlich senkrecht getroffen, so daß die Strahlen ihre größte Wirkung entfalten können.

Die Ranken. Der Weinstock klettert mit Hilfe gabelförmiger Ranken an den Stützen empor. Gleich den Trauben stehen die Ranken einem Laubblatt gegenüber und tragen häufig einzelne Blüten oder Beeren, ein Zeichen, daß sie umgewandelte Achsen von Blütenständen sind. Man nennt sie *Sproßranken.*

Berührt eine Ranke die Stütze, dann wächst die der Stütze abgewandte Seite rascher als die ihr anliegende. Dadurch umwindet die Ranke die Stütze in kurzer Zeit. Kreist darauf das Ende der Ranke weiter, so können sich mehrere Windungen bilden, die eine feste Verankerung ergeben. Nach einigen Tagen zieht sich der Teil der Ranke, der zwischen Rebe und Stütze ausgespannt ist, korkenzieherartig zusammen. Solche Ranken federn und verholzen, so daß sie fast die Festigkeit von Eisendraht erhalten. Selbst ein Sturm kann die Reben dann nicht von den Stützen losreißen. Die Ranken aber, die keine Stützen ergreifen konnten, vertrocknen und fallen ab.

Weinrebe.
Zweig der Burgundertraube mit Blättern und Sproßranken

Blüten in verschiedenen Entwicklungszuständen

Die Blüte. Die unscheinbaren, duftenden, nektarreichen Blüten sind zu aufrechtstehenden Rispen („Gescheinen") vereinigt. Jede besteht aus einem napfförmigen Kelch, 5 grünen Blumenblättern, 5 Staubblättern und einem Stempel, an dessen Grunde sich 5 Honigdrüsen finden. Die Blumenblätter bleiben beim Aufblühen im oberen Teil miteinander verbunden, lösen sich dann vom Blütenboden ab und werden von den sich streckenden Staubblättern wie eine Haube abgeworfen. Die Bestäubung vermitteln Bienen, Fliegen und Käfer.

Die Frucht. Die Fruchtrispe, ungenau „Traube" genannt, besteht aus grünen, gelben, roten oder blauen *Beeren,* die 1–4 Samen enthalten. Sie sind durch einen Wachsüberzug gegen Nässe und Fäulnis geschützt.

Die reifen Beeren locken durch ihre Färbung Vögel an, so Drosseln, Stare und Sperlinge. Die harten Samen verlassen heil den Darm der Tiere, die so für die Verbreitung des wildwachsenden Weins sorgen.

1. Überzeuge dich von der Festigkeit verholzter Ranken.

2. Wie unterscheiden sich Blattranken (Erbse) und Sproßranken (Weinstock)?

Wilder Wein im Herbst. Die jungen Ranken noch ohne Haftscheiben

Wirtschaftliche Bedeutung. Weinbeeren werden frisch als Obst, getrocknet als Rosinen verwendet. Besonders aus dem Mittelmeergebiet und aus Kalifornien kommen die Rosinen. Von einer kernlosen Sorte gewinnt man die kleineren Sultaninen. Gleichfalls kernlos sind die kleinen, blauen Korinthen, die nach der Stadt Korinth den Namen haben.

Von altersher wird aus Trauben *Wein* gekeltert. Durch Destillation gewinnt man aus Wein alkoholreichen *Weinbrand* (Kognak). Aus Weinen geringer Güte stellt man *Weinessig* her.

Zahlreiche Länder erzeugen weit mehr Wein als Deutschland. Jedoch sind deutsche Weine überall sehr begehrt. Unsere Weinberge liefern jährlich etwa 4 Millionen Hektoliter unvergorenen Traubensaft (Most).

Schädlinge und Krankheiten. Durch pflanzliche und tierische Feinde erleidet der Weinbau jährlich große Verluste. Sehr gefürchtet sind der *Heu-* und der *Sauerwurm,* die Raupen kleiner Schmetterlinge. Sie werden mit Spritzmitteln bekämpft. Der gefährlichste Schädling ist die *Reblaus,* die in kurzer Zeit ganze Weinberge vernichten kann. Ein besonderes Gesetz regelt ihre Bekämpfung. Seit längerer Zeit versucht man Edelreben heranzuziehen, die gegen die Reblaus widerstandsfähig sind. Heute pflanzt man nach Möglichkeit Pfropfreben aus einer reblausfesten, amerikanischen Unterlage und einem deutschen Edelreis. – 2 gefährliche Pilzkrankheiten, den *Echten* und den *Falschen Rebenmeltau* werden wir später kennenlernen (S. 242 und 244). Trotz aller Bekämpfungsmaßnahmen betragen in europäischen Weinbaugebieten die Verluste durch tierische Schädlinge noch 3%, durch Pilzerkrankungen 25% der Ernte.

Verwandte der Edlen Rebe, als *Wilder Wein* oder *Jungfernrebe* (Parthenocissus) bezeichnet, verwenden wir zur Bekleidung von Hauswänden, Lauben und dergleichen. Einige Arten tragen an ihren Ranken Haftscheiben, mit denen sie sich selbst an glatten Hauswänden festhalten können. Das Herbstlaub dieser Weinarten färbt sich blutrot.

Wilde Möhre

Doldengewächse

Die Wilde Möhre

Die Wilde Möhre (Daúcus caróta) senkt ihre holzige „möhrenförmige“ Wurzel tief in die Erde und kann daher selbst auf trockenem Boden leben. Das sehen wir besonders deutlich, wenn in einem heißen und regenarmen Sommer die Möhre sich aus dem Braun „verbrannter“ Wiesen frischgrün heraushebt.

Der Stengel erreicht eine Höhe von fast 1 m; er ist gefurcht, steifhaarig und reich beblättert. Die unteren Blätter sind doppelt-gefiedert, die Fiederblättchen nochmals tief gespalten. Die Blattstiele erweitern sich unten zu Scheiden. Sie umhüllen schützend die Jungtriebe, die den Blattachseln entspringen.

Ein Doldenblütler. Am Stengelende strahlen wie bei einer Dolde von einem Punkt mehrere Stiele aus.

Dolde und zusammengesetzte Dolde. Die Pfeile geben an, in welcher Reihenfolge die Blüten aufgehen

Jeder Doldenstrahl trägt aber wiederum ein Döldchen. Somit ist der Blütenstand eine zusammengesetzte Dolde. Infolge der Häufung kleiner Blüten wird der Blütenstand auffällig, zumal die äußeren Blumenblätter der randständigen Blüten vergrößert sind. Der mittelste Doldenstrahl trägt vielfach eine einzige, aber große Blüte mit purpurroten bis fast schwarzen Blumenblättern.

Unterhalb der Dolde bilden mehrere geteilte Blätter die sog. Hülle; ebenso ist jedes Döldchen von einem Hüllchen umgeben.

Der unterständige Fruchtknoten trägt alle anderen Blütenteile: den durch 5 Zähne angedeuteten Kelch, die 5 weißen, an der Spitze etwas eingefalteten oder geteilten Blumenblätter und die 5 Staubblätter. Ein Nektarpolster liegt als fleischige Scheibe dem Fruchtknoten auf. Darüber erheben sich die beiden Griffel mit den Narben. Da der Nektar leicht zugänglich ist, stellen sich zahlreiche Blütenbesucher ein, Fliegen, Käfer, gewisse Bienen – alles Insekten, die keinen oder nur kurze Rüssel besitzen.

Die Spaltfrüchte. Nach der Bestäubung neigen sich die Doldenstrahlen so zusammen, daß der Fruchtstand einem Vogelnest ähnlich sieht. Sobald die Samen reif sind, breiten sich bei trockenem Wetter die Strahlen wieder aus; bei feuchtem Wetter schließen sie sich von neuem.

Die reife Frucht spaltet sich der Länge nach in 2 einsamige Teilfrüchtchen (Spaltfrucht), die an dem gleichfalls gespaltenen Fruchtstiel hängen. Sie sind mit Stacheln und Widerhaken besetzt, so daß sie wie Kletten am Fell von Hasen und Kaninchen und anderem Getier hängenbleiben. Auf diese Weise werden die Früchte verbreitet. Auch verankern die Stacheln die Früchte am Boden und erleichtern so das Auskeimen. Beim Zerreiben der Früchte macht sich ein würziger Duft bemerkbar, der von einem flüchtigen Öl herrührt. Auch alle grünen Pflanzenteile duften würzig.

Zuchtmöhren. Aus der Wilden Möhre ist durch Züchtung die Mohrrübe hervorgegangen. Ihre dicke fleischige Wurzel ist reich an Ergänzungsstoffen, den *Vitaminen*, die besonders bei Mangelkrankheiten und Erschöpfungszuständen gute Dienste leisten. Eine Spielart der Mohrrübe mit zarten, kurzen und dicken Wurzeln ist die Karotte. Die sog. Riesenmöhren dienen als Viehfutter.

An einer Mohrrübe läßt sich anschaulich zeigen, wie *Seitenwurzeln gebildet* werden. Schält man vorsichtig den orangefarbigen „Kern" einer Mohrrübe aus dem roten „Mantel" heraus, dann sieht man, daß die Seitenwurzeln vom „Zentralzylinder" ausgehend den Rindenmantel durchbrechen. Seitensprosse dagegen entstehen stets aus der Oberfläche des Hauptsprosses. Die Möhre ist gegen Kälte wenig empfindlich und kann oft schon im März ausgesät werden. Die junge Pflanze bildet einen kurzen Stengel mit Blattrosette. Im Laufe des Sommers werden die in den Blättern gebildeten Nahrungsstoffe in der Pfahlwurzel gespeichert. Im Herbst werden die Pflanzen aus dem Boden genommen, die Blätter entfernt und die Möhren im Keller oder in Mieten für den Verbrauch eingewintert. Wurde beim Entfernen der Blätter das sog. Herz (der Wachstumskegel, S. 319) nicht verletzt, dann kann die Möhre im nächsten Frühjahr wieder ausgepflanzt werden. Sie treibt dann mit Hilfe der gespeicherten Nährstoffe hohe Stengel mit Blüten und Früchten. Danach sterben die Pflanzen ab. – Auch bei der Wilden Möhre ist die Rübenwurzel ein Vorratsspeicher, mit dessen Hilfe die Pflanze im nächsten Jahr blühen und fruchten kann. Möhren sind also 2jährige Pflanzen.

Mohrrübe. Wurzel von außen, Längsschnitt und Querschnitt. Rechts: Der „Kern" mit den Ansätzen der Seitenwurzeln

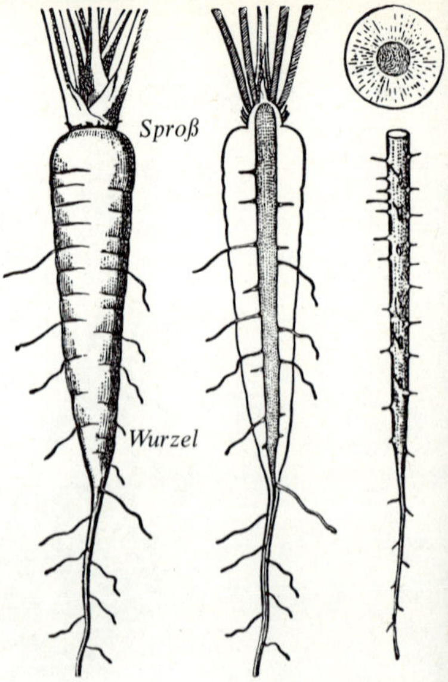

Verwandte. Gelegentlich wird die Wurzel des *Pastinaks* (Pastináca satíva) als Gemüse verwendet. Die

Doldengewächse und ihre Spaltfrüchte

etwa meterhohe Stammform mit einfach-gefiederten Blättern und gelben Früchten findet sich wild auf Wiesen und an Gräben. Die stachellosen Spaltfrüchte bilden flache Scheiben, die der Wind verbreitet. – Der *Kümmel* (Carum carvi) bewohnt trockene Wiesen. Er ist leicht daran zu erkennen, daß die fiederteiligen Blättchen an der Hauptrippe des Blattes ein Kreuz bilden. Seine eigenartig riechenden Früchte werden in der Heilkunde und als Gewürz verwendet, daher baut man ihn auch feldmäßig an. – Im Frühjahr erscheint auf gut gedüngten Futterwiesen der *Wiesenkerbel* (Anthríscus sylvéstris) in solchen Mengen, daß die Wiesen fast weiß erscheinen. – Die *Bärenklau* (Heracléum sphondýlium) ist borstig behaart und hat einfach gefiederte Blätter mit weitbauchigen Blattscheiden. Die Pflanze wird mannshoch und blüht gewöhnlich erst nach der Heuernte.

Der (oder die) bei uns heimische *Sellerie* (Apium gravéolens) lebt wild auf salzhaltigen Wiesen sowie an den Ufern von Gräben und Bächen. Er ist ein bekanntes Küchengewürz. Die gebleichten Blätter und fleischigen Knollen der angebauten Pflanze werden als Salat geschätzt und auch in der Volksheilkunde verwendet. – Andere Doldengewächse sind wegen ihrer flüchtigen Öle wichtige Gewürzpflanzen:

Dill (Anéthum gravéolens) und *Fenchel* (Foenículum vulgáre) entstammen dem Mittelmeergebiet und zeichnen sich durch haarförmige Blattzipfel aus. Sie werden mit den Früchten besonders beim Einlegen von Salzgurken verwendet. Die Früchte des Fenchels spielen auch als Heilmittel eine Rolle. – Die gleiche Heimat haben *Anis* (Pimpinélla anísum) und *Koriander* (Coriándrum satívum), deren Samen für Backwerk gebraucht werden. – Ein wichtiges Küchengewürz ist die *Petersilie* (Petroselínum críspum). Von ihr gibt es zahlreiche Abarten, teils krausblättrige, teils glattblättrige. Die glattblättrige kann leicht mit der giftigen, sehr ähnlichen *Hundspetersilie* oder dem *Gartenschierling* (Aethúsa cynápium) verwechselt werden. Unterscheidende Merkmale sind folgende: Beim Zerreiben grüner Teile der Hundspetersilie macht sich ein unangenehmer, knoblauchartiger Geruch bemerkbar. Außerdem hat sie glänzende und schmalere Fiederblättchen als die Petersilie; ihre Hüllchen bestehen aus 2 oder 3 langen, herabhängenden, einseitigen Blättern; die Wurzel ist viel dünner als die der

Doldengewächse und ihre Spaltfrüchte

Petersilie. – Als Gemüse dient die Wurzel einer „Wurzelpetersilie“. Diese hat niemals gekrauste Blätter, aber die Hauptwurzel ist möhren- oder knollenförmig. – An Zäunen und Gräben, auf Schutthaufen und Gemüseland wuchert der giftige *Gefleckte Schierling* (Cónium maculátum). An den hohlen Blattstielen, dem rotgefleckten Stengel und den welligen Rippen der Früchte ist er sicher zu erkennen. Außerdem hat er einen unangenehmen Geruch nach Mäusen. – Noch gefährlicher ist der mehr als meterhohe *Wasserschierling* (Cicúta virósa), der an Gräben und ähnlichen feuchten Stellen wächst. Am giftigsten ist der quergefächerte, sellerieähnliche Erdsproß, der zugleich das sicherste Erkennungsmerkmal ist. Mit dem Saft der Pflanze war der Giftbecher gefüllt, den Sokrates trinken mußte. – Eine Zierde unserer Meeresküsten ist die *Stranddistel* (Erýngium marítimum), deren grüne Teile blau bereift sind. Sie steht als Naturdenkmal unter gesetzlichem Schutz.

Doldengewächse haben in der Regel mehrfach geteilte Blätter. Ihre Blüten stehen meist in zusammengesetzten Dolden. Jede Blüte hat 5 Kelch-, 5 Blumen- und 5 Staubblätter. Der Fruchtknoten ist unterständig. Die Frucht zerfällt bei der Reife in 2 einsamige Teilfrüchtchen.

Efeugewächse

Der Efeu

Der Efeu (Hédera hélix) kommt in schattigen Wäldern wild vor. Seine langen dünnen Zweige liegen dem Boden auf, doch klettert er auch an Mauern, Felsen und Bäumen empor. Dazu befähigen ihn zahlreiche, sproßbürtige Wurzeln (S. 35), sog. *Kletterwurzeln*, die an der dem Licht abgewandten Seite aus den Zweigen hervorbrechen und sich dicht der Unterlage anschmiegen. An efeuumsponnenen Ruinen verschwinden die Mauern völlig unter dem Grün. Die Efeublätter haben eine derbe, lederartige Oberhaut und vertragen die Trockenheit des Winters gut. An kriechenden oder kletternden Zweigen sind sie 5lappig und so gestellt, daß die Lappen des einen Blattes in die Buchten des anderen greifen (Mosaik). Sie nutzen so das einfallende Licht gut aus. Im Alter bildet der Efeu aufrechte Sprosse aus, die frei von Kletterwurzeln sind. An diesen Zweigen entwickeln sich kurzgestielte, eiförmige Blätter, die spiralig stehen. Der Efeu ist also verschiedenblättrig. An den Alterszweigen entfalten sich von August bis November unscheinbare, grünliche Blüten, die in einfachen Dolden stehen. Sie sind reich an Nektar; ein süßlicher, unangenehmer Duft

Wasserschierling. Schräg durchschnittener Wurzelstock

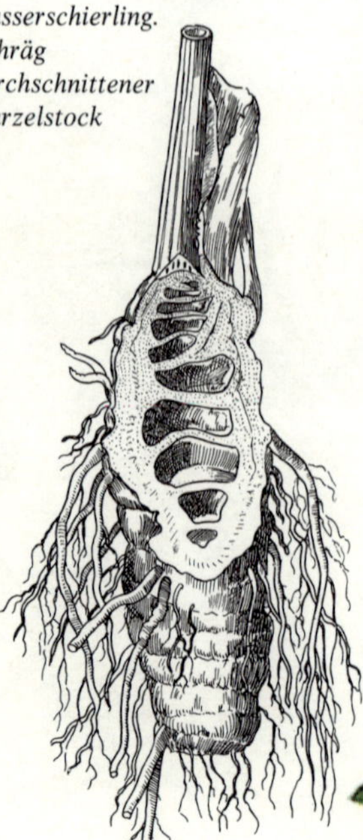

Efeu. Klettender Zweig und Zweig mit Blüten und Früchten

Blüte

Frucht

lockt besonders Fliegen an. Die Früchte, kleine, schwarze Beeren, reifen während des Winters und sind für den Menschen giftig. Ihre Samen werden durch Vögel verbreitet. Stecklinge von Blütenzweigen bleiben aufrecht und lassen sich zu Bäumchen heranziehen. – Buntblättrige Abarten sind als Ampelpflanzen beliebt.

Nahe Verwandte: Hartriegelgewächse. Die *Kornelkirsche* (Córnus más) ist ein Strauch sonniger Hänge. Seine gelben, kurzgestielten Blüten sind zu kleinen Dolden gehäuft, die sich zeitig im Frühjahr vor der Laubentfaltung öffnen. Daher wird der Strauch auch gern in Anlagen angepflanzt. Die kirschartigen Früchte werden scharlachrot und lassen sich essen. – Erst nach Laubausbruch blüht der *Rote Hartriegel* (C. sanguínea). Seine weißen Blüten stehen gehäuft in Trugdolden. Die Früchte werden schwarz. Im Herbst nehmen Blätter und Zweige eine lebhafte Rotfärbung an. Dann sind die Sträucher in Wäldern, Gebüschen und Anlagen leicht zu erkennen. – Noch lebhafter ist die Rotfärbung beim *Weißen Hartriegel* (C. stolonífera), der sich durch herabhängende Zweige deutlich vom Roten Hartriegel unterscheidet. Seine Früchte sind bläulichweiß. Vom Weißen Hartriegel werden heute mehrere Abarten gezogen.

Kornelkirsche.
Blühender und fruchtender Zweig

Wie Pflanzen ranken, winden und klettern

Blattranken	Einzelne Fiederblättchen sind zu Ranken umgebildet	Erbse, Zaunwicke, Kürbis
Blattstielranken	Die Blattstiele winden sich um Stützen	Waldrebe, Kapuzinerkresse
Sproßranken	Blütenstände sind zu Ranken umgewandelt	Wein, Jungfernrebe
Linkswinder	Der Hauptsproß umwindet die Stütze entgegen dem Uhrzeiger	Bohne, Zaunwinde
Rechtswinder	Der Hauptsproß umwindet die Stütze mit dem Uhrzeiger	Hopfen, Geißblatt
Kletterwurzeln	Sproßbürtige Wurzeln verankern die Zweige	Efeu

Birkengewächse

Die Hasel

Die Hasel (der Haselnußstrauch, Córylus avellána) stand bei den Germanen in hohem Ansehen. Sie war das Sinnbild des Frühlings und der Unsterblichkeit. Man schrieb ihr Zauber- und Wunderkräfte zu. Aus Haselzweigen schnitt man die Wünschelrute, mit deren Hilfe man verborgene Quellen und unterirdische Schätze aufzufinden hoffte. In frühgeschichtlichen Zeiten war die Hasel so stark in Mitteleuropa verbreitet, daß von einer *Haselzeit* gesprochen wird. Damals, vor rund 8000 Jahren, war es wärmer als jetzt. Hoch im Erzgebirge und im Oberharz, wo heute die Hasel nicht mehr gedeihen kann, hat man in alten Torfschichten Haselnüsse gefunden. Die Hasel wächst vor allem als Unterholz im Laubwald. Oft bildet sie große Bestände. Sie erreicht eine Höhe von 2 – 4 m. In Gärten und Anlagen pflanzt

man gern die rotblättrige Bluthasel an. – Die großfrüchtigen Haselnüsse, die bei uns verkauft werden, kommen meist aus Südeuropa. Sie stammen von der *Lambertsnuß* (C. máxima), die auch bei uns gedeiht. – Als stattlicher Baum wird in Anlagen und an Straßen die türkische *Baumhasel* (C. colúrna) angepflanzt.

Die Hasel im Vorfrühling. Von den graubraunen Zweigen stehen während des Winters starr und steif zahlreiche Kätzchen ab. An milden Tagen im Vorfrühling strecken sie sich in die Länge, werden weich und biegsam. Jedes Kätzchen besteht aus vielen schuppenförmigen Blättern, die an einem gemeinsamen Stengel, der Achse, sitzen. Jede Kätzchenschuppe überdeckt 2 Blättchen, unter denen 8 Staubblätter stehen. Da Staubblätter nur in Blüten vorkommen, fassen wir die beiden Blättchen mit ihren 8 Staubblättern als eine Blüte auf, und zwar als eine *Staubblüte.* Da jede Staubblattgruppe eine Blüte darstellt, *ist das Kätzchen ein Blütenstand.*

Aus manchen Knospen ragen im Vorfrühling rote Fäden heraus. Öffnen wir eine solche Knospe, dann erkennen wir mit der Lupe einige schuppenartige Blättchen, an deren Grunde 2 Stempel sitzen. Die roten Fäden sind die fadenförmigen Griffel, jeweils 2 auf einem Fruchtknoten. Somit stellt jeder Stempel mit seinen Hüllblättern wiederum eine sehr einfach gebaute Blüte dar, eine *Stempelblüte.* Auf ein und demselben Strauch finden sich also in getrennten Blütenständen Staubblüten und Stempelblüten. Die Hasel ist daher eine *getrenntgeschlechtlich-einhäusige* Pflanze. Im Gegensatz dazu nennt man Pflanzen, bei denen beide Geschlechter in einer einzigen Blüte vereinigt sind, *zwittrig.*

Wir wissen, daß sich aus dem Fruchtknoten eine Frucht entwickelt. Sie enthält einen oder mehrere Samen, aus denen junge Pflanzen entstehen, ähnlich wie z. B. aus den Eiern eines Vogels junge Vögel hervorgehen. Da die Eier von den weiblichen Tieren erzeugt werden, bezeichnet man vergleichend die *Stempelblüten* als *weibliche Blüten.* Die *Staubblüten* sind mithin die *männlichen Blüten.*

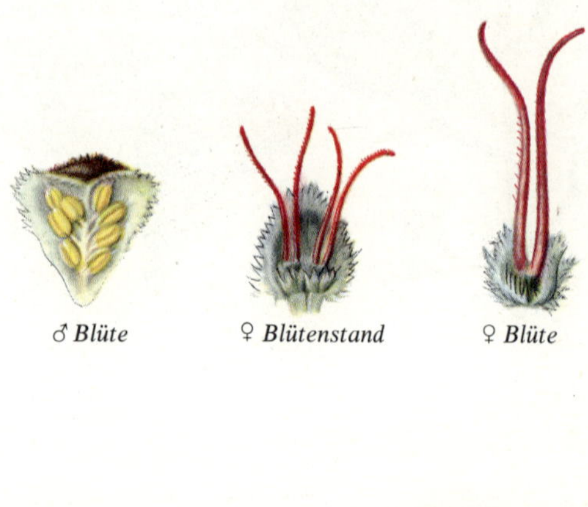

An sonnigen Tagen schüttelt der Wind ganze Wolken trockenen Blütenstaubs aus den Kätzchen und verweht ihn. Dann können die Griffel mit ihren feinhöckerigen Narben den Pollen auffangen. Der Wind vermittelt somit die Bestäubung; die Hasel ist ein *Windblütler*. An warmen und sonnigen Tagen suchen Bienen die Kätzchen auf, um den Blütenstaub als erste Nahrung zu holen. Daher steht der Strauch zur Blütezeit unter *Naturschutz*.

1. Untersuche einen Haselnußkern mit Jodjodkalium auf Stärke und drücke ein Stück eines älteren Kerns auf Papier, um den Gehalt an fettem Öl festzustellen.
2. Lasse im Winter Haselzweige im warmen Zimmer austreiben. Notiere die Dauer bis zum Austreiben der Kätzchen und Blätter. Legt man nach dem Laubfall Zweige 9–11 Stunden in warmes Wasser, dann treiben sie in Kürze aus.

Der Strauch im Frühling und im Sommer. Erst 1–2 Monate nach dem Stäuben treiben die Blattknospen aus. Die Jungblätter sind gefaltet, behaart und stehen im Schutz schuppenförmiger Nebenblätter. Später fallen die Nebenblätter ab. Die rundlich-eiförmigen, am Grunde herzförmigen Blattflächen sind doppelt-gesägt.

Die Hasel im Herbst und im Winter. Der Fruchtknoten entwickelt sich im Schutz der weiterwachsenden Hülle zu einer Nuß. Ihre Schale, die bei der Reife hart und holzig wird, umschließt meist nur einen Samen. Dieser sog. Kern sprengt erst bei der Keimung die feste Wand. Bis dahin bleibt die Schale geschlossen. Die Haselnuß ist eine *Schließfrucht*.

Schon im Sommer bilden sich in den Blattwinkeln die nächstjährigen Knospen und Kätzchen.

Reife Haselnüsse werden von Eichhörnchen und Hähern verzehrt. Die Eichhörnchen sammeln auch Nüsse – genauso wie Eicheln und Bucheckern – als Wintervorrat; die Häher verstecken sie oft im Erdboden. Dadurch, daß die Tiere viele Früchte vergessen, sorgen sie ungewollt für die Verbreitung des Strauches. Junge Nüsse werden manchmal von einem Käfer, dem *Haselnußbohrer*, angebohrt. Dieser legt in die Nuß ein Ei, das sich zu einer Larve entwickelt. Die Larve frißt sich einen Gang zu der noch unreifen Schale und schneidet aus dieser einen kreisrunden

Unreife Nuß mit Larve des Haselnußbohrers und Nuß mit Käfer

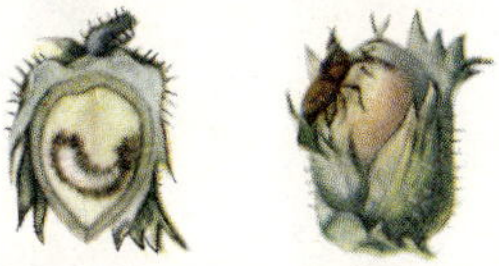

Deckel aus. Dann zieht sie sich wieder in das Innere zurück und lebt von dem heranwachsenden Nußkern. Im Herbst drückt sie den losen Deckel nach außen und verläßt auf diesem Wege die inzwischen erhärtete Nuß, um sich im Boden zu verpuppen.

Verwandte

Die Birke. Die schlanken Zweige der Birke schlagen erst im April aus. Unverkennbar sind das hellgrüne Laub und das seidig schimmernde Weiß der Rinde. Vor wenigen Jahrzehnten schmückte man bei festlichen Anlässen noch Straßen und Hauswände mit Birkenlaub. Heute sieht man gelegentlich bei Richtfesten am Giebel des Neubaus eine Jungbirke. – Birken haben als erste Bäume nach der Eiszeit vor etwa 11000 Jahren Mitteleuropa wieder besiedelt.

Birke im Vorfrühling

Weißbirke

Zweig mit Staubkätzchen und Stempelkätzchen

Die *Weißbirke* (Bétula péndula) unterscheidet sich durch die hängenden Zweige und die anfänglich harzigen, kahlen Blätter leicht von der *Moor-* oder *Haarbirke* (B. pubéscens), die aufrechte Zweige und behaarte, nicht klebrige Blätter hat. Beide Bäume kommen in lichten Wäldern vor, eingestreut zwischen anderen Bäumen; Waldränder und Kahlschläge werden bevorzugt. In Parkanlagen und an Straßen werden Birken oft angepflanzt. Mit ihrem Lichtbedürfnis steht ihre lockere Krone im Einklang. An Wärme, Feuchtigkeit und Nährstoffgehalt des Bodens stellen die Birken nur geringe Ansprüche. Daher gedeihen sie gut auf Heiden und in Mooren.

Die Staubkätzchen der Birke überwintern frei, die kleineren Stempelkätzchen kommen erst mit den Blättern zum Vorschein. Die 2flügeligen Früchte fallen mit den Kätzchenschuppen ab und werden vom Winde weit verweht. So hat man auf den Faeroer-Inseln Birkenfrüchte gefunden, die von den rund 300 km entfernten Shetland-Inseln oder von Nordschottland stammen. – Den Früchten stellen besonders die Hänflinge nach.

Das zähe Birkenholz von feinem Seidenglanz wird für Möbel sehr geschätzt. Das besonders wertvolle Maserholz stammt von Birken, die aus dem Wurzelschopf zahlreiche Schößlinge gebildet haben. Aus Birkenreisig werden Besen hergestellt. Holzlöffel und Garnröllchen werden meist aus Birkenholz gedrechselt. Schneidet man im Frühjahr einen Ast ab, dann tropft aus der Wunde reichlich Birkensaft (Blutungssaft), den man für Haarwasser verwenden kann.

Die Schwarzerle (Alnus glutinósa) wächst als Baum oder Strauch an Gewässern und feuchten Stellen, wo sie mit Birken, Weiden und anderen Bäumen und Sträuchern oft weite Bruchwälder bildet. Man erkennt die Erle leicht an den rundlichen, abgestutzten Blättern und an den Knospen, die wie bei keinem anderen heimischen Baum gestielt sind (S. 268). Die Erle stäubt etwa zu gleicher Zeit wie die Haselnuß. Die kleinen

Weißbirke. Zweig mit reifen Fruchtständen

Frucht (vergr.)

Fruchtschuppe (vergr.)

Schwarzerle

Zweig mit Knospen, Stempelkätzchen, Staubkätzchen und vorjährigen Fruchtständen

Beblätterter Zweig mit Kätzchen

Stempelkätzchen, die im Gegensatz zu denen der Haselnuß frei überwintern, entwickeln sich zu zapfenartigen Fruchtständen. Ihre später verholzenden Schuppen spreizen im Winter und Vorfrühling von der Achse ab, so daß die geflügelten Früchte leicht verweht werden. An jungen Wurzeln finden sich orangefarbene Knollen, die ähnlich wie die Knöllchen der Schmetterlingsblütler (S. 87 und 252) der Pflanze stickstoffhaltige Verbindungen zuführen.
Das gelbbraune Holz ist gegen Wasser widerstandsfähig und eignet sich daher gut für Erd- und Wasserbauten. In der Modelltischlerei wird es der leichten Bearbeitung wegen viel verwendet.

Die Weiß- oder Hainbuche (Carpínus bétulus) ist ein glattrindiger Waldbaum. Er wird bis zu 25 m hoch. Von der Rotbuche ist er deutlich unterschieden. Das Holz ist weiß, der Stamm seilartig gedreht, die Blätter sind doppelt-gesägt. Die große, blattartige und 3lappige Fruchthülle hilft bei der Verbreitung der Nüßchen mit. Die Hainbuche verträgt den Schnitt gut und schlägt kräftig aus. Darum werden Hecken und Lauben oft mit der Hainbuche angelegt (Heckenbuche).
Das harte Holz eignet sich besonders zur Herstellung von Schrauben, Walzen und Kammrädern.

Die Hasel und ihre Verwandten bilden die Familie der *Birkengewächse.* Sie sind windblütige, einhäusige Bäume oder Sträucher. Die Staubblüten stehen stets, die Stempelblüten meist in Kätzchen. Die Frucht ist eine einsamige Nuß.

Hainbuche. Zweig mit Fruchtstand *Frucht*

Buchengewächse oder Becherfrüchtler

Die Eiche

Stieleiche

Die Eiche kann eine Höhe von etwa 40 m erreichen und ein Alter von 400 – 700 Jahren. Der Stamm alter Bäume ist gleich den stärkeren, knorrigen Ästen von einer schwarzgrauen, rissigen Borke bedeckt. Da nur die äußersten Enden der kleineren Zweige Blätter tragen, ist das Innere der Krone wenig belaubt. Infolgedessen dringt auch genügend Licht bis auf den Boden, so daß sich in Eichenwäldern zahlreiche Sträucher und Kräuter ansiedeln können.
Wie die Birkengewächse ist die Eiche *getrenntgeschlechtlich-einhäusig* und *windblütig*. Die Staubblüten bilden herabhängende Kätzchen. Die Stempelblüten

Stieleiche *Stempelblüte* *Staubblüten*

dagegen sitzen am Ende kürzerer oder längerer Stiele. Sie bestehen aus nur einem Stempel mit einer 3lappigen Narbe und einem Fruchtknoten, den viele kleine Blätter umhüllen. Aus dieser Hülle entwickelt sich der *Fruchtbecher*, der den unteren Teil der Schließfrucht, die Eichel, umgibt.

Das schwere, harte Holz der Eiche ist reich an Gerbstoffen und fault unter Wasser jahrhundertelang nicht. Daher wurde es zu Hafen- und Brückenbauten verwendet. Germanische Stämme haben bereits um 800 v. Chr. in norddeutschen Mooren Bohlenwege aus Eichen angelegt, die heute noch unter einer Torfschicht nachzuweisen sind. Im Schiffsbau, zu Möbelfurnieren und als Bauholz wird heute Eichenholz verwendet. Im Mittelalter waren Eichenwälder Weideplätze für das Großvieh, und die Eicheln dienten als Schweinemast. Daher haben heute noch viele Höfe in Norddeutschland ein Eichenwäldchen in unmittelbarer Nachbarschaft. – Bei den Germanen stand die Eiche in hohen Ehren. Sie galt als heilig und war dem Gott Donar oder Thor geweiht. Baumfrevel wurde schwer bestraft.

Bei uns sind 2 Arten heimisch: Die *Stiel-* oder *Sommereiche* (Quercus róbur) ist an den langgestielten Früchten und den kurzgestielten Blättern zu erkennen. Ihre Borke ist dick und tiefrissig; der Baum wirkt knorrig. Sie gedeiht besonders gut in Auenwäldern der Flußniederungen. Die *Stein-* oder *Traubeneiche* (Q. petrǣa) entfaltet etwas später als die Stieleiche ihr Laub. Sie hat kurzgestielte Früchte und langgestielte Blätter. Die Borke ist weniger rissig. Die Steineiche bewohnt besonders das Berg- und Hügelland. – In unseren Wäldern und Anlagen wird die amerikanische *Roteiche* (Q. boreális) gern angepflanzt. Ihr Laub verfärbt sich im Herbst leuchtend rot. Die Borke bleibt bis zum 40. Jahr glatt.

Alte Stieleiche im Spätherbst

Der Eichenwald. Die Eiche verlangt zum Gedeihen volles Sonnenlicht. An den Boden stellt sie keine großen Ansprüche. Sie wächst in lockeren Beständen und bildet sowohl auf feuchtem Untergrund wie auch in trockeneren Berglagen Wälder. Begleiter des Eichenwaldes sind besonders die *Hainbuchen.* Dazu kommen Spitzahorn, Esche, Winterlinde und Vogelkirsche. Im Unterholz sind gewöhnlich Hasel, Weißdorn, Feldahorn, Pfaffenhütchen und andere Sträucher vertreten. An den Stämmen klettert oft Efeu empor. Im Frühjahr ist der Boden meist mit den gleichen Pflanzen bedeckt, die auch der Buchenwald aufweist (S. 119); im Unterschied zu diesem gedeihen aber infolge der günstigen Lichtverhältnisse auch noch im Sommer Kräuter wie Sternmiere, Labkraut, Wachtelweizen u.a.

Wegen der Artenfülle ist der Eichenwald auch reich an *Tieren.* Groß ist allein schon die Zahl der Kostgänger der Eiche. Dahin rechnen die Larven der *Gallwespen*, die auf Blättern, in Knospen und an Zweigen Wucherungen (Gallen) sehr verschiedener Art und Form erzeugen. An die 80 verschiedene Gallen sind

Gallapfel mit Made

Eichen-Gallwespen

bekannt. Maikäfer und Raupen verschiedener Schmetterlinge können die Kronen völlig kahlfressen. Zum Glück stellt der Kuckuck diesen Raupen eifrig nach. Von den Eicheln ernähren sich Wildschweine, Eichhörnchen, Eichelhäher, Siebenschläfer. Mit diesen Tieren stellen sich auch deren Feinde ein, so Fuchs, Marder, Habicht. In alten Bäumen zimmern Spechte ihre Höhle, die später von kleinen Eulen, Dohlen, Staren, Meisen und anderen Vögeln bewohnt werden. In die Gemeinschaft des Eichenwaldes gehören auch die Insekten, die Blüten der Eichenbegleiter besuchen, und die Singvögel, die im Unterholz oder auf dem Boden nisten.

1. Sammle Eichengallen und beobachte das Schlüpfen der Gallwespen.
2. Stelle fest, welche Baum- und Straucharten in einem Eichenwald vorkommen.

Buche.
Zweig im Herbst mit Winterknospen

Buchenkeimling

Die Buche

Die Buche (Fágus sylvática), wegen ihres rötlichen Holzes auch Rotbuche genannt, bildet in fast allen Teilen Mitteleuropas ausgedehnte Wälder. Nur in den östlichen Gebieten und in Hochgebirgslagen ist das Klima für den Baum nicht warm genug. Die Buche verlangt nährstoffreichen, tiefgründigen Boden. In Parkanlagen findet man häufig Spielarten, die rotblättrige *Blutbuche*, ferner die *Trauerbuche* mit hängenden Zweigen.

Der silbergraue Stamm wird von einer dichten, hochgewölbten Krone überragt. Die Blätter, eiförmig und ganzrandig, sind anfänglich am Rand zottig bewimpert.

Die *Staubblüten* bilden langgestielte, hängende, kugelige Büschel; die *Stempelblüten* stehen aufrecht. Jeweils 2 Stempelblüten sind von einer gemeinsamen Hülle

Buche

Junger Zweig mit Staub- und Stempelblüten

Fruchtbecher

umgeben, aus der sich später der stachlige *Fruchtbecher* entwickelt. Er öffnet sich bei der Reife mit 4 Klappen, so daß die beiden 3kantigen Früchte, die *Bucheckern*, herausfallen. Wenn diese im Frühjahr auskeimen, erscheinen über dem Boden zunächst dunkelgrüne, faltige, unterseits weißliche Keimblätter. Aus den Bucheckern preßt man ein gutes Speiseöl. Das Holz der Buche hat einen hohen Heizwert. Es wird zu Sperrholz verarbeitet und dient zur Herstellung von Werkzeugen, Wagenteilen, Stühlen und Tischbeinen.

Ein artenreicher Buchenwald im Frühling

1 Schlüsselblume
2 Waldmeister
3 Seidelbast
4 Buschwindröschen
5 Leberblume
6 Lungenkraut

Ein Buchenwald im Sommer

1 Waldzwenke
2 Frauenfarn
3 Nestwurz
4 Sumpfwurz
5 Rotes Waldvöglein
6 Weißes Waldvöglein

Der Buchenwald ist arm an Unterholz. Bevor die Bäume ausschlagen, bilden Buschwindröschen, Lungenkraut, Leberblume, Schlüsselblume und Waldmeister einen bunten Blütenteppich. Der Seidelbast entfaltet seine duftenden Blüten. Wenige Wochen später läßt das Blätterdach nur wenig Licht hindurch. Dann beginnen zahlreiche „Buchenbegleiter" sich in den Boden zurückzuziehen; die Samen sind ausgereift, die Erdsprosse, Knollen oder Zwiebeln mit Nährstoffen angereichert. An lichten Stellen blühen noch Aronstab und Maiglöckchen oder Pflanzen, die wie die Schattenblume an schwaches Licht angepaßt sind. Eine Charakterpflanze, vor allem des Buchenwaldes auf kalkreichem Boden, ist die Nestwurz, eine bleiche Orchidee. Sie erscheint erst im Sommer mit anderen selteneren Orchideen, wie dem Weißen und dem Roten Waldvögelein (Cephalanthéra grandiflóra und C. rubra) und der Sumpfwurz (Epipáctis). Kennzeichnend ist auch ein hellgrünes Gras, die Waldzwenke (Brachypódium). Sträucher, wie den Weißdorn, finden sich am Waldrand.

Im Vergleich zum artenreichen Eichenmischwald herrscht im artenarmen Buchenwald ein weniger reiches *Tierleben.* Unter den Insekten sind Schmetterlinge selten, denn Blüten, die sie besuchen könnten, fehlen. Andererseits finden in der modernden Laubdecke des Bodens Würmer und zahlreiche Larven von Fliegen und Mücken Nahrung und Aufenthalt. Da beim Verwesen der Blätter fortgesetzt Wärme entsteht, liegt auch im Winter die Temperatur des Mulms meist über 0° C. Deshalb können in der Laubschicht manche Kleintiere ihren Winterschlaf halten. Amseln und Drosseln stöbern sie hier auf. Im Frühjahr baut der Weidenlaubsänger (Zilp-Zalp) im trockenen Laub sein backofenförmiges Nest. Buchfinken und Rotkehlchen können wir oft hören. Im Jungwuchs sucht das Rotwild Deckung. Schnecken, besonders Gehäuseschnecken, sind im Buchenwald häufig, da der Boden feucht und vielfach kalkhaltig ist.

Die Edelkastanie. Nahe verwandt mit der Buche ist die Edelkastanie (Castánea satíva), deren Heimat das Mittelmeergebiet ist. Sie wird bei uns in Parkanlagen, in Südwestdeutschland auch als Waldbaum gezogen. Ihre großen, lanzettlichen Blätter sind scharf gesägt. Die Blüten stehen in langen, aufrechten Kätzchen, die oben weißliche männliche, unten weibliche Blüten tragen. Käfer, die von dem unangenehmen Duft angelockt werden, vermitteln die Bestäubung. Der Pollen kann aber auch wie bei Buche und Eiche vom Wind übertragen werden. Die Edelkastanie ist demnach sowohl wind- als auch insektenblütig. Die langbestachelten Fruchtbecher enthalten 3 Früchte, die eßbaren Kastanien oder Maronen.

Edelkastanie

Blüten (vergr.) *Blühender Zweig*

Edelkastanie

Fruchtender Zweig

1. Stelle die unterscheidenden Merkmale von Buche und Hainbuche tabellarisch zusammen: Stamm, Blatt, Blüte, Frucht.

2. Begründe, warum die stachlige Hülle der Roßkastanie Samen, die der Edelkastanie aber Früchte umschließt.

Eiche, Buche, Edelkastanie sind Vertreter der Familie der *Becherfrüchtler.* Sie sind windblütige (s. aber Edelkastanie), einhäusige Holzgewächse. Die unscheinbaren Staubblüten bilden Kätzchen. Die Stempelblüten stehen einzeln oder zu mehreren in einer Becherhülle. Die Frucht ist eine ganz oder teilweise vom Becher umschlossene Nuß.

Der Walnußbaum (Juglans régia) wächst wild in Griechenland und Vorderasien. Wahrscheinlich wurde er durch die Römer bei uns eingeführt. Hierauf deutet auch die Bezeichnung Walnuß, d.h. welsche, aus Welschland (Italien) stammende Nuß, hin. Die Blüten der einhäusigen Pflanze, die durch den Wind bestäubt werden, erscheinen gleichzeitig mit den unpaarig-gefiederten Blättern. Die Frucht ist eine Steinfrucht. Ihre Wand besteht aus einer grünen Hülle und der harten, 2klappigen Nußschale. Die reifen Samen enthalten einen winzigen Keimling mit 2 großen, mehrfach gelappten Keimblättern. In diesen werden – wie bei der Bohne – Baustoffe gespeichert. Die Samen sind fettreich, daher sehr nahrhaft und geben ein gutes Speiseöl. Das harte, schön gemaserte Holz liefert wertvolle Möbelfurniere. – Unsere Skier werden aus dem *Hickory-Holz* eines amerikanischen Walnußbaums hergestellt.

Worin unterscheiden sich die Nußschalen der Hasel- und der Walnuß?

Walnuß

Blühender Zweig mit Staub- und Stempelblüten

♂ Blüten *♀ Blüte*

Zwei Früchte, die eine aufspringend

Die Salweide

1. Stelle Weidenzweige, bevor die Knospen austreiben, in Wasser. Wie lange dauert es, bis sich verzweigte Wurzeln und Blätter gebildet haben? Wann bewurzeln sich Zweige von Pappeln und Kirschen?
2. Entferne von einem belaubten Weidenzweig etwa 2 cm weit die Rinde bis auf das Holz, stelle ihn in Wasser und beobachte, ob er welkt.

Die Salweide (Salix cáprea) wächst als Strauch an Waldrändern und auf Lichtungen. An den Zweigen können wir im Vorfrühling spitze Blattknospen und dicke, rundliche Blütenknospen unterscheiden. Sie sind von nur einer lederartigen Schuppe umhüllt.
Die jungen Blätter sind wie die Blütenkätzchen mit einem weißen Flaum bedeckt. Beim ausgewachsenen eiförmigen, gekerbten Blatt ist nur die helle Unterseite behaart.
Ein 2häusiger Insektenblütler. Aus den Kätzchen treiben entweder nur Staubblüten oder nur Stempel-

Salweide im Sommer

blüten aus, die dicht um eine Achse angeordnet sind. Da beide nie auf ein und demselben Baum vorkommen, gleichsam 2 „Häuser“ bewohnen, sagt man: *Die Salweide ist getrenntgeschlechtlich und 2häusig.* Sträucher mit *Staubblüten* nennt man *männlich*, jene mit *Stempelblüten weiblich.*

Die Blüten der Staubkätzchen stehen unter schuppenförmigen, behaarten Blättchen. Jede Blüte enthält 2 goldgelbe Staubblätter und eine stäbchenförmige Nektardrüse. In den langgestreckten Stempelkätzchen befinden sich unter jeder Schuppe eine Nektardrüse und ein Stempel mit einem flaschenförmigen, grünen Fruchtknoten und einer gelben Narbe.

Auf beiderlei Kätzchen stellen sich zahlreiche Insekten, besonders Bienen und Hummeln, ein. Die Salweide ist also ein *Insektenblütler.* Beide Blütenarten duften angenehm und sind reich an Nektar. Der klebrige Pollen erleichtert die Bestäubung. Blühende Weidenzweige stehen als frühe Bienenweide unter *Naturschutz.*

Die Frucht, eine *Kapsel*, öffnet sich im Mai mit 2 Klappen. Sie umschließt zahlreiche, winzige, seidigbehaarte Samen, die vom Winde verbreitet werden. – In der Regel aber werden die Weiden durch *Stecklinge*, die rasch austreiben (Versuch 1), vermehrt, also auf ungeschlechtlichem Wege. Auch aus den Stümpfen abgehauener Weidenbüsche schlagen immer wieder Jungpflanzen aus, und zwar entwickeln sie sich stets an der Grenze von Rinde und Holz des Stumpfes. Wird ein belaubter Weidenzweig geringelt (Versuch 2), dann welkt er nicht, ein Zeichen, daß das *Wasser im Holz und nicht in der Rinde der Pflanze aufsteigt.* Die langen Triebe, die aus Stammstümpfen hervorsprossen, werden zu groben Flechtarbeiten und zur Herstellung von Faßreifen verwendet. – Der Name Salweide wird vom lateinischen Wort salix, das ist Weide, abgeleitet.

Verwandte. Die Korbweide. Viele Weiden feuchter Standorte eignen sich ihrer langen, verzweigten Wurzeln wegen zur Befestigung von Ufern und Dämmen. Die geschmeidigen Zweige der *Korbweide* (S. viminális) werden als Flechtwerk verwendet. Um möglichst glatte, astlose Ruten zu erhalten, zieht man die Weiden entweder als Sträucher oder als Kopfweiden. Diese entwickeln sich, wenn man junge Stämme köpft und ihnen alle Zweige nimmt. Am abgestutzten Ende bildet sich dann eine besenförmige Krone langer

Zweige, die nach einigen Jahren wieder abgeschnitten werden. Infolgedessen schwillt das Stammende kopfförmig an. In die zahlreichen Wunden, die der Weide fortgesetzt geschlagen werden, dringen Wasser und Pilzsporen ein. Das Holz beginnt zu faulen und verwandelt sich in eine braune, lockere Masse, die Weiden- oder Baumerde. So wird nach und nach das Holzinnere zerstört, der Stamm schließlich hohl. Trotzdem grünt die Kopfweide weiter, ein Zeichen, daß das Wasser mit seinen Nährsalzen nur in den äußeren Holzschichten eines Baumes von der Wurzel aus nach oben steigt. – In den hohlen Stämmen nistet mit Vorliebe der Wiedehopf.

Anders als die Salweide hat die Korbweide schmallanzettliche Blätter, die unterseits weißbehaart sind.

In einen hohen Glaszylinder, dessen Boden mit Wasser bedeckt ist, gibt man einen noch unbelaubten Weidenzweig, der oben und unten abgeschnitten ist, und deckt ihn mit einer Glasscheibe ab. In einen zweiten Zylinder stellt man einen Weidenzweig umgekehrt. Wie entwickeln sich im einen und im anderen Fall Wurzeln und Seitentriebe?

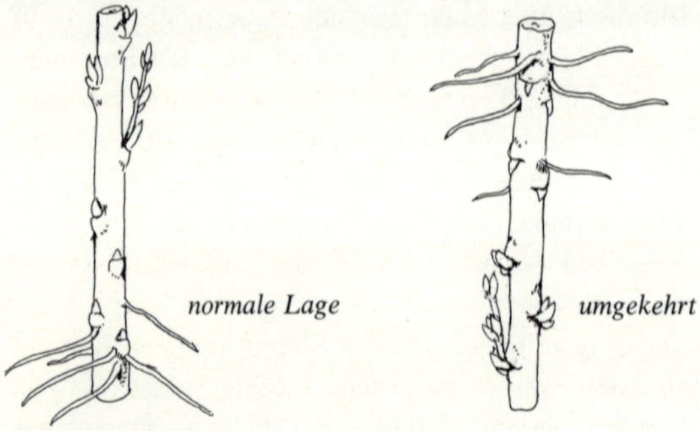

Weidenzweige, die wieder ausschlagen.
Die Wurzeln entstehen stets am unteren Sproßende, die Sprosse am oberen.
Die Zweige haben ihr „Oben“ und „Unten“

Der Versuch zeigt, daß in der Normallage Wurzeln am unteren Ende, Sprosse am oberen Ende gebildet werden. Auch bei umgedrehten Zweigen bleibt die ursprüngliche Ordnung erhalten: Am nach unten gerichteten oberen Ende entstehen die Sprosse, am entgegengesetzten Ende die Wurzeln. *Alle Pflanzen haben von vornherein ein Oben und ein Unten.*

Pappeln. Im Gegensatz zu den Weiden haben die Pappeln (Pópulus) lange, hängende Kätzchen. Die duft- und nektarlosen Blüten werden von Insekten nicht aufgesucht. Pappeln sind Windblütler.

In Gebüschen und Wäldern wächst die *Zitterpappel oder Espe* (P. trémula). Sie hat fast kreisrunde, gekerbte Blätter mit langen, seitlich zusammengedrückten Stielen. Bei leisem Windhauch geraten sie ins Schwanken, daher die Redensart: „Zittern wie Espenlaub.“ – Die *Schwarzpappel* (P. nígra) wächst zu einem mächtigen Baum heran, der bis zu 25 m erreicht. Eine Abart von ihr ist wahrscheinlich die *Pyramiden-Pappel* (P. pyramidális), die aus Italien kommt. – Als Parkbaum ist die *Silber-Pappel* (P. álba) beliebt. Ihre Blätter sind auf der Unterseite silbrigbehaart.

Pappelholz ist weich und wird zur Herstellung von Schaufeln, Holzschuhen und Zündhölzern verwendet. Vor allem aber spielt Pappelholz in der Papier- und Zellstoffindustrie eine Rolle. Da die Pappel raschwüchsig ist, wird sie viel angepflanzt, auch da, wo man angeschüttetes Gelände (z.B. in Braunkohlenrevieren) rasch wieder begrünen will.

Weiden und Pappeln bilden die Familie der *Weidengewächse.* Sie sind 2häusige Holzgewächse. Beiderlei Blüten bilden Kätzchen und haben keine Blütenhülle. Die Frucht ist eine 2klappige Kapsel; die Samen tragen einen Haarschopf.

Bäume im unbelaubten Zustand. Beachte die verschiedenen Wuchsformen!

Zwittrige und getrenntgeschlechtliche Pflanzen

Alle Blütenpflanzen haben männliche Geschlechtsorgane, die Staubgefäße, und weibliche Geschlechtsorgane, die Stempel (S. 4 und 121). Wir sprechen von einer *Zweigeschlechtlichkeit* (Bisexualität) und unterscheiden:

1. Zwittrige Pflanzen: Sie haben Zwitterblüten, d. h. Blüten, die sowohl Staubblätter als auch Stempel enthalten (die meisten bisher behandelten Pflanzen, z. B. Tulpe, Rose, Erbse, Mohn, Kirschbaum, Linde).

2. Getrenntgeschlechtliche Pflanzen: Sie haben zweierlei Blüten, d. h. Staubblüten, die nur Staubblätter enthalten = männliche Blüten; Stempelblüten, die nur Stempel enthalten = weibliche Blüten. Man unterscheidet

a) einhäusige Pflanzen: Staubblüten und Stempelblüten befinden sich auf ein und derselben Pflanze (z. B. Hasel, Eiche, Buche, Walnuß);

b) zweihäusige Pflanzen: Staubblüten und Stempelblüten befinden sich auf zweierlei Pflanzen (z. B. Weide, Große Brennessel, Hopfen s. S. 124).

Ulmen- und Maulbeergewächse

Die **Feld-Ulme** oder **Rüster** (Ulmus carpinifólia) ist der einzige heimische Baum, der vor der Belaubung nicht nur blüht, sondern auch fruchtet. Ihre Früchte sind Nüßchen mit einem breiten Flügelsaum. Die Blätter sind an ihren ungleichen Hälften von den sehr ähnlichen der Hainbuche leicht zu unterscheiden. Das Holz wird besonders zu Wasserbauten verwendet, aber auch als Werkholz geschätzt. Häufig werden unsere Ulmen von einer Pilzkrankheit befallen, der besonders ältere Bäume erliegen (Ulmensterben!). – Vor allem in Bergwäldern kommt die *Berg-Ulme* (U. glábra) vor, deren Blätter auf der Oberseite rauh sind.

Schwarzer Maulbeerbaum

Der Schwarze Maulbeerbaum (Morus alba) stammt aus Persien. Er wird bei uns gelegentlich seiner schwarzroten „Früchte" wegen angebaut. Die Maulbeeren ähneln zwar den Brombeeren, die wir als Sammelfrüchte (S. 82) bezeichnet hatten. Bei einer Maulbeere aber handelt es sich um einen *Fruchtstand:* Die Stempelblüten sind zu Kätzchen vereinigt. Die unscheinbaren Blumenblätter der Einzelblüte werden zur Fruchtzeit fleischig und umhüllen den Fruchtknoten, der sich zu einem Nüßchen entwickelt. – Vom *Weißen Maulbeerbaum* (M. álba) werden die Blätter für die Zucht von Seidenraupen genutzt. Der Baum mit seinen weißen „Beeren" ist in Ostasien heimisch. Bei uns wird er als Heckenpflanze und zur Bepflanzung von Dämmen und Böschungen verwendet.

Feld-Ulme

Hanfgewächse

Der **Hopfen** (Húmulus lúpulus) ist in Auwäldern, feuchten Gebüschen und Hecken verbreitet. Er treibt aus einem verzweigten Erdsproß zahlreiche lange, schnellwüchsige, einjährige Stengel. Diese sind schwach und umschlingen *rechtswindend* Sträucher und Bäume, so daß ein fast undurchdringliches Dickicht entsteht. 6 Reihen amboßartiger Klimmhaken verhindern, daß der Stengel von der Stütze abgleitet. An der Außenseite des Hopfendickichts entfalten sich mit den 3- bis 5lappigen, scharfgesägten Blättern auch die Blüten. Gleich den Weiden ist der Hopfen *2häusig*. Die männlichen Blüten sind zu lockeren Rispen vereinigt, die weiblichen bilden zapfenartige Blütenstände. Die Bestäubung erfolgt durch den Wind. An den Deckblättern der Fruchtzapfen finden sich zahlreiche Drüsen, in denen sich ein scharf riechender, bitter schmeckender Stoff, das Hopfenbitter oder Lupulin, bildet. Bei der Reife lösen sich die Deckblätter ab. An ihrem Grund tragen sie eine kleine, einsamige Frucht, die mit den Deckblättern verweht wird.

Das Hopfenbitter gibt dem Bier Würze und Haltbarkeit. Daher wird der Hopfen bei uns schon seit dem frühen Mittelalter in zahlreichen Kulturrassen angebaut. In den Hopfengärten zieht man nur weibliche Pflanzen, die an Stangen oder ausgespannten Drähten emporklettern. Die aus dem Erdsproß hervorbrechenden jungen Sprosse werden bis auf 2 oder 3 entfernt; ebenso beseitigt man die unteren Seiten- und die Gipfeltriebe. So entwickeln sich zahlreiche, vollreife Zapfen. Im Hochsommer werden die Triebe niedergelegt und die Zapfen geerntet. Man baut nur Pflanzen

Hopfen

Weibliche Pflanze

Fruchtzapfen

Deckblatt mit Frucht

Hopfen

Männliche Pflanze

mit unfruchtbaren, aber drüsenreichen Zapfen an, denn die Früchtchen würden dem Bier einen unangenehmen Geschmack geben. – Der Hopfen wird durch Teilung der Erdsprosse, durch sog. Fechser, vermehrt. Am höchsten steht die Hopfenkultur in Bayern und Württemberg. Hier und auch anderwärts ißt man die jungen Schößlinge wie Spargel. Lupulin wird auch in der Heilkunde verwandt.

Den **Hanf** (Cánnabis satíva) findet man heute fast nur noch in Anlagen. Seine Heimat ist in Mittelasien zu suchen. Er ist einjährig und 2häusig. Der bis $1^1/_2$ m hohe Sproß trägt langgestielte, gefingerte Blätter. Die Bastfasern des Stengels werden wie die des Flachses gewonnen und verarbeitet. Sie dienen besonders zur Herstellung von Bindfaden, Seilen, Werg und Säcken.

Für feine Fasern verwendet man männliche Pflanzen. Hanffasern bilden einen wichtigen Handelsartikel; wir beziehen sie aus Italien, Ungarn und Osteuropa. Die fettreichen Samen werden von Stubenvögeln gern gefressen. Die Technik gewinnt aus ihnen ein fettes Öl, das sich für die Firnis- und Seifenherstellung eignet. Aus Blüten orientalischen Ursprungs lassen sich Haschisch und Marihuana, gefährliche Rauschgifte, herstellen.

Hanf. Männliche Pflanze, blühender Zweig

Weibliche Pflanze, blühender Zweig

Brennessel. Männliche Pflanze

Nesselgewächse

Die Große Brennessel

Die Brennessel (Urtíca dióica) macht sich auf Ödland und Schutthaufen, an Wegen und Hecken breit. Der Erdsproß ist stark verzweigt und treibt zahlreiche, fast mannshohe Sprosse. Dadurch entstehen größere Bestände. Die 4kantigen Stengel tragen gegenständige, eiförmige und gesägte Blätter.

Die Brennhaare. Stengel und Blätter sind mit kurzen, stechenden Borsten und mit eigentümlich gestalteten Haaren besetzt, die bei Berührung Brennen verursachen. Sie sind mit einem angeschwollenen Fußteil in einen grünen, becherförmigen Höcker der Oberhaut eingesenkt. Daraus ragt eine lange, fein ausgezogene Röhre hervor, die oben verkieselt und daher hart und spröde wie Glas ist. Die Spitze trägt auf schmalem Hals ein seitlich geneigtes Köpfchen. Am Halsteil ist die Wandung so dünn, daß sie bei Berührung sofort bricht. Dann entsteht eine scharfe Spitze, die in die Haut leicht eindringt. Darauf ergießt sich der unter Druck stehende Inhalt des Haares in die Wunde. Es entsteht eine kleine Entzündung, die das Brennen verursacht. Zieht man aber die Brennessel von unten nach oben rasch durch die Hand, dann „brennt“ man sich nicht, weil dann die Haare angedrückt werden.

Der Brennhaare wegen wird die Pflanze von vielen Tieren gemieden. Die Raupen des Kleinen Fuchses, des Tagpfauenauges und anderer Schmetterlinge aber fressen die Blätter. Anscheinend können die Brennhaare den Chitinpanzer der Insekten nicht durchdringen. Die Raupen leben von der Pflanze.

Explodierende Staubblätter. Die Brennessel ist 2häusig und windblütig. Vor jedem der 4 Blumenblätter einer männlichen Blüte sitzt ein Staubblatt. Solange die Blüte noch geschlossen ist, sind die 4 Staubblätter nach innen gebogen. Ihre Staubbeutel werden in der Mitte des Blütenbodens durch einen Höcker festgehalten, der die Stelle des Fruchtknotens vertritt. Sie gleichen nun gespannten Federn. Scheint die Sonne auf eine ausgereifte Blüte, dann schlagen die Blumenblätter zurück. Die Staubblätter werden nun nicht mehr in ihrer Lage gehalten und schnellen wie eine Feder plötzlich hoch. Dabei platzen die Staubbeutel, und der Pollen wird in einer kleinen Explosionswolke weggeschleudert. Die weiblichen Blüten mit ihren großen, flaumfederartigen Narben fangen den Pollen auf. Biegt man mit einer Nadel die Blumenblätter einer geschlossenen, aber ausgereiften Blüte nach außen, dann kann man den Explosionsmechanismus gut beobachten.

„Nessel“. Zerreißt man den Stengel einer Pflanze, so merkt man, daß er ähnlich wie der Lein sehr lange und feste Bastfasern hat. Früher hat man daraus einen leinwandartigen Stoff, das Nesseltuch, hergestellt. Das heutige „Nessel“ ist ein Baumwollgewebe.

1. Betrachte unter dem Mikroskop die Brennhaare.
2. Beobachte an ♂ Brennesseln, die abends in ein Glas Wasser gestellt, morgens in die Sonne gebracht werden, das Explodieren der Staubbeutel.

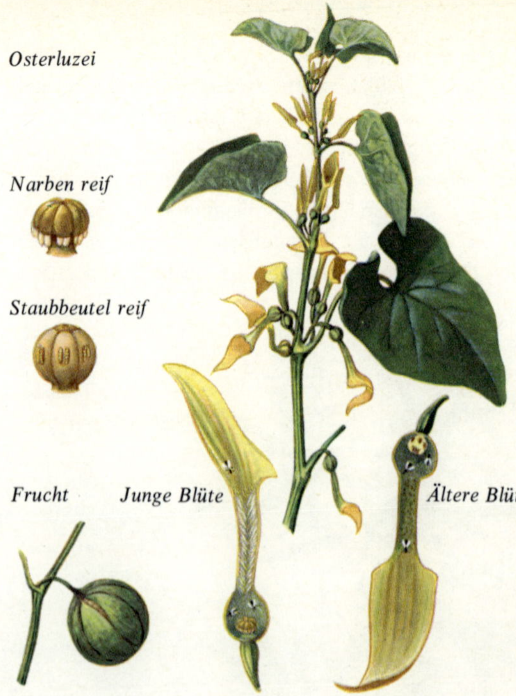

Osterluzeigewächse

Die Osterluzei

Die Osterluzei (Aristolóchia clematítis) kommt aus dem Mittelmeerraum. Sie ist bei uns in Weinbergen heimisch geworden.

Die Kesselfalle der Osterluzeiblüte. Die Blüten sind durch einen verwickelten Bau ganz auf die Bestäubung durch kleine Mücken angewiesen. Wir betrachten eine aufrechtstehende Blüte: Die hellgelbe, röhrenförmige Blütenhülle ist am Grunde zu einem Kessel erweitert und oben zungenförmig verlängert. In den Kessel ragt der säulenförmige Griffel mit den zu einem Köpfchen verwachsenen Narben. Die Staubblätter umgeben die Griffelsäule und sind mit ihr verwachsen. Die Innenwand der Blütenröhre ist mit langen, abwärts gerichteten Haaren, den Reusenhaaren, ausgekleidet. Öffnet man die Hülle einer solchen Blüte, dann findet man im Kessel zahlreiche kleine Mücken, die auf der glatten Zunge abgeglitten und durch die Röhre gefallen sind. Die Blütenfarbe und ein feiner Duft haben sie angelockt. Im Kessel bleiben die Mücken einige Zeit gefangen, weil die Reusen-

Buchweizen *Sproß mit Blüten*

Sauerampfer Fruchtende Pflanze *Frucht*

haare den Rückweg versperren. Unterdessen ernähren sie sich von dem Nektar, der von der Kesselwandung abgeschieden wird. Nach etwa 2 Tagen welken die Narben; jetzt erst reifen die Staubblätter („nachstäubende Blüten"). Die Mücken werden von dem mehligen Blütenstaub förmlich eingepudert. Nunmehr können sie die Blüte verlassen, weil die Reusenhaare geschrumpft sind und die Blüte sich gesenkt hat; ihre Öffnung zeigt jetzt nach unten. Ein Insekt nach dem anderen kriecht hervor. Gewöhnlich gleiten sie bald darauf in einer aufgerichteten Nachbarblüte ab und bringen ihren Blütenstaub auf deren Narben.

Knöterichgewächse

Eine Pflanze, mit deren Hilfe der Mensch selbst öden Sand- und Heideäckern noch einen Ertrag abringen kann, ist der *Buchweizen* oder das *Heidekorn* (Fagopýrum esculéntum). Buchweizen heißt sie wegen der Ähnlichkeit ihrer Früchte mit Bucheckern, und Heidekorn, weil sie in Heidegegenden anstelle von Getreide angebaut wurde. Der Buchweizen ist einjährig und stammt aus Mittelasien. Er wird etwa $^1/_2$ m hoch, hat herzförmige Blätter, deren Nebenblätter wie bei allen Knöterichgewächsen zu einer häutigen Röhre oder Tüte verwachsen sind, und kleine, honigreiche Blüten mit einer einfachen 5blättrigen, weißen oder rötlichen Blütenhülle. Die schwarzbraunen Früchte wurden zur Herstellung verschiedener Speisen (z.B. zu Buchweizengrütze) und als Futter für Haustiere verwendet. – Der *Vogelknöterich* (Polýgonum aviculáre) ist eines unserer häufigsten Unkräuter, das selbst noch zwischen Pflastersteinen gedeiht. In den Blattachseln stehen kleine rotweiße Blüten. – Die rosafarbigen Blüten des *Wiesen-Knöterichs* (P. bistórta) bilden dichte Ähren an der Spitze des unverzweigten Stengels. – Von den zahlreichen Ampferarten unserer Wiesen ist der *Sauerampfer* (Rúmex acetósa) sehr verbreitet. – In Asien sind die *Rhabarber*-Arten (Rhéum) beheimatet. Aus den langen, fleischigen Blattstielen kocht man Kompott. Man darf von der Gartenpflanze immer nur einige Blätter abschneiden, und zwar nur wenige Wochen hindurch. Auch werden die Blütenstände ausgebrochen. Sonst würde die Pflanze zu sehr geschwächt.

Die Runkelrübe

Die Wildart der Runkelrübe (Beta vulgáris) lebt als ein- oder 2jährige Pflanze an den Küsten Süd- und Westeuropas mit einem Außenposten auf Helgoland. Aus ihr sind zahlreiche Spielarten mit meist „rübenförmigen" Wurzeln gezüchtet worden. Im 1. Jahr bildet die angebaute Pflanze außer der Wurzel eine Blattrosette. Im 2. Jahr entwickelt sich mit Hilfe der Speicherstoffe der Wurzel ein hoher beblätterter, blühender Stengel. Die unansehnlichen, aber duftenden Blüten bestehen aus einer 5blättrigen Hülle, 5 Staubblättern und einem Stempel, an dessen Grund Nektar abgeschieden wird. Die Blütenhülle verhärtet nach dem Verblühen und verschmilzt mit der Frucht zu einem Nüßchen. Die zu Knäueln gehäuften Früchte trennen sich nicht voneinander; daher gehen aus jedem Rübenkern mehrere Jungpflanzen hervor.

Eine Abart der wilden Rübe wurde schon vor Christi Geburt kultiviert. Sie besitzt eine dünne, spindelförmige oder verzweigte Wurzel. Von der einen ihrer Spielarten, dem *Mangold* oder *Römischen Kohl*, verwenden wir die Blattstiele und Mittelrippen der Blätter, von der anderen Spielart, der *Roten Rübe*, *Rotebete* oder *Salatrübe* aber die roten, fleischigen Wurzeln als Gemüse.

Von Italien aus breitete sich der Rübenanbau nach Deutschland aus. Hier wurde die *Runkelrübe*, auch Futterrübe, Dickrübe oder Dickwurz genannt, herangezüchtet und besonders seit dem 18. Jahrhundert feldmäßig angebaut. Ihre weißen, gelben oder roten Rüben können ein Gewicht von mehr als 10 kg erreichen. Sie werden vor Eintritt des Frostes geerntet, in Kellern oder „Mieten" aufbewahrt und an Haustiere verfüttert.

Runkelrübe

Frucht

Teilblütenstand

Einzelblüte

Die Zuckerrübe. Ein Abkömmling der Runkelrübe ist die Zuckerrübe. Bereits im Jahre 1747 gelang es dem Apotheker Marggraf in Berlin aus der Runkelrübe Zucker herzustellen, der bis dahin allein aus dem Zuckerrohr (S. 284) gewonnen werden konnte. Gegen Ende des 18. Jahrhunderts führte der Chemiker Achard erfolgreiche Versuche aus, eine leistungsfähigere Rübe zu züchten und daraus Zucker zu gewinnen. Als zu Beginn des 19. Jahrhunderts Zucker infolge der Kontinentalsperre Napoleons I nicht mehr eingeführt werden konnte, begann sich die Herstellung aus Zuckerrüben durchzusetzen. Bevor man mit der Veredelung begann, betrug der Zuckergehalt der Rübe etwa 7–8%. Heute ist er auf 16–20% im Durchschnitt gestiegen. Um ihn auf dieser Höhe zu erhalten und noch zu steigern, ist eine ständige *Auslese* unter den Pflanzen, die zur Samengewinnung dienen, erforderlich.

Die Zuckerrübe baut man in allen Gegenden der nördlich gemäßigten Zone mit fruchtbarem Boden an. Deutschland nimmt unter den Ländern, die Rübenzucker herstellen, eine Spitzenstellung ein. In Sachsen-Anhalt, Braunschweig und im Neckargebiet steht der Anbau der Zuckerrübe in hoher Blüte.

Im Frühjahr werden die Rübenkerne durch Drillmaschinen ausgesät. Von den Jungpflanzen läßt man nur die kräftigsten stehen, die anderen werden „verzogen". Durch mehrmaliges Hacken wird der Boden gelockert und von Unkraut frei gehalten. Im Herbst gräbt man die Rüben aus und schlägt den Blattschopf ab, der frisch oder eingesäuert ein nahrhaftes Viehfutter bildet. In den Zuckerfabriken werden die Rüben geschnitzelt, und mit heißem Wasser wird der Zucker entzogen. Die ausgelaugten „Schnitzel" dienen als Viehfutter. Der zunächst braune Saft wird gereinigt und eingedickt. Aus ihm scheidet sich der Rohzucker ab, der in den Raffinerien weiter gereinigt wird. Nach Abtrennen des Rohzuckers bleibt Sirup zurück, der auch noch weiter entzuckert werden kann. Der Rückstand, eine dicke Lösung, die Melasse, wird zu Alkohol vergoren oder zu Viehfutter verarbeitet. – Heute wird der Zuckerbedarf der Menschheit zu etwa 40 % durch Rübenzucker, zu 60% durch Rohrzucker gedeckt.

Verwandte. Zu den nächsten Verwandten zählt der *Spinat* (Spinácia olerácea). Er stammt aus Südwestasien und wird als Gemüsepflanze angebaut. – Zahlreiche einheimische *Melden*arten (Átriplex) wachsen besonders auf Schutt und in der Nähe menschlicher Ansiedlungen.

Speicherorgane

1. *Wurzelknolle:* Karotte, Zuckerrübe (unterirdischer Teil), Dahlie.
2. *Sproßknolle:* Kohlrabi, Runkelrübe (oberirdischer Teil).
3. *Ausläuferknolle:* Kartoffel.
4. *Zwiebel* (unterirdische Knospe): Tulpe, Schneeglöckchen, Küchenzwiebel.
5. *Erdsproß:* Schlüsselblume, Windröschen, Salomonssiegel (S. 166).

Speicherorgane

Die Steinnelke

Eine Trockenlandpflanze. Die Stein- oder Karthäusernelke (Diánthus carthusianórum) wächst auf trockenen Wiesen und Weiden und auch an Felsen. Ein Erdsproß geht in die Hauptwurzel über, die tief in den Boden hinabreicht. Aus dem Erdsproß erheben sich zahlreiche, knotig gegliederte Stengel. An diesen Knoten entspringen jeweils 2 derbe, grasartige Blätter, die am Grund zu einer kurzen Röhre verwachsen sind. Ihre Verdunstung ist so gering, daß abgeschnittene Steinnelken stundenlang frisch bleiben. Die Pflanze ist also dem Leben an wasserarmen Orten gut angepaßt.

Eine Tagfalterblume. Die an der Stengelspitze zu Büscheln vereinten Blüten werden von Tagschmetterlingen besucht. Die 5 Blumenblätter gliedern sich in einen oberen, breiten, gezackten, karminroten Teil und einen unteren, schmalen, weißen, den „Nagel". Die Nägel werden von der festen, 5zipfligen Kelchröhre umschlossen. 10 Staubblätter und der Stempel verengern das Innere der Röhre so sehr, daß nur noch ein Schmetterlingsrüssel eindringen kann.

Zuerst reifen die 5 äußeren, dann die 5 inneren Staubblätter und zuletzt die 2 Narben. Die Steinnelke ist also „vorstäubend" oder „vormännlich". Auf diese Weise wird Fremdbestäubung erreicht.

Frucht und Samen. Die Fruchtkapsel öffenet sich mit 4 Zähnen. Durch das Innere erstreckt sich eine *Mittelsäule*, die zahlreiche Samen trägt. Die Samen sind von einer Flughaut umgeben und werden weit verweht. Bei feuchter Witterung schließt sich die Kapsel.

Andere Nelkengewächse. Auf trockenem Sandboden gedeiht die *Heidenelke* (D. deltoídes). Ihre einzeln stehenden Blüten sind hellrot, weißpunktiert und oft noch mit einem purpurfarbenen Ring versehen. Die schmalen Blätter sind behaart. – Schon seit dem 17. Jahrhundert wird die aus Dalmatien stammende *Gartennelke* (D. caryophýllus) in zahlreichen Sorten gezogen, die sich durch Größe und Farbe ihrer gefüllten, duftenden Blüten unterscheiden. Aus Kreuzungen mit einer Nelke aus dem östlichen Mittelmeerraum ist die Edelnelke gezüchtet worden, die heute zu unseren wichtigsten Schnittblumen zählt. – Reiche, doldenartige Blütenstände in vielen Farben zeichnet die *Bartnelke* (D. barbátus) aus. Ihre Heimat liegt auch am Mittelmeer. – Zu unseren schönsten „Feldblumen" gehört die *Kornrade* (Agrostémma githágo). Ihre schwarzen, sehr giftigen Samen werden bei der Getreideernte in den modernen Dreschmaschinen ausgesondert. – Auf feuchten Wiesen kommt die *Kuckucksnelke* (Lychnis flos-cúculi) oft in Mengen

vor. Sie ist nach dem „Kuckucksspeichel" benannt, den wir wie beim Wiesenschaumkraut (S. 72) häufig an ihren Stengeln finden. Die rosafarbenen Blumenblätter bilden eine kurze Röhre. Daher gehören auch Bienen und Fliegen zu den Blütenbesuchern. – Der *Taubenkropf* (Siléne vulgáris) hat einen kropfartigen Kelch. Kurzrüßligen Insekten wird es dadurch schwer gemacht, ein Loch in den Blütengrund zu beißen, um an den Nektar zu gelangen. – Das *Seifenkraut* (Saponária officinális) besitzt eine so lange „Blütenröhre", daß es nur von Schwärmern bestäubt werden kann, die unter allen Schmetterlingen den längsten Rüssel haben. Sie ist eine Nachtfalterblume. Die Wurzel der Pflanze enthält einen als Heilmittel verwendeten giftigen Stoff, der beim Reiben im Wasser wie Seife schäumt. – Auf sonnigen Hügeln und in trockenen Wäldern wächst das *Nickende Leimkraut* (Siléne nútans) das ebenfalls durch Nachtschmetterlinge bestäubt wird. Seine Blumenblätter sind bei Tage eingerollt und breiten sich erst zur Nachtzeit aus. Dann beginnen auch die weißen Blüten zu duften. Der Stengel ist nach der Spitze zu klebrig. Diese „Leimrute" hindert emporkriechende Insekten am Blütenbesuch. – Noch stärker ist der Leimüberzug bei der *Pechnelke* (Viscária vulgáris), die wegen ihrer purpurroten Blüten eine beliebte Gartenpflanze geworden ist. – Von Nachtfaltern wird auch die weißblühende *Nachtlichtnelke* (Meländrium album) bestäubt. Sie wächst an Wegrändern und Hecken und kann meterhoch werden. – Ihre nächste Verwandte, die *Taglichtnelke* (M. rubrum) ist wie alle rotblühenden Nelken eine Tagfalterblume. Beide Lichtnelken sind 2häusig.

Während die genannten Nelkengewächse verwachsene Kelchblätter haben, sind sie bei den *Mieren* frei. Ein lästiges Unkraut ist die *Vogelmiere* (Stellária média). Ihre jungen Triebe werden von Stubenvögeln gern gefressen. Die unansehnlichen, kleinen weißen Blüten erscheinen fast das ganze Jahr hindurch. – Die *Große Sternmiere* (St. holóstea) bewohnt lichte Wälder und Gebüsche. Sie ist eine Frühlingspflanze und wird leicht mit dem *Acker-Hornkraut* (Cerástium arvénse) verwechselt. Dies hat aber nicht 3, sondern 5 Griffel und kleinere, derbere Blätter als die Sternmiere. – In Steingärten wird gern das *Filzige Hornkraut* (C. tomentósum) gehalten. Seine silbrigbehaarten Blätter und Stengel bilden dichte niedrige Polster. Darüber breiten sich in Fülle die schneeweißen Blüten aus.

Nelkengewächse. Ihre Blüten haben 4 oder 5 Kelchblätter, ebenso viele Blumenblätter und meist 10 Staubblätter. Die Frucht ist eine einfächrige Kapsel mit einer Mittelsäule, die die Samen trägt.

Nelkengewächse

Seifenkraut *Taglichtnelke* *Sternmiere* *Hornkraut*

Nickendes Leimkraut, nachts

Heidelandschaft

Heidekrautgewächse

Das Heidekraut

In der Heide. In Nordwestdeutschland nennt man eine Landschaft, die vorwiegend mit Heidekraut bestanden ist, „Heide". Östlich der Elbe werden reine Kiefernwaldungen ebenfalls „Heide" genannt (Hasenheide bei Berlin, Rominter Heide in Ostpreußen). Die Heidegebiete Nordwestdeutschlands sind nicht von Natur aus, sondern durch Eingriffe des Menschen entstanden. Ursprünglich waren hier ausgedehnte Waldungen von Eichen und Kiefern. Durch übermäßiges Abholzen, Nutzung der Streu und Beweidung verkümmerte der Wald; reichliche Niederschläge laugten zudem den Boden aus. Nun konnten sich das Heidekraut und andere anspruchslose Gehölze wie Wacholder und Birke ausbreiten. Als man begann, die Hochmoore trockenzulegen, breiteten sich auch dort die Heidekräuter aus, denn Hochmoorboden ist nährstoffarm.

Zum Gedeihen brauchen die Heidekräuter hohe Luftfeuchtigkeit und milde Winter. Daher sind sie auf Nordwestdeutschland und einige Mittelgebirgslandschaften beschränkt. In östlichen Gegenden, wo das Klima trockener und die Winter härter sind, findet sich das Heidekraut im Schutz der Kiefernwälder. Von der ausgedehnten „Lüneburger Heide" trägt heute nur noch ein kleiner, unter *Naturschutz* gestellter Teil den Namen „Heide" zu Recht. Das ist die Landschaft um den Wilseder Berg. Dort wird auch noch die Zucht der Heidschnucke, eines kleinen, langhaarigen Schafes, betrieben. Wenn im August das Heidekraut erblüht, werden vielfach Bienenstöcke von weither in die Heide gebracht (Wanderbienenzucht).

Das Heidekraut, ein Strauch. Das Heidekraut (Callúna vulgáris) ist keineswegs ein Kraut, das nach ein oder 2 Jahren abstirbt, sondern ein echtes Holzgewächs, ein *Zwergstrauch,* der sich nur selten mehr als 50 cm über dem Boden erhebt. Seine stark verzweigten Wurzeln breiten sich in der obersten Bodenschicht aus und sind dicht verfilzt. Die Stämme liegen dem Boden an und bilden zahlreiche, sproßbürtige Wurzeln aus. Die Zweigenden jedoch richten sich empor. Da die Sträucher sich zu dichten Polstern zusammenschließen, sind sie vor heftigen Windstößen geschützt.

Die winzigen, ungestielten Blätter legen sich den Zweigen in 4 Längsreihen an und decken sich zu einem Teil. Auf diese Weise werden sie vor übermäßiger Verdunstung bewahrt. Hinzu kommt, wie ein mikroskopischer Querschnitt zeigt, daß sich die Blätter nach innen einrollen. Diese *Rollblätter* haben eine dicke Oberhaut und nur wenige Spaltöffnungen auf der Blattunterseite, die von Haaren überdeckt sind. Das Heidekraut zeigt demnach zahlreiche Merkmale der *Trockenlandpflanzen.* Trotzdem ist bei ihm die Verdunstung im allgemeinen nicht gering. Das wird verständlich, wenn wir bedenken, daß es auf einem nahrungsarmen Boden wächst. Ihm muß es reichlich Wasser entnehmen, um genügend Nährstoffe für seinen Aufbau zu erhalten. Da seine Blätter überdauern, kann es selbst im Winter bei Tageslicht assimilieren. In sommerlichen Trockenzeiten und im Winter jedoch, wenn der Boden tief gefroren ist, muß die Verdunstung stärker eingeschränkt werden. Dabei kommt ihr der Bau als Trockenlandpflanze zustatten.

Blüte und Frucht. Die 4 kleinen, rosafarbigen Blumenblätter sind unten miteinander verwachsen und wer-

Glockenheide

Heidekraut

den von den 4 größeren, ebenso gefärbten Kelchblättern überragt. Den Kelch umschließen 4 bräunlichgrüne Hochblätter. Aus der Blüte ragt der Griffel mit der Narbe hervor. Er ist von den Beuteln der 8 Staubblätter umgeben. Am Grunde jedes Beutels finden sich 2 Anhängsel, die den Weg zum Nektar im Blütengrund versperren. Werden diese Anhängsel von einem Bienenrüssel angestoßen, dann fällt trockner Blütenstaub auf das Tier herab. Auf diese Weise kann der Pollen auf eine andere Blüte übertragen werden.

Die Frucht reift im Schutz des Kelches. Sie ist eine kleine, 4fächrige Kapsel, die mit 4 Klappen aufspringt, so daß der Wind die winzigen Samen verstreuen kann.

Verwandte. Die *Glockenheide* (Erica tétralix) überwiegt in den Heiden des Hohen Venns und Ostfrieslands. Sie braucht zum Gedeihen auch im Sommer eine besonders hohe Luftfeuchtigkeit. Da sie meist auf Torfboden wächst, wird sie auch Sumpf- oder Moorheide genannt. Ihre immergrünen Blätter sind

nur an den Rändern zurückgerollt, aber dicht mit Haaren bedeckt. Die glockenförmigen, fleischfarbenen Blüten stehen in einem Büschel am Ende der Stengel. – In lichten Wäldern und Gebüschen bedeckt ein Zwergstrauch, die *Heidelbeere* (Vaccínium myrtíllus), den Boden oft auf weite Strecken. Sie wirft im Herbst ihre Blätter ab, hat rot angehauchte, einzelnstehende Blüten, die hängenden Glöckchen ähneln, und trägt blauschwarze Früchte. Das Sammeln dieser Heidel-, Wald-, Blau- oder Bickbeeren war einst für die Bewohner von Waldgegenden eine

Heidelbeere. Blühend und fruchtend

Preiselbeere. Blühend und fruchtend (vergr.)

wichtige Erwerbsquelle. – Auf trockeneren, torfigen Stellen wächst ein Zwergstrauch, die *Preisel-* oder *Kronsbeere* (V. vítis idaéa). Ihre immergrünen Blätter sind am Rande etwas eingerollt. Die roten, säuerlich-herben Früchte, die man mit Zucker einkocht, werden besonders in den deutschen Mittelgebirgen gesammelt.

Die *Alpenrosen* (Rhododéndron) bilden zwischen der Wald- und der Baumgrenze unserer Alpen geschlossene Bestände (S. 272). Die zahlreichen *Rhododendron*-Formen unserer Parks und Gärten sind aus nordamerikanischen und ostasiatischen Arten gezüchtet worden. Die *Azaleen* unserer Blumengeschäfte gehen auf japanische und chinesische Rhododendron-Arten zurück.

Nahe verwandt mit den Heidekrautgewächsen sind die *Wintergrün*-Arten (Pírola), die im Moder des Waldbodens wurzeln. Sie haben nickende Blüten und immergrüne, lederartige Blätter.

Doldenblütiges Wintergrün

Schlüsselblumengewächse

Die *Duftende Schlüsselblume* (Prímula veris) und ihre nächsten Verwandten sind bereits geschildert worden (S. 5).

Ein verbreitetes Unkraut ist der *Ackergauchheil* (Anagállis arvénsis). Aus seinen ziegelroten Blüten gehen kugelige Kapseln hervor, deren obere Hälfte sich bei der Reife wie ein Deckel ablöst (Deckelkapsel). Der Name der Pflanze bezieht sich auf die frühere Verwendung als angebliches Mittel gegen Geisteskrankheiten (Gauch = Narr). – An feuchten Stellen entfaltet das *Pfennigkraut* (Lysimáchia nummulária) seine gelben Blüten. – Der nächste Verwandte des Pflänzchens ist der oft mehr als meterhohe *Gilbweiderich* oder *Felberich* (L. vulgáris), der an Flußufern und in Auwäldern wächst und ähnliche Blätter wie die Korbweide hat. – Ein Schmuck der Wälder und Matten der Voralpen ist das *Alpenveilchen* (Cyclámen púrpúráscens). Aus der kugeligen, giftigen

Ackergauchheil mit Blüten und Früchten

Fruchtkapsel, geöffnet

Pfennigkraut

Sproßknolle erheben sich nieren-herzförmige, weißgefleckte Blätter und nickende, rote, duftende Blüten. Die Pflanze steht unter Naturschutz. Die in Töpfen gezogenen Alpenveilchen stammen in erster Linie von dem *Persischen Alpenveilchen* (C. pérsicum) ab.

Schlüsselblumengewächse. Ihre 5zähligen Blüten haben einen einfächrigen Fruchtknoten mit mittelständigem Samenträger und einfachem Griffel. Die Frucht ist eine Kapsel.

Alpenveilchen aus den Südalpen (Cyclámen neapolitánum)

Ölbaum- oder Fliedergewächse

Flieder

Der Flieder. Wegen der Schönheit und des Duftes seiner Blüten wird der Flieder (Syrínga vulgáris) in Gärten und Anlagen viel angepflanzt. In den violetten Blüten finden sich nur 2, dem oberen Teil der Blütenröhre eingefügte Staubblätter, ferner ein Stempel. Sie stehen in dichten Rispen. Spielarten mit weißen und gefüllten Blüten sind verbreitet. Die reifen Kapseln entlassen flache, mit einem Flugsaum versehene Samen. Unsere Gartenbaubetriebe vermehren den Flieder durch Schößlinge, auf die Edelreiser gepfropft oder okuliert werden.

Schößlinge bildet auch der *Liguster* (Ligústrum vulgáre). Daher eignet er sich zur Anlage von Hecken. Aus den weißen, fliederähnlichen Blüten entwickeln sich schwarze, giftverdächtige Beeren. – Gärten und Anlagen erhalten im Frühjahr einen zeitigen Schmuck

Flieder

Unreife und reife Früchte

Same mit Flughaut (vergr.)

Blüte (Längsschnitt)

Immergrün

Esche.
Zweig mit vorjährigen Früchten

Einzelblüte (vergr.)

Blühender Zweig

durch den *Goldflieder* (Forsýthia). Seine leuchtendgelben Blüten erscheinen bereits vor den Blättern und sind wie Schlüsselblume und Blutweiderich verschiedengrifflig.

Die Esche (Fráxinus excélsior) wächst in lichten Wäldern, an Bächen und Flüssen. Der Baum wird bis zu 30 m hoch. Unbelaubt ist er leicht an den wie berußt aussehenden Knospen, belaubt aber an den gesägten, unpaarig gefiederten und gegenständigen Blättern zu erkennen. Seine nackten Blüten enthalten entweder nur einen Stempel oder 2 Staubblätter oder auch beide Blütenteile zugleich. Sie öffnen sich vor der Belaubung. Der Wind sorgt für die Bestäubung und verbreitet auch die flachen, geflügelten Früchte. Das Holz der Esche wird wegen seiner Härte und Zähigkeit zur Herstellung von Werkzeugen, Turngeräten, Schneeschuhen u.a. verwendet. – Eine Spielart mit hängenden Zweigen ist die Traueresche.

Aus verwandten Familien. Die zahlreichen *Enzianarten* (Gentiána) sind vorwiegend Gebirgspflanzen (Abb. S. 272f.). Viele Arten tragen tiefblaue Röhrenblüten. Aus den bitteren Wurzeln der größeren Arten gewinnt man Heilmittel. Vergorene Wurzeln liefern den Enzianschnaps. Fast alle Enzianarten stehen unter Naturschutz. – Auf sonnigen, sandigen Wiesen entfaltet das *Tausendgüldenkraut* (Centáurium minus) seine rosafarbigen Blüten, die sich gegen Mittag schließen. Alle Teile der Pflanze enthalten heilkräftige Bitterstoffe. – Am Boden lichter Wälder breitet sich das blaublühende *Immergrün* (Vinca minor) aus. Im Garten wird es zur Einfassung von Beeten und auf dem Friedhof als Grabschmuck verwendet. Es hat wie der Efeu immergrünes, lederartiges Laub. – Harte lederige Blätter trägt auch der *Oleander* (Nérium oleánder). Der rot-, gelb- oder weißblühende Strauch stammt aus dem Mittelmeergebiet. Seiner Blütenfülle wegen wird er als Kübelpflanze oft gehalten. Er ist in allen Teilen giftig.

Blüte (Längsschnitt)

Frucht mit Samenhaaren

Oleander

Reife Früchte

Die Schwarzwurz oder der Beinwell

Beinwell

Bienen-einbruch

Teilfrucht

Früchte reifend

Beinwell. Borsten

Sumpf-Vergißmeinnicht

Standort und Wurzel. Die Schwarzwurz (Sýmphytum officinále) blüht auf nassen Wiesen, an Bachufern und Wegrändern. Der kurze Erdsproß setzt sich in eine tiefgehende Pfahlwurzel fort. Die unterirdischen Teile sind schwarz und wurden in alten Zeiten als Heilmittel bei Knochenbrüchen verwendet (Name!).

Stengel und Blätter. Aus einem Büschel großer, grundständiger Blätter erheben sich etwa $^1/_2$ m hoch die verzweigten Stengel. Die Blätter stehen wechselständig und laufen mit ihren wenig abgesetzten Stielen am Stengel herab. Alle grünen Teile sind dicht mit stachligen Borsten besetzt (Rauhblättrige Gewächse).

Blüte und Blütenbesucher. Der Blütenstand ist spiralig eingerollt. Er trägt zahlreiche, hängende Blüten. Während diese von unten nach oben aufblühen, lockert sich die Spirale. Einen solchen Blütenstand nennt man einen *Wickel.*

Ein kleiner, 5zipfliger Kelch umschließt die glockenförmige, verwachsenblättrige Blumenkrone. Sie ist regelmäßig, „strahlig“ gebaut und endigt ebenfalls in 5 Zipfeln. Ihre Farbe ist bald rosa bis violett, bald gelblichweiß. Auf dem 4 teiligen Fruchtknoten erhebt sich ein langer Griffel, dessen Narbe weit aus der Blütenglocke hervorragt. Die Fäden der 5 Staubblätter sind mit der Blütenkrone verwachsen; die Staubbeutel bilden einen Kegel, dessen Spitze vom Griffel durchbrochen wird. Sie öffnen sich bereits in der Knospe, so daß der Blütenstaub in die Kegelspitze fällt und sich dort ansammelt.

Zwischen den Staubfäden ist die Wand der Blumenkrone wie ein Handschuhfinger nach innen gestülpt. Die so entstandenen *Hohlschuppen* bedecken wie ein Dach die Staubbeutel. Da die Schuppenwände bestachelt sind, müssen Hummeln ihren Rüssel durch die Kegelspitze an der herausstehenden Narbe vorbei

einführen. Mitgebrachter Blütenstaub wird an der Narbe abgestreift. Zugleich rieselt beim Öffnen der Kegelspitze trockener Pollen heraus und bleibt am Rüssel hängen.
Nicht selten wird die Blumenkrone von der Erdhummel angebissen, da sie mit ihrem kurzen Rüssel den Nektar nicht erreichen kann. Die Honigbiene macht sich solche Löcher zunutze.

Frucht. Die 4 Teile des Fruchtknotens bilden einsamige Teilfrüchtchen. Das sind glänzend graubraune Nüßchen mit einem fleischigen Anhängsel, dem „Ameisenbrot". Die Ameisen verschleppen die Nüßchen und verbreiten so die Pflanze.

1. Träufle Wasser auf die Stengelblätter und beobachte, wie es am Stengel herab den Wurzeln zufließt.
2. Vergleiche die Länge des Kelchs zur Blütezeit und zur Fruchtreife.

Verwandte. Im Laubwald öffnet das *Lungenkraut* (Pulmonária officinális, Abb. S. 118) als eine der ersten Frühlingspflanzen seine zuerst roten, dann blauen Blüten. – Die lichtblauen Blüten des *Sumpf-Vergißmeinnichts* (Myosótis palústris) tragen einen gelben, von Hohlschuppen gebildeten Blütenstern. In unseren Gärten wird ein 2jähriges Vergißmeinnicht gezogen, das von einer großblumigen Art der Alpen (M. silvática) abstammt. Das Vergißmeinnicht war im Märchen die „Blaue Blume", mit deren Hilfe man Felsen öffnen und Schätze heben konnte. – Zahlreiche Vergißmeinnicht-Arten bewohnen trockne Orte. Ihre Blätter sind meist klein, derb und stark behaart. – Geradezu stachelhaarig ist der *Natterkopf* (Echium vulgáre), ein Bewohner trockner Wegränder und brachliegender Felder. Seine Blüten ähneln einem Schlangenkopf (Name!). Ihre Farbe wechselt von rosa zu blau. – Die braunroten Blüten der

Hundszunge (Cynoglóssum officinále) duften nach Honig. Alle grünen Teile aber haben einen unangenehmen Mäusegeruch. Die großen Teilfrüchtchen sind mit Widerhaken versehen und heften sich vorbeistreichenden Tieren an. – In unseren Gärten ziehen wir den *Boretsch* (Borágo officinális). Er stammt aus dem Mittelmeergebiet und trägt leuchtendblaue Blüten. Mit seinen gurkenartig schmeckenden Blättern wird Salat gewürzt.

Die *Rauhblättrigen Gewächse* sind meist stachelig behaarte Pflanzen mit 5zähligen Blütenteilen. Die Frucht spaltet sich bei der Reife in 4 Teilfrüchtchen.

Einer nahestehenden Familie gehört die aus Nordamerika stammende *Flammenblume* (Phlox) an, die in mehreren Arten zu unseren wichtigsten Gartenblumen gehört.

Lippenblütler

Der Wiesen-Salbei

Auf trockenen Wiesen blüht von Mai an der Wiesen-Salbei (Sálvia praténsis). Seine blauvioletten Blüten bilden am oberen Ende des 4kantigen Stengels einen ährenartigen Blütenstand. Zum Unterschied von der Taubnessel, einem Lippenblütler mit 4 Staubblättern, hat der Wiesen-Salbei nur *2 Staubblätter*, die ein merkwürdiges *Schlagwerkzeug* darstellen. Bei den meisten Blütenpflanzen ist der Teil des Staubblattes, der die beiden Staubbeutelfächer verbindet, sehr kurz. Bei anderen, wie z.B. beim Thymian (s. unten), ist dieses sog. Mittelband schon breiter, und beim Salbei endlich hat es die Form eines langen Bogens angenommen. Der längere Teil des Bogens trägt ein Staubbeutelfach, das unter der Oberlippe liegt. Der kürzere Teil bildet eine löffelartige Platte, die mit der des anderen Staubblattes den Eingang zur Blütenröhre versperrt. Drükken wir mit der Bleistiftspitze gegen die Platten, dann senken sich die bogenförmigen Mittelbänder, die gelenkig mit den kurzen Staubfäden verbunden sind. Wenn eine Hummel Nektar saugen will, dann stößt sie mit dem Kopf gegen die Platten. Daraufhin werden die geöffneten Staubbeutel auf den Rücken des Insekts gedrückt und lagern dort Pollen ab. *Blüte und Insekt sind also vollendet einander „angepaßt".* – Die reife Frucht bildet 4 einsamige Nüßchen. Der starke Duft aller grünen Teile rührt von einem flüchtigen (ätherischen) Öl her. Unsere Haustiere meiden daher den Salbei. Durch Bewässerung und Düngung läßt sich die Pflanze, die nur auf trockenen und mageren Wiesen gedeiht, vertreiben.

Andere Lippenblütler. Nahe verwandt mit dem Wiesen-Salbei ist der immergrüne *Garten-Salbei* (S. officinális). Er kommt aus dem Mittelmeerraum und wird als Arzneipflanze gehalten. – In unseren Anlagen findet der brasilianische *Scharlach-Salbei* (S. spléndens) immer mehr Eingang. Das Zinnoberrot der Blüten wird durch ebenso gefärbte Hochblätter noch verstärkt.
Im zeitigen Frühjahr öffnet der *Gundermann* (Glechóma hederáceum) seine blauen Blüten. Diese stehen an aufrechten Zweigen. Die Haupttriebe aber liegen dem Boden an und bilden an den Stengelknoten sproßbürtige Wurzeln. – Eine andere Frühlingspflanze unserer Wiesen und Laubwälder ist der *Kriechende Günsel* (Ajúga réptans). Aus dem unteren Teil seines aufrechten Stengels brechen oberirdische Ausläufer hervor. Die blauen Blüten haben eine so kurze Oberlippe, daß Staubblätter und Narbe weit aus der Röhre hervorragen.

Wiesen-Salbei.
Eine Hummel beim Blütenbesuch.
Die beiden Blüten im Längsschnitt zeigen den Betäubungsvorgang

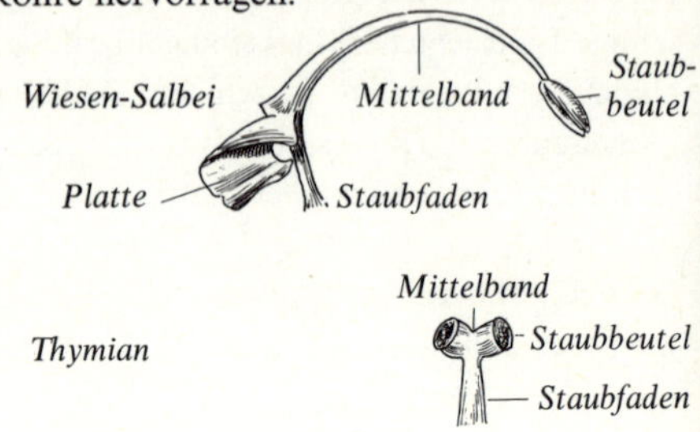

Staubblätter zum Vergleich

Mit der *Weißen Taubnessel* (Lámium álbum) wurden auch die *Gefleckte Taubnessel* (L. maculátum) und die *Goldnessel* (L. galeóbdolon) besprochen (S. 35). Zwei andere Taubnessel-Arten sind in der folgenden Bestimmungstabelle aufgeführt.

An Wegen, auf Schutt und auf Acker- und Gartenland stellt sich der *Gemeine Hohlzahn* (Galeópsis tétrahit) ein. Die Unterlippe der roten Blüte hat 2 zahnartige Ausstülpungen, durch die die Hummeln genötigt werden, den Kopf so in die Blütenöffnung einzuführen, daß sie Staubbeutel und Narben berühren. – Besonders reich an flüchtigem Öl ist die *Pfefferminze* (Méntha piperíta). Hauptbestandteil des Öls ist das Menthol. Es wird als Geschmacksstoff für Zahnpasta, Mundwässer und vieles andere, ferner in der Medizin verwendet. Aufgüsse der Blätter liefern einen Tee, der als Genuß- und als Heilmittel gute Dienste leistet.

Als Gewürz- und als Heilpflanzen, die reich an flüchtigem Öl sind, werden schon seit weit über 1000 Jahren Lippenblütler aus dem Mittelmeergebiet bei uns gezogen: das *Bohnenkraut* (Satureja horténsis) mit schmalen Blättern und bläulichen Blüten, der *Majoran* (Maiorána horténsis) mit unscheinbaren weißen Blüten; die weißblütige *Melisse* (Melíssa officinális), deren Blätter nach Zitrone duften; der halbstrauchige *Garten-Thymian* (Thýmus vulgáris), ein unmittelbarer Verwandter des *Feld-Thymians* oder *Quendels* (T. serpýllum), der auch als Heilmittel dient. – *Lavendel* (Lávandula angustifolia) mit dunkelblauen, in Ähren stehenden Blüten und *Rosmarin* (Rosmarínus officinális) mit hellvioletter Blüte und weißfilziger Blattunterseite gehören zu den Strauchheiden (Macchie) des Mittelmeergebiets. Beide werden in Gärten oder als Topfpflanzen gehalten; beide liefern wertvolle Duftstoffe, die z. B. im Kölnischen Wasser enthalten sind.

Gundermann. Wo der Trieb dem Boden anliegt, erscheinen sproßbürtige Wurzeln

Feld-Thymian oder Quendel

Kelch

Hohlzahn

Lippenblütler. Sie haben 4kantige Stengel, gegenständige Blätter und „Lippenblüten“. Die Blüten enthalten in der Regel 2 lange und 2 kurze Staubblätter und einen Fruchtknoten, der bei der Reife in 4 Teilfrüchtchen zerfällt.

Tabelle zum Bestimmen wichtiger Lippenblütler

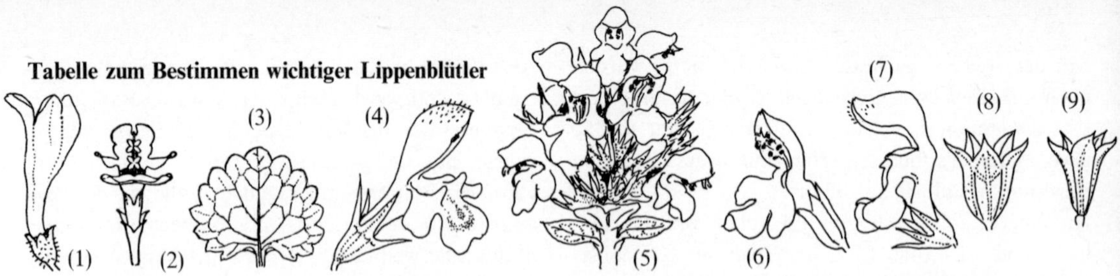

1a Blumenkrone mit regelmäßigen Zipfeln, 4 Staubblätter — Minze, *Mentha*
–b Blumenkrone 2seitig-symmetrisch — **2**

2a Staubblätter 2 — Salbei, *Sálvia*
–b Staubblätter 4 — **3**

3a Stengel holzig; Blätter höchstens 1 cm lang, ganzrandig — Thymian, *Thymus*
–b Stengel krautig; Blätter größer — **4**

4a Blumenkrone mit deutlicher Oberlippe und Unterlippe — **5**
–b Blumenkrone nur mit deutlicher Unterlippe — Kriechender Günsel, *Ajúga reptans*

5a Auf der Oberlippe des Kelches ein hohler Höcker (1) — Helmkraut, *Scutellária*
–b Kelch ohne Höcker — **6**

6a Die Staubbeutel bilden 2 weiße Kreuze (2); Blätter nierenförmig (3) — Gundermann, *Glechóma hederáceum*
–b Staubbeutel und Blätter anders — **7**

7a Unterlippe der Blumenkrone am Eingang zur Röhre mit 2 zahnartigen, hohlen Höckern (4) — Hohlzahn, *Galeópsis*
–b Blumenkrone ohne zahnartige Höcker — **8**

8a Blüten goldgelb — Goldnessel, *Lámium galeóbdolon*
–b Blüten andersfarbig — **9**

9a Blüten zu einem Köpfchen gehäuft; Deckblätter breit herzförmig (5) — Braunelle, *Prunélla vulgáris*
–b Blüten nicht kopfig gehäuft: Deckblätter anders gestaltet — **10**

10a Unterlippe der Blumenkrone mit einem Mittellappen und 2 deutlichen, abgerundeten Seitenlappen (6); Blüte nie weiß — **14**
–b Außer einem großen, oft ausgerandeten Mittellappen höchstens kleine, spitze Seitenlappen; Blüte weiß, rot oder rötlich (7) — Taubnessel, *Lámium* **11**

11a Blumenkrone weiß — Weiße Taubnessel *Lámium álbum*
–b Blumenkrone rot oder rötlich — **12**

12a Blumenkrone 2 – 3 cm lang, gekrümmt, Blätter gestielt — Gefleckte Taubnessel *L. maculátum*
–b Blumenkrone kürzer, gerade oder schwach gebogen — **13**

13a Obere und mittlere Blätter stengelumfassend — Stengelumfassende Taubnessel *L. amplexicāule*
–b Obere und mittlere Blätter nicht stengelumfassend, höchstens die oberen fast sitzend — Rote Taubnessel, *L. purpúreum*

14a Kelchröhre glockig (8) Blüten purpurrot; Staubblätter nach dem Verblühen gedreht und nach außen gebogen — Ziest, *Stachys*
–b Kelchröhre trichterförmig (9); Staubblätter nach dem Verblühen gerade; Blüten bläulichrot, Pflanze widerlich riechend — Schwarznessel, *Ballóta nigra*

Nach den „Tabellen zum Bestimmen von Pflanzen" von Schmeil-Siedentop, Verlag Quelle & Meyer, Heidelberg.

Nachtschattengewächse

Von der *Kartoffel* (Solánum tuberósum) und der *Petunie* (Petúnia) war bereits die Rede (S. 17 u. 40).

Der Tabak. Die zahlreichen Arten des Tabaks (Nicotiána) stammen aus dem wärmeren Amerika. In Deutschland wird der mehr als mannshohe, rotblühende Virginische Tabak (N. tábacum) feldmäßig angebaut. In Gärten sieht man gelegentlich den kleineren Bauern-Tabak (N. rústica), der gelbgrüne Blüten hat. Beide sind einjährig, werden in Frühbeeten gezogen und im Mai auf die Felder gepflanzt. Die grünen Teile sind dicht mit klebrigen Drüsenhaaren besetzt. Die Spitze des reich beblätterten Sprosses wird von der Blütenrispe eingenommen. Die Trichterblüten sind wie die der Petunie gebaut. Auch ist die Frucht eine eiförmige Kapsel, die mit 2 Klappen aufspringt und viele kleine Samen enthält. In ihrer Heimat gehören Kolibris zu den Blütenbestäubern. Bei uns stellen sich Bienen und Hummeln ein. Aber auch Selbstbestäubung ist verbreitet.

Hat der Tabak seine volle Größe erreicht, dann werden die Blätter, die bis zu 50 cm lang werden können, abgebrochen, auf Schnüre gereiht und in luftigen Schuppen zum Trocknen aufgehängt. In der Fabrik feuchtet man sie wieder an und schichtet sie zu großen Haufen auf, in denen sich bald eine Gärung (Fermentation) einstellt. Sind die Haufen einige Male umgeschichtet, dann können die jetzt gebräunten Blätter zu Rauch-, Kau- oder Schnupftabak weiterverarbeitet werden. Hauptanbaugebiete in Deutschland liegen in der Pfalz und in Baden. Der Tabak ist eine so alte Kulturpflanze, daß man die Wildform nicht kennt. Nach Europa kam er im 16. Jahrhundert, wo er zunächst nur als Heilpflanze gehalten wurde. In Mexiko aber war das Tabakrauchen bereits um 100 n. Chr. bekannt, wie es ein Tempelrelief beweist.

Der Tabak enthält das sehr giftige *Nikotin.* Maßlosigkeit beim Rauchen führt zu schweren Erkrankungen. Besonders gefährdet sind Zigarettenraucher. Für die heranwachsende Jugend ist der Tabak selbst in kleinen Mengen überaus schädlich.

Virginischer Tabak. Blütenstand (vergr.)

Bittersüßer Nachtschatten

Andere Nachtschattengewächse. *Nachtschattengewächse mit Beeren.* Zu den nächsten Verwandten der Kartoffel zählen der *Schwarze* und der *Bittersüße Nachtschatten* (Solánum nigrum und dulcamára). Der Schwarze Nachtschatten kommt auf Schutt sowie als Unkraut in Gärten und auf Feldern vor. Er ist einjährig, hat weiße Blüten und schwarze, giftige Beeren. Der Bittersüße Nachtschatten ist strauchig,

Tollkirsche

klettert in feuchtem Gebüsch, besitzt violette Blüten und rote, fast ungiftige Beeren, die anfangs bitter, nachher süßlich schmecken. – Eine der gefährlichsten Giftpflanzen unserer Heimat ist die *Tollkirsche* (Atropa belladónna), die im Mittelgebirge vorkommt und eine Höhe von 1,5 m erreicht. Ihre Blüten bilden bräunliche, hängende Glocken. Die Frucht, eine schwarze Beere, sitzt in dem bleibenden Kelch. Von Drosseln wird sie ohne Schaden gefressen. Kinder werden immer wieder verlockt, die glänzend schwarzen Beeren zu versuchen. Sie sind wie alle Teile der Pflanze für den Menschen äußerst giftig. Bei einer Vergiftung muß vor allem sofort der Magen durch Erbrechen entleert werden. Schwarzer Bohnenkaffee soll die Herztätigkeit anregen. Ein Arzt ist sofort zu holen. Von den in der Pflanze enthaltenen Giften (Alkaloiden) wird das *Atropin* besonders in der Augenheilkunde verwendet.
Als Genußmittel hochgeschätzt sind die Beeren der *Tomate* (S. lycopérsicum). Bereits Ende des 16. Jahrhunderts lernten die Spanier die Pflanze in Mexiko und Peru kennen, wo man sie von alters her anbaute.

Stechapfel

Paprika-Pflanze

In Europa wurde sie aber erst im 19. Jahrhundert allgemein bekannt. Tomaten werden heute in Treibhäusern das ganze Jahr hindurch gezogen. Im Freien können sie wegen ihrer Frostempfindlichkeit erst Mitte Mai ausgepflanzt werden. – Als Gewürz werden die scharfschmeckenden roten oder gelben Früchte der *Paprikapflanze* (Cápsicum ánnuum) verwendet. Die „Schoten" milder Sorten sind als Gemüse bekannt.

Nachtschattengewächse mit Kapselfrüchten. Zu diesen Pflanzen gehörten – wie schon erwähnt – Tabak und Petunie. – Auf Schutthaufen und an Wegen wächst das *Bilsenkraut* (Hyoscýamus niger), eine überaus giftige Pflanze. Sie hat klebrige, zottig behaarte Stengel und Blätter von ekelhaftem Geruch. Die Blüten sind gelb und violett geadert. Die von einem stachelspitzen Kelch umhüllte Kapsel springt mit einem Deckel auf. Aus den Blättern werden wichtige Arzneistoffe gewonnen. – An gleichen Orten wächst auch der sehr giftige *Stechapfel* (Datúra stramónium). Er hat gabelig verzweigte Stengel und ausgebuchtete Blätter, die in der Heilkunde verwendet werden. Die langen, röhrenförmigen, weißen Blüten öffnen sich des Nachts. Ihr starker Duft lockt Nachtfalter an. Die stachligen Fruchtkapseln (Name!) springen mit 4 Klappen auf und entlassen zahlreiche Samen.

Bilsenkraut

Frucht-kapsel

Nachtschattengewächse. Ihre Blüte hat einen 4- oder 5spaltigen Kelch, eine röhren- oder trichterförmige, 4- oder 5zipflige Blumenkrone, 5 Staubblätter und einen Stempel, der aus 2 Fruchtblättern besteht. Die Frucht ist eine Beere oder eine Kapsel. Viele Arten enthalten starke Gifte, die aber von großer heilkundlicher Bedeutung sind.

Rachenblütler

Das Gemeine Leinkraut oder der Frauenflachs

An trockenen Feldrainen wächst im Sommer das Leinkraut (Linária vulgáris). Ein verzweigter Erdsproß samt den Wurzeln reicht tief in den Boden hinab und sorgt auch bei Trockenheit für das nötige Wasser. Vor der Blütezeit ähnelt der oberirdische Sproß mit seinen zahlreichen, lanzettlichen und ungestielten Blättern entfernt dem Lein oder Flachs (Namen!).

Aus den Achseln der oberen Blätter entspringen die kurzgestielten Blüten, die eine weithin sichtbare Traube bilden. Wie die der Taubnessel sind sie 2seitig und Hummelblumen. Auch die Zahl der Staubblätter ist die gleiche: 4 (2 lange, 2 kurze). Der mittlere, orangefarbige Teil der 3teiligen Unterlippe ist aber kissenförmig angeschwollen und legt sich der 2spaltigen Oberlippe dicht an. Kleinere Insekten können den Verschluß nicht öffnen, wohl aber große, kräftige Hummelarten: Sie lassen sich auf der Unterlippe nieder und kriechen soweit wie möglich in den sich öffnenden Blütenrachen (Rachenblütler!). Hierbei vollziehen sie die Bestäubung. Der Nektar wird von der Unterlage des Fruchtknotens abgeschieden und fließt in einen langen Sporn, zu dem der untere Teil der Blütenröhre ausgezogen ist. Hier können ihn die

Gemeines Leinkraut, blühend und fruchtend

Blüte (Längsschnitt)

Roter Fingerhut

kurzrüßligen Hummeln nicht erreichen und verüben häufig „Einbruch", indem sie ein Loch in den Sporn beißen. – Die Frucht ist eine 2fächrige Kapsel, die sich bei der Reife mit mehreren Zähnen öffnet. Der Wind verweht die zahlreichen, durch einen Hautsaum flugfähigen Samen.

1. Grabe eine Pflanze des Leinkrauts aus und miß, wie tief der Erdsproß in den Boden hinabreicht.
2. Halte Blüten des Leinkrauts gegen das Licht und beobachte, wie weit der Sporn mit Nektar gefüllt ist.

Zymbelkraut an einer Mauer

Andere Rachenblütler

An Felsen und Mauerwerk siedelt sich das *Efeublättrige Lein-* oder *Zymbelkraut* (L. cymbalária) an, das aus Südeuropa zu uns gekommen ist. Es hat schwache, kriechende Stengel, 5lappige Blätter und violette Blüten. Nach dem Verblühen krümmen sich die langen Blütenstiele der Unterlage zu, so daß die aus den Kapseln fallenden Samen in die Ritzen und Spalten gelangen, in denen die Pflanze wurzelt. – Aus dem Mittelmeergebiet stammt auch das *Löwenmaul* (Antirrhínum máius), das in zahlreichen Farbenspielarten gezogen wird und seinen Namen der rachenförmigen Gestalt der Blüte verdankt. – Der *Rote Fingerhut* (Digitális purpúrea) bildet in unseren Mittelgebirgen ausgedehnte Bestände besonders auf Waldblößen mit kalkarmem Boden. Seine großen, purpurroten Blüten, hängende Glocken, sind zu auffallenden Trauben gehäuft. Alle Teile der stattlichen, 2jährigen Pflanze enthalten ein sehr starkes Gift. In der Heilkunde wird es als Mittel gegen Herzkrankheiten verwendet. – 2 auf Kalkboden wachsende Arten, der *Großblütige Fingerhut* (D. grandiflóra) und der *Gelbe Fingerhut* (D. lútea), der erste mit großen blaßgelben, der zweite mit kleineren zitronengelben Blüten, stehen unter vollständigem Naturschutz.

Bei anderen Rachenblütlern breitet sich die kurze Blütenröhre in einen 4- oder 5spaltigen Saum aus, so daß die Blumenkrone die Form eines Rades erhält. Das zeigt uns, daß Pflanzen von recht verschiedenem Aussehen zur gleichen Familie gehören können. Radförmige Blüten hat z. B. die gelbblühende *Kleinblumige Königskerze* (Verbáscum thapsus), die im ersten Jahr eine mächtige Blattrosette bildet und im zweiten – wie ihr Name besagt – zu einer fast 2 m hohen Pflanze mit einem kerzenartigen Blütenstand heranwächst. Ihre grünen Teile sind dicht mit verzweigten Haaren bedeckt (Wollkraut). Gleichfalls radförmige Blüten, in denen sich aber nur 2 Staubblätter befinden, haben die zahlreichen Arten der Gattung *Ehrenpreis* (Verónica). Man schrieb einstmals diesen Pflanzen große Heilwirkungen zu (Namengebung!). Auf Wiesen wächst der *Gamander-Ehrenpreis* (V. chamaédrys), der an seinen 2zeilig behaarten Stengeln leicht zu erkennen ist. Die leuchtendblauen Blüten werden von Schwebfliegen besucht, die sich den drehbaren Staubblättern anklammern; dabei kommen Narbe und Staubbeutel mit der Unterseite ihres Körpers in Berührung.

An einen Pantoffel erinnert die Blüte der südamerikanischen *Pantoffelblume* (Calceolária). Sie wird als Balkon-, Zimmer- und Gartenpflanze in verschiedenen Farben gezogen.

Vergleichen wir die genannten Pflanzen der Familie *Rachenblütler* miteinander, so können wir die „Rachenblüte" nur bei wenigen deutlich erkennen. Es läßt sich geradezu eine Übergangsreihe aufstellen von deutlichen Rachenblüten wie beim Löwenmaul und Frauenflachs über die weiten offenen Glocken des Fingerhuts bis zu den radförmigen Blütenkronen des Ehrenpreis und der Königskerze. Bei den letztgenannten Arten ist die 2seitige Symmetrie nicht leicht festzustellen. Trotz dieser äußeren Verschiedenheit sind allen Blüten gemeinsam 2 lange und 2 kurze Staubgefäße (Ausnahme Ehrenpreis) und die 2fächerige Fruchtkapsel.

Echte Königskerze, stark verkleinert

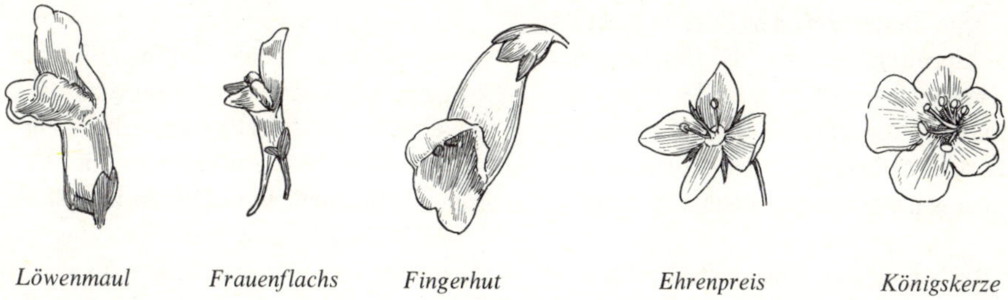

Löwenmaul *Frauenflachs* *Fingerhut* *Ehrenpreis* *Königskerze*

Blütenformen bei Rachenblütlern

	Lippenblütler	Rachenblütler	Rauhblättrige Gewächse
Blütengrundriß		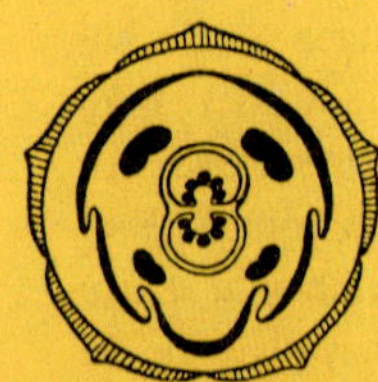	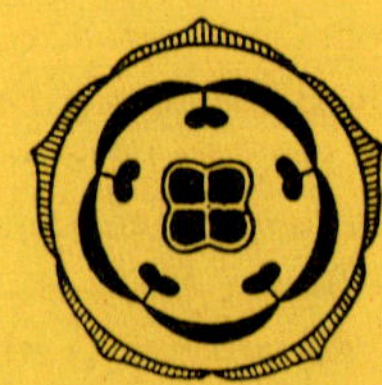
	Taubnessel	Leinkraut	Beinwell
Blütenblätter	verwachsen	verwachsen	verwachsen
Blütenform	2seitig	2seitig	meist strahlig
Staubblätter	2 lang, 2 kurz	2 lang, 2 kurz	5
Fruchtknoten	4 Teilfrüchtchen	Kapsel	4 Teilfrüchtchen
Stengel	4kantig	verschieden	verschieden
Blätter	gegenständig	gegen- und wechselständig	wechselständig

Ähnlichkeit und Verwandtschaft

Vergleichen wir die Lippenblütler mit den Rachenblütlern, so finden wir in beiden Familien zweiseitige Blüten. Auch sind meist 2 lange und 2 kurze Staubgefäße vorhanden. Sogar der 4kantige Stengel und die kreuzweis gestellten Blätter – Kennzeichen der Lippenblütler – kommen bei Rachenblütlern (z.B. beim Wachtelweizen, S. 150) vor. Wir erkennen daraus, daß ähnlich aussehende Pflanzen durchaus nicht zu ein und derselben Familie gehören müssen. Eine oberflächliche Betrachtung kann also leicht irreführen. Man muß alle kennzeichnenden Merkmale nachprüfen, um beim Bestimmen der Familie sicher zu gehen. Die Lippenblütler und die Rachenblütler lassen sich eindeutig durch den Bau des Fruchtknotens unterscheiden: die *Lippenblütler* haben einen in 4 *Teilfrüchtchen* zerfallenden Fruchtknoten, die *Rachenblütler* dagegen einen Fruchtknoten, der zu einer *Kapsel* wird.

Unter den Rachenblütlern sind auch Blüten nicht selten, an denen die Zweiseitigkeit kaum noch sichtbar ist. Deshalb könnte man versucht sein, z.B. die Königskerze wegen ihrer Wollhaarigkeit zu den Rauhblättrigen zu rechnen. Wieder klärt die Untersuchung des Fruchtknotens die Familienzugehörigkeit: Die Königskerze hat wie die Rachenblütler einen ungeteilten Fruchtknoten. Bei den *Rauhblättrigen Gewächsen* ist der Fruchtknoten „4teilig“ wie bei den Lippenblütlern. Doch hat die Blüte der Rauhblättrigen im Gegensatz zu den Lippenblütlern 5 *Staubblätter*.

Blütenpflanzen als Schmarotzer

Wir wissen bereits, daß die Blütenpflanzen mit ihren Wurzeln in Wasser gelöste Nährsalze aus dem Boden aufnehmen. Die Blätter entziehen der Luft das Kohlendioxid und verarbeiten es mit Hilfe des Blattgrüns im Sonnenlicht zu Zucker und Stärke (Assimilation). Pflanzen gedeihen also ohne vorgefertigte pflanzliche und tierische Nährstoffe wie Eiweiß, Fett und Zucker. Selbst für die Insektenfangenden Pflanzen ist die tierische Beute nur eine zusätzliche Kost; sie blühen und fruchten auch ohne diese.

Von der Regel der selbständigen (autotrophen) Ernährung mit ausschließlich unorganischen Stoffen machen einige Pflanzen eine Ausnahme. Sie entziehen alle oder einen Teil der Nährstoffe anderen Pflanzen, den Wirtspflanzen. Wir nennen sie *Schmarotzer* oder *Parasiten.*

Haben sie selbst noch Blattgrün, so daß sie assimilieren können, dann entnehmen sie ihrer Wirtspflanze nur Wasser und Nährsalze. Mit ihrem spärlichen Wurzelwerk zapfen sie die Wurzeln des Wirtes an. Solche Pflanzen heißen *Halbschmarotzer.*

Fehlt ihnen aber das Blattgrün ganz und entnehmen sie alle Nährstoffe anderen Pflanzen, dann sind es *Echte Schmarotzer* oder *Ganz-Schmarotzer.* Sie bilden entweder Saugwurzeln wie die Halbschmarotzer aus oder aber Saugwarzen wie die Seide (Abb. S. 150), die aus dem fadenförmigen Sproß hervorbrechen und in die Wirtsstengel eindringen.

Unter den Rachenblütlern und ihren Verwandten finden wir beiderlei Parasiten (s. Tabelle).

Mistel mit Früchten

Die Mistel

Besonders im Winter, wenn das Laub fehlt, fallen uns an manchen Pappeln, Apfelbäumen und anderen Bäumen kugelförmige Büsche auf. Das sind Sträucher der Mistel (Viscum album), deren gelbgrüne Stengel sich wiederholt gabelig verzweigen und lanzettliche bis spatelförmige Blätter tragen. Jede Gabelung entspricht einem Jahrestrieb. Abgeschnittene Mistelbüsche bleiben lange Zeit frisch, da die ledrigen Blätter nur wenig Wasser verdunsten. Darum überdauert die Mistel auch den Winter in belaubtem Zustand. Da sie nicht im Boden wurzelt, muß sie Wasser und Nährsalze dem Baum, auf dem sie wächst, entnehmen. Weil sie aber reich an Blattgrün ist, kann sie assimilieren. Sie ist ein *Halb-Schmarotzer.* Oftmals verkümmern Äste, auf denen die Mistel sitzt, ein Zeichen, daß die Wirtspflanze geschädigt worden ist.

Die Mistel ist 2häusig. Im Vorfrühling entstehen in den Zweigwinkeln *Staub-* oder *Stempelblüten.* Sie sind unscheinbar, 4zählig und enthalten Nektardrüsen. Fliegen, aber auch der Wind, vollziehen die Bestäubung. Die erbsengroßen, weißen Beeren reifen erst gegen Weihnachten. Sie werden besonders von Drosseln gefressen. Da das Fruchtfleisch sehr klebrig ist, haften die zu „Kernen" verleimten Samen leicht am Schnabel. Wird der Schnabel an einem Ast abgestreift, so bleibt der Kern daran kleben.

Bei der Keimung krümmt sich der Keimstengel dem Zweig der Wirtspflanze zu. Das Würzelchen verbreitert sich zu einer *Haftscheibe.* Aus deren Mitte wächst ein Fortsatz hervor, der die Rinde des Baumes durchbohrt und bis in den Holzkörper vordringt. Dieser *Senker* wird vom nächsten Jahresring des Baumes umwallt. Das wiederholt sich alle Jahre. So scheint es, als ob der Senker in das Holz hineinwüchse, denn sein Längenwachstum hält mit dem Dickenwachstum des Astes gleichen Schritt. Vom 3. Jahr an bildet der Senker *Rindenwurzeln* aus, die zwischen Holz und Rinde in der Längsrichtung des Astes verlaufen. Von diesen gehen wiederum Senker ab, die ebenfalls umwallt werden. Die Anzahl der Jahresringe am längsten Senker gibt somit das Lebensalter der Mistel an. Es kann 40–50 Jahre betragen. Stirbt die Mistel, so verfaulen auch die Senker und hinterlassen Kanäle, durch die das Holz entwertet wird.

Halb- und Ganz-Schmarotzer

Name	Familie	Wirtspflanze	Schmarotzer-organe	Lebensweise	Ganz- oder Halb-Schmarotzer
Schuppenwurz (*Lathrǣa*)	Rachen-blütler	Erle, Buche, Hasel	Saugwurzeln	Rund 10 Jahre als Erdsproß, ehe sie blüht	Ganz-Schmarotzer
Sommerwurz (*Orobánche*)	Sommer-wurz-gewächse	Klee, Thymian, Luzerne, Besenginster	Saugwurzeln	Knolliger Erd-sproß, blüht erst nach Jahren	Ganz-Schmarotzer
Seide (*Cuscúta*)	Winden-gewächse	Hopfen, Brenn-nessel, Klee, Luzerne, Schädling an Kulturpflanzen	Saugwarzen des Stengels dringen in Wirtspflanze ein	Bleiche Fäden, wurzellos 1jährig	Ganz-Schmarotzer
Klappertopf (*Alectorólophus*)	Rachen-blütler	Gräser	Saugwurzeln	1jährig	Halb-Schmarotzer grün
Augentrost (*Euphrásia*)	Rachen-blütler	Gräser	Saugwurzeln	1jährig	Halb-Schmarotzer grün
Wachtelweizen (*Melampýrum*)	Rachen-blütler	Gräser, Heidelbeer-sträucher	Saugwurzeln	1jährig Gelbe Blüten in tiefblauen Hoch-blättern bei Hain-W.	Halb-Schmarotzer grün
Mistel (*Viscum*)	Mistel-gewächse	Pappel, Apfelbaum, Kiefer	Haftscheibe und Rinden-wurzeln mit Senkern	2häusig Strauch	Halb-Schmarotzer grün

Nesselseide

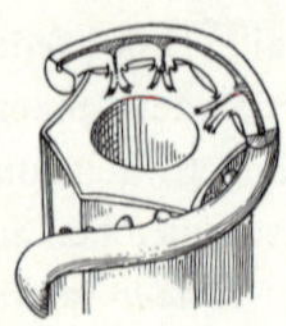

Seide, einen Hopfenstengel umschlingend; Sproß oben halb durchschnitten

Mistel. Durchschnittener Ast der Wirtspflanze mit Senkern und jungem Wurzelschößling der Mistel

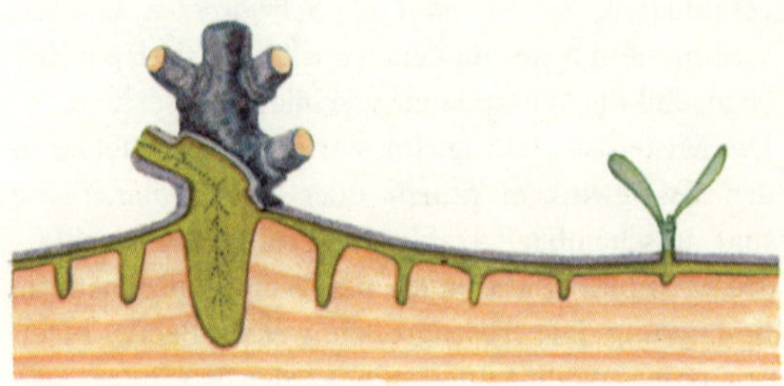

Schmarotzer unter den Rachenblütlern und ihren Verwandten

Großer Klappertopf *Augentrost* *Sommerwurz* *Schuppenwurz*

Wegen ihrer eigenartigen Lebensweise spielte die Mistel bei Germanen, Römern und Griechen in Sagen und Volksbräuchen eine große Rolle. Noch heute schmückt man in England am Weihnachtstage mit ihr die Zimmer. Auch die Heilkunde verwendet die Mistel.

Grabe eine Pflanze vom Klappertopf, Augentrost oder Wachtelweizen samt den umgebenden Pflanzen aus, spüle vorsichtig die Erde ab und stelle fest, wie ihre Wurzeln mit anderen Pflanzen in Verbindung stehen.

Wegerichgewächse

Der Mittlere Wegerich (Plantágo média) ist nach seinem Vorkommen an Wegen benannt worden. Er hat eine tiefgehende Pfahlwurzel sowie elliptische, ganzrandige, in den kurzen Stiel verschmälerte Blätter, die oberseits mit Rinnen versehen sind. In niedrigem Gras bilden sie regelmäßige Rosetten. In hohem Gras richten sich die Blätter auf und kommen so ans Licht. Die Blüten sind zu einer Ähre gehäuft, die sich auf einem hohen Schaft erhebt (S. 6). Sie bestehen aus einem 4 teiligen Kelch, einer kleinen Blumenkrone mit 4zipfligem Saum, 4 Staubblättern und einem Stempel. In jüngeren Blüten ragen Griffel und Narbe, die beide einer Flaschenbürste ähneln, aus der Blütenhülle hervor. In älteren nehmen die Staubblätter diese Stelle ein. Die Pflanze ist also nachstäubend. Die jüngeren, langgriffligen Blüten werden durch den Wind, die älteren mit verkümmerten Griffeln durch Insekten bestäubt. Die Frucht, eine Deckelkapsel, enthält kleine Samen, die der Wind verbreitet.

Der Mittlere Wegerich hält in der Größe der Blätter etwa die Mitte zwischen 2 anderen Arten seiner Gattung: dem *Spitzwegerich* (P. lanceoláta) mit lanzettlichen Blättern und dem *Breitblättrigen Wegerich* (P. máior) mit breiten, langgestielten Blattflächen. Die von den Pflanzen am Wegrand ausgestreuten Samen werden bei Nässe klebrig und dann von Mensch und

Mittlerer Wegerich

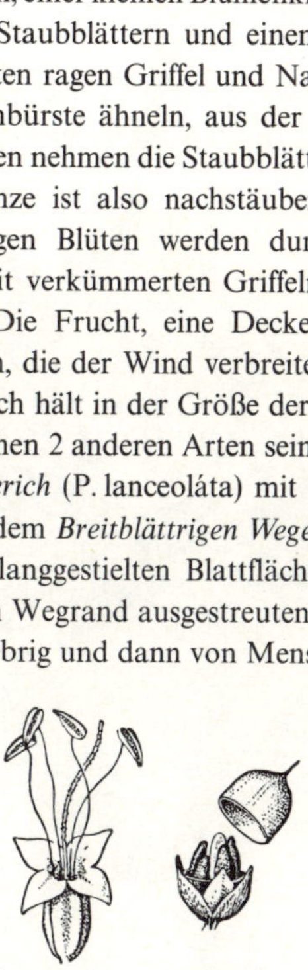

Blüte *Frucht*

Tier leicht verschleppt. So ist die breitblättrige Art in Nordamerika mit den ersten Ansiedlern weit ins Land eingedrungen. Daher wurde sie von den Indianern „Fußtritt des Weißen Mannes“ genannt. Aus den Blättern vom Spitzwegerich werden Mittel gegen Erkrankungen der Atemorgane gewonnen.

Zerreiße den Blattstiel eines Wegerichs. Die dabei zum Vorschein kommenden Stränge (Gefäßbündel) enthalten Leitungsröhren, die Wasser den Blättern zuführen und Baustoffe aus den Blättern in andere Pflanzenteile ableiten.

Breitblättriger Wegerich

Labkrautgewächse

Waldmeister

Klebkraut

In Hecken und Gebüschen und als Unkraut unter der Saat wächst häufig das *Klebkraut* (Gálium apparíne). Da die schwachen Stengel die Pflanze nicht tragen können, klettert sie mit Hilfe ihrer rückwärtsgerichteten Stacheln an Nachbarpflanzen empor. Stacheln finden sich an den 4 Stengelkanten sowie an den Blatträndern und der Mittelrippe. Die Blätter stehen zu 6 bis 9 im Quirl, alle sind schmallanzettlich, einnervig und sitzend. Die Blätter, aus deren Achseln keine Zweige entspringen, sind Nebenblätter. Der Fruchtknoten der kleinen, weißen Blüten entwickelt sich zu stachligen Teilfrüchtchen (Klettfrüchte). In den Haaren vorbeistreifender Tiere haften die reifen Früchte fest und werden so verbreitet. Der Name „Klebkraut“ ist irreführend, denn die Pflanze hat keinen Klebstoff; wohl aber haften die Zweige infolge der Stacheln wie angeklebt an der Kleidung.

Verwandte. 2 andere Arten, das gelbblühende *Echte* und das weißblühende *Gemeine Labkraut* (G. verum und G. mollúgo) bewohnen Wiesen und Weiden und zeigen durch ihre nadelartigen Blätter Eigenschaften von Trockenlandpflanzen. Labkräuter heißen sie, weil der Saft, besonders der „echt“ genannten Art, die Milch schnell zum Gerinnen bringt wie das Lab des Kälbermagens. – Besonders in Buchenwäldern wächst als ausgeprägte Schattenpflanze der *Waldmeister* (Gálium odorátum). Wegen ihres angenehmen Duftstoffes (Cumarin) werden die Pflanzen, bevor sie blühen, zu Bowlen verwendet (Maikraut).

Zweig mit Früchten

Wald-Geißblatt. Von einem Ligusterschwärmer angeflogen

Schwarzer Holunder

Fruchtstand *Blühender Zweig*

Das Wald-Geißblatt. In Laubwäldern und Gebüschen umschlingt *rechtswindend* das Wald-Geißblatt (Lonicéra periclýmenum) mit seinem biegsamen, zähen Stamm Bäume und Sträucher. Solche holzigen Schlinggewächse nennt man *Lianen.* Das Geißblatt hat gegenständige, elliptische Blätter und 2lippige, gelblichweiße, oft rötlich angehauchte Blüten. Die Kronröhre ist so lang, daß der Nektar nur den langrüßligen Schwärmern zugänglich ist. Da die Blüten abends besonders stark duften, locken sie vor allem die Nachtschmetterlinge an. Die Blüten stellen sich in der Nacht waagrecht, und die Schwärmer verbleiben vor ihnen im Schwirrflug. Am ersten Abend stehen die 5 Staubblätter mit ihren Beuteln im Blüteneingang, am zweiten nimmt die Narbe diese Stelle ein (Fremdbestäubung!). Die roten Beeren werden von Vögeln gefressen. – Zur Berankung von Lauben nimmt man gern das südeuropäische *Jelängerjelieber* (L. caprifólium). Seine oberen Blätter sind am Grunde verschmolzen, so daß es scheint, als wäre der Stengel durch sie hindurchgewachsen. – Andere Geißblattgewächse, die *Heckenkirschen,* sind aufrechte, stark verzweigte Sträucher. Ihre roten oder schwarzen Beeren sind etwas giftig.

Der Holunder. Von jeher wächst der *Schwarze Holunder* (Sambúcus nigra) vor allem in der Nähe menschlicher Ansiedlungen. Daher knüpfen sich an den Holder- oder Hollerbusch viele Sagen, Märchen, Lieder und Volksbräuche. Uralt ist auch die Verwendung des Holunders in der Volksmedizin. Die Blüten liefern den schweißtreibenden „Fliedertee" (in Norddeutschland heißt der Strauch „Flieder"). Der Strauch wird etwa 6 m hoch; seine Blätter sind unpaarig gefiedert. Die kleinen weißen Blüten sind zu großen, schirmförmigen Trugdolden gehäuft. Aus ihnen gehen schwarze Steinfrüchte hervor. Diese Holunder„beeren" werden von zahlreichen Vögeln gefressen, die die unverdauten Steinkerne auch auf Mauern und Türmen absetzen.

Verwandte. In Laubwäldern und Gebüschen wächst der *Gemeine Schneeball* (Vibúrnum ópulus). Seine Trugdolden bestehen aus zahlreichen, unscheinbaren

Gemeiner Schneeball

Blütenstand mit Lockblüten und Fruchtstand

Blüten, die von einem Kranz größerer, aber unfruchtbarer Schaublüten umgeben sind. Bei der Gartenform sind alle Blüten Schaublüten, und der Blütenstand ist kugelig geworden. – Ein anspruchsloser Strauch unserer Anlagen ist die *Schneebeere* (Symphoricárpus rivuláris). Seine weißen Beeren machen sie im Winter auffällig.

Kürbis.
Zweig mit weiblicher Blüte und jungen Früchten

Kürbisgewächse

Der Kürbis

1. Lasse Kürbissamen auskeimen und verfolge die einzelnen Entwicklungsstufen.
2. An einem Stengelquerschnitt lassen sich mit freiem Auge die großen Leitungsröhren beobachten.

Die Kürbispflanze (Cucúrbita pepo) ist wie die Gemüsebohne im tropischen Amerika heimisch. Wir legen deshalb ihre Samen erst aus, wenn die „Eisheiligen" (Mitte Mai) vorüber sind. Der Kürbis ist eine einjährige Pflanze, also ein Kraut.
Die Früchte sind grün, gelb, weiß, auch mehrfarbig. Sie erreichen oft eine erstaunliche Größe und werden entweder gegessen oder verfüttert. Zur Bekleidung von Lauben wählt man Zierkürbisse mit seltsam geformten oder lebhaft gefärbten Früchten.
Keimung der Samen. Legen wir Kürbiskerne, an denen sich noch ein wenig von dem klebrigen Fruchtfleisch oder seinem Saft befindet, auf feuchten Boden, so verkleben sie mit ihm und keimen bald. Nachdem die Hauptwurzel sich in die Erde gesenkt und verzweigt hat, streckt sich der Stengel in die Länge. Dabei werden die Keimblätter aus der mit dem Boden verklebten Samenschale gezogen. Ein kleiner Wulst des Stengels verhindert, daß sich die untere Schalenhälfte vom Boden löst. Samen, von denen das Fruchtfleisch abgewaschen ist, verkleben nicht mit dem Boden. Ihre Keimung ist erschwert; der Keimling geht nicht selten zugrunde.
Ein Rankengewächs. Der 5kantige, hohle Stengel ist so schlaff, daß er sich nicht aufrichten kann. Er liegt entweder dem Boden an oder klettert mit Hilfe von Ranken an Stützen empor. Sobald eine Ranke eine Stütze berührt, beginnt sie sich zu krümmen. Sie empfindet gleichsam die Berührung und „beantwortet" den Reiz durch Umschlingen der Stütze. Man sagt, sie ist *berührungsempfindlich.* Stellt man einen abgeschnittenen Sproß in ein Glas mit Wasser, dann kann man beobachten, daß die Ranken – ähnlich wie die des Weinstocks – im Kreise schwingen. Bringt man in Reichweite eine Stütze an, dann wird diese umschlungen. Darauf zieht sich die Ranke korkzieherartig zusammen. Die Ranken entspringen neben den Blättern und teilen sich in mehrere Äste. Ihr unverzweigter, unterer Teil ist ein Sproß, die rankenden Äste aber werden als abgewandelte Blätter aufgefaßt; es sind *Blattranken.*
Die Blätter sind wechselständig. Ihre Stiele krümmen sich so, daß alle Blattflächen der Sonne zugewandt sind.
Eine einhäusige Pflanze. Die Blüten sind kurzgestielt. Der Kelch ist bis auf 5 Zipfel mit dem unteren Teil

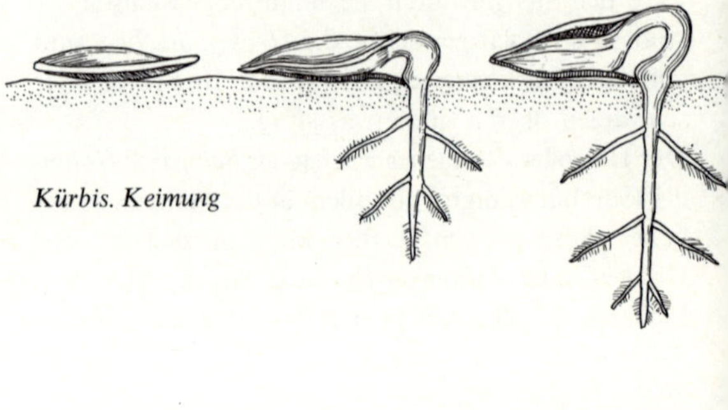

Kürbis. Keimung

Kürbis.
Blüten (geöffnet) und ihre Grundrisse

der Blumenkrone verwachsen, die gelb, trichterförmig und gleichfalls 5zipflig ist. Im Blütengrund wird Nektar abgeschieden. Die Blüten enthalten entweder nur 5 Staubblätter, deren Beutel zu einer kleinen Säule verschmolzen sind, oder nur einen Stempel, dessen Fruchtknoten *unterständig* ist.

Der Kürbis hat also *Staub-* und *Stempelblüten* und ist *einhäusig* wie die Birkengewächse und Becherfrüchtler. Die Staubblüten, die keine Früchte hervorbringen, nennt der Volksmund gewöhnlich „taube" Blüten. Die Bestäubung vermitteln insbesondere Honigbienen. Die riesige, derbschalige Frucht öffnet sich bei der Reife nicht, ist also eine Schließfrucht. Da die Samen in ein saftiges Fruchtfleisch eingebettet sind, muß die Frucht als *Beere* bezeichnet werden (s. nebenstehende Übersicht).

Verwandte. Von größerer Bedeutung als der Kürbis ist für uns die *Gurke* (Cucúmis satívus). Die kriechende oder kletternde Pflanze hat einfache Ranken und langgestreckte Früchte. Sie stammt aus dem nördlichen Ostasien. Zu uns kam die Gurke erst im 16. Jahrhundert. – Von der ägyptischen *Luffa*-Gurke kommen Frottierschwämme in den Handel. Das sind die strangartig verzweigten Leitungsbahnen der Früchte. – Heimische Kürbisgewächse sind die giftigen *Zaunrüben*, die sich an Zäunen und Büschen emporranken. Die einhäusige Zaunrübe (Bryónia alba) hat schwarze Beeren, die 2häusige Zaunrübe (B. dióica) rote Beeren von Erbsengröße.

Was alles aus dem Fruchtknoten werden kann

I. Früchte, die sich öffnen und die Samen ausstreuen: **Streufrüchte.**

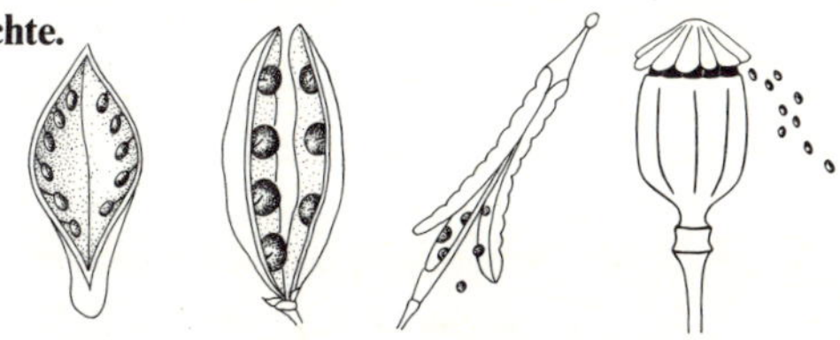

1. *Balgkapsel:* ein Fruchtblatt, springt in der Bauchnaht auf (Sumpfdotterblume).
2. *Hülse:* ein Fruchtblatt, öffnet sich in der Bauch- und Rückennaht (Erbse).
3. *Schote:* zwei Fruchtblätter, die sich von der bleibenden Scheidewand ablösen (Raps).
4. *Porenkapsel:* Samen werden aus Poren ausgestreut (Mohn).
5. *Deckelkapsel:* Oberteil der Kapsel wird abgeworfen (Ackergauchheil, Bilsenkraut, Wegerich).

II. Früchte, die sich nicht öffnen; der Samen bleibt eingeschlossen: **Schließfrüchte.**

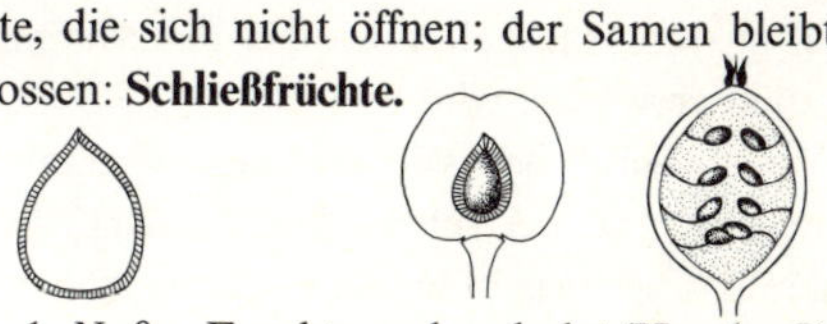

1. *Nuß:* Fruchtwand verholzt (Haselnuß).
2. *Steinfrucht:* Außenschicht der Fruchtwand wird fleischig, Innenschicht verholzt (Kirsche).
3. *Beere:* Fruchtwand wird fleischig (Stachelbeere, Kürbis).

III. Früchte, die unter Beteiligung des **Blütenbodens** entstehen (Apfel- und Birnfrucht, Erdbeere und Hagebutte).

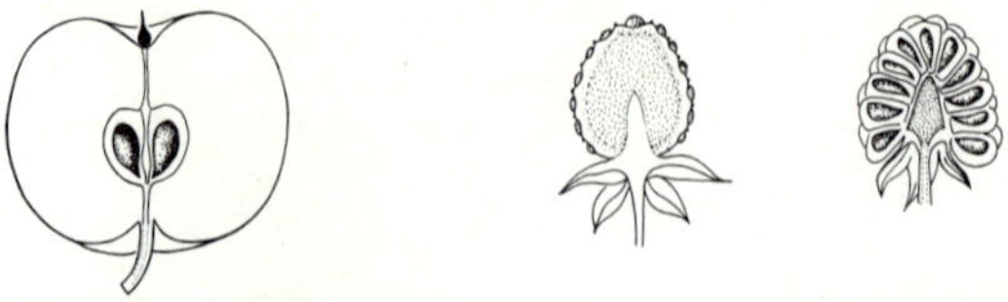

IV. **Sammelfrüchte.** Mehrere Steinfrüchte vereinigt (Himbeere); zahlreiche Nüßchen auf fleischigem Blütenboden (Erdbeere) oder in hohler Blütenachse (Hagebutte).
V. „Früchte", die aus **Blütenständen** entstehen (Maulbeere, Ananas, S. 287).

Sonnenblume

Korbblütler

Die Sonnenblume

Die Sonnenblume (Heliánthus ánnuus) ist schon im Lauf des 16. Jahrhunderts aus dem tropischen Amerika zu uns gekommen. Der Name der einjährigen Pflanze bezieht sich wahrscheinlich auf die mächtigen „Blumen", die sie hervorbringt; denn diese lassen sich mit strahlenden Sonnen vergleichen. Sie folgen zwar nicht dem Lauf der Sonne, wie man manchmal hören kann, wohl aber wenden sie sich – gleich den Blüten vieler anderer Pflanzen – dem Licht zu.
In neuester Zeit wird die Sonnenblume oft nach der Getreideernte feldmäßig angebaut, grün abgemäht und als Winterfutter in Silos eingesäuert. Aus den Früchten gewinnt man, besonders in Rußland und den Balkanstaaten, ein wertvolles Speiseöl, das auch bei uns im Haushalt sowie bei der Margarinefabrikation verwendet wird.
Wurzel, Sproß und Blätter. Legen wir im Frühjahr einige „Kerne" der Sonnenblume in die Erde, so gehen daraus in wenigen Monaten stattliche Pflanzen hervor. Der kräftige Stengel ist oben meist verzweigt und wie alle grünen Teile stachlig behaart. Er ist eine weite, mit lockerem Mark angefüllte Röhre.
Obgleich die Sonnenblume 3 m hoch wird und sehr große Blätter hat, kann sie heftigem Wind standhalten. Die herzförmigen Blattflächen weichen mit ihren langen Stielen dem Windanprall aus. Starke Seitennerven verhindern außerdem, daß der Blattgrund einreißt. Die Blattflächen leiten das Regenwasser dem dichten Wurzelballen zu.
Die Blume, ein Blütenstand. Durchschneiden wir eine Blume der Länge nach, so sehen wir, daß auf dem scheibenförmig verbreiterten Ende des Stengels, dem Blütenboden, sehr viele kleine Blüten sitzen, die infolge ihrer Häufung auffällig werden. Wir haben es hier also mit einem Blütenstand zu tun, den man nach seiner Form als *Körbchen* bezeichnet.
Der Blütenstand ist von mehreren grünen Blättern umgeben, die anfangs die Blüten überdecken. Durch diesen *Hüllkelch* erhält die „Blume" das Aussehen eines mit Blüten gefüllten Körbchens; daher hat die Familie, der die Sonnenblume angehört, den Namen *Korbblütler* erhalten. Die Einzelblüten stehen in den Achseln kleiner, 3zackiger Blätter. Wenn die Früchte reifen, werden sie spreuartig trocken. Daher nennt man sie *Spreublätter*.
Die meisten Blüten haben eine gelbbraune, röhrenförmige Blumenkrone. Am Rande des Blütenbodens aber stehen gelbfarbige Blüten, deren winzige Röhre zu einem Band oder einer Zunge ausgezogen ist. Nach der Stellung der Blüten unterscheidet man also

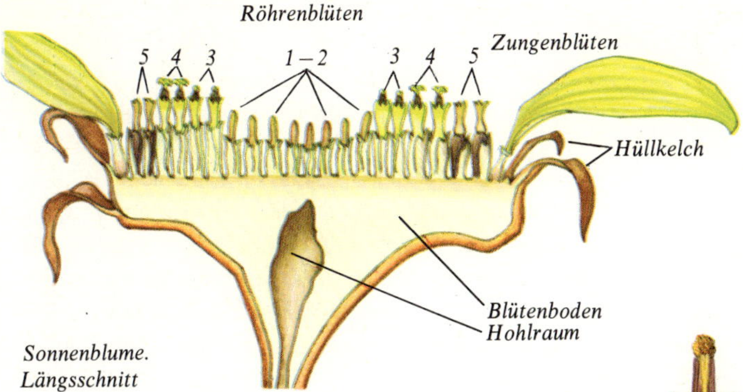

Sonnenblume. Längsschnitt durch den Blütenstand. 1 – 5 verschieden weit entwickelte Röhrenblüten

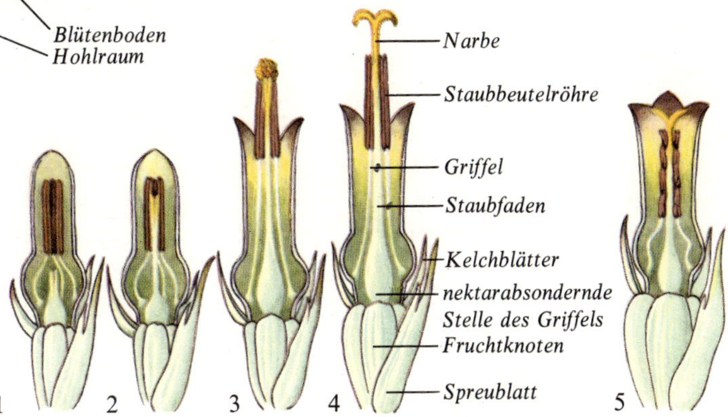

Sonnenblume. Röhrenblüten und ihre Entwicklung. Die Blütenröhre der Länge nach halbiert

Scheiben- und Randblüten, nach der Form ihrer Blumenkrone aber *Röhren-* und *Zungenblüten.* Sobald sämtliche Zungenblüten völlig ausgebildet sind, öffnen sich die Röhrenblüten.

Nicht selten sieht man Gartenformen der Sonnenblume, deren Blütenkörbe aus lauter gelben Scheibenblüten oder nur aus Zungenblüten bestehen.

Röhrenblüten. Der unterständige Fruchtknoten trägt außer der Blumenkrone 2 lanzettliche Kelchblätter. Die Blumenkrone ist unten kugelig erweitert und oben in 5 Zipfel gespalten. Am Grunde der Erweiterung entspringen die Fäden der 5 Staubblätter, deren Beutel zu einer schwarzbraunen Röhre verwachsen sind. Durch sie schiebt sich der Griffel hindurch, der in einer 2ästigen Narbe endet. Nektar wird am Grunde des Griffels abgeschieden.

Öffnen wir eine Blütenknospe, in der die Staubbeutel noch geschlossen sind (1), so sehen wir, daß der Griffel nicht bis zur Staubbeutelröhre emporreicht und daß die beiden Narbenäste aneinanderliegen. Bei einer etwas älteren Blüte (2) haben die Beutel sich nach innen geöffnet und die Röhre mit Blütenstaub angefüllt. Gleichzeitig ist der Griffel wie ein Kolben in die Röhre vorgedrungen und hat den Staub vor sich her geschoben. Nunmehr öffnet sich die Blumenkrone (3). Der weiterwachsende Griffel hebt die Staubbeutelröhre ins Freie und drängt den Blütenstaub aus ihr hervor. Erst wenn dieser von Insekten abgestreift worden ist, spreizen die Narbenäste auseinander (4). Jetzt kann die Blüte bestäubt werden. Fremdbestäubung ist die Regel, denn die Röhrenblüten eines jeden Körbchens öffnen sich nicht alle zu gleicher Zeit. Vielmehr erschließen sie sich in einer Spirale von außen nach innen. Später rollen sich die Narbenäste so weit zurück, daß ihre Oberseiten die „Fegehaare“ des Griffels berühren, an denen meist einige Staubkörnchen hängengeblieben sind. Dann kann Selbstbestäubung eintreten.

Zungenblüten. Den Zungenblüten fehlen Staubblätter und Griffel. Sie sind unfruchtbar, machen aber den Blütenkorb auffällig (Lock- oder Strahlenblüten).

Früchte. Nach der Bestäubung werden Griffel und Staubbeutel in die vertrocknende Blumenkrone zurückgezogen. Die Früchte reifen also wie unter einer Decke. Die schwarzgraue Fruchtschale schließt nur einen Samen ein und öffnet sich nicht. Der Sonnenblumenkern ist eine *einsamige Schließfrucht.*

Der einjährigen Sonnenblume steht die ausdauernde *Knollige Sonnenblume* (Heliánthus tuberósus) sehr nahe, die auch als „Topinambur“ oder „Erdbirne“

Röhrenblüte (Grundriß) Fruchtknoten

bezeichnet wird. An den Enden unterirdischer Ausläufer wachsen kartoffelähnliche Knollen, die als Viehfutter und, in besseren Sorten, zur menschlichen Nahrung verwendet werden. Die Pflanze stammt aus Nordamerika und wird auch als Futter und Winterschutz für das Wild angebaut.

Vor Einführung der Kartoffel spielte der Anbau der Erdbirne eine größere Rolle als heute. Feldmäßig findet man sie noch in einigen badischen Gebieten.

1. Sonnenblumenkerne keimen leicht in Balkonkästen und wachsen zu stattlichen, blühenden Pflanzen heran. Mache einen Versuch.

2. Wie viele Rand- und wie viele Scheibenblüten enthält ein Körbchen?

3. Stelle fest, daß die Früchte Fett enthalten.

4. Füttere im Winter die Vögel mit Sonnenblumenkernen.

Der Gemeine Löwenzahn

Der Gemeine Löwenzahn (Taráxacum officinále) enthält in allen Teilen einen weißen *Milchsaft*. Von Weidetieren wird er gern verzehrt („Kuhblume"). Da er aber ein schlechtes Heu liefert, sieht der Landwirt nicht gern, wenn er sich auf Wiesen oder Kleeäckern allzu stark breitmacht.

Der kurze, dicke und oft verzweigte Erdsproß setzt sich in eine lange Pfahlwurzel fort. Wird die Pflanze oben abgeschnitten, dann entsteht aus dem Wurzelhals eine neue Pflanze. Daher läßt sich der Löwenzahn in Gärten und auf dem Acker nur schwer ausrotten.

Die Blätter bilden eine Rosette, die im niedrigen Gras flach ausgebreitet ist. Oft breitet sich die Rosette auch über kleinere benachbarte Pflanzen so aus, daß diese aus Mangel an Licht absterben. Zwischen üppigwachsenden Pflanzen richten sich die Blätter auf. Pflanzen trockner Standorte haben tief eingeschnittene und gezähnte (schrotsägeförmige) Blätter. Der Blattrand ähnelt einem Raubtiergebiß. Daher der Name Löwenzahn!

Bereits im April entfalten sich die *Blütenköpfe* und bestimmen oft durch ihr leuchtendes Gelb die Farbe der Wiese. Die Blütenköpfe sind von einem vielblättrigen Hüllkelch umgeben. Sie stehen einzeln am Ende eines hohlen Schaftes. Die Blütenköpfe bestehen nur aus *Zungenblüten*, die im Gegensatz zu denen der Sonnenblume 5 Staubblätter und einen Stempel enthalten; der Fruchtknoten setzt sich in ein kurzes Stielchen fort. Dieses trägt außer der Blumenkrone einen Kranz seidenartiger Haare, den Kelch (*Haarkelch* oder Pappus). Dieser krönt später die Frucht und wird dann Haar- oder Federkrone genannt.

Schon lange, bevor das Köpfchen sich öffnet, sind die äußeren Hüllblätter herabgeschlagen; die inneren dagegen umgeben die Knospe. Sobald die Blüten ausgewachsen sind, drängen sie an einem sonnigen Morgen den inneren Hüllkelch nach außen; nachmittags kehren Blüten und Hüllkelch wieder in die Knospenlage zurück. Öffnen und Schließen wiederholen sich, bis die Pflanze verblüht ist. Im Schutz des Hüllkelchs reifen die *Früchte* aus. Die Blumenkronen fallen ab, die Stielchen der Fruchtknoten und die

Pappushaare verlängern sich. Sind die Früchte reif, dann schlagen bei sonnigem Wetter die Blätter des Hüllkelchs nach unten, und die Haare spreizen auseinander. Der Wind löst eine Frucht nach der anderen vom Fruchtboden ab, die, wie an einem Fallschirm hängend, weithin segeln können. Ist der Fallschirm gelandet, verankern Zähnchen an der Fruchthülle die Schließfrucht im Boden. Sie ist einsamig wie die der Sonnenblume.

Stelle Flugversuche mit Samen und Früchten an, die durch den Wind verbreitet werden. Vergleiche die Fallgeschwindigkeiten bei bewegter und bei unbewegter Luft (Birke, Ahorn, Linde, Korbblütler u.a.).

Andere Korbblütler

Die Familie der Korbblütler ist die größte unter den Blütenpflanzen. Um eine Übersicht zu erhalten, gliedern wir sie nach dem Bau der Blütenkörbchen. In den Blütenkörbchen des Löwenzahns kommen nur einerlei Blüten, und zwar Zungenblüten vor. Dagegen können bei der Sonnenblume zungenförmige Randblüten von röhrenförmigen Scheibenblüten unterschieden werden. Wiederum andere Korbblütler enthalten in ihren Körbchen nur Röhrenblüten, so die

Ringelblume

Arnika

Kornblume und die Disteln. Damit ergibt sich eine einfache Dreiteilung:

1. *Strahlenblütige* mit Zungenblüten und Röhrenblüten (z.B. Sonnenblume).
2. *Zungenblütige* mit Zungenblüten allein (z.B. Löwenzahn).
3. *Röhrenblütige* mit Röhrenblüten (z. B. Kornblume).

Innerhalb derselben Gattung können auch Arten vorkommen, die verschiedenen Gruppen angehören. So gibt es unter den Kamillen (S. 160) auch eine „strahlenlose" (Matricária matricarioídes), deren Körbchen nur Röhrenblüten enthält. In solchen Fällen ordnen wir die Arten nur einer Gruppe zu.

1. Strahlenblütige. Die röhrenförmigen Scheibenblüten werden von einem Kranz zungenförmiger Rand- oder Strahlenblüten umgeben.

Viele Korbblütler sind Zierpflanzen unserer Gärten und Anlagen. Eine der ältesten ist die *Ringelblume* (Caléndula officinális). Sie stammt aus dem Mittelmeergebiet; ihre Blüten sind orangefarbig oder gelb. – Von den zahlreichen, bei uns vorkommenden Arten, die in Amerika heimisch sind, seien hier genannt: die *Goldrute* (Solidágo canadénsis), die gelb-, rot- oder orangeblühende *Rudbeckie* (Rudbeckia), die vielgestaltige *Kokardenblume* (Gaillárdia) und die *Zinnie* (Zínnia élegans), deren Blütenköpfe in den verschiedensten Farbabstufungen vorkommen. – Von der aus Ostasien stammenden *Gartenaster* (Áster chinénsis) pflanzen wir in unseren Gärten zahlreiche Spielarten an. Wie wir z.B. an der als *„Herbstaster"* in Gärten gezogenen *Bergaster* (A. améllus) sehen können, hatten die Köpfchen dieser Pflanzen ursprünglich nur einen einzigen Kranz von Zungenblüten. Durch Züchtung entstanden Spielarten, bei denen die Röhrenblüten zungenförmig wurden („gefüllte" Blüten).

Blütenköpfe, in denen die Strahlenblüten auf Kosten der Röhrenblüten vermehrt worden sind oder Röhrenblüten völlig fehlen, beobachten wir bei zahlreichen Korbblütlern unserer Gärten. Anschaulich zeigt das eine verbreitete Wiesenpflanze, das *Gänseblümchen* oder *Maßliebchen* (Béllis perénnis). Man braucht es nur in Gartenerde zu pflanzen, so nimmt die Zahl der Strahlenblüten zu, die der Röhrenblüten ab. Durch gärtnerische Auslese sind Formen mit großen weißen, rötlich angehauchten oder roten

Korbblütler

Einfache Dahlie

Gefüllte Dahlie

Köpfchen entstanden, die als *Tausendschönchen* bezeichnet werden. Die Köpfchen der Stammpflanze schließen sich abends und werden nickend.

Unübertroffen ist der Farben- und Formenreichtum der *Dahlie* (Dáhlia variábilis; S. 49). Sie ist aus einigen mexikanischen Arten gezüchtet worden. Alle einfachen oder gefüllten Sorten sind zwar duftlos, erstrahlen aber in herrlichen Farben. Ihre oberirdischen Teile werden durch den Frost getötet. Man nimmt dann die Knollen aus dem Boden und bewahrt sie frostfrei auf. Im nächsten Frühjahr pflanzt man sie wieder aus.

Im Juni und Juli sind viele Wiesen mit den großen, außen weißen, innen gelben Blütensternen der *Wucherblume* oder *Margerite* (Chrysánthemum leucánthemum) übersät. Die Pflanze breitet sich schnell aus, daher: „Wucherblume". – Gebirgswiesen und -weiden erhalten ihren sommerlichen Schmuck von den orangefarbigen Blütenkörbchen der *Arnika* (Arnica montána). Von anderen gelben Korbblütlern ist sie leicht durch die gegenständigen Blätter zu unterscheiden. Arnika steht unter Naturschutz. Aus den an Bitterstoffen und flüchtigem Öl reichen Blütenköpfen gewinnt man Heilmittel. – Kleine, weiße Blütenköpfe, die zu ansehnlichen Trugdolden gehäuft sind, besitzt die *Schafgarbe* (Achilléa millefólium). Tiefgehende Wurzeln, zähe Stengel und fein zerteilte Blattflächen kennzeichnen sie als Trockenlandpflanze. Das Kraut und die Blütenköpfe verwendet man als Hausmittel bei Erkrankungen der Verdauungsorgane.

Auf Schutt, an Bachufern und auf feuchten Äckern entfaltet im zeitigen Frühjahr der *Huflattich* (Tussilágo fárfara) gelbe Blütenkörbe. Erst nach dem Abblühen erscheinen die großen, unterseits graufilzigen Blätter. Alle Teile des Huflattichs liefern Mittel gegen Husten und Heiserkeit.

Von den Ackerunkräutern ist die *Echte Kamille* (Matricária chamomílla) am bekanntesten. Ihre Blütenköpfchen werden in der Heilkunde vielseitig verwendet. Durch den starken Duft, die herabgeschlagenen Randblüten und den kegelförmigen, hohlen

Echte Kamille

Falsche Kamille

Blütenboden läßt sich die Pflanze sicher von der *Falschen Kamille* (M. inodóra) unterscheiden. Diese ist geruchlos und hat einen vollen, halbkugeligen Blütenboden. – Ein häufiges Gartenunkraut ist das *Frühlings-Greiskraut* (Senécio vernális). Es trägt den Namen nach den auffallenden Haarkronen der Früchte. Aus seiner osteuropäischen Heimat hat es sich rasch nach Westen verbreitet. – Aus Südamerika wurde das *Knopfkraut* (Galinsóga parviflóra) eingeschleppt. Heute ist es als Unkraut kaum auszurotten. Zum ersten Male erschien es in Deutschland zur Zeit der Napoleonischen Kriege.

Korbblütler

Frühlings-Greiskraut

Knopfkraut

Ausgesprochene Ödlandpflanzen sind die zahlreichen *Beifußarten* (Artemísia), von denen der *Gemeine Beifuß* (A. vulgáris) am häufigsten vorkommt. Dem Standort „angepaßt", hat die meterhohe, sparrige Pflanze kleine, tiefgeteilte und auf der Unterseite weißfilzige Blätter. Die Blütenkörbchen sind unscheinbar und werden durch den Wind bestäubt. Getrocknete Blütenzweige benutzt man als Küchengewürz. – Ein wesentlich feineres Gewürz liefert der sehr ähnliche *Estragon* (A. dracúnculus). Er ist in Südrußland heimisch und wird bei uns in Gärten gezogen. – Aus Asien eingebürgert ist der *Wermut* (A. absínthium), der auf Öd- und Brachland wächst. Aus ihm gewinnt man Bitterstoffe, die in der Heilkunde und als Likör- und Weinzusatz verwendet werden.

Die bekannteste Alpenpflanze, das *Edelweiß* (Leontopódium alpínum), steht unter Naturschutz. Es wächst auf Weiden und schmalen Felsvorsprüngen, oft dicht unter der Grenze des ewigen Schnees. Dort ist es der Sommersonne stark ausgesetzt. Alle seine Teile sind mit wollig verfilzten Haaren bedeckt. Sie werfen die Sonnenstrahlen großenteils zurück. Die „Sterne", die es trägt, sind Scheinblüten aus mehreren unscheinbaren Blütenköpfen, die von einem Kranz weißwolliger Hochblätter umgeben werden (S. 51).

2. Röhrenblütige. Die Köpfchen bestehen nur aus Röhrenblüten.

Die Kornblume (Centāūréa cýanus) ist ein Ackerunkraut und wird ihrer leuchtendblauen Blütenkörbe wegen gern gepflückt. Sie hat schmale Blätter und tiefgehende Wurzeln, gedeiht daher auch noch auf trockenem Sandboden. Die großen, trichterförmigen Randblüten sind wie bei der Sonnenblume unfruchtbare Schaublüten.

Kornblume

Korbblütler

Laß frischgepflückte Kornblumen sich eine Zeitlang in einem Glas Wasser erholen. Berühre dann mit einem spitzen Bleistift die zu einer Röhre miteinander verklebten Staubbeutel. Du beobachtest nun eine hin und her taumelnde Bewegung, und Pollen wird reichlich an der Spitze der Röhre ausgepreßt.

Die jungen Blüten haben *reizbare Staubfäden.* Berührt ein Insektenrüssel die Staubbeutel, dann verkürzen sich die Staubfäden; die Staubbeutelröhre wird herabgezogen und der in ihr lagernde Pollen durch den Griffel nach vorn geschoben. Erst danach spreizen die Narbenäste auseinander. – Alle *Flockenblumen* haben ähnliche Einrichtungen, auch die in unseren Anlagen gern gezogene *Schöne Flockenblume* (C. pulchérrima), bei der violett gefärbte Randblüten die rosa gefärbten inneren Blüten umgeben. Sie stammt aus Kleinasien und dem Kaukasus.

Röhrenblüten, aber ohne Schaublüten, sind die *Disteln.* Die Früchte der *Echten Disteln* (Cárduus) haben eine Haarkrone aus borstenförmigen Haaren, die der *Kratzdisteln* (Círsium) aus gefiederten Haaren. Bei beiden Gattungen sind sowohl die Blattzipfel als auch die Hüllblätter zu langen Spitzen ausgezogen.

Nickende Distel

Silberdistel

Besonders ansehnlich sind die Blütenköpfe der *Nickenden Distel* (Cárduus nutans). Ihre rotvioletten, auf langen Stielen seitlich geneigten Köpfe können mehr als 5 cm im Durchmesser erreichen. Die verbreitetste Kratzdistel ist die *Acker-Kratzdistel* (Círsium arvénse), ein lästiges Unkraut. – Distelartige Blütenköpfe, aber unbestachelte Laubblätter haben die *Kletten* (Arctium). Die Hüllblätter enden in hakenförmig gebogenen Spitzen. Daher bleiben die Fruchtstände leicht im Pelz vorüberstreichender Tiere hängen. – Distelartig ist auch das Aussehen der *Silberdistel* (Carlína acáulis), die Weiden der höheren Mittelgebirge bewohnt. Die großen, gelblichweißen Blütenköpfe werden von glänzend weißen Hüllblättern umgeben, die bei Sonnenschein einen Strahlenkranz bilden, bei nassem Wetter das Blütenkörbchen einschließen. Sie steht unter Naturschutz. – Hüllblätter in Form eines Strahlenkranzes zeigen auch die *Garten-Strohblumen* (Helichrýsum bracteátum), die aus Australien zu uns gekommen sind. Ihren Namen haben sie nach den trockenhäutigen Hüllblättern erhalten, die vielerlei Farben aufweisen.

Tauche ein trockenes, strahliges Blütenköpfchen der Strohblume in Wasser und beobachte die Schließbewegung der Hüllblätter. Auch in feuchter Luft schließen sich die Köpfchen.

3. Zungenblütige. Die Köpfchen enthalten nur Zungenblüten.

Wie der *Löwenzahn* gehört auch der *Wiesen-Bocksbart* (Tragopógon praténsis) zur Gruppe der Zungenblütigen. Wenn der Löwenzahn bereits fruchtet, ist die Hauptblütezeit des Bocksbartes. Die leuchtendgelben Blütenkörbchen schließen sich um die Mittagszeit. Besonders auffällig sind die großen Federkronen, deren Strahlen durch Fiederhaare miteinander verbunden sind.

Im Spätsommer blüht an warmen, trockenen Wegrändern die *Wegwarte* oder *Wilde Zichorie* (Cichórium íntybus) auf. Die blaublühende, ausdauernde Staude ist die Stammpflanze des *Chicorée*-Salats wie auch der Wurzelzichorie, aus der Kaffeezusatz gewonnen wird. – Auf vielen Wiesen sind regelmäßig Arten vom *Habichtskraut* (Hierácium) und vom *Pippau* (Crepis) zu finden. Die einzelnen Arten sind schwer unterscheidbar. Als Faustregel merkt man sich, daß die Haarkrone beim Habichtskraut grauweiß, beim Pippau schneeweiß aussieht. – Als lästige Unkräuter in Garten und Feld sind die Arten der

Wegwarte

Gänsedistel (Sonchus) verbreitet. – Aus dem Mittelmeergebiet kommen verschiedene Salatpflanzen, so die *Endivie* (Cichórium endivía) und zahlreiche Spielarten des *Gartensalats* (Lactúca satíva). – Das Mittelmeergebiet ist auch die Heimat der *Schwarzwurzel* (Scorzonéra hispánica), die wegen der wohlschmeckenden, außen schwarzen Wurzel angebaut wird.

Lang- und Kurztagpflanzen. Salat, aber auch Spinat (S. 129), blühen nur dann, wenn die Tage lang sind, also im Sommer. Man nennt solche Pflanzen Langtagpflanzen und erntet sie daher vor der Blütezeit, im Frühjahr. Auch unsere Getreidepflanzen sind Langtagpflanzen. Bei diesen liegt uns aber daran, daß die Ähren kräftig blühen und fruchten.
Unsere Dahlien aber, die aus tropischen Ländern zu uns gekommen sind, blühen im Spätsommer, wenn die Tage kurz werden. Es sind Kurztagpflanzen. Dazu gehören auch Tabak und Reis (s. auch S. 92 u. 102).

Die kleinen Blüten der *Korbblütler* sind zu korbähnlichen Blütenständen gehäuft und von einer gemeinsamen Hülle umgeben. Die Einzelblüten haben einen wenig ausgebildeten Kelch, der vielfach in eine Haarkrone umgewandelt ist, eine röhren- oder zungenförmige Blumenkrone und 5 Staubblätter, deren Beutel zu einer Röhre verwachsen sind. Der unterständige Fruchtknoten entwickelt sich zu einer einsamigen Schließfrucht.

Fruchtstand

Wiesen-Bocksbart

Frucht

Einkeimblättler

Liliengewächse

Die Blüten der *Liliengewächse* bestehen aus zwei 3gliedrigen Blumenblattkreisen, 2mal 3 Staubblättern und einem 3fächrigen Fruchtknoten. Sie sind nach der 3-Zahl gebaut.

Diese Kennzeichen haben wir an der *Tulpe* (Túlipa gesneríana, S. 1) bereits kennengelernt. Die ebenfalls genannten Verwandten (S. 57), der *Blaustern* (Scilla bifólia), der *Goldstern* (Gágea lútea) und die *Traubenhyazinthe* (Muscári botryoídes), stimmen mit der Tulpe trotz äußerlich verschiedenen Aussehens in wesentlichen Stücken überein: Es sind Stauden mit Zwiebeln, und ihre Blüten zeigen denselben Grundriß wie die Tulpenblüte. Alle so gebauten Liliengewächse faßt man zur Unterfamilie der Eigentlichen Liliengewächse zusammen. Als weitere Unterfamilien werden wir die der Herbstzeitlosengewächse und die der Spargelgewächse näher betrachten.

Eigentliche Liliengewächse
Mit der Gartentulpe pflegen wir als Zierpflanzen in Anlagen und Gärten zahlreiche ihrer Verwandten. Hier kann nur eine kleine Auswahl gegeben werden: Aus Südeuropa und Westasien ist die *Weiße Lilie* (Lílium cándidum) zu uns gekommen. Das blendende

Feuerlilie

In den Blattachseln Brutzwiebeln

Brutzwiebel

Weiß, der abends stärker werdende Duft, die Größe und Stellung der Blüten kennzeichnen sie als eine Nachtfalterblume. – Die *Feuerlinie* (L. bulbíferum) ist auf unseren Gebirgswiesen heimisch; leider ist sie recht selten geworden. Sie ist eine Tagfalterblume, mit gelbroten, duftlosen, aufrechtstehenden Blüten. In den Achseln ihrer oberen Blätter bildet sie Brutzwiebeln aus. – Rotgelbe, dunkelpunktierte Blüten trägt die ostasiatische *Tigerlilie* (L. tigrínum). – In Bergwäldern, auf kalkhaltigen Böden, erblüht im Juni oder Juli der meterhohe *Türkenbund* (L. mártagon). Die turbanartigen, rosafarbigen, braunpunktierten Blüten werden von Schwärmern bestäubt, die im Schwirrflug die Blüte von unten anfliegen, um an den Nektar zu gelangen. Die Pflanze steht unter Naturschutz. – Die *Kaiserkrone* (Fritillária imperiális), eine alte Gartenpflanze aus dem Himalaja, entfaltet ihre großen, hängenden, braunroten Blüten im Frühjahr. – Die *Hyazinthe* (Hyacínthus) hat kleine, aber duftende, zu Trauben gehäufte Blüten. Sie wird in zahlreichen, farbenprächtigen Sorten gezogen, die auch im Zimmer früh getrieben werden können. Im 17. Jahrhundert kam sie aus der Türkei nach Mitteleuropa. – Zu den Liliengewächsen gehören auch wichtige Küchenpflanzen. Ihre Blüten sind unscheinbar. Die *Küchenzwiebel* (Allium cepa), der *Knoblauch* (A. satívum), die *Perlzwiebel* (A. ophioscórodon) und die *Schalotte* (A. ascalónicum) haben ihre Heimat in Vorderasien. Nur der *Schnittlauch* (A. schoenóprasum) ist bei uns urwüchsig. Die *Winterzwiebel* (A. fistulósum) hingegen kommt aus Südost-Sibirien und ist winterhart. – Der *Porree* (A. pórrum) wird von einer Perlzwiebel des Mittelmeergebietes abgeleitet. Er wird einjährig als Sommerlauch und 2jährig als winterharter Winterlauch gezüchtet.

Einer nahestehenden Unterfamilie gehören die *Steppenkerzen* (Eremúrus) aus Turkestan und die *Fackellilien* (Kniphófia) aus Südafrika an. Die erste bildet eine lange, schlanke Blütentraube, die sich mit orangeroten oder lachsfarbigen Blüten von unten nach oben öffnet. Die Fackellilie entwickelt eine Blütenähre, deren Blüten als Knospen orangerot, geöffnet aber gelb gefärbt sind.

Hier sind auch die *Aloe*-Arten zu nennen: dichte Rosetten aus fleischigen, meist gezähnten Blättern, werden von einem Stamm in die Höhe gehoben. Die in Südafrika beheimateten Pflanzen werden in Kübeln gehalten (Abb. S. 300).

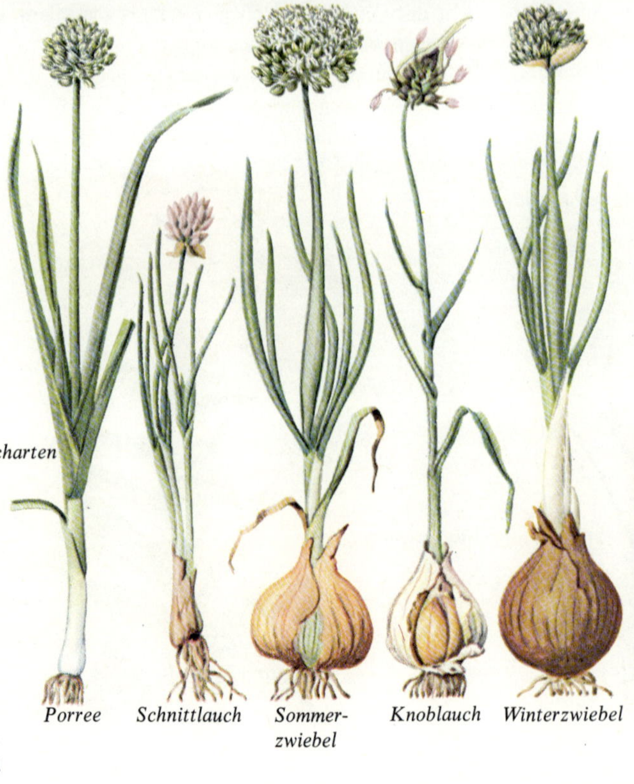

Laucharten

Porree *Schnittlauch* *Sommerzwiebel* *Knoblauch* *Winterzwiebel*

Herbstzeitlose. Blühende und fruchtende Pflanze

Herbstzeitlosengewächse

Die Herbstzeitlose

Die Pflanze blüht, wie der Name besagt, ganz „außer der Zeit" (Zeitlose, Cólchicum autumnále). Ihre Blüte entfaltet sich im Spätsommer, wenn die Wiesen abgemäht sind, und zwar vor dem Erscheinen der Blätter. Alle zum Aufbau nötigen Stoffe werden einer *Knolle* entnommen, die etwa 15 cm tief in der Erde liegt. Lösen wir von einer ausgegrabenen Knolle die dunkelbraune Hülle ab, so sehen wir, daß sie seitlich mit der eigentlichen Pflanze in Verbindung steht. Diese setzt sich aus zahlreichen Wurzeln, einem kurzen Sproß, einigen farblosen, noch ganz kleinen Blättern und einer oder mehreren Blüten zusammen, die sich allein über den Boden erheben.

Die *Blüte* ist wie die der Tulpe nach der 3-Zahl gebaut. Jedoch sind die 6 Blütenhüllblätter unten zu einer langen Röhre verwachsen, die im Boden von Scheidenblättern umgeben ist. Durch die ganze Länge der Röhre erstrecken sich 3 fadenförmige Griffel bis hinunter zu dem 3fächrigen Fruchtknoten, der der Knolle ansitzt. Am oberen Ende der Kronröhre stehen die 6 Staubblätter. Als Bestäuber kommen Hummeln und Bienen in Betracht. Nektar wird von den Staubfadenenden abgesondert. Nach der Bestäubung stirbt die Pflanze über der Erde ab.

Im kommenden Frühjahr beginnt der bisher kurze Stengel auszuwachsen. Er hebt die tulpenartigen Laubblätter samt dem Fruchtknoten über den Erdboden. Die in den Blättern entstehenden Baustoffe kommen zu einem Teil der reifenden Frucht, zum anderen Teil dem Stengel zugute. Dieser schwillt zuunterst zu einer zunächst noch kleinen Knolle an, die sich im Laufe des Winters bis zum Frühjahr auf Kosten der alten Knolle vergrößert. Aus einem Seitensproß der neuen Knolle geht die Herbstblüte hervor.

Die *Frucht*, eine 3fächrige Kapsel, öffnet sich im Juni mit 3 Klappen. Die braunen Samen besitzen ein weißes Anhängsel, das in der Nässe klebrig wird. Dadurch haften sie leicht an den Hufen der Weidetiere und werden weiter verbreitet.

Die Herbstzeitlose enthält in allen Teilen ein gefährliches Gift. Selbst im Heu verliert es seine Giftigkeit nicht. Daher sucht der Bauer die Pflanze auszurotten, indem er einige Jahre hindurch die grüne Pflanze tief absticht. Das Gift, *Colchizin*, ist zu einem sehr wichtigen Heilmittel geworden und hat auch in der Vererbungsforschung große Bedeutung erlangt.

1. In welcher Tiefe liegen die Knollen einer blühenden, ferner einer fruchtenden Pflanze?
2. Beobachte die Blütenbesucher.

Spargelgewächse

Das Maiglöckchen

Das Maiglöckchen (Convallária majális) treibt erst aus, wenn der Laubwald wieder ergrünt. Die Pflanze ist etwas giftig. Die oberirdischen Sprosse kommen aus einem *Erdsproß* mit schuppenartigen Niederblättern hervor, der sich mehrfach verzweigt. Jedes Zweigende bildet eine neue Pflanze aus. Somit speichert der Erdsproß nicht nur Baustoffe für den Frühjahrstrieb, sondern sorgt durch seine Verzweigung auch für die ungeschlechtliche Vermehrung.

Maiglöckchen, austreibend, blühend und fruchtend

Blüte (Längsschnitt)

Erdsproß

Der kegelförmige Jungtrieb ist von festen, bläulichroten Niederblättern umhüllt. Hat er den Boden durchbrochen, dann sprengen die beiden tütenförmig zusammengerollten Laubblätter die Hülle und breiten sich aus. Ihre langgestielten, eiförmigen Blattflächen sind wie die der Tulpe paralleladrig und von einer dünnen Wachsschicht überzogen. Gleich den Blättern anderer Schattenpflanzen werden sie verhältnismäßig groß. Zugleich aber sind sie ziemlich derb und können daher Trockenzeiten im Sommer überstehen.

Blüte und Frucht. Das Maiglöckchen blüht nur an lichten Stellen des Waldes. Am oberen Ende eines langen Schaftes entspringen die Blüten, und zwar aus den Achseln häutiger Hochblätter. Alle Blüten sind mit ihren kurzen Stielen nach einer Seite gewendet (einseitswendige Traube) und duften stark. Der Blütengrundriß entspricht dem der Tulpe, doch sind die 6 Blumenblätter zu einem Glöckchen verwachsen. Ferner gehen aus dem Fruchtknoten rote Beeren hervor. Sie werden von Amseln gern gefressen, die die hartschaligen Samen weiter verbreiten.

In Gärtnereien blühen Maiglöckchen als Topfpflanzen fast das ganze Jahr hindurch. Ihre Erdsprosse bewahrt man in Kühlräumen auf, damit sie nicht austreiben. Bringt der Gärtner sie dann eingetopft in ein Warmhaus, so erhält er in Kürze blühende Pflanzen.

Das Frühtreiben läßt sich an einem abgeblühten Maiglöckchen zeigen. Die Pflanze wird eingetopft in den Keller gestellt und nicht gegossen. Kurz vor Weihnachten bringt man sie in ein warmes Zimmer und beginnt, sie zu gießen.

Verwandte. In lichten Laubwäldern wächst die *Weißwurz* oder das *Salomonssiegel* (Polygonátum odorátum). Die Pflanze hat einen weißen Erdsproß, an dem die absterbenden oberirdischen Teile siegelartige Narben zurücklassen. In ihm haben wir die „Springwurz" vor uns, mit der im Märchen Schätze gehoben und verschlossene Türen aufgesprengt werden. Aus den Achseln der 2zeilig gestellten Blätter gehen längliche Blütenglocken hervor. – Eine verbreitete Waldpflanze ist die *Schattenblume* (Maiánthemum bifolium). Auffällig sind die beiden herzförmigen Blätter und die aufrechte, weißblühende Traube. – Ein starkes Gift enthalten der Erdsproß und die stahlblaue Frucht der *Einbeere* (Páris quadrifólia), die in feuchten Wäldern und Gebüschen nicht selten vorkommt. Ihre Blüte ist im Gegensatz zu den meisten Liliengewächsen 4zählig.

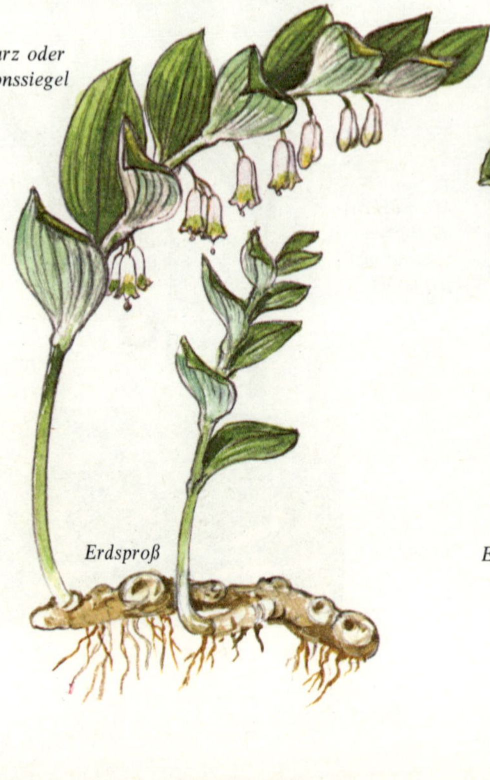

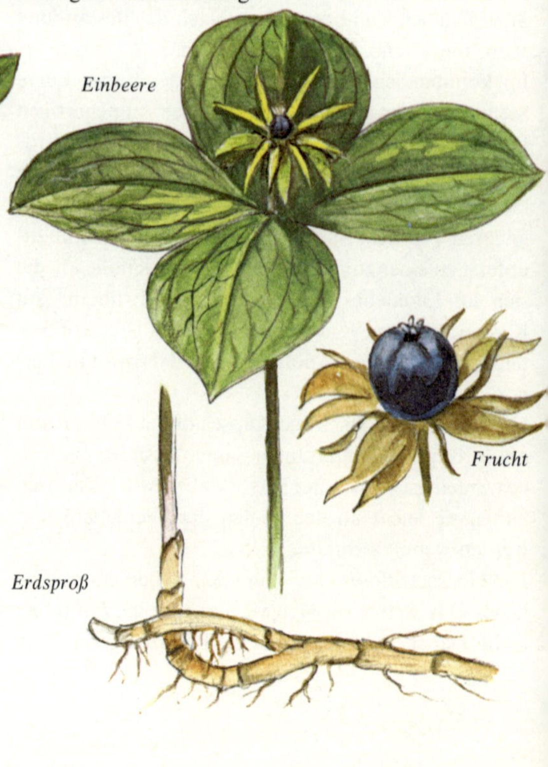

Palmlilie (Yucca)

Der *Spargel* (Aspáragus officinális) wird auf angehäufelten Beeten in sandigem Boden angebaut. Seine jungen, unterirdischen Triebe liefern das bekannte Gemüse. Sie entspringen einem Erdsproß, der tief unter der Oberfläche sitzt und sehr lange Wurzeln aussendet. Die keilförmige Spitze der Triebe wird beim Durchbrechen des Bodens von Blattschuppen geschützt. Man setzt die jungen Pflanzen möglichst tief, häufelt darüber noch lockere Erde, so daß die Triebe lang werden. Sobald sie an die Oberfläche kommen, schneidet man sie recht tief ab. Die nicht gestochenen Triebe erreichen bald Meterhöhe und verzweigen sich baumartig. Sie sorgen für die Ernährung des Erdsprosses, dürfen also nicht entfernt werden. Würden alle Jungtriebe „abgestochen“, dann müßten sich die Baustoffe im Erdsproß bald erschöpfen, wenn grüne Triebe nicht für Ersatz sorgen können. Ihre Laubblätter sind braun und schuppenförmig. Aus ihren Achseln gehen nadelförmige Zweige hervor, die fälschlich als Blätter angesehen werden. Die grüngelben Blüten stellen hängende Glöckchen dar, in denen entweder die Staubblätter oder der Stempel verkümmert sind. Daher ist Selbstbestäubung ausgeschlossen. Die Früchte, rote Beeren wie beim Maiglöckchen, werden von zahlreichen Vögeln gefressen und die hartschaligen Samen von diesen verbreitet.

Die *Liliengewächse* sind meist Zwiebel- oder Knollenpflanzen. Ihre Blüten haben eine aus zwei 3blättrigen Kreisen bestehende Blütenhülle, 6 Staubblätter und einen Stempel mit oberständigem Fruchtknoten.

Der nahestehenden Familie der *Agavengewächse* werden die *Palmlilien* (Yucca) aus Mexiko zugerechnet. Eine winterharte Art gedeiht auch bei uns im Freiland. – Hier sind auch die *Agaven* aus Mittelamerika zu nennen, die im Mittelmeergebiet völlig heimisch geworden sind. Aus einer grundständigen Rosette fleischiger, bestachelter Blätter (vgl. dagegen Aloe) bricht nach 10 – 15 Jahren ein bis zu 8 m hoher Blütenstand hervor. Nach der monatelangen Blütezeit stirbt die Pflanze ab. – Die als Zimmerpflanze bekannte *Sanseviéria* kommt aus dem tropischen Westafrika.

Binsengewächse

Die Binsengewächse stimmen mit den Liliengewächsen hinsichtlich des Blütenbaues bis auf die unscheinbare grüne oder braune Blütenhülle fast völlig überein. In ihrem Gesamtaussehen (Habitus) aber ähneln sie den Gräsern. An nassen Stellen findet sich als eine der häufigsten Arten die *Flatterbinse* (Juncus effúsus). Aus ihren knotenlosen, bis etwa $^1/_2$ m hohen Sprossen brechen scheinbar seitlich zahlreiche Blüten hervor. Bei genauerem Zusehen erkennt man jedoch, daß der vermeintliche obere Teil des Stengels das senkrecht aufgerichtete, stielrunde Deckblatt des Blütenstandes ist. Die Blüten werden durch den Wind bestäubt. Auch die eigentlichen Blätter sind wie die am Grund von häutigen Niederblättern umgebenen Stengel stielrund. Manche Binsenarten eignen sich zu Flechtwerk. –

Gemeine Hainsimse *Flatterbinse (verkl.)*

Noch „grasähnlicher" als die Binsen erscheinen die *Hainsimsen* (Lúzula), die flache, am Rande meist gewimperte Blätter aufweisen.

Narzissengewächse

Das *Schneeglöckchen* (Galánthus nivális), den *Märzenbecher* (Leucójum vérnum) und die *Narzissen* (Narcíssus) haben wir bereits kennengelernt (S. 55). Als Topf- und Gewächshauspflanzen sind außer der *Clivie* (Clívia) der gewöhnlich Amaryllis genannte *Ritterstern* (Hippeástrum) zu nennen.

Die *Narzissengewächse* ähneln sehr den Liliengewächsen; ihre Blüten haben aber einen unterständigen Fruchtknoten.

Schwertlilien oder Krokusgewächse

Die Wasserschwertlilie

Die Wasserschwertlilie (Iris pseudácorus) entfaltet im Mai und Juni in Sümpfen und Gräben ihre gelben Blüten. Aus dicken, waagrecht kriechenden Erdsprossen erheben sich blütenlose Kurz- und etwa meterhohe blühende Langtriebe. An den Kurztrieben ist leicht zu erkennen, daß die Blätter in 2 Zeilen geordnet sind. Ihre schwertförmige Blattfläche geht allmählich in eine lange, rinnenförmige Blattscheide über, die den Stengel ganz oder teilweise umfaßt („reitende Blätter"). Die Kurztriebe strecken sich im nächsten Jahr zu Langtrieben.

Die schnell vergängliche *Blüte* ist im wesentlichen wie die des Krokus gebaut. Wie bei diesem sind die 6 Blumenblätter unten zu einer Röhre verwachsen, die dem *unterständigen* Fruchtknoten aufsitzt. Jedoch übertreffen die nach außen umgebogenen Blätter des äußeren Kreises die des aufrechten inneren beträchtlich an Größe. Weiterhin sind *3 Staubblätter* vorhanden. Der Griffel teilt sich in 3 blumenblattartige, 2zipflige Äste, die die Staubbeutel überdecken. Jeder Ast trägt unten ein Läppchen, dessen Oberseite die Narbe bildet.

Um Nektar zu saugen, der im Grund abgeschieden wird, läßt sich z. B. eine Hummel auf einem der großen Blumenblätter nieder und zwängt sich unter den darüberstehenden Griffelast. Dabei streift sie mit dem Rücken zunächst das Narbenläppchen, das sich umklappt und mitgebrachten Pollen festhält. Weiter nach innen wird der Staubbeutel berührt. Kriecht das Tier zurück, dann klappt das Narbenläppchen wieder in die Ausgangslage zurück, so daß es eigenen Pollen, mit dem das Tier jetzt beladen ist, nicht aufnehmen kann.

Die *Frucht* ist eine 3fächrige Kapsel, die in der Mitte jedes Faches aufreißt. Die braunen Samen sind schwimmfähig und werden durch Wellen und Strömung verbreitet.

Verwandte. Zahlreiche Schwertlilienarten sind beliebte Zierpflanzen geworden. – Von den Krokus-Arten war bereits die Rede (S. 56). – Die Stammeltern der *Gladiolen* unserer Anlagen und Gärten sind südafrikanische Arten. Ihre farbenprächtigen,

Wasserschwertlilie

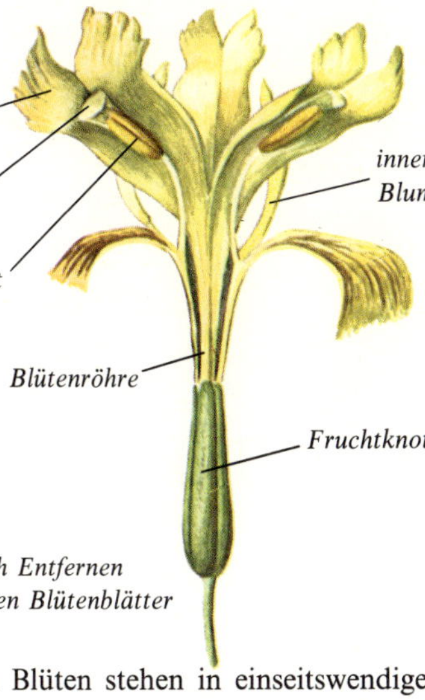

Blüte nach Entfernen der äußeren Blütenblätter

Blüte von einer Hummel besucht

Same und Frucht im Querschnitt (vergr.)

2seitigen Blüten stehen in einseitswendigen Blütentrauben. – Als Schnittblumen kommen schon im Februar bunte und weiße *Freesien* auf den Markt. Ihre Heimat ist Südafrika. Von dort kommt auch die im Sommer blühende *Montbretia* (Tritónia), die ihrer rot- oder gelbleuchtenden Blütenstände wegen im Garten gezogen wird.

Die Schwertlilien- oder Krokusgewächse ähneln den Liliengewächsen, haben aber einen unterständigen Fruchtknoten wie die Narzissengewächse und abweichend von diesen nur 3 Staubblätter .

Schwanenblumen-, Froschlöffel-, Froschbiß- und Laichkrautgewächse

Alle hier folgenden Pflanzen wachsen stets im oder am Wasser. Von schilfartigem Wuchs ist die *Schwanen-blume* (Bútomus umbellátus), auch *Blumenbinse* genannt. Sie trägt auf einem 1 m hohen Schaft eine Dolde rosafarbiger Blüten mit 9 Staubblättern und 6 Fruchtblättern von roter Farbe. Die schwimmfähigen Früchte werden durch das Wasser verbreitet. – Wie die Schwanenblume hebt der *Froschlöffel* (Alísma plantágo-aquatica) seine löffelförmigen, das *Pfeilkraut* (Sagittária sagittifólia) seine pfeilförmigen Blätter über den Wasserspiegel empor. Beide Pflanzen werden auch in Aquarien gern gehalten.

Der *Froschbiß* (Hydrócharia morsus-ranae) schwimmt frei im Wasser und breitet seine runden, herzförmigen Blätter auf dessen Spiegel aus. Er ist einhäusig; die kleinen weißen Blüten enthalten entweder nur Staub-

Schwanenblume

Froschbiß; von einem Ausläufer löst sich eine Winterknospe ab, $^2/_3$ natürliche Größe

Zweig der Wasserpest
mit 2 Stempelblüten,
etwa $^1/_2$ natürliche Größe

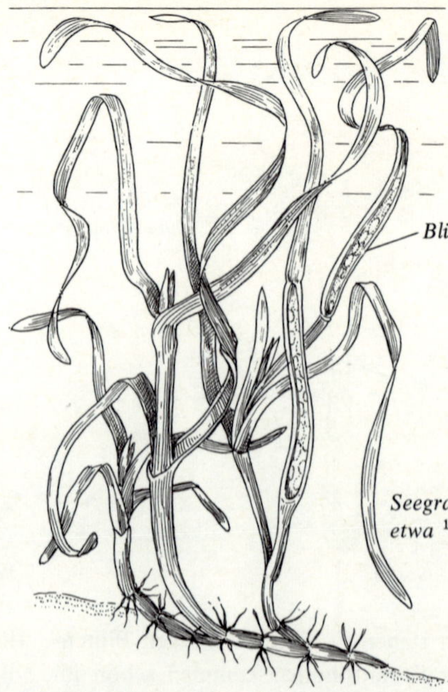

Seegras,
etwa $^1/_4$ natürliche Größe

blätter oder 3 Stempel. Früchte werden selten ausgebildet. Er vermehrt sich meist ungeschlechtlich durch Winterknospen. Das sind Endknospen von Ausläufern, die sich im Herbst ablösen und auf den Grund sinken. Im Frühjahr erscheinen sie wieder auf der Wasseroberfläche und wachsen zu neuen Pflanzen aus. – Die *Wasserpest* (Elodéa canadénsis) ist erst um die Mitte des vorigen Jahrhunderts aus Nordamerika bei uns eingeschleppt worden. Bruchstücke von ihr entwickeln sich zu selbständigen Pflanzen. Durch Wasservögel verschleppt, bildete sie infolge ihrer raschen ungeschlechtlichen Vermehrung solche Massenbestände in unseren Wasserstraßen, daß die Schiffahrt zeitweilig behindert wurde.

Die *Laichkräuter* (Potamogéton) sind untergetauchte oder schwimmende Wasserpflanzen. Ihre Blüten erheben sich über den Wasserspiegel und werden durch den Wind bestäubt. – In der Strandzone unserer Meere wächst auf Schlickboden das *Seegras* (Zostéra), das früher getrocknet als Polsterstoff verwendet wurde. Es hat lange, riemenförmige Blätter, und blüht unter Wasser. Die zwittrigen Blüten enthalten nur 1 Staubblatt und nur 1 Stempel. Der Pollen ist fadenförmig; er wird bei Niedrigwasser in Wölkchen ins Wasser entleert und durch das Wasser zu den Narben getragen.

Wie werden die Blüten bestäubt?

Pollen-Überträger	Beispiele
Insekten	
Hummeln	Taubnessel, Rotklee, Leinkraut, Salbei
Bienen	Weißklee, Salweide, Linde
Fliegen und Mücken	Osterluzei
Käfer	Seerose, Teichrose, Wilde Möhre
Tagfalter	Ackerwinde, Feuerlilie, Taglichtnelke
Nachtfalter	Zaunwinde, Nachtlichtnelke, Weiße Lilie
Vögel	
Kolibris	Fuchsien (in südamerikanischer Heimat)
Wind	Hasel, Eiche, Edelkastanie und Wegerich (die beiden letzten auch insektenblütig)
Wasser	Hornblatt, Seegras

Früchte oder Samen und ihre Verbreitung

(vgl. S. 155)

Flugfrüchte:

Tragflächen und Fallschirme oder Haare erleichtern die Verbreitung durch den Wind.

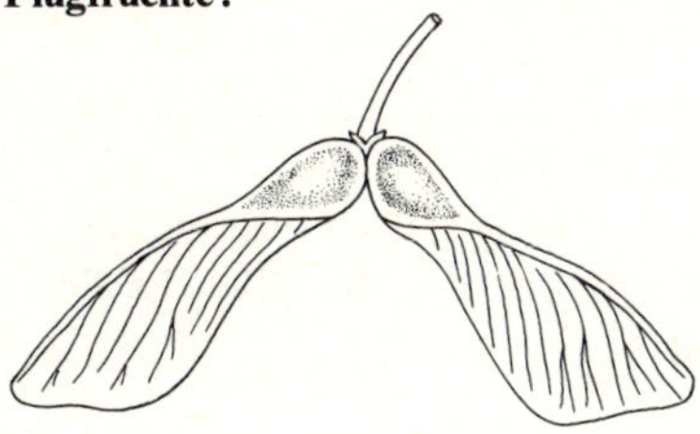

Ahorn

Löwenzahn

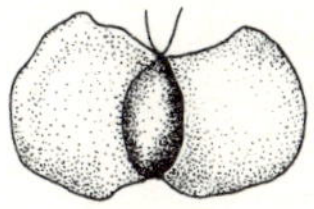

Birke

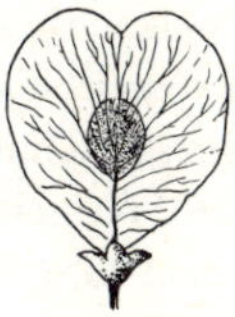

Ulme

Weide

Schwimmfrüchte und Schwimmsamen:

Lufthaltige Hüllen erleichtern das Schwimmen auf dem Wasser (Seerose, Wasserschwertlilie).

Schleuderfrüchte:

Besondere Einrichtungen sorgen dafür, daß die Samen weit weggeschleudert werden.

Storchschnabel

Springkraut

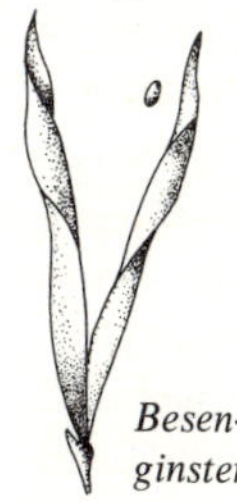

Besenginster

Klettfrüchte:

Durch Haken setzen sie sich im Pelz oder Gefieder von Tieren fest und werden verschleppt.

Klebkraut

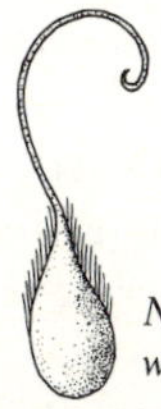

Nelkenwurz

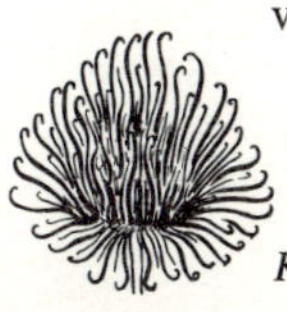

Klette

Nüsse:

Tiere wie Eichelhäher und Eichhörnchen verstecken sie als Wintervorrat und vergessen sie später (Haselnuß, Buchecker, Eichel).

Beeren und Steinfrüchte:

Tiere, besonders Vögel, fressen sie und scheiden den unverdaulichen Steinkern oder die Samen wieder aus (Kirschkern, Holunderkern, Stachelbeersamen).

Teilfrüchte oder Samen mit fleischigem Anhängsel:

Ameisen verschleppen die Samen, um die Anhängsel zu fressen (Ameisenbrot: Taubnessel, Schneeglöckchen, Veilchen).

Die Pflanze und ihr Standort

(Anpassungserscheinungen)

1. Landpflanzen

a. Feuchte Standorte

Feuchtigkeitspflanzen: Verdunstung gefördert, abgepflückt welken sie rasch.

Blätter: groß, dünn, Spaltöffnungen reichlich (Brunnenkresse, Knoblauchshederich, Froschlöffel), Wasserspalten (Fuchsie, Frauenmantel, Gräser).

Wurzeln: schwach entwickelt, da genügend Feuchtigkeit.

b. Trockene Standorte

Trockenpflanzen: Verdunstung stark herabgesetzt.

Blätter: klein (Heidekraut, Besenginster),
schmal (Leinkraut),
fein zerteilt (Schafgarbe, Besenrauke),
spärlich (Besenginster, Spargel),
eingerollt (Rollblätter: Heidekraut, Dünengräser),
derbe Oberhaut (Hartlaub: Myrte, Oleander),
mit Wachsschicht (Dünengräser),
Spaltöffnungen eingesenkt (Heidekraut).

Stengel: sparrig (Besenrauke, Schafgarbe).

Wurzel: weit verzweigt (Heidekraut),
tiefreichend (Wilde Möhre, Kuhschelle).

Saftpflanzen (Sukkulenten): Wasser in stark schleimhaltigem Gewebe gespeichert (Fettpflanzen).

Blätter: als Wasserspeicher, Oberhaut verdickt, Spaltöffnungen vermindert (Mauerpfeffer, Hauswurz, Aloe, Agave).

Sprosse: als Wasserspeicher, derbe Oberhaut, Blätter verdornt oder fehlend (Kakteen, tropische Wolfsmilcharten).

Wurzeln: schwach entwickelt, flach ausgebreitet, bei Regen aber sehr saugfähig (Mauerpfeffer, Kakteen).

c. Wechselfeuchte Standorte

Ungünstige Zeiten werden überdauert durch
Rosettenbildung der Blätter (Königskerze, Wegerich),
Erdsprosse (Weißwurz, Buschwindröschen),
Zwiebeln (Küchenzwiebel, Tulpe, Hyazinthe),
Knollen (Dahlie: Wurzelknolle, Kartoffel: Sproßknolle).

2. Wasserpflanzen

Blätter: Schwimmblätter mit Spaltöffnungen auf der Oberseite (Seerose, Teichrose),
Durchlüftungsgewebe in Blättern und Stielen (Seerose).

Sprosse: frei schwimmend (Froschbiß),
untergetaucht (Hornblatt).

Wurzeln: durch Strangwurzeln verankert (Seerose, Teichrose),
fehlend (Hornblatt, Wasserschlauch).

Der Roggen

1. Getreidekörner (besonders geeignet sind solche vom Hafer) werden 24 Stunden in Wasser eingequollen, dann auf feuchtem Löschpapier in Petrischalen (oder Deckeln von Einmachgläsern) in Reihen ausgelegt und bis zum Erscheinen der ersten Wurzeln aufbewahrt. Die besten Exemplare werden in Blumentöpfen mit feuchten Sägespänen bis zum Erscheinen der Blätter aufgezogen.
2. Beobachte und zeichne die einzelnen Entwicklungsstufen. Beachte, wie fest die Wurzelhaare mit dem Löschpapier verwachsen.
3. Sobald die Keimscheide hervorbricht, stelle einen Blumentopf in eine Schale mit Wasser und bedecke das Ganze mit einer Glasglocke (großes Einmachglas oder auch Plastiktüte). Wie lange dauert es, bis an der Spitze der Keimscheide oder der Erstlingsblätter Wassertropfen ausgeschieden werden?
4. Im Dunkeln aufgezogene Keimlinge werden in einem Dunkelkasten (vgl. Versuch S. 26 bei der Bohne) einseitig belichtet. Belichte 1 Minute, 10 Minuten, $^1/_4$ Stunde und länger und stelle fest, wann sich zum ersten Male die Keimlingsspitze krümmt.

Unser „tägliches Brot" liefert vor allem der Roggen (Secále cereále). In rauhen Gegenden und auf sandigem Boden gedeiht er besser als der Weizen, die andere wichtige Brotfrucht. Rund ein Fünftel der gesamten Ackerfläche wird heute noch bei uns mit Roggen, auch „Korn" genannt, angebaut.

Das Roggenkorn und seine Keimung. Das Roggenkorn ist von einer graugelben Haut umhüllt, die sich bei einem aufgequollenen Korn leicht entfernen läßt. Durchschneiden wir ein solches Korn entlang seiner Längsfurche, so sehen wir, daß die Schnittfläche 2 ungleiche Teile zeigt. Mit einer Lupe sind am unteren Teil eine Knospe mit den Anlagen der ersten Blätter, ein kurzer Stengel und ein Würzelchen zu erkennen. Wir haben somit den *Keimling* vor uns. Sein Stengel trägt einen schildförmigen Körper, der dem größeren oberen Teil der Frucht anliegt. Dieses *Schildchen* nimmt jene Stelle ein, an der sich bei den Zweikeimblättlern die Keimblätter befinden. Also haben wir in ihm das *Keimblatt* vor uns (Einkeimblättler). Der obere Teil enthält Stoffe (Eiweiß und Stärke), die die junge Pflanze zum Aufbau und zur Nahrung braucht. Ihn bezeichnet man darum als das *Nährgewebe.*
Kurz nachdem die Körner ausgesät wurden, beginnen sie zu keimen. Bei der meistangebauten Spielart des Roggens, dem Winterroggen, erfolgen Saat und Keimung im Herbst, beim Sommerroggen im zeitigen Frühjahr. Die Keimung geht, wie die Versuche zeigen, im wesentlichen wie bei der Bohne vor sich: Die Körner quellen in der feuchten Erde auf; die Haut wird gesprengt, und das Würzelchen bohrt sich in den Boden ein. Gleichzeitig treten aus dem Stengel andere Wurzeln hervor, die man *sproßbürtige Wurzeln* nennt (S. 35). Zahlreiche solche Wurzeln bilden einen Wurzelschopf, der die junge Pflanze fest im Boden verankert. Deutlich sind an den Wurzeln die *Wurzelhaare* zu erkennen. Sie bilden einen feinen Flaum (Versuch 1 und 2). Diese Haare verwachsen fest mit dem Boden,

Roggenkorn

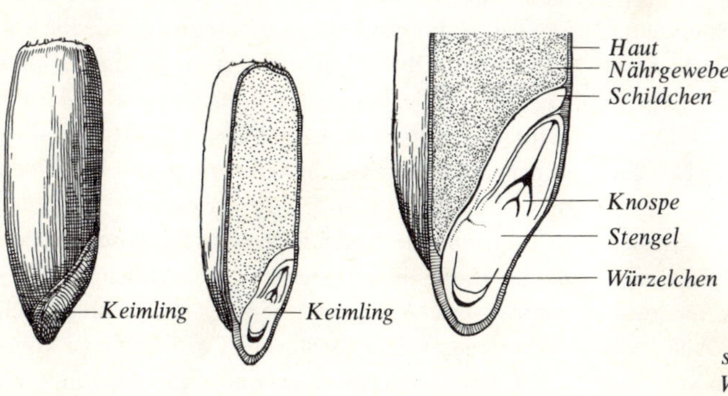

von außen *Längsschnitt* *Keimling (vergr.)*

Keimende Roggenkörner und junge Roggenpflanze

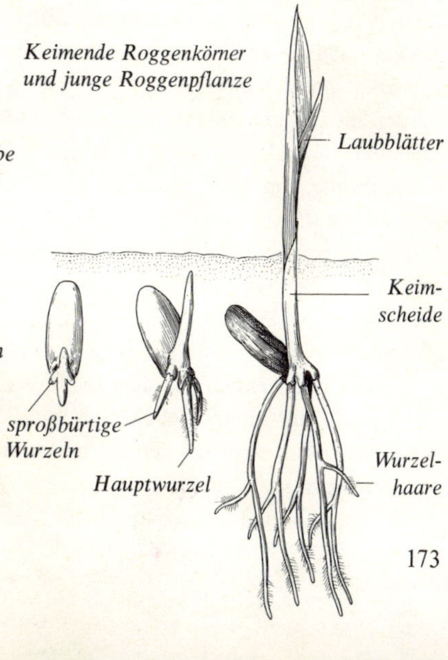

und ihre besondere Aufgabe besteht darin, dem Boden Wasser und Nährsalze zu entziehen.
Die Knospe ist ebenfalls in die Länge gewachsen. Sie hat die Gestalt eines Kegels, dessen Wand von einem rötlichen, scheidenförmigen Blatt gebildet wird. Diese *Scheide* durchbricht mit einer harten Spitze den Boden. Etwas über der Erdoberfläche öffnet sie sich; die ersten Laubblätter treten hervor.
Während der Keimung verwandelt sich das *Nährgewebe* nach und nach in eine milchige Masse. Sie wird dem Keimling durch das Schildchen als Nahrung zugeführt. Ist der Vorratsspeicher geleert, dann verfaulen die letzten Reste des Kornes. Die Pflanze hat unterdes weitere grüne Blätter gebildet und ihr Wurzelwerk verstärkt. Nunmehr kann sie sich selbständig ernähren.

Bedeutung von Wasser und Licht bei der Keimung. Wenn wir im Frühjahr vor Sonnenaufgang an einem Getreidefeld entlanggehen, können wir an den Blattspitzen der jungen Pflanzen Wassertröpfchen hängen sehen. Das zeigt uns auch das Gras der Wiesen nach einer feucht-warmen regenfreien Nacht. Was im Volksmund als Tau bezeichnet wird, ist zum großen Teil Wasser, das in Tropfen an der Blattspitze von der Pflanze selbst ausgepreßt wird (vgl. Versuch 3). An der Fuchsie lernten wir diese Erscheinung bereits kennen (S. 19). Sie zeigt uns, daß Wasser nicht nur aufgenommen, sondern auch stetig ausgeschieden werden muß, damit die Pflanze laufend Wasser mit den Nährsalzen aus dem Boden erhält. Tagsüber verdunsten alle Pflanzen Wasser. Nachts und besonders in der Morgenkühle, wenn die hohe Luftfeuchtigkeit die Verdunstung erschwert, scheiden einige Pflanzen Wasser in Tropfen aus.
An den im Dunkeln gezogenen und danach einseitig belichteten Keimlingen (Versuch 4) lassen sich weitere Beobachtungen machen. Sie bestätigen und ergänzen unsere Keimungsversuche an den Bohnen (S. 25 ff.):
1. Die Dunkelkeimlinge ergrünen erst, wenn sie Licht erhalten. Licht und Blattgrün sind notwendig, damit die Pflanze aus Wasser und dem Kohlendioxid der Luft Stärke bilden (assimilieren) kann.
2. Die Pflanzen wenden sich dem Lichte zu, und zwar schon nach sehr kurzer Belichtungsdauer. Auf diese Weise kann das Licht für den Assimilationsvorgang besser ausgenützt werden.
3. Die bleichen Blätter der Dunkelpflanzen durchbrechen die Keimscheide später als die Blätter der Lichtkeimlinge. Die Pflanzen sind außerdem schmächtig, schlaff und würden eingehen, wenn man sie nicht rechtzeitig ans Licht bringt.

Stelle den Geschmack keimender Getreidekörner fest.

Wenn das Korn keimt, dann wandelt es die Stärke in Zucker um. Zucker ist leicht löslich und kann rasch zur Wurzel- und Sproßspitze befördert werden, also zu den Wachstumspunkten der Pflanze.
Die Bestockung. Die Wurzeln der erwachsenen Roggenpflanze sind andere als die am Keimling entstandenen. Nehmen wir eine Roggenpflanze aus dem Boden, so sehen wir, daß sich an einem der unteren Stengelknoten neue Wurzeln gebildet haben. Sie dringen tief in den Boden ein. Daher kann der Roggen noch auf trockenen, sandigen Äckern gedeihen. An jenem Stengelknoten entstehen außerdem mehrere Zweige, die sich wieder verzweigen. Man sagt: der Roggen *bestockt* sich. Eine ergiebige Bestockung führt meist zu einer reichen Ernte.
Der Roggen überdauert die kalte Jahreszeit als niedriges Pflänzchen. Unter einer Schneedecke übersteht es den Winter meist gut.

Roggenhalm. Querschnitt (10 × vergr.)

Halm und Blätter. Im Frühjahr „schießt" der hohle Stengel, Halm genannt, rasch bis zu einer Höhe von 2 m empor. Obwohl er nur wenige Millimeter dick ist, trägt er die Last der Blätter und der Ähre und hält selbst heftigen Stürmen stand. Unmittelbar unter seiner Oberhaut ist er besonders fest und zäh; überdies ist er durch Knoten, die im unteren Stengelteil dicht aufeinanderfolgen, gegliedert. Technisch gesehen, ist der Halm ein Wunderwerk. Gegen den seitlichen Anprall des Windes ist nämlich eine hohle Säule widerstandsfähiger als eine massive. Eine lange Röhre würde leicht brechen; durch die Aufteilung in kurze Stücke wird diese Gefahr vermieden.

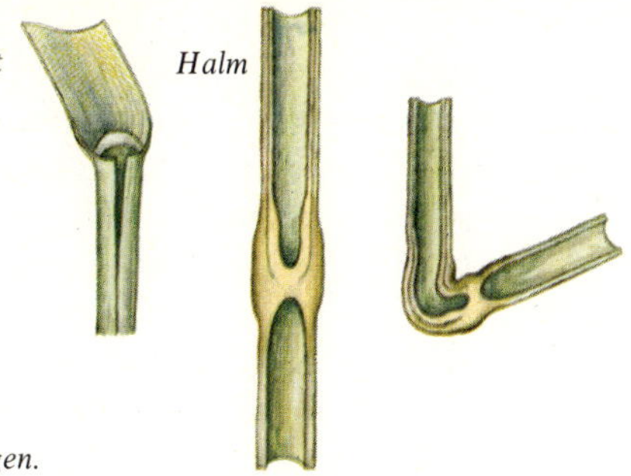

Roggen.
Teil eines Blattes und Teil eines aufrechten und eines geknickten Halmes, der sich wieder aufgerichtet hat

An den Blättern unterscheiden wir *Blattscheide* und *Blattfläche.* Wo beide aneinanderstoßen, sitzt das *Blatthäutchen,* das dicht dem Halm anliegt.
Die *Blattscheide* entspringt an einem Knoten und bildet eine offene Röhre, deren Ränder fest übereinandergreifen. Durchschneidet man eine junge Roggenpflanze der Länge nach, so sieht man, daß sämtliche Blattscheiden einen Hohlraum umschließen. In ihm befinden sich der Halm, die jüngsten Blätter und die noch unausgebildete Ähre. Sie erhalten durch die Blattscheiden den notwendigen Schutz. Wenn der Halm sich streckt, dann schiebt sich ein Stengelglied nach dem andern mit seinem Blatt, zuletzt die Ähre, nach oben.

Solange der Halm noch nicht vollständig ausgewachsen ist, bleibt er dicht über den Knoten weich. Das sind die *Wachstumsstellen,* die durch die Blattscheiden Halt bekommen. Da zahlreiche Wachstumsstellen über den ganzen Halm verteilt sind, schießt er rasch empor. Werden solche noch wachsenden Halme geknickt, etwa durch einen Hagelschauer, dann wachsen Halm und Blattscheide oberhalb der Knickstelle auf ihrer Unterseite besonders stark. Die Folge ist, daß der Halm sich wieder aufrichtet.
Die *Blattfläche* ist bandförmig. Ihre Adern verlaufen wie bei den meisten Einkeimblättlern parallel zum Blattrand.

Die Ähre. Die Roggenähre ist ein Blütenstand, der von einer breiten Achse, der Spindel, durchzogen wird. 2 Reihen treppenförmiger Absätze sind zu erkennen. Jeder Absatz trägt an einem winzigen Stiel eine Gruppe von Blüten, die als *Ährchen* bezeichnet wird. Der Blütenstand des Roggens ist also eine *zusammengesetzte Ähre.*
Aufbau von Ährchen und Blüte. Der Stiel der Ährchen trägt einige grüne, häutige Blätter, die *Spelzen,* und 2 Blüten, zwischen denen sich noch eine 3., langgestielte, aber verkümmerte Blüte erhebt. Die beiden untersten Spelzen bezeichnet man ihrer Stellung nach

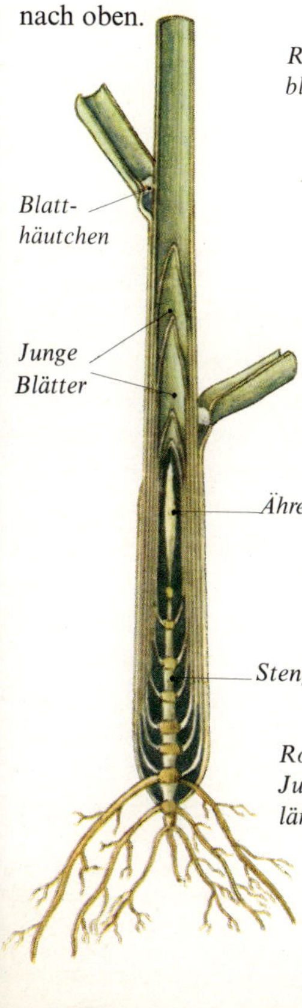

Roggen.
Junge Pflanze,
längs durchschnitten

Roggen-
blüte

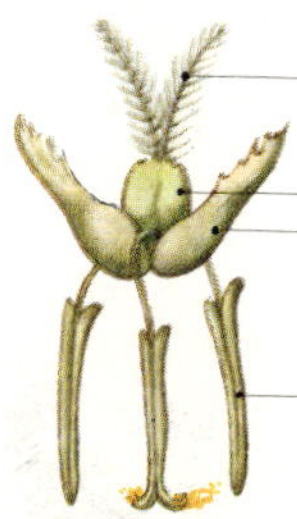

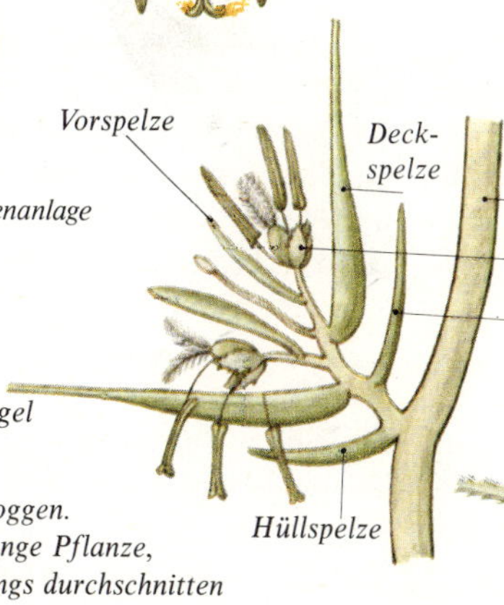

Roggenährchen.
a und b vollständige Blüten
c verkümmerte Blüte

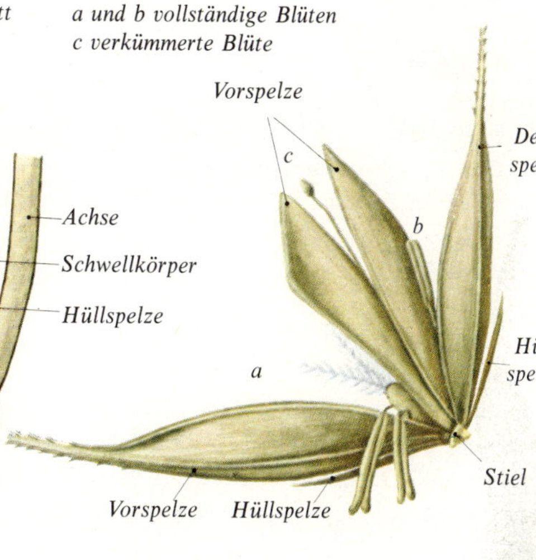

als *Hüllspelzen.* Darauf folgt außen die große *Deckspelze*, die in eine lange, bestachelte Granne ausläuft. Ihr gegenüber steht nach innen zu die *Vorspelze.* Eine jede fruchtbare Blüte wird von einer Deckspelze und Vorspelze eingeschlossen. Sie bilden gleichsam eine Schachtel, deren Boden die Vorspelze, deren Deckel die Deckspelze ist.

Zu einer Blüte gehören 3 Staubblätter und ein Fruchtknoten mit 2 großen, federförmigen Narben. Zwischen dem Fruchtknoten und der Deckspelze liegen 2 farblose Schüppchen, die *Schwellkörper.*

Die Roggenblüten stäuben an einem sonnigen Junimorgen. Kurz vor dem Stäuben schwellen die Schwellkörper rasch an und drängen die Deckspelze nach außen. Etwas später strecken sich die Staubfäden so sehr (um 1,5 mm je Minute), daß die Staubbeutel schon nach wenigen Minuten aus der Blüte heraushängen. Darauf öffnen sich die Staubbeutel an der Spitze, die sich zu 2 kleinen Löffeln umbiegt. In diese Löffel fällt der trockene Blütenstaub und wird verweht. Die federförmigen Narben sind die reinsten

Roggen. Ährchen-Grundriß

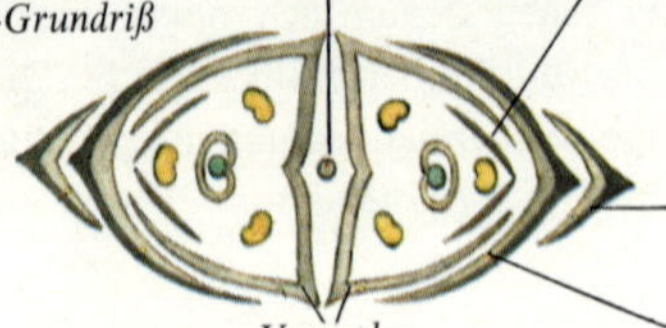

Staubfänger und fangen den Pollen der Nachbarähren auf. Der Roggen ist also ein Windblütler wie Hasel und Brennessel; seine Blüten sind unscheinbar, duft- und nektarlos.

Stelle eine „blühreife" Ähre in lauwarmes Wasser und beobachte, wie die Blüten sich öffnen. – Hält man eine solche Ähre in der Hand und haucht sie von Zeit zu Zeit an, dann kann man sehen, wie sich die Staubgefäße herausschieben.

Das Korn, eine Grasfrucht. Nach der Bestäubung schrumpfen die Schwellkörper; die Schachtel schließt sich, und in ihrem Schutz reift die Frucht heran. Da die Ährchen an der Spindel in 2 Reihen stehen und jedes wieder 2 fruchtbare Blüten enthält, bilden die Körner in der Ähre 4 Längsreihen. Jede Frucht enthält nur einen Samen, und zwar verwachsen Frucht- und Samenhülle miteinander zur „Haut", die das Korn umgibt. Da die meisten Gräser eine solche Frucht besitzen, wird sie Grasfrucht genannt.

Ernte und wirtschaftliche Bedeutung des Roggens. Sobald die Körner heranreifen, stellt der Roggen sein Wachstum ein. Ende Juli wird er geerntet. Die Ernte erfolgt wie bei allen anderen bei uns heimischen Getreidearten (S. 180).

Das Roggenstroh dient als Streu, zu Häcksel geschnitten als Futtermittel. Auch stellt man aus ihm Seile, Matten, Pappe oder Papier her.

Beim Dreschen werden die Körner von den Spelzen befreit. Beim Mahlvorgang werden Keimling, Haut und Teile der unter ihr liegenden Zellschichten entfernt. Dabei fällt die *Kleie*, ein nahrhaftes Viehfutter, ab. Das Nährgewebe läßt man darauf wiederholt durch glatte Walzen laufen, bis es zu Mehl vermahlen ist. Das grob zertrümmerte Korn gibt das *Schrot*, das vielfach verfüttert wird.

Aus Roggenmehl wird Schwarzbrot, aus Roggenschrot werden Vollkornbrot und Pumpernickel gebacken.

Das Brot steht seit den ältesten Zeiten in hohem Ansehen. Eine Verschwendung gilt insbesondere in ländlichen Gegenden als Vergehen. Dort hat sich auch noch der Brauch erhalten, daß junge Eheleute Brot und Salz von ihrer Hochzeitstafel ins eigne Haus mitnehmen.

Die Heimat des Roggens. In Vorderasien (Anatolien) wächst der Roggen heute noch als Unkraut unter dem Weizen. Mit dem Weizen ist er auch nach Europa gekommen. Hier hat er sich besser als dieser gegenüber einer Klimaverschlechterung im 1. Jahrtausend v. Chr. behauptet. Durch Züchtung ist aus dem Unkraut im Laufe der Jahrhunderte eine wertvolle Feldfrucht geworden, die noch auf anspruchslosen Böden gedeiht, für die sich der Weizen nicht eignet. In Norddeutschland hat man bereits um 800–500 v. Chr. Roggen angebaut, in West- und Süddeutschland einige Jahrhunderte später.

Getreidezüchtung. Die reifen Ähren des Wildroggens zerbrechen in einzelne Stücke, und die Früchte, von den Spelzen umhüllt, werden verweht. So wird die Pflanze leicht verbreitet. Der Bauer aber möchte nur solche Pflanzen ernten, die ihre Körner bis zur Vollreife festhalten. Daher suchte er nach Pflanzen, deren

Ährenspindeln nicht zerbrachen, die ihre Körner festhielten und deren Körner sich leicht aus den Spindeln lösten. Körner solcher Pflanzen wurden ausgesät und immer wieder durch Jahrhunderte hindurch ausgelesen, bis schließlich der Kulturroggen entstand. Zur weiteren Verbesserung achtet heute der Züchter auch auf die Größe und Dichte der Körner, auf Standfestigkeit des Halmes, auf Widerstandsfähigkeit gegenüber Krankheiten und gegenüber dem Auswintern (S. 181). Heute kennt man vom Roggen zahlreiche Sorten. Als besonders ertragreich gilt der sog. Petkuser Winterroggen. Er wurde von dem Landwirt Ferdinand von Lochow in Petkus (Brandenburg) gezüchtet.

Andere bei uns angebaute Getreidearten

Der Weizen (Tríticum vulgáre). Er bedarf einer höheren Sommerwärme als der Roggen und bevorzugt tonig-lehmige Böden. Daher kann er bei uns nicht überall angebaut werden. In anderen Ländern ist er die Hauptbrotfrucht. Die wichtigsten Anbaugebiete liegen in Kanada, den Vereinigten Staaten von Nordamerika, in Argentinien und Australien. Bei uns wird das Weizenmehl meist zu Mischbrot, Weißbrot und Feingebäck verwendet. Graupen und Grieß, desgleichen Stärke sind meist Weizenerzeugnisse. Weizenstroh wird wie Roggenstroh verwendet.

Die Heimat des Weizens wird in Afghanistan und seinen Nachbarländern vermutet. Wahrscheinlich ist er durch Kreuzung aus mehreren Wildgräsern hervorgegangen. Er wird schon seit Jahrtausenden angebaut, wobei zahlreiche Rassen entstanden sind. Bei uns sind unbegrannter Kolben- und begrannter Bartweizen verbreitet. In jüngerer Zeit konnte der Ostmärker- oder Sandweizen gezüchtet werden, der auf Sandböden noch gute Erträge bringt. Ein winterharter „Panzerweizen" hat in Schweden den Weizenanbau um das Dreifache ansteigen lassen. In Deutschland konnte der Weizenertrag von 1800–1965 auf das Zweieinhalbfache je Hektar gesteigert werden.

Die ursprünglichen Formen des Weizens hatten wie der Wildroggen brüchige Ährenachsen, und ihre

Roggen. Fruchtähre

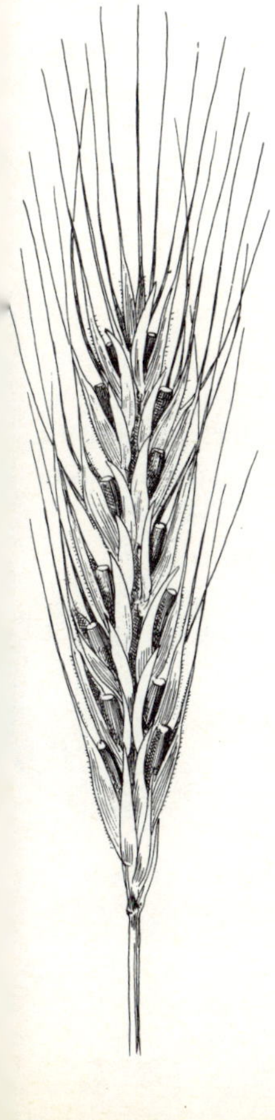

Weizenarten

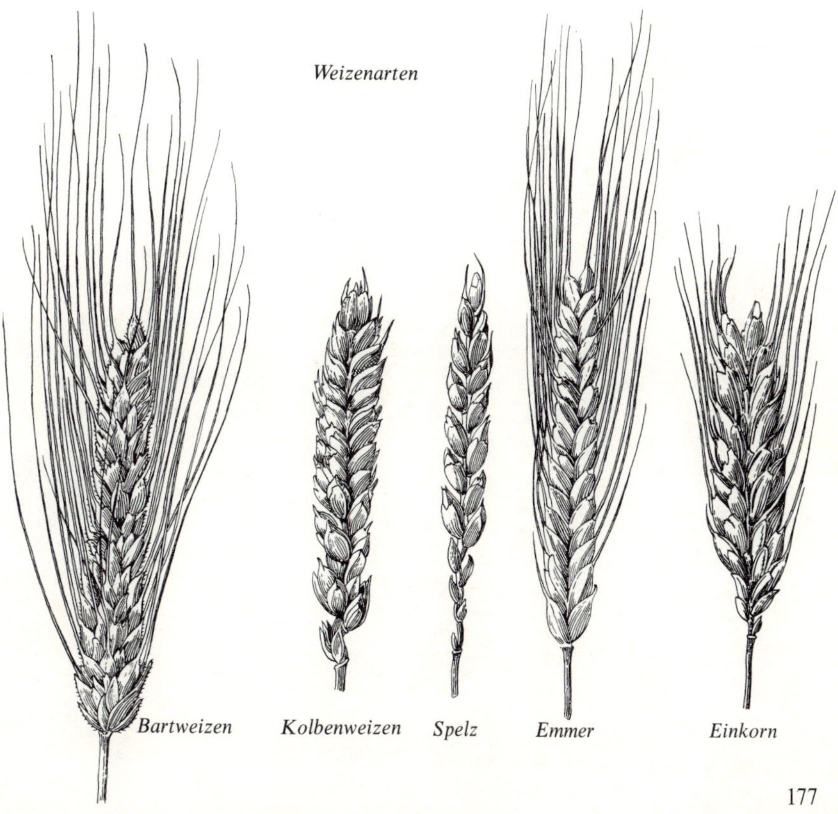

Bartweizen *Kolbenweizen* *Spelz* *Emmer* *Einkorn*

Körner blieben bei der Reife von den Spelzen umschlossen. Später entstanden anderen Rassen, denen diese Eigenschaften fehlten: Der Spelzweizen wurde zum Nacktweizen, wie er heute auf unseren Feldern zu finden ist. – Ein Spelzweizen, der sich bis auf den heutigen Tag erhalten hat, ist der winterharte *Spelz* oder *Dinkel* (T. spelta), der schon seit der Bronzezeit in der Schweiz und Süddeutschland (Dinkelsbühl!) angebaut wird. Bei ihm sind die Ährchen in verhältnismäßig großen Zwischenräumen angeordnet. Seine unreif geernteten und gedörrten Körner werden als Grünkern zu Suppen verwendet. Nur noch ganz selten werden die ältesten Getreidearten, das Einkorn (T. monocóccum) mit einem Korn und der Emmer (T. dicóccon) mit 2 Körnern im Ährchen, bei uns angebaut.

Die Gerste (Hórdeum vulgáre). Von allen Getreidearten stellt sie an Boden und Sonnenwärme die geringsten Ansprüche. Sie reift ziemlich rasch und gedeiht noch nahe der arktischen Waldgrenze und im Hochgebirge. Ihre Körner sind in der langbegrannten Ähre zu 6 oder 4 Reihen oder Zeilen geordnet. So unterscheidet man 6- oder 4zeilige Gerste. Eine 2zeilige Art (H. dístichon) hat sehr große, wohlausgebildete Körner, die sich besonders zum Bierbrauen eignen (Braugerste). Auch stellt man aus Gerstenkörnern Graupen und Grieß her, und endlich werden sie ganz oder geschrotet als Futter für Haustiere verwendet. Aus gekeimter und dann gerösteter Gerste (Malz) wird ein Ersatz für Kaffee gewonnen.
Die Gerste ist wahrscheinlich zuerst in Innerasien zur Kulturpflanze geworden. Bereits für das 4. Jahrtausend v. Chr. hat man 2-, 4- und 6zeilige Gerste in Zentralasien und Mesopotamien nachgewiesen. Die frühesten Funde in Mitteleuropa liegen um das Jahr 3000 v. Chr.

Hafer

Umwandlung von Wintergerste in Sommergerste. Wintergetreide ist ertragreicher als Sommergetreide, denn nach der Aussaat im Herbst wächst es bereits zu Jungpflanzen heran und kann sich im Frühjahr rasch entwickeln. Im Jahre 1915 machte der deutsche Botaniker H. Gassner folgende Entdeckung: Läßt man Körner von Wintergetreide ankeimen und hält sie dann etwa 14 Tage lang in einem auf 3 °C gekühlten Raum, dann können so vorbehandelte Körner im nächsten Frühjahr wie Sommergetreide ausgesät werden und bringen dann denselben Ertrag wie das Wintergetreide. Diese „*Versömmerlichung*" hat sich in Ländern mit besonders harten und langen Wintern, z. B. in der Sowjetunion, bewährt, dort, wo früher nur Sommergetreide angebaut werden konnte.

Der Hafer (Avéna satíva). Von den anderen Getreidearten unterscheidet er sich besonders durch den Blütenstand, der eine Rispe bildet. Von den oberen Halmknoten gehen zahlreiche Nebenstengel aus, die sich meist nochmals verzweigen und mit einem Ährchen enden.

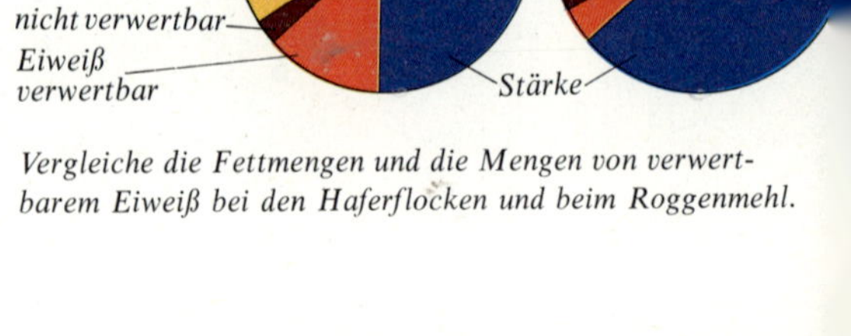

Vergleiche die Fettmengen und die Mengen von verwertbarem Eiweiß bei den Haferflocken und beim Roggenmehl.

Die Körner dienen als Pferdefutter. Wir essen sie enthülst und geschrotet als Hafergrütze und Haferflocken sowie fein gemahlen als Hafermehl. Sehr zu Unrecht wird der Hafer als menschliches Nahrungsmittel wenig genutzt. Das Schaubild zeigt im Vergleich zum Roggenmehl, daß von allen Getreidearten das Hafermehl den höchsten Eiweiß- und Fettgehalt hat. Das Stroh wird wie das des Roggens zu Häcksel geschnitten.

Der bei uns angebaute Hafer stammt sehr wahrscheinlich von dem *Flughafer* (A. fátua) ab, der über große Gebiete von Europa und Asien verbreitet ist und auch in Deutschland als Unkraut, besonders auf Getreidefeldern, vorkommt.

Große, überhängende Rispen bildet die *Rispenhirse* (Pánicum miliáceum), die vielleicht aus dem mittleren Asien oder Ostindien stammt. Sie wird bei uns wenig angebaut. Nur noch selten verwendet man ihre kleinen Körner, um Suppen oder Brei daraus zu kochen. Im ganzen Mittelalter aber war Hirsebrei das Volksnahrungsmittel. Als Futter für Hausgeflügel werden Hirsekörner nach wie vor geschätzt.

Der Mais (Zéa máys). Seine Wildform ist nicht bekannt. Als Amerika entdeckt wurde, fand man bereits Maisanbau von Argentinien bis Kanada. Anfang des 16. Jahrhunderts brachten die Spanier den Mais nach Europa. Heute wird er in allen Erdteilen angebaut. – Zu den wenigen Erdwurzeln treten bei ihm nach und nach zahlreiche Stützwurzeln, die aus den unteren Knoten des markhaltigen Stengels hervorbrechen. Anders als unsere einheimischen und angebauten Gräser ist der Mais getrenntgeschlechtlich-einhäusig. Auf dem Gipfel des Stengels erhebt sich eine große Rispe von Staubblüten. Die Stempelblüten bilden dicke Kolben. Sie entspringen den Blattwinkeln und werden von zahlreichen Blättern umgeben. Aus dieser

Getreideernte mit einem Mähdrescher

Hülle treten die langen, fadenförmigen Griffel und die Narben ins Freie.
Die Körner sind meist gelblich. Als Futter für Haustiere werden sie geschätzt. Vom Mais werden heute Hunderte von Sorten gezüchtet. Ein Zuckermais mit runzligen Körnern wird unreif als Gemüse gegessen. Ein Weichmais dient vorwiegend zur Stärkegewinnung. Puffmais erhält man aus gerösteten Körnern bestimmter Sorten. Maismehl läßt sich nicht gut verbacken, aber Maisbrei wird in südlichen Ländern viel gegessen. Entöltes Maismehl spielt in der Säuglingsernährung eine Rolle. Aus Maisstärke wird auch Traubenzucker hergestellt.

Der Anbau der Getreidearten

Die Aussaat. Früher wurden die Getreidekörner mit der Hand über den gepflügten und geeggten Acker ausgesät. Heute verwendet man Sä- oder Drillmaschinen, die geradlinige Rillen ziehen und die Körner in die geeignete Tiefe bringen. So wird nicht nur Saatgut gespart, sondern die Körner gelangen gleichmäßig tief in den Boden; sie keimen und entwickeln sich auch gleichmäßig. Solange die Saat niedrig ist, kann der Boden zwischen den Reihen gelockert und von Unkraut frei gehalten werden.

Die Ernte. Sie beginnt, sobald die Körner voll ausgereift sind. Nur an steilen Hängen und in wenigen Kleinbetrieben wird wie von alters her mit der Sense gemäht. Sonst aber werden Maschinen verwendet. In unserer Landwirtschaft findet mehr und mehr der Mähdrescher Anwendung, der in einem Arbeitsgang das Getreide auf dem Felde schneidet und drischt. Die Körner werden automatisch in Säcke abgefüllt, das Stroh wird gebündelt. Unkrautsamen, Schmutz, ferner Spelzen, Grannen, Ähren und Halmstücke werden als Spreu durch Gebläse und Siebe entfernt.

Schäden und Schädlinge[1].

Fast 30% der Welternte an Weizen, Hafer, Gerste und Roggen gehen durch Schädlinge, Krankheiten und Unkräuter verloren. In Europa, wo systematisch Pflanzenschutz getrieben wird, beträgt der Verlust „nur" 25%, in Ländern mit wenig intensiver Landwirtschaft steigt der Verlust-Anteil auf über 40%. Der Gesamtschaden, auf den ganzen Erdball bezogen, wird mit mehr als 300 Milliarden DM je Jahr angegeben.

[1] Pilzschädlinge s. S. 238 ff.; tierische Schädlinge s. „Tierkunde". Die Flugblätter der Biologischen Bundesanstalt in Braunschweig unterrichten ausführlich über Schädlingsbekämpfung.

Ernteverluste entstehen durch vorzeitige Fröste im Herbst und durch Spätfröste im Frühjahr. Im Vorfrühling, wenn der Boden auftaut und wieder gefriert, werden die Pflanzen oft so weit aus dem Boden gehoben, daß sie vertrocknen: Die Saat ist „ausgewintert". Im Frühjahr überzieht mitunter der Schneeschimmel, ein Pilz, die Roggensaat mit spinngewebeartigen Fäden und schädigt sie. Feuchtwarme Witterung begünstigt die Ausbreitung von Rost-, Brand- und anderen Pilzen.

Unsere Züchter haben sich zur Aufgabe gesetzt, Getreidesorten heranzuziehen, die gegen Krankheiten widerstandsfähig sind, nicht so leicht auswintern und Regen- oder Hagelschauer überstehen, ohne sich zu „lagern". Die Wahl geeigneter Sorten, Saatbeize (S. 240), sorgfältige Bodenbearbeitung und Düngung, ferner Unkrautvertilgungsmittel können die Ernteverluste herabsetzen.

Von den tierischen Schädlingen seien hier nur einige genannt: Engerlinge und andere Insektenlarven fressen an den Wurzeln; Rehe, Hasen und Kaninchen „äsen" die junge Saat; Hamster und Feldmaus, Sperlinge und andere Vögel fressen die Körner. In der Scheune oder auf dem Kornboden richten Mäuse sowie der Weiße und der Schwarze Kornwurm großen Schaden an.

Das Getreidefeld als Pflanzenverein

In einem neuzeitlichen Landwirtschaftsbetrieb sind die Getreidefelder arm an Unkräutern, und nur von den Feldrainen her leuchten noch die Farben der Feldblumen. Wo aber die Ackerbearbeitung unzulänglich ist, da stellen sich zahlreiche Pflanzen ein, die für das Getreidefeld kennzeichnend sind. Sie finden trotz des engen Raumes zwischen den Halmen noch genügend Platz.

Viele Unkräuter *(Mohn, Kornblume, Kornrade, Kamille, Vogelmiere, Hederich, Ackersenf, Wicke, Ackerhahnenfuß)* keimen mit den Getreidepflanzen und erzeugen Samen in großer Menge. Die einen reifen schon vor der Ernte und verbreiten ihre Samen auf dem Feld, die anderen reifen mit der Ernte; ihre Samen werden mit ungereinigtem Saatgut wieder auf den Acker gestreut. Alle diese Pflanzen sind einjährig oder keimen im Herbst mit den Wintersorten unseres Getreides. Zu den Einjährigen gehört auch ein Gras,

Unkräuter im Getreide und am Rande eines Getreidefeldes

Einige Unkräuter im Getreidefeld oder am Feldrain

Name	Blütenfarbe	Blütenform	Blattform	Blattstellung	Sonstiges
Mohn	rot	regelmäßig	tiefgespalten gezähnt	wechsel-ständig	Milchsaft
Kornrade	rotviolett	regelmäßig	linealspitz	gegenständig	Nelkengewächs
Acker-Kratzdistel	purpur	röhrenblütig Korbblütler	dornig-gezähnt	wechsel-ständig	
Erdrauch	rotviolett	kurz-gespornt	2–3fach fiederspaltig	wechsel-ständig	bodennahe
Ackerwinde	rosa	Trichterblüte	pfeil-spießförmig	wechselständig	windend
Vogel-wicke	violett	Schmetterlings-blüte	gefiedert mit Ranke	wechsel-ständig	rankend
Reiher-schnabel	rot	regelmäßig	gefiedert	wechsel-ständig	Vogelschnabel-Frucht, bodennahe
Acker-Hohlzahn	rot	Unterlippe 2 Zähne	eilanzett-lich, grobzähnig	gegen-ständig	Lippen-blütler
Acker-gauchheil	karminrot	regelmäßig radförmig	eirund sitzend	gegen-ständig	bodennahe
Rittersporn	blau-violett	lang-gespornt	3zählig, fein zerteilt	wechsel-ständig	
Kornblume	blau	röhrenblütig Korbblütler	lineal-fieder-spaltig	wechsel-ständig	
Hederich	gelb	regelmäßig Kreuzblüte	gezähnt leierförmig	wechsel-ständig	hebt Kelchblätter Gliederschote
Acker-senf	gelb	regelmäßig Kreuzblüte	lanzettlänglich leierförmig	wechsel-ständig	senkt Kelchblätter
Acker-hahnenfuß	gelb	regelmäßig	3zählig 3spaltig	wechsel-ständig	Frucht stachelig geschnäbelt
Goldstern	gelb	regelmäßig 6zählig	lineal	grund-ständig	Blüten in Dolden, Liliengewächs
Stief-mütterchen	gelb (3farbig)	Veilchen-blüte	eiförmig-lanzettlänglich	wechsel-ständig	bodennahe
Echte Kamille	weiße Strahlblüte	Korbblüte	2–3fach fiederteilig	wechsel-ständig	hohler, kegel-förmiger Blütenboden
Vogelmiere	weiß	regelmäßig klein	eiförmig spitz	gegen-ständig	am Boden liegend
Hirten-täschel	weiß	regelmäßig Kreuzblüte	schrotsägeförmig fiederspaltig	wechsel-ständig	Schötchen herzförmig
Acker-hellerkraut	weiß	regelmäßig Kreuzblüte	pfeilförmig gezähnt	wechsel-ständig	Schötchen rund, breit geflügelt

der *Windhalm* (Apéra spica-venti), der besonders in Roggenäckern sehr lästig werden kann.
Unter den ausdauernden Pflanzen behaupten sich die einen dank ihrer tiefgehenden Pfahlwurzeln, die wieder austreiben, auch wenn sie vom Pflug zerschnitten werden *(Ackerkratzdistel, Ackergänsedistel)*. Die anderen haben weitverzweigte Erdsprosse *(Ackerwinde, Quecke, Ackerschachtelhalm)*, die zwar durch Pflug und Egge zerstückt werden, aber aus den Stücken erneut wieder auswachsen. Unkräuter mit Zwiebeln *(Goldstern)* überleben, weil ihre Zwiebeln beim Umpflügen meist unverletzt bleiben. Um das Getreidefeld möglichst unkrautfrei zu halten, verwendet der Bauer sorgfältig gereinigtes Saatgut, wie es die Saatzuchtanstalten liefern. Wenn die Saat aufgegangen ist, streut er Unkrautvertilgungsmittel, die die jungen Unkräuter vernichten, die Getreidepflänzchen aber fördern. Solange die Saat noch niedrig steht, eggt er die Felder. Dabei werden die in Reihen stehenden Getreidepflanzen verschont, die zwischen den Reihen aufgegangenen Unkräuter aber ausgerissen.

Von der Tierwelt des Getreidefeldes

Den Gesang der *Feldlerche* können wir schon im März über den Feldern hören. Nach Mitte Mai ertönt bereits vor Sonnenaufgang der helle Schlag der *Wachtel* „pickwerdick". *Rebhühner* rufen frühmorgens und spätabends „girkick". Wechselvoll ist das Lied des *Getreiderohrsängers*, das von hohen Halmen oder kleinen im Felde stehenden Bäumen schnell mit pfeifenden und wirbelnden Lauten vorgetragen wird. Lerche, Wachtel und Rebhuhn nisten am Boden, der Rohrsänger aber baut sein Nest hoch über dem Boden zwischen 3 zusammengezogenen Halmen. Wenn abgebissene und entkörnte Getreideähren zahlreich am Boden liegen, dann kann man damit rechnen, daß ein *Hamster* seinen Bau im Feld hat. Großen Schaden richten auch die *Feldmäuse* an, die an den kurzen Ohren und dem kurzen Schwanz von anderen Mäusen leicht zu unterscheiden sind. Der *Maulwurf* sollte im Feld geschont werden. Er vertilgt Engerlinge und andere Insektenlarven. *Wiesel*, *Bussard* und *Eulen*, die unter den Mäusen aufräumen, verdienen ganz besonderen Schutz. Auch *Krähen* machen sich nützlich, wenn sie hinter dem Pflug schreitend Ungeziefer auflesen.

Unkräuter im Getreide und am Rande eines Getreidefeldes

Einheimische Gräser

Verbreitung der Gräser. Gräser sind über die ganze Erde verbreitet. Sie haben in unseren Wiesen und Weiden die Vorherrschaft und sind sonst überall, an Wegrändern, im Wald, auf Mooren usw., zu finden. Die Savannen sind Grasfluren in tropischen Gebieten, die Prärien Nord-Amerikas und die Pampas Argentiniens sind Grassteppen. Gräser finden sich noch dort, wo Boden und Klima den Baumwuchs erschweren oder unmöglich machen: im Hochgebirge auf den Almen und Matten, am Meeresstrand in den Dünen und im hohen Norden in der kalten, polarnahen Zone.

Wiesen und Weiden. Die meisten Wiesengräser sind ausdauernde Pflanzen. Bestocken sie sich wie der Roggen, so entstehen größere oder kleinere Grasbüsche, die *Horste*. Die „rasenbildenden" Gräser dagegen senden unterirdische Ausläufer aus, die sich stark verzweigen und oberirdische Sprosse treiben. Auf diese Weise entsteht die sog. *Grasnarbe*, in die alle anderen Pflanzen der Wiesen gleichsam eingeflochten sind.

Unsere Wiesen schmücken sich im Frühjahr mit Tausenden von bunten Blumen. Bald erscheinen auch die ersten Blütenstände der Gräser. Bevor sie abblühen, müssen die Wiesen geschnitten werden, weil sonst die Stengel der Pflanzen verholzen und viel an Nährwert verlieren.

Das Gras wird vielfach frisch in Silos eingebracht, wo es säuert und ein wertvolles Viehfutter bildet. Man läßt es aber auch an der Luft zu Heu trocknen, das in Scheunen für den Winterbedarf gelagert wird. Auf die *Heuernte* im Mai – Juni folgt später im Jahr ein zweiter, bei günstigem Wetter noch ein dritter Schnitt, die Grummet- oder Öhmdernte. Kaum geschnitten, schlägt das Gras von neuem aus. Es kann Verstümmlungen leicht ertragen und wird dadurch sogar angeregt, Sprosse in größerer Zahl zu bilden. Das Gras der Wiesen vermehrt sich vornehmlich ungeschlechtlich, weil die Früchte selten reifen. Auf den Weiden hält das Vieh das Gras kurz (Weiteres über Wiesen und Weiden s. S. 259).

Einteilung der Gräser

Die Gräser werden nach dem Bau des Blütenstandes in 3 Gruppen unterteilt. Innerhalb dieser Gruppen gelten der Bau der Ährchen und der Blätter als wichtige unterscheidende Merkmale. Wenn auch die Blüten klein und unscheinbar sind, so lassen sich unsere häufigsten einheimischen Gräser doch leicht nach dem Aussehen und der Farbe des Blütenstandes bestimmen.

Blütenstände von Gräsern

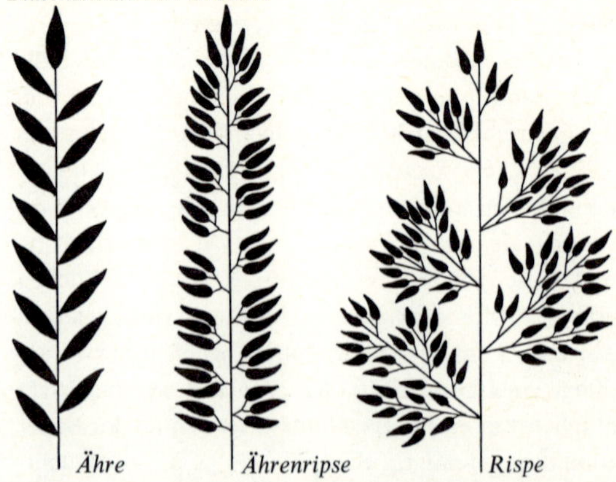

Quecke

Der Erdsproß verzweigt sich stark und trägt so zur Rasenbildung bei.

1. Ährengräser. Die Ährchen sind sitzend oder kurzgestielt und bilden wie beim Roggen zusammengesetzte Ähren.

Die *Quecke* (Agropýron répens) ist eines der lästigsten Unkräuter unserer Felder und Gärten. Aus jedem Teilstück ihrer oft meterlangen Erdsprosse können neue Pflanzen hervorgehen. Die Ährchen wenden der Achse die Breitseite zu. – Darin unterscheidet sie sich von dem ähnlichen *Taumel-Lolch* (Lólium temuléntum), dessen Ährchen die Schmalseite der Achse zukehren. Seine Blüten werden oft von einem Pilz befallen, der die Körner giftig macht. Vor der Einführung der planmäßigen Reinigung des Saatguts war der Taumel-Lolch als giftiges Unkraut (Name!) in Haferfeldern sehr gefürchtet. – Für Zierrasen und Weideflächen eignet sich besonders das *Deutsche Weidelgras* (Englisches Raygras, L. perénne), das dichte Rasen bildet. Seine Deckspelzen sind unbegrannt (beim Taumel-Lolch begrannt). – An Wegen und Mauern findet sich oft ein Gras, das der Gerste

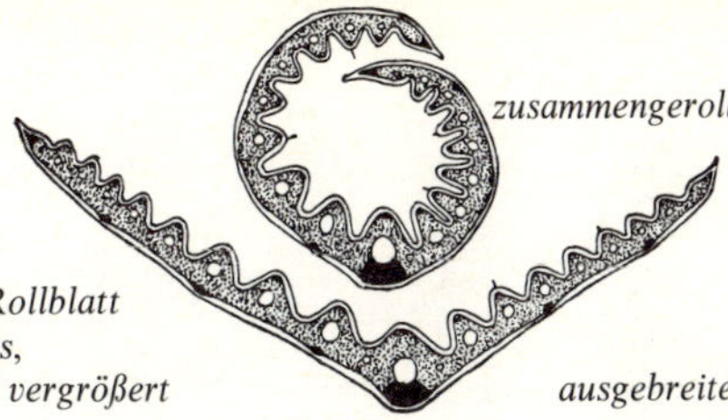

Querschnitt durch das Rollblatt eines Grases, etwa 10mal vergrößert

sehr ähnlich ist, die *Mäuse-Gerste* (Hórdeum murínum). – Zur Befestigung der Dünen wird vielfach ein blaugrünes, kräftiges Ährengras angebaut, der *Strandroggen* (Élymus arenárius), der aber auch an sandigen Stellen des Binnenlandes vorkommt. Ist der Boden genügend feucht, dann breiten sich seine breiten Blätter flach aus. Ist der Sand aber trocken, dann rollen sie sich zu engen Röhren zusammen. So wird wenig Wasser verdunstet, zumal sämtliche Spaltöffnungen auf der Blattoberfläche liegen und in die Röhre münden.

2. Ährenrispengräser. Die Blütenstände erscheinen wie Ähren; biegt man sie aber stark, so sieht man, daß

Gräser. Blütenstände

Quecke *Taumel-Lolch* *Deutsches Weidelgras* *Mäusegerste* *Strandhafer* *Strandroggen*

sie Rispen sind, die auf verästelten Stielen Ährchen tragen.

Der *Wiesen-Fuchsschwanz* (Alopecúrus praténsis) hat einen kurzen, walzenförmigen Blütenstand und ist ein gutes Wiesengras. – An Nährwert wird er von dem *Wiesen-Lieschgras* oder *Timotheusgras* (Phléum praténse) übertroffen, das 1–2 Monate später blüht. Es hat einen längeren Blütenstand, der einer Flaschenbürste ähnelt. – Das *Ruchgras* (Anthoxánthum odorátum) bildet niedrige Rasen. Es gibt dem Heu den würzigen Duft. Während des Blühens spreizen seine Ährchen von der Achse ab. – Das *Kammgras* (Cynosúrus cristátus) hat seinen Namen von dem gefiederten Blättchen, das unter jedem Ährchen steht. Die Ährchen sind 2zeilig angeordnet. – In den Dünenlandschaften der Meeresküsten ist der *Strandhafer* (Ammóphila arenária) zu Hause. Seine mehrere Meter langen Erdsprosse befestigen die lockeren Sandmassen. In den Strandhaferhorsten fängt sich der Sand. Sie können ohne Schaden bis zur Spitze der 1 m hohen Blätter verschüttet werden. Im nächsten Frühjahr treiben sie um so stärker aus der Sandbedeckung wieder aus. Wanderdünen werden heute meist mit Strandhaferanpflanzungen zum Stillstand gebracht.

3. Rispengräser. Der Blütenstand bildet wie beim Hafer eine deutliche Rispe.

Auf unseren Wiesen entfalten sich schon Ende Mai die Rispen des *Glatthafers* (Arrhénatherum elátius). Er ist leicht an den silberglänzenden Ährchen zu erkennen, die nur 2blütig sind. Und nur die Deckspelze der unteren Blüte trägt auf dem Rücken eine lange, gekniete und gedrehte Granne. Durch die Tätigkeit der Granne wird die Frucht ähnlich wie die Teilfrucht des Reiherschnabels (S. 96) in die Erde gebohrt. – Korkzieherartig gedrehte Grannen finden wir auch beim *Federgras* (Stípa), das bei uns in 2 Arten an sonnigen, trockenen Stellen große, auffallende Horste bildet. Die Granne des *Echten Federgrases* (St. pennáta) ist gefiedert und kann bis zu 30 cm lang werden. Federgräser stehen unter Naturschutz. – Die Rispen der *Trespen* (Brómus) sind aus dicken, lanzettlichen Ährchen zusammengesetzt. Mehrere Arten der Gattung, wie die abgebildete *Taube Trespe* (B. stérilis), wachsen an unbebauten Stellen. – Durch sehr kleine, meist violett angelaufene Ährchen zeichnet sich das *Straußgras* (Agróstis ténuis) aus. Es überzieht auf trockenen Wiesen und Triften sowie an Acker- und Wegrändern große Strecken wie mit

einem Schleier. – Die oft mehr als meterhohe *Rasenschmiele* (Aira caespitósa) hat eine ähnliche Rispe, bei der die Äste aber bogenförmig abwärts geneigt sind. – Das *Wiesenrispengras* (Poa praténsis) erzeugt eine sehr dichte Grasnarbe. Es ist eines unserer häufigsten Wiesengräser und liefert ein vorzügliches Futter. – Aus knäuelartigen Ährchenmassen besteht die einseitige Rispe des *Knäuelgrases* (Dáctylis glomeráta), das gleichfalls ein wertvolles Futtergras ist. – Auf trockenem Untergrund wächst das zierliche *Zittergras* (Briza média), das sich, wie sein Name besagt, durch leicht bewegliche Ährchen auszeichnet. – Das *Honiggras* (Hólcus lanátus) wird vom Weidevieh wegen der starken Behaarung gemieden. Es hat rötlich bis violett angelaufene Rispen, die wie beim Ruchgras während des Blühens gespreizt werden. – Ebenso verhält sich die einseitswendige Rispe des *Wiesenschwingels* (Festúca praténsis) zur Blütezeit. – An Teichen und Seen bildet das *Schilf* (Phragmítes commúnis) oft riesige Bestände. Seine Blätter drehen sich wie Wetterfahnen mit dem Wind, daher werden die bis 3 m hohen Halme nicht einmal von Stürmen geknickt. Zur Zeit der Fruchtreife sind die Ährchenstiele mit langen Flughaaren besetzt. Die jungen, grünen Triebe werden als Viehfutter geschnitten, die abgestorbenen Halme dienen zum „Berohren“ von Wänden, zum Decken von Dächern und zur Herstellung von Flechtwerk. – Das „Bandgras“ unserer Gärten ist eine Spielart des schilfähnlichen *Glanzgrases* (Typhoídes arundinácea), das gleichfalls am Wasser wächst.

Unter den Gräsern gibt es keine Giftpflanzen (vgl. aber Taumel-Lolch!). Manche Menschen sind überempfindlich (allergisch) gegen eingeatmeten Blütenstaub. Sie erkranken in der Blütezeit der Gräser an Heuschnupfen, der äußerst lästig ist und manches Mal auch zu Atemnot (Asthma) führt. – Gräser (auch Getreidegräser) sollte man keinesfalls in den Mund nehmen. Sie könnten ein Bakterium übertragen, das die gefährliche Strahlenpilzerkrankung (Actinomykose) auslöst.

Die *Gräser* haben einen knotigen, meist hohlen Stengel (Halm). Ihre von Spelzen umgebenen Blüten bestehen in der Regel aus 3 Staubblättern, einem Fruchtknoten und 2 Narben. Frucht- und Samenhülle verwachsen zur Grasfrucht.

Riedgräser

Die Riedgräser sind grasartige Pflanzen, die in der Mehrzahl auf sumpfigem oder sogar saurem Boden (Sauergräser) wachsen. Sie haben harte, scharfschneidende Blätter und liefern ein minderwertiges Futter. Manche Arten lieben wasserarmen Sandboden.
Wie die in zahlreichen Arten vorkommenden *Seggen* (Carex) zeigen, haben die Riedgräser in der Regel 3kantige, knotenlose Stengel, an denen die Blätter in 3 Zeilen stehen. Der Blütenstand ist meist eine zusammengesetzte Ähre (S. 175), wobei ein Ährchen entweder nur Staub- oder nur Stempelblüten oder beiderlei Blüten aufweist. Die unscheinbaren Blüten werden durch den Wind bestäubt. Die Stempelblüte besteht aus einem Stempel mit 2 oder 3 Narben. Sie wird von einem schlauchförmigen Blatt umhüllt. Zahlreiche Seggen treiben Ausläufer und binden daher auf Sandfeldern und Dünen den Sand. Der Erdsproß der *Sand-Segge* (C. arenária) kriecht meterweit im Sand dahin. – Auf Mooren bilden die *Wollgräser* (Erióphorum) große Bestände. Wenn im Mai die Früchte reifen, dann werden die Ährchen zu weißen Wollknäueln, die durch den Wind weit verbreitet werden.

Süßgräser, Sauergräser und Binsen

	Süßgräser (echte Gräser)	*Sauergräser* (Seggen)	*Binsen* (Liliengewächsen nahestehend)	*Hainsimsen* (Binsengewächse)
Halm	knotig gegliedert	knotenlos, oft dreikantig	rund, markerfüllt	grasähnlich
Blattscheide/Blatt	offen	geschlossen	Blätter stengelähnlich	Blätter gewimpert
Häufiges Vorkommen	Wiesen und Weiden	nasse Wiesen, Moore	nasse Wiesen, Moore	Laubwälder, Wegränder

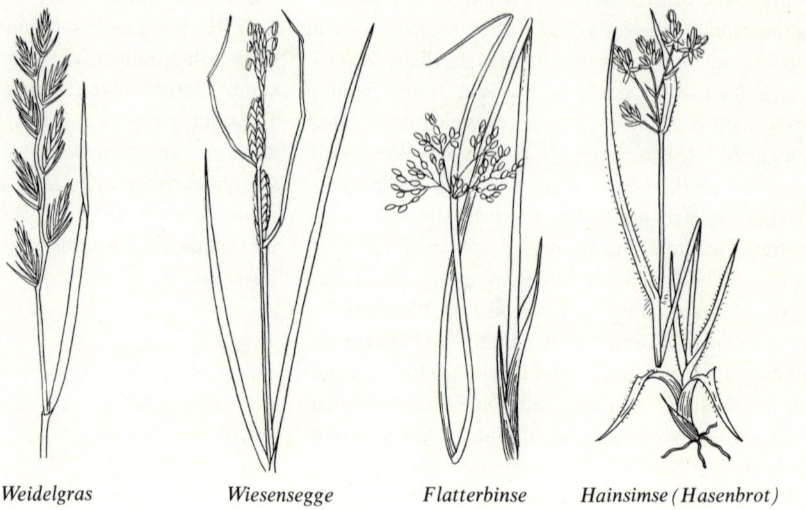

Weidelgras *Wiesensegge* *Flatterbinse* *Hainsimse (Hasenbrot)*

Sandsegge. Erdsproß mit blühenden und nichtblühenden Seitentrieben.

Schmalblättriges Wollgras. Unterer und oberer Sproßteil der fruchtenden Pflanze

Knabenkrautgewächse oder Orchideen

Das Breitblättrige Knabenkraut

Breitblättriges Knabenkraut

Blütenähre

unterer Teil der Pflanze

Wurzel und Sproß. Auf lichten Waldstellen und in Auen, auf Mooren und feuchten Wiesen ist das *Breitblättrige Knabenkraut* (Dactylorhíza majális) verbreitet. Kalkhaltigen Boden liebt es besonders. Aus dem unteren Stengelende brechen zahlreiche fleischige, unverzweigte Wurzeln hervor. Aus solchen „sproßbürtigen Wurzeln" entstehen auch die handförmigen *Knollen:* eine dunkle, die als Vorratsspeicher für die heranwachsende Pflanze dient, und eine helle, kleinere, die im Laufe des Sommers Vorräte für das nächste Frühjahr speichert. Während die junge, helle sich bis zur Fruchtzeit vergrößert, schrumpft die alte, dunkle Knolle, ähnlich wie die der Kartoffel, immer mehr.

Die Blüte und ihre Bestäuber. Die 2seitigen Blüten entspringen aus den Achseln kleiner Deckblätter und bilden eine Ähre. Auf dem unterständigen, schraubig gedrehten Fruchtknoten, der fast wie ein Stiel aussieht, erhebt sich die purpurfarbene Blütenhülle, die aus zwei 3blättrigen Kreisen besteht. Von den 5 nach oben gerichteten Blumenblättern neigen sich 3 helm-

Hummel mit Staubkölbchen
beim Blütenbesuch

Staubkölbchen

Same

Alte und junge Knolle

Frucht stäubend

förmig zusammen; die beiden anderen sind seitlichgerichtet. Das sechste Blatt, die große, 3teilige Lippe, weist zahlreiche dunkle Striche und Punkte auf (Saftmale) und ist in einen Sporn ausgezogen. Der Fruchtknoten trägt einen griffelartigen Fortsatz, der mit dem einzigen Staubblatt zu einem Säulchen verwachsen ist. Dessen oberes Ende bildet die große, glänzende, etwas ausgehöhlte Narbe. Das Staubblatt trägt nur einen Beutel. Seine beiden Fächer öffnen sich durch einen Längsspalt. Die Staubkörnchen eines jeden Faches sind miteinander zu einem gestielten Kolben verklebt, der in der Klebscheibe endet. Ein Häutchen, die Tasche, überdeckt die Scheiben beider Staubkölbchen.

Die Blüten des Knabenkrauts werden von Fliegen und Hummeln besucht. Das anfliegende Insekt läßt sich auf der Lippe nieder. Mit seinem Rüssel holt es

Staubkölbchen auf der Spitze eines Bleistiftes

nach dem Hervorziehen

einige Minuten später

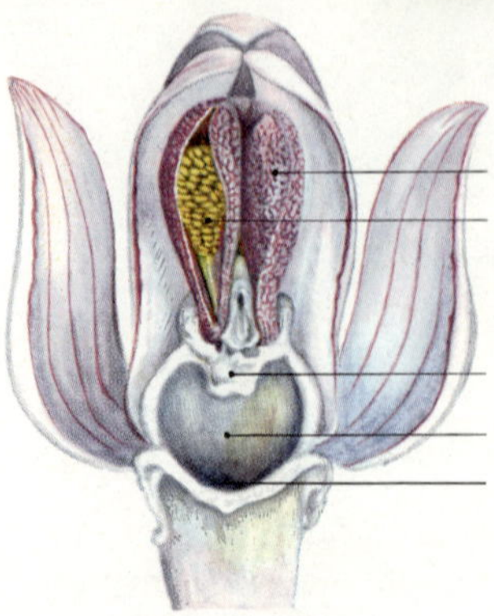

Knabenkraut.
Blütenlippe abgeschnitten

einen süßen Saft aus dem Sporn. Dabei berührt es mit dem Kopf das Täschchen, das genau über dem Eingang zum Sporn steht. Die dünne Haut zerreißt; die Klebscheiben haften am Kopf des Insekts fest, und die Staubbeutel werden von ihm beim Verlassen der Blüte aus den Fächern gezogen. Kurz danach neigen sich die Kölbchen nach unten. Wenn sich nun das Insekt auf einer zweiten Blüte niederläßt, bleiben an deren Narbe Staubkörner haften. Man kann diesen Bestäubungsvorgang mit Hilfe eines spitzen Bleistifts leicht nachahmen.

Frucht und Samen. Der Fruchtknoten streckt sich nach der Bestäubung gerade und entwickelt sich zu einer Kapsel. Bei der Reife öffnet sie sich mit 6 Längsspalten und entläßt die zahlreichen, staubfeinen Samen.

Andere Knabenkrautgewächse oder Orchideen

Die meisten Orchideen haben herrliche Blüten und verbreiten einen angenehmen Duft; sie sind daher sehr begehrt. Vielen einheimischen Arten droht bereits das Aussterben, weil sie rücksichtslos ausgerissen wurden. Heute stehen alle Orchideen in Deutschland unter Naturschutz.

Auf feuchten Wiesen und in Gebüschen blüht das *Gefleckte Knabenkraut* (D. maculáta). Es ist der breitblättrigen Art sehr ähnlich, hat aber einen massiven Stengel. – Trockene Wiesen, buschige Hügel und lichte Wälder liebt das *Kleine Knabenkraut* (Orchis mório). – An ähnlichen Orten findet sich auch die *Kuckucksblume* oder *Waldhyazinthe* (Platanthéra bifólia). Die weißen Blüten duften am Abend besonders stark. Sie haben einen langen Sporn und werden von Nachtfaltern besucht. – Unscheinbar, grüne, ungespornte Blüten, die besonders von Schlupfwespen be-

Heimische Knabenkräuter

Kuckucksblume *Sumpfwurz* *Zweiblatt* *Nestwurz*

Frauenschuh

Bienen-Ragwurz

stäubt werden, hat das *Zweiblatt* (Listéra ováta), das feuchte Gebüsche, Wälder und Wiesen bewohnt. – Spornlos sind auch die Blüten der *Sumpfwurz*-Arten (Epipáctis), von denen einige an feuchten Standorten, andere auf trocknem Sandboden vorkommen. – Die schönste unserer Orchideen ist der *Frauenschuh* (Cypripédium calcéolus). Seine Lippe sieht einem Frauenschuh ähnlich. Leider ist er heute zu einer großen Seltenheit geworden. Kenner halten seine Standorte in Bergwäldern, besonders auf Kalkboden, geheim. – Bei den *Ragwurz*-Arten (Ophrys) weist die gewölbte braune, samthaarige Lippe helle Zeichnungen auf, die Hummeln, Bienen oder andere Insekten vortäuschen. Genaue Beobachtungen haben gezeigt, daß solche Blüten immer nur von Insektenmännchen besucht werden. Diese werden nicht nur durch die Blütenzeichnung, sondern vor allem durch Duftstoffe angelockt. Der Duft gleicht dem der Lockstoffe, die von Weibchen dieser Insekten ausgeschieden werden.

Orchideen sind in verschwenderischer Fülle besonders in den Tropen und Subtropen verbreitet. Viele von ihnen leben als *Überpflanzen* (Epiphyten) auf Bäumen, z.B. in Astgabeln, wo sich Regenwasser ansammeln kann. Ihre Wurzeln saugen die Nährstoffe auf, die mit dem Staub ins Regenwasser gelangen. Sie sind also keine Schmarotzer.

In unseren Blumengeschäften werden zahlreiche Orchideen aus südlichen Ländern als Schnittblumen angeboten, die man bei uns in Gewächshäusern aufzieht. Die Aufzucht ist nicht einfach, weil die winzigen Samen nur keimen, wenn sie mit bestimmten Pilzen eine *Symbiose* (S. 193) eingehen können.

Die *Knabenkrautgewächse* oder *Orchideen* haben 2seitige Blüten. Die meisten enthalten nur ein Staubblatt, das mit einem Fortsatz des unterständigen Fruchtknotens zu einem Säulchen verwachsen ist. Die Narbe bildet das Ende des Säulchens.

Ernährungsgemeinschaften zwischen Blütenpflanzen und Pilzen

Nicht selten finden wir in Buchenwäldern eine bleiche Pflanze, die mit einem gelblichbraunen Blütenstand aus der Erde hervorkommt. Ihr Stengel trägt nur

Catasétum gnomus,
eine Orchidee aus dem tropischen Amerika

einige scheidenartige Blätter. Die ganze Pflanze ist so gut wie frei von Blattgrün. Das ist die *Nestwurz* (Neóttia nidus-avis), eine Orchidee. Ihre zahlreichen Wurzeln, die nestartig verflochten sind und an einem kurzen Erdsproß sitzen, können weder Wasser noch Nährsalze aus dem Boden aufnehmen. Diese Tätigkeit übernehmen Pilze, die mit den Wurzeln vergesellschaftet sind. Ein solches Zusammenleben nennt man eine *Symbiose.* Der Pilz dringt in die Wurzelhaut ein und lebt in den äußeren Wurzelschichten. In den inneren Schichten aber wird er verdaut. Auf diese Weise versorgt sich die Orchidee mit allen zu ihrem Aufbau nötigen Stoffen. Sie ist von der Keimung an ganz auf den Pilz angewiesen. Für diese Form der Symbiose von Pilz und Blütenpflanze hat man die Bezeichnung *Mykorrhiza* gewählt. Die befallenen Wurzeln nennt man Pilzwurzeln.

Die wachsbleichen Blüten des *Fichtenspargels* (Monótropa hypopítys) lassen darauf schließen, daß auch hier eine Symbiose mit Pilzen vorliegt. Die Pflanze,

Oncídium papílio, eine tropische Orchidee aus Brasilien

Fichtenspargel.
Blühend und fruchttragend

eine Verwandte des Wintergrüns (S. 135), ist in Fichtenwäldern verbreitet. Vor ihrer Entfaltung ähneln die Triebe dem Spargel, zumal sie mit schuppenartigen Blättchen besetzt sind. Auch der Fichtenspargel ist frei von Blattgrün und in seiner Ernährung ausschließlich auf das Zusammenleben mit einem Wurzelpilz angewiesen. Dieser Pilz entzieht dem Boden Nährsalze und zersetzt die Laubstreu und den Humus, wobei er neben eiweißartigen Bestandteilen auch solche Stoffe gewinnt, wie sie die grünen Pflanzen in ihren Blättern mit Hilfe des Blattgrüns selbst herstellen. Anders als bei der Nestwurz dringt der Pilz nur in die Wurzelhaut ein und entläßt dort aus den aufplatzenden Enden seiner Pilzfäden Eiweiß und zuckerartige Stoffe in das Wurzelgewebe. Mit Hilfe des Pilzes können also Nestwurz und Fichtenspargel im modernden Waldhumus ohne Blattgrün gedeihen; es sind *Moderpflanzen* (Saprophyten). Heute betrachtet man die Mykorrhiza als einen wechselseitigen Parasitismus, d.h. Pilz und Wirt nutzen sich gegenseitig aus, ohne einander zu schaden. Der Hauptvorteil scheint aber bei den Wirtspflanzen zu liegen.

Die Pilze können bestimmte Vitamine, die sie selbst nicht herzustellen vermögen, von den Wirtspflanzen übernehmen.

Pilzwurzeln sind auch von vielen Waldbäumen bekannt, z.B. von der Buche und der Kiefer. Diese Bäume assimilieren zwar mit Hilfe ihrer Blätter. Aber die Aufnahme von Wasser und Nährsalzen erfolgt ausschließlich durch Pilze, die die feinsten Endigungen der Baumwurzeln umspinnen. Die Pilze ihrerseits entnehmen ihrer Wirtspflanze vor allem solche Stoffe (z.B. Zucker), die diese durch ihre Assimilation gewinnt. Viele dieser Pilze kommen immer nur in Gemeinschaft mit bestimmten Bäumen vor, z.B. der Birkenpilz, der Lärchenpilz (Goldröhrling, S. 197) u.a.

Aronstabgewächse

Der Aronstab

Der Aronstab (Árum maculátum) kommt bereits im Vorfrühling in feuchten, schattigen Laubwäldern aus dem Boden. Ein knolliger Erdsproß liefert die ersten Baustoffe. Die pfeilförmigen, dunkelgrünen und meist gefleckten Blätter enthalten wie alle anderen Pflanzenteile ein scharfes Gift. Zerbeißt man ein winziges Blattstück, so spürt man bald ein Brennen auf der Zungenspitze. Der Aronstab gehört zu den Einkeimblättrigen; seine Blätter sind jedoch netzadrig.

Eine Gleitfallenblume. Aus einer tütenförmigen, grünlichen Blütenscheide, die sich nach unten kesselförmig erweitert, ragt das violette Ende eines Kolbens hervor. Innerhalb des Kessels trägt der Kolben zu unterst eine Anzahl Stempel. Darüber stehen zahlreiche Staubblätter und noch weiter oben starre Haare, die den Kessel absperren, also gleichsam eine Reuse bilden. Staubblätter und Stempel stellen jeweils Blüten dar. Der Kolben ist also ein *Blütenstand* mit getrenntgeschlechtlichen Blüten. Somit ist der Aronstab *einhäusig*.

Die *Bestäubung* erfolgt durch winzige Mücken. Diese werden durch einen starken, uns widerlichen Duft (Ekelblume), angelockt. Beim Versuch, sich auf der Blütenscheide oder dem Kolben niederzulassen, finden sie keinen Halt, weil die Oberfläche durch einen dünnen Ölfilm so glatt ist, daß sie in den Kessel abrutschen (Gleitfallenblume). Suchen sie ihn kriechend zu verlassen, dann gleiten sie an seiner glatten Wand immer wieder hinunter, und wollen sie fliegend ins Freie gelangen, so versperren ihnen die Reusenhaare den Weg. Wenn sie von einer anderen Pflanze Blütenstaub mitbringen, belegen sie die jetzt reifen Narben. Diese scheiden Nektartröpfchen aus, von denen sich die Mücken ernähren. Am 2. Tage hört der Kolben auf zu duften und die Staubblätter reifen heran. Sie entleeren ihren trockenen Pollen in solcher Fülle, daß die Mücken eingepudert werden. Nunmehr welken die Reusenhaare, der Kolbenstiel wird runzlig und gangbar. Jetzt können die Tiere auf ihm herauskriechen. Mit Blütenstaub beladen, dringen sie dann wieder in den nächsten duftenden Blütenkolben ein. Nach der Befruchtung welken die Blütenteile, die Stempel entwickeln sich zu roten Beeren, die von Vögeln gefressen werden.

Verwandte. Die *Flamingoblume* (Anthúrium), aus Mittel- und Südamerika stammend, mit roten bis orangefarbigen Blütenkolben und hellroten Blütenscheiden, ferner das mexikanische *Philodendron* (Monstéra deliciosa), wegen der großen, oft löcherigen Blätter auch *Fensterblatt* genannt, sind beliebte Zimmer- und Gewächshauspflanzen.

Aronstab

Blütenscheide
Fruchtknoten
(Längsschnitt)
Blütenstand
reife Narben
Blütenstand
reife Staubbeutel
Erdsproß
Fruchtstand mit Beeren

Kleine Wasserlinse

Breitblättriger Rohrkolben, blühend

fruchtend

Den Aronstabgewächsen stehen die *Wasserlinsengewächse* nahe. Den Wasserlinsen (Lémna) fehlt die Gliederung in Stengel und Blatt. Der Sproß schwimmt auf dem Wasser als flaches Scheibchen, das auf der Unterseite Wurzeln trägt. Nur selten bilden sich die unscheinbaren Blüten aus. Die Pflanze vermehrt sich ungeschlechtlich durch seitlich hervorwachsende Sprosse, die mit der Mutterpflanze zusammenbleiben oder aber selbständig werden. Sie können Teiche in kurzer Zeit wie mit einem grünen Teppich überziehen.

Rohrkolbengewächse

Der *Rohrkolben* (Týpha) bewohnt Sümpfe und Uferränder. Seinen Namen verdankt er dem Blütenstand. Die Blüten sind zu zwei übereinanderstehenden Kolben angeordnet, von denen der untere Stempel- der obere Staubblüten enthält. Beiderlei Blüten sind von einfachstem Bau. Die Bestäubung erfolgt durch den Wind. Auch die Früchte mit ihren langbehaarten Stielen werden durch ihn verbreitet.

Dem Rohrkolben steht der *Igelkolben* (Spargánium) nahe. Mehrere Arten bewohnen Gräben und Teichränder. Die Gattung verdankt ihren Namen den kugeligen und stacheligen Fruchtständen; die schwimmfähigen Früchte werden durch das Wasser verbreitet.

Nacktsamer

Kieferngewächse

Die Kiefer

Kein Baum bildet in Mittel- und Nordeuropa so ausgedehnte Wälder wie die Kiefer oder Föhre (Pínus sylvéstris). Sie kann zwar auf allen Bodenarten gedeihen, doch ist sie anspruchslos und auf sandigen und moorigen Böden vielen anderen Waldbäumen überlegen.

Mykorrhiza. Das Pilzgeflecht des Goldröhrlings bildet mit der Lärche eine Mykorrhiza. Die befallenen Saugwurzeln sind keulenförmig angeschwollen.

Das Wurzelgeflecht und die Pilzwurzeln. Neben einer tiefreichenden Pfahlwurzel bildet die Kiefer ein stark verzweigtes Wurzelgeflecht aus. Sie kann daher auch wenig fruchtbaren Böden genügend Wasser und Nährsalze entziehen. Die feinsten Endigungen, besonders der Wurzeln in der Nähe der Bodenoberfläche, sind von Pilzfäden umsponnen. Zahlreiche Pilze, z. B. Täublinge und der Fliegenpilz, vermögen mit der Kiefernwurzel eine *Mykorrhiza* zu bilden (S. 194). Die gleichen Pilze bilden manchmal auch Pilzwurzeln mit dem Fichtenspargel. Neuerdings ließ sich zeigen, daß gewisse Nährstoffe, z. B. Zucker, aus den Kiefernwurzeln über gemeinsame Pilzfäden bis zum Fichtenspargel geleitet werden.

Stamm und Zweige. Der Stamm und die Zweige sind bei jungen Bäumen mit einer rötlichen Rinde umkleidet, die bei älteren Bäumen einer dicken, graubraunen Borke Platz macht. Aus Wunden fließt klebriges Harz hervor, das in feinen Röhren alle Teile der Kiefer durchzieht. Es verhindert, daß Krankheitserreger in die Wunden eindringen, und bildet einen gewissen Schutz gegen Tierfraß.

Der Stamm wächst sehr regelmäßig. An seinem Ende werden alljährlich mehrere quirlförmig gestellte Zweige ausgebildet. Daher zählt der jüngere Baum so viele Jahre, als er „Stockwerke" aufweist. Auch die Zweige verästeln sich regelmäßig, so daß die junge Kiefer die Gestalt einer Pyramide bekommt. Später sterben die unteren Zweige aus Lichtmangel ab; die oberen breiten sich im Laufe der Jahre mehr und mehr aus. Ältere Bäume kommen so zu ihrer schirmförmigen Krone. Die Kiefer kann bis zu 40 m hoch werden und ein Alter von 300 bis 500 Jahren erreichen.

Im Frühjahr erscheinen junge Zweige *(Maitriebe)*, die aus braunen Knospen hervorgehen. Sie stehen zunächst aufrecht und werden von rostfarbenen, ausgefransten Tragblättern schützend umhüllt. Später fallen sie ab, und die jungen Zweige neigen sich mit Ausnahme des Gipfeltriebes zur Seite, nehmen also ihre bleibende Stellung ein.

In der Achsel eines jeden Tragblattes entsteht ein kleiner Höcker, der ein Nadelpaar entwickelt. Da aus den Achseln von Blättern stets Seitensprosse hervorkommen, sind auch die Höcker kleine Sprosse: Der Maitrieb ist also ein *Langtrieb* mit zahlreichen höckerartigen *Kurztrieben.*

Blätter. Die beiden nadelförmigen Laubblätter sind anfangs weich und von silberweißen Blättchen umhüllt. Infolge der Nadelform haben die Blätter eine verhältnismäßig kleine Oberfläche. Sie sind zudem von einer so dicken Oberhaut bedeckt, daß sie hart und trocken erscheinen. In der Oberhaut befinden sich nur wenige Spaltöffnungen. So kommt es, daß die Kiefernnadeln wie die Blätter einer Trockenlandpflanze nur wenig Wasser verdunsten. Im Gegensatz zu den meisten Laubbäumen kann die Kiefer den größten Teil ihrer Blätter sogar während des „trokkenen" Winters (S. 47) behalten: sie ist immergrün. Eine Nadel lebt 2 bis 3 Jahre.

Junger Kurztrieb der Kiefer

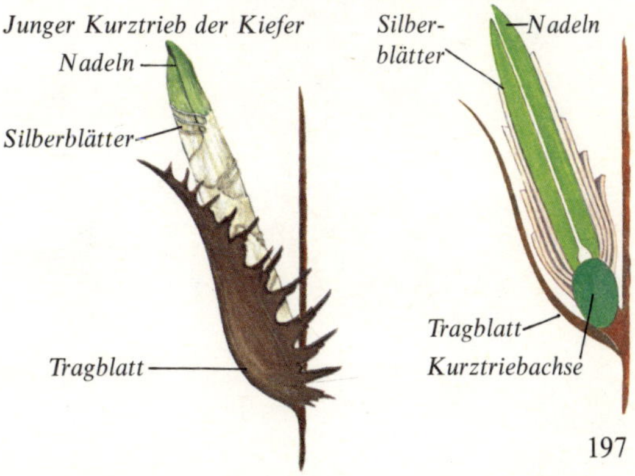

Kiefer

Staubblüten
Samenblüte
Fruchtschuppe
mit Samen
Zapfen
vorjährig
Zapfen
vorvorjährig
Fruchtblatt
Samenblüte
von oben
von unten
Staubblüte

Blüten. Die Kiefer ist getrenntgeschlechtlich-einhäusig.
Die *Staubblüten* sind den Kätzchen von Laubbäumen ähnlich. Sie sitzen am Grunde der „Maitriebe“. Wie die Kurztriebe entspringen sie aus der Achsel eines häutigen Blattes und bestehen aus einer Achse und zahlreichen gelben, 2fächrigen Staubblättern.
Die *Samenblüten* stehen als rötliche Zapfen an der Spitze der „Maitriebe“. Von ihrer Achse gehen zahlreiche fleischige Blätter ab; jedes trägt auf der Oberseite 2 Samenanlagen. Wir haben in ihnen also „Fruchtblätter“ oder „Fruchtschuppen“ vor uns. Während bei den bisher betrachteten Pflanzen die Samenanlagen von einem Fruchtknoten eingeschlossen sind, der aus einem Fruchtblatt oder aus mehreren Fruchtblättern entstanden ist, liegen sie hier frei auf dem Fruchtblatt. Die Kiefer ist ein *Nacktsamer.*
Die Blütenpflanzen gliedern sich in die Bedecktsamigen und die Nacktsamigen Pflanzen (S. 57).
Bestäubung. Die Kiefer ist ein *Windblütler.* Blütenstaub wird in solchen Mengen erzeugt, daß er z.B. nach Regen die Pfützen auf den Waldwegen bedeckt. „Es hat Schwefel geregnet“ sagen dann die Leute. Der Pollen ist trocken und mit 2 „Luftsäcken“ ausgestattet, die ihn besonders flugfähig machen. Je nach den Windverhältnissen kann er viele Kilometer weit – einzelne Pollen erheblich über 100 km – getragen werden. Zur Blütezeit spreizen die Fruchtschuppen von der Achse ab. An der Spitze der Samenanlage nimmt ein „Bestäubungstropfen“ den Pollen auf. Feine, hornartig gekrümmte Härchen befördern ihn dann durch Krümmungsbewegungen ins Innere der Samenanlage.

Kiefer

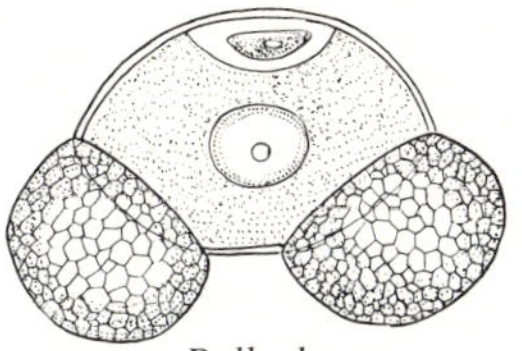

Pollenkorn

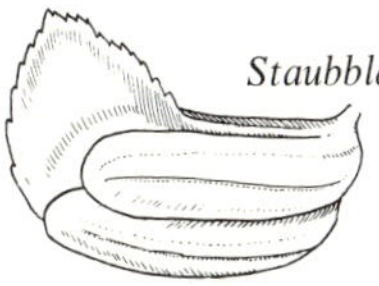

Staubblatt

Zapfen und Samen. Die Bestäubung führt nicht sogleich zur Befruchtung. Erst im nächsten Frühjahr keimen die Pollenkörner aus. Sie werden von den Fruchtschuppen eingeschlossen, die nach der Bestäubung weiterwachsen und miteinander durch Harz verkleben. Im Innern der grünen Zapfen reifen dann auch die Samen heran.
Während des ersten Jahres neigt sich der Zapfen nach unten; er wächst nur wenig. Im zweiten Jahr wächst er schneller; gleichzeitig verholzen seine Fruchtschuppen und werden braun. Im März oder April des dritten Jahres trocknen die Schuppen stark ein und spreizen bei sonnigem Wetter von der Achse ab. Dann fallen die langgeflügelten Samen heraus und werden durch den Wind verbreitet. Bei feuchtem Wetter schließen sich die Zapfen wieder. Die Samen keimen mit einem Kranz von nadelförmigen Keimblättern.

Beobachte, wie sich reife Kiefern (Fichten-) zapfen bei trocknem Wetter öffnen, bei feuchtem schließen.

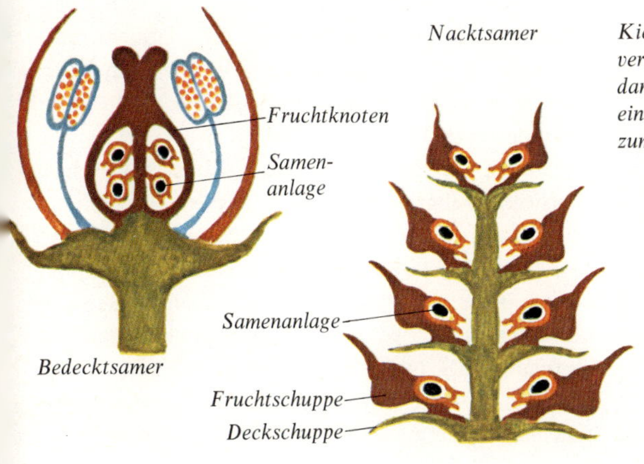

Kiefernkeimlinge verschiedenen Alters, daneben ein Hainbuchenkeimling zum Vergleich.

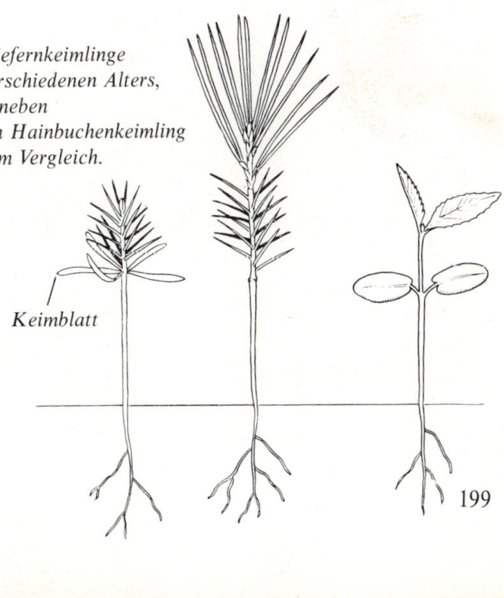

Wirtschaftliche Bedeutung. Die Kiefer wird wegen ihres raschen Wuchses und ihres gut verwertbaren Holzes bei Aufforstungen bevorzugt. Besonders in Nordwestdeutschland sind Heidelandschaften und arme Sandböden mit ihr neu bewaldet worden. Sie liefert ein sehr wichtiges Bau- und Werkholz sowie den Rohstoff für Packpapier und Pappen. Aus dem Harz gewinnt man Terpentinöl, das vom Maler und in der Heilkunde verwendet wird, ferner Geigenharz (Kollophonium).

Der Kiefernwald. Kiefernwälder sind in Deutschland weit verbreitet. Man unterscheidet reine Kiefernwälder von Mischwäldern aus Kiefern, anderen Nadelhölzern und Laubhölzern. Da in reinen Beständen weithin gleichaltrige Bäume stehen, werden sie auf größeren Flächen fast gleichzeitig gefällt, sobald sie ein Alter von 80 – 100 Jahren erreicht haben. Die so entstehende Lichtung bedeckt sich rasch mit lichtbedürftigen Pflanzen, wie dem *Roten Straußgras*

Kiefernwald

(Agróstis ténuis) und der goldfarbigen *Waldschmiele* (Deschámpsia flexuósa); ferner mit *Weidenröschen* und *Greiskräutern* (Senécio). Bevor jedoch Sträucher und Bäume sich ansamen und heranwachsen können, wird die gerodete Fläche beackert und dann gleichmäßig mit jungen Kiefern besetzt, die in einer Baumschule herangezogen wurden. In einer solchen Schonung, die in vollem Lichtgenuß steht, siedeln sich zwischen den Bäumchen Pflanzen, wie *Adlerfarn*, *Roter Fingerhut* und *Ginster*, an.

Zum Stangenholz herangewachsen, stehen die Kiefern meist so dicht, daß sie den Boden völlig beschatten. Das Unterholz ist dann schwach entwickelt. Um so reicher ist aber der Kiefernwald an Pilzen (S. 197). Sobald der Wald ausgelichtet ist, verbreiten sich Flechten und Moose, in warmen Lagen auch Gräser und Nelken. In lichten Beständen steht die Kiefer im Wettbewerb mit Laubbäumen wie der *Eiche* und der *Birke*. Unter den Sträuchern sind *Faulbaum*, *Ginster* und *Wacholder* nicht selten. Die Bodenpflanzen wechseln stark je nach der Bodenbeschaffenheit. Ziemlich regelmäßig stellen sich ein: *Heidekraut*, *Heidelbeere*, *Preiselbeere*, *Gräser* wie die Rasenschmiele und das Ruchgras, *Maiglöckchen*, *Wintergrün*, *Schattenblume*, *Sauerklee*, *Farne* und *Moose*.

Das Tierleben ist um so reicher, je stärker die Strauch- und Bodenpflanzenschicht entwickelt ist. Die trockenen Kiefernwälder der Ebene erscheinen oft wie ausgestorben, da das Unterholz, in dem Vögel nisten könnten, fehlt. Wer aufmerksam beobachtet, entdeckt aber in der Bodenschicht eine Fülle von Gliedertieren und Würmern. In den Forsten mit gleichartigen und gleichalten Beständen können sich die Raupen von Kiefernspanner, Nonne, Kieferneule so gewaltig vermehren, daß die Wälder völlig vernichtet werden. Kränkliche Bäume fallen dem Borkenkäfer zum Opfer. Bei einem Massenauftreten von schädlichen Insekten vermehrt sich zwar auch die Zahl der Vögel, die sie vertilgen; Spechte, Meisen und Kuckuck ziehen herbei, werden aber der Schädlinge oft nicht Herr. Häufig treffen wir auf hohe, aus Nadeln erbaute Haufen der Waldameise. Der Grünspecht, der die Ameisen und ihre Larven frißt, durchwühlt oftmals die Bauten. Als Insektenvertilger verdienen die Waldameisen unseren besonderen Schutz. Die Forstverwaltungen schützen vielfach die Ameisenhaufen durch Drahtgeflecht und suchen, die Vermehrung der Bauten zu fördern.

Die Fichte

Der „Christ"- oder „Weihnachtsbaum" ist bei uns meist eine Fichte oder Rottanne (Pícea ábies). Fichten können an die 1000 Jahre alt werden und eine Höhe von mehr als 50 m erreichen. Im Gegensatz zur Kiefer bildet die Fichte keine Pfahlwurzel aus; auf lockerem Boden wird sie daher leicht vom Sturm entwurzelt. In unseren Mittelgebirgen, dem Alpenvorland und in den Alpen bildet sie ausgedehnte Wälder. Die zahlreichen, flach verlaufenden langen Wurzeln umklammern Felsblöcke, dringen in Felsspalten ein und sorgen so für einen festen Halt.

Den geraden *Stamm* umkleidet eine dünne, rötliche Borke (Rottanne). Die Nadeln sitzen einzeln auf spiralig stehenden Höckern. Ein Zweig, von dem die Nadeln abgefallen sind, erscheint dadurch feilenartig rauh. Die Fichte bildet nur Langtriebe aus. Die Blüten stimmen mit denen der Kiefer weitgehend überein, doch sind die Samenblüten lebhaft rot gefärbt. Die langen, hängenden Zapfen reifen in wenigen Monaten. Sie öffnen sich in dem auf die Blüte folgenden Frühjahr und entlassen die geflügelten Samen.

Die Fichte wird von keinem anderen Waldbaum an Nutzwert übertroffen. Schon wenige Jahre nach ihrer Anpflanzung liefert sie Christbäume, Bohnenstangen und Deckreisig. In einem Alter von 30 Jahren bildet sie erstmals Zapfen aus. Das helle, weiche Holz dient als Grubenholz und als Schnittholz. Große Mengen liefern den Grundstoff für Papier. Der aus Fichtenholz gewonnene Zellstoff wird zur Herstellung von neuen Werkstoffen, z.B. von Kunstseide, verwendet. Fichtenharz wird wie Kiefernharz verarbeitet. Abkochungen der Zweige dienen als Badezusatz.

Von der Forstwirtschaft. Wegen des schnellen Wachstums und des vielseitigen Nutzens hat die Fichte in manchen Gegenden den Laubwald verdrängt, so daß auf diesen heute nur noch $^1/_5$ unseres Waldbestandes

Fichte und Tanne zum Vergleich.
Äste mit Blüten und Früchten (Zapfen). Zapfenspindel bei der Fichte rauh, bei der Tanne glatt.

Fichtenwald im Hochgebirge

entfällt. In vielen Fichtenwäldern stehen die Bäume in Reih und Glied und sind gleichaltrig, ein Zeichen, daß sie vom Menschen angelegt wurden; es sind *Forste.* Das Pflanzgut für solche Forste wird sorgfältig ausgelesen. Vielfach werden Anzuchtgärten in Gebirgsgegenden angelegt und nur solche Sämlinge verwendet, die harten klimatischen Ansprüchen gewachsen sind. Zu den Aufgaben des Forstwirts gehört es, gutes Nutzholz zu ziehen, d.h. Stämme, die gerade gewachsen sind und nur schwache Äste bilden. Das gelingt nur in einem dichten Bestand. Freistehende Fichten und Bäume am Waldesrand entwickeln eine weit herunterreichende Krone. In einem dichten Baumbestand jedoch sterben wegen des Lichtmangels die Äste bis auf eine kurze Krone ab. In regelmäßigen Abständen müssen die Schonungen und älteren Waldbestände ausgelichtet werden. Schwache und schlecht gewachsene Bäume werden dann geschlagen.

Der Umtrieb eines Fichtenwaldes, d.h. die Zeit von der Bepflanzung eines Waldstücks bis zur Schlagreife, beträgt 70–120 Jahre. Was der Forstmann anbaut, kommt erst seinen Enkeln und Urenkeln zugute. Daher verdienen die Wälder und Forste unseren ganz besonderen Schutz. An sonnigen Tagen des Vorfrühlings, noch ehe die Bäume austreiben, und im trockenheißen Sommer sind unsere Nadelwälder weit mehr als die Laubwälder durch Waldbrände sehr gefährdet (s. auch S. 51).

Der Fichtenwald. Im Gegensatz zur Kiefer ist die Fichte eine Schattenholzart. Daher ist das Unterholz dürftig. *Heidel-* und *Preiselbeere* gedeihen an vielen Stellen. Von Kräutern finden wir da und dort *Habichtskraut*, *Sauerklee*, *Wintergrün* und *Schattenblume.* Mit *Farnen* und *Bärlapp* ist in älteren Beständen regelmäßig zu rechnen. Günstige Lebensbedingungen ergeben sich für *Pilze* und andere blattgrünlose Pflanzen, so für eine der Nestwurz ähnliche Orchidee, die *Korallenwurz*, und für den *Fichtenspargel.*

Tierleben. Im dichtgeschlossenen Fichtenwald halten sich nur wenige Singvögel auf. Darum herrscht in ihm eine auffallende Stille. Verhältnismäßig häufig sind Tannenmeise und Fichtenkreuzschnabel sowie am Waldrand und auf Lichtungen Rotkehlchen und Buchfink. Wenn man Glück hat, sieht man den Sperber, der den Kleinvögeln nachstellt. Abends und nachts machen Waldohreule und Waldkauz Jagd auf Mäuse. Ab und zu hören wir auch die lauten Rufe eines Schwarzspechtes. Den Gebirgswald bewohnt das Auerhuhn, das im Winter vorwiegend von Fichtennadeln lebt. Den großen Säugetieren, wie Hirsch und Wildschwein, bietet dichter Nadelwald gute Deckung. An schädlichen Insekten treffen wir die gleichen wie im Kiefernwald an. Zu ihnen gesellen sich noch der Fichtenborkenkäfer oder Buchdrucker sowie der Fichtenrüsselkäfer. In einförmigen Forsten können beide größten Schaden anrichten.

Zirbelkiefern an der Baumgrenze in den Alpen

Andere Kieferngewächse

In den Alpen und höheren Mittelgebirgen Deutschlands wächst an der Baumgrenze die *Bergkiefer* (Pinus múgo). Meist ist sie ein niederliegender Busch, Zwergkiefer, Legföhre, Knieholz, Krummholz oder Latsche genannt. Da sie gegen Seewinde unempfindlich ist und mit ihrem vielverzweigten Wurzelwerk lockeren Sand bindet, verwendet man sie zur Befestigung von Dünen und zur Aufforstung von Heideflächen. – An der oberen Waldgrenze gedeiht in den Alpen noch die *Arve* oder *Zirbelkiefer* (P. cembra), deren Samen als „Zirbelnüsse" gegessen werden. – Zu einem stattlichen Baum wächst die aus Nordamerika stammende *Weimutskiefer* (P. strobus) heran. In den Kurztrieben stehen die langen, dünnen Nadeln zu fünft. Reine Weimutskiefernbestände sind durch einen Rostpilz (S. 238) stark gefährdet.

Ein naher Verwandter der Fichte ist die *Tanne* (Ábies álba). Im Westen und Südwesten Mitteleuropas ist sie stark verbreitet. Bei uns wächst sie auf den Höhen des Schwarzwaldes. Die Tanne stellt an Bodengüte, Wärme und Luftfeuchtigkeit höhere Ansprüche als die Fichte und ist gegen Spätfröste empfindlicher.

Wie unterscheiden sich Fichte und Tanne?

	Fichte	*Tanne*
Stamm:	rotbraune Borke (Rottanne)	weißgraue glatte Borke (Weißtanne)
Nadeln:	auf Höckern der Langtriebe ringsum sitzend, nadelspitz	2zeilig am Langtrieb sitzend, an der Spitze meist eingekerbt, 2 weiße Längsstreifen (Wachs) auf der Unterseite
Zapfen:	hängend fallen als Ganzes ab	aufrecht stehend Schuppen lösen sich einzeln von der Achse

Lärche.
Blühende Zweige mit jungen Nadeln, ein Zweig mit ausgebildeten Blättern und einem Zapfen

In unseren Parkanlagen werden zahlreiche ausländische Fichten und Tannen gezogen. Die nordamerikanische *Blaufichte* (Picea pungens) fällt durch eine silbrige oder bläuliche Benadlung auf. – Die hochwüchsige *Nordmannstanne* (Abies nordmanniána) stammt aus dem Kaukasus. Ihre jungen Zweige erscheinen mit den Nadeln fast halbzylindrisch. – Häufig wird die *Douglastanne* (Pseudotsúga douglásii) angepflanzt, ein nordamerikanischer Baum mit weichen Nadeln. Wegen seiner Raschwüchsigkeit und Holzgüte versucht man, ihn in Forsten anzubauen.

Lärchen in den Voralpen

Die *Lärche* (Larix decídua), ein lichtbedürftiger Gebirgsbaum, bildet in den Alpen ausgedehnte Wälder. Auch im Flachland und in Parkanlagen begegnen wir ihr nicht selten. Ihre weichen Nadeln stehen an den Langtrieben einzeln, an den Kurztrieben in Büscheln. Sie wirft wie die Laubbäume im Herbst ihre Nadeln ab. – Die *Zedern* (Cedrus) wachsen nur im milden Klima West- und Süddeutschlands zu stattlichen Bäumen heran. Ihre Nadeln sind wie die der Lärche angeordnet, aber immergrün. Die *Libanon-Zeder* (C. líbani) stand im Altertum in höchstem Ansehen. Sie lieferte das Holz für viele berühmte Bauwerke jener Zeit, z. B. für Salomons Tempel. Beliebte Parkbäume sind auch die *Atlas-Zeder* und die *Himalaya-Zeder* (C. atlántica und C. deodára).

Die Samenblüten der *Kieferngewächse* bestehen aus mehreren Fruchtschuppen mit 2 Samenanlagen und entwickeln sich zu einem holzigen Zapfen.

Den Kieferngewächsen stehen mehrere ausländische Nadelhölzer nahe, die auch bei uns gehalten werden. Als Topfpflanze ziehen wir die *Zimmertanne* (Araucária excélsa), die von den Norfolkinseln (nördlich von Neuseeland) stammt. – Wo die Winter nicht zu

Die Wuchsformen unserer heimischen Nadelbäume – Beschreibe die unterscheidenden Merkmale.

kalt sind, wie am Rhein und am Bodensee, wird in Anlagen gern der *Mammutbaum* (Sequoiodéndron gigánteum) gepflanzt. In seiner Heimat Kalifornien erreicht er ein Alter von mehr als 3000 Jahren und die gewaltige Höhe von 140 m mit einem Stammdurchmesser um 10 m. Auch bei uns bildet er in wenigen Jahren eine stattliche, regelmäßige Pyramide. – Neuerdings ist in unseren Gärten und Anlagen auch das *Chinesische Rotholz* (Metasequóia glyptostroboídes) zu sehen. Dieser raschwüchsige Baum wurde erstmals 1941 in Szechuan entdeckt und kam 1948 in Kultur. Er wirft im Herbst seine Kurztriebe ab, an denen die Nadeln 2zeilig stehen.

1. Miß den Umfang der stärksten dir bekannten Nadelbäume.
2. Zähle die Jahresringe gefällter und die „Stockwerke" jüngerer Bäume.
3. Wie verhalten sich die Seitentriebe eines Baumes, dessen Haupttrieb verkümmert oder abgebrochen ist?
4. Verbrenne die Nadeln eines kleinen Fichtenzweiges in einer offenen Flamme. Wie sind die kleinen „Explosionen" zu erklären, die dabei entstehen?
5. Welche Nadelbäume – Parkbäume eingeschlossen – werfen im Winter ihre Nadeln ab?
6. Sammle die Zapfen der dir bekannten Nadelhölzer.
7. Stelle Flugversuche mit Kiefern-, Fichten- oder Tannensamen an.
8. Verfolge die Keimung der Samen; suche im Frühjahr nach Keimlingen.
9. Stelle die Hauptmerkmale der wichtigsten Nadelhölzer in einer Tabelle zusammen.

Mammutbäume in Kalifornien

Wacholder.
Zweig mit Scheinbeeren

Scheinbeere (vergr.)

Eibe

Zweig mit ♂ Blüten

Zweig mit
♀ Blüten:
reifende Samen

Zypressen- und Eibengewächse

Der *Wacholder* (Juníperus commúnis) ist ein immergrüner, 2häusiger Strauch. Als Unterholz in Kiefernwäldern, auf Heide- und Moorboden, auf unfruchtbaren Hügeln ist er von der Ebene bis ins Hochgebirge verbreitet. An seinen Zapfen verwachsen die 3 obersten Fruchtblätter miteinander und bilden eine schwarzbraune, blaubereifte Scheinbeere, die z. B. in der Heilkunde, als Gewürz und Räuchermittel verwendet wird. Der Wacholder spielt von alters her im Brauchtum eine große Rolle. Auch in Märchen und Sagen tritt er auf. Das erklärt die zahlreichen Volksnamen, z. B. Machandel in Norddeutschland, Kranawit in Süddeutschland und Österreich. – Auf Friedhöfen und in Anlagen pflanzen wir gern die immergrünen *Lebensbäume* (Thúja) an, die in Ostasien und in Nordamerika ihre Heimat haben. – Von dort kommen auch die *Scheinzypressen* (Chamaecýparis), die in ihrem schlanken, pyramidenförmigen Wuchs den echten Zypressen des Mittelmeerraumes ähneln.

Die *Eibe* (Táxus baccáta) war früher in unseren Wäldern weit verbreitet. Sie wächst nur sehr langsam. Aus ihrem zähen, elastischen Holz machte man im Mittelalter Bogen und Armbrüste. Ihre Bestände wurden damals sehr gelichtet. Heute steht die Eibe unter Naturschutz. Mehrere Abarten werden in Anlagen und Gärten angepflanzt. Besonders eignet sie sich zur Anlage „lebender Hecken“, da sie den Schnitt sehr gut verträgt. Anders als unsere Kieferngewächse ist die Eibe 2häusig und harzlos. Ihre breiten Nadeln sind 2zeilig angeordnet. Die weiblichen Blüten haben nur eine Samenanlage, aus der eine Scheinbeere her-

Reifer Same mit aufgeschnittenem Samenmantel

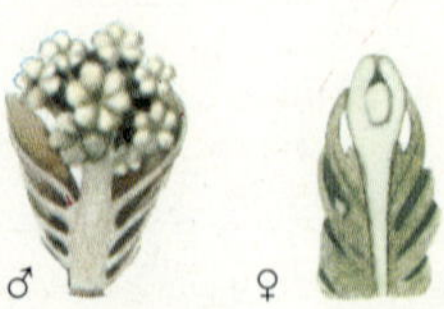

♂ ♀

Blüten

Samenmantel

vorgeht. Diese besteht aus dem dunkelbraunen Samen und einem scharlachroten, fleischigen „Samenmantel“. Die Eibe ist in allen ihren Teilen überaus giftig, nur der Samenmantel nicht.

Die Kiefern-, Zypressen- und Eibengewächse gehören zur Klasse der *Nadelhölzer* (Coníferae). Sie sind reichverzweigte Holzgewächse mit nadel- oder schuppenförmigen, meist mehrjährigen Blättern. Die weiblichen Blüten entwickeln sich in der Regel zu holzigen Zapfen (Coníferae = Zapfenträger).

Entfernte Verwandte. Die *Palmfarne* (Cýcas) kommen aus dem tropischen Asien. Sie erinnern in ihrem Aussehen an kurzstämmige Palmen. Bei uns werden sie in Gewächshäusern, am Mittelmeer aber auch im Freien gehalten. Die Fruchtblätter zeigen noch deutlich ihre Herkunft aus gefiederten Blättern an, nur sind sie mit einem dicken braunen Filz überzogen. – In unseren Parkanlagen wächst der japanische *Ginkgo-Baum* (Gínkgo bíloba) zu einer stattlichen Größe heran. Er hat fast das Aussehen eines Laubbaumes; seine langgestielten, 2lappigen Blätter aber sind von gabelig verzweigten, strahlig verlaufenden Adern durchzogen, so daß sie stark an die gewisser Farne erinnern. Die Blätter werden im Herbst abgeworfen.

Ginkgo.
Zweig mit einem ♂ Blütenstand.

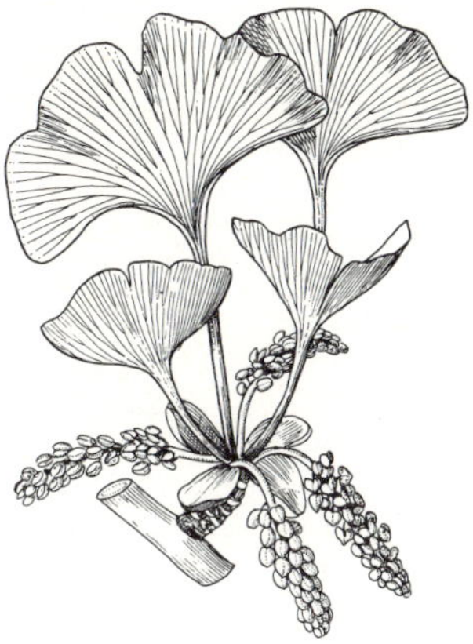

Palmfarn.
Fruchtblatt

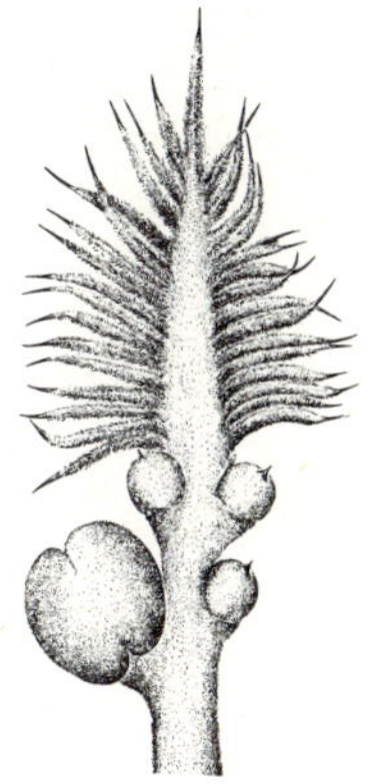

Nacktsamer. Die Nadelhölzer faßt man mit den verwandten Klassen in der Unterabteilung der Nacktsamer (Gymnospérmae) zusammen. Die Samen sind unbedeckt oder nackt, stecken also nicht in einem geschlossenen Fruchtknoten.

Palmfarn in einem Park an der Riviera. ♂ Exemplar.

Nadelhölzer und die Entstehung der Braunkohle

Die Braunkohle ist vor rund 50 Millionen Jahren entstanden, zu einer Zeit, als es bei uns heiß war wie in den Tropen. Große Seebecken wuchsen damals nach und nach zu und wurden zu Mooren, die schließlich gänzlich austrockneten. Auf ihnen siedelten sich Bäume und Sträucher an, darunter *Palmen*, *Magnolien* und *Edelkastanien*. Aber alle diese Laubhölzer wurden schließlich von Nadelhölzern überflügelt, und zwar vor allem von *Mammutbäumen*. An der Wand einer Braunkohlengrube kann man die Entwicklung der Braunkohlenschichten gut verfolgen. Zuunterst liegen Torf- und Riedgrasschichten, dann folgen holzreiche Schichten, in denen zuoberst die Mammuthölzer überwiegen. Diese Schichtenfolge wiederholt sich oft mehrmals, ein Zeichen, daß auf trockne Zeiten wieder sehr nasse folgten. Dann versumpften die Mammutbaumwälder, die Bäume starben ab, Riedgräser und andere Sumpfpflanzen breiteten sich aus. Alle Pflanzenreste aber, die unter Wasser gerieten und von der Luft abgeschlossen waren, zersetzten sich langsam und wurden nach und nach in Torf, dann in Braunkohle umgewandelt.

Das Harz von Kiefern und vereinzelt auch von Fichten aus dem Anfang der „Braunkohlezeit“ erhärtete zu Bernstein, der an den Küsten der Ostsee zu finden ist. Die Pflanzen werden daher Bernsteinbäume genannt.

Einteilung der Blütenpflanzen

A. Bedecktsamer *Die Samenanlagen werden von einem Fruchtknoten umschlossen*	**I. Zweikeimblättler** *2 Keimblätter, Blätter netzadrig (Ausnahme: Wegerich)*	**1. Getrenntblumenblättrige** *Blumenblätter frei*	**a) Mit Kelchblättern und Blumenblättern** *(doppelte Blütenhülle)*	*Beispiele:* *Storchschnabelgewächse, Ahorngewächse, Weinrebengewächse, Doldengewächse, Hartriegelgewächse, ferner Hahnenfußgewächse, Rosengewächse, Kreuzblütler, Schmetterlingsblütler*
			b) Meist mit einfacher Blütenhülle	*Beispiele:* *Weidengewächse, Birkengewächse, Becherfrüchtler, Gänsefußgewächse, Wolfsmilchgewächse*[1]
		2. Verwachsenblumenblättrige *Blumenblätter verwachsen*		*Beispiele:* *Heidekrautgewächse, Wegerichgewächse, Ölbaumgewächse, Kürbisgewächse, Korbblütler, ferner Schlüsselblumengewächse, Windengewächse, Rauhblättrige, Lippenblütler, Rachenblütler, Nachtschattengewächse*
	II. Einkeimblättler *1 Keimblatt, Blätter paralleladrig (Ausnahme: Aronstab)*			*Beispiele:* *Binsengewächse, Riedgräser, Gräser, Orchideen, Aronstabgewächse, ferner Liliengewächse, Narzissengewächse, Schwertliliengewächse*
B. Nacktsamer *Die Samenanlagen sind frei auf einem Fruchtblatt*				*Beispiele:* *Kieferngewächse, Zypressen- und Eibengewächse, Palmfarne, Ginkgo*

[1] Wolfsmilchgewächse werden heute vielfach der Gruppe a) – doppelte Blütenhülle – zugerechnet.

Wiesen-Storchschnabel

Feldahorn

Weinrebe

Wiesenkerbel

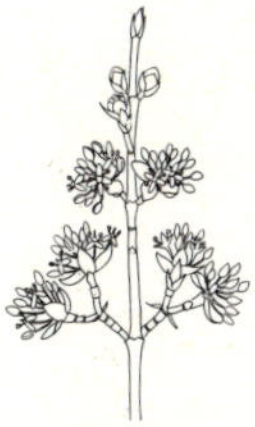
Kornelkirsche

Korbweide

Weißbirke

Buche

Spieß-Melde

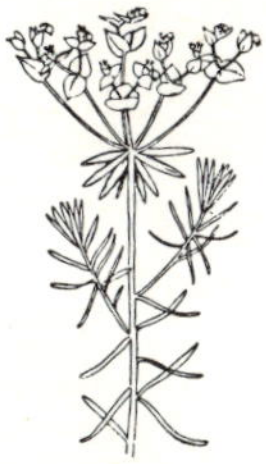
Zypressen-Wolfsmilch

Glockenheide

Breitblättriger Wegerich

Flieder

Kürbis

Wucherblume

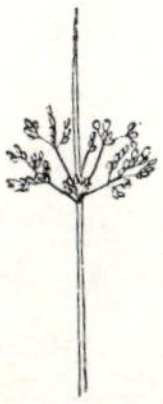
Flatterbinse

Wollgras

Roggen

Geflecktes Knabenkraut

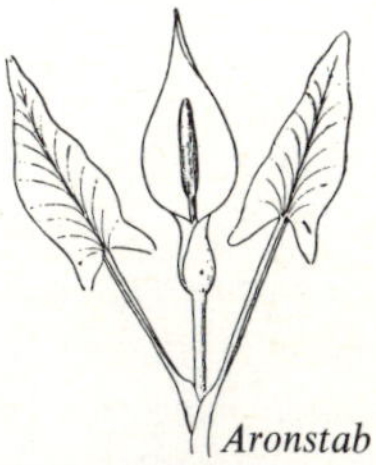
Aronstab

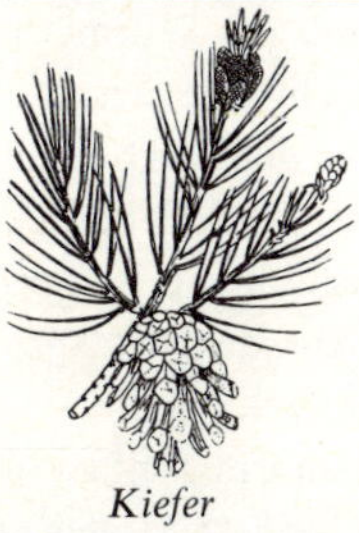
Kiefer

Wacholder

Eibe

Palmfarn

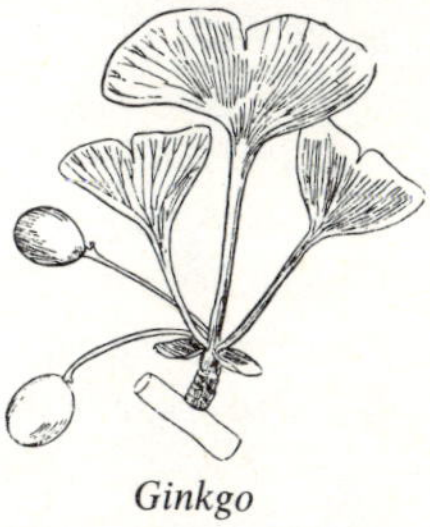
Ginkgo

Der Wurmfarn

Wurmfarn

junges Blatt

Pflanze mit Wurzelstock

Sporenkapsel

aufreißend *Seitenansicht*

1. Zwischen Juli und September reifen die Sporen des Wurmfarns. Fülle angefeuchtete Walderde, die vorher zum Abtöten von Bakterien und Pilzen erhitzt wurde, in einen Blumenuntersatz und klopfe darüber Wedel mit dunklen Sporenhäufchen aus. Decke dann mit einer Glasscheibe ab und verfolge mit einer Lupe die Sporenkeimung. In etwa 3 Wochen sind Vorkeime herangewachsen. Zeichne einzelne Entwicklungsstufen.

2. Ende Mai suche an Grabenwänden, wo Wurmfarn steht, nach Jungfarnen, die aus dem Vorkeim herauswachsen.

3. Geschlossene Sporenkapseln werden in Wasser unter dem Mikroskop beobachtet. Gib etwas Glyzerin an den Deckglasrand; die Kapseln springen dann auf und schleudern die Sporen weg.

Der *Wurmfarn* (Dryópteris filix-mas) wächst üppig in Buchenwäldern, ferner an schattigen Bachufern und Abhängen. Werden Wald und Gebüsch, in deren Schatten er lebte, niedergeschlagen, dann verschwindet er in kurzer Zeit. Wurmfarn zeigt zuverlässig guten, lehmigen Waldboden an.

Erdsproß und Blätter. Der Erdsproß des Wurmfarns steckt schräg im Boden. Er ist dicht mit den Stielresten abgestorbener Blätter, mit schwarzbraunen Schuppen und sproßbürtigen Faserwurzeln bedeckt. Am oberen Ende trägt er einen Schopf von Blättern, die trichterförmig gestellt sind. Aus dem Erdsproß gewinnt man ein Mittel gegen Bandwürmer.

Die jungen Blätter sind schneckenförmig eingerollt und mit braunen Spreuschuppen bedeckt. Rollen sie sich auf, so sieht man, daß sie gefiedert sind. Jedes Fiederblättchen ist tief gespalten oder nochmals gefiedert. Bei den Blütenpflanzen wird die Spitze eines Blattes immer früher ausgebildet als der Blattgrund; beim Farn ist es umgekehrt: die Blattspitze ist noch eingerollt, wenn die untersten Fiederchen bereits ausgewachsen sind.

Da die Blätter auffallend groß und dünn sind, können sie trotz des schwachen Lichtes, das am Standort des Wurmfarnes herrscht, genug Sonnenstrahlen auffangen und von ihnen durchleuchtet werden. Auch beschatten sie sich gegenseitig kaum, da sie zusammen einen Trichter bilden. Die großen und zarten Blätter verdunsten viel Wasser. Dementsprechend findet sich die Pflanze an schattigen Standorten und auf feuchtem Boden.

Blättchen mit Sporenkapselhäufchen

Sporenkapselhäufchen (Querschnitt)

Blattspitze mit Sporenkapselhäufchen

Sporenbildung. Bei älteren Pflanzen beobachtet man auf der Blattunterseite zahlreiche nierenförmige Häutchen, die anfangs bleichgrün, später grau bis braun aussehen. Unter einem solchen *Schleier* befinden sich zahlreiche, sandkorngroße, gestielte Kapseln. Die Kapselwandung besteht aus einer Schicht heller, platter Zellen und einem aus dunklen Zellen gebildeten Halbring. Trocknen die Kapseln im Spätsommer aus, dann verkürzt sich der Halbring. Die Kapsel reißt auf und entläßt zahlreiche kleine braune Gebilde, die *Sporen.* Unter dem Mikroskop kann man leicht beobachten, wie geschlossene Kapseln in verdünntem Glyzerin, das austrocknend wirkt, aufplatzen. Die Kapseln sind somit *Sporenkapseln* (Sporángien). Die jeweils unter einem Schleier liegenden Kapseln bilden gemeinsam ein Sporenkapsel- oder Sporangienhäufchen (Sorus, Mehrzahl Sori). Die Sporen sind staubfein, bohnenförmig und mit unregelmäßigen Wülsten bedeckt. Sie bestehen aus nur einer einzigen Zelle.

Entwicklung. Auf feuchtem Boden keimen die Sporen schon nach wenigen Tagen. Ihre Hülle platzt und der Inhalt tritt in Form eines kurzen Keimschlauchs hervor. Der Keimschlauch wächst zu einem blattartigen, herzförmigen, grünen Körper aus, der etwa Linsen- bis Pfenniggröße hat und dem Erdboden aufliegt, dem *Vorkeim* (Prothállium). Die Unterseite des Vorkeims trägt zahlreiche Haare, die die Stelle von Wurzeln vertreten, *Wurzelhaare.* Neben ihnen erkennen wir mit der Lupe noch andere Organe, deren Feinbau das Mikroskop zeigt:

In der Nähe des zugespitzten Endes finden sich kuppelförmige Organe. Bei Regenwetter, wenn sie von Wasser benetzt sind, öffnen sie sich und geben kugelige Zellen frei, die bald die Gestalt eines Korkziehers annehmen. Mit Hilfe schwingender Wimpern schwimmen sie selbständig durchs Wasser; man nennt sie *Schwärmer.*

Unterhalb des herzförmigen Einschnitts sitzen flaschenförmige Organe, die einen farblosen Schleim aus dem Flaschenhals entlassen, sobald sie ausgewachsen sind. Der Schleim verteilt sich im Wasser der Umgebung; er enthält Apfelsäure. Kommt ein Schwärmer eines benachbarten Vorkeims in die Nähe eines solchen Organs, dann folgt er der Apfelsäure dorthin, wo sie am stärksten konzentriert ist. Auf diese Weise gelangt er in den Flaschenhals und auf den Grund des Organs, wo er mit einer großen Zelle, der *Eizelle,* verschmilzt. Somit hat eine *Befruchtung* stattgefunden. Die befruchtete Eizelle erhält damit die Fähigkeit, sich durch fortgesetzte Teilung nach und nach zu einem jungen Farnkraut zu entwickeln. Der Vorkeim stirbt ab, und der Jungfarn wird selbständig.

Die flaschenförmigen Organe mit der Eizelle müssen wir somit als *weibliche Geschlechtsorgane* (Archegónien) bezeichnen. Dementsprechend sind die kuppelförmigen Organe *männliche Geschlechtsorgane* (Antherídien). Die in ihnen erzeugten Schwärmer sind männliche Keimzellen, die *Samen-* oder *Spermazellen* (Spermatozoíden).

Der Jungfarn, der infolge der Befruchtung einer Eizelle mit einer Samenzelle heranwächst, ist auf *ge-*

Der Entwicklungsablauf bei einem Farn (Generationswechsel)

schlechtlichem Wege entstanden. Der Vorkeim dagegen entwickelt sich unmittelbar, d.h. ohne einen Befruchtungsvorgang, aus einer Spore. Das ist eine Entwicklung auf *ungeschlechtlichem Wege*, vergleichbar der ungeschlechtlichen Vermehrung durch Ableger bei Blütenpflanzen (Ausläufer der Erdbeere, Zwiebeln der Tulpe, Stecklinge der Weiden u.a.).

Gleich den Farnen vermehrt sich noch eine große Zahl anderer Pflanzen durch Sporen. Zum Unterschied von den Samenpflanzen (Phánerogamen) nennt man sie auch Sporenpflanzen. – Während bei den Samenpflanzen Blüten mit Staubblättern und Fruchtblättern auftreten, fehlen den Sporenpflanzen Blüten: sie werden daher auch als Blütenlose Gewächse (Krýptogamen) bezeichnet.

Bei den Blütenpflanzen führt, wie wir gesehen haben, die Bestäubung erst dann zur Befruchtung, wenn der Pollen gekeimt ist. Die Samenzellen liegen dort in den Pollenkörnern, die Eizellen in den Samenanlagen der Fruchtknoten. Bei der Befruchtung wandern die Samenzellen durch die Pollenschläuche zu den Eizellen (Abb. S. 12).

Der Entwicklungsgang des Wurmfarnes gilt auch für alle anderen Farne: Aus den Sporen, die sich am Farnblatt bilden, geht auf ungeschlechtlichem Weg ein Vorkeim hervor; auf diesem wird auf geschlechtlichem Weg eine sporentragende Farnpflanze erzeugt. Niemals entsteht ein Vorkeim unmittelbar aus einem anderen oder eine Farnpflanze aus einer anderen. Der Farn tritt also in zwei verschiedenen Formen oder Generationen auf: einer ungeschlechtlichen, sporenbildenden Form, der Farnpflanze, und einer geschlechtlichen, geschlechtszellenbildenden, dem Vorkeim. Beide Formen wechseln miteinander ab; daher bezeichnet man den Vorgang als *Generationswechsel* (s. Übersicht S. 219).

Rippenfarn. Aufrecht die sporentragenden schmalrippigen Fieder, liegend die breiteren, „unfruchtbaren" Fieder.

Heimische Farne

Andere Farne

Der *Tüpfelfarn* (Polypódium vulgáre) hat weit kleinere und derbere Blätter als der Wurmfarn. Daher kann er sich selbst an trockenen Orten (z.B. an Mauern) ansiedeln. Seine nur einfach gefiederten Blätter überdauern den Winter. Die runden Sporangienhäufchen – auf die der Name „Tüpfelfarn" hindeutet – sind nicht von einem Schleier bedeckt. – Eine echte Wald- und Schattenpflanze dagegen ist der *Frauenfarn* (Athýrium filix-fémina). Er ähnelt dem Wurmfarn, hat aber zartere Blätter und längliche Sporangienhäufchen. – Ein anderer Farn mit streifenförmigen Sori ist die *Mauerraute* (Asplénium ruta-murária). Ihre kleinen, oft mehrmals geteilten Blätter sind fast lederartig. Sie nimmt auch mit der geringen Feuchtigkeit vorlieb, die ihr Mauerritzen und Felsspalten bieten. – Der *Adlerfarn* (Pterídium aquilínum) hat große, mehrfach gefiederte Blätter und bildet in lichten Wäldern und an Berglehnen auf kalkarmem Boden oft ausgedehnte, dichte Bestände. Stellt man durch den unteren, schwärzlichen Teil des Blattstieles einen schrägen Querschnitt her, so erblickt man eine Figur, die entfernt an einen Doppeladler erinnert. Sie beruht auf der Anordnung der Leitungsröhren, der sog. Gefäßbündel. Die Sporenkapseln, die am Rande der Fiederblättchen stehen, sind von einem Schleier und dem umgeschlagenen Blattrand überdeckt. – An ihren ungeteilten, zungenförmigen Blättern ist die unter Naturschutz stehende *Hirschzunge* (Phýllitis scolopéndrium) leicht zu erkennen. – Ein Charakterfarn des Mittelgebirges ist der auch im Winter grüne

Königsfarn mit sporentragenden Fiedern

Rippenfarn (Bléchnum spícant). Seine sporentragenden Fieder sind schmalblättrig und unterscheiden sich von den breiten Fiedern der übrigen Blätter. – Unter Naturschutz steht der *Königsfarn* (Osmúnda regális), an dessen doppeltgefiederten Blättern die oberen Fiederchen in Sporenähren umgewandelt sind. – Aus den Tropen kommen die *Geweihfarne* (Platycérium), die sich auch als Zimmerpflanzen gut halten lassen.

Die *Farne* haben meist mehrfach gefiederte Blätter. Ihre Sporenkapseln stehen auf der Unterseite der Blätter oder an besonderen Blattabschnitten.

Der Ackerschachtelhalm

Die Frühjahrstriebe als Sporentriebe. Auf Äckern, an Wegrändern und Eisenbahndämmen erscheinen im März und April die blaßbraunen Frühjahrstriebe des Ackerschachtelhalms (Equisétum arvénse). Ihr Stengel ist unverzweigt, hohl und längsgefurcht und endigt in einer „Ähre". Er besteht aus mehreren Gliedern, die untereinander durch Knoten verbunden sind. An diesen sitzen kleine, quirlförmig angeordnete Laubblätter. Sie sind bis auf die schwarzen Spitzen miteinander zu Scheiden verwachsen. Zieht man an einem jungen Stengel, so zerreißt er am unteren noch wachstumsfähigen Ende eines Stengelgliedes.
In der Ähre werden Sporen erzeugt. Sie besteht aus dem verlängerten Stengel, der Achse, um die zahlreiche Sporenblätter gleich den Laubblättern quirlartig angeordnet sind. Jedes Sporenblatt gleicht einem 6eckigen Tischchen mit einem in der Mitte ansitzenden Tischbein. Auf seiner Unterseite, die der Achse zugekehrt ist, trägt es an die 6 häutige *Sporenkapseln* (Sporangien).

Klopfe eine Sporenähre über weißem Papier aus und hauche die Sporenmasse an. Welche Veränderungen beobachtest du jetzt und nach einiger Zeit? Betrachte die Sporen unter dem Mikroskop.

Wie das Mikroskop zeigt, trägt jede Spore 4 Bänder, die von einem Punkt ausgehen und anfangs zusammengerollt sind. Bei Trockenheit rollen sie sich auf. Dann drängen die Sporen als blaugrünes Pulver aus den Kapseln hervor und werden verweht.

Ackerschachtelhalm. Entwicklungsablauf

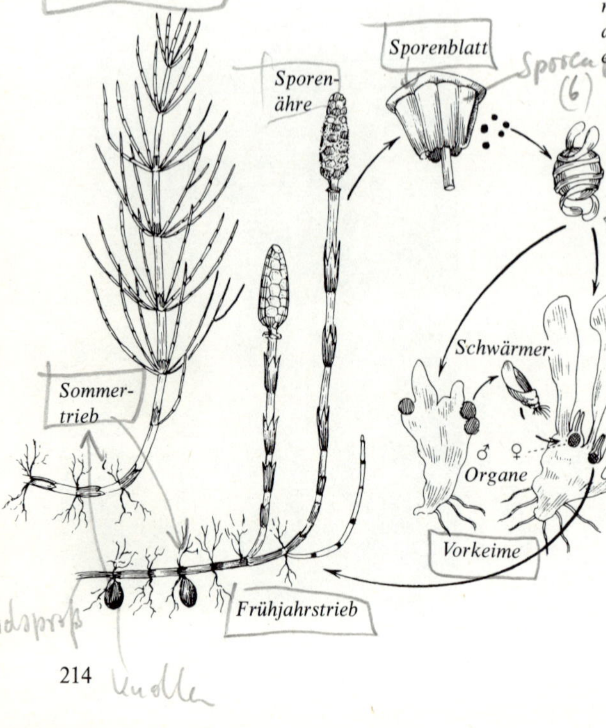

Wald-Schachtelhalm. Oberirdischer Sproß mit Sporenähre; der gleiche Sproß einige Zeit später

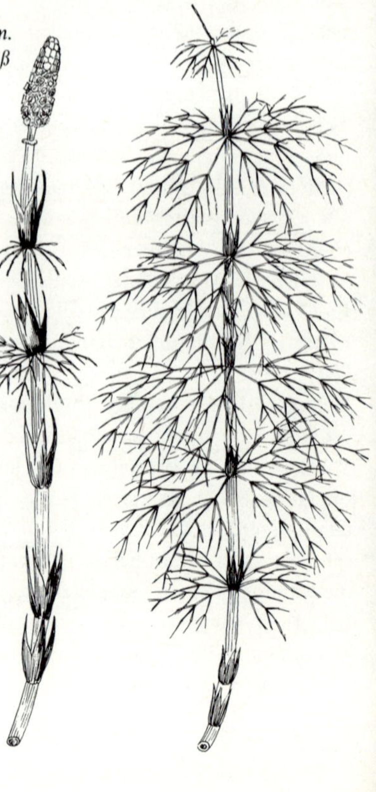

Die aus den Sporen entstehenden Vorkeime sind moosähnlich. Sie tragen entweder nur männliche oder nur weibliche Organe, sind also getrenntgeschlechtlich.

Der Erdsproß. Wie schon das blasse Aussehen der Frühjahrstriebe zeigt, sind sie arm an Blattgrün. Daher sind sie nicht imstande, die zum Aufbau nötigen Stoffe selbst herzustellen. Diese werden kleinen Knollen entnommen, die dem schwarzbraunen Erdsproß ansitzen. Die Knollen sind wie die der Kartoffel angeschwollene Stengelteile.

Der Erdsproß ist reich verzweigt, an den Knoten bewurzelt und kann bis zu 2 m tief in den Boden hinabreichen. Teilstücke, aber auch die Knollen, können sich zu selbständigen Pflanzen entwickeln. Daher ist der Ackerschachtelhalm ein lästiges Unkraut.

Sommertriebe als Ernährungstriebe. Sind die Sporen ausgestreut, dann sterben die Frühjahrstriebe ab. Aus dem Erdsproß gehen jetzt oberirdische Sprosse hervor, die reich an Blattgrün sind und niemals eine Sporenähre tragen. Dagegen treiben sie an den Stengelknoten Quirle von Ästen, die oft abermals verzweigt sind. Die Sommertriebe assimilieren und versorgen die Erdsprosse wieder mit Vorratsstoffen.

Kolben-Bärlapp mit Sporenähren

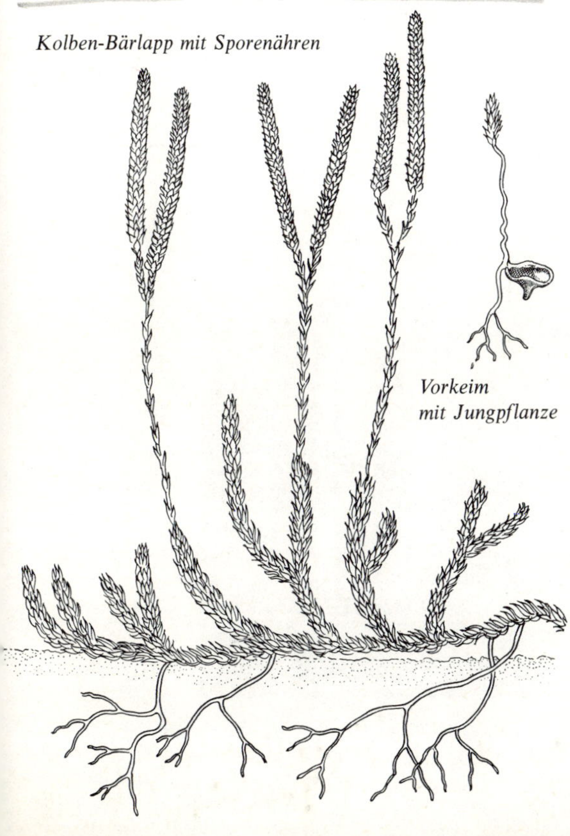

Glühen wir Teile von Sommertrieben aus, dann bleibt ein glashartes Häutchen, ein Kieselhäutchen, zurück. Dieses macht die Triebe auffallend hart, so daß sie von Pflanzenfressern gemieden werden. Ihres Kieselgehaltes wegen verwendete man sie früher zum Reinigen kupferner oder zinnerner Gefäße (Scheuer- oder Zinnkraut).

Verwandte. Gleich dem Ackerschachtelhalm bildet der viel zartere *Wald-Schachtelhalm* (E. sylváticum) fruchtbare und unfruchtbare Triebe; die fruchtbaren ergrünen aber während der Sporenaussaat und treiben Seitenzweige. – Bei anderen Arten steht die Sporenähre an der Spitze der grünen Stengel, so bei dem für das Vieh giftigen *Sumpf-Schachtelhalm* (E. palústre) und dem *Teich-Schachtelhalm* (E. fluviátile), dessen Stengel nicht oder nur wenig verzweigt ist. Beide Arten kommen in Mooren, an Gräben und Teichrändern vor.

Die *Schachtelhalme* haben gegliederte Stengel und schuppenförmige Laubblätter, die zu Scheiden verwachsen sind. Die Sporenkapseln stehen auf der Unterseite schildförmiger Blätter, die eine endständige Ähre bilden.

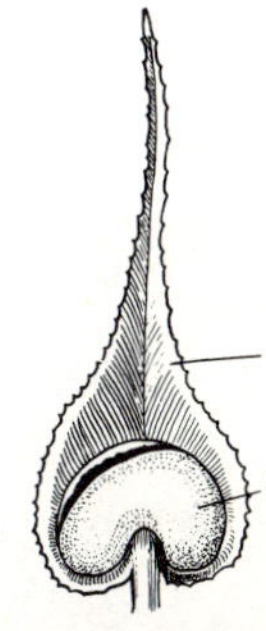

Der Kolben-Bärlapp

Der Kolben-Bärlapp (Lycopódium clavátum) wächst besonders in Nadelwäldern. Der gabelig verzweigte, mit immergrünen, nadelförmigen Blättern versehene Sproß ist moosähnlich und kriecht über den Boden dahin (Schlangenmoos). Wie bei den Schachtelhalmen sind die Sporenblätter zu kolbenartigen Ähren gehäuft, tragen am Grund aber immer nur eine große Sporenkapsel. Die winzigen Sporen bilden ein staubfeines, gelbliches Pulver, das volkstümlich als Hexenmehl bezeichnet wird. Man verwendet es zu wissenschaftlichen Zwecken. Der Name „Bärlapp“ bezieht sich auf die weichen Stengelspitzen, die mit der Bärentatze verglichen werden.

Wie der Kolben-Bärlapp unterliegen auch alle anderen Arten der Gattung dem Sammelverbot, denn ihre Entwicklung von der Spore bis zur sporenbildenden Pflanze dauert mehrere Jahrzehnte.

Die *Bärlappe* haben ungegliederte, meist kriechende Stengel und zahlreiche kleine schuppen- oder nadelförmige Blätter.
Farnpflanzen, Farne, Schachtelhalme und Bärlappe bilden die Abteilung der *Farnpflanzen.* Es sind Sporenpflanzen mit Wurzeln und beblätterten Sprossen. Weil die Farnartigen im Gegensatz zu den im folgenden besprochenen Sporenpflanzen, den Moosen, von Leitungsröhren, den Gefäßbündeln, durchzogen sind, nennt man sie auch *Gefäßsporenpflanzen.*

Sprossender Bärlapp. Er liebt wie der Kolben-Bärlapp schattige Wälder, besonders Nadelwälder.

Die Farnpflanzen und die Entstehung der Steinkohle

Bevor auf der Erde die Nacktsamer auftraten (S. 294 f.), bedeckten die Farnpflanzen einen großen Teil der Erdoberfläche. Sie erreichten ihre höchste Ausbildung in der Zeit, in der die Steinkohle entstand. Diese ist ähnlich wie die Braunkohle gebildet worden. Die eigentlichen Farne jener Zeiten waren Bäume, Sträucher oder Stauden; mehrere kletterten an größeren Gewächsen empor, und wieder andere bewohnten das Wasser. Die *Schachtelhalme* der Steinkohlenzeit, die *Kalamiten* (Calamítes), hatten ein baumartiges Aussehen; einige erreichten eine Höhe von etwa 30 m. Zu riesigen Bäumen, die ihre Wipfel sogar 40 m hoch über den Sumpfboden erhoben, entwickelten sich

Wald der Steinkohlenzeit. Links: Schuppenbäume und Farne Mitte: Kalamiten Rechts: Siegelbäume

Schuppenb. Farne Kalamiten (Schachtelh.) Siegelbäume (Bärlappe)

auch die *Bärlappgewächse*. Ihre Stämme und Zweige waren dicht mit langen, schmalen Blättern bedeckt, die beim Abfallen siegelartige Narben zurückließen. Bei den *Schuppenbäumen* (Lepidodéndron) sind die Narben in Schraubenlinien und bei den *Siegelbäumen* (Sigillária) in Längsreihen angeordnet.

Versteinerungen aus der Ruhrkohle.
Das Fundstück vom Schachtelhalm (Kalamit) ist nur die Ausfüllung des Stengelhohlraums.

Siegelbaum

Schuppenbaum

Schachtelhalm

Farnblatt

Moose

Das Goldene Frauenhaar oder Haarmoos

In feuchten Wäldern und auf Moorboden bildet das Frauenhaar oder Haarmoos (Polýtrichum commúne) oft dichte Rasen. Die Namen rühren von dem haarähnlichen Stiel oder der haarfilzartigen Haube ihrer Sporenkapseln her. Früher galt das Haarmoos als Mittel „wider das Antun“ durch böse Geister und schlechte Menschen. Daher wird es auch als „Widerton“ bezeichnet.

Haarmoos mit Sporenkapseln

Sproß. Der oberirdische Teil des unverzweigten Stengels kann mehr als 30 cm hoch werden. Er ist dicht mit immergrünen Laubblättern besetzt. Der unterirdische Teil des Stengels ist wurzellos, trägt aber wie der Vorkeim des Wurmfarns zahlreiche Wurzelhaare, die der Befestigung im Boden dienen.

Das Blatt besteht aus einer Scheide, die den Stengel umfaßt, und einer grünen Spreite von der Form eines gleichschenkligen Dreiecks. Nimmt man eine Moospflanze aus dem Boden, so welkt sie rasch. Stellt man sie in Wasser, so erholt sie sich nicht, wohl aber, wenn man sie ins Wasser legt oder mit Wasser kräftig be-

spritzt. Daraus ergibt sich, daß bei den Moosen *die Aufnahme des Wassers* besonders *durch die Blätter* erfolgt.
Dem Stengel fehlen die Leitungsröhren völlig, die wir bei den Blüten- und Farnpflanzen feststellen konnten. Ein Querschnitt durch den Stengel zeigt im Mikroskop, daß er nur aus einfachen Zellen aufgebaut ist. Das gilt nicht nur für die Moose, sondern auch für die Algen und Pilze.

Fortpflanzung und Entwicklung. In den Rasen des Goldenen Frauenhaares findet man im Frühjahr Stengel, deren oberste, oft rötliche Blätter stark verbreitert sind. In einer solchen „Moosblüte" stehen (Lupe)! zwischen farblosen Haargebilden, den Saftfäden, zahlreiche prallgefüllte, grüne Schläuche; das sind die *männlichen Organe* (Antherídien). Bringen wir einen reifen Schlauch in etwas Wasser, so öffnet er sich an der Spitze und entläßt Schwärmer, die mit 2 langen Wimpern durch das Wasser schwimmen, die *männlichen Keimzellen* (Samen- oder Spermazellen). Bei anderen Pflanzen des Rasens bilden die obersten Blätter eine „Knospe". Darin finden sich – gleichfalls zwischen Saftfäden – die flaschenförmigen, *weiblichen Organe* (Archegónien). Wird der Moosrasen vom Regenwasser durchtränkt, dann öffnen sie sich und lassen aus dem Halskanal einen zuckerhaltigen Schleim austreten, der den Spermazellen den Weg zum Antheridium weist. In diesem verschmilzt dann eine Spermazelle mit der Eizelle.
Innerhalb einer „Knospe" entwickelt sich immer nur eine befruchtete Eizelle weiter. Sie wächst zu der langgestielten 4kantigen *Sporenkapsel* (dem Sporángium) aus, die mit einem goldgelben Haarfilz, dem oberen Teil des Archegóniums, bedeckt ist. Diese Haube fällt ab, sobald die Sporenkapsel ausgereift ist. Nunmehr wird ein Deckel an der Oberseite der Kapsel sichtbar, der sich bei trocknem Wetter ablöst. Unter dem Deckel liegt ein Kranz von Zähnchen, die durch ein trommelfellartiges Häutchen untereinander verbunden sind. Bei feuchtem Wetter neigen sich die Zähnchen über die Kapselöffnung und verschließen sie, bei trockenem Wetter spreizen sie auseinander und heben zugleich das „Trommelfell" hoch. Jetzt ähnelt die

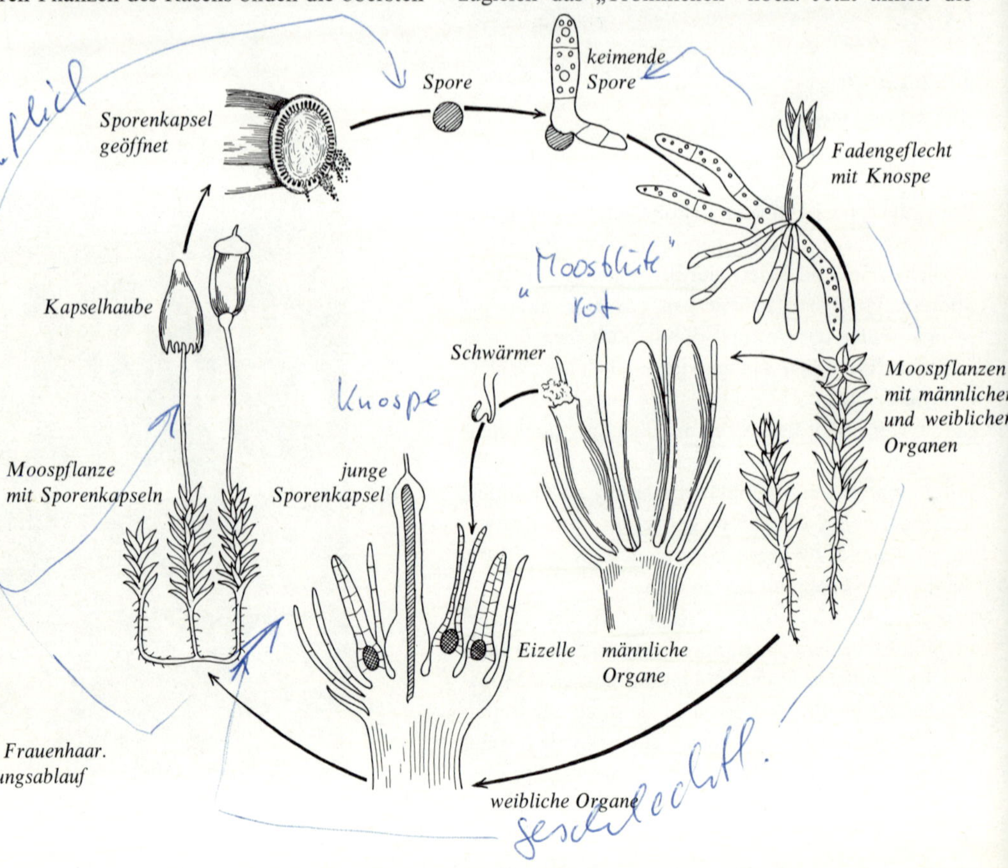

Goldenes Frauenhaar. Entwicklungsablauf

Kapsel einem Salzstreuer, der den Sporen den Weg nach draußen freigibt.
Säen wir Moossporen wie die Sporen des Wurmfarns aus, so bildet sich zunächst ein Keimschlauch, der sich bald zu einem verästelten Faden entwickelt. An diesem *Fadengeflecht* (Protonéma) entstehen Knospen, die unmittelbar zu jungen Moospflanzen auswachsen. Der Fadenkeim darf also nicht mit dem Vorkeim des Wurmfarns verwechselt werden.

Alle anderen Moose machen einen ebensolchen Entwicklungsgang durch. Da die Moospflanzen die männlichen und die weiblichen Geschlechtsorgane tragen, bilden sie – gemeinsam mit dem Fadengeflecht – die *Geschlechtliche Generation.* Die Moospflanze entspricht also dem Vorkeim der Farne. Aus der befruchteten Eizelle geht die gestielte Sporenkapsel hervor, die „ungeschlechtlich" Sporen erzeugt. Sie stellt somit die sporenbildende oder *Ungeschlechtliche Generation* dar. Die Sporenkapsel entspricht der eigentlichen Farnpflanze. Bei den Moosen wie bei den Farnen findet ein *Generationswechsel* statt:

Verwandte des Haarmooses. Auf Mooren und in Bruchwäldern bilden die *Torfmoose* (Sphágnum) weit ausgedehnte Rasen, deren Farbe je nach der Art zwischen grün, braun und rot schwankt. Aus Torfmoosen sind mehr als 10 m mächtige Torflager im Laufe der letzten 7000 Jahre entstanden (S. 280). – Bläulichgrün bis fast weiß sieht das *Weißmoos* (Leuco-

Polster vom Weißmoos

Generation	Moose	Farne
Geschlechtliche Generation	Spore Fadengeflecht *Moospflanze* weibl. Organ (Archegonium) – männl. Organ (Antheridium) Eizelle – Schwärmer	Spore Vorkeim (Prothallium) weibl. Organ (Archegonium) – männl. Organ (Antheridium) Eizelle – Schwärmer
Ungeschlechtliche Generation	befruchtete Eizelle Sporenkapsel Spore	befruchtete Eizelle *Farnpflanze mit Sporenkapsel* Spore

Sternmoos

Weißmoos

Hainmoos

Torfmoos

Haarmoos

Astmoos

brýum glaucum) aus, das auf sauren Wald- und Heideböden rundliche Polster bildet. – Häufig sind das bäumchenartige *Sternmoos* (Mnium) und das *Hainmoos* (Hylocómium), das aus mehrfach gefiederten, stockwerkartigen Jahrestrieben aufgebaut ist.

Laubmoose. Die genannten Moose weisen Stengel und Blätter auf. Die Blätter sind in Schraubenlinien angeordnet und die Sporenkapseln meist mit einer Haube bedeckt. Solche Moose bilden die Klasse der Laubmoose.

Ein Torfmoos als Saugheber. Die Torfmoosblättchen sind mit Poren versehen, durch die das Wasser wie mit einem Schwamm aufgesaugt wird

Bedeutung der Moose. Gegen Kälte sind viele Moose unempfindlich. Daher können sie noch im Hochgebirge und in den Polargebieten, wo kaum mehr eine andere Pflanze wächst, leben. Ferner können sie stark austrocknen, ohne abzusterben. Sobald sie vom Regen durchnäßt werden, erholen sie sich wieder. An Felsen und Baumstämmen, auf Ästen, Mauern, Dächern und dürrem Sandboden – überall dort, wo oft lange Zeit Trockenheit herrscht – siedeln sie sich an. Ihre Nahrung entnehmen sie vorwiegend dem Regenwasser, das geringe Mengen von Nährsalzen beim Lauf über den Untergrund auflöst. Auf unfruchtbarem Boden sind daher die Moose oft die *ersten Ansiedler.* In ihren Polstern sammelt sich Staub an, der mit absterbenden Moosteilen etwas Erde ergibt. Darin können sich neue Moose in größerer Mächtigkeit ansiedeln. Schließlich ist genügend Boden für Pflanzen mit höheren Ansprüchen vorhanden.

Auf S. 280 ist näher ausgeführt, daß Hochmoore und Torflager ihre Entstehung in erster Linie den Torfmoosen verdanken. Die meisten Torflager werden heute zur Gewinnung von Brennstoff und Torfstreu genutzt.

Die Moospolster sind imstande, sich bei Regen wie Schwämme voll Wasser zu saugen. So verhindern sie, daß der Boden stark austrocknet. Schlägt man die Wälder nieder, so gehen auch die schattenliebenden Waldmoose zugrunde. Das Regenwasser wird jetzt nicht mehr gespeichert und fließt rasch ab. Im Gebirge können dann zur Zeit der Schneeschmelze oder bei lang andauerndem Regen die Bäche und Ströme zu reißenden Fluten anschwellen, die Felder und Wohnstätten verwüsten. Bei anhaltender Trockenheit versiegen die Quellen rasch, wo der Wald mit seinen Moosen fehlt. Der ungeschützte Boden trocknet bald aus und gibt an das Grundwasser, das die Quellen speist, keine Feuchtigkeit mehr ab. Die Moose und mit ihnen der Wald sind also für die gleichmäßige Versorgung einer Landschaft mit Wasser unentbehrlich.

In den Moosrasen leben viele kleine Tiere (Insekten, Spinnen, Schnecken u. a.) und halten darin auch ihren Winterschlaf; aus „Mooshälmchen" bauen zahlreiche Vögel ihre Nester, und wir benutzen Moose zum Anfertigen von Kränzen, zum Verpacken zerbrechlicher Gegenstände und als Streu für das Vieh.

Auf Wiesen und Äckern ist das Moos allerdings ein Unkraut. Auch von der Rinde der Obstbäume muß es entfernt werden; denn es gewährt schädlichen Insekten Unterschlupf und hält die Stämme und Zweige zu lange feucht, so daß sie leicht faulen.

1. Die hier abgebildeten Laubmoose sind meist in unseren Wäldern zu finden. Lege ein Moosherbarium an.
2. Stelle ein Torfmoospflänzchen in ein Glas Wasser und lasse den oberen Teil überhängen. Das Moos saugt Wasser auf, das in Tropfen von der überhängenden Spitze fällt. Stelle die Tropfenzahl je Minute fest.
3. Klopfe im Spätherbst oder Winter Moospolster über einem Bogen Papier aus und stelle fest, welche Insekten darin Unterschlupf gefunden haben.

Das Brunnenlebermoos

Das Brunnenlebermoos (Marchántia polymórpha) bewohnt feuchte Standorte (Bachränder, feuchte Mauern, sumpfige Wiesen). Es ist von blattartiger, gelappter Gestalt und liegt mit Wurzelhaaren flach dem Boden auf. Früher galt es als ein Mittel gegen Leberleiden. Im Juni und Juli erheben sich auf langen Stielen tellerförmige oder sternförmige Organe. Die

Oberseite der „Teller“ trägt die männlichen Organe (Antheridien), die Unterseite der „Sterne“ die weiblichen Organe (Archegonien). Männliche und weibliche Organe befinden sich stets auf verschiedenen Pflanzen. Das Lebermoos ist also getrenntgeschlechtlich.

Die Befruchtung erfolgt wie bei den Laubmoosen. Den Sporenkapseln fehlt aber die Haube. Auf dem lappenförmigen Körper bilden sich oft kleine Becher, in denen winzige Teile des Mooses abgeschnürt werden. Da diese, vom Regen verschwemmt, zu jungen Pflanzen auswachsen, bezeichnet man sie als *Brutkörper*, die Becher als *Brutbecher*. – Zahlreiche andere Verwandte des Lebermooses haben Stengel mit 2zeilig angeordneten Blättchen. Dahin gehört z. B. der *Kammkelch* (Lophocólea), der auf feuchtem Boden und morschen Baumstämmen verbreitet ist.

Lebermoose. Sie haben entweder laubähnliche, gelappte Körper oder Stengel mit 2zeilig angeordneten Blättern. Die Sporenkapseln sind nicht von einer Haube bedeckt.

Moose. Lebermoose und Laubmoose sind Klassen der Moose. Moose sind kleine, entweder in Stengel und Blätter gegliederte oder aber laubähnliche Sporenpflanzen. Ihnen fehlen echte Wurzeln und Leitungsbahnen (Gefäßbündel).

Farnpflanzen und Moose zeigen in ihrer Fortpflanzung und Entwicklung manche gemeinsame Merkmale. Insbesondere weisen beide Gruppen Archegonien auf. Sie werden daher als *Archegonienpflanzen* (Archegoniátae) zusammengefaßt. Gemeinsam ist beiden Abteilungen auch die Aufeinanderfolge einer geschlechtlichen und einer ungeschlechtlichen Generation (Generationswechsel).

Algen

Die Schraubenalge und verwandte Grünalgen

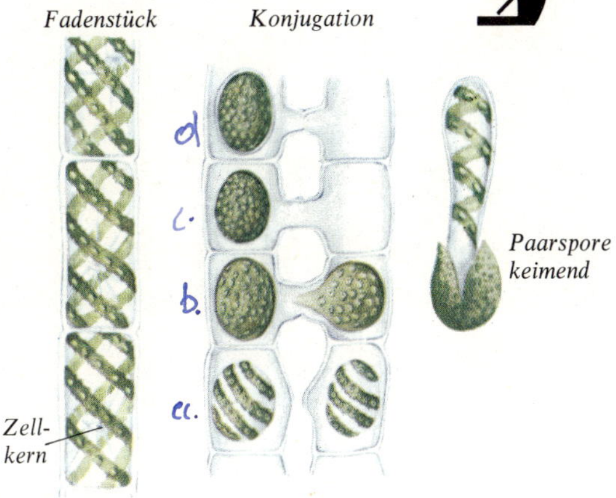

Schraubenalge.
Ein Fadenstück und 2 Fäden in Konjugation; a–d Bildung der Paarspore

In Teichen, Tümpeln und Gräben schweben während der wärmeren Jahreszeit oft grüne Massen, die wie Watte aus zahlreichen unentwirrbaren Fäden bestehen. Es sind Algen, unter denen die *Schraubenalge* (Spirogýra) häufig vertreten ist. Nehmen wir einige Fäden aus dem Wasser, so sinken sie sofort zusammen, da sie sehr zart gebaut sind. Im Wasser jedoch behalten sie ihre Form. Trocknet das Gewässer aus, so sterben die Schraubenalgen ab und bilden bleiche papierähnliche Massen.

An der Schraubenalge lassen sich weder Wurzeln noch Stengel und Blätter erkennen. Einen solchen wenig gegliederten Pflanzenkörper bezeichnet man als *Lager* (Thallus), solche Pflanzen als Lagerpflanzen.

Bau der Zellen. Die Fäden der Schraubenalge bestehen aus aneinandergereihten, walzenförmigen *Zellen*, wie das Mikroskop zeigt. Ihr gesamter lebender Inhalt heißt *Protoplasma*. Es kleidet als Zellplasma (auch Plasma genannt) vor allem die Zellwände aus, durchzieht aber auch den Innenraum der Zellen in feinen Fäden. Dort, wo diese Fäden sich kreuzen, befindet sich ein spindelförmiges Körperchen, der *Zellkern*, der von Zellplasma umschlossen wird. Eine wäßrige Flüssigkeit erfüllt die Hohlräume (*Vakuolen*) innerhalb des Plasmas.

In der Wandschicht des Protoplasmas erblicken wir ein schraubenförmig gewundenes Band; oft finden sich mehrere derartige Bänder. Darauf bezieht sich der Gattungsname der Alge. Die Bänder enthalten *Blattgrün* (Chlorophyll), das zum Assimilieren dient. Da zu diesem Assimilationsvorgang Sonnenlicht nötig ist, kann die Schraubenalge – wie alle grünen Algen – nur in flachen, durchsonnten Gewässern oder in den oberen Schichten tieferer Gewässer leben. Die Schraubenalge wird den *Grünalgen* (Chlorophýta) zugeordnet.

Vermehrung. Die Schraubenalgen wachsen schnell, indem sich ihre Zellen teilen. Dieser Vorgang vollzieht sich bei der einzelnen Zelle so, daß sich zuerst der Zellkern teilt und dann durch die Mitte der Zelle eine Querwand ausgebildet wird. Auf diese Weise entstehen 2 Tochterzellen, die rasch zur Größe der Mutterzelle heranwachsen. Zerreißen die Algenfäden, so leben die Teilstücke als selbständige Pflanzen weiter.

Im Sommer zeigen die Schraubenalgen oft ein krauses Aussehen. Unter dem Mikroskop erkennen wir dann, daß je 2 Fäden parallel liegen und daß sich die Wände benachbarter Zellen vorbuchten (a). Werden die Ausbuchtungen größer, so daß sie zusammenstoßen, dann lösen sich die Wände an der Berührungsstelle auf. Beide Zellen sind nun durch einen Kanal miteinander verbunden. Darauf zieht sich das Protoplasma in beiden Zellen zusammen. Durch den Kanal schlüpft der Inhalt der einen Zelle in die andere hinüber (b). Beide Zellen vereinigen sich (c) und bilden eine *Paarspore* (Zygóte), die sich mit einer derben Hülle umgibt. Wir haben es mit einem echten Befruchtungsvorgang zu tun. Da die Vereinigung von Zelle zu Zelle über eine Art Brückenjoch erfolgt, nennt man den Vorgang auch *Konjugation* (jugum = Joch). Alle Algen mit diesem Befruchtungsvorgang werden als *Jochalgen* (Conjugáles) zusammengefaßt.

Verwesen die Zellwände, dann wird die Zygote frei. Im nächsten Frühjahr treibt sie einen Keimschlauch, der zu einem neuen Algenfaden heranwächst. Versiegt das Gewässer, so werden die Zygoten, ohne Schaden zu nehmen, oft weit durch den Wind verweht.

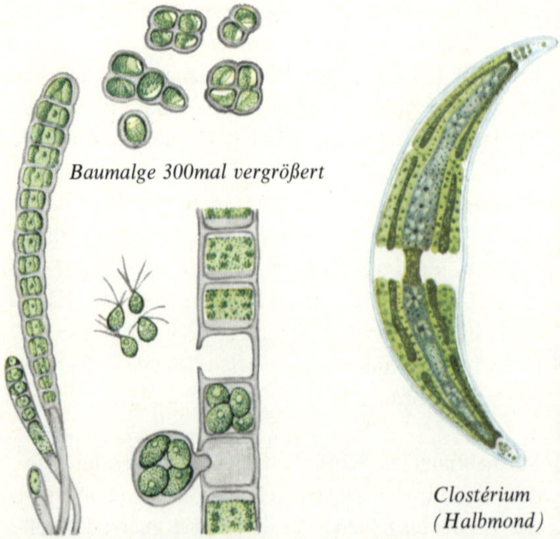

Baumalge 300mal vergrößert

Clostérium (Halbmond)

Junge Fäden — Faden Schwärmsporen bildend

Kraushaaralge

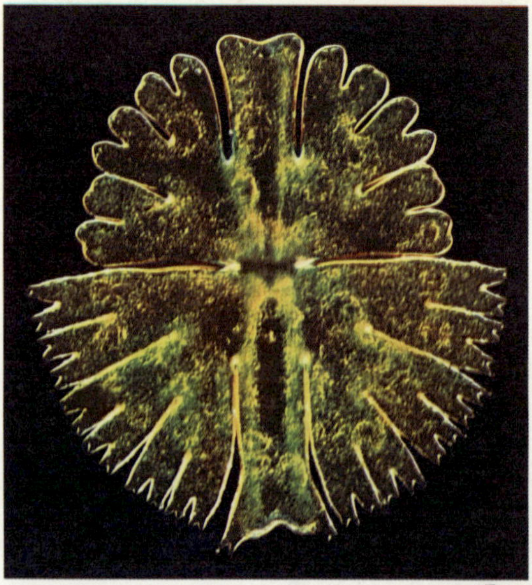

Micrastérias (Malteserkreuz)

1. Wann erscheinen und wann verschwinden die Massen der Schraubenalgen?

2. Bringe Schraubenalgen in ein mit Wasser gefülltes, hohes Glas. Sie sinken unter. Wenn sie dem prallen Sonnenlicht ausgesetzt werden, steigen sie langsam empor. Ursache?

3. Durchsuche im Frühjahr kleine Schlammproben aus Gewässern, die von Schraubenalgen bewohnt werden, mikroskopisch nach keimenden Paarsporen.

4. Kannst du frische Meeresalgen bekommen und willst du sie dir erhalten, so breite sie in einer Schüssel mit Leitungswasser sorgfältig auf festem, weißem Papier aus und hebe sie mit dem Papier aus dem Wasser. Sobald das Papier getrocknet ist, haften die Algen fest darauf.

Verwandte Jochalgen. Unter den Jochalgen gibt es zahlreiche einzellige Arten, die sich durch reizvolle Formen auszeichnen (Zieralgen). Sie stellen bald ausgezackte Scheiben wie das *Malteserkreuz* (Micrastérias) oder *Halbmonde* (Clostérium), Ketten, Bänder und dergleichen dar und sind besonders in Moorwässern verbreitet. Mehrere Arten bilden dadurch, daß die bei fortgesetzter Teilung entstehenden Zellen in losem Zusammenhang bleiben, Kolonien.

Entfernt verwandte Grünalgen. Die bisher genannten Arten sind Süßwasserbewohner. Andere Grünalgen leben im Meer, so der *Meersalat* (Úlva lactúca), der eine stattliche Größe erreicht. Sein blattartiger Thallus sitzt mit wurzelartigen Auswüchsen auf Steinen oder Felsen fest. – Bei der oben abgebildeten *Kraushaaralge* (Ulóthrix), die häufig im Süßwasser vorkommt, zerfällt der Inhalt der Zellen in 4 Schwärmsporen, die durch einen Riß der Zellwand ins Freie gelangen. Sie sind mit Hilfe von 4 Wimpern schwimmfähig und können sofort zu Fäden auswachsen. – Die andere im Bilde wiedergegebene Art, als *Baumalge* (Pleurocóccus) bezeichnet, bildet grüne, pulverige Überzüge an feuchten Mauern, Baumrinden und dergleichen. Sie ist einzellig und vermehrt sich schnell durch Teilung (S. 307). Bleiben die Teilstücke vereinigt, so enstehen kleine Kolonien. – Ihr ähnelt sehr die Süßwasseralge *Chlorélla*, die voraussichtlich für die Herstellung von eiweißreichen Nahrungsmitteln in großtechnischen Anlagen geeignet ist (S. 230).

Hoch entwickelte Grünalgen sind die *Armleuchteralgen* (Charáles), die in Teichen und Seen mit kalkhaltigem Untergrund oft förmliche Wiesen bilden. Sie verzweigen sich quirlartig und nehmen aus dem Was-

Armleuchteralge.
Ein Stück vergrößert mit ♂ (kugeligen) und ♀ (ovalen) Organen

Planktonnetz

Kieselalge (Pinnulária)

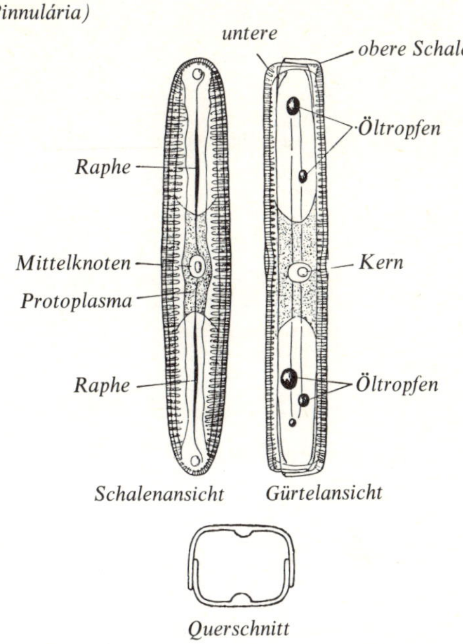

ser soviel Kalk auf, daß sie brüchig werden. Die Fortpflanzungsorgane finden sich als rote oder grüne Körperchen in den Achseln der „Zweige“.

Alle *Grünalgen* enthalten Blattgrün (Chlorophyll) und bilden bei der Assimilation Stärke.

Kieselalgen und verwandte Gelbalgen

Mit einem Planktonnetz streift man durch das freie Wasser eines Teiches oder Sees. Der Inhalt des „Eimerchens“ wird in einer Handzentrifuge geschleudert, und der sich im Zentrifugiergläschen absetzende Bodensatz mikroskopiert. Die zahlreichen Arten des pflanzlichen und tierischen Planktons sollen ein Bild von der Formenfülle der Kleinlebewelt geben.

Durchstreift man das freie Wasser eines Landsees mit einem feinmaschigen Netz oder bringt man Algenfäden aus einem Teich oder Tümpel unter das Mikroskop, so findet man sicher auch einige Kieselalgen (Diatomeen). Die einzelligen Algen haben die Form eines Stabes, einer Sichel, eines Kreises oder einer Ellipse. Vielfach bilden sie auch Kolonien, die Ketten, Bänder, Fächer und dergleichen darstellen. Ein gelber Farbstoff, der dem Blattgrün beigemengt ist, gibt ihnen ein ledergelbes Aussehen. Algen die reichlich gelbe Farbstoffe enthalten, werden als *Gelbalgen* (Chrysophýta, darunter die goldfarbigen Goldalgen) bezeichnet.

Die Zellwand der Diatoméen besteht aus 2 kieselhaltigen Schalen, von denen die eine (obere) mit ihren Rändern über die andere (untere) wie der Deckel über eine Schachtel hinweggreift. In der Schalenwand der abgebildeten Art (Pinnulária víridis) sehen wir bei starker Vergrößerung in ihrer Mitte eine Rinne (Raphe). Diese ist verwickelt gebaut und hat einen Mittelknoten und 2 Endknoten. In ihr soll ein Schleimstrom fließen, auf dem die Schale dahingleitet wie ein Raupenfahrzeug auf seiner Kette. Im Innern der Zelle fallen außer dem Zellkern einige *Öltröpfchen* auf, die bei der Assimilation gebildet werden.

Die *Vermehrung* der Kieselalgen erfolgt durch Zweiteilung. Dabei weichen die Schalenhälften auseinander. Die eine Hälfte des Protoplasmas erhält den

Kieselalge
(ungeschlechtliche Vermehrung)

Die Zahl der Querstriche soll die fortschreitende Verkleinerung der Schalen andeuten

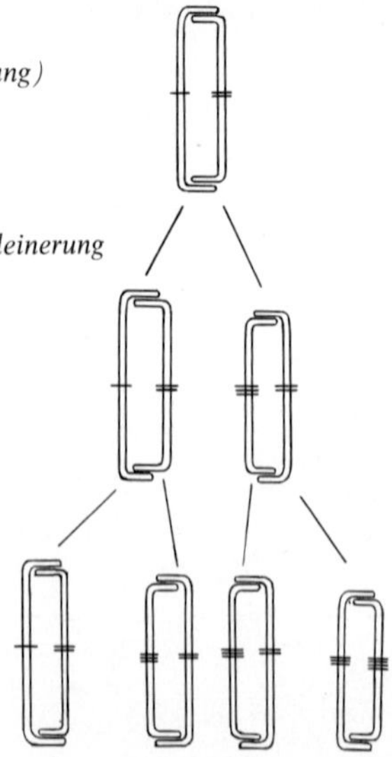

größeren „Deckel", die andere den kleineren „Boden". Zu jeder Schalenhälfte entsteht dann ein neuer Boden. Da aber die Zellwände verkieselt sind, können sie nicht wachsen. Die jeweils aus dem Bodenstück hervorgehende Alge wird somit von Teilung zu Teilung kleiner, bis eine untere Grenze erreicht ist. Dann schlüpft die Alge aus ihrem Panzer, nachdem sie sich vorher geteilt hat. Ein solches Teilstück verschmilzt mit dem Teilstück einer Nachbaralge (geschlechtliche Fortpflanzung). Die neue Alge wächst zur ursprünglichen Größe heran und umgibt sich mit einem Panzer.

Sterben die Kieselalgen ab und sinken sie auf den Grund des Meeres, so bilden sie die Nahrung für viele Bewohner der tieferen und tiefsten Wasserschichten. Da in diesen Tiefen dauernde Finsternis herrscht, können hier Pflanzen mit Blattgrün nicht leben. Ohne die Kieselalgen der Meeresoberfläche wäre daher jedes Tierleben in größeren Tiefen unmöglich.

Kieselgur. Die fast unvergänglichen Schalen der Kieselalgen können sich am Grunde der Gewässer oft zu gewaltigen Massen anhäufen. Werden diese durch Bewegungen der Erdkruste im Laufe der Jahrtausende über den Wasserspiegel gehoben, dann entstehen Lager von Diatomeenerde (Kieselgur), wie sie sich z.B. in der Lüneburger Heide finden. Auf einer bis 30 m mächtigen Schicht abgestorbener Kieselalgen stehen auch einige Stadtteile von Berlin. Die Diatomeenerde wurde früher zur Dynamitherstellung verwendet; heute dient sie u.a. als Schutzmittel gegen Hitze in feuersicheren Schränken, zur Isolierung von Heizröhren und zur Verpackung von Gefäßen mit gefährlichen Stoffen. Beim Bau der Hagia Sophia in Konstantinopel im Jahre 532 n.Chr. hat man für den Bau der Kuppel Leichtziegel aus Diatomeenerde verwendet.

Plankton. Auch die oberflächlichen Wasserschichten des Meeres werden wie die der Seen von zahlreichen Kieselalgen bewohnt. Die Kieselalgen und zahlreiche Grün- und Blaualgen bilden mit Tieren verschiedener Herkunft eine Lebensgemeinschaft, das Plankton. Allen diesen Organismen ist gemeinsam, daß sie, frei

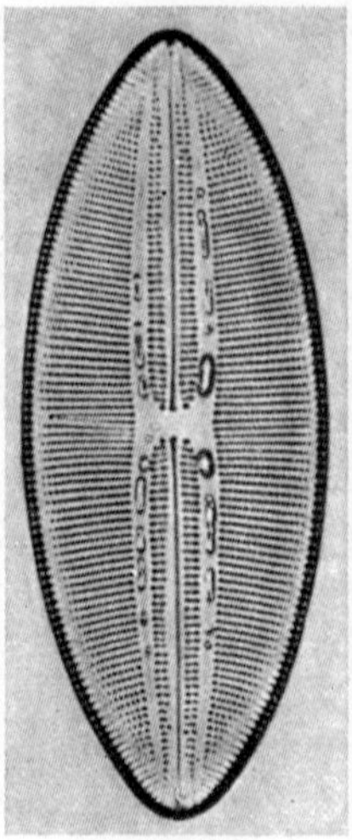

Navícula Lyra

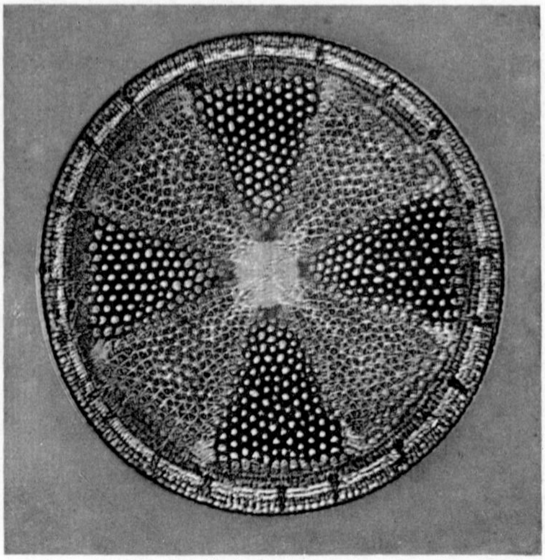

Actinoptychus

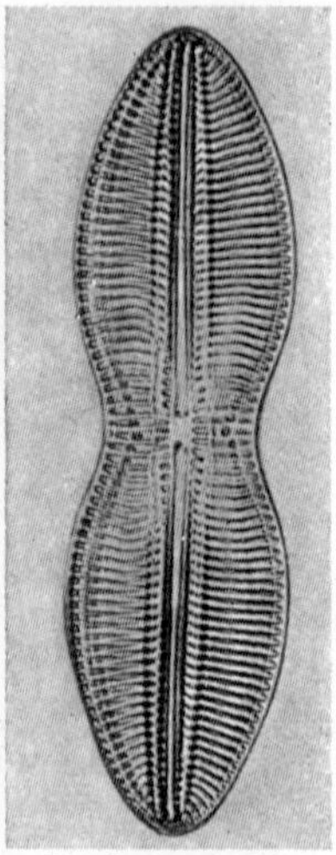

Navícula pandúra

Drei Kieselalgen. Bei etwa 600facher Vergrößerung zeigen sie den feinen Schalenbau

im Wasser schwebend (das „Geschwebe“), ein Spielball der Wellen sind. Das Wort „Plankton“ (wörtlich: das Herumirrende) stammt aus der Odyssee und erinnert an die griechische Sage, nach der Odysseus auf dem Meere jahrelang umhergeirrt ist.
Das pflanzliche Plankton, darunter vor allem die Kieselalgen, bilden die Hauptnahrung der kleinsten Wassertiere, von denen sich wiederum größere Meeresbewohner ernähren. Die Tierwelt des offenen Meeres ist somit in ihrer Ernährung letzten Endes auf die Kieselalgen angewiesen. Da Seefische zu unserer Nahrung gehören, hängt auch der Mensch vor allem da vom Plankton ab, wo ausgiebig Seefischerei getrieben wird und die tägliche Ernährung auf Fischkost eingestellt ist (Norwegen, Japan u. a.). Aus pflanzlichem Plankton ist in Jahrmillionen auch Erdöl entstanden. Weiteres über das Plankton und seine tierischen Glieder siehe S. 267f. und „Tierkunde“.

Weitere Gelbalgen. Auf Blumentöpfen und den Beeten von Gewächshäusern stellt sich oft ein dunkelgrüner Anflug ein. Das sind die verzweigten Fäden von *Schlauchalgen* (Vauchéria), die nicht durch Querwände in einzelne Zellen abgeteilt sind. Mit wurzelartigen, farblosen Fortsätzen sitzt das Schlauchsystem im Boden fest. Das Protoplasma liegt der Wandung an. Es enthält zahlreiche Zellkerne und scheibenförmige Blattgrünkörper. Bei anhaltender Verdunklung kann man beobachten, daß die Fäden an ihren freien Enden anschwellen. Der Inhalt dieses Endstücks teilt sich durch eine Querwand ab. Dann reißt die Zellwand auf und der gesamte, in *Schwärmsporen* umgewandelte Inhalt wird ins Wasser entlassen. Nach wenigen Stunden zieht die Schwärmspore ihre Wimpern ein, umgibt sich mit einer Zellhaut, sinkt zu Boden und wächst zu einem neuen Algenfaden aus.
Bei guter Beleuchtung und in nährstoffreichem Wasser treiben die Fäden auch kleine Auswüchse. Diese sind durch Querwände abgeschlossen und haben die Form von Kolben oder Hörnchen. Der Inhalt der Hörnchen bildet winzige, durch 2 ungleiche Geißeln schwimmfähige Körper. Dringt einer dieser *Schwärmer* in den sich öffnenden „Kolben“ ein, so verschmilzt er mit dessen Inhalt. Wir haben es mit einem Befruchtungsvorgang zu tun: Der Kolben ist das *weibliche Organ* (hier Oogonium genannt) und das Horn das *männliche Organ* (Antheridium) mit den Schwärmern, den männlichen Keimzellen. Die Schlauchalgen können sich also ungeschlechtlich durch Schwärmsporen, geschlechtlich durch Keimzellen fortpflanzen.

Allen *Gelbalgen* sind gelbe Farbstoffe neben dem Chlorophyll gemeinsam. Sie bilden bei der Assimilation keine Stärke, sondern meist Öl.

Braun- und Rotalgen

Tange. Die im Meer lebenden größeren Algen werden als Tange bezeichnet. Darunter befinden sich außer einigen Grünalgen (z. B. Meersalat) besonders Braun- und Rotalgen. Bei ihnen ist das Blattgrün von einem braunen bzw. roten Farbstoff überdeckt. An der Felsenküste von Helgoland lassen sich bei Ebbe ausgedehnte Tangwiesen beobachten.

Braunalgen. Am auffallendsten sind in den Tangwiesen die Braunalgen. Viele Arten ahmen in ihrer reich gegliederten Gestalt gleichsam Blätter, Stengel und Wurzeln der Blütenpflanzen nach. Mit den wurzelartigen Fortsätzen sind sie an Steinen und Felsen fest verankert. Ihr Körper ist zäh und lederartig. – Eine der häufigsten Braunalgen der Nord- und Ostsee ist der *Blasentang* (Fúcus vesiculósus). Er erreicht eine Länge von 1 m und ist durch bohnenförmige, luftgefüllte Blasen gekennzeichnet. Er ist 2häusig. An den gabelig verzweigten Thallusenden erscheinen Anschwellungen, in denen entweder Spermazellen – dann sind die Enden rötlich gefärbt – oder aber Eizellen gebildet werden. Unter dem Mikroskop läßt

Schlauchalge,
aus der Schwärmspore hervorgegangen,
mit ♂ und ♀ Organen.

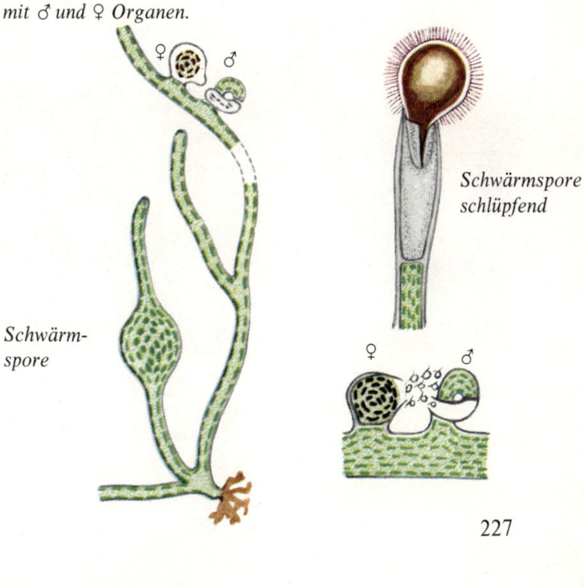

Tange der Nordsee

Grünalge:
1 der sog. Meersalat

Braunalgen:
2 Zuckertang
3 Blasentang (die angeschwollenen Zweigenden zeigen an, daß hier Geschlechtszellen ausgebildet werden.)
4 Meersaite

Rotalgen:
5 Seeampfer
6 und 7 Federtange
8 Perltang
9 und 10 zwei Rotalgen, die Krusten bilden.
11 Rotalge, die in ihrem Körper viel Kalk aufspeichert.

Im freien Wasser einige Heringe.
Auf dem Felsen bzw. an den Tangen Seerosen, Seepocken und andere niedere Tiere des Meeres.

Augengeißelalge (Augentierchen, Euglena)

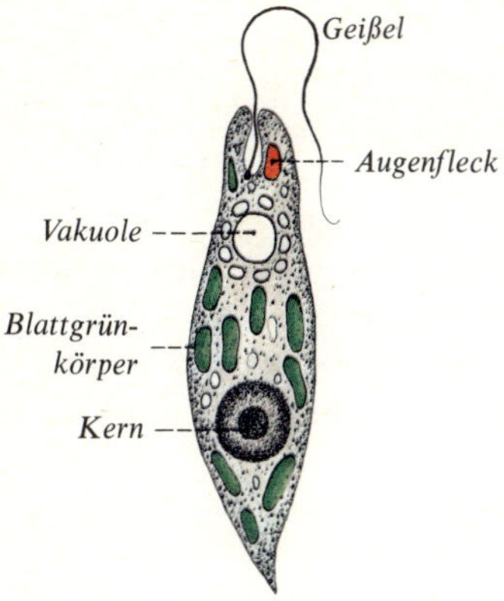

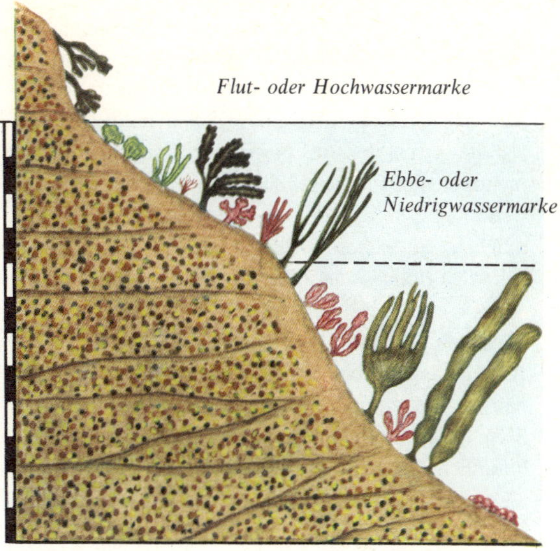

Regionale Verteilung der Meeresalgen am Nordseestrand

sich der Befruchtungsvorgang leicht beobachten: Man bringt etwas Schleim aus beiderlei Thallusanschwellungen auf einen Objektträger und mischt ihn mit Meerwasser. Im Schleim befinden sich Spermazellen mit Eizellen gemischt. Die Spermazellen umschwärmen die Eizellen und prallen gegen diese, bringen sie unter Umständen zu einer drehenden Bewegung. Dann bildet sich blitzschnell ein Gallerthäutchen um das Ei. Das ist das Zeichen, daß eine Samenzelle in die Eizelle eingedrungen ist. Weitere Samenzellen werden durch die Gallertmembran ferngehalten. – Von den Küsten tropischer Meere stammen die mit beerenförmigen Blasen ausgestatteten *Beerentange* (Sargassum). Abgerissene Algen werden vom Golfstrom in die Sargasso-See getragen und bilden dort weiträumige „Tangwiesen". – Bei dem *Zuckertang* (Lamināria saccharína) geht der Stiel der Alge in ein breites, mehrere Meter langes Band über; dieses überzieht sich beim Trocknen mit einem zuckerähnlichen Stoff (Name!). Algen aus der Verwandtschaft des Zuckertangs erreichen oft erhebliche Ausmaße. Der *Birntang* (Macrocýstis) von der amerikanischen Westküste kann über 100 m lang werden.

Rotalgen. Zwischen den Braunalgen der Felsenküste Helgolands sitzen kleine bis mittelgroße Algen von rötlicher Farbe. Einige dieser Rotalgen reichen auch noch in größere Tiefen hinab. – Sehr verbreitet ist der *Perltang* (Chóndrus críspus) mit gabelig verzweigtem Thallus. – Große, mit Haupt- und Seitenrippen ausgestattete „Blätter" hat der *Seeampfer* (Dellesséria). – Fein verzweigten Federn gleichen die *Federtange* (Plumária und Callithámnion). – Andere Rotalgen bilden krustenartige und kalkhaltige Überzüge auf den Felsen.

Braun- wie *Rotalgen* vermehren sich geschlechtlich durch Bildung von Zygoten und ungeschlechtlich durch Sporen. In vielen Fällen findet auch ein *Generationswechsel* statt.

Augengeißelalgen

In jauchehaltigem Wasser und in Schweinesuhlen kann man mit Sicherheit eine einzellige grüne Alge feststellen, die mit Hilfe einer Geißel durchs Wasser rudert. Das ist die *Augengeißelalge* (Eugléna). Unter dem Mikroskop wird in der Nachbarschaft des Geißelansatzes ein roter „Augenfleck" sichtbar. Das Blattgrün ist auf stäbchen- bis bandförmige Körper verteilt. Eine Zellwand wie die meisten Algen besitzt Euglena nicht. Das Protoplasma ist außen verfestigt zu einer Plasmamembran. Die Körperform ist jedoch nicht starr, sondern veränderlich: die spindelförmige Gestalt kann sich verbiegen. Besonders auffällig sind 2 Bläschen, die sich rhythmisch zusammenziehen und erweitern. Solche Einrichtungen sind kennzeichnend für viele tierische Einzeller. Von einer bestimmten Euglena-Art (E. mesníli) konnten blattgrünfreie Formen gezüchtet werden. Diese leben dann wie verwandte Arten, die stets blattgrünfrei sind, von Fäulnisstoffen. Die Freibeweglichkeit und die Ernährungsweise machen es bei den Augengeißelalgen nicht möglich, mit Sicherheit zu entscheiden, *ob es sich um einzellige Pflanzen oder Tiere handelt.*

Blaualgen

An Abwässergräben, an Mauern warmer Gewächshäuser und auf der Oberfläche von Tümpeln und Seen treten oft blaugrüne, manchmal giftgrüne bis bräunliche Algenbeläge auf. Untersuchen wir sie im Mikroskop, dann finden wir einzellige oder fadenförmige Pflanzen, in deren Zellen weder Zellkerne noch Chlorophyllkörner festzustellen sind. Zwar ist Blattgrün vorhanden zusammen mit einem blauen Farbstoff. Manches Mal tritt auch zusätzlich ein roter Farbstoff auf. Die Algen sind demnach fähig, zu assimilieren. Aber die Farbstoffe sind an so winzige Körperchen gebunden (Thylakoide), daß sie nur ein neuzeitliches Forschungsmittel, das Elektronenmikroskop, sichtbar machen kann. Die Blaualgen vermehren sich durch Zweiteilung. Geschlechtliche Vermehrung ist nicht bekannt. Man nimmt heute an, daß *Blaualgen die einfachsten und zugleich die ältesten Lebewesen auf der Erde* sind. – Eine Art, die *Schwingalge* (Oscillatória), bewegt ihre Fäden langsam hin und her, indem sie aus feinsten Poren Schleim ausstößt. Das Rote Meer hat seinen Namen von einer solchen rotfarbigen Schwingalge erhalten, die sich gelegentlich so massenhaft vermehrt, daß die Wasseroberfläche davon wie bedeckt erscheint (Wasserblüte). – Die *Gallertalgen* (Nóstoc) erzeugen auf nassen Wiesen oft große, gallertartige Massen.

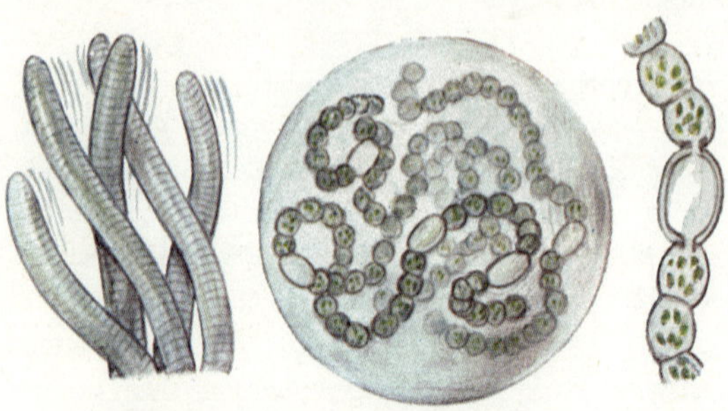

Schwingalgen *Gallertalgen*

Blaualgen.
Ein Fadenstück der Gallertalge stark vergrößert.
Die blaugrünen Körnchen bilden Glykogen (tierische Stärke), nicht Stärke aus.

Bedeutung und Nutzen der Algen

Die Tiere können ihr Leben nur durch tierische oder pflanzliche Nahrung erhalten. In letzter Linie sind alle auf Pflanzenstoffe angewiesen. Für die Tiere der Meere stellen vor allem die Algen die wichtigste Nahrungsquelle dar.

Die *wirtschaftliche Bedeutung* der Algen ist nicht zu unterschätzen. Als Nahrungsquelle für die Meerestiere und damit als Grundlage der Fischereiwirtschaft wurden sie schon genannt (S. 227). Aus Braunalgen gewinnt man einen zellstoffartigen Stoff, das Algin, das in der Nahrungsmittelindustrie, bei der Herstellung von Hautcreme und von Schaumgummi verwendet wird. – Ein zuckerartiges Produkt, das Carrageenin, liefern einige Rotalgen (Irisches Moos), wie z.B. der Perltang. Es spielt in der Heilkunde, der Nahrungsmittel- und Textilindustrie eine Rolle. – Aus verschiedenen Rotalgen wärmerer Meere stellt man einen gelatineartigen Stoff, den Agar, her. Er ist für die Pilz- und Bakterienforschung zur Herstellung von Nährböden (S. 254) unentbehrlich. – In Japan werden Rotalgen als „Meerlattich" gegessen und in der Gezeitenzone angebaut. – Zahlreich sind auch die Versuche in den letzten Jahrzehnten, *Algen in Massenkulturen zu züchten,* um sie zu Nahrungsmitteln zu verarbeiten. Auf die Grünalge Chlorella wurde in diesem Zusammenhang schon hingewiesen (S. 224). Einstweilen sind die Herstellungskosten noch recht hoch. Welche Möglichkeiten der wirtschaftlichen Nutzung sich für die Zukunft eröffnen, ersieht man aus folgender Tatsache: Nach vorsichtiger Schätzung erzeugen die Algen mehr Assimilate als alle Landpflanzen zusammengenommen.

Algen sind Lagerpflanzen, d. h. ihr Körper ist nicht in Wurzel, Stengel und Blätter gegliedert. Sie assimilieren mit Hilfe des Blattgrüns; andere Farbstoffe können hinzutreten: braune, rote, blaue oder gelbe. Die meisten Algen leben im Wasser und vermehren sich geschlechtlich und ungeschlechtlich.

Der Feld-Champignon

Jungpilze

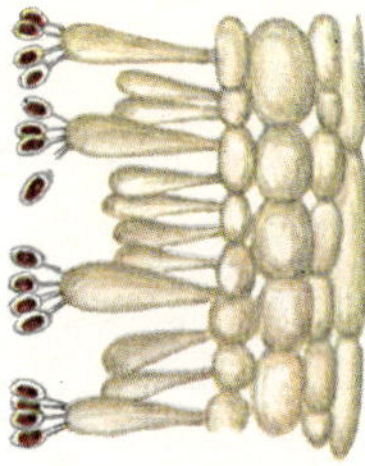

Spore, keimend

Der Fruchtkörper als Sporenerzeuger. Der Champignon (Agáricus campéster) ist ein hochgeschätzter Speisepilz, der im Sommer und Herbst auf Viehweiden, Wiesen und an Feldrändern wächst. Er hat einen weißen Stiel, einen flachgewölbten Hut, der einen Durchmesser von 15 cm erreichen kann, und dessen glatte Oberfläche weiß oder grau bis bräunlich erscheint. Auf der Unterseite des Hutes finden sich zahlreiche, senkrechtgestellte Blättchen (Lamellen). Sie sehen anfangs rosa, später aber schokoladen- bis schwarzbraun aus und sind ein sicheres Erkennungszeichen des Pilzes. Er kommt als weißes Knöllchen, das sich bald in Stiel und Hut gliedert, aus dem Boden hervor. Die Blättchen sind anfangs von einer Haut, dem Schleier, bedeckt, der später am Rande des Hutes abreißt und als Ring am Stiel zurückbleibt.

Das Mikroskop zeigt, daß alle Teile des Pilzes aus Fäden (Hyphen) zusammengesetzt sind, die aus aneinandergereihten Zellen bestehen. Sie sind verzweigt und miteinander verflochten. An den Blättchen erheben sich die Endzellen der Hyphen keulenförmig über die Oberfläche. Die größeren „Keulen" bilden 4 kleine Ausstülpungen, die an der Spitze kugelig anschwellen. Die „Kugeln" schnüren sich von den „Stielen" ab und werden zu *Sporen.* Die keulenförmigen Zellen, auf denen sie entstehen, nennt man *Sporenständer* (Basídien). Danach bezeichnet man die Pilze, zu denen der Champignon und seine Verwandten gehören, als *Ständerpilze.* Die Sporenständer bilden mit den zwischen ihnen liegenden, kleineren Stützzellen, eine Zellenhaut, das *Hyménium,* das beide Seiten der Blätter überzieht.

Nachdem sich der Schleier vom Hutrand abgelöst hat, werden die Sporen, die anfänglich rosafarbig, später schwarzbraun aussehen, von ihren Stielen abgelöst und verweht. Sie werden in so großer Anzahl erzeugt, daß genügend von ihnen keimen können.

Champignon.

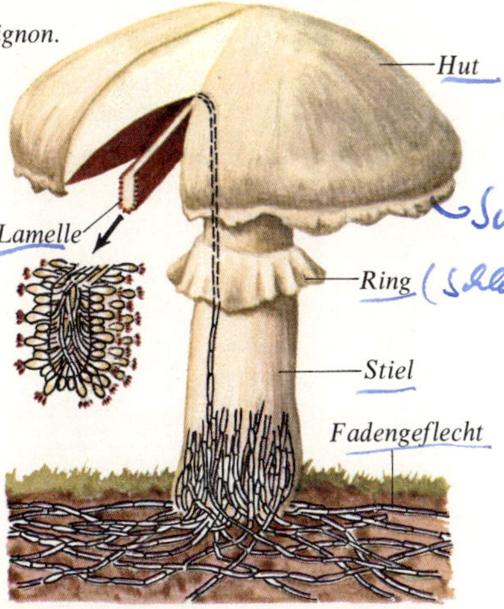

Das Fadengeflecht. Die Pilze entwickeln sich als Anschwellungen an weißen Fäden, die den Erdboden wie ein Spinngewebe durchziehen. Selbst der ausgebildete Pilz bleibt mit den Fäden in Verbindung. Die Pilze und das Fadengeflecht (Mycélium) sind also Teile derselben Pflanze. Ja, noch mehr!

Wie man bei einer Champignonzucht sieht, lebt das Fadengeflecht lange im Boden und bringt bei richtiger Pflege immer neue Pilze hervor. Sie gehen, wenn sie nicht abgeerntet werden, zugrunde, sobald sie ihre Sporen ausgestreut haben. Andere sprossen hervor, vergehen ebenfalls usw. Das Fadengeflecht dagegen wächst weiter. Es ist der eigentliche, überdauernde Pilz. Was wir als Pilze oder „Schwämme" kennen, sind die als *Fruchtkörper* bezeichneten Sporenerzeuger. Das Fadengeflecht lebt unterirdisch, die Fruchtkörper erheben sich über der Erde und verbreiten die Sporen.

Das Fadengeflecht ist aus dem Keimschlauch einer Spore hervorgegangen. Seine Fäden werden von der Erde allseitig gestützt und getragen. Sie sind im Gegensatz zum Fruchtkörper, der sich selbst aufrecht halten kann, äußerst dünn (Lagerpflanzen).

Hexenring (Parasolpilz)

Wächst das Fadengeflecht gleichmäßig nach allen Seiten, während die älteren Teile absterben, so entwickeln sich die Sporenkörper in einem Kreis: Es bildet sich ein sog. Hexenring, dessen Entstehen früher auf „Hexen" und böse Geister zurückgeführt wurde. Häufig sieht man auch nur Kreisteile oder gekrümmte Reihen.

Dem Pilz fehlt Blattgrün. Er kann nicht assimilieren und lebt daher von organischen Stoffen, die von anderen Lebewesen stammen. Er entzieht sie durch das Fadengeflecht den faulenden Bestandteilen des Bodens; somit ist er ein Fäulnisbewohner, eine *Moderpflanze* (Saprophyt, S. 194).

Der Champignon läßt sich leicht züchten und wird ganzjährig geerntet. Man bringt sein Fadengeflecht, das im Handel als Champignonbrut zu haben ist, in gut zersetzten Pferdedünger, der in dunklen Schuppen, in Kellern und Bergwerksstollen beetartig aufgeschichtet wird.

Als Moderpflanzen ernähren sich auch viele andere Hutpilze. Wo sich verwesende Stoffe anhäufen, sind sie verbreitet, so im Waldboden und auf totem Holz. Zahlreiche Pilze leben aber auch in Gemeinschaft mit Bäumen und Sträuchern, deren Wurzelspitzen sie umspinnen: sie bilden eine *Mykorrhiza* (S. 193). Wiederum andere Pilze leben als *Schmarotzer* (Parasiten) und können an Bäumen großen Schaden anrichten (z. B. Hallimasch).

Die absterbenden Fruchtkörper der Moderpilze zerfallen in Stoffe, die grünen Pflanzen wieder als Nahrung dienen. Indem das Fadengeflecht die „halbzersetzten" Tier- und Pflanzenstoffe aufnimmt und daraus seine vergänglichen Fruchtkörper bildet, macht es die in den modernden Massen enthaltenen Baustoffe höheren Pflanzen und damit den Tieren schnell wieder zugänglich. Die Moderpilze beschleunigen also den Kreislauf der Stoffe in der Natur.

Vom Pilzsammeln. Gleich dem Champignon werden viele seiner Verwandten gegessen. Zahlreiche Pilze sind ungenießbar. Es gibt aber auch sehr giftige Pilze, deren Genuß zu schweren Erkrankungen, ja zum Tode führen kann. *Ein allgemeines Merkmal, durch das sich die giftigen Pilze von den eßbaren unterscheiden, gibt es nicht.* Man muß sie kennenlernen. Vor allem darf man nur frische, junge Pilze sammeln, die noch nicht von Maden durchwühlt sind. Pilze, die schimmelig sind und bereits zu faulen beginnen, sind fast so gefährlich wie giftige. Man vermeide auch, die eingesammelten Pilze beim Heimtragen stark zusammenzudrücken und verwende sie sofort. Ist das nicht möglich, so breite man sie über Nacht an einem kühlen, luftigen Ort aus, um sie spätestens am anderen Tage zuzubereiten. Auch durch Trocknen, Einkochen oder Einsalzen kann man Pilze haltbar machen.

Bei Pilzvergiftungen entleere man den Magen durch Erbrechen, gebe Aktivkohle und rufe sofort einen Arzt.

Der Nährwert der Pilze entspricht nicht, wie man ehemals meinte, dem des Fleisches, sondern liegt etwa bei dem des frischen Gemüses, Gleich ihm besitzen die Pilze einen hohen Wassergehalt. Von

Der Nährwert der Pilze entspricht dem des Gemüses

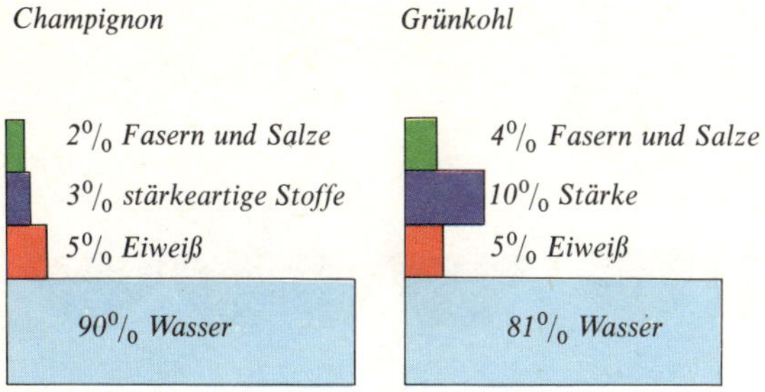

Parasolpilz

Nährstoffen enthalten sie Eiweiß, zuckerähnliche Stoffe und Nährsalze. Die Zellwände der Pilze bestehen aus Chitin, das für den Menschen unverdaulich ist; daher ist es nötig, die Pilze gut zu kauen, damit der Zellinhalt zugänglich wird. Pilze dürfen beim Sammeln nicht ausgerissen werden, weil dabei oft auch das Pilzgeflecht zerstört wird. Am besten dreht man sie ab. Von den nahezu 200 eßbaren Arten unseres Gebietes werden nur wenige gesammelt. Volkswirtschaftlich haben die eßbaren Pilze einige Bedeutung. Während der „Pilzzeit" kommen täglich mehrere hundert Zentner Pilze bei uns auf den Markt.

1. Lege abgeschnittene Hüte von Pilzen mit der Unterseite auf einen Bogen Papier und beobachte nach einigen Stunden die Sporenbilder.
2. Suche im Erdboden, unter der Laubdecke des Waldes, unter der Borke morscher Bäume nach dem Fadengeflecht von Pilzen.
3. Stelle fest, welchen Durchmesser „Hexenringe" erreichen und wie viele Fruchtkörper sie umfassen.
4. Koche etwas Erde vom Standort eines Pilzes in $^1/_2$ l Wasser aus, filtere ab und füge 10 g Agar hinzu und laß nochmals aufkochen. Dann gieße die Flüssigkeit heiß in sorgfältig gereinigte Petrischalen ab. Nach dem Erkalten impfe mit einer ausgeglühten Platinnadel Spuren von Pilzsporen auf den Agar. Beobachte, wie von einzelnen Sporen gleichmäßig nach allen Seiten Pilzgeflecht ausgeht. Die Pilzkulturen können, wenn mehrere Pilzarten verwendet wurden, verschieden gefärbt sein. Besonders gut lassen sich die verschieden gefärbten Schimmelpilze verwenden.

Einteilung der Ständerpilze

1. Blätterpilze

Die Sporenschicht überzieht (wie beim *Feld-Champignon*) die senkrecht gestellten Blätter (Lamellen) der Hutunterseite.

Ein naher Verwandter des Feld-Champignons ist der weiße, nach Anis duftende *Anis-Champignon* (Agáricus arvénsis), der in Gebüschen, an Waldrändern, auf Wiesen und Weiden wächst. Er ist wie einige andere Champignonarten ein wertvoller Speisepilz. Nur die nach Karbol riechenden Champignons, so der *Karbol-Champignon* (A. xanthodérma), sind giftig. Da die Blätter des Anis-Champignons anfangs blaßgelblich bis grau sind, wird er nicht selten mit den sehr gefährlichen *Knollenblätterpilzen* verwechselt. Bei uns sind besonders 2 Arten häufig vertreten. Der *Gelbliche Knollenblätterpilz* (Amaníta cítrina) hat einen blaßzitronengelben Hut, stets weiß-bleibende Lamellen und einen schlanken Stiel. Dieser trägt einen leicht vergänglichen, hängenden Ring und ist unten zu einer Knolle angeschwollen. Mit einem scharfen Rand ist diese vom Stiel abgesetzt. Anfänglich sind alle Teile von einer weißen, häutigen Hülle umgeben, von der an der Knolle und auf der Hutoberfläche nur geringe Reste zurückbleiben. Diese werden jedoch oft vom Regen abgewaschen. Der Pilz riecht so ähnlich wie Kartoffeltriebe oder rohe Kartoffeln. Er ist giftig. – Die schwersten Pilzvergiftungen sind dem sehr ähnlichen *Grünen Knollenblätterpilz* (A. phalloídes) zu-

Feld-Champignon

Grüner Knollenpilz (Sehr giftig)

Gelblicher und Weißer Knollenblätterpilz (Giftig

zuschreiben. Von ihm geht ein süßlicher, fast widerlicher Geruch aus. Auf seiner grünlichen Hutoberfläche finden sich meist keine Hüllreste. Die Knolle ist von einer deutlichen, abstehenden und dickwandigen Scheide umgeben. Die Farbe des Pilzes wechselt sehr. Man kennt braune, graue, gelbliche bis weiße Formen. – Tödlich giftig ist auch der *Weiße Knollenblätterpilz* (A. verna). Er wächst in Gebirgswäldern und wird besonders leicht mit Champignons verwechselt. Junge Pilze haben einen kegelig-glockenförmigen Hut. Der schlanke Stiel ist faserig-schuppig. – Auch zahlreiche andere Pilze mit einem knollig-verdickten Stiel und Hüllresten auf der Hutoberfläche sind giftig oder giftverdächtig. Am bekanntesten ist der *Fliegenpilz* (A. muscária), dessen scharlachrote, mit weißen Hüllflocken betupfte Hüte eine Zierde unserer Wälder sind. Das Fleisch unter der Oberhaut ist zitronengelb, die Lamellen sind stets weiß. Früher legte man den giftigen Pilz in Milch, um Fliegen damit zu töten. – Zwei weitere „Wulstlinge" sind der *Perl-* und der *Pantherpilz* (A. rubéscens und A. pantherína), die meist braune, mit weißen Hüllfetzen bedeckte Hüte haben. Der *Pantherpilz* ist giftig. Sein weißer Stiel wirkt wie in die stulpenförmige Knolle eingepfropft. Der Ring ist nicht gerieft. Der Perlpilz hingegen ist wohlschmeckend und daran zu erkennen, daß das Fleisch unter der abziehbaren Oberhaut und an Fraßstellen sich rötet. Ferner zeigt sich der Ring stets deutlich gerieft. – Ein wenig bekannter, aber gefährlicher Giftpilz ist der *Ziegelrote Rißpilz* (Inocýbe patouillárdii). Er kommt fast reinweiß aus dem Boden, wird aber beim Nachhausetragen rötlich. Diese Färbung nimmt er auch im Alter an; seine Blätter erscheinen dann graugelb bis erdfarben – nie rosa! Der gefaserte, glockige, oft gebuckelte Hut reißt – wie der Name besagt – am

Fliegenpilz (Giftig)

Ziegelroter Rißpilz (Sehr giftig)

Echter Reizker

Grünspan-Täubling

Stockschwämmchen

Hallimasch (Roh giftig)

Rand öfter ein. Der Pilz wächst gesellig an grasigen Waldrändern, in Parkanlagen, in lichten Laubwäldern, auch in Gärten. Im Alter riecht er unangenehm, fast wie faulendes Obst.

Die *Milchpilze* (Lactárius) sind daran zu erkennen, daß aus ihrem mürben, brüchigen Fleisch bei Verletzung ein Milchsaft hervorquillt. Der wertvolle *Echte Reizker* (L. deliciósus; S. 234) enthält einen rotgelben Saft. Sein ziegel- und orangeroter Hut ist auf der Oberfläche mit helleren und dunkleren Kreisen versehen und oft grünlich gefleckt. Sein Doppelgänger, der *Zottige* oder *Birken-Reizker* (L. torminósus), der verwundet einen weißen Milchsaft absondert, ist ungenießbar. Welche Milchpilze eßbar sind, läßt sich dadurch feststellen, daß man von ihnen – ohne jede Gefahr! – ein kleines Stück fein kaut und darauf ausspuckt. Alle Arten, die mild oder nur wenig scharf schmecken, sind genießbar. Ungenießbar sind auch jene Milchlinge, deren weißer Saft sich verfärbt.

Mit den Milchlingen haben die *Täublinge* (Rússula) gemeinsam das mürbe, brüchige Fleisch. Sie sind aber stets ohne Milchsaft. Auch hier lassen sich die eßbaren von den nicht eßbaren durch eine Kostprobe unterscheiden. Alle Täublinge mit scharfem, pfefferartigen Geschmack sind zu meiden. Darunter gilt als giftig der *Spei-Täubling* (R. emética). Obgleich die Täublinge stets einen kurzen, knollenlosen Stiel aufweisen, soll der Unkundige besonders darauf achten, daß er die grünen Täublinge nicht mit dem Grünen Knollenblätterpilz verwechselt.

Der *Riesen-Schirm-* oder *Parasolpilz* (Macrolepióta procéra; Abb. S. 232 u. 233) schmeckt gebacken gut, solange er jung ist. Er gleicht anfangs einem Paukenschlegel, hat später einen braunbeschuppten Hut und kann eine Höhe von etwa 50 cm erreichen. – Auch

Steinpilz

Satanspilz (Sehr giftig)

Butterpilz

Semmelstoppelpilz

Pfifferling

der *Schopf-Tintling* (Coprínus comátus), der truppweise auf frischgedüngtem Boden, Schuttplätzen und dergleichen erscheint, kann jung gegessen werden. Im Alter lösen sich die Hüte zu einer schwarzen tintenähnlichen Flüssigkeit auf.

Die Fruchtkörper anderer Ständerpilze brechen oft in Mengen aus faulenden Baumstämmen hervor. Unter ihnen ist besonders das wohlschmeckende *Stockschwämmchen* (Kuehneromýces mutábilis) zu nennen, dessen lederbrauner Hut am Rande einen durchscheinenden Ring hat. – Auch der wegen seines bitteren Geschmacks ungenießbare *Grünblättrige Schwefelkopf* (Hypholóma fasciculáre) wächst hier in großen Büscheln. Er ist schwefelgelb; seine Blätter werden im Alter schwarzgrün. – Die honiggelben bis braunen, mit dunkleren Schuppen bedeckten Hüte des *Hallimasch* (Armillariélla méllea) sind roh giftig, gebraten aber schmackhaft. Der Pilz wächst auf totem wie auf lebendem Holz und richtet in Wäldern, Obstgärten, Parkanlagen und Weinbergen großen Schaden an. Das faulende Holz leuchtet im Dunkeln.

Flockenstieliger Hexenpilz (Eßbar)

2. Röhrenpilze, Porlinge und Faltenpilze

Die Sporenschicht überzieht die Innenwände von Röhren, Gruben oder Falten (vgl. Abb. S. 235).

Der bekannteste Vertreter der Röhrenpilze und zugleich einer unserer wertvollsten Speisepilze ist der *Steinpilz* (Bolétus édulis), der in Laub- und Nadelwäldern vorkommt. Der dickfleischige Pilz hat einen anfangs knolligen, hellbräunlichen und netzartig gezeichneten Stiel und einen braunen Hut, während die anfangs weiße Röhrenschicht später gelblich und zuletzt grünlich wird. Angeschnitten bleibt das feste Fleisch weiß. – Ungenießbar dagegen ist der bittere *Gallen-Röhrling* (Tylópilus félleus) mit rosa werdenden Röhren. Er ist ein Doppelgänger des Steinpilzes. – Der sehr giftige *Satanspilz* (Bolétus sátanas) ist an seinem grauweißen Hut, dem oben gelben, sonst aber roten, feingenetzten Stiel und der blutroten Röhrenmündung gut zu erkennen. Sein weißliches bis blaßgelbes Fleisch wird beim Durchschneiden

Habichtsschwamm (Eßbar)

Herbsttrompete

bläulich. – Der ihm ähnliche *Flockenstielige Hexenpilz* (B. erythrópus) dagegen ist roh giftig, nach längerem Erhitzen eßbar. Sein Hut ist im Gegensatz zu dem des Satanspilzes dunkelolivbraun, und sein sattgelbes Fleisch läuft beim Durchschneiden sofort dunkelblau an. Unkundige sollten alle Röhrenpilze mit rotem Stiel und roter Röhrenschicht meiden. Die Arten dagegen, die an diesen Stellen kein ausgesprochenes Rot aufweisen, sind ungiftig, wenn auch nicht immer genießbar. – Von den wohlschmeckenden Arten sei hier nur noch der *Butterpilz* (Suíllus lúteus) genannt. Er ist an dem oberseits braunen, schleimigen Hut und dem großen, erst weißen, dann bräunlichen Ring sicher zu erkennen.
An Baumstämmen findet man nicht selten die konsolenförmigen, oft holzigen Fruchtkörper schmarotzender *Porlinge.* Aus den Fruchtkörpern mehrerer Arten, besonders dem *Zunderschwamm* (Polýporus fomentárius), stellte man den leicht brennenden Zunder her. – Netzig verzweigte Falten zeigt das Hymenium des *Hausschwammes* (Merúlius lacrímans), dessen Fadengeflecht das Holzwerk der Häuser völlig zerstören kann. Hausschwamm stellt sich leicht in feucht gewordenen Wohnungen ein. Die betroffenen Räume müssen trockengelegt werden, nachdem alle befallenen Bretter und Balken sowie das weitverzweigte Pilzgeflecht entfernt wurden. Auch durch Impfen des Holzes mit geeigneten Chemikalien kann der Pilz zum Absterben gebracht werden. In Neubauten darf heute nur noch trockenes, mit pilzfeindlichen Stoffen getränktes Holz verwendet werden.

3. *Stachelpilze*

Die Sporenschicht überzieht stachelartige Auswüchse der Hutunterseite.

In Nadelwäldern ist der *Habichtsschwamm* (Sarcódon imbricátum) verbreitet. Sein schokoladebrauner Hut ist mit kreisförmigen Reihen großer Schuppen bedeckt. – Von den anderen Arten der Gruppe, unter denen keine giftigen vorkommen, wird besonders der *Semmelstoppelpilz* (Hydnum repándum) jung gesammelt. Seine gelblichen Hüte verschmelzen oft miteinander. – Arten mit zähem oder bitterem Fleisch sind ungenießbar.

4. *Keulenpilze*

Die Sporenschicht überkleidet die Oberseite der meist keulen- oder korallenförmigen Fruchtkörper.

Mehrere Pilze dieser Gruppe sind jung eßbar, alt aber bitter und nicht zu genießen. Besonders geschätzt wird die *Rötliche Koralle* oder der *Hahnenkamm*

Hasen-Bovist (Jung eßbar)

Kartoffelbovist (Giftig)

Rötliche Koralle (Wohlschmeckend)

(Clavária botrýtis), der meist in Buchenwäldern vorkommt. Seine weißlichen, an den Spitzen fleischroten, verzweigten Fruchtkörper ähneln Korallenstöcken und können recht groß werden. Als giftig gelten die *Schöne Koralle* (Cl. formósa) von blaß fleischroter, im Alter etwas gelblicher Farbe und die *Blasse Koralle* (Cl. pállida), fleischfarbig-gelb mit violetten Zweigenden.

In die weitere Verwandtschaft der Korallenpilze gehört der *Pfifferling* oder *Eierpilz* (Cantharéllus cibárius; S. 236). Er ist wegen seines Wohlgeschmacks und seiner Haltbarkeit besonders beliebt. Seine dottergelben Sporenkörper weisen lang am Stiel herablaufende, gabelig verzweigte Leisten auf, die an die Lamellen der Blätterpilze erinnern. (Zu den Blätterpilzen gehört der dünnfleischige „Falsche Pfifferling" [Hygrophorópsis aurantíaca], der genießbar ist.) – Dem echten Pfifferling steht die *Herbsttrompete* (Crateréllus cornucopioídes) nahe. Der wie ein Füllhorn gestaltete, außen aschgraue, innen braunschwarze Pilz kommt in Laubwäldern bis zum Spätherbst vor; er tritt oft truppweise auf und ist eßbar.

5. *Bauchpilze*

Die Sporenschicht überzieht die Wände von Hohlräumen im Innern der Sporenkörper (Abb. S. 237).

Dieser Gruppe gehören die *Boviste* (Bovísta) an, die man auf Weiden, in Wäldern und an Wegen als weiße Kugeln oder Keulen findet. Haben sie ihre volle Ausbildung erlangt, dann reißt die äußere Hülle an der Spitze auf, so daß der Wind das braune Sporenpulver verwehen kann („Stäublinge"). Jung sind die meisten Boviste eßbar. Von den zahlreichen Arten ist der *Flaschenbovist* (Lycopérdon gemmátum) leicht an seiner Form zu erkennen. – Giftig ist allein der *Kartoffelbovist* (Sclerodérma vulgáre). Die festen Fruchtkörper sehen wie Kartoffelknollen aus, sind innen aber schwarz; mitunter werden sie mit den (unterirdisch lebenden!) Trüffeln verwechselt. – Die *Stinkmorchel* (Phallus impudícus) hat bei der Sporenreife einen widerlichen Geruch, durch den Aasinsekten angelockt werden. Wenn sie den sporenhaltigen Schleim verzehren, mit dem der kleine, schmutziggrüne Hut bedeckt ist, verschleppen sie die Sporen und verbreiten so den Pilz weiter. Die jungen, kugeligen, geruchlosen Fruchtkörper werden im Volksmund „Hexeneier" genannt.

Als besondere Ordnungen der Ständerpilze gelten die

Rost und Brandpilze, gefährliche Schmarotzer

Rostpilze. An den Blättern und Halmen der angebauten Getreidearten und zahlreicher wildwachsender Gräser findet man nicht selten gelbe, braune oder schwarze Flecke und Streifen, die wie Rostflecke aussehen. Das sind die Sporenmassen von schmarotzenden Pilzen, deren Fäden die befallenen Pflanzen durchwuchern. Die erkrankten Pflanzen kümmern und bilden – wenn überhaupt – nur dürftige Ähren aus. Besonders gefürchtet als Schmarotzer unserer Getreidearten ist der *Echte Getreide-* oder *Schwarzrost* (Puccínia gráminis), der am häufigsten auf dem Roggen lebt. Er erzeugt hier besonders an Stengeln und Blattscheiden, seltener auch an den Ähren, rostbraune, meist längliche Flecke, durch die Millionen Sommersporen entstehen. Vom Winde verweht, verbreiten sie die Krankheit schnell weiter. Wenn das Getreide zu reifen beginnt, bilden sich an den gleichen Stellen schwarze, strichförmige Flecke, nach denen der Pilz seinen Namen trägt. In ihnen entstehen die dunklen, dickwandigen, 2zelligen Wintersporen, die die kalte Jahreszeit auf den Stoppeln überdauern. Sie treiben im nächsten Frühjahr einen kurzen Faden, der einige

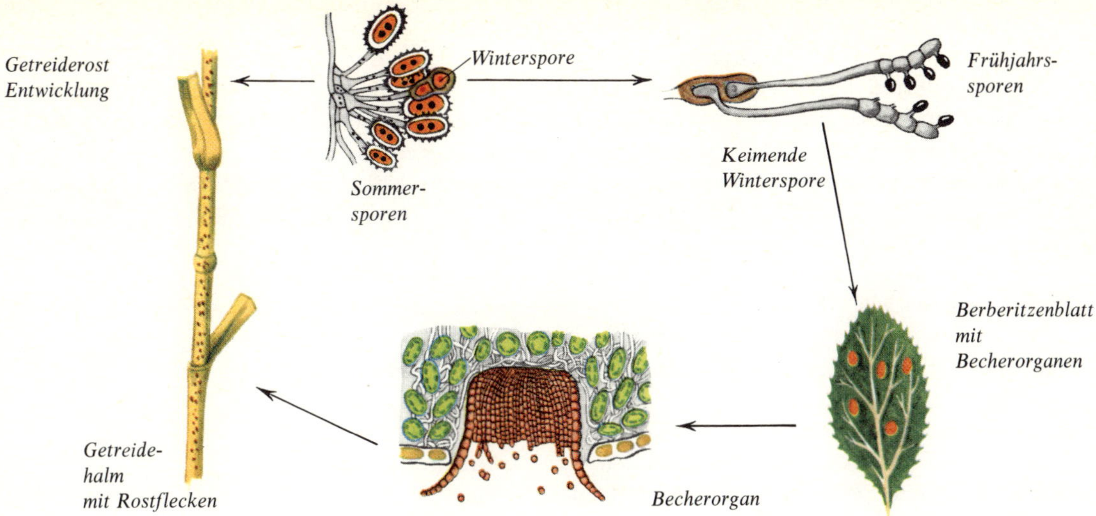

farblose „Frühjahrssporen" abschnürt. Werden diese vom Wind auf die Berberitze getragen, so erzeugen sie dort auf der Blattunterseite kleine, rote, verdickte Flecke mit zahlreichen becherförmigen Organen. In ihnen bilden sich „Bechersporen", die durch den Wind auf Getreidepflanzen gelangen und dort die Krankheit von neuem hervorrufen. Der Schwarzrost braucht also zu seiner Entwicklung 2 Wirte und macht einen *Wirtswechsel* durch. Die Berberitze darf daher in der Nähe von Getreidefeldern nicht geduldet werden.

Die Schädlichkeit des Schwarzrostes beruht vor allem darauf, daß er der Wirtspflanze unmittelbar die Bausteine der Eiweißsubstanzen (die Aminosäuren), ferner Traubenzucker entzieht.

Fast ebenso schädlich wie der Schwarzrost ist der *Gelbrost* (P. glumárum), der besonders auf Weizen vorkommt. Er durchläuft seine Entwicklung ohne Zwischenwirt. – Die *Braunroste* befallen alle 4 Getreidearten und sind zum Teil auf Zwischenwirte angewiesen. – Der Schaden, den die Rostpilze auf

Rost- und Brandpilze

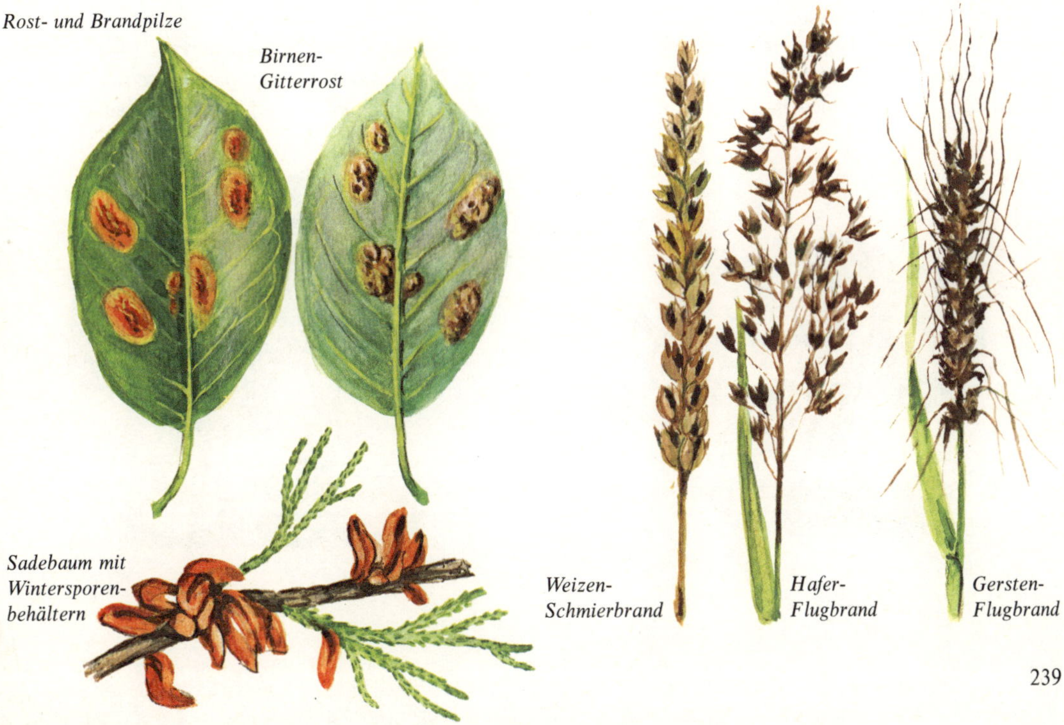

den Feldern anrichten, wird heute bei uns auf etwa 2% des Ernteertrages geschätzt. Auf die Welterzeugung an Weizen, Hafer, Gerste und Roggen bezogen ergibt sich aber ein Verlust von etwa 8%.

Ein anderer gefährlicher Rostpilz ist der *Birnengitterrost* (Gymnosporángium sabínae), der auf den Blättern des Birnbaumes die „Becher" bildet und auf einer Wacholderart, dem Sadebaum, die anderen Entwicklungszustände durchläuft. – Der *Erbsenrost* (Uromýces pisi) wandert von der Zypressenwolfsmilch auf die Blätter von Schmetterlingsblütlern, besonders auf die der Erbse.

Die Bekämpfung der Rostpilze wird durch chemische Mittel versucht. Vor allem muß rostiges Stroh verbrannt werden, die Zwischenwirte in der Nähe der Getreidefelder sind zu vernichten. Unsere Züchtungsforschung ist dabei, widerstandsfähige Sorten heranzuziehen, die von Rostpilzen nicht mehr befallen werden. Gute Düngung ist notwendig, denn gut genährte Pflanzen sind gegenüber Erkrankungen widerstandsfähig.

Brandpilze. Sie schmarotzen in vielen Arten besonders auf Gräsern. Dabei durchwuchern sie in der Regel den ganzen Pflanzenkörper, erzeugen aber ihre schwarzen Sporen (Name Brandpilze!) nur in bestimmten Organen ihrer Wirte, z. B. in der Blüte oder im Stengel. Am gefährlichsten ist der *Schmier-* oder *Stinkbrand* (Tillétia), der früher in einigen Gegenden 50–80% der ganzen Weizen- und Roggenernte vernichtete. Die in den befallenen Ähren enthaltenen, scheinbar gesunden Körner sind mit einem schwarzen, übelriechenden, schmierigen Sporenpulver angefüllt. – Sehr häufig sind auch die *Flug-* oder *Staubbrandarten* (Ustilágo), die die Früchte von Hafer, Gerste, Weizen und Mais zerstören. – Brandpilze werden heute u.a. dadurch bekämpft, daß man das Saatgut längere Zeit in eine Lösung von Quecksilberverbindungen eintaucht oder mit einer Lösung überbraust. Durch dieses „Beizen" werden die Brandpilze, die den Körnern äußerlich anhaften oder an den Spelzen sitzen, abgetötet, während die Keimfähigkeit des Getreides nicht beeinträchtigt wird.

Schlauchpilze

Im Frühjahr erscheinen in Wäldern, auf Wiesen und in Grasgärten die hohlen, brüchigen Sporenkörper der *Morcheln* (Morchélla). Die Oberfläche der graubraunen Hüte erscheint durch netzartig hervortretende Rippen runzelig. Die Gruben zwischen den Rippen sind mit einer Sporenschicht ausgekleidet. Die Sporen werden hier aber nicht wie bei den bisher betrachteten Pilzen an der Spitze von Ständern, sondern im Innern schlauchartiger Zellen erzeugt. In jedem Schlauch bilden sich 8 Schlauchsporen.

Eßbare Schlauchpilze. Die *Speisemorchel* (M. esculénta) hat einen rundlichen Hut mit unregelmäßig verlaufenden Rippen, während die *Spitzmorchel* (M. cónica) sich durch längsverlaufende Haupt- und schwache Querrippen auszeichnet. – An dem braunen Hut mit

Früh-Lorchel
(In frischem Zustand sehr giftig)

Speisemorchel

darmartigen Auftreibungen ist die *Früh-Lorchel* (Helvélla esculénta) zu erkennen. Der Pilz ist frisch lebensgefährlich giftig. Kocht man ihn mindestens 5 Minuten lang aus, wäscht ihn sorgfältig ab und gießt das Kochwasser weg, dann ist er eßbar. Auch durch längeres Trocknen geht das Gift verloren.

Als ein besonders feines Gewürz werden die *Trüffeln* (Tuber) verwendet, die das Aussehen von Kartoffelknollen haben. Trüffeln sind die Fruchtkörper von Schlauchpilzen, die mit den Wurzeln der Eichen eine Mykorrhiza (S. 194) bilden. Da die Trüffeln stets unterirdisch bleiben, können ihre Sporen nur durch wühlende Tiere verbreitet werden. Man findet die Pilze mit Hilfe von abgerichteten Schweinen oder Hunden, die den Boden danach durchwühlen.

Schlauchpilze als Schädlinge und als Heilpflanzen

Brot, eingekochte Früchte und Fleischwaren werden von einem *Pinselschimmel* (Penicíllium crustáceum) oft wie mit einer blaugrünen Decke überzogen. Bringt man ein wenig von dieser unter das Mikroskop, so sieht man ein Fadengeflecht, aus dem sich zahlreiche Zweige erheben. Sie teilen sich an ihren Enden wiederholt, so daß das ganze – worauf der Namen hindeutet – wie ein Pinsel erscheint. An den Spitzen werden blaugrüne *Fadensporen* (Konidien) abgeschnürt. Der Pilz ist über die ganze Erde verbreitet. Gelegentlich erzeugt er wie die meisten hier erwähnten Pilze Schlauchsporen. – Mehrere verwandte Schimmelpilze sind unentbehrlich für die Zubereitung bestimmter Käsesorten (z. B. Camembert). – Aus einem

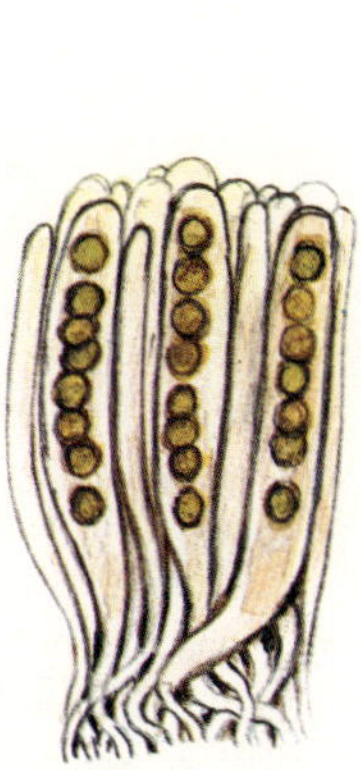

Morchel. Sporenschläuche und Saftzellen in der Fruchtschicht

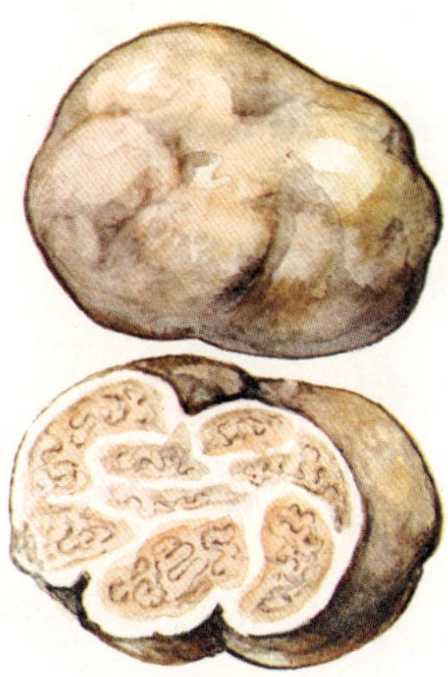

Trüffel

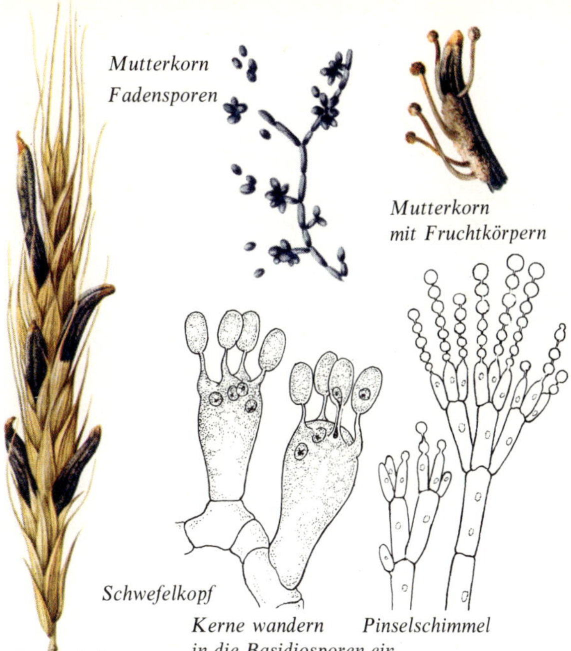

Mutterkorn Fadensporen

Mutterkorn mit Fruchtkörpern

Schwefelkopf

Kerne wandern in die Basidiosporen ein

Pinselschimmel

Roggenhalm mit Mutterkorn

Sporenbildung durch Abschnürung

Pinselschimmel (P. notátum) und verwandten Arten wird das *Penicillin* gewonnen. Es hat bei der Bekämpfung verschiedener Infektionskrankheiten große Bedeutung erlangt.

Der *Mutterkornpilz* (Cláviceps purpúrea) lebt in dem Fruchtknoten des Roggens und schnürt an den Enden seiner Fäden zahlreiche Fadensporen ab. Die erkrankten Fruchtknoten scheiden einen süßen Saft ab, den Honigtau, den Insekten lecken und die Krankheit durch mitgenommene Sporen weiter verbreiten. Bevor die Roggenhalme absterben, wächst das Fadengeflecht zu einem holzharten Körper, dem Mutterkorn, heran, das den Winter überdauert. Im nächsten Frühjahr entwickeln sich aus ihm rötliche Fruchtkörper, deren Schlauchsporen der Wind verbreitet. Das Mutterkorn ist sehr giftig und muß vor dem Vermahlen des Getreides sorgfältig entfernt werden. Aus dem Gift werden wichtige Heilmittel gewonnen.

Schlauchpilze als gefährliche Schmarotzer, besonders an Obstbäumen und Sträuchern

Die Blätter der Gerste, der Hülsenfrüchtler, Rosen und vieler anderer Pflanzen sind nicht selten wie mit einem Schimmel bedeckt, dem Fadengeflecht von *Meltaupilzen* (Sphaerothéca, Erýsiphe u. a.). Von den

spinngewebeartigen Fäden dringen Fortsätze in das Innere der Blätter ein, die der Wirtspflanze Nährstoffe entziehen. – Einer der gefährlichsten dieser Schmarotzer ist der *Echte Rebenmeltau* oder Äscherich (Uncínula necátor), von dem früher nur die Fadensporen(Konidien)-erzeugende Form bekannt war. Nach dieser (Oídium Túckeri) wird er in den Weinbaugebieten als „Oidium" bezeichnet. Die von dem Pilz überzogenen Blätter des Weinstocks verdorren; die befallenen Beeren platzen und verfaulen. Bei feuchtwarmer Witterung, vor allem bei starken Schwankungen zwischen Tages- und Nachttemperaturen, breitet sich der Pilz so sehr aus, daß die Weinernte erhebliche Einbuße erleidet. – Auch der Meltau des Apfelbaums und des Stachelbeerstrauchs richtet oft großen Schaden an.
Die *Schorfkrankheiten* der Obstbäume werden durch Schlauchpilze (Ventúria) hervorgerufen, die nach der Form, die Fadensporen erzeugt, als *Fusicládium*

Äscherich an einer Weintraube

Meltau an einem Getreideblatt

bezeichnet werden. Sie erzeugen an den Blättern und Früchten der Apfel- und Birnbäume schwarze oder schmutzigbraune Flecke. Die Blätter vertrocknen und fallen gleich den verkrüppelten Früchten oft vorzeitig ab. Auch die Zweige erkranken unter dem Einfluß der Pilze. An den heranwachsenden Früchten platzt die Oberhaut auf; es entstehen tiefe Risse, von denen

Schlauchpilze und Niedere Pilze als Schmarotzer

aus die Frucht fault. – Auch der *Krebs* der Obstbäume wird durch einen Schlauchpilz (Néctria galligena) hervorgerufen. Er dringt schon in kleinste Wunden ein und erzeugt unregelmäßige Wucherungen. Befallene junge Zweige sterben meist ab. Die Krebsstellen an älteren Zweigen müssen sorgfältig bis ins gesunde Holz ausgeschnitten, die Wunden mit Baumteer oder Spezialmitteln behandelt werden. – Ein Reis-Parasit warmer Länder liefert einen *Wuchsstoff* (das Gibberellin), der das Pflanzenwachstum fördert und daher in der Gärtnerei Eingang gefunden hat. – Manchmal sterben im Frühjahr junge Zweige des Kern- und Steinobstes während der Blütezeit plötzlich ab. Diese sog. *Laubdürre der Obstbaumtriebe* ist das Werk von Schlauchpilzen (Sclerotínia), die von den Blüten aus die Bäume befallen. Eine Fadensporen-erzeugende Form dieser Schädlinge erzeugt die *Fruchtfäule*, bei der die Sporenmassen der Pilze meist kreisförmig angeordnet sind. Der Obstzüchter nennt die Krankheit auch *Monília.* Den Winter über halten sich die Parasiten in den vertrocknenden, mumienartigen Früchten, die an den Bäumen hängenbleiben. Die Fruchtmumien und die erkrankten Triebe müssen stets sorgfältig beseitigt und vernichtet werden. – Wieder andere Schlauchpilze (Taphrína) sind es, die die sog. *Taschen* oder Narren der Zwetschgen und Pflaumen sowie die *Kräuselkrankheit* der Pfirsichblätter verursachen. Die Taschen müssen vernichtet und die Zweige, an denen sie sich finden, bis auf das „alte Holz" zurückgeschnitten werden. Ebenso verfährt man mit den von der Kräuselkrankheit befallenen Pfirsichzweigen.

Zur Bekämpfung der Pilzerkrankungen unserer Obstbäume hat die chemische Industrie besondere Mittel entwickelt, die in Fachgeschäften vertrieben werden. Wichtig ist aber vor allem, daß in jeder Gegend nur solche Obstpflanzen angebaut werden, die sich dort als widerstandsfähig erwiesen haben.

Hefen

Zerteilt man ein wenig Preßhefe in Wasser, so sieht man unter dem Mikroskop Tausende von farblosen, kugeligen Zellen der *Bierhefe* (Saccharomýces cerevísiae). Bringt man etwas Preßhefe in verdünnte Zuckerlösung, dann vermehrt sich die Hefemasse sehr stark dadurch, daß sich an den Zellen Ausstülpungen bilden, die größer werden und sich schließlich von der Mutterzelle abtrennen. Erfolgt keine Abschnürung und treiben die Tochterzellen abermals Zellen, so entstehen Zellkolonien. Der hefehaltigen Flüssigkeit entsteigt unter Schäumen Kohlendioxid, und der süße Geschmack verliert sich immer mehr. Dafür stellt sich Alkoholgeruch ein: Die Bierhefe hat den Zucker in Alkohol und Kohlendioxid gespalten *(„alkoholische Gärung")*. Auf dieser Fähigkeit der Bierhefe beruht das Brauen des Bieres. Gekeimte und geröstete Gerstenkörner enthalten aus der Verzuckerung der Stärke Malzzucker (S. 174). Dieser wird durch die Hefe vergoren. Preßhefe wird besonders in der Kuchenbäckerei verwendet. Die Pilzzellen werden in den Teig verrührt und spalten auch hier den Zucker in Kohlendioxid und Alkohol, die den Teig auftreiben. Beim Backen entsteht dann ein lockeres, bekömmliches Gebäck.

Gelegentlich beobachtet man, daß 2 Zellen miteinander verschmelzen. Sie bilden dann einen Schlauch mit 4 Schlauchsporen aus.

Die *Weinhefe* (S. ellipsoídeus) lebt auf den Schalen der Weinbeeren. Sie kommt mit diesen in die Kelter und versetzt den Süßmost in Gärung. – Zum Backen des Schwarzbrotes verwendet man schon seit den ältesten Zeiten einen gärenden Mehlteig, den *Sauerteig*, der

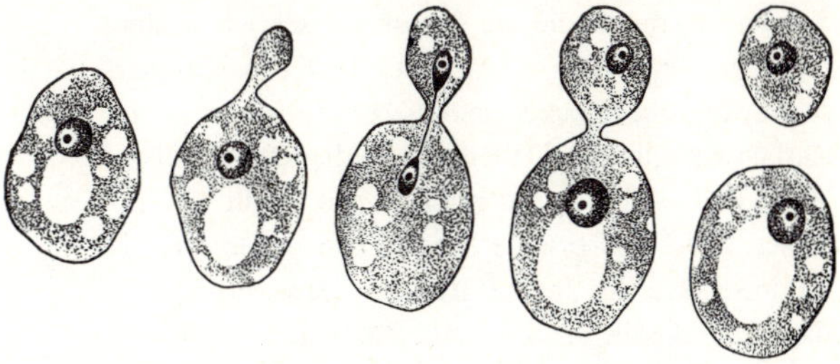

Die Teilung der Hefezelle. Das Plasma treibt an einer Stelle der Wand eine Ausstülpung hervor, die sich vergrößert (Hefesprossung). Der Kern teilt sich, wobei ein Tochterkern in die Ausstülpung wandert. Die junge Zelle wird schließlich abgeschnürt.

von zahlreichen Hefe- und Bakterienarten (S. 251 f.) bevölkert ist. Er bewirkt das „Aufgehen“ und Sauerwerden des Brotteiges.

In jüngster Zeit sind Versuche, mit Hefepilzen hochwertige Eiweißstoffe als Nahrungsmittel für den Menschen und für Haustiere zu gewinnen, erfolgreich verlaufen. Abfallstoffe aus der Holz- und Papierindustrie (sog. Sulfitlaugen), aus der Zuckerindustrie (Abfallmelasse), der Seetangproduktion u. a. finden als Nährböden für Hefepilze Verwendung. Man hofft, auf diesem Wege einen fühlbaren Beitrag zur *Bekämpfung des Hungers in der Welt* leisten zu können. Viele Hefen haben sich auch als Vitaminquellen bewährt.

Niedere Pilze

Wenn sich feuchtes Brot oder Fruchtsäfte in wenigen Tagen mit einer grauen, wolligen Schimmelschicht überziehen, dann kann man sicher sein, daß es sich um den *Köpfchenschimmel* (Mucor mucédo) handelt. Unter dem Mikroskop sehen wir, daß das Pilzgeflecht reich verzweigt, aber nicht in Zellen gegliedert ist. Dieses ausgedehnte Geflecht stellt eine einzige Zelle mit zahlreichen Zellkernen dar. Über dieses Geflecht erheben sich einzelne Seitenäste, die an ihren Enden zu Köpfchen anschwellen (Name!). Die gelbbraun bis schwarz werdenden Köpfchen sondern sich von den Zweigen durch eine Querwand ab; ihr Inhalt zerfällt in Sporen, die durch Platzen der Köpfchenwand frei werden. Das Köpfchen ist also eine Sporenkapsel, ein Sporangium.

Die *Kraut- und Knollenfäule* (Phytóphthora inféstans) durchwuchert die Kartoffelpflanze. Einzelne Äste des Fadengeflechtes treten aus den Spaltöffnungen an der Unterseite der Blätter hervor und schnüren Sporen ab, durch die die Krankheit schnell weiterverbreitet wird. Die erkrankten Blätter bekommen schwarzbraune Flecke, und die oberirdischen Teile sterben vorzeitig ab. Daher bleiben die Knollen klein. Werden sie selbst von der Krankheit erfaßt, so entstehen gleichfalls braune Flecke, von denen aus die Fäulniserreger ins Innere dringen. Diese verwandeln dann die Knolle bald in eine trockene, bröckelige oder in eine jauchige, übelriechende Masse (trockene und nasse Fäule). In trockenen Jahren geht durch den Pilz etwa 5% unserer gesamten Kartoffelernte, in nassen aber weit mehr zugrunde. Die erkrankten Knollen müssen bei der Ernte ausgelesen und vernichtet werden; zur „Aussaat“ darf man nur völlig gesunde Knollen verwenden. – Noch größere Verheerungen kann der *Kartoffelkrebs* anrichten, der gleichfalls durch einen Niederen Pilz (Sýnchytrium endobióticum) verursacht wird und sich heute immer weiter ausbreitet. Die befallenen Knollen erhalten weißliche Wucherungen, schrumpfen und verwandeln sich allmählich in eine schwarze Masse. Seit Jahren bemühen sich unsere Pflanzenzüchter, Kartoffelsorten heranzuziehen, die von Pilzerkrankungen nicht befallen werden. – Ein anderer ebenfalls sehr schädlicher Niederer Pilz ist der *Falsche Rebenmeltau* oder *Blattfallpilz* (Plasmópara vitícola), der in Weinbaugebieten gewöhnlich Peronóspora genannt wird und alle grünen Teile des Weinstocks befallen kann. Die erkrankten Blätter bekommen oberseits erst gelbliche, dann braune Flecken, vertrocknen und fallen samt den Beeren ab. Gegen den Schmarotzer wendet man mit Erfolg Kupferkalkbrühe an. – In die Verwandtschaft des Kartoffelkrebses wird heute auch die *Kohlhernie* (Plasmodióphora brássicae) gestellt. Aus den Pilzsporen entstehen nackte Zellen, die sich wie Wechseltierchen (s. Tierkunde) fortbewegen und in die Wurzelhaare der Kohlpflanzen eindringen. Mehrere Zellen verschmelzen miteinander und befallen die Rindenzellen der Wurzeln. Darauf beginnen diese sich lebhaft zu teilen und erzeugen die kropfartigen Wucherungen, so daß die befallenen Pflanzen verkümmern oder eingehen. Die Krankheit läßt sich dadurch ausrotten, daß man alle Kreuzblütler, die auf dem verseuchten Boden wachsen, verbrennt und dort mehrere Jahre hindurch andere Gewächse anbaut.

Kohlhernie an einer Kohlrübe

Ernteverluste an Kulturpflanzen durch Krankheiten, tierische Schädlinge und Unkräuter in Zahlen

Wie hoch der Schaden ist, den die verschiedensten Pilzarten, ferner bestimmte Bakterien (S. 250) und Viren (S. 255) unseren landwirtschaftlichen Erzeugnissen zufügen, läßt sich an folgenden Zahlen ablesen. In die Übersicht wurden auch die Ernteverluste durch tierische Schädlinge und durch den Wettbewerb der Unkräuter aufgenommen. Durch Insekten allein wird die Welternte um jährlich 20 Milliarden Dollar an Wert vermindert.

Regionale Verteilung der tatsächlichen Ernteerträge und der Ertragsverluste (schraffiert) auf der Welt. Nach Schätzungen 1967.

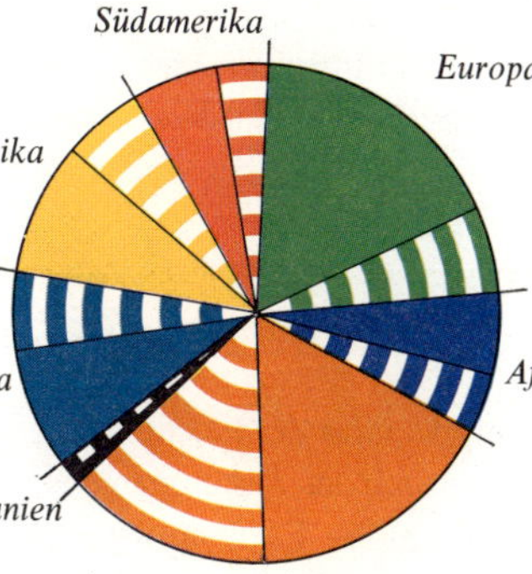

1. Wie erklärt es sich, daß die Ernteverluste nach den Zahlen für die Welternte höher liegen als für Deutschland bzw. Europa (vgl. Getreide, Kartoffel, Obst)?
2. Fertige Schaubilder für einzelne Ernteverluste an (vgl. S. 42 und 84); der Ernteertrag wird = 100 gesetzt.

Das nebenstehende Schaubild zeigt die regionale Verteilung der tatsächlichen Ernteerträge und der geschätzten Ertragsverluste auf der Welt. Die Gesamtverluste der Gesamternte erreichen in den einzelnen Gebieten folgende Prozentzahlen:

Europa bei 25 %
Ozeanien bei 28 %
Nord- und Zentralamerika bei 29 %
Sowjetunion und Volksrepublik China bei 30 %
Südamerika bei 33 %
Afrika bei 42 %
Asien (ohne UdSSR und China) bei 43 %

Geschätzte Verluste in Prozentzahlen (1965)[1]	Tierische Schädlinge %	Krankheiten: Pilze, Bakterien, Viren %	Unkräuter: Konkurrenzschaden %	Gesamtschaden %
Weizenanbau (westeuropäische Länder mit hochentwickelter Landwirtschaft)	3	2	9	14
Roggenanbau (Europa, ohne UdSSR)	2	2	8	12
Weizen, Hafer, Gerste, Roggen (Welternte)	4,9	8,5	9,5	22,9
Kartoffel (beide Teile Deutschlands)	5	22	4	31
Kartoffel (Welternte)	6,5	21,8	4	32,3
Gemüse (Europa)	3,2	3,3	5,7	12,2
Obstbau (Europa)	6,7	8,1	2	16,8
Obstbau (Welternte)	10,2	16,4	4	30,6
Weinbau (Europa)	3	25	10	38
Alle landwirtschaftlichen Erzeugnisse der Welt	14	12	9	35

[1] Aus H. H. Cramer, Pflanzenschutz und Welternte, Pflanzenschutznachrichten Bayer 1967/1.

Das Ausmaß der Verluste läßt sich an folgenden Zahlen noch verdeutlichen: Der Schaden, den z.B. tierische Schädlinge an der Obsternte der Welt anrichten (10,2%) ist gleich der Hälfte der gesamten Obsternte von Nord- und Zentralamerika. Der Schaden an Obst durch Krankheiten (16,4%) entspricht der gesamten Obsternte Asiens. Durch die Konkurrenz der Unkräuter wird der Obstbau um 4% beeinträchtigt; das ist soviel wie die gesamte Obsternte Afrikas. Die Welternte an Kartoffeln erleidet einen Gesamtschaden durch Schädlinge, Krankheiten und Unkräuter in einer Höhe, die der gesamten Kartoffelernte außerhalb Europas einschließlich der Sowjetunion entspricht.

Durch Züchtung widerstandsfähiger Kulturrassen, durch Schädlingsbekämpfungsmittel sowie durch Saatgutreinigung konnte aber auch eine erhebliche Ertragssteigerung erzielt werden. Darauf wurde bereits mehrfach hingewiesen, z.B. bei Kartoffel und Weizen. 1929 wurde in Deutschland beim Weizenanbau noch mit folgenden Verlusten gerechnet:

1929
Schädlinge 6% Krankheiten 8% Unkräuter 10%
Gesamtverlust 24%

Heute sind in den westeuropäischen Ländern mit hochentwickelter Landwirtschaft die Verlustzahlen erheblich gesunken:

1965
Schädlinge 3% Krankheiten 2% Unkräuter 9%
Gesamtverlust 14%

Wandflechte

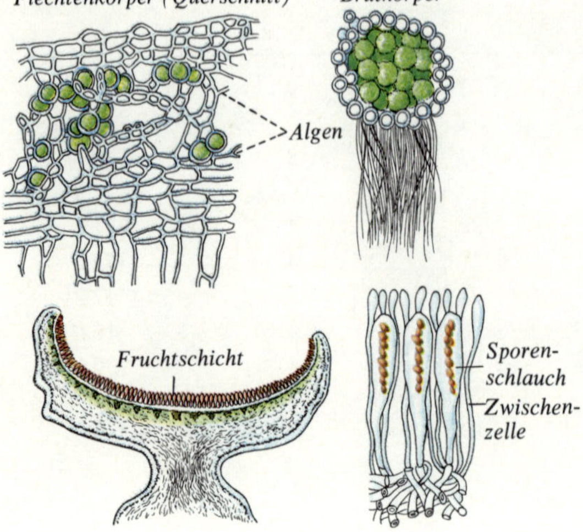

Flechten

Die Wand- oder Schüsselflechte

Die Flechten-Symbiose. Die Wandflechte (Xanthória pariétina) bildet an Baumstämmen und Steinen gelbe, gelappte Massen. Dünne Schnitte durch ihren Körper (Mikroskop!) zeigen, daß dieser aus farblosen *Pilzfäden* besteht, in die zahlreiche grüne, kugelige, einzellige Algen eingelagert sind. Andere Flechten sind ebenso gebaut. Daher werden den Pilzen als besondere Unterklasse die Flechten angeschlossen. Der Pilz entzieht den Algen Nahrungs- und Baustoffe, die er mangels Blattgrün selbst nicht bilden kann. Dafür nimmt er Wasser mit den darin gelösten Nährsalzen auf, die auch der Alge zugute kommen und befestigt die Flechte auf der Unterlage. Pilz und Alge leben also in einer Ernährungsgemeinschaft, einer *Symbiose* (S. 193). Dabei liegt der größere Vorteil bei den Pilzen, die ohne „ihre" Algen nicht lebensfähig sind. Die Algen können, wie Versuche gezeigt haben, selbständig existieren.

Die Doppelnatur der Flechten bringt es aber mit sich, daß erst durch das Zusammenleben von Pilz und Alge die auffallenden Flechtengestalten entstehen. Mehr noch! Erst in dieser Symbiose werden bestimmte Flechtenstoffe erzeugt: z.B. Farbstoffe wie das *Lackmus* von nordafrikanischen Flechten, für die menschliche Ernährung nutzbare Stoffe wie das *Manna* von der Mannaflechte (Lecanóra esculénta) aus den Steppen Nordafrikas und Kleinasiens, schließlich *Heilmittel* gegen Tuberkulose wie das Usnin von Bartflechten.

Die Fortpflanzung. An den Rändern der Wandflechte finden sich häufig Körnchen, die aus einigen, von Pilzfäden umsponnenen Algenzellen bestehen (Mikroskop!). Diese werden leicht verweht und können zu Flechten auswachsen. Sie werden daher *Brutkörperchen* (Sorédien) genannt.

Die Oberfläche der Wandflechte ist mit orangefarbenen Schüsselchen (Apothécien) bedeckt. An dünnen Schnitten sehen wir, daß sie mit einer Sporenschicht ausgekleidet sind, in der – wie bei den Morcheln – zahlreiche Sporenschläuche liegen. Die Schüsselchen sind also die Fruchtkörper des Flechtenpilzes. Die Sporen werden durch den Wind verbreitet und keimen,

ungeschädigt

teils abgestorben

Flechten als Anzeiger für Luftverschmutzung. Eine Rindenflechte (Parmelia) wurde in die Nähe einer Aluminiumhütte gebracht. Bereits nach 48 Tagen war die Flechte zum größten Teil abgestorben.

wenn sie eine Alge treffen, mit der zusammen sie eine neue Flechte bilden können.

Auch bei allen anderen einheimischen Flechten gehört der Flechtenpilz den Schlauchpilzen an.

Andere Flechten

Die Flechten haben im Haushalt der Natur etwa die gleiche Bedeutung wie die Moose (S. 221). Sie sind mit ihnen die ersten Ansiedler auf kahlen Felsen, auf ödem Sand, auf Betonmauern. Die Flechten dringen mit Haftfäden in feinste Ritzen der Steine und Felsen ein, lösen Teile der mineralischen Unterlage auf und bewähren sich als *Vorposten des vordringenden Lebens.* Sie halten angewehten Staub fest, der sich mit Flechtenresten vermischt, so daß neben Moosen schließlich anspruchsvollere Pflanzen ansässig werden können.

Auffällig ist, daß Flechten im Weichbild der größeren Städte völlig fehlen. Sie sind gegen gasförmige Verunreinigungen der Luft hochempfindlich. Heute stellt man den *Grad der Luftverunreinigung* mit Hilfe von Flechten fest. Man bringt Baumstücke mit reichem Flechtenbesatz in die Industriegebiete und beobachtet die Veränderungen und die Schnelligkeit des Absterbens der Flechtenkörper.

An Bäumen und Felsen sowie am Erdboden bilden die Krustenflechten dünne Überzüge. Zu ihnen gehören die *Schriftflechten* (Graphis), deren schwarze, strichartige Fruchtkörper wie Hieroglyphen erscheinen.

Die Laubflechten haben einen laubartigen, gelappten Körper wie die Wandflechte oder die ihr sehr ähnliche, jedoch graue *Rindenflechte* (Parmélia physódes). Sie überziehen die Stämme und stärkeren Zweige der Bäume oft in dicker Schicht. Von Obstbäumen müssen sie gleich den ansitzenden Moosen entfernt werden.

Die Arten mit mehrfach verzweigtem Körper bezeichnet man als Strauchflechten. So hängen z.B. von den Ästen alter Gebirgsbäume die *Bartflechten*

Schriftflechte an einem Baumstamm

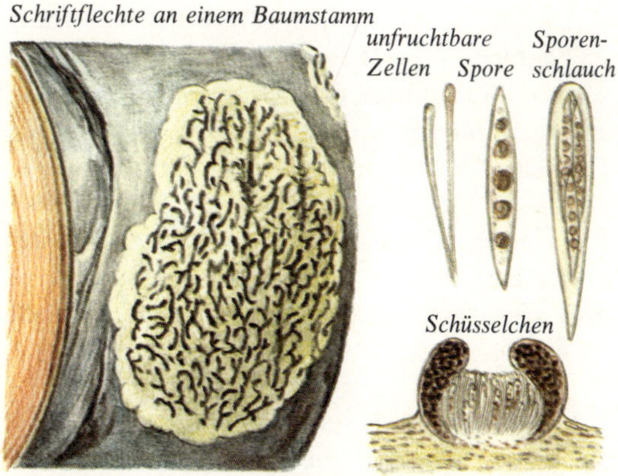

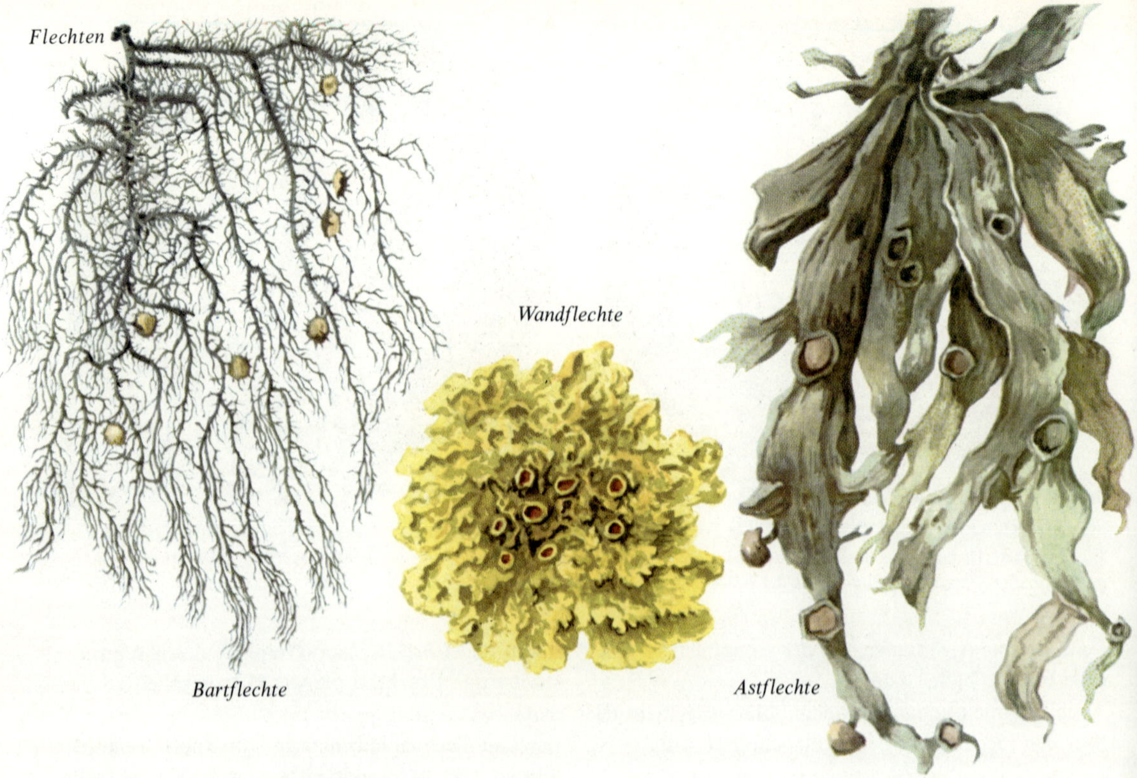

(Usnéa) in langen, bartähnlichen Strähnen herab. Die schildförmigen Gebilde an den Strähnen sind die Fruchtkörper. – An Bäumen, Felsen, Bretterwänden u. dgl. haften die vielgestaltigen *Astflechten* (Ramalína) mit schüsselförmigen, randständigen Fruchtkörpern. – Auf trockenen Heideflächen und am Boden lichter Gebirgswälder wächst das *Isländische Moss* (Cetrária islándica) mit braunen, scheibenförmigen Fruchtkörpern. Abkochungen von ihm lindern den Hustenreiz. – An trockenen Stellen kommen oft Flechten vor, die Becher oder Trichter bilden. Das sind die „Fruchtträger" der *Becherflechten* (Cladónia), und die daran sitzenden braunen oder roten Köpfchen („Korallenflechten") stellen die Fruchtkörper dar. – Zu diesen Flechten zählt auch die *Rentierflechte* (C. rangiferína), die auf trockenem Wald- und Heideboden dichte Polster bildet. In den nordischen Ländern ist sie besonders während des Winters die Nahrung der Rentiere.

1. Untersuche verschiedene Flechten auf ihre Zusammensetzung aus Pilzfäden und Algen.

2. Untersuche auch ihre Fruchtkörper.

3. An welchen Stellen hast du Flechten (und Moose) als „erste Ansiedler" getroffen?

Gliederung der Pilze

Höhere Pilze (Fadenpilze)

Pilzgeflecht vielzellig

Ständerpilze	*Schlauchpilze*
Sporen (meist 4)	Sporen (meist 8)
auf Ständern gebildet	in Schlauchzellen gebildet
(Außensporen)	(Innensporen)

Niedere Pilze

Pilzgeflecht ohne zellige Gliederung

Flechten

Schlauchpilze und Algen bilden eine Ernährungsgemeinschaft

Pilze sind Lagerpflanzen ohne Blattgrün. Sie leben als Schmarotzer, als Moderpflanzen oder bilden eine Symbiose mit Algen (Flechten) oder Blütenpflanzen (Mykorrhiza).

Isländisches Moos Becherflechte Rentierflechte

Schleimpilze

Bau und Lebensweise. Im Sommer können wir nicht selten auf Baumstümpfen und faulenden Pflanzenresten schattiger Wälder quittengelbe, zinnoberrote oder auch weiße Schleimmassen beobachten. Das sind zellwandfreie Plasmaansammlungen, denen das Blattgrün fehlt, die sog. *Plasmodien* von Schleimpilzen. Bei feuchter Witterung kann man feststellen, daß sie sich langsam fortbewegen, indem sie Fortsätze nach Art der Scheinfüßchen der Wechseltiere (vgl. Tierkunde) ausstrecken. In der Schleimmasse vollziehen sich dabei gleichmäßige Strömungsbewegungen. Bei Trockenheit runden sich die Plasmodien ab und umgeben sich mit einer festen Haut. Sobald wieder günstigere Lebensbedingungen eintreten, kehren sie aus dem Ruhezustand in den beweglichen Zustand zurück. Die Plasmodien können faulende Pflanzenreste, aber auch Bakterien aufnehmen und in ihrem Innern (in Nahrungsvakuolen) verdauen.

Im Laufe des Sommers ändert sich die Lebensweise des Schleimpilzes, der sich bis dahin an feuchten, lichtarmen Stellen aufhielt, entscheidend. Das Plasmodium kriecht dem Licht entgegen und gibt seine Beweglichkeit auf. Nunmehr entstehen Sporenbehälter, bei manchen Arten von birn- oder kugelförmiger Gestalt, die sich auf einem Stielchen erheben. Der größte Teil des Plasmas wird zur Sporenbildung verbraucht. Aus den ausgestreuten Sporen schlüpfen begeißelte, nackte Schwärmer, die nach einiger Zeit ihre Geißeln einziehen und sich durch Scheinfüßchen fortbewegen. Je 2 solcher „Myxamöben“ paaren sich

Lebensgang eines Schleimpilzes (*Didýmium*)

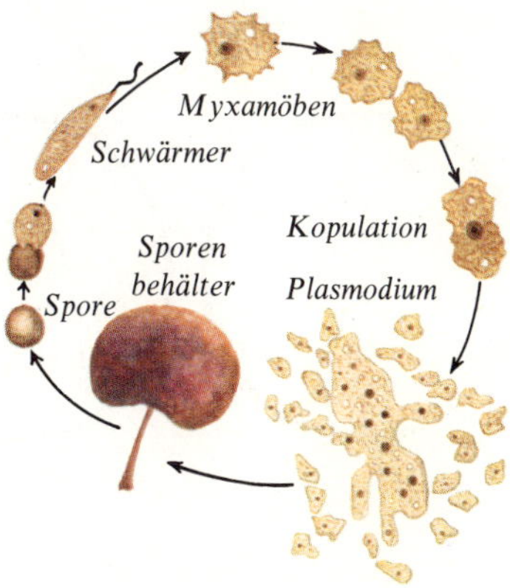

(Kopulation) und vereinigen sich mit anderen Paarlingen wieder zu den Schleimmassen.

Tier oder Pflanze? Somit zeigen die Schleimpilze auf manchen Stufen ihrer Entwicklung tierhafte, auf anderen pflanzenhafte Züge. Mit den Pilzen haben sie den Mangel an Chlorophyll und die Vermehrung durch Sporen gemeinsam, jedoch besteht die Sporenhaut niemals aus Chitin wie bei diesen, sondern aus einem anderen eiweißartigen Stoff, dem Keratin. Auch die Ernährung durch faulende Stoffe erinnert an die Pilze. Anderseits sind die Geißeltier- und Wechseltier-Zustände nur mit einzelligen Tieren zu vergleichen. Die Bildung der zellwandlosen Plasmodien jedoch ist ausschließlich auf den Kreis der Schleimpilze beschränkt. Sie sind eine sehr urtümliche, alte Gruppe, die von manchen Forschern gleich hinter die Blaualgen gestellt wird (S. 230).

Sammle nach einem Regen im Wald Schleimpilze und beobachte die Plasmodien unter dem Mikroskop.

In Gerbereien, die noch natürliche Lohe verwenden, tritt nicht selten die sog. *Lohblüte* (Fúligo várians) auf, die ausgedehnte gelbe Plasmamassen bilden kann.

Bakterien

Als der holländische Naturforscher A. van Leeuwenhoek (spr. Leewenhuck) im Jahre 1685 etwas vom Belag seiner Zähne in einem Tropfen Wasser verteilte und mit seinem sehr einfachen Mikroskop untersuchte, beobachtete er viele sehr kleine Lebewesen. Da sich einige lebhaft bewegten, hielt er sie für Tierchen. Er hatte jedoch die Bakterien entdeckt. Wir können den Versuch Leeuwenhoeks mit Hilfe unserer leistungsfähigen Mikroskope leicht wiederholen.

Bau und Leben der Bakterien. Bakterien sind die kleinsten Lebewesen, die wir kennen; erreichen doch viele von ihnen noch nicht einmal eine Länge von 0,001 mm. Ihr Körper wird nur von einer einzigen Zelle gebildet, die weder einen abgrenzbaren Zellkern, noch Blattgrünkörner hat. Sie weist die Gestalt einer Kugel (Kokken), eines Stäbchens (Bazillen) auf oder ist mehr oder weniger gekrümmt oder auch korkzieherartig gewunden (Spirillen). Während viele Bakterien unbeweglich sind, erhalten andere durch fadenförmige Geißeln die Fähigkeit, Schwingungen, Drehungen oder andere Bewegungen auszuführen.

Bakterien, auf verschiedene Weise gefärbt. So werden sie sichtbar gemacht und lassen sich unterscheiden.

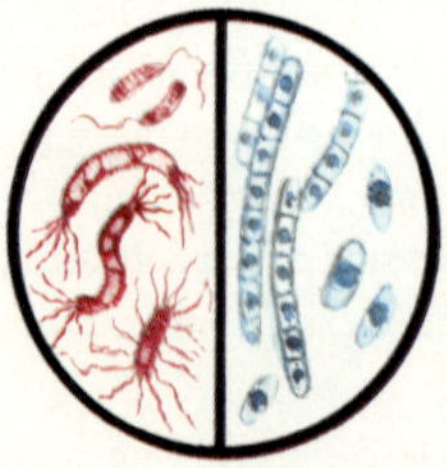

begeißelt fädlich und sporenbildend

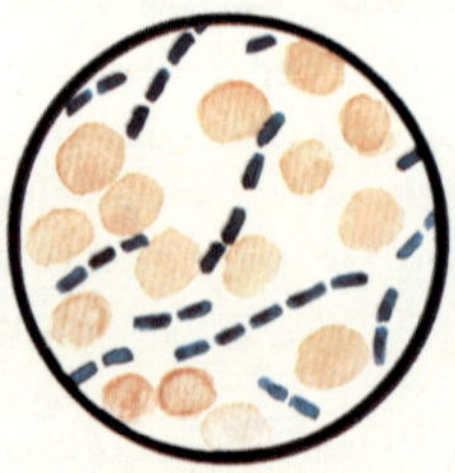

Milzbrand

Typhus

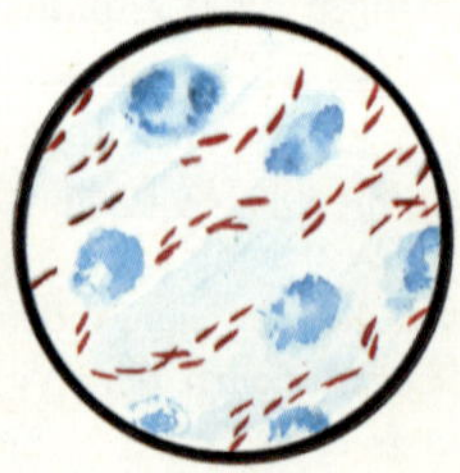

Tuberkulose

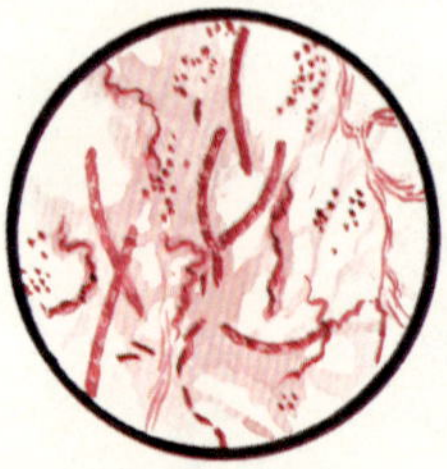

Bakterien der Mundschleimhaut

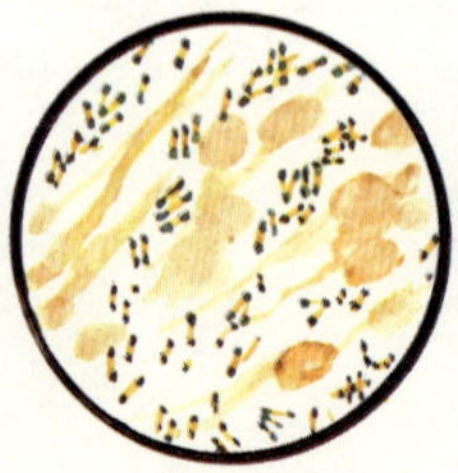

Diphtherie

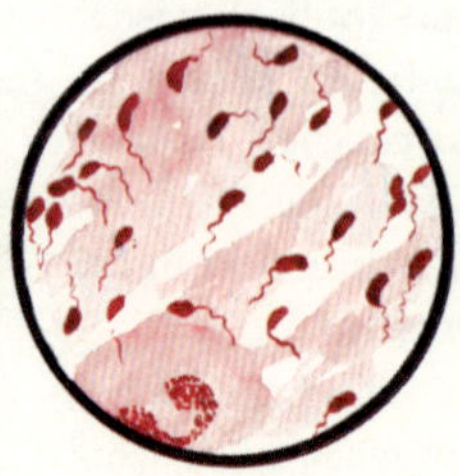

Cholera

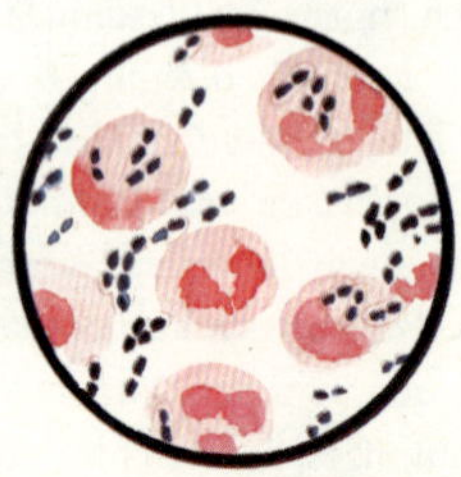

Lungenentzündung

Einige Bakterien bilden lose zusammenhängende Fäden; die einzelnen Zellen behalten aber ihre Selbständigkeit.

Bei günstiger Temperatur und geeigneter Ernährung vermehren sich die Bakterien außerordentlich schnell, indem sie sich etwa alle 20 Minuten teilen. Diesen Vorgang bezeichnet man bei kernlosen Lebewesen als *Spaltung;* daher werden die Bakterien auch als *Spaltpilze* bezeichnet. Geht den Bakterien die Nahrung aus oder verdunstet die Flüssigkeit, in der sie leben, so verdichtet sich bei manchen Arten der Inhalt der Zelle zu einer *Spore.* Findet diese nach einiger Zeit günstige Lebensbedingungen, dann geht aus ihr wieder ein Bakterium hervor. Zahlreiche Arten können aber auch vollständig austrocknen, ohne Sporen zu bilden. Die Zellen werden verweht und schweben als unsichtbarer Staub in der Luft, der sich überall absetzt. Die „Keime" der Bakterien sind allgegenwärtig. In München hat man z.B. mehr als 500 „Keime" je cm^3 Luft gemessen.

Tätigkeit der Bakterien. Da die meisten Bakterien kein Blattgrün haben, sind sie in der Regel wie die Pilze auf organische Nahrung angewiesen (S. 232). Sie finden sich auf und in faulenden Tier- oder Pflanzenstoffen (Fäulnisbewohner oder Saprophyten), in gärenden Stoffen (Gärungserreger) und in lebenden Wesen (Schmarotzer oder Parasiten). Aber auch manche künstlich hergestellten Stoffe, sog. synthetische Stoffe, die überhaupt noch nicht in der Natur vorgekommen sind, können von Bakterien angegriffen werden. Das hat sich z.B. an Kabelisolierungen gezeigt. Schließlich leben zahlreiche Bakterien in einer Ernährungsgemeinschaft (Symbiose).

Bei ihren Lebenstätigkeiten sind viele Bakterien auf den Sauerstoff der Luft angewiesen. Sie sind *aërob.* Dahin gehören z.B. die Essigbakterien (s. unten). Anderen Bakterien dagegen ist der Sauerstoff schädlich. Sie gedeihen nur unter Luftabschluß. Man nennt sie *anaërob.* Dazu zählen die Milchsäurebakterien (s. unten), aber auch so gefährliche Erreger wie der der Fleischvergiftung (Botulínus, S. 254) und der des Wundstarrkrampfes.

1. Eigenständige Bakterien. Einige Bakterienarten sind imstande, die benötigten organischen Stoffe selbst aufzubauen. Besondere Erwähnung verdienen die Salpeterbakterien des Bodens (s. unten). Bei ihnen treten besondere chemische Vorgänge *(Chemosynthese)* an die Stelle der Assimilation, die mit Hilfe des Blattgrüns und des Sonnenlichts abläuft.

2. Fäulniserreger. Die Fäulnisbewohner unter den Bakterien sind weit mehr als nur Bewohner faulender Stoffe. Das zeigt folgender Versuch: Wir legen in 2 Glaskolben mit etwas Wasser einige Fleisch- oder Kartoffelstückchen. Der Inhalt des einen Kolbens bleibt unverändert, der des anderen wird längere Zeit gekocht. Dadurch werden in diesem die Bakterien oder Keime getötet; denn sie sterben – abgesehen von gewissen Sporen – bei Siedehitze ab. Kurz bevor wir das Kochen einstellen, verschließen wir den Kolben durch einen Wattebausch, den wir unmittelbar vorher über einer Flamme abgesengt haben. Während der Inhalt des 1. Kolbens bald in Fäulnis übergeht, bleibt der des 2. unverändert. Nehmen wir aber für kurze Zeit den Wattebausch ab, so daß Bakterien oder deren Sporen aus der Luft in den Kolben gelangen können, dann tritt in ihm bald Fäulnis ein. Die Bakterien sind also die *Erreger der Fäulnis.*

Ohne die fäulniserregenden Bakterien würden ungezählte Millionen von Tier- und Pflanzenleichen den Erdboden bedecken und alle Gewässer damit erfüllt sein. Pflanzen könnten nicht mehr wachsen, und mit

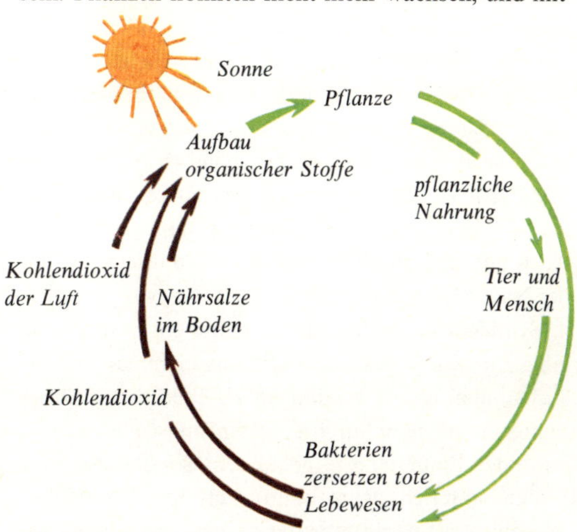

Tätigkeit der Bakterien im Kreislauf der Stoffe in der Natur

dem Pflanzenleben wäre das Tier- und Menschenleben längst erloschen. Durch die Fäulnis werden die toten Organismen abgebaut, so daß schließlich nur erdige Stoffe übrigbleiben. Diese dienen wiederum grünen Pflanzen als Nährstoffe. Bei diesem Zersetzungsvorgang wird auch Kohlendioxid frei, das an die Luft abgegeben wird und auf diese Weise von grünen Pflanzen wiederum zur Assimilation verwendet werden kann. Die Bakterien ermöglichen es somit, daß sich ständig neue Lebewesen entwickeln können. Sie bewirken einen dauernden *Kreislauf der Stoffe* in der Natur.

Bei diesem Kreislauf kommt den *Salpeterbakterien* eine besondere Bedeutung zu. Sie sind zwar am Fäulnisvorgang nicht unmittelbar beteiligt, wandeln aber das bei der Fäulnis entstandene giftige stickstoffhaltige Abbauprodukt Ammoniak in wasserlösliche Stickstoffverbindungen (Salpeter) um. Diese können von den Wurzelhaaren der Pflanzen aufgenommen und für die Bildung von Eiweiß verwendet werden. Die Tätigkeit der Salpeterbakterien macht somit auch den natürlichen Dünger (Stallmist, Jauche) erst voll verwertbar.

3. Gärungserreger. Läßt man Bier oder Wein in weiten, offenen Gefäßen einige Zeit stehen, dann wird die Flüssigkeit sauer. Ihr Alkohol ist zu Essig geworden. Die Umwandlung, als Essig-Gärung bezeichnet, wird von den Essigbakterien hervorgerufen. Milchsäurebakterien wandeln Kohl in Sauerkraut um und bewirken das Säuern der Gurken und des Grünfutters. Am Sauerwerden frischer Milch sind mehrere Bakterienstämme beteiligt; hier wird Milchzucker zu Milchsäure vergoren. Andere Gärungsbakterien lösen die Bastfasern des Flachses und anderer Gespinstpflanzen aus dem festen Zellverband (s. Flachsröste, S. 99). Tabak, Kakao und Tee verdanken bakteriellen Abbauvorgängen ihren Duft und Wohlgeschmack. Auch entsteht durch bestimmte Gärungserreger bei der Nachgärung die „Blume“ des Weines.

4. Symbionten. Verschiedene Bakterienstämme sind fähig, *Stickstoff aus der Luft* aufzunehmen und in stickstoffhaltige Verbindungen zu überführen. Diese Fähigkeit ist aber an die Ernährungsgemeinschaft mit einer Blütenpflanze gebunden. So sind die sog. Wurzelbakterien (Rhizóbium) stets mit Schmetterlingsblütlern vergesellschaftet und erzeugen an deren Wurzeln Knöllchen (S. 87). Sie entnehmen der Wirtspflanze organische Nährstoffe, z. B. Stärke, vermehren sich in den Wurzelzellen stark und werden schließlich zu einem Teil von der Wirtspflanze verdaut. So erhält diese wertvolle, eiweißreiche Nahrung. Ähnlich verhält es sich mit einigen zu den Strahlenpilzen gehörigen Bakterien (Actinomycéten), die an den Wurzeln von Erlen und dem Sumpfporst (Myríca gale) Knollenbildungen hervorrufen.

5. Schmarotzer. Zahlreiche Bakterien sind gefährliche Schmarotzer. Sie oder ihre Sporen dringen in den Körper des Menschen, der Tiere oder der Pflanzen ein, vermehren sich dort oft außerordentlich schnell und rufen Erkrankungen, ja vielfach den Tod hervor.

Bakterienerkrankungen an Pflanzen sollen hier nur beiläufig erwähnt werden, da sie nicht so verheerend auftreten wie bei Tier und Mensch. So können Kulturpflanzen wie die Kartoffeln, Tomaten und Gemüsepflanzen befallen werden.

Bakterien sind als Erreger ansteckender Krankheiten *(Infektionskrankheiten)* besonders gefürchtet: Von kranken Menschen z. B. können die Erreger auf gesunde übertragen werden, die dann ebenfalls erkranken. Auch gewisse Bakterien, die Tiere befallen, können den Menschen infizieren. Dahin gehört der Milzbrand-Bazillus, der von Robert Koch 1876 entdeckt wurde.

Einige bakterielle Erkrankungen seien hier genannt: Tuberkulose, Typhus, Diphtherie, Lungenentzündung. Cholera und Pest, heute noch in Ostasien

Erlenwurzeln mit Knöllchen, die von einem Strahlenpilz verursacht sind, der Luftstickstoff bindet.

verbreitet, haben in früheren Jahrhunderten auch Europa heimgesucht. Unsere Haustiere werden vom Rotlauf der Schweine, von der Rinderpest und dem Milzbrand befallen.

Ein Bakterium aus der Ordnung der Strahlenpilze (Actinomýces bovis) wird von erkrankten Rindern, aber auch durch Sporen, die an Grashalmen und Getreideähren haften, auf den Menschen übertragen. Darum ist es gefährlich, Gräser in den Mund zu nehmen (S. 187).

Andere Strahlenpilze (Streptomýces) liefern uns aber auch *wichtige Heilmittel im Kampf gegen schädliche Bakterien.* Dazu gehören das Streptomycin, das Aureomycin u. a. Solche, von Kleinlebewesen gewonnenen Heilmittel werden als *Antibiotika* bezeichnet. Dazu rechnet auch das Penicillin (S. 241).

Impfschutz. Worauf beruht die schädliche Wirkung der Krankheitserreger unter den Bakterien? Sie schädigen Zellen und Gewebe durch Stoffe, die bei ihren Lebenstätigkeiten entstehen. Diese wirken als Gifte *(Toxine)*, gegen die der Körper Gegengifte *(Antitoxine)* erzeugt. Alljährlich erkranken Menschen z. B. an Typhus, der durch Salmonélla typhi hervorgerufen wird. Die Erreger dringen mit verunreinigten Nahrungsmitteln oder infizierter Milch in den Magen-Darmkanal ein. Es entsteht eine lebensgefährliche, mehrwöchige Erkrankung, die den ganzen Körper in Mitleidenschaft zieht. Der Körper setzt sich zur Wehr, indem er Schutzstoffe (Antitoxine) erzeugt. Werden diese ausreichend gebildet, dann erfolgt die Gesundung, und der Schutz gegen eine erneute Erkrankung bleibt für längere Zeit bestehen. Der Mensch ist unempfänglich *(immun)* geworden.

Bereits Ende des 18. Jahrhunderts entdeckte der englische Arzt Jenner, daß Menschen, die an den harmlosen Kuhpocken erkrankten, gegen die gefährlichen Menschenpocken immun waren. Überträgt man Erreger der Kuhpocken auf den Menschen, dann macht dieser eine leichte Pockenerkrankung durch. Dabei werden Antitoxine gebildet, die gegen Menschenpokken schützen.

Auf ähnliche Weise werden heute auch gegen andere Krankheiten vorbeugend Impfungen vorgenommen, wobei man abgetötete oder weitgehend entgiftete Erreger verwendet. Man spricht von *aktiver Schutzimpfung*, weil im Körper des Impflings selbst Antitoxine erzeugt werden. Diese verbleiben unter Umständen jahrelang im Körper. Aktive Schutzimpfungen wendet man z. B. gegen Tollwut, Wundstarrkrampf, Typhus, Cholera, Pocken, Keuchhusten, Kinderlähmung an.

Ist aber bereits eine Krankheit aufgetreten, dann wird mit einem Serum – das ist Blutflüssigkeit, die frei von Blutkörpern ist – geimpft, das bereits Schutzstoffe enthält. Der deutsche Arzt Emil Behring hat 1893 erstmalig solches Heilserum gegen die Diphtherie verwendet. Heute gewinnt man das Serum von Tieren, die durch künstliche Ansteckung bereits Schutzstoffe entwickelt haben. Diese *passive Immunisierung* wirkt zwar sofort, hält aber nur wenige Wochen an.

Unser Verhalten gegenüber den Bakterien. Bakterien, die uns wichtige Dienste leisten, bringen wir in Lebensbedingungen, unter denen sie sich schnell vermehren. Die meisten gedeihen bei einer Temperatur von 25 – 30° C am besten. Deshalb stellen wir z. B. Milch, die schnell sauer werden soll, in einen warmen Raum. Die uns schädlichen Bakterien suchen wir fernzuhalten oder zu vernichten.

Vor den Keimen schädlicher Bakterien schützen wir uns durch *größte Reinlichkeit.* Den Umgang mit Menschen, die an einer ansteckenden Krankheit leiden, soll man vermeiden, sofern man die Kranken nicht selbst zu pflegen hat.

Wie wir gesehen haben, sterben die Bakterien bei Siedehitze ab. Lebensmittel werden durch längeres Kochen und durch sorgfältiges Verschließen der Gefäße konserviert. Stoffe oder Gefäße, die wir völlig keimfrei gemacht haben, sind *sterilisiert.*

Die Sporen einiger Bakterien-Arten werden durch Siedehitze nicht abgetötet. In einem solchen Fall muß man auf mehr als 100° C erhitzen oder aber das Kochen in Abständen von 24 Stunden mehrmals wiederholen. Dann werden die inzwischen aus den Sporen gekeimten Bakterien sicher getötet.

Beim Kochen von Fruchtsäften werden die vorhandenen Vitamine, die für uns lebenswichtig sind, zu einem Teil zerstört. Erhitzt man aber 15 Minuten lang bei 60 – 70° C, dann bleiben die Vitame erhalten; die Bakterien aber werden weitgehend abgetötet. Das Verfahren wird mehrmals wiederholt, um auch frisch gekeimte Bakterien zu vernichten. Die Flüssigkeit wird steril und hält sich monatelang. Dieses Verfahren heißt nach dem berühmten Bakterienforscher

Louis Pasteur (gestorben 1895 in Paris) *pasteurisieren.*

Der Genuß von ungenügend sterilisierten Fleisch- und Gemüsekonserven kann durch Bakterieninfektion zu schweren Erkrankungen, ja zum Tode führen. Verdächtig sind alle aufgetriebenen Blechbüchsen und alle Einmachgläser, deren Deckel nicht mehr fest schließen. Vor allem ist bei Konserven von Fleisch, Bohnen, Erbsen und Spargel die größte Vorsicht geboten.

Kühlt man einen faulenden Stoff stark ab, so hört die Fäulnis bei einer Temperatur von etwa $+5°$ C auf; denn bei dieser Temperatur stellen die meisten Bakterien ihre Lebenstätigkeiten ein. Deshalb setzt man besonders Fleischwaren der *Kälte* aus (Kühlschrank, Tiefkühlung). Getötet werden jedoch die Bakterien selbst durch die größte Kälte nicht. – Bakterien brauchen ferner wie alle Pflanzen Wasser zum Leben. *Trocknen* und *Dörren* sind daher andere Wege zum Konservieren (Backobst, Stockfisch, getrocknetes Fleisch usw.).

Bringen wir in Wasser, in dem Pflanzenteile faulen, etwas Karbolsäure, so hört die Fäulnis bald auf. Karbolsäure tötet Bakterien ab. Bakterien wirken fäulniserregend oder septisch, Karbolsäure und andere Stoffe *fäulniswidrig* oder *antiseptisch.* Fäulniswidrig wirken auch starke Salzlösungen (Einpökeln von Fleisch, Fischen usw.), starke Zuckerlösungen (Einkochen von Früchten), Essig (Einlegen von Gurken) und Holzrauch (Rauchfleisch).

Als der Mensch in den Bakterien die Erreger von Krankheiten erkannte, lernte er auch viele der durch sie bewirkten Ansteckungen oder Infektionen verhüten, besonders die Wundinfektionen. Wunden können mit *antiseptischen*[1] Mitteln wie Jodtinktur, Wasserstoffperoxid u.a. keimfrei gemacht werden. Bei Operationen geht man heute *aseptisch*[1] vor, d.h. man such jede Infektion[2] der Operationswunde von vornherein zu verhindern. Deshalb wäscht der Arzt, bevor er eine Wunde berührt, sorgfältig die Hände, trägt keimfreie Kleidung und verwendet nur Verbandsstoffe oder Instrumente, die vorher durch eine gründliche Desinfektion[2] keimfrei (steril[3]) gemacht worden sind. Für die erste Hilfe bei Unglücksfällen gilt, daß Wunden niemals berührt werden dürfen. Sie sind lediglich mit sterilem Verbandsmaterial abzudecken. Alles andere ist dem Arzt zu überlassen. – Desinfektionsmittel wendet man auch an, um die Entstehung übelriechender Gase zu verhindern, die sich bei Fäulnis bilden (z. B. in Toiletten).

Bakterientötend wirken endlich die *Sonnenstrahlen.* Unsere Wohn- und Schlafräume sollten daher möglichst so liegen, daß die Sonnenstrahlen ungehindert einfallen können.

Gewässerschutz und Bakterien. Das Trinkwasser unserer Ortschaften entstammt Quellen, Flüssen und Seen oder Brunnen. Leider verschmutzen die Gewässer durch Abwässer aus der Industrie und den Haushalten, und zwar in solchem Maße, daß eine *natürliche Selbstreinigung*, wie sie vom Plankton und anderen Lebewesen besorgt wird, nicht mehr ausreicht. In modernen Kläranlagen werden daher die Abwässer von Verunreinigungen befreit, ehe man sie den Flüssen zuleitet. Mittelbar sind Bakterien auch an der Reinigung beteiligt. Im Klärschlamm entfalten anaerobe und aerobe Bakterien ihre Tätigkeit und machen aus dem Schlamm ein wertvolles Düngemittel (Biohum).

Aus schadhaften Kanalanlagen können Fäkalien ins Grundwasser eindringen. Dem Grundwasser wird aber meist das Trinkwasser entnommen. So sind schon Krankheitserreger, z. B. Typhusbakterien, ins Trinkwasser gelangt und haben Typhusepidemien ausgelöst. Darum wird von neuzeitlichen Wasserwerken nur sorgfältig gereinigtes Grundwasser als Trinkwasser abgegeben. Treibstoff- bzw. Heizölrückstände können aus dem Grundwasser noch nicht abgefiltert werden. Daher wird der Einbau von Heizöl- und Treibstofftanks gesetzlich überwacht.

Züchtung von Bakterien. Will man feststellen, ob in einem Nahrungsmittel Bakterien enthalten sind, dann stellt man einen Nährboden her, auf dem Bakterien gut gedeihen. In heißem Wasser (100 cm^3) wird farblose Gelatine (10 g) oder Agar (S. 230) mit etwas gekörnter Fleischbrühe und Traubenzucker (je 0,5 g) aufgelöst. Unter Umrühren fügt man der Lösung nach und nach Natriumhydrogenkarbonatlösung ($NaHCO_3$) hinzu, bis ein Streifen roten Lackmuspapiers sich schwach blau färbt. Die Nährlösung wird 10 Minuten lang und an den beiden folgenden Tagen nochmals gekocht, damit die Nährlösung wirk-

[1] Sepsis, Fäulnis; anti-, entgegen; a- verneinende Vorsilbe.
[2] Von inficere, anstecken; des- verneinende Vorsilbe.
[3] stérilis, unfruchtbar.

lich keimfrei ist. Dann gießt man sie in Petrischalen aus, solange sie noch warm ist. Sie soll eine Schicht von nicht mehr als $^1/_4 - ^1/_2$ cm Höhe bilden. Ebenfalls füllt man je 10 cm^3 in Reagenzgläser ab. Petrischalen und Reagenzgläser müssen vorher im Wärmeschrank 2 Stunden lang bei 160° sterilisiert worden sein. Die Reagenzgläser werden mit einem abgesengten Wattepfropfen sorgfältig verschlossen.

Von einer abgekühlten Petrischale nimmt man für einen Augenblick den Deckel ab und schließt sie bald wieder. In den nächsten Tagen kann man dann beobachten, wie sich auf ihr Bakterien aus der Luft ansiedeln. Eine andere Schale wird mit einem Geldschein oder einem ungewaschenen Finger berührt. In einzelne Reagenzgläser gibt man kleinste Proben verdächtiger Nahrungsmittel, etwa von faulendem Obst oder von verdorbenem Brot und sieht zu, ob sich Bakterienkolonien entwickeln. Am besten gedeihen die Kulturen im Wärmeschrank bei 30° C. Die Bakterienkeime vermehren sich in dem Nährboden so stark, daß deutlich sichtbare, oft verschiedengefärbte Kolonien entstehen.

Überträgt man mit einer ausgeglühten Platinnadel Spuren dieser Kolonien gesondert auf sterile Nährböden, dann erhält man Kulturen von jeweils nur einer Bakterienart, sog. *Reinkulturen.*

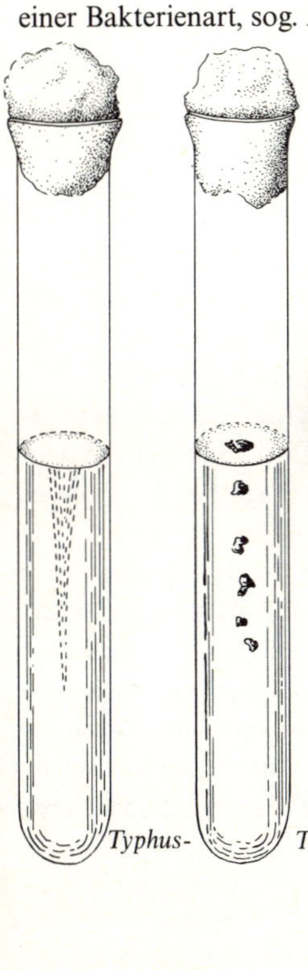

Bakterien-Reinkulturen

Typhus- Tuberkel-Bazillen

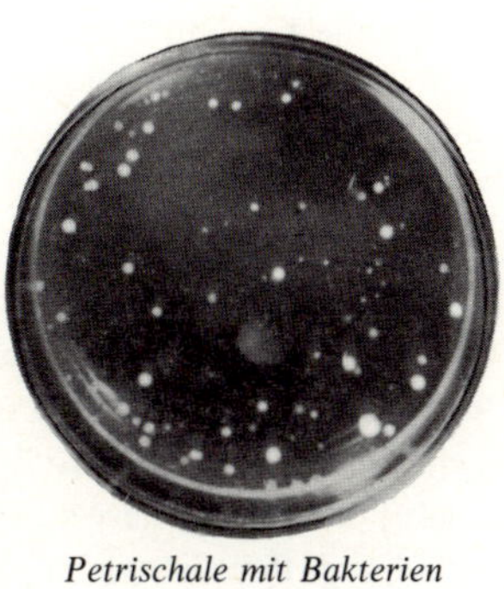

Petrischale mit Bakterien aus einem Tropfen Abwasser

1. Lege auf einen Teller angefeuchtete Scheiben von Brot oder von gekochten Kartoffeln, stülpe eine Glasglocke darüber, und verfolge die Entwicklung der entstehenden Schimmel- und Bakterienkolonien.

2. Wiederhole den 1. Versuch, indem du „sterilisierte" Kartoffelscheiben in einer belebten Straße oder im Schulzimmer und andere im Innern eines Waldes gleich lange der Luft aussetzt.

3. Nimm zwei mit Schimmel- und Bakterienkolonien bedeckte Brotstücke, überdecke das eine mit einer Glasglocke, das andere mit einem undurchsichtigen Gefäß und stelle beide in die Sonne. Welchen Einfluß üben die Sonnenstrahlen aus?

Viren

Um die Jahrhundertwende suchten mehrere Forscher nach dem Erreger einer Erkrankung der Tabakpflanze, der Mosaikkrankheit. Die Blätter solcher Pflanzen sind mit einem Mosaik heller Flecken übersät und werden dadurch minderwertig. Die Forscher konnten weder tierische noch pflanzliche Erreger nachweisen, so wie man z. B. Einzeller als Erreger der Schlafkrankheit oder Bakterien als Erreger der Cholera oder des Typhus nachgewiesen hatte. Auch stellte man Preßsaft aus kranken Pflanzen her und saugte ihn durch feinste Filter, die Bakterien zurückhalten würden. Rieb man aber gesunde Blätter mit dem gefilterten Saft ein, dann wurden die gesunden Pflanzen ebenfalls mosaikkrank. Aus dem Preßsaft ließen sich auch winzige Kristalle gewinnen. Löst man eine kleine Menge solcher Kriställchen in Wasser, dann ist diese Lösung ebenso ansteckend wie der Preßsaft aus kranken Pflanzen. Durch die Substanz der Kristalle muß also die Mosaikkrankheit hervorgerufen worden sein.

Heute kennt man eine ganze Anzahl von krankmachenden Stoffen, die man Viren genannt hat (Einzahl: das Virus, d. h. Giftstoff). Bei weitem nicht alle sind als Kristalle gewonnen worden. Sie lassen sich aber – 100000fach vergrößert – mit Hilfe des Elektronenmikroskops sichtbar machen. Sie sind so klein, daß sie in einem Lichtmikroskop nicht nachgewiesen werden können. Ihre Größe reicht von

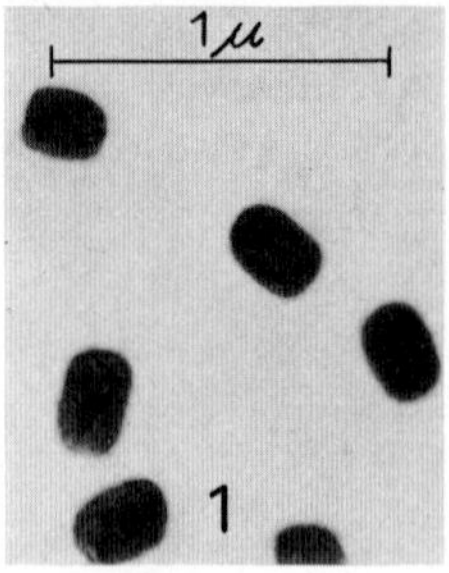

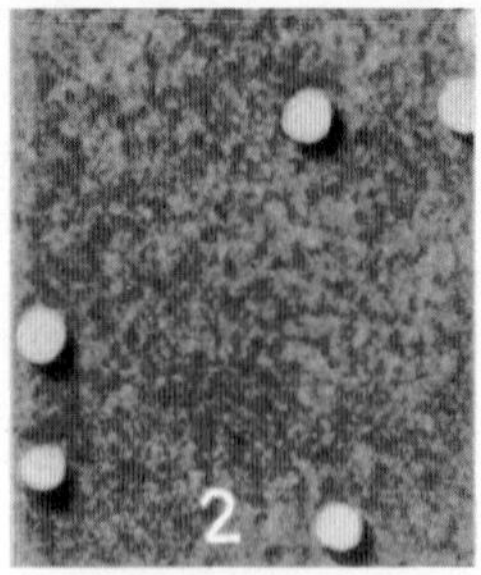

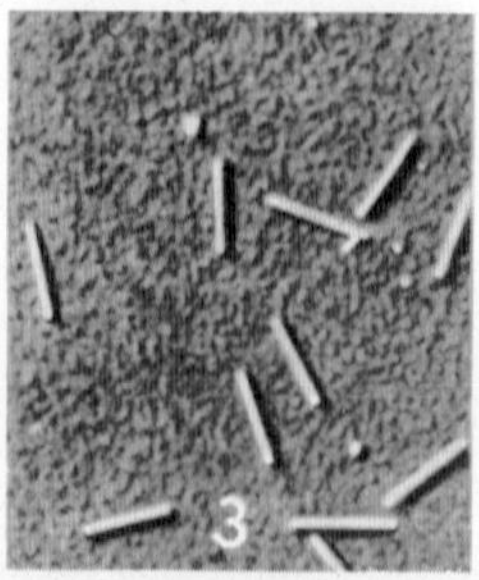

Viruskörper bei gleicher Vergrößerung aufgenommen (1 μ = $^1/_{1000}$ mm).
1 Pockenerreger,
2 Grippeerreger,
3 Erreger der Tabakmosaikerkrankung

10–250 Millionstel Millimeter. Auch kann man sie durch ihre Form unterscheiden, die z.B. quader-, kugel- oder stäbchenförmig ist. Gemeinsam ist allen, daß sie auf künstlichen Nährböden, auf denen z.B. Bakterien gedeihen, nicht gezüchtet werden können. In lebenden pflanzlichen und tierischen Geweben aber, z.B. lebenden Hühnerkeimlingen, gedeihen sie vorzüglich. Gewisse Formen, die Bakteriophagen, d.h. Bakterienfresser, lassen sich sogar bequem in Bakterienkolonien züchten.

Der Name Virus könnte zu der Annahme verleiten, daß Viren immer Krankheiten hervorrufen. Das ist aber nicht bei allen Viren der Fall. Es sind Formen bekannt, die in Pflanzen oder Tieren vorkommen, ohne diese zu schädigen. Das Interesse der Forscher richtet sich vor allem auf die Formen, die Krankheiten verursachen. Viren können die Ursache harmloser Erkrankungen, aber auch gefährlicher Seuchen sein: beim Menschen rufen sie hervor: Schnupfen, Masern, Grippe, Pocken, Kinderlähmung, Pest; bei Tieren Maul- und Klauenseuche, Tollwut, Geflügelpest, Papageienkrankheit; bei Pflanzen Mosaikkrankheit, Blattrollkrankheit, Vergilbungskrankheit. Etwa ein Sechstel der Kartoffelerträge geht durch Viruserkrankungen verloren.

Viren bestehen nicht aus Zellen. Sie können weder atmen, noch zeigen sie einen Stoffwechsel. Man darf sie daher nicht als Lebewesen bezeichnen. Die oft explosionsartige Überschwemmung eines Körpers mit Viren nach einer Ansteckung beruht auf einem Vorgang, der sich von der Vermehrung der Lebewesen grundlegend unterscheidet. Am Tabakmosaikvirus hat man festgestellt, daß das Virus durch Verletzungen der Blattoberhaut in die Zellen gelangt. Der Kern der befallenen Zelle bildet dann mit Hilfe des Zellplasmas neue Viren aus, wobei die Zelle selbst schwer geschädigt wird und oft zugrunde geht.

Wie schützt man sich gegen Viruserkrankungen? Da sie ansteckend sind, ist vor allem größte Reinlichkeit geboten. Gegen eine Reihe gefährlicher Viruserkrankungen sind Impfstoffe entwickelt worden. Das gilt auch für die gefürchtete Kinderlähmung, die besonders in den Sommermonaten beobachtet wird und seuchenartig auftreten kann. Um einer Massenausbreitung vorzubeugen, ist die „Schluckimpfung" eingeführt worden. Der Impfstoff wird auf Zuckerstückchen oder in Zuckerwasser gegeben. So kann er leicht auch von Kleinkindern eingenommen werden.

Das System der Pflanzen

Stufenfolge. In dem Reich der Pflanzen läßt sich eine Stufenfolge aufstellen. Sie beginnt bei den einzelligen und zellkernlosen Bakterien und Blaugrünen Algen. Weit stärker gegliedert, oft mehrzellig, sind die Pilze und die Algen. Sie stehen auf einer höheren Entwicklungsstufe. Ein Schritt weiter führt zu den Moosen und Farnpflanzen, bei denen bereits Sprosse vorkommen, und bei den Farnpflanzen zudem Wurzeln. Sprosse und Wurzeln zeigen auch die Blütenpflanzen. Als Neuerwerbung finden wir bei ihnen noch Blüten und Samen. Wir nennen sie darum die höchstentwickelten Pflanzen. Vergleiche, wie sie hier durchgeführt wurden, haben zur Aufstellung des *Systems der Pflanzen* geführt (vgl. Übersicht S. 257 u. 258).

Eine Stufenfolge, wie wir sie für die Pflanzen nach dem Grade ihrer Entwicklungshöhe aufgestellt haben, gibt es auch bei den ausgestorbenen Pflanzen. Von der Urzeit der Erde an bis zur Gegenwart haben die Pflanzen eine Entwicklung von einfachen Algen bis zu hochentwickelten Blütenpflanzen durchgemacht. Von dieser *Stammesgeschichte* werden wir noch hören (S. 294).

Das Pflanzenreich in einer Übersicht

Zellkernlose Pflanzen *(Procaryóta)*. Abgrenzbarer Zellkern fehlt

Abteilung Bakterien *(Bacteriophýta)*
Einzeller und fädliche Zusammenschlüsse, ohne Chlorophyllkörper

Abteilung Blaualgen *(Cyanophýta)*
Blattgrün und blauer Farbstoff nicht an echte Farbstoffkörper gebunden

Pflanzen mit echtem Zellkern *(Eucaryóta)*

Abteilung
Echte Algen
(Phycophyta)
Lagerpflanzen
mit Blattgrün

Unterabteilung Augengeißelalgen *(Euglenophýta)*
auch als Ordnung der Geißelalgen *(Flagellátae)* aufgefaßt – Einzeller, begeißelt, Blattgrünkörper, Augenfleck

Unterabteilung
Grünalgen
(Chlorophýta)
Blattgrünkörper
stärkebildend

Klasse
Eigentliche Grünalgen
(Chlorophýceae)

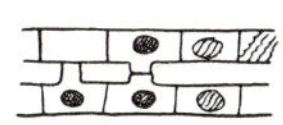

Ordnung
Kraushaaralgen
(Ulotricháles)

Ordnung
Jochalgen
(Conjugáles)

Klasse Armleuchteralgen *(Charophýceae)*

Unterabteilung
Gelbalgen
(Chrysophýta)
Blattgrünkörper
statt Stärke,
Öl bildend

Klasse Kieselalgen
(Bacillariophýceae-Diatoméae)
Schalen kieselhaltig, brauner Farbstoffträger,
einzellig oder koloniebildend

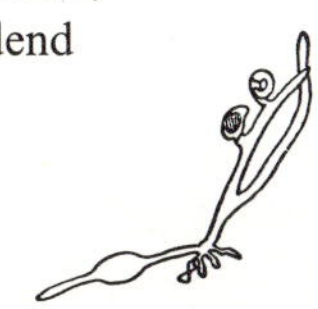

Klasse Verschiedengeißler
(Heterocóntae)
Blattgrünkörper gelb bis grün,
bewegliche Keimzellen
mit 2 ungleichen Geißeln

Ordnung
Schlauchalgen
(Heterosiphonáles)
einzellig,
vielkernig

Unterabteilung Braunalgen *(Phaeophýta)*
Brauner Farbstoff neben Chlorophyll, reich gegliedert, groß, oft Generationswechsel

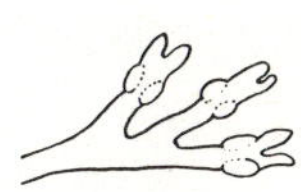

Unterabteilung Rotalgen *(Rhodophýta)*
Roter Farbstoff neben Chlorophyll, hochentwickelt

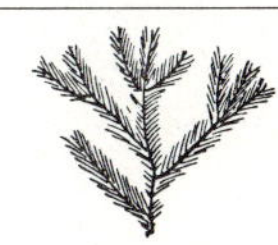

Abteilung
Pilze
(Mycophyta)

Unterabteilung Schleimpilze *(Myxomycophýta)*
Schwärmer und wechseltierartige Einzeller, Plasmodien bildend

Unterabteilung Echte Pilze *(Eumycophýta)* Lagerpflanzen ohne Blattgrün, Schmarotzer, Moderpflanzen oder Mykorrhiza bildend

Klassen der Niederen Pilze, Fadengeflecht zellig ungegliedert

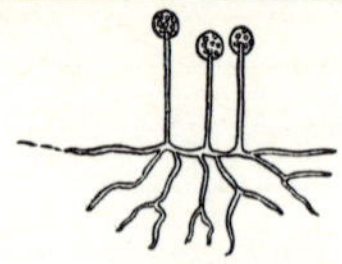

Klasse Höhere Pilze *(Eumycétes)* Fadengeflecht zellig gegliedert

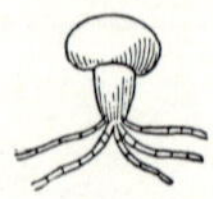

Unterklasse Schlauchpilze *(Ascomycétes)* Sporen in Schläuchen gebildet

Unterklasse Ständerpilze *(Basidiomycétes)* Sporen auf Ständern gebildet

Unterklasse Flechten *(Lichénes)* Pilze und Algen in Symbiose

Abteilung Moose *(Bryophýta)* Geschlechtliche und ungeschlechtliche Generation. Generationswechsel. Sprosse ohne Leitungsbahnen, keine Wurzeln

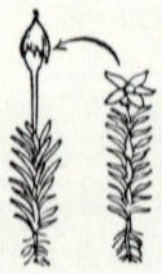

Klasse Lebermoose *(Hepáticae)* Stengel mit 2zeilig gestellten Blättern oder laubähnliche Körper bildend

Klasse Laubmoose *(Músci)* schraubig gestellte Blätter

Abteilung Farnpflanzen *(Pteridóphyta)* Blütenlose Pflanzen, in Stengel, Blätter und Wurzeln gegliedert. Ungeschlechtliche Sporengeneration, Geschlechtsgeneration mit Samen- und Eizellen. Generationswechsel

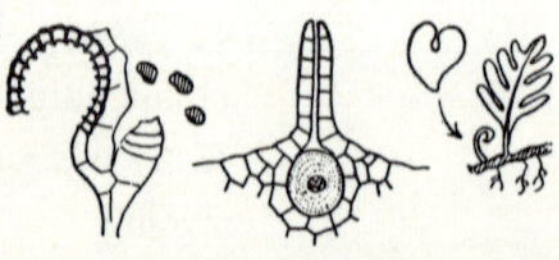

Klasse Bärlappe *(Lycopodiínae)* Sprosse kriechend, Blätter nadel- oder schuppenförmig

Klasse Schachtelhalme *(Equisetínae)* Gegliederter Sproß mit Blättchen

Klasse Farne *(Filicínae)* Große, in der Jugend eingerollte Blätter, kurzer Erdsproß

Abteilung Samen- oder Blütenpflanzen *(Spermatóphyta)* Fortpflanzung durch Samen, sichtbare Blüten

Unterabteilung Nacktsamer *(Gymnospérmae)* Samenanlagen frei auf einem Fruchtblatt

Unterabteilung Bedecktsamer *(Angiospérmae)*. Samenanlagen von einem Fruchtknoten umschlossen

Klasse Zweikeimblättler *(Dicotyledónae)* 2 Keimblätter, Blüten nach der 4- oder 5-Zahl gebaut, Blätter fieder- oder handadrig, getrennt- oder verwachsenblumenblättrig

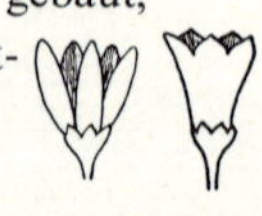

Klasse Einkeimblättler *(Monocotyledónae)* ein Keimblatt, Blüten nach der 3-Zahl gebaut, Blätter meist paralleladrig

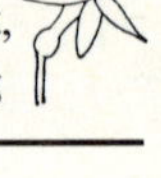

Lebensgemeinschaften und Pflanzenvereine

Eine Wiese im Jahreslauf

1. Besuche mehrmals im Jahre eine Wiese, und zwar a) Anfang Mai, b) vor dem ersten Schnitt, c) vor dem zweiten Schnitt. Trage in eine Tabelle ein, welche auffälligen blühenden Pflanzen (auch Gräser!) du beobachtet hast. Unterstreiche mit verschiedenen Farben die Namen der Pflanzen, a) die jeweils das Aussehen (den Farbton) der Wiese bestimmen, b) die im Laufe des ganzen Sommers blühend angetroffen werden.

2. Fertige eine einfache Lageskizze der Wiese an mit Angabe der Himmelsrichtung und vermerke, ob a) die Wiese eben oder geneigt ist, b) Sonne und Wind ungehindert Zutritt haben.

3. Ein vom Wege aus leicht zu übersehendes Wiesenstück von rund 1 m² Größe wird untersucht nach Art, Verteilung und Häufigkeit der auffälligsten Pflanzen. Fertige durch Verwendung einfacher Zeichen, ähnlich den in den Abbildungen wiedergegebenen, eine Skizze des Wiesenstücks an.

4. Welche auffälligen und verbreiteten Tiere kannst du beobachten? Achte auf a) Wiesenvögel, b) Schmetterlinge, Käfer und Fliegen als regelmäßige Besucher der Doldenblütler und Disteln, c) Hummelarten, Heuschrecken, Ameisen und ihre Bauten.

5. Nach Möglichkeit sind die vorstehenden Untersuchungen an einer anders gelegenen Wiese oder Weide zu wiederholen und mit den ersten Untersuchungen zu vergleichen (z.B. Wiese an einem trocknen Hang, an einem Bach oder Fluß).

Verteilung blühender Pflanzen auf ein und demselben Wiesenstück zu verschiedenen Zeiten (Schülerarbeit)

Wiesenpflanzen vor dem ersten Schnitt

Wiesenkerbel

Wiesenknopf

Wucherblume

Löwenzahn

Lage und Boden. Liegt die Wiese in einer Talaue, dann dringt möglicherweise der Fluß bei Hochwasser zungenförmig in die Wiese ein oder überschwemmt sie ganz. Der Untergrund solcher Wiesen ist vielfach Schwemmland mit reichlich Sand und Kies. Wir werden darauf achten, ob etwa Sand- oder Kiesgruben in der Nachbarschaft liegen. Sand und Kies sind zwar unfruchtbarer Boden, trotzdem gedeihen jene Wiesen recht üppig, weil sie durch die jährlichen Überschwemmungen mit feinem Schlamm gedüngt werden. Sie heißen daher „Fettwiesen". Anders sieht es mit Wiesen an trocknen Hängen aus. Der Pflanzenwuchs ist hier viel dürftiger. Durch Vergleich kann man feststellen, daß er abhängig ist von dem Winkel, unter dem die Sonnenstrahlen besonders im Sommer auf den Hang treffen. Auch spielt eine Rolle, ob Bäume oder ein benachbarter Wald ihn zeitweise beschatten. Ein schwach geneigter Hang läßt außerdem das Regenwasser weniger rasch abfließen als ein stark geneigter. Weiterhin bestimmt wie im Tal so auch hier der Untergrund das Aussehen der Wiese. Lehmigtoniger Boden zeigt eine andere Pflanzengesellschaft als sandige oder als stark kalkhaltige Erde.

Die Pflanzengesellschaft. Anfang Mai besuchen wir zum ersten Male die Wiese. Von einem Wege aus, der sie durchquert oder an ihr entlang führt, können wir sie leicht überblicken, ohne sie zu betreten. Das Gelb des *Löwenzahns*, der überall erblüht ist, bestimmt zu dieser Zeit den Farbton der Wiese. Nur an feuchten Stellen schimmert es lilafarben vom *Wiesenschaumkraut*.

Überall sind auch die Dolden des *Wiesenkerbels* hochgeschossen. Eine kleine Bodenwelle, die recht trocken liegt, ist der Standort des *Körnersteinbrechs*. Am Wege teilt er sich mit *Ehrenpreis* und *Hornkraut* in die Vorherrschaft. Die kleinen Sterne des *Gänseblümchens* verschwinden ganz unter dem Gelb des Löwenzahns. Jetzt ist auch die Blütezeit des *Ruchgrases*, das ringsum verbreitet ist. Nur am Wegrand wird es vom *Hasenbrot* vertreten. Dieses gleicht zwar einem Gras, ist aber eine Hainsimse, wie die bewimperten Blätter zeigen.

Völlig anders sieht die Wiese Ende Mai aus, kurz vor dem ersten Schnitt. Die Zahl der blühenden Pflanzenarten hat sich beträchtlich vermehrt. Der Wiesenkerbel behauptet sich noch. Das Gelb des Löwenzahns aber hat dem Weiß der *Wucherblume* oder Margerite Platz gemacht. Der *Wiesenknopf* übersät die Wiese mit blutroten Tupfen; *Scharfer Hahnenfuß*, *Wiesenklee* sind häufig, *Schneckenklee*, *Bocksbart*, *Sauerampfer* und *Klappertopf* spärlich anzutreffen. An trocknen Stellen finden sich *Wiesenglockenblume* und *Labkraut*. Unter den Gräsern herrschen jetzt *Honiggras* und *Weiche Trespe* vor. *Wiesenhafer* und *Wiesenfuchsschwanz* sind vereinzelt erblüht. Feuchte Stellen schmücken die zarten Rispen des *Zittergrases*.

Noch einmal suchen wir die Wiese auf, kurz vor dem zweiten Schnitt. Nunmehr teilt sich das Weiß der *Wilden Möhre* mit dem Gelb des *Pastinaks* in die Vorherrschaft der Farben. Viele hohe Dolden vom *Bärenklau* tragen bereits reife Früchte. Der *Sauerampfer* hat sich nach dem ersten Schnitt wieder erholt. Die mehr oder weniger starke Verbreitung des *Leinkrauts*, der *Rundblättrigen Glockenblume* sowie der *Kleinen Bibernelle* geben Zeugnis, ob der Sommer heiß und trocken oder kühl und feucht war. *Spitzwegerich* ist recht häufig. *Weidelgras*, weniger *Knaulgras*, haben nunmehr unter den Gräsern den Vorrang. – Wenn wir im Herbst an der Wiese vorbeikommen, ist die *Herbstzeitlose* erblüht.

Blühfolge. Vergleichen wir unsere Übersichten, die wir jeweils bei den Besuchen der Wiese angelegt haben, dann zeigt sich, daß unter den Pflanzen, die miteinander verwandt sind, nicht selten eine bestimmte Reihenfolge im Erblühen eingehalten wird. Der Kerbel blüht und fruchtet vor dem ersten Schnitt. Bald danach entfaltet der stattliche Bärenklau seine Dolden, etwas später erscheint der Pastinak. Den Reigen der Doldenblütler beschließt die Möhre, die mit ihren tiefreichenden Wurzeln auch trockene Sommer gut überstehen kann.

Eine entsprechende Blühfolge erleben wir bei den Gräsern. Unter den verbreiteten Arten steht das Ruchgras am Anfang, ihm folgen Honiggras und Wiesenhafer noch vor dem ersten Schnitt, nach diesem das Weidelgras.

Wettereinflüsse. In jeder Jahreszeit sind, wie wir gesehen haben, bestimmte Gräser und bestimmte Kräuter zu einer Gemeinschaft vereint. Jede Jahreszeit gibt darum der Wiese ein kennzeichnendes Gesicht.

Wiesenpflanzen vor dem zweiten Schnitt

Bärenklau

Wilde Möhre

Pastinak

Spitzwegerich

Anzeigerpflanzen

Kammschmiele *Aufrechte Trespe* *Bergklee* *Meerstrand-Dreizack*

Trockne oder sehr nasse Jahre können aber ihr Antlitz so verändern, daß jene Pflanzenvereine auf der Wiese vorherrschen, die sonst nur trockne oder nasse Stellen besiedeln.

Anzeigerpflanzen. Wir können Pflanzen ausmachen, die an ganz bestimmte Bodenarten gebunden sind. Sie heißen Anzeigerpflanzen. Dahin gehören z. B. die *Kammschmiele* (Koeléria grácilis) und die *Aufrechte Trespe* (Bromus eréctus), die beide kalkreichen, warmen Boden lieben. Sie teilen diese Vorliebe mit vielen *Orchideen* und dem *Bergklee* (Trifólium montánum). Wo der Boden recht feucht ist, ohne sauer zu sein, besonders an Bachufern, wächst die *Kohldistel*. Salzhaltige Wiesen in der Nähe von Salinen, z. B. bei Bad Nauheim, zeigen die gleichen Salzpflanzen, wie sie am Meeresstrand nicht selten sind, so den *Meerstrand-Dreizack*, den *Strandwegerich*. In sauren Wiesen überwiegen Riedgräser gegenüber den Süßgräsern.

Die Pflanzen untereinander. Boden und Wetter bestimmen nicht allein die Zusammensetzung der Pflanzengesellschaft. Die Pflanzen selbst müssen miteinander auskommen. Samen und Früchte der Wiesenpflanzen, aber auch die der Pflanzen aus benachbarten Feldern, von nahe gelegenen Waldstücken werden über die ganze Wiese verstreut. Ausläufer zahlreicher Pflanzen schieben sich von überall her vor und versuchen, Raum zu gewinnen. Trotzdem kommt es nicht zu einer ungeordneten Durchmischung der Arten, vielmehr bilden sich ganz bestimmte Gemeinschaften heraus. Dabei spielt der regelmäßige Wiesenschnitt eine wichtige Rolle. Alle Pflanzen, die neben den Gräsern auf der Wiese wachsen, müssen so lebenskräftig sein, daß sie imstande sind, Verstümmlungen durch Sense und durch Weidetiere zu ertragen. Darum finden wir auf der Wiese vor allem ausdauernde Gewächse, deren Erdsprosse oder tiefreichende Pfahlwurzeln genügend Reservestoffe enthalten, um rasch wieder austreiben zu können. Außerdem muß die Vermehrung dieser Pflanzen den besonderen Lebensbedingungen auf der Wiese angepaßt sein. Manche Wiesenpflanzen bringen ihre Samen vor der ersten Mahd zur Reife, so Löwenzahn und Wiesenkerbel. Andere folgen zwischen den Mähzeiten, wie Bärenklau und Pastinak, oder im Spätsommer, wie die Wilde Möhre. Manche pflanzen sich vorwiegend ungeschlechtlich fort, so die Wucherblume. Alle Pflanzen schließlich, die in dem eng verfilzten Wurzelwerk der Gräser nicht keimen oder gedeihen können, sind von vornherein von der Wiese ausgeschlossen.

Wetter, Boden, der Wettbewerb der Pflanzen untereinander um den Raum, ihre Fähigkeit, Sense und Weidetiere zu ertragen, das sind äußere Bedingungen, die das Gesicht der Pflanzengesellschaft bestimmen. Es sieht aber so aus, als gäbe es unter den Pflanzen auch so etwas wie Verträglichkeit und Unverträglichkeit untereinander. Man weiß z.B. vom Ackerstiefmütterchen, daß es in Gegenwart des Roggens viel besser keimt als zwischen anderen Pflanzen. Im Weizenfeld kommt es kaum zum Auskeimen. Ähnlich scheint es sich auch mit den Pflanzen auf der Wiese zu verhalten. Wurzeln scheiden Stoffe in den Boden ab, die gewissen Pflanzen unzuträglich sind, andere aber fördern. Das ist auch an Pflanzen des Waldes nachgewiesen worden.

Von der Tierwelt der Wiesen. Die Lebensgemeinschaft der Wiese wäre ohne ihre Tierwelt unvollständig. Unter den *Säugern* zählen Wiesel, Maulwurf und Feldmaus zu den ständigen Bewohnern. Von den *Vögeln* können wir nur jene zu den eingesessenen rechnen, die auf der Wiese brüten. Dahin gehören die Feldlerche, die ihr Nest hinter Erdschollen versteckt, der Wiesenpieper, der an ähnlichen Stellen ein halbkugeliges Nest hat. Auch die Grauammer ist hier heimisch. Dagegen zählen die Scharen der Stare, Grünfinken und Hänflinge zu den regelmäßigen Besuchern. Bei drohendem Regen sehen wir oft Schwalben im Tiefflug über die Wiesen dahineilen.

Auf Disteln und Doldenblütlern können wir regelmäßig *Schmetterlinge* beobachten. Zur Gemeinschaft der Wiese gehören jene, deren Raupen auf Wiesenpflanzen leben, z.B. Augenfalter wie das Ochsenauge, ferner der Dukatenfalter und seltener der Schwalbenschwanz.

An den Blütenständen von Doldenblütlern und Disteln sind auch zahlreiche *Käfer* zu Gast, so Bockkäfer, die an den gleich Hörnern getragenen Fühlern leicht kenntlich sind, dann Weichkäfer mit blauen Flügeldecken und gelbrotem Brustschild. Häufig ist auch der räuberische Bienenwolf zu finden. Unverkennbar sind seine pelzartige Behaarung und die roten, schwarzgefleckten Flügeldecken. Häufig lassen sich auch *Fliegen* sehen, besonders die metallisch glänzenden Goldfliegen und die Schwebfliegen mit wespenartig gezeichnetem Hinterleib.

Regelmäßige Besucher des Klees sind *Hummeln.* In Erdmulden legt die Wiesenhummel ihr Nest an, in Erdlöchern dagegen die Erdhummel. Beide Hummelarten haben 2 gelbe Querbindungen auf ihrem Hinterleib, doch ist dessen Spitze bei der ersten rot, bei der zweiten weiß. Nicht zu übersehen sind die *Ameisen.* Die Gelbe Wiesenameise hat hier ihre Nester, die von einer kleinen Erdkuppel überwölbt sind. Auch die braunfarbige Rasenameise ist häufig. Und unter Steinen am Wegrand haust die gemeine Schwarzbraune Wegameise. Ist die Wiese frisch gemäht, können wir deutlich die Straßen der Ameisen sehen, die von jedem Pflanzenwuchs freigehalten werden.

Wenn wir *Heuschrecken* und ihre Verwandten beobachten wollen, müssen wir uns sehr ruhig verhalten. Leicht sind die Laubheuschrecken an ihren langen Fühlern von den Feldheuschrecken mit kurzen Fühlern zu unterscheiden. Vor ihren Höhlen musizieren die Feldgrillen. Die weißen Schaumflocken, besonders häufig am Sauerampfer, rühren von den Larven der Schaumzikade her. Das fertige Insekt kann trotz seiner geringen Größe von nur 1 cm weite Sprünge machen. Es hat 4 gleichartige Flügel.

Der Wald einst und jetzt

Geschichte des Waldes. Vor etwa 20000 Jahren waren noch weite Teile Mittel-Europas waldfrei und mit einer steppenartigen Pflanzenwelt bedeckt, wie sie heute in Nordfinnland und Nordschweden zu finden ist. Eine viele tausend Jahre währende Eiszeit hatte den Wald vernichtet. Erst nach und nach mit zunehmender Erwärmung drangen wieder Bäume vor, zunächst Birke und Kiefer; später kam die Hasel hinzu. Dann folgten Eiche, Linde, Ulme, schließlich Tanne und Fichte, Buche und Hainbuche. Der Vormarsch der Bäume aus ihren südeuropäischen Rückzugsgebieten richtete sich nach dem Klima, das nach der Eiszeit mehrfach wechselte: für Jahrhunderte

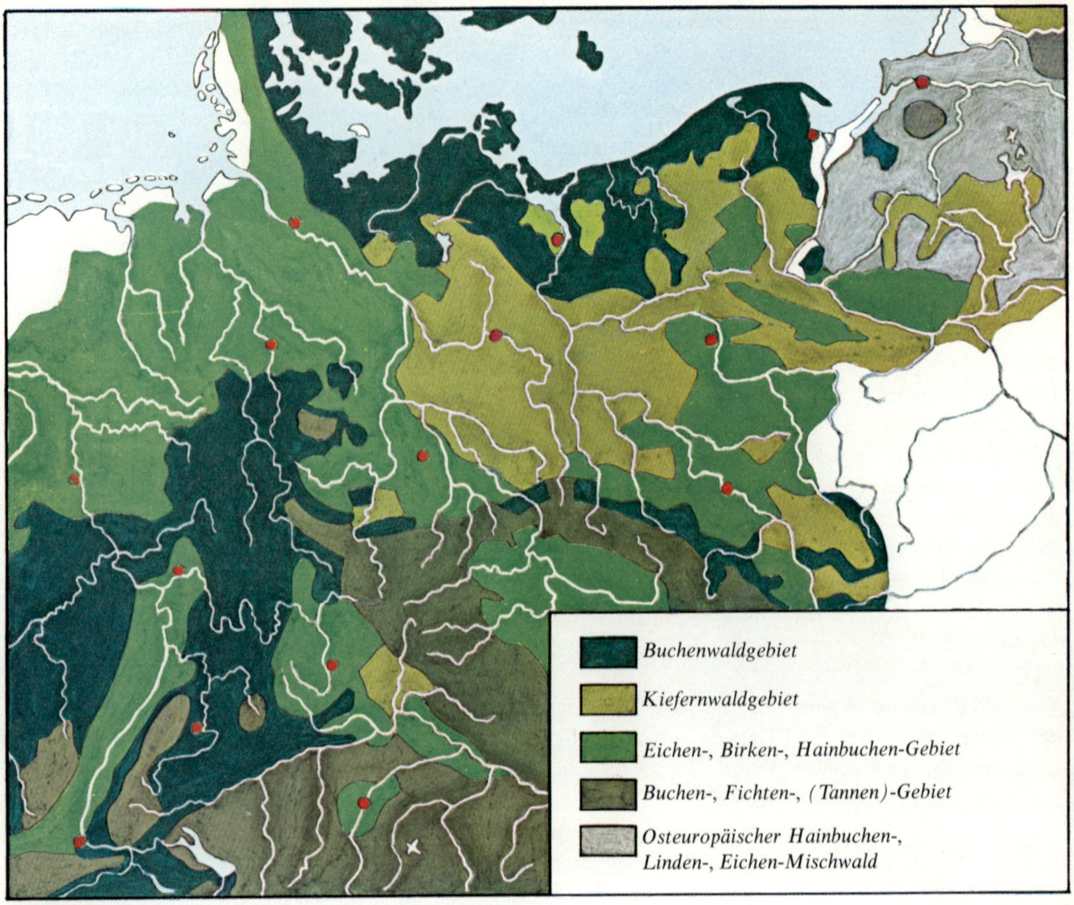

Verteilung der verschiedenen Waldarten in Deutschland und den angrenzenden Gebieten (n. K. Hueck, stark vereinfacht)

war es wärmer als heute, dann wieder kühler; auf feuchtere Zeiten folgten trockenere. In jedem Klima gedeihen bestimmte Bäume besonders gut. Daher können wir heute die Waldgeschichte Mitteleuropas genau an Hand der Blütenstaubkörner verfolgen, die unversehrt durch die Jahrtausende in den Mooren erhalten geblieben sind (S. 281).

Noch vor 2000 Jahren bedeckten ausgedehnte Wälder den größten Teil Mitteleuropas. Unterbrochen wurden sie hier und da von trockenen, steppenartigen Gebieten oder von übermäßig feuchtem, sumpfigem Land, den Mooren. Die Flüsse in den Ebenen begleiteten weithin dichte, aus vielen Laubholzarten gemischte Wälder, die Auwälder. Im Frühjahr und im Herbst wurden diese überschwemmt. Von Süddeutschland bis Norddeutschland breiteten sich Rotbuchen- und Eichenwälder aus. Nur in Ostpreußen hatte die Hainbuche sich durchgesetzt. Auf den Höhen des Schwarzwaldes, der Sudeten und in den Voralpen herrschten Fichten- und Tannenwälder vor. Erst in geschichtlicher Zeit wandelte sich das Waldbild.

Da der Laubwald nur auf Boden vorkommt, der verhältnismäßig reich an Nährstoffen ist, wurden mit dem Aufkommen der Viehzucht und des Ackerbaus weite Flächen gerodet, um Raum für Äcker, Gärten und Wiesen zu schaffen. In neuerer Zeit ersetzte man den Laubwald aus wirtschaftlichen Gründen nicht selten durch Nadelwald. Eine heutige Waldkarte zeigt, wie sehr sich im Gebiet östlich der Elbe die Kiefernwälder ausgebreitet haben. In manchen Gegenden fehlt der Laubwald vollständig. Die Auwälder mußten vielfach Wiesen und Weiden weichen.

Der Wald heute. In unseren Laubwäldern wachsen heute entweder Rotbuchen oder Eichen. Reine Buchenwälder sind z. B. an der Ostseeküste verbreitet. Wälder, in denen die Eiche vorherrscht, bedecken unter anderem die Berge des Sauerlandes und des Spessarts. Andernorts mischen sich die Eichen mit Birken, wie in Niedersachsen nördlich Hannover, oder mit der Hainbuche, wie in weiten Gebieten des mittel- und süddeutschen Berglandes. Auwälder finden wir heute z. B. im Alpenvorland und am Oberrhein. Neben der Eiche bestimmen hier Ulme und Linde das Waldbild. In den der Überschwemmung stärker ausgesetzten Gebieten überwiegen Weiden und Pappeln mit Eschen und Erlen.

Wälder, die sich selbst überlassen bleiben, sind heutzutage in unserer Heimat Naturschutzgebiete, so z. B. am Arber im Böhmerwald und am Wildsee im Schwarzwald. Wälder, die bewirtschaftet werden, nennt man *Forste*. In ihnen werden schnellwüchsige und ertragreiche Bäume, wie die Kiefer und die Fichte, bei der Anpflanzung und Aufforstung bevorzugt. Wie sehr Forste durch Schädlinge und durch Waldbrände gefährdet sind, wurde bereits gesagt (S. 200, 202). Im Wald oder in seiner Nähe ist es daher verboten, Feuer anzuzünden oder zu rauchen.

Wo es eben geht, zieht der Forstmann die *Dauerwaldwirtschaft* vor, d. h. er schlägt aus seinem Bestand verschieden alter Bäume nur die schlagreifen heraus und überläßt es dem Walde selbst, sich durch Ansamung zu verjüngen (Femel- oder Plenterbetrieb).

Bedeutung des Waldes. Unsere Wälder bedürfen des besonderen Schutzes. Sie sind nicht nur Erholungsgebiete für unsere Stadtbevölkerung, sondern sie beeinflussen auch weitgehend das Klima einer Landschaft. Wälder binden die Niederschläge, verzögern die Schneeschmelze und sorgen für eine gleichmäßige Wasserführung der Bäche und Flüsse. Die Gefahr von Überschwemmungen ist in waldreichen Gegenden weit geringer als in waldarmen. Das zeigen eindringlich die Landschaften Griechenlands und Italiens. Dort sind vor Jahrhunderten die Wälder geschlagen worden. Vom Regen wurde der fruchtbare Boden weggewaschen, und übrig blieb eine Felslandschaft mit einem sehr dürftigen Bewuchs an Sträuchern und Stauden. Hier ist eine Aufforstung fast unmöglich geworden.

Landschaftsschutzgebiete, in denen Veränderungen nur mit Genehmigung der Behörden vorgenommen werden können, umfassen auch große, zusammenhängende Waldgebiete. Die *Schutzgemeinschaft Deutscher Wald* unterstützt die behördlichen Maßnahmen.

1. Stelle vor der Frühjahrsbelaubung fest, in welcher Reihenfolge die Frühlingspflanzen erblühen.
2. Welche Pflanzen blühen und fruchten erst nach der Belaubung?
3. Stelle in einer Tabelle zusammen, welche Pflanzen in einem Waldstück vorkommen, a) in der Baumschicht, b) in der Strauchschicht, c) in der Feldschicht.
4. Stelle vereinfacht in einer Zeichnung das untersuchte Waldstück dar, in der die wichtigsten Bäume und Sträucher und die Standorte bemerkenswerter Pflanzen, wie Haselwurz, Aronstab u. a., verzeichnet sind (vgl. Abb. S. 259).
5. Klopfe Käfer von Sträuchern in einen daruntergehaltenen Schirm und versuche die häufiger vorkommenden Arten zu bestimmen (hierzu vgl. Schmeil, Tierkunde).
6. Achte auf Gallenbildungen an Blättern und Knospen, auf Fraßspuren schädlicher Insekten, auf die Gänge der Miniermotten in den Blättern.
7. Welche Vögel triffst du am Waldrand und welche mitten im Walde an?
8. Wie läßt sich im Wald die Himmelsrichtung ohne Kompaß und Uhr annähernd richtig feststellen?

Am geeignetsten für Walduntersuchungen sind die Auwälder. Sie werden vom Menschen nicht so stark bewirtschaftet wie andere Wälder und zeigen darum die Pflanzen- und Tierwelt in einer wenig gestörten Gemeinschaft. Aber auch Mischwälder mit Femelbetrieb geben ein anschauliches Bild vom Zusammenleben im Walde. Wenig günstig sind die gleichförmigen Forste.

In einem Laubwald[1]. Zunächst wirkt die Fülle der Pflanzenarten verwirrend. Wir erhalten aber leicht einen Überblick, wenn wir die einzelnen Stockwerke im Walde beachten. Jeder Wald ist aus Stockwerken aufgebaut. Das oberste schließt mit den Kronen der Bäume ab, die meist in verschiedenen Arten und

[1] Vgl. Brohmer „Laubwald-Nadelwald“, Quelle & Meyer, Heidelberg.

Stockwerkbau im Walde.

Baumschicht (Eiche, Esche, Ahorn, Linde und der kletternde Efeu).

Strauchschicht (Hasel, Pfaffenhütchen, Schneeball und Jungbäume).

Krautschicht (Gräser, Maiglöckchen, Aronstab und Keimlinge von Bäumen und Sträuchern).

Altersstufen auftreten. Zur Baumschicht zählen alle Pflanzen, die mehr als 2 m hoch werden. Also müssen wir dazu auch Waldrebe, Geißblatt und Efeu rechnen, die an den Bäumen emporklimmen und so ans Licht gelangen. Unter diesem Stockwerk liegt die Strauchschicht. Sie umfaßt alle Pflanzen zwischen 2 m und 0,80 m Höhe, also das Unterholz der Sträucher und Jungbäume, aber auch hohe Gräser. Die dritte Schicht, die wir betrachten wollen, ist die Krautschicht, auch Feldschicht genannt. Hierzu zählen Stauden, Kräuter, Gräser, Keimlinge der Bäume und Sträucher, die unter 0,80 m hoch sind. Unterhalb der Krautschicht ist das Reich der Moose und Flechten. Sie überziehen auch die Baumstümpfe und die Baumstämme in Bodennähe.

Als Beispiel einer solchen Untersuchung diene ein Laubwald (Eichen-Hainbuchenwald), der im Juni besucht wurde.

Baumschicht. Sommer- und Wintereichen bestimmen das Waldbild. Zahlreich ist auch die Hainbuche vertreten. Die Winterlinde ist nicht selten. Vereinzelt findet sich der Feldahorn.

Strauchschicht. Junglinden, Junghainbuchen und Haselsträucher herrschen im Unterholz vor. Einige Jungeichen und Feldahorn sind darin eingesprengt. Vereinzelt finden sich Weißdorn und Elsbeere, eine Verwandte unseres Vogelbeerbaumes.

Krautschicht. Aus der schier unübersehbaren Schar greifen wir nur die auffälligsten und verbreitetsten Arten heraus. Die hohen Dolden des *Bärenklaus* sind erblüht. Weite Strecken überzieht das Weiß des *Wald-Labkrauts.* Dicht dem Boden angeschmiegt ist die *Haselwurz*, ein Osterluzeigewächs. Gar nicht selten ist der *Türkenbund* (S. 164, 303) zu finden, ein anderwärts sehr seltenes, unter Naturschutz stehendes Liliengewächs. Die purpur-lilafarbenen Körbchen der *Färber-Scharte* bilden größere Bestände. Bei sorgfältigem Suchen findet man noch vereinzelt *Buschwindröschen, Wald-Erdbeeren* und *Maiglöckchen.* Süßgräser, wie *Knäuelgras, Schwingel* und *Perlgras*, aber auch Sauergräser, wie die *Wald-Seggen*, überziehen den Boden. Unter ihnen verschwinden die Keimpflanzen von Feldahorn und Linde.

Die Tierwelt des Eichenmischwaldes ist auf S. 116 beschrieben worden.

Abhängigkeit der Pflanzen von Boden und Bodenbedeckung. Das Vorkommen des Türkenbundes und der Elsbeere läßt darauf schließen, daß der Boden kalkhaltig ist. Eine genauere Untersuchung zeigt uns, daß es sich um tonigen Kalk handelt. Wenn wir in einem Wald Heidekraut und Besenginster finden, können wir sicher sein, daß der Boden kalkfrei ist. Die Zusammensetzung unserer Wälder ist weitgehend von der Bodenbeschaffenheit abhängig. Doch nicht nur der Boden bestimmt das Zusammenleben der Pflanzen im Walde. Eine große Bedeutung hat auch die Laubdecke, die den Boden düngt, wenn sie verfault. Wird in einem Walde die Streu stark genutzt, dann kann der Boden verarmen. In reinen Nadelholzbeständen ist die Nadelstreudecke oft so dicht, daß sie die Durchlüftung des Bodens behindert. Dann wird der Boden leicht sauer. Man sieht das daran, daß Heidekräuter in den Wald eindringen und große Polster des Weißmooses (S. 219 f.) sich ausbreiten. In Mischwäldern dagegen findet eine gleichmäßige langsame Zersetzung der Streu statt. Solche Wälder tragen darum auch eine abwechslungsreiche Krautschicht. Der eben beschriebene Laubwald hat eine solche Laubstreu und ist darum reich an Kräutern und Stauden.

Blütezeit, Belaubung und Fruchtreife einiger Laubbäume und Sträucher

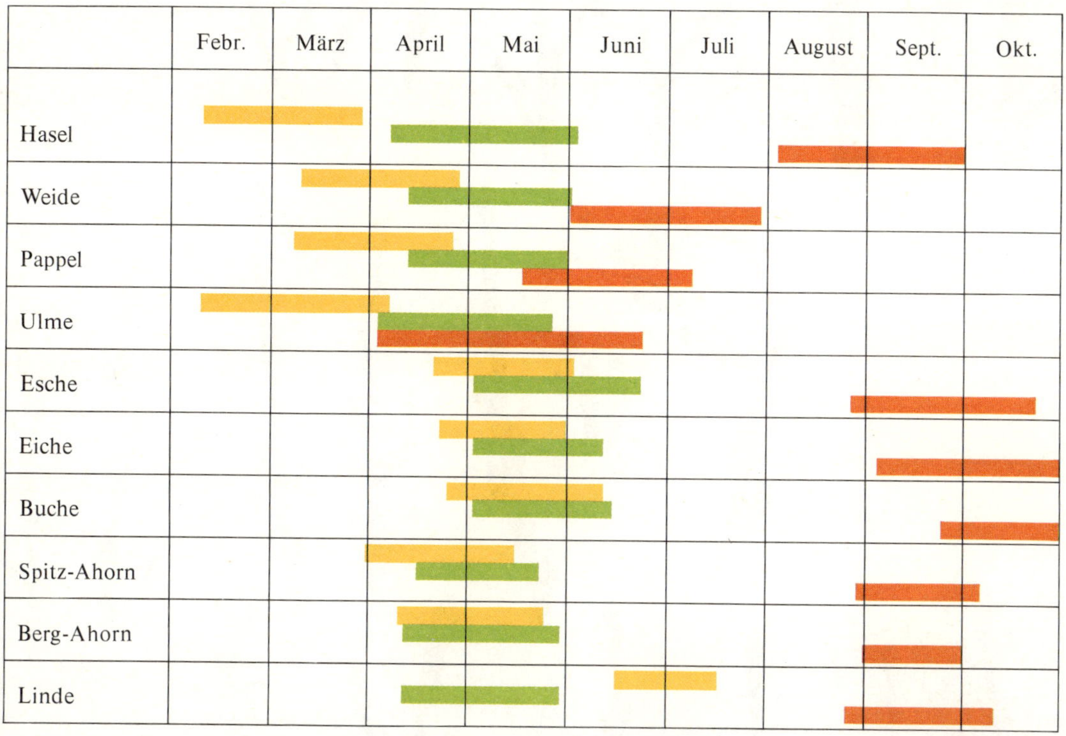

Stelle eine eigene Tabelle auf und vermerke, zu welchem Zeitpunkt in deiner Heimat die obengenannten Pflanzen blühen, sich belauben und fruchten. Ergänze die Tabelle durch den Laubfall.

Bäume und Sträucher im Winter

Die wichtigsten Bäume und Sträucher unserer Heimat müssen wir auch im unbelaubten Zustand erkennen können. Besonders achten wir auf die Art der Verzweigung, auf die Form und Farbe der Knospen. Wertvolle Anhaltspunkte bieten ferner die Form der Baumkrone und die Ausbildung der Borke am Stamm (vgl. Abbildungen auf S. 122, 205 und 268).

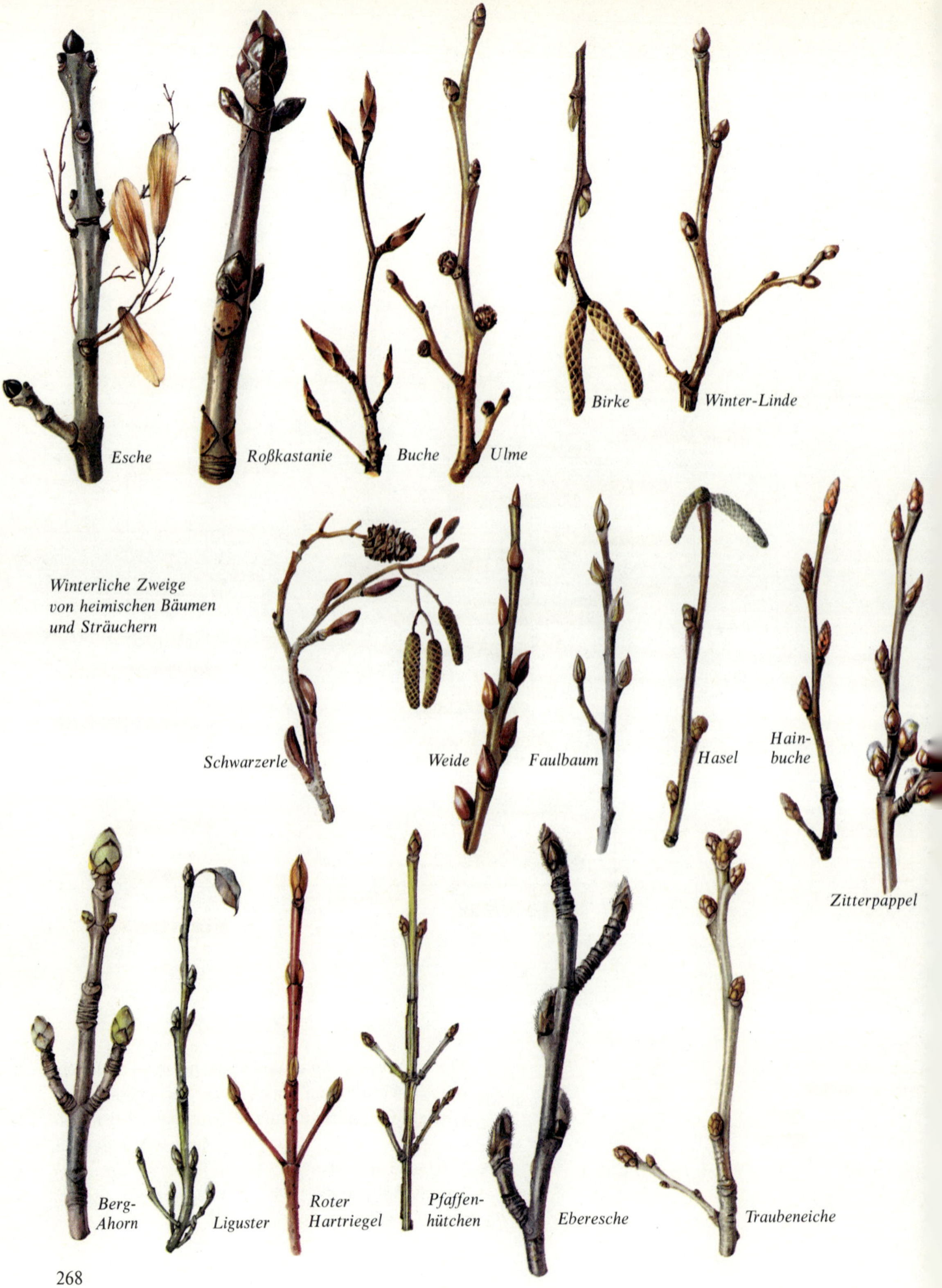

*Winterliche Zweige
von heimischen Bäumen
und Sträuchern*

Bestimmungsübersicht

I. Blattnarben und Knospen gegenständig
(oft deutlich kreuzweis-gegenständig)

A. Bäume

1. Dicke, harzige Knospen, große, dreieckige Blattnarben, glatte Zweige *Roßkastanie*
2. Schwarzbraune bis schwarze Knospen, Zweige auf der Höhe der Knospen abgeflacht, in der Krone oft langflüglige Früchte *Esche*
3. Einzelne Endknospe, großschuppige Borke *Bergahorn*
4. Endknospe von kleineren Knospen umgeben, enthalten im Frühjahr Milchsaft, längsrissige Borke *Spitzahorn*
5. Kleinerer Baum, längsrissige Borke, Jungtriebe mit hellbraunen und weißlichen Längsriefen; Zweige oft stark verkorkt *Feldahorn*

B. Sträucher

1. Kleine Knospen, oft schwarze Beeren *Liguster*
2. Grüne, runde vorjährige Triebe *Kornelkirsche*
3. Rote Zweige *Roter Hartriegel*
4. Grüne, 4kantige Zweige, gelegentlich rote, aufgesprungene Früchte *Pfaffenhütchen*
5. Hellbräunliche Zweige, rote Beeren *Schneeball*
6. Graue Zweige mit warziger Rinde und weichem Mark *Holunder*

II. Blattnarben und Knospen wechselständig

A. Bäume

1. Stamm mit Ringelborke *Süßkirsche*
2. Stamm mit großschuppiger Borke, erscheint gefleckt, Krone oft mit kugeligen Früchten, meist Zierbaum *Platane*
3. Stamm mit rissiger oder glatter Borke
   a) Seitenknospen dem Sproß angedrückt, Endknospe einzeln
   1. Knospen harzig, glänzend, braun, alte langstielige rundliche Blätter *Zitterpappel*
   2. Knospen harzig, braun, spitz, tiefrissige Borke, Krone in ausladende Äste aufgelöst *Schwarzpappel*
   3. Kleine Knospen mit zahlreichen Schuppen, Stamm glatt, oft wie gedreht *Hainbuche*
   4. Knospen mit violett-schwarzen, lederartigen Schuppen, fein behaart *Eberesche*
   b) Seitenknospen vom Sproß abstehend, Endknospe einzeln
   1. Nur eine Knospenschuppe, rutenförmige Zweige *Weiden*
   2. Mit 2 Knospenschuppen, kugelige Früchte mit fahnenartigem Hochblatt in der Krone, Krone sehr regelmäßig *Linde*
   3. Klebrige, bläulich bereifte, gestielte Knospen, schwarze Fruchtzapfen in der Krone *Schwarzerle*
   4. Kleine runde Knospen, rutenförmige Äste mit männlichen Kätzchenknospen, Borke weiß *Birke*
   5. Kleine, spitze Knospen, an den Langtrieben 2zeilig geordnet, der stark rissige Stamm mit gedrängt stehenden Jungtrieben *Ulme*
   6. Spitze, langgestreckte Knospen, braun, etwas samtartig, glatter, silbriger Stamm *Buche*
   c) Am Ende der Zweige zahlreiche, gedrängt stehende Knospen
   1. Tiefrissige Borke *Stieleiche*
   2. Flachrissige Borke, dürre, gestielte Blätter *Traubeneiche*

B. Sträucher

1. Ohne Dornen
   a) Knospen vielschuppig, rundlich *Hasel*
   b) Knospen ohne Schuppen, Zweige mit weißlichen, länglichen Warzen, orangefarbiges Holz *Faulbaum*
2. Mit Dornen
   a) Schwarze Rinde, schwarze Steinfrüchte *Schlehe*
   b) Graue Rinde, rote „Mehlbeeren" *Weißdorn*
   c) Helle Rinde, 3teilige braune Dornen, gelbfarbiges Holz *Berberitze*

Halden und Schutthaufen

1. Untersuche Wurzelwerk, Samen- und Fruchtbildung, Ausbildung und Behaarung der Blätter einzelner Schuttpflanzen. Wie sind die Pflanzen an Bodentrockenheit und schroffen Temperaturwechsel angepaßt?
2. Stelle gesondert die Besiedlung einer Schutthalde an der Nord- und Südseite fest und zeichne für ein etwa 1 m² großes Stück jeweils eine Karte, aus der Vorkommen und Verteilung der Arten hervorgehen.
3. Miß zu verschiedenen Tageszeiten die Bodentemperaturen.

An Schutthalden, wie sie in Gebieten der Schwerindustrie und des Bergbaues häufig sind, können wir interessante Beobachtungen anstellen. Vor allem lohnt es, öfters im Frühjahr und Sommer die Fülle der Blütenpflanzen zu studieren. Es ist erstaunlich, wie viele Pflanzenarten auf diesem meist trocknen und dazu steinigen Boden gedeihen.

Umwandlung des Bodens. Besonders reizvoll ist es, die allmähliche Besiedlung einer Schutthalde zu verfolgen. Zunächst sind es blütenlose Pflanzen, wie *Flechten* und *Moose* (vgl. S. 221 und 247), die als erste Pioniere Fuß fassen. Unter ihrem Einfluß wird das Schuttgestein nach und nach aufgerauht und bröcklig. Es bildet sich eine dünne Bodenkrume aus, in der nun schon einige besonders bedürfnislose Blütenpflanzen keimen können. Wenn es regnet, bleibt in den Moos- und Flechtenpolstern immer auch etwas Wasser zurück, das zur Samenkeimung ausreicht. Im Laufe der Monate und Jahre häufen sich in den Spalten zwischen den Steinen Erde und verwesende Pflanzenreste an, so daß nach und nach auch anspruchsvollere Pflanzen gedeihen können. In wenigen Jahren verwandelt sich die Schutthalde in einen blühenden Teppich, in den sich genügsame Sträucher, wie die *Birken* und *Weiden*, hineindrängen.

Die Besiedlung einer Schutthalde

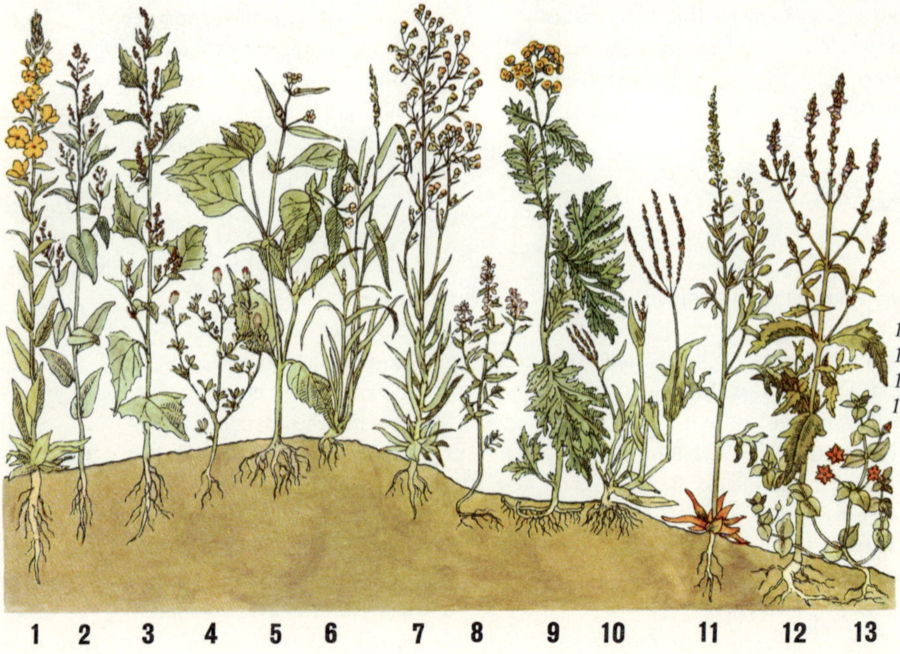

1 Nachtkerze
2 Melde
3 Gänsefuß
4 Ackerklee
5 Knopfkraut
6 Fennich
7 Berufskraut
8 Zahntrost
9 Rainfarn
10 Blut-Hirse
11 Färber-Reseda
12 Eisenkraut
13 Ackergauchheil

Herkunft und Lebensbedingungen der Pflanzen. Sonne und Wind haben zu der Halde ungehindert Zutritt. An sonnigen Tagen kann die Wärme des Bodens stark ansteigen. Sobald aber die Sonne untergegangen ist, kühlt sich die Erde rasch wieder ab. Solche starken Temperaturschwankungen sind in südlichen Breiten die Regel. Es ist kein Wunder, daß sich an der Halde vornehmlich jene Pflanzen behaupten können, die „von Haus aus" an diese Verhältnisse gewöhnt sind.

Darum finden wir hier zahlreiche Einwanderer aus dem Mittelmeergebiet und aus Südosteuropa. Vielfach sind es Arten, die mit dem Getreidebau zu uns gekommen sind. Dahin gehören die *Melden* und *Gänsefußgewächse* mit ihren unscheinbaren grünlichen Blütenknäueln. Andere, als Ackerunkräuter bekannte Pflanzen können sich schrankenlos ausbreiten, wie *Wolfsmilcharten, Ackersenf* und *Kamillen. Disteln, Flockenblume, Zahntrost, Mohn,* die *Stengelumfassende Taubnessel* kommen ebenfalls aus dem Mittelmeergebiet oder aus Südwesteuropa. Sie haben aber zu einem Teil bereits in vorgeschichtlicher Zeit eine Heimstatt bei uns gefunden. Unter den Schuttpflanzen sind auch manche Arten verbreitet, die einstmals als Nutz- und Heilpflanzen in Ansehen standen und nun auf Ödland angewiesen sind. Dahin gehören die *Färber-Reseda,* die früher in der Färberei eine Rolle spielte, das *Eisenkraut* als Heilkraut und der *Gute Heinrich,* ein Gänsefußgewächs, das als Gemüse Verwendung fand. Aber auch Giftpflanzen gehören in die Gesellschaft der Schuttpflanzen, so der *Schwarze Nachtschatten,* das *Bilsenkraut* und der *Stechapfel.*

Manche Arten verdanken ihre Verbreitung der Entwicklung des Verkehrs. Sie finden sich an Straßenrändern und Eisenbahndämmen besonders häufig. Das *Berufskraut* und die *Nachtkerze* kommen aus Nordamerika, das *Knopfkraut* aus Südamerika. Zahlreich sind unter den Schuttpflanzen Korbblütler vertreten, so der *Rainfarn,* der *Wilde Beifuß,* die *Wegwarte* und die *Schafgarbe.* Mit ziemlicher Sicherheit sind der rote oder der blaublütige *Ackergauchheil,* ein Primelgewächs, anzutreffen. Selten fehlen das *Leinkraut,* die *Wilde Möhre* und der *Mäuse-Klee.* Aus Südosteuropa sind mit den Getreidepflanzen auch mehrere Gräser zu uns gelangt, so der *Taumellolch, Hirse-* und *Fennich-*(Borstenhirse-)Arten.

Alle diese Pflanzen vermehren sich stark. Die zahlreichen Samen, die sie ausstreuen, werden durch Wind, Tiere und den Menschen verbreitet und keimen rasch. Auch können sie lange, ohne zu keimen, im Boden liegen, bis Regen und Wärme ihnen die Entfaltung ermöglichen. Doch nicht Boden und Klima allein regeln das Zusammensein der Pflanzen. Vielmehr wird auch der Standort selbst durch die Pflanzen umgewandelt, wie oben gezeigt wurde.

Während auf den Schutthalden der Industriegebiete der dürftige Boden erst nach und nach von der Pflanzenwelt erobert werden muß, werden die Abfallhaufen in der Nähe der Häuser und Ställe unverzüglich besiedelt. Der Boden ist in der Regel so stark mit Nährstoffen angereichert, daß nur wenige Pflanzenarten darauf gedeihen können. Wiederum sind es wie auf den vorerwähnten Halden in erster Linie unscheinbare Gewächse, die sich durch eine außerordentliche Fruchtbarkeit auszeichnen und durch Wind, durch Tiere und den Menschen rasch verbreitet werden. Zu den Melden und Gänsefußgewächsen gesellen sich besonders die *Brennesseln.* Aber auch viele Ackerunkräuter und die oben erwähnten Giftpflanzen wuchern hier so stark, daß andere Pflanzen gar nicht erst aufkommen können. Durch ihre Bedürfnislosigkeit wie durch ihre Vermehrungsfähigkeit sind sie somit dem Leben auf magerem Boden ebenso angepaßt wie auf besonders nährstoffreichem Boden. Das gibt ihnen Überlegenheit im Wettbewerb mit anderen Pflanzenarten. Man faßt diese Pflanzenwelt unter der Bezeichnung *Schutt-* oder *Ruderalpflanzen* zusammen.

Tierleben. Auf Schutthalden stellen sich Sperlinge, Krähen und nicht selten auch die Haubenlerche ein. Brennesseln werden durch die Raupen des Tagpfauenauges und des kleinen Fuchses oft völlig entblättert. Abgesehen von einigen Laufkäfern und anderen Kerbtieren herrscht hier aber meist eine auffallende Tierarmut. Im Müllhaufen sind Kleintiere häufig, die sich von den Abfällen nähren, besonders Ohrwürmer und Asseln. Zahlreiche Fliegenmaden zehren von Speiseresten. Nähert man sich einer solchen Abfallstelle, dann fliegen oft große Fliegenschwärme auf.

Alpenpflanzen
1 Alpen-Windröschen
2 Gestreifter Seidelbast
3 Stengelloses Leimkraut
4 Frühlings-Enzian
5 Aurikel

Im Hochgebirge

In den Alpen schließt sich an das Kulturland ein Waldgürtel, der Bergwald, an. Dieser ist in seinen tieferen Teilen ein Mischwald, der sich hauptsächlich aus Buche und Fichte zusammensetzt, in den oberen aber vorwiegend aus Lärche und Fichte besteht. Einen seltenen Schmuck dieser Wälder und der Gebüsche bildet mit seinen rotvioletten Blüten das *Alpenveilchen* (Cyclámen purpuráscens). Je weiter man im Gebirge emporsteigt, um so mehr nimmt die durchschnittliche Jahreswärme ab, um so länger werden die Winter, und um so stärker sind die Niederschläge und der Wind. Daher vermag sich von einer bestimmten Höhe an kein geschlossener Wald mehr zu halten. Über die *Waldgrenze* wagen sich nur wenige *Zirbelkiefern* hinaus (s. Abb. auf der Innenseite des Buchdeckels).
Oberhalb der *Wald-* und *Baumgrenze* breitet sich ein Strauchgürtel aus. Er besteht gewöhnlich aus dichten Beständen der *Bergkiefer* oder Latsche (Pinus montána) sowie aus *Alpenrosen* (Rhododéndron) und anderen niedrigen Holzgewächsen. Nach oben geht der Strauchgürtel allmählich in die *Alpenmatten* über, wo nur noch wenige Holzpflanzen, wie kriechende *Weiden* (Salix), eine Zwergform des *Wacholders* (Juníperus; S. 206), *Kugelblumen* (Globulária) u. a., wachsen. Auf den Matten bilden zahlreiche Gräser einen dichten Teppich, der besonders im Spätfrühling mit vielen schönblühenden Stauden besetzt ist. Unter den gelb und rosarot blühenden Schlüsselblumen fällt die *Aurikel* (Prímula auricula) mit duftenden, hellgelben Blüten auf. Die zierlichen, leuchtend blauen oder hellvioletten *Alpenglöckchen* (Soldanélla) dringen durch die letzten Schneereste. Hahnenfußarten mit schneeweißen oder leuchtend gelben Blüten, wie z. B. die dicht behaarte *Alpen-Kuhschelle* (Pulsatílla alpína), treten häufig auf. Das dunkelpurpurne *Kohlröschen* (Nigritélla nigra), eine Orchidee, verbreitet einen herrlichen Duft. Zahlreiche *Enzianarten* (Gentiána) sind durch ihre blauen Röhrenblüten unverkennbar. *Gesteinsfluren* und kahler Fels folgen oberhalb der Matten. Aber selbst hier ist das Pflanzenleben nicht erloschen. Auf Triften und Felsvorsprüngen siedelt sich das *Edelweiß* (Leontopódium alpínum) an. In seiner Umgebung findet sich oft die *Alpen-Aster* (Aster alpínus), in deren Blütenköpfchen sich die

Alpenpflanzen
1 Stengelloser Enzian
2 Schwarzes Kohlröschen
3 Silberwurz
4 Rostblättrige Alpenrose
5 Trauben-Steinbrech

dunkelgelben Scheibenblüten von den satt-violetten Randblüten abheben. Von allen Blütenpflanzen weist der weißblütige *Gletscher-Hahnenfuß* (Ranúnculus glaciális) die höchsten Standorte auf.

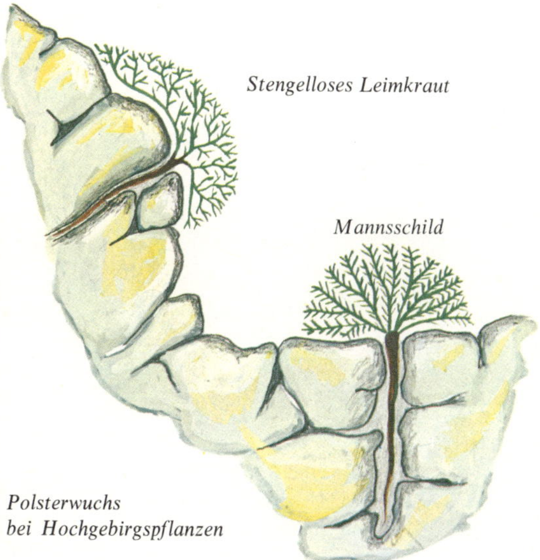

Polsterwuchs bei Hochgebirgspflanzen

Weit stärker als in tieferen Lagen wirken in Gestein und Fels des Hochgebirges die Sonnenstrahlen. Auch wechseln die Wärmegrade schroff innerhalb weniger Stunden. Heißen Mittagsstunden kann eine Nacht mit Temperaturen unter dem Gefrierpunkt folgen.

Hinzu kommt die in der Höhe größere Windgeschwindigkeit. Diesen erschwerten Lebensbedingungen sind die Pflanzen auf mannigfaltige Weise angepaßt. Die meisten Pflanzen des Hochgebirges erheben sich nur wenig über den Boden und besitzen kleine Blätter. Wie das Edelweiß und das Alpenwindröschen sind die hellblau- oder weißblühende *Bärtige Glockenblume* (Campánula barbáta) und viele andere Arten in ein dichtes Haarkleid gehüllt, das vor allem als Sonnenschutz angesehen wird. Bei zahlreichen Alpenpflanzen, wie z. B. beim rosablühenden *Stengellosen Leimkraut* (Siléne acaúlis), bei verschiedenen *Steinbrecharten* (Saxífraga), dem Mannsschild (Andrósace) u. a., ist der niedrige Sproß polsterartig verzweigt und das Wurzelwerk kräftig ausgebildet. Einjährige Pflanzen kommen im Hochgebirge nur selten vor; denn sie können in dem kurzen Sommer ihre Samen nicht immer zur Reife bringen. Die Stauden dagegen bilden die Blütenknospen für das nächste Jahr bereits im Herbst aus und blühen, sobald der Schnee geschmolzen ist.

Tierleben. Anders als der Alpenwald hat der Strauchgürtel mehrere ihm eigentümliche Tiere. Dort hat gewöhnlich die Gemse ihr Lager; Auerwild, Alpenhase und Schneehuhn finden leicht einen Unterschlupf. Von der Bergkiefer herab ertönt der Gesang der mit einer weißen Halsbinde versehenen Ringdrossel. Bei feuchter Witterung ist der schwarze Alpensalamander zu beobachten. Die Gipfel der höchsten Berge werden häufig von Alpendohlen umkreist, die sich durch schwarzes Gefieder und gelbe Schnäbel auszeichnen. Die bunten Matten sind von zahlreichen Schmetterlingen belebt, darunter der geschützte Apollo, dessen weiße Hinterflügel 2 große, rote Augenflecke aufweisen. Auf den Geröllfeldern hört man nicht selten den Warnpfiff des Murmeltieres. Selbst auf den Gletschern und Firnfeldern ist noch tierisches Leben anzutreffen; denn hier findet sich der Gletscherfloh, der nur so lange in Bewegung ist, wie durch die Sonne die oberste Eis- oder Schneeschicht abschmilzt.

Am Meeresstrand

An der Nordsee – weit geringer an der Ostsee – wechseln Ebbe und Flut miteinander ab. Bei der Flut hebt sich der Wasserspiegel stellenweise bis zu 2 m und mehr, und das Wasser dringt weit landeinwärts. Zur Ebbezeit liegen dagegen weite Strecken völlig trocken. Diesen ungewöhnlichen Lebensbedingungen müssen auch die Pflanzen angepaßt sein, die den Meeresstrand besiedeln.

Die Dünenlandschaft. An einem Strand, der vorwiegend aus Sand besteht, wirbelt die hereinbrechende Flut die Sandteilchen durcheinander. Pflanzen und Tiere können hier nicht Fuß fassen. Der sandige Strand ist daher völlig kahl. Weiter landeinwärts, wohin die Flut nicht mehr reicht, häuft der Wind hinter jeder Bodenerhebung den Sand an. Es entstehen Dünen, die ständig ihre Lage wechseln, wenn sie nicht durch Anpflanzungen befestigt werden. Über die Bedeutung des *Strandroggens* und *Strandhafers* für die Dünenbefestigung wurde bereits gesprochen (S. 185 f.). Auch eine *Queckenart* ist hier zu erwähnen, die mit meterlangen Ausläufern den Sand durch-

Dünenlandschaft mit Strandhafer.
Die meterlangen Ausläufer des Strandhafers befestigen den Sand.

wächst und dadurch befestigt. Ist der Sand erst einmal durch die ersten Pioniere festgelegt, dann stellen sich Flechten und Moose ein. Bald fristet die *Kriechweide* hier ihr Leben, und schließlich bilden *Heidekräuter* und andere Zwergsträucher ein dichtes Buschwerk. Der schönste Schmuck der Dünenlandschaft, die leuchtend blaue *Stranddistel* (Erýngium marítimum, S. 109), steht unter Naturschutz.

Die Wattlandschaft. Mannigfaltiger ist die Pflanzenwelt jener Küsten, an denen die Kraft der Wellen durch vorgelagerte Inseln, Landzungen und Dämme gebrochen wird. Hier steigt zur Flutzeit das Wasser ziemlich gleichmäßig an, und fruchtbarer „Schlick" tripólium) mit ihren violetten Blütenkörbchen. Da wachsen ferner lilafarbig *Strandflieder* (Limónium vulgáre) und die *Strandnelke* (Arméria marítima). Mit ihnen vergesellschaftet sind vor allem Gänsefußgewächse (S. 128), wie *Strandsoda* (Suaéda marítima) und *Strandmelde* (Atriplex littorális). An höher gelegenen Stellen ist der *Meerstranddreizack* (Triglóchin marítima, S. 262) heimisch, dessen Blütenstände an die des Wegerichs erinnern; er gehört aber zu den Einkeimblättlern, wie die grasartigen Blätter verraten. Häufig ist auch der *Meerstrandbeifuß* (Artemísia marítima), der sich von dem verwandten Wermut durch die weißfilzigen Blätter unterscheidet.

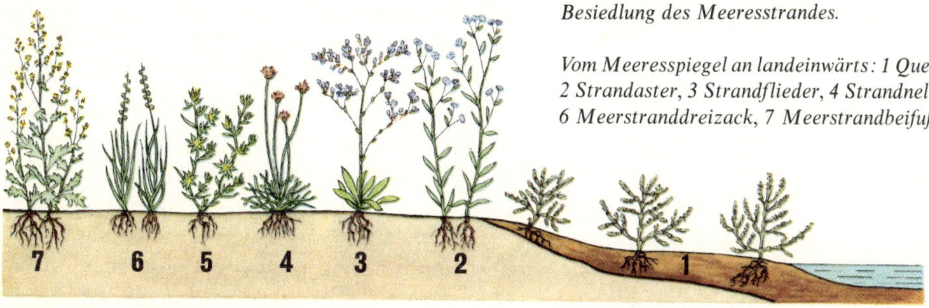

Besiedlung des Meeresstrandes.

Vom Meeresspiegel an landeinwärts: 1 Queller (im Schlick), 2 Strandaster, 3 Strandflieder, 4 Strandnelke, 5 Strandsoda, 6 Meerstranddreizack, 7 Meerstrandbeifuß

kann sich in dem ruhigeren Wasser ablagern. Bei Ebbe „läuft das Wattenmeer trocken". Die regelmäßige Überflutung und der hohe Salzgehalt des Bodens sind jedoch den meisten Blütenpflanzen nicht zuträglich. Darum kann sich hier frei vom Wettbewerb mit anderen Pflanzen der *Queller* (Salicórnia europaéa), ein salzfestes Gänsefußgewächs, ausbreiten. Die eigenartigen blattlosen Sprosse haben das Aussehen von Fettblattpflanzen wie die des Mauerpfeffers. In seinen reich verzweigten Ästen schlägt sich Schlick nieder und wird von ihnen festgehalten. Dadurch erhöht sich der Boden nach und nach und kann schließlich durch Eindeichen vom Meer völlig abgetrennt werden. Mit Hilfe des Quellers gewinnt man so an der Nordseeküste, besonders im Bereich der Halligen, Neuland.

Landeinwärts ist der Boden durch gelegentliche Überflutungen (Sturmfluten) und durch Wasserspritzer immer noch stark salzhaltig. Hier ist das Reich anderer „Salzpflanzen", vor allem der *Strandaster* (Aster

Ist das Land durch Bedeichung gegen die Flut geschützt, dann wird es nach und nach durch den Regen „ausgesüßt", d.h. der Salzgehalt des Bodens verringert sich mehr und mehr. Nun entstehen Wiesen, die vielfach nur einen einzigen Schnitt durchmachen und danach als Viehweiden benutzt werden.

Tierleben. Die häufigsten Tiere der Meeresküste sind Möwen und Seeschwalben. Ihnen gesellen sich mehrere dem Kiebitz verwandte Vögel hinzu, wie Regenpfeifer, Strandläufer und Austernfischer. Diesen hat man auf einigen deutschen Inseln eine Freistätte geschaffen, wo sie ungestört brüten können. Die berühmteste Vogelinsel ist die Hallig Norderoog, auf der zur Brutzeit Zehntausende von Vögeln brüten; jeder Platz am Strand und auf der mit Strandgräsern besiedelten Hallig ist dann mit Nestern besetzt. Im umgebenden Wattenmeer kann man besonders zur Ebbezeit auf Sandbänken noch große Herden von Seehunden beobachten.

Werden und Vergehen in einer Lebensgemeinschaft

Vom See zum Hochmoor

1. Wasser aus der Uferzone und von der Mitte eines Sees (Teiches) wird in einer Handzentrifuge 2 Minuten geschleudert. Das über dem Bodensatz stehende Wasser wird ausgegossen, das Abgesetzte mit Hilfe eines Mikroskops auf Lebewesen untersucht.

2. Zeichne alle beobachteten Arten und versuche, die Algen nach den Abbildungen dieses Buches zu bestimmen. Über die Tiere unterrichtet Schmeil, „Tierkunde“. Untersuche Schlamm und Pflanzenteile, die sich unter Wasser befanden, auf Kieselalgen.

3. Stelle in einer Liste die Pflanzengemeinschaft an einem Teichufer zusammen und vergleiche mit der Abbildung S. 277.

Der See und seine Lebensbezirke. Das norddeutsche, von den Gletschern der Eiszeit geformte Gebiet ist ebenso wie das Alpenvorland reich an Seen. Sie sind wie viele Teiche gewöhnlich von Wiesen und einem Schilfgürtel umgeben. Was aber den See grundsätzlich vom Teich unterscheidet, ist außer seiner Größe die beträchtlichere Tiefe. Daher erhalten die unteren Wasserschichten wenig oder gar kein Licht und weisen demgemäß nur wenige oder keine grünen Pflanzen auf. Hiernach müssen wir beim See 3 Lebensbezirke mit verschiedenen Bedingungen unterscheiden: das freie Wasser, das Ufer und den Seegrund.

Das freie Wasser. Das Plankton des freien Wassers enthält viele Arten von Kieselalgen, Grünalgen und Blaualgen. Die beiden letztgenannten Gruppen sind oft in solcher Menge vorhanden, daß das Wasser grün erscheint („Wasserblüte“). Von den Algen ernähren sich Kleinkrebse und von diesen wieder zahlreiche Fische.

Die Uferzone. An seichten Stellen der Uferzone finden sich vorwiegend Seggen und Binsen. Aber auch diese können sich nicht halten, wenn infolge der vorherrschenden Windrichtung die Wellen mit besonderer Heftigkeit anschlagen. In dieser „Brandungszone“ ist der Untergrund fast nur mit Sand und Geröll bedeckt. An ruhigeren Stellen bilden Seggen und in etwas tieferem Wasser ($1-1^1/_2$ m) gewöhnlich Schilf mit einigen anderen Gewächsen ausgedehnte Röhrichte. An sie schließt sich die Seerosenzone an, in der außer der Leitpflanze auch Laichkräuter ihre

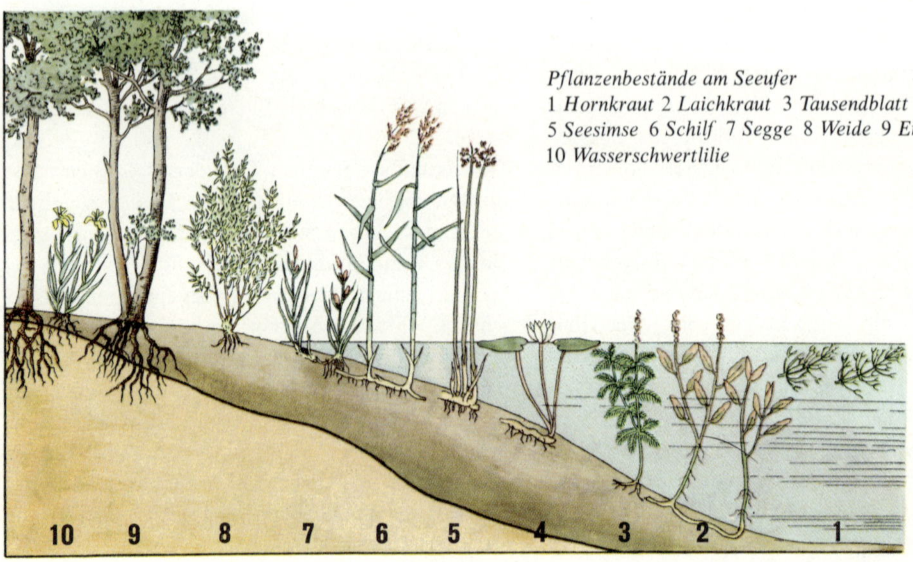

Pflanzenbestände am Seeufer
1 *Hornkraut* 2 *Laichkraut* 3 *Tausendblatt* 4 *Seerose* 5 *Seesimse* 6 *Schilf* 7 *Segge* 8 *Weide* 9 *Erle* 10 *Wasserschwertlilie*

Schwimmblätter ausbreiten. Hier, besonders aber in stillen Buchten, findet sich – leider immer seltener – mitunter die naturgeschützte Wassernuß (Trapa natans, S. 278). Noch etwas größere Tiefen bevorzugen Hornblatt und Tausendblatt, während nach der Seemitte zu die Armleuchteralgen niedrige Rasen bilden, die stets unter der Wasseroberfläche verbleiben. Die ganze Uferzone bietet zahlreichen Tieren günstige Lebensbedingungen (Nahrung, Versteck, Brutgelegenheit usw.). Den friedlichen Pflanzenfressern folgen auch hier zahlreiche Räuber. Je breiter der Ufergürtel, um so größer ist in der Regel der Fischreichtum des Sees.

An einem Teich. Ein Teich ist ein kleines, stehendes Gewässer. Sein Ufer wird oft von Weiden und Erlen umstanden oder von Schilf umsäumt. Der sumpfige Uferrand ist angefüllt mit Pflanzenresten. Diese verfaulen und liefern dabei im Überfluß Nährstoffe, in denen Sumpf- und Wasserpflanzen üppig gedeihen. Allerlei Kleintiere finden hier geeignete Nahrung. Von ihnen ernähren sich wiederum Fische und Vögel. Pflanzen und Tiere haben sich somit auch am Teich zu einer Lebensgemeinschaft zusammengefunden.

Die Teichvegetation. Da in einem Teich das Licht bis zum Grunde dringt, können alle seine Teile von grünen Pflanzen belebt werden. Ihnen steht ein Überschuß an Wasser zur Verfügung. Dementsprechend ist das Wurzelwerk schwach entwickelt (Froschbiß), auch dann, wenn es die Pflanze verankern muß (Teichrose). Beim Wasserschlauch und Hornkraut fehlt es gänzlich. Schwimmblätter wie beim Froschbiß und der Teichrose erleichtern die Verdunstung. Hohlräume in Blattstielen und Stengeln (See- und Teichrose) sorgen für eine gute Durchlüftung und wirken ähnlich wie ein Schwimmgürtel. Teichpflanzen haben zudem schwimmfähige Samen.

Die Tierwelt eines Teiches. Zwischen den größeren Gewächsen leben im Wasser zahlreiche *Kleinlebewesen*, so Wasserflöhe, Hüpferlinge, Urtiere. Zusammen mit einzelligen Algen und Algenkolonien bilden sie das *Teich-Plankton*. Auf dem Wasser beobachten wir vor allem *Schwimmvögel:* Stockente, Bläßhuhn, Grünfüßiges Teichhuhn, Taucher. Der Wasserfrosch ist häufig. Über dem Wasserspiegel jagen Libellen; auf ihm tummeln sich Taumelkäfer und Wasserläufer. Im Wasser leben Fische, Molche, Wasserkäfer, Wasserwanzen sowie die Larven von Mücken. An untergetauchten Pflanzen sitzen Polypen und Schwämme. Wasserschnecken weiden die Unterwasserteile der Pflanzen ab. Im schlammigen Grund kriecht die Teichmuschel. Mehrere Wurmarten sowie

Am Ufer eines Teiches
1 *Wasserlinse* 2 *Wasserschlauch* 3 *Froschbiß*
4 *Froschlöffel* 5 *Rohrkolben* 6 *Igelkolben*
7 *Teichschachtelhalm* 8 *Wasserschierling*

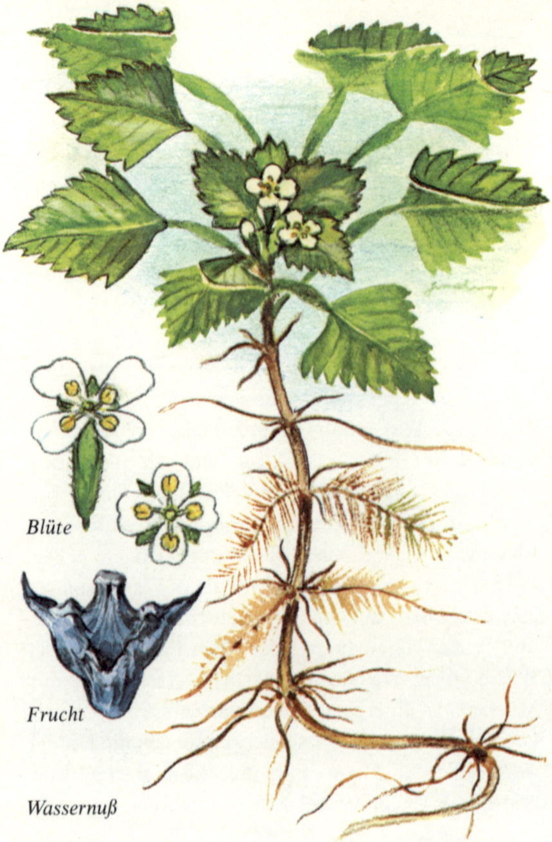

Blüte

Frucht

Wassernuß

die Larven vom Gelbrand, der Libellen und Eintagsfliegen haben hier ihren Lebensraum.

Der Seegrund. Am Grund tiefer Seen herrscht völlige Finsternis und meist eine Temperatur von etwa 4° C, denn bei dieser hat das Wasser seine größte Dichte. Im Frühjahr wird das Wasser umgeschichtet: Nach der Eisschmelze erwärmen sich wieder die obersten Wasserschichten. Sie werden dadurch schwerer und sinken, angereichert mit Sauerstoff, in den Temperaturbereich von 0–4° C ab. Diese „Frühjahrs-Zirkulation“ dauert an, bis das gesamte Wasser einheitlich 4° C erreicht hat. Später gelangt in die Seen, die nicht von einem Bach oder See durchströmt werden, kein Sauerstoff mehr in die Tiefe. Der Seeboden ist daher von einer Schicht Tiefenschlamms, der *Mudde*, bedeckt. Sie wird von abgestorbenem Plankton und von verrottenden Schwimmpflanzen gebildet. Fäulnisbakterien überführen die organischen Stoffe in einfachere Verbindungen. Tiere leben hier nur in wenigen Arten. Schlammwürmer lassen fortgesetzt Bodenbestandteile durch ihren Körper wandern. Was dabei nicht zersetzt wird, bereiten die Bakterien weiter auf. Schlammwürmer und die roten Larven der Zuckmücke sind die Hauptnahrung der grundbewohnenden Schleien, Schlammbeißer und Brachsen. Diese wiederum werden vom Wels verfolgt.

Verlandung. Durch den sich ständig neu bildenden Tiefenschlamm wird der Seegrund allmählich erhöht.

Verlandungsvegetation an einem Seerand. Im Vordergrund bereits Bildung eines Moores mit Wollgräsern

Im ruhigen Wasser zwischen den Stengeln des Röhrichts sammeln sich ferner Jahr für Jahr die Reste der abgestorbenen Uferpflanzen an. Der See wird zunehmend flacher, die Uferbank breiter und dichter besiedelt. Die Uferpflanzen und Pflanzen des freien Wassers drängen nach dem Innern des Sees vor. Pflanzenreste werden mehr und mehr abgelagert; der Grund wird rascher erhöht. Aus dem See wird ein flacher Teich, der schließlich über den ganzen Grund hinweg von Uferpflanzen besiedelt wird. Sumpfpflanzen verdrängen die Unterwasser-Vegetation; aus dem See wird ein *Moor*. Der See ist *verlandet*.

Wie aber können sich die abgestorbenen Pflanzenreste in so riesigen Mengen anhäufen – es gibt Moore mit mehr als 10 m mächtigen Torfschichten –, während sie sonst bald verwesen? Das liegt daran, daß die toten Pflanzenteile unter die Wasseroberfläche geraten. Hier geht der Zersetzungsvorgang weit langsamer vor sich als an der Luft; Säuren entstehen, die die Zersetzung durch niedere Lebewesen, vor allem durch Bakterien, hemmen. Im Laufe der Jahrtausende entsteht eine braunschwarze Masse, der *Torf*. Man kann die Torfbildung durch folgende Versuche anschaulich machen:

Erhitzen wir Holzstückchen an der Luft, so verbrennen sie, und es bleibt lediglich etwas Asche zurück. Zu demselben Ergebnis führt auch die Verwesung bei gewöhnlicher Temperatur, die unter dem Einfluß von Bakterien verläuft. Erhitzen wir aber Holzstückchen bei Abwesenheit von Luft (in einem Reagenzglas, durch dessen Korkverschluß ein Glasröhrchen führt), so entweichen brennbare Gase und Dämpfe; Holzkohle bleibt zurück. Das Holz konnte in diesem Falle nicht verbrennen, weil der Sauerstoff der Luft fehlte; es verkohlte lediglich. In ähnlicher Weise spielt sich auch der Vertorfungsvorgang ab.

Das Flach- oder Wiesenmoor. Das durch Verlanden eines Sees entstehende Moor kann sich nach und nach in eine Wiese verwandeln und wird dann als Wiesenmoor bezeichnet. Man nennt es auch Flach- oder Niedermoor, weil es (im Gegensatz zum Hochmoor; s. unten) in der Mitte nicht gewölbt ist.

Auf dem sehr nassen und luftarmen Boden dieser Moore leben vorwiegend Seggen und solche Pflanzen, die ihre Wurzeln flach in der obersten Bodenschicht

Beginn der Verlandung

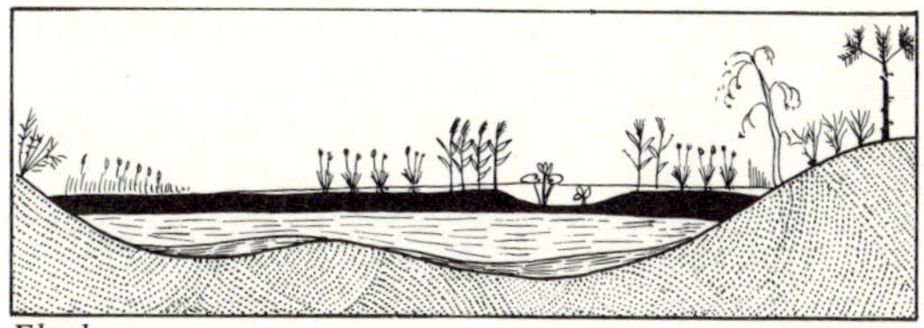

Flachmoor

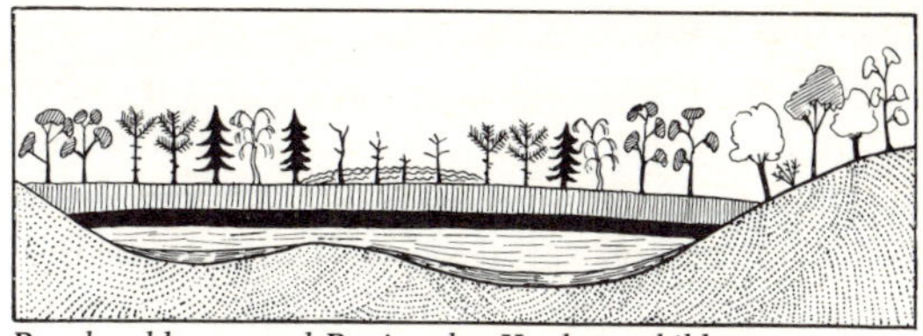

Bruchwaldmoor und Beginn der Hochmoorbildung

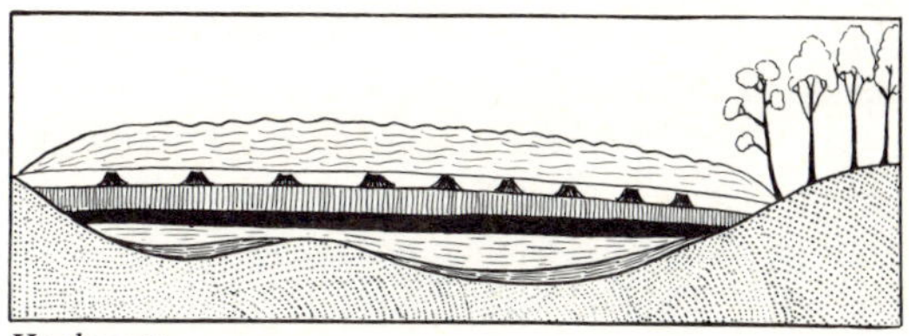

Hochmoor

Entstehung eines Moores

ausbreiten (Sumpfschachtelhalm, Sumpfziest, Mädesüß, Pfennigkraut, Vergißmeinnicht, Binsen usw.). Im Laufe der Zeit häufen sich auf ihm immer mehr abgestorbene Pflanzenmassen an, so daß er sich allmählich erhöht und trockener wird. Jetzt können sich auch Holzgewächse ansiedeln, und zwar stellen sich zuerst Weiden und Faulbaum, später auch Erlen und Birken ein: Aus dem Moor entsteht allmählich ein *Bruchwald*. Allerdings läßt es der Mensch so weit gewöhnlich nicht kommen. Durch Entwässerung und Düngung werden die sauren Wiesen in Süßgraswiesen und weiterhin in Ackerland übergeführt.

Tiere im Flachmoor. Hier leben im allgemeinen die gleichen Tiere wie in dem Pflanzengürtel, der das offene Wasser umschließt. Hinzu kommen manche Bewohner und Gäste der eigentlichen Wiesen, z. B. Kiebitz, Brachvogel und Storch, sehr häufig auch der

Grasfrosch, dem besonders die Ringelnatter nachstellt. Gebüsche und Bruchwald werden von Singvögeln belebt. Je trockener das Flachmoor wird, um so mehr gleicht sich der Tierbestand dem der Wiese an.

Das Hochmoor. Häufig ist die Verlandung eines Sees, die sich in den Jahrtausenden nach der Eiszeit vollzog, nicht bei der Flachmoor- und Bruchwaldbildung stehengeblieben. Wir wissen heute, daß viele Seen bereits vor etwa 7000 Jahren verlandet waren. Dann aber setzte erneut eine Versumpfung ein, und zwar als Folge eines wärmeren und vor allem niederschlagsreicheren Klimas als heute. In dem mächtigen nährstoffarmen und sauren Flachmoortorf konnten aber jene Pflanzen, die einstmals den See verlandet hatten, nicht mehr Wurzeln fassen. Somit waren solche Pflanzen im Vorteil, die von dem Grundwasser unabhängig sind und mit den Niederschlägen vorlieb nehmen. Das sind vor allem die *Torfmoose* (Bleichmoose). Das Torfmoos hat die Eigenart, das Wasser wie ein Schwamm aufzusaugen und festzuhalten. Diese Moose wucherten so stark, daß alle bodenständigen Pflanzen erstickten und sogar der Bruchwald abstarb. Während das untere Ende der Moosstämmchen nach und nach vertorfte, wuchs das obere Ende weiter. Dadurch erhob sich schließlich die Torfmoosdecke mehrere Meter über dem Flachmoortorf. Auch über den ehemaligen Seerand hinaus breitete sich der Bleichmoostorf aus. An dem Jahreszuwachs mancher Pflanzen, die mit dem Torfmoos in die Höhe wachsen, kann man ablesen, wie rasch das Moos wächst. Die Oberfläche der Hochmoore ist in der Regel uhrglasförmig gewölbt, weil die randständigen Teile stärker austrocknen als die Mitte und deshalb im Höhenwachstum zurückbleiben.

Sonnentau im Hochmoor. Das Blatt mit „gefangenem" Insekt

Als in späteren Jahrtausenden die Niederschläge zurückgingen, ließ das Mooswachstum nach. Nun stellten sich, zunächst am Rande des Moors, zahlreiche Sauergräser, z. B. das Wollgras, später auch Süßgräser ein. Mit Sonnentau, Heidekraut, Moosbeere und anderen Zwergsträuchern bilden sie eine Pflanzengesellschaft, die für das abtrocknende Moor bezeichnend ist. Endlich siedelten sich Wacholder, Kiefer und Birke an: Das Hochmoor entwickelte sich zur Heide. Dieser Vorgang erfolgt rasch, wenn das Moor künstlich trockengelegt wird (S. 279).

1. Blättchen eines Torfmooses werden mit Wasser auf einen Objektträger übertragen und mit Hilfe eines Kopierstiftes angefärbt. Im Mikroskop kann man dann deutlich die Poren in den Zellwänden erkennen, durch die die Torfmoose Wasser aufsaugen.

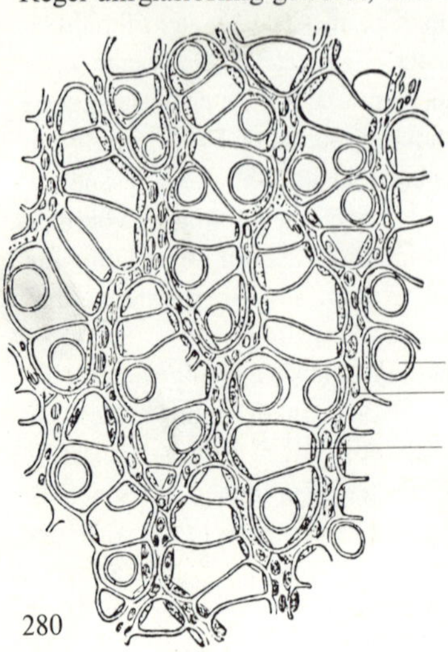

Torfmoos, Blattstück. Die toten Wasserzellen mit Poren und Versteifungen.

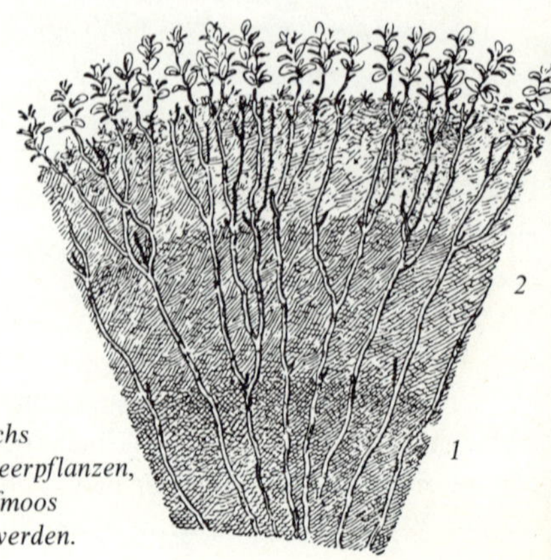

Jahreszuwachs von Preiselbeerpflanzen, die vom Torfmoos umwuchert werden.

2. Ein Stückchen Torf wird in Wasser aufgeschlämmt und mikroskopisch auf Torfmoose untersucht (Anfärben mit Kopierstift, Poren in den „Wasserzellen" der Moosblättchen beobachten, zeichnen!).
3. In Hochmooren sind regelmäßig Sonnentau-Arten zu finden. In Wasseransammlungen (Schlenken) suche nach dem Wasserschlauch.

An einem Torfstich. Die Geschichte der Moorentstehung kann man an einem Torfstich ablesen, der von der unberührten Oberfläche bis zum sandigen Untergrund reicht. Dem ehemaligen Seeboden liegt eine schwarze, gallertartige Schicht auf, in der nur mit Hilfe des Mikroskops kleinste Pflanzen- und Tierreste festzustellen sind. Diese „Mudde" ist aus dem völlig zersetzten Faulschlamm hervorgegangen. Gießt man auf die tiefen Muddeschichten etwas Salzsäure, so kann man gelegentlich ein Aufbrausen beobachten, ein Zeichen, daß Kalk darin enthalten ist. Er scheidet sich bei der Zersetzung des im Wasser gelösten Calciumhydrogenkarbonats durch Wasserpflanzen

Die Schichtenfolge an einem Torfstich

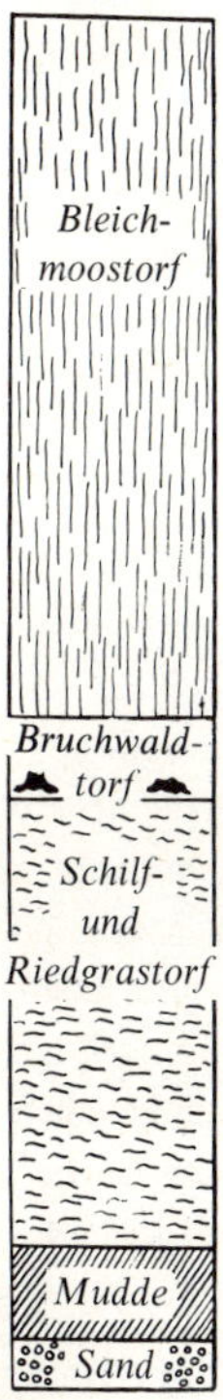

Abbildungen von Pollen, die in den nebenstehenden Schichten häufig vorkommen

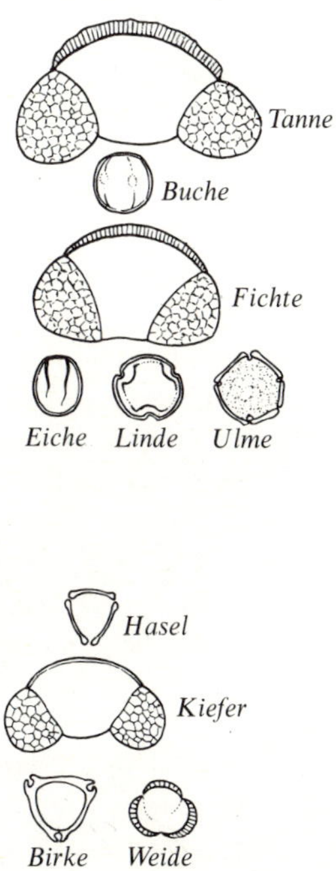

aus; gelegentlich stammt er von Armleuchteralgen, die einstmals den Seeboden besiedelten. Über der Mudde folgt eine faserige Schicht, die aus zahlreichen Wurzelstöcken von Schilf und Riedgräsern und aus Laubmoosen besteht. Mit einem an Holzresten reichen „Bruchwaldtorf", in dem Birken, Erlen und Weidenholz überwiegen, schließt der Flachmoortorf ab. Dann folgt der eigentliche Hochmoortorf, überwiegend aus Torfmoosresten aufgebaut und von den Wurzelschöpfen der Wollgräser und von Heidekrautresten durchsetzt.

1. Etwas Brenntorf oder Streutorf kocht man in 10%iger Kalilauge 10 Minuten lang, gießt dann das Ganze auf ein feinmaschiges Sieb und läßt die abfließende Flüssigkeit erkalten. Darauf wird diese in eine Handzentrifuge gegeben und 2 Minuten lang geschleudert. Was sich dabei absetzt, schwemmt man mit Wasser auf, zentrifugiert erneut und setzt die Arbeit so lange fort, bis das Wasser nur noch schwach braungefärbt erscheint. Dann wird der Bodensatz mit wenigen Tropfen Glycerin vermischt und unter dem Mikroskop auf Pollen untersucht.
2. Zeichne die verschiedenen Pollenarten und versuche, sie nach der Abbildung zu bestimmen.

Pollenanalyse. Bei einer eingehenden mikroskopischen Untersuchung der Torfschichten findet man regelmäßig Blütenstaubkörner (Pollen). Die Außenhaut der meisten Pollenarten ist so widerstandsfähig, daß ihre Form vollendet erhalten bleibt. Da unsere wichtigsten Waldbäume Windblütler sind, wird ihr Pollen über weite Strecken verweht und gelangt auch in die Seen und Sümpfe. Unter Luftabschluß wird er vor der Zersetzung bewahrt, so daß man nach Jahrtausenden noch feststellen kann, von welchen Bäumen und Sträuchern er stammt. Die meisten Pollenarten lassen sich ohne besondere Schwierigkeiten durch ihr verschiedenes Aussehen unterscheiden. Untersucht man die Torfschichten von unten nach oben auf ihren Pollengehalt (Pollenanalyse), so kann man feststellen, daß in den ältesten Schichten nur Birken- und Weidenpollen vorkommen. Später erst folgen Kiefer- und Haselpollen. Im Hochmoortorf treten vorwiegend Pollen von Eiche, Linde und Ulme, aber auch von Fichte und Tanne auf. Die „jüngsten" Pollen stammen von der Buche und Hainbuche. Somit muß sich das Waldbild unserer Heimat mehrmals gewandelt haben. Auf eine „Birkenzeit" folgte eine „Kiefer- und Haselzeit". Ein Mischwald aus Eichen, Linden und Ulmen schließt sich an. Den Beschluß bilden je nach der Landschaft Fichten-, Tannen- und Buchenwaldungen. An einem Moor läßt sich somit nicht nur die Geschichte eines Sees ablesen, sondern es vermittelt uns auch ein Bild von der Geschichte des heimischen Waldes im Wandel der Zeiten von der Eiszeit bis zur Gegenwart.

Tierleben. Das Hochmoor mit seinen Gräben und Tümpeln ist arm an größeren Tieren. Hier trifft man noch die Kreuzotter, oft in einer schwarzen Abart, an. Im Morgengrauen im April kann man das Balzspiel des Birkhahns beobachten. Der meckernde Laut hoch über den weiten Flächen macht auf die Bekassine aufmerksam, die im Hochmoor nistet. Kampfläufer, Brachvogel, Uferschnepfe und Rotschenkel und andere Verwandten der Schnepfen wird man nur noch in ungestörten Mooren hören und sehen können.

Gewinnung und Nutzung des Torfs. Der dunkle Torf wird hier und da noch im Handbetrieb mit einem Spaten gestochen. Meist wird er durch Stechmaschinen abgehoben oder abgebaggert. Dieser Torf dient als Brennstoff. Der lockere, helle „Bleichmoostorf" wird zu Ballen gepreßt, mit Düngemitteln angereichert und zur Verbesserung leichter, sandiger Böden verwendet. Geringer ist seine Bedeutung als Streu für Viehställe, die dann später als Dünger dient.

Moore werden von altersher genutzt. Zunächst waren es die Flachmoore, die beweidet wurden. Die landwirtschaftliche Verwertung der Hochmoore fällt in eine spätere Zeit. Jahrhundertelang pflegte man die *Moorbrandkultur*. Dabei wurde die Mooroberfläche im Frühjahr abgebrannt und in die Asche Buchweizen ausgesät. Später setzte sich die *Fehnkultur* durch: der Torf wird bis auf den sandigen Untergrund abgetragen, Sand und Bleichmoostorf werden miteinander vermischt. Auf solchem Boden können Wiesen und Äcker angelegt werden. Heute wird vielfach das Moor unmittelbar entwässert, gedüngt und in Wiesen, Äcker oder Waldland umgewandelt.

Unsere Hochmoore speichern bedeutende Wassermengen. Wo sie übermäßig trockengelegt werden, sinkt der Grundwasserspiegel ab. Die neu gewonnenen Kulturflächen leiden dann unter Wassermangel.

Nutzpflanzen aus warmen Ländern

Olivenbaum; blühender Zweig, fruchtender Zweig, geöffnete Frucht

Fette und Öle

Die wertvollste Nutzpflanze des Mittelmeergebietes ist der *Öl-* oder *Olivenbaum* (Ólea europǽa), der wie Esche, Flieder, Liguster u.a. ein Ölbaumgewächs (S. 136) ist. Der anspruchslose Baum erreicht ein hohes Alter und ähnelt dann mit seinem hohlen Stamm, den sparrigen Ästen und den schmalen Blättern einer alten Weide. Seine Blätter sind lederartig und unterseits dicht mit silbern schimmernden Schuppenhaaren bedeckt. Die weißen Blüten gleichen denen des Ligusters. Aus dem Fleisch und den Kernen der schwarzblauen oder grünen Steinfrüchte, die etwa Mirabellengröße erreichen, schlägt man das wertvolle Oliven- oder Baumöl.

Die besseren Ölsorten dienen vornehmlich als Speiseöl, die geringeren werden in der kosmetischen Industrie und als Schmiermittel verwendet. Das feste, schön gemaserte Olivenholz ist für feine Holzarbeiten sehr beliebt.

Der Ölbaum steht bereits seit dem Altertum in den Mittelmeerländern in hohem Ansehen. Wahrscheinlich wurden die Mittelmeervölker überhaupt erst seßhaft, nachdem sie gelernt hatten, den Ölbaum anzupflanzen. Ein aus seinen Zweigen geflochtener Kranz war der Lohn des Siegers in den Olympischen Spielen, und noch heute gilt der Ölbaumzweig als ein Sinnbild des Friedens.

Kokospalme am Indischen Ozean

Die *Kokospalme* (Cocos nucífera) wird in allen Ländern der Tropen angebaut. Besonders in Meeresnähe bildet sie ausgedehnte Haine. Ein unverzweigter Stamm, bis zu 25 m hoch, trägt als Krone eine Rosette mächtiger Fiederblätter. Die unscheinbaren Blüten stehen in langen, reich verzweigten Rispen, die anfänglich von einer Scheide umgeben sind. Sie werden vom Wind bestäubt. Die Kokosfrucht ist eine Steinfrucht: Auf eine dünne, gelbbraune Außenhaut folgt eine dicke, faserige Mittelschicht und danach die steinharte Innenschicht. Sprengen wir den Steinkern, dann treffen wir auf den weißen Samen, den eine braune Samenhaut umhüllt. Er stellt eine fleischige Hohlkugel dar, umschließt den winzigen Samen, und ist mit einer süß-säuerlichen Flüssigkeit, der Kokosmilch, gefüllt. Nährgewebe und „Milch" werden bei der Samenkeimung aufgebraucht. Die dicke Faserschicht verhindert, daß die schwere Frucht beim Herunterfallen zerspringt; sie bildet zugleich einen Schwimmgürtel.

Alte Ölbäume in Griechenland

Der Samen schmeckt haselnußartig. Getrocknet liefert er die Kopra, aus der ein wertvolles öliges Fett gewonnen wird. Wichtige Speisefette enthalten Kokosfett. Die Preßrückstände sind ein hochwertiges Viehfutter. Die Seifen- und Kerzenindustrie verbrauchen Kokosfett in großer Menge. Aus der faserigen Mittelschicht der Kokosfrucht werden Decken, Seile, Bürsten, Matten und dergleichen, aus der harten Innenschicht Knöpfe hergestellt. Weit höher aber steht der Nutzen für die Bewohner der Tropen: Der Stamm liefert Bau und Nutzholz. Mit den Blättern deckt man die Häuser und fertigt aus ihnen Flechtarbeiten an. Die Gipfelknospe junger Pflanzen wird als Palmkohl gegessen. Beim Abschneiden der Blütenstände tritt ein Saft aus, der zu Palmwein vergoren wird. Aus der Steinschicht werden Trinkgeschirre hergestellt. Kokoskern und Kokosmilch sind Nahrungsmittel.

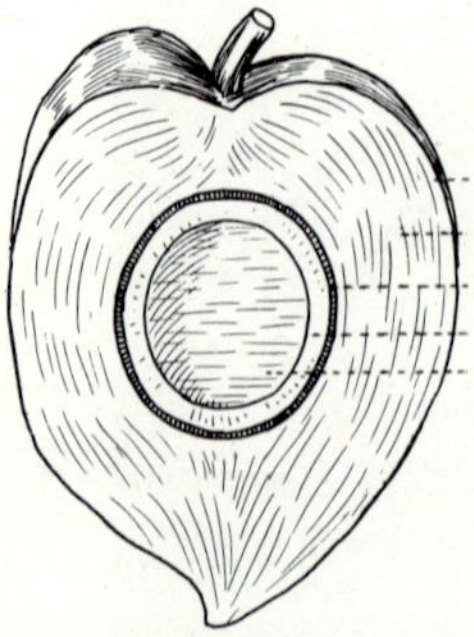

Kokospalme. Steinfrucht (Längsschnitt)

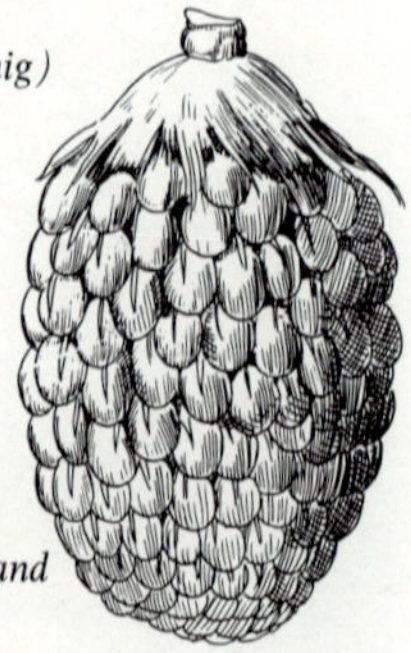

Ölpalme. Fruchtstand

Fruchttragende Reispflanzen

Die *Ölpalme* (Eläeis guinénsis), in Westafrika heimisch, trägt pflaumengroße, rotbraune Steinfrüchte. Aus dem Fruchtfleisch wird das Palmöl gewonnen. Die Samen liefern das Palmkernöl.

Stärke und Zucker

Alle seßhaften Völker bauen stärkeliefernde Pflanzen an. Seit 5000 Jahren wird bereits in China *Reis* gezogen. Von hier aus hat er sich in vielen Spielarten in Länder der Tropen und Subtropen verbreitet. Die Sorten, die man als „Wasserreis" bezeichnet, sind die wichtigsten. Sie gedeihen in sumpfigen Gebieten. Der „Bergreis" verträgt eine geringere Temperatur und Feuchtigkeit und wird noch in größeren Höhen angebaut. Die Felder werden oft terrassenförmig angelegt und bewässert. Die jungen Reispflanzen werden in den Schlamm der etwa 15 cm hoch unter Wasser stehenden Felder gepflanzt. Der *Reis* (Orýza satíva) ist wie der Hafer ein Rispengras. Ein Halm wird etwa 1,50 m lang. Die Blüten haben anders als die meisten Gräser 6 Staubblätter.

Die Körner bilden für mehr als die Hälfte der gesamten Menschheit den größten Teil der Nahrung. Während man in den wichtigsten „Reisländern" von den Körnern nur die Spelzen entfernt, wird der Speisereis bei uns gewöhnlich auch von der äußeren Haut befreit und glänzend poliert. Die dabei entstehenden, an Nährstoffen und Vitaminen (S. 107) reichen Abfälle liefern das Reisfuttermehl, das man verfüttert.

Aus den Körnern werden bei uns auch Grieß und Stärke hergestellt. In Ostindien gewinnt man aus ihnen durch Vergärung den Arrak. Das Reisstroh wird in China und Japan zu Flechtwerk verwendet.

Von großer wirtschaftlicher Bedeutung ist ein anderes Rispengras, das *Zuckerrohr* (Sáccharum officinárum), dessen Heimat wahrscheinlich Ostindien ist. Gleich dem Reis ist es über viele tropische und subtropische Länder verbreitet. Ein Zuckerrohrfeld ähnelt einem

Zuckerrohr.
Daneben ein Stück des Halmes, weniger verkl.

gewaltigen Schilfdickicht. Aus dem Erdsproß erheben sich zahlreiche Stengel, deren fleischiges Mark Zucker besonders stark speichert. Sie werden, je nach der Spielart, 2–6 m hoch. Bevor sich die Rispen entwickeln, muß geerntet werden, weil sonst der Zucker für den Aufbau der Blüten und Früchte verbraucht wird. Man schlägt die Stengel mit großen Messern ab und entfernt die Blätter sowie die Spitze. Die Stengel werden zwischen eisernen Walzen zerquetscht. Der gelbliche Saft wird ähnlich wie der der Zuckerrübe weiter verarbeitet. Aus den zuckerreichen Rückständen gewinnt man durch Gärung den Rum.

Unsere Vorfahren süßten die Speisen mit Honig. Noch im 17. Jahrhundert war der Zucker in Deutschland so teuer, daß er nur von wohlhabenden Leuten gekauft werden konnte. Erst etwa hundert Jahre später wurde seine Verwendung allgemein. Als man aber lernte, den gleichen Zucker aus der Zuckerrübe zu gewinnen, entwickelte sich in Deutschland eine leistungsfähige Rübenzuckerindustrie, die uns heute von der Rohrzuckereinfuhr unabhängig macht. Die wichtigsten Erzeugungsländer für Rohrzucker sind Indien, Kuba und Java.

Südfrüchte

Der *Feigenbaum* (Ficus cárica) steht unter den Obstbäumen der Mittelmeerländer an erster Stelle. Er hat meist 5lappige Blätter, enthält in allen Teilen Milchsaft und trägt gewöhnlich das ganze Jahr hindurch unreife und reife „Feigen". Durchschneidet man eine solche, bevor sie reif ist, so erkennt man, daß sie nicht eine Frucht, sondern ein Blütenstand ist, der aus einem krugförmigen Blütenboden und zahlreichen kleinen Blüten besteht. Nach der Bestäubung, die bei der Wildfeige durch Gallwespen erfolgt, werden der Blütenboden und die Blütenhüllen weich und saftig, und aus den Fruchtknoten gehen senfkornähnliche Früchte hervor. Viele Sorten liefern auch ohne Befruchtung eßbare Feigen, die meist getrocknet in den Handel kommen.

Alljährlich kommen zu uns aus den Küstenländern und von den Inseln des Mittelmeeres große Mengen von Zitronen und Orangen. Sie werden von Bäumen geerntet, die etwa so groß wie Zwetschgenbäume sind und lederartig harte Blätter haben. Die Bäume überdauern die trockenen Sommer und milden Winter des

Feigenbaum

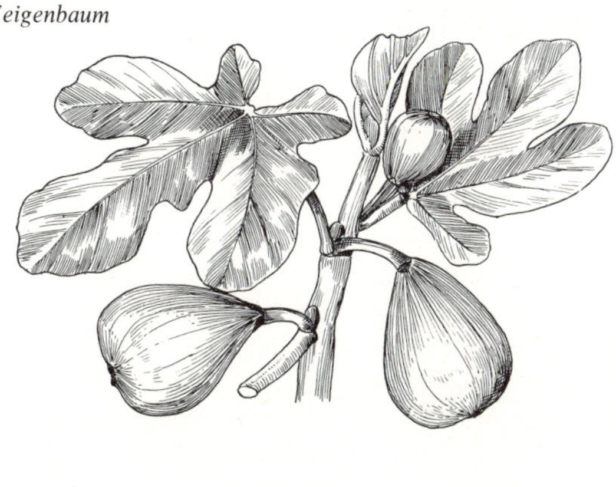

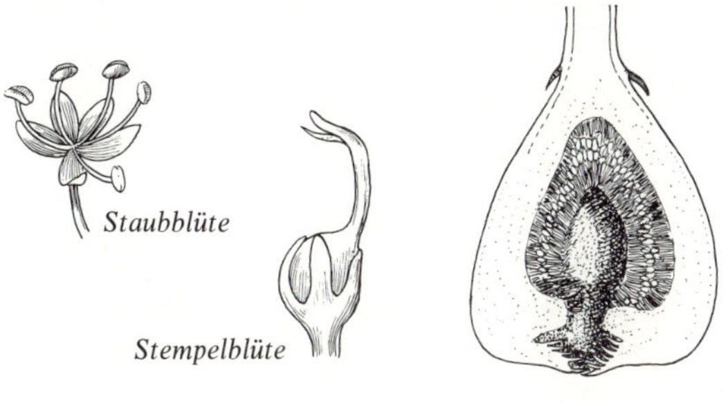

Dattelpalme. Gipfel mit Fruchtständen.

Mittelmeergebietes in belaubtem Zustand. Nach ihrem hohen Gehalt an Fruchtsäuren werden die Früchte, aber auch die Bäume selbst, vielfach als Agrumen (vom lat. agro = sauer) bezeichnet.
Die Zitrone, die Frucht des *Zitronenbaumes* (Citrus médica), hat eine gelbe, dicke Schale, die wegen ihres Reichtums an einem flüchtigen Öl als Gewürz verwendet wird. Ferner dient der Saft des sauren Fruchtfleisches zum Würzen von Speisen und zur Herstellung von Fruchtsäften. Die kopfgroßen Früchte einer Spielart liefern, in Zucker eingekocht, das Zitronat. – Der *Orangenbaum* (C. aurántium) wird besonders in 2 Spielarten angebaut. Die eine liefert die Pomeranze oder bittere Orange, die andere die Apfelsine oder süße Orange. Aus den Schalen der Pomeranzen gewinnt man das Orangeat, sie sind Rohstoff für einen Likör und werden vor allem zu Orangenmarmelade verarbeitet. Außerdem preßt man aus ihnen ein flüchtiges Öl, besonders aus einer Abart, der Bergamotte. Im Kölnischen Wasser ist dieses enthalten zusammen mit dem wertvollen Öl aus Apfelsinenblüten. – Die kleinen *Mandarinen* stammen von einem nahe verwandten Baum (C. nóbilis) und die großen, säuerlich bitteren *Pampelmusen* oder *Grapefrüchte* von einer malaiischen Unterart der Orange (C. decumána).

Die *Dattelpalme* (Phoenix dactylífera) hat für den weiten Wüstengürtel, der sich quer durch Nordafrika und bis zum Indus erstreckt, die gleich Bedeutung wie für uns Roggen und Kartoffel. Sie ist der Kokospalme ähnlich, hat aber einen etwas kürzeren und dickeren Stamm. In den Oasen finden sich oft große Anpflanzungen der Dattelpalme, weil hier Quellwasser zutage tritt, das die Pflanzen bewässert. Diese

Zitronenbaum mit Blüten und unreifen Früchten

reife Frucht

Fruchtstand der Banane

Ananas. Junger Fruchtstand.

erreichen mit ihren tiefgehenden Wurzeln zumeist auch das Grundwasser. Um einen größeren Ertrag zu erzielen, duldet man in den Pflanzungen – die Dattelpalme ist 2häusig – nur wenige Bäume mit Staubblüten. Damit aber möglichst alle Stempelblüten befruchtet werden, schneidet man die aus Staubblüten bestehenden Kolben ab und hängt sie in die Kronen der Fruchtbäume.

Die pflaumenähnliche Frucht, die Dattel, enthält einen langen, steinharten Samen. Bei uns werden nur Datteln mit saftigem, süßem Fruchtfleisch angeboten. Sorten mit trockenem, wenig süßem Fleisch bilden das „tägliche Brot" der Wüstenbewohner. Auch alle anderen Teile des Baumes werden nutzbringend verwendet: die Dattelpalme macht die Wüste erst für den Menschen bewohnbar.

Die *Banane* (Musa) ist eine Staude mit kurzem, knolligem Stamm, der sich aus einem Erdsproß erhebt und zahlreiche bis 5 m lange und 1 m breite Blätter trägt. Die scheidenförmigen Teile der Blattstiele bleiben auch nach dem Absterben der Blattflächen erhalten. Sie schließen sich so eng zusammen, daß sie einen bis 10 m hohen „Scheinstamm" bilden. Der Wind reißt die gewaltigen Blattflächen so ein, daß sie wie gefiedert aussehen. Der Blütenstand geht in eine oft zentnerschwere Fruchttraube über. Während die Früchte der Obstbanane ein süßes, saftiges Fleisch haben, sind die der Mehlbanane weniger süß, aber reich an Stärke. Die meist samenlosen Früchte werden durch Stecklinge aus dem Erdsproß vermehrt. Die bei uns eingeführten Bananen kommen in der Regel aus Mittelamerika. Für viele Millionen Menschen sind Bananen das Hauptnahrungsmittel. Die Stammeltern der Kulturbananen waren in Südasien heimisch. Heute sind Bananenpflanzungen über fast alle Länder der heißen Zone verbreitet.

Aus Mittelamerika stammt die *Ananas-Pflanze* (Ananas sativus), die heute in tropischen und subtropischen

Kaffeestrauch. Zweige mit Blüten und Früchten. Frucht teils durchschnitten, teils aufgeschnitten

Ländern großflächig angebaut wird. Sie trägt auf einem kurzen Stamm eine Rosette langer, starrer Blätter, aus der sich der Blütenkolben erhebt. Seine Achse und Deckblätter werden fleischig und saftig. So entsteht eine wohlschmeckende, aromatische Scheinfrucht, die einem riesigen Tannenzapfen ähnelt.

Genußmittel

Der „Kaffee" wird von mehreren Pflanzenarten, die unserem Waldmeister verwandt sind, gewonnen. Unter ihnen hat der *Arabische Kaffee* (Cóffea arábica) die größte Bedeutung. Die Heimat dieses Strauches, der auch zu einem kleinen Baum heranwächst, ist wahrscheinlich der gebirgige, östliche Teil des tropischen Afrika. Er wurde wohl zuerst in Südarabien (Mokkakaffee) angepflanzt und verbreitete sich später über fast ganz Ostindien, die Sundainseln und die tropischen Teile Amerikas. Heute ist Brasilien das Hauptanbauland. Auch in Ostafrika wurden zahlreiche Kaffeeplantagen angelegt. Die Pflanze hat gegenständige, immergrüne Blätter, die etwa die Form und Größe der Lorbeerblätter aufweisen. In den Blattwinkeln stehen zahlreiche weiße Röhrenblüten, aus denen die anfangs grünen, später roten und zuletzt violetten Früchte hervorgehen. Sie sind kleinen Kirschen ähnlich und wie diese Steinfrüchte. In einem saftigen, süßen Fruchtfleisch liegt eine hornartig harte Schale, die zwei harte Samen, die Kaffeebohnen, einschließt. Die Samenschale ist eine dünne, silberfarbige Haut. Von Fruchtfleisch, Schale und Silberhäutchen befreit kommen die Bohnen in den Handel.

Geröstet und gemahlen wird aus ihnen der Kaffee gekocht. Seine anregende Wirkung rührt in erster Linie von dem *Koffein* her, das in größerer Menge ein starkes Gift ist. Fortgesetzter Mißbrauch von starkem Kaffee führt zu Herz- und Nervenleiden. Heute kann man dem Kaffee weitgehend das Koffein entziehen (coffeinfreier Kaffee). Nährwert hat der Kaffee nicht, er ist ein Genußmittel.

Der *Kakaobaum* (Theobróma cacáo), ein sehr entfernter Verwandter der Malven, ist in den Urwäldern

Kakaobaum mit Blüten und Früchten

Chinesischer Teestrauch. Zweig mit Blüten, einer unreifen und einer reifen, geöffneten Frucht.

des tropischen Amerika heimisch. Schon vor der Entdeckung dieses Erdteils war er dort eine uralte Kulturpflanze. Jetzt wird er aber vielerorts in den Tropen, und zwar besonders an der Westküste Afrikas angebaut. Er erreicht eine Höhe von 15 m und trägt eiförmige, immergrüne Blätter. Seine kleinen Blüten kommen in Büscheln aus dem Stamm und den stärkeren Zweigen hervor. Die gurkenähnlichen, bis 25 cm langen, braunen oder orangefarbigen Früchte haben ein säuerliches Fruchtfleisch, in dem 30 bis 60 bohnenförmige Samen eingeschlossen sind.

Kakaobaum. Frucht geöffnet

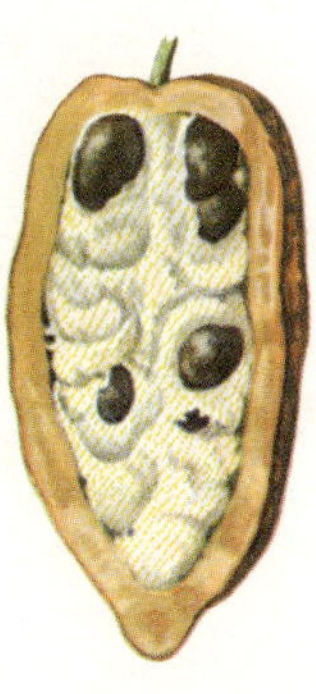

Frisch sind die Kakaobohnen bitter. Erst durch einen Gärungsvorgang erhalten sie ihr Aroma. In Fabriken werden sie geröstet, von den Samenschalen befreit und zerrieben. Dem entstandenen Brei wird ein Großteil seines Fettes entzogen, das man als Kakaobutter bei der Herstellung von Schokolade, in der Feinbäckerei sowie zur Bereitung von Salben und dergleichen verwendet. Aus nicht entfetteten Bohnen stellt man unter Zusatz von weiterer Kakaobutter, Zucker, Vanille und Milch die Schokolade her. Der Kakao enthält das *Theobromin*, das wie das Koffein anregend wirkt. Da Kakao auch Fett, Eiweiß und Stärke enthält, ist er nicht nur ein Genußmittel, sondern hat einen gewissen Nährwert.

Der *Chinesische Teestrauch* (Thea sinénsis) ist mit dem Johanniskraut entfernt verwandt. Er kommt im südlichen Teil von Ostasien noch wild vor und wird in China, Japan, Südasien, am Südabhang des Kaukasus und in anderen wärmeren Gegenden als niederer Strauch gezogen. Er hat immergrüne Blätter und weiße, rosenähnliche Blüten. Wenn man von dem Tee, wie er in den Handel kommt, etwas in

Lorbeerbaum.
Blüten und vorjährige Früchte

Zimtbaum.
Blühender Zweig

Wasser aufweicht und vorsichtig auseinanderbreitet, so sieht man, daß er aus getrockneten Blättern besteht. Die Knospen und die jüngsten Blätter liefern die feinsten Teesorten. Sie sind reich an einem flüchtigen Öl, das den Wohlgeruch verleiht, und an *Koffein*, das belebend wirkt. Ähnlich wie der Mißbrauch von Kaffee kann auch der von starkem Tee zu gesundheitlichen Schäden führen.

Bei der Ernte pflückt man alle 8 – 10 Tage die Knospen und die jüngsten Blätter ab. Diese werden zunächst an der Luft getrocknet und danach zusammengerollt aufgehäuft. Durch einen Gärungsvorgang nehmen sie eine braunschwarze Färbung an (Schwarzer Tee). Dann werden sie getrocknet, zuerst an der Sonne, dann in Trockenmaschinen. Frisch geerntete, in eisernen Pfannen rasch getrocknete Blätter behalten die grüne Farbe (Grüner Tee). – In neuerer Zeit hat bei uns der *Mate-* oder *Paraguay-Tee* Eingang gefunden, der aus Blättern südamerikanischer Arten der Stechpalme (Ilex) gewonnen wird; er enthält etwas Koffein.

weißes Pfefferkorn *schwarzes Pfefferkorn*

Pfefferstrauch. Zweig mit Blüten und Früchten.

Muskatnußbaum

Gewürznelkenbaum. Zweig in Blüte. Getrocknete Blütenknospe

Gewürze

Der *Pfefferstrauch* (Piper nigrum) wird in vielen Tropenländern, besonders in Ostindien und auf den Sundainseln, angebaut, wo auch seine Heimat zu suchen ist. Mit Hilfe rankender Wurzeln klettert er an Stämmen empor und wird daher meist an Stangen gezogen. Den eiförmigen Blättern gegenüber entspringen die ährenartigen Blütenstände. Aus den unscheinbaren Blüten – seine Familie steht den Brennesselgewächsen nahe – entwickeln sich kleine, rote Steinfrüchte. Werden sie unreif abgepflückt und getrocknet, dann schrumpft das Fruchtfleisch zusammen, und man erhält den Schwarzen Pfeffer. Läßt man sie völlig reif werden und beseitigt das Fruchtfleisch, so liefern sie den Weißen Pfeffer. Meist kommt unter dieser Bezeichnung aber nur geschälter Schwarzer Pfeffer in den Handel.

Den „roten Pfeffer" gewinnt man aus der schotenähnlichen Frucht der aus Südamerika stammenden *Paprikapflanze*, die auch „Spanischer Pfeffer" genannt wird (S. 144f.).

Der *Lorbeerbaum* (Laurus nóbilis) ist in den Mittelmeerländern heimisch. Wir halten ihn als Kübelpflanze und verwenden seine Blätter und die schwarzen Steinfrüchte als Gewürz. Mit einem Lorbeerkranz wird bereits seit dem Altertum der Sieger geehrt.

Der *Zimtbaum* (Cinnamómum ceylánicum), ein Verwandter des Lorbeers, liefert ein besonders wertvolles Gewürz. Er kommt wild in den Wäldern Ceylons vor, wird aber heute dort und anderwärts in den Tropen kultiviert. Man zieht die Pflanzen wie unsere Korbweiden: Der Stamm wird geköpft, und aus dem Stumpf treiben 1 – 3 m lange rutenförmige Triebe aus. Wenn diese etwa $1^1/_2$ cm Durchmesser erreicht haben, schneidet man sie ab und löst von ihnen die Rinde los. Die äußeren, bitter schmeckenden Teile werden entfernt, die inneren Rindenstücke getrocknet. Hierbei rollen sie sich zusammen und nehmen eine goldbraune Farbe an. So kommen sie als Zimt oder Kaneel in den Handel.

Auch der *Muskatnußbaum* (Myrística fragans) ist mit dem Lorbeer verwandt. Er hat sich von seiner Heimat, den Molukken aus, über zahlreiche Tropenländer verbreitet. Seine walnußgroße Frucht enthält einen steinharten Samen, die sog. Muskatnuß. Diese wird von einem karminroten, zerschlitzten Samenmantel umhüllt, der ein anderes Gewürz, die Muskatblüte oder Macis, liefert.

Auf den Molukken ist auch der *Gewürznelkenbaum* (Eugénia caryophylláta), ein Myrtengewächs, heimisch. Heute wird er vielerorts in den Tropengegenden angepflanzt. Die getrockneten Blütenknospen sind die sog. Gewürznelken. Sie enthalten ein wertvolles Öl, das zum Parfümieren und in der Heilkunde verwendet wird.

Vanille.
Blühender und fruchttragender Zweig,
der an einem Baumast emporgeklettert ist.

Eines der feinsten Gewürze liefert uns in ihren schotenähnlichen Früchten eine Orchidee, die *Vanille* (Vanílla planifólia), die sich vom tropischen Amerika aus fast über die ganze heiße Zone verbreitet hat. Sie klettert mit Hilfe rankender Wurzeln und hat unscheinbare, grüngelbe Blüten.

Gespinstfasern

Die Gattung *Baumwolle* (Gossýpium) umfaßt mehrere kraut-, strauch- oder baumartige Pflanzen, die in der Alten und der Neuen Welt heimisch sind. Die Arten, deren Samenhaare man als Spinnstoff verwendet, werden nicht nur in den Tropen, sondern auch in den wärmeren Landstrichen der gemäßigten Zonen, besonders in den USA, in Ägypten, Indien, Kleinasien und Transkaukasien angebaut. Sie haben große, 3- bis 5lappige Blätter und meist gelbe Blüten, die denen unserer Malven gleichen. Die Frucht ist eine walnußgroße Kapsel, aus der bei der Reife die Baumwolle als mächtiger Haarschopf hervorquillt. Die bis zu 5 cm langen Haare sitzen an der gesamten Oberfläche der erbsengroßen Samen.

Sobald die Kapseln anfangen, sich zu öffnen, sammelt man sie ein und trennt mit Hilfe von Maschinen die Haare von den Samen. Der größte Teil der Haare wird gesponnen und entweder als Garn verwendet oder zu Stoffen verwebt. Auch stellt man aus ihnen Watte und andere wichtige Stoffe her (z. B. Kollodium, Schießbaumwolle, Zelluloid). Aus den Samen schlägt man das Baumwollsaatöl, das u. a. bei der Margarine-

Baumwollstrauch.
Zweig mit Blüten
und verschieden
reifen Früchten.
Rechts: Same
und 2 Früchte

und Seifenherstellung verwendet wird. Der Preßkuchen wird verfüttert.
Unsere Baumwollindustrie, die viele zehntausend Personen in Spinnereien, Webereien und ähnlichen Betrieben beschäftigt, steht immer noch in hoher Blüte, obwohl mehr und mehr „Chemiefasern" verarbeitet werden, die auf rein chemischem Wege (vollsynthetisch) gewonnen werden.

Kautschukpflanze. Ein Zweig in Blüte

Kautschuk

Der Milchsaft unserer Wolfsmilchpflanzen enthält viele kleine Tröpfchen, die aus Kautschuk bestehen. Besonders reich daran sind mehrere Wolfsmilchgewächse, die im tropischen Südamerika heimisch sind. Unter ihnen hat der *Echte Kautschukbaum* (Hevéa brasiliénsis), der jetzt auch in zahlreichen anderen Ländern der heißen Zone angebaut wird, die größte Bedeutung. Kautschuk gewinnt man durch Einschnitte in den Baumstamm. Der austretende Milchsaft wird aufgefangen und durch Zusatz von Essig- oder Ameisensäure zum Gerinnen gebracht.
Der Kautschuk ist bei gewöhnlicher Temperatur ein bildsamer (plastischer) Stoff. Vermengt man ihn mit wenigen Prozent Schwefel und erhitzt („Vulkanisieren"), so entsteht der elastische „Weichgummi". Aus ihm bestehen Schläuche und Mäntel für Fahrräder und Kraftfahrzeuge. Zusatz von 25 – 30% Schwefel führt zum „Hartgummi", den man in der Elektrotechnik und zur Anfertigung von Kämmen, Knöpfen, Füllfederhaltern und dergleichen benutzt. – Chemikern ist es gelungen, aus einheimischen Rohstoffen künstlichen (synthetischen) Kautschuk herzustellen und diesen so weit zu verbessern, daß er den natürlichen in mancher Hinsicht übertrifft.

Gewinnung des Kautschuks in Ostindien

Die Pflanzenwelt früherer Zeiten

Das Auftreten der Pflanzen- und Tiergruppen als Fossilien im Laufe der Erdgeschichte

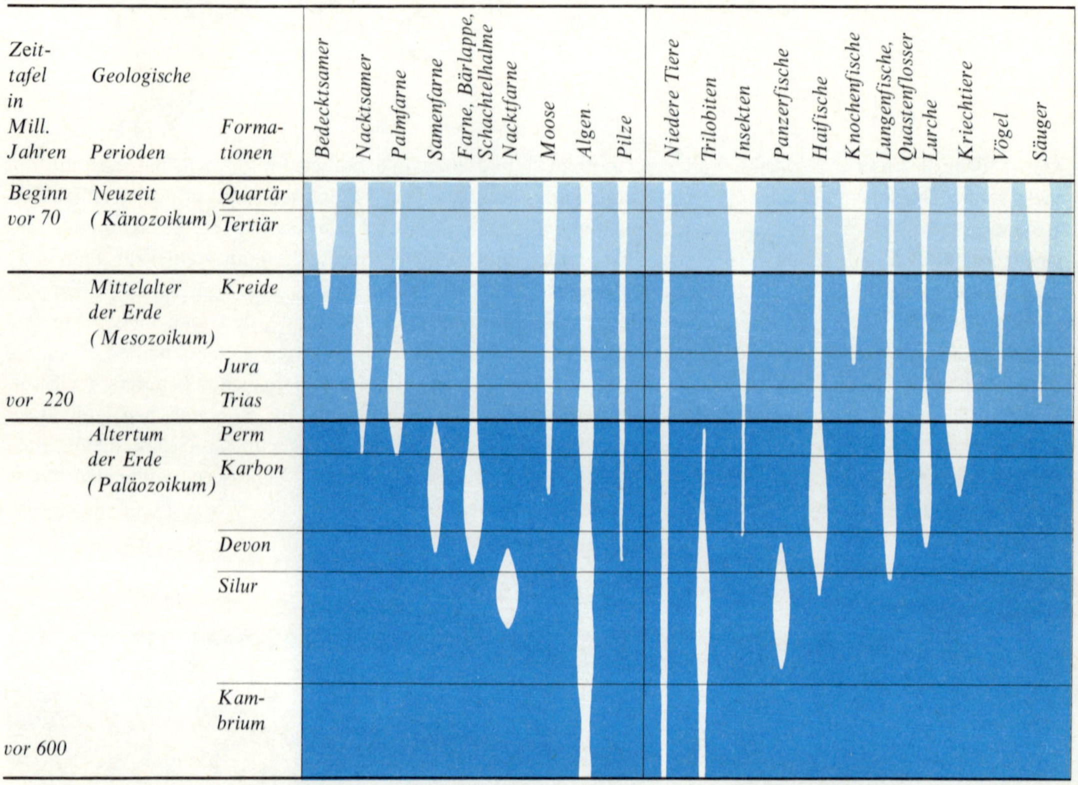

Wenn wir die Geschichte der Pflanzenwelt von ihren ersten dunklen Anfängen bis auf unsere Tage kurz darlegen wollen, müssen wir uns von den aufgefundenen Resten der Gewächse leiten lassen, die als Steinkerne, Abdrücke oder Versteinerungen sowie in verkohltem oder vertorftem Zustand erhalten geblieben sind (s. auch Schmeil, „Tierkunde"!).

Urzeit. In Gesteinen Südafrikas, deren Alter auf 3,1 Milliarden Jahre geschätzt wird, hat man Überreste von Bakterien und vielleicht auch von Algen nachgewiesen. Die ersten Algen waren wahrscheinlich kalkausscheidende Blaualgen.

Erdaltertum. Ebenso sind Kalkablagerungen von Geißelalgen aus den ersten Zeiten des Erdaltertums (dem Kambrium) bekanntgeworden. Später (im *Silur*) traten neben Grün-, Rot- und Braunalgen sehr einfach gebaute Gefäßsporenpflanzen, die sog. Nacktfarne, und damit die ersten Landpflanzen auf. Die in der folgenden Periode (Devon) auftretenden Farnpflanzen entwickelten sich im Gegensatz zu den Nacktfarnen weiter.

In der nunmehr anbrechenden Steinkohlenzeit *(Karbon)* kamen diese Pflanzen zu höchster Entwicklung. Echte Farne sowie Riesenformen der Schachtelhalm- und Bärlappgewächse hatten neben den höherstehenden Samenfarnen (Pteridospérmae) den Vorrang. Die in der Steinkohle nachgewiesenen Pflanzen sind bezeichnend für einen immerfeuchten, subtropischen Regenwald, dessen Bestände in Niederungen bei sehr hohem Grundwasserstand und bei häufiger Überflutung vorzüglich gediehen.

Aus den obersten, also jüngsten Schichten der Steinkohlenformation kennt man die ersten Nadelhölzer, die unserer Zimmertanne (Araucária) sehr ähnlich gewesen sein müssen.

Noch bevor das Altertum (mit der *Permzeit*) zu Ende ging, verschwanden die Farnpflanzen immer mehr, während die Nacktsamer an ihre Stelle traten.

Erdmittelalter. Dieser Vorgang setzte sich im Mittelalter (in der Zeit der *Triasformation*) weiter fort. Riesenschachtelhalme und -bärlappe verschwanden ganz. Unter den Nacktsamern hatten die Ginkgobäume und Palmfarne (Abb. S. 207) die größte Verbreitung. Beide Pflanzengruppen sind heute bis auf wenige Arten ausgestorben.

Mit Beginn der *Jurazeit* machten sich in den verschiedenen Erdteilen erhebliche Wärmeunterschiede bemerkbar. Dementsprechend gliederte sich auch die Pflanzenwelt und wurde der der Gegenwart immer ähnlicher. Unter den Nadelhölzern der Jurazeit gab es bereits Verwandte unserer Tanne und Fichte.

In der hierauf folgenden *Kreidezeit* traten die ersten Bedecktsamer auf, und zwar erschienen gleichzeitig Vertreter der Zweikeimblättler und der Einkeimblättler. Den Anfang machten Gewächse mit unscheinbaren Blüten, die durch den Wind bestäubt wurden (Birkengewächse, Becherfrüchtler u.a.). Sehr bald stellten sich aber auch solche mit auffälligen Blüten ein, deren Bestäubung durch Insekten erfolgte. Diese Pflanzen erreichten dann in dem nunmehr anbrechenden Zeitalter ihre höchste Entwicklung.

Neuzeit. Zu Beginn der Neuzeit (im *Tertiär*) wies die europäische Pflanzenwelt noch Formen auf, deren Verwandte heute nur in wärmeren Ländern leben. So wuchsen hier noch Palmen; Mammutbäume bildeten große Bestände. Im hohen Norden gediehen neben Kiefer, Fichte, Tanne, Birke und Erle auch Ahorn, Buche, Eiche und der Weinstock. Das Klima von Spitzbergen glich also damals etwa dem des heutigen Mitteleuropas. In dieser Zeit bildete sich die Braunkohle und lebten die sog. Bernsteinbäume (S. 207). Allmählich aber änderte sich das Klima der nördlichen Erdhälfte. In Europa drangen aus den skandinavischen Gebirgen die Gletscher vor, schoben sich über das Gebiet der heutigen Ost- und Nordsee hinweg und bedeckten u.a. den Boden Deutschlands bis an den Rand der Mittelgebirge und diese zum Teil sogar selbst. Auch die Gletscher der Alpen erstreckten sich weit über ihr jetziges Gebiet hinaus. Die Eiszeit (das *Diluvium*) war angebrochen, in der Perioden tiefer Temperatur und reicher Niederschläge mit milderen, regenärmeren Zeiten (Zwischeneiszeiten) abwechselten. Infolge dieser Vorgänge, die vor etwa 20000 Jahren endeten, wurde die Pflanzenwelt unserer Heimat stark verändert: Das Eis „drängte" die nordischen Arten bis in unsere Gegenden vor sich her, während zahlreiche wärmeliebende

Nacktfarne (Psilophýten) und ein Bärlappgewächs der Devonzeit

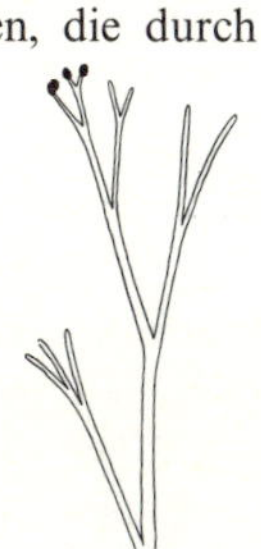

Rhýnia

Protolepidodéndron (Bärlapp)

Calamophýton

Protopterídium

Pflanzen weiter nach Süden „wanderten". Hierbei gingen viele Arten zugrunde. Nur an besonders günstigen Stellen fanden einige wärmeliebende Pflanzen Zuflucht, z. B. Roßkastanie und Walnußbaum auf der Balkanhalbinsel.
Später wurde das Klima der nördlichen Erdhälfte wieder milder. Die gewaltige Eisdecke schmolz nach und nach ab. Nunmehr wurden in der Jetztzeit (dem *Alluvium*) weite Gebiete frei, die von Pflanzen neu besiedelt werden konnten. Die nach Süden abgedrängten Gewächse wanderten wieder nordwärts. Von Osten her hielten andere Arten ihren Einzug. Die eingewanderten nordischen Formen verschwanden. Nur wenige von ihnen blieben im Hochgebirge, auf den Höhen der Mittelgebirge oder in Mooren zurück, wo sie heute noch leben. Ein solcher eiszeitlicher Überrest *(Relikt)* ist die Zwergbirke (Bétula nana), die als große Seltenheit in Mooren der bayerischen Hochebene und der Mittelgebirge wächst.

Zweig der Zwergbirke

Stammesgeschichte. Überblickt man das Auftreten der Pflanzenwelt im Laufe der Erdgeschichte, dann stellt man fest, daß am Beginn einfache, niedere Pflanzen wie die Bakterien und Blaualgen standen. Später erst kommen höhere Pflanzen wie die Farne vor. Am spätesten erscheinen die Blütenpflanzen. Die Pflanzenwelt hat also im Laufe der Erdgeschichte eine Entwicklung durchgemacht, sie hat eine *Stammesgeschichte.*
Vergleicht man die Stufenfolge innerhalb der heutigen Pflanzenwelt mit der Stufenfolge innerhalb der ausgestorbenen Pflanzenwelt, dann liegt der Gedanke nahe, daß bestimmte Arten der Vorzeit die Ahnen der jetzt lebenden Pflanzen sein könnten. Vorzeitliche und heutige Pflanzen sind danach durch Abstammung miteinander verbunden. Inzwischen sind zahlreiche Tatsachen bekanntgeworden, die diese *Abstammungslehre* unterstützen.

Die Pflanzenreiche der Erde

Die Gesamtheit der Pflanzenarten, die ein bestimmtes Gebiet (z. B. Mitteleuropa) bewohnen, bezeichnet man als dessen *Flora.* Weicht die Pflanzenwelt eines Gebietes von der eines anderen wesentlich ab, so hat man es mit verschiedenen Pflanzen- oder *Florengebieten* zu tun. Stimmen 2 oder mehr Gebiete in wichtigen Punkten überein, so faßt man sie zu einem Pflanzen- oder *Florenreich* zusammen. Wir unterscheiden 6 solche Reiche (s. hintere Innenseite des Buchdeckels).

Das Pflanzenreich der nördlichen kalten und der nördlichen gemäßigten Zone
Die Gewächse dieses Gebietes müssen wie alle Pflanzen, die außerhalb des Tropengürtels leben, eine ungünstige Jahreszeit überstehen. Das ist meist der Winter. In den Mittelmeerländern und in den asiatischen Steppen aber verfällt die Pflanzenwelt während des Sommers in einen Zustand der Ruhe.

1. Das nördliche kalte (arktische) Gebiet umfaßt alles Land nördlich der Baumgrenze. Diese fällt nur zum geringen Teil mit dem Polarkreis zusammen; in Sibirien erstreckt sie sich beträchtlich weiter nach Norden, während sie sich in Nordamerika bis etwa zum 55. Breitengrad herabsenkt. In diesen unwirtlichen Ländern ist der Sommer sehr kurz; darum ähnelt die Pflanzenwelt weitgehend der des Hochgebirges. Wie dort leben hier nur wenige einjährige Pflanzen; die Stauden bleiben niedrig, und die Holzgewächse kriechen mit ihren Stämmen und Zweigen auf der Erde dahin. Weite, sumpfige Flächen, die Tundren, sind fast nur mit Moosen und Flechten bedeckt. Kulturgewächse fehlen fast ganz.

2. Das nördliche Waldgebiet erstreckt sich über diejenigen Teile von Europa, Asien und Amerika, die an das kalte Gebiet angrenzen. Die Außenbezirke haben ein mildes Seeklima, im Innern herrscht Festlandklima mit heißen Sommern und kalten Wintern. Das Gebiet ist reich an Wald, in seinen einzelnen Teilen aber sehr verschieden.
Deutschland bildet das Kernland Mitteleuropas, das sich von Nordspanien bis nach Mittelrußland erstreckt. Die wichtigsten Kulturgewächse sind unsere Getreidearten und Obstbäume, die Kartoffel und zum

Teil auch der Weinstock. Die Pflanzenwelt Deutschlands, die mit der der anderen mitteleuropäischen Länder fast völlig übereinstimmt, ist in diesem Buch genauer geschildert.

Die Küstenbezirke Ostasiens haben Seeklima. In den wärmeren, südlichen Teilen kommen vielfach Pflanzen nebeneinander vor, die den tropischen, den mittelländischen und unseren heimischen Gewächsen ähneln. Der Ackerbau ist hoch entwickelt. Kulturpflanzen sind: Tee, Reis, Sojabohne, Zuckerrohr, Baumwolle, Orangen, Zitronen, der Weiße Maulbeerbaum (Seidenzucht!) u.a. Viele der eben genannten Arten haben hier ihre Heimat. Einheimisch sind auch der Kampferbaum, mehrere Palmfarne, der Ginkgo und zahlreiche Gewächse, die wir als Zierpflanzen (Winterastern, Pfingstrosen) oder Nutzpflanzen (Pfirsich, Aprikose) halten.

Innerasien dagegen, das die Mongolei, Tibet und Turkestan umfaßt, hat ein ausgesprochenes Festlandklima mit heißen, trockenen Sommern und strengen Wintern. Daher ist es fast ganz Steppen- und Wüstenland. Die Pflanzenwelt ist überaus dürftig. Weite Bezirke sind eintönige Salzsteppen.

Der nordamerikanische Anteil des Gebietes zeichnet sich im Norden durch unermeßliche Nadelwälder, südlich davon durch winterkahle Laubwälder und noch weiter im Süden durch immergrüne Laubbäume und andere wärmeliebende Pflanzen aus. In Kalifornien ist der Mammutbaum häufig. Aus den östlichen Bezirken stammen mehrere unserer Parkbäume (Weimutskiefer, Tulpenbaum u.a.). Zwischen dem östlichen und dem westlichen Nordamerika dehnen sich ungeheure Ebenen aus. Hier wechseln heiße, trockene Sommer mit strengen Wintern ab. Soweit sie nicht in Kultur genommen sind, werden sie von baumlosen Grassteppen, den Prärien, bedeckt. Im Süden haben sich winterharte Arten der Kaktusgewächse angesiedelt. Je nach dem Klima werden in den einzelnen Teilen Nordamerikas sehr verschiedene Nutzpflanzen angebaut: im Norden sind es vor allem die Kulturgewächse von Mitteleuropa, im Süden dagegen Reis, Mais, Zuckerrohr, Baumwolle und Tabak, während im Westen (Kalifornien) zahlreiche Pflanzen des Mittelmeergebietes gedeihen.

3. Die Flora des Mittelmeergebiets umfaßt die Küstenländer des Mittelmeeres, erstreckt sich aber außerdem über die Südküsten des Schwarzen Meeres und des Kaspisees und die Länder am Südfuß des Kaukasus. Der Winter ist mild und regenreich, der Sommer heiß und trocken. Die wildwachsenden Pflanzen sind durch lederartiges Laub vor Dürre und oft durch dichte Behaarung vor starker Besonnung geschützt. Die meisten Bäume und Sträucher behalten ihr Laub das ganze Jahr hindurch. Die immergrünen Gehölze bilden weit ausgedehnte Strauchwälder (Macchien), in denen u.a. Myrte, Lorbeer, Rosmarin und Lavendel wachsen. Als lockere Bestände sind Nadelhölzer ein-

Pinie am Mittelmeer

Wunderblume.
Zweig der rotblühenden
Rasse.
Einzelblüten
von Rassen
mit verschieden
gefärbter Blumenkrone

Bougainvillea

Einzelblüte mit Hochblatt

Blühender Zweig

gestreut, so die Pinie (Pinus pínea) mit einer breiten, schirmförmigen Krone, die Meerstrandkiefer (Pinus marítima) und die Aleppokiefer (P. halepénsis), ferner immergrüne Eichen wie die Steineiche (Quercus ilex) und – in Spanien – die Korkeiche (Qu. suber). Die einheimische Zwergpalme ist selten geworden. An den Ufern sommertrockener Flußbetten blühen Oleander und Tamarisken. Das Landschaftsbild wird von den Zypressen (Cupréssus) mit geprägt, ebenso von Fremdlingen wie den Eukalyptusbäumen und Akazien Australiens, den Agaven und Opuntien Mittelamerikas. Der Wald ist schon seit alten Zeiten weithin zerstört.

Jahr für Jahr erobern immer neue Pflanzen ferner Länder den Mittelmeerraum. So ist die mexikanische Wunderblume (Mirábilis jálapa) mit ihren roten,

Zypressen an einem oberitalienischen See

gelben, weißen oder mehrfarbig gestreiften, trichterförmigen Blüten auf der Iberischen Halbinsel verwildert. Eine Bleiwurz (Plumbágo capénsis) kommt vom Kap und überkleidet im Sommer mit ihren leuchtend blauen Trichterblüten Mauern und Felsen an der Adria und Riviera. An ähnlichen Standorten hat auch ein dorniger Kletterstrauch Brasiliens (Bougainvíllea spectábilis) Fuß gefaßt. Den ganzen Sommer hindurch leuchten seine Blütenstände, die durch violette, rote, auch weiße Hochblätter lebhaft gefärbt sind.
Nutzpflanzen sind Ölbaum, Zitrone, Orange, Feige, Edelkastanie, Granatbaum, Melone, Johannisbrotbaum, Maulbeerbaum, Süßholz, Korkeiche, Mais, Weizen, zum Teil auch Reis.

4. Das orientalische Steppengebiet bildet die Verbindung zwischen dem Mittelmeergebiet und Innerasien. Es reicht im Westen bis Südrußland und bis zur Ungarischen Tiefebene. Das baumarme Gebiet ist – wie schon sein Name besagt – zum größten Teil Steppenland mit einer sehr dürftigen Pflanzenwelt. Weite Flächen tragen oft nur Dornsträucher oder Salzpflanzen. Dagegen sind die Flußufer und die Gegenden mit künstlicher Bewässerung recht fruchtbar (Reis, Baumwolle, Kürbisgewächse, Dattelpalme, Weizen u. a.).

Eine baumförmige Wolfsmilch in Südafrika (Transvaal)

Das Tropenreich der Alten Welt

1. Das afrikanisch-indische Wüstengebiet erstreckt sich vom Atlantischen Ozean bis zu den Wüsten Vorderindiens, umfaßt also die Sahara, Ägypten, Arabien und den Südteil des Hochlandes von Iran. Das Klima dieses gewaltigen Bezirks ist heiß und regenarm. Die wildwachsenden Gewächse zeigen alle Merkmale der Trockenlandpflanzen. Eine geschlossene Pflanzendecke fehlt; weite Flächen sind sogar ohne jeden Pflanzenwuchs. Nur in den Flußtälern, z. B. am Nil, oder in den Oasen, können Kulturpflanzen angebaut werden, so die Dattelpalme.

2. Das afrikanische Wald- und Steppengebiet zieht sich quer durch den ganzen Erdteil vom Südrand der Sahara bis zum Oranjefluß. In feuchten Gegenden finden sich riesige Urwälder und in trockneren ausgedehnte Steppen, die das Waldgebiet unregelmäßig durchsetzen und zum Teil in Wüsten übergehen. In den Steppen der Hochebenen, die oft mit Dorngebüsch bedeckt sind, ziehen sich an den Flußläufen Waldsäume entlang (Galeriewälder). Heimisch sind in diesem Gebiet: die Kaffeepflanze, die Ölpalme und der Affenbrotbaum (Adansónia digitáta), dessen Krone von einem auffallend dicken Stamm getragen wird. Ferner finden sich hier außer der Papierstaude (Cýperus papýrus), die im Altertum das erste Papier lieferte, zahlreiche kaktusähnliche Wolfsmilchgewächse mit fleischigen Stämmen und Zweigen (Wasserspeicher), ferner Aloëarten (S. 300).
Angebaut werden in dem Gebiet neben der Ölpalme fast alle Kulturgewächse Indiens und Amerikas. Steppen mit lockerem Baumbestand heißen *Savannen*.
Der Südteil der gewaltigen Ländermasse wird infolge seines trockenen, heißen Klimas vielfach zu Wüsten,

so die Kalahari und die Nebelwüste Namib. Hier wächst die Welwitschie (Welwítschia mirábilis), ein Nacktsamer, dessen niedriger Stamm das ganze Leben hindurch nur 2 beständig weiter wachsende Laubblätter trägt.

3. Das indische Gebiet erstreckt sich über Vorder- und Hinterindien sowie über die dazugehörigen Inseln. Die nordöstlichen Teile Vorderindiens, die von dem regenreichen Südwestmonsun nicht getroffen werden, sind trocken, zum Teil sogar Wüsten. Die Länder und Inseln dagegen, die im Bereich dieses Windes liegen, besitzen ein feuchtheißes Klima, dem eine Pflanzenwelt von größter Üppigkeit entspricht. Weite Strecken, namentlich an den Küsten, sind mit dichtem Urwald bedeckt, der aus sehr verschiedenen Baumarten zusammengesetzt und von Schlinggewächsen (Rotangpalmen u.a.) durchflochten ist. Hier sind u.a. der Gummibaum sowie die *Kannenpflanzen* (Nepénthes) heimisch, die als Überpflanzen (Epiphyten) auf Bäumen leben. Ihre Blätter sind in eigenartiger Weise umgewandelt: Der Blattgrund ist flächenförmig, der Blattstiel als Ranke, die Blattfläche als Kanne mit deckelartigem, abstehenden Endteil ausgebildet. Durch die bunten Flecken der Kanne und ausgeschiedenen Nektar werden Insekten angelockt, die an der glatten In-

Aloe in der südafrikanischen Steppe

Welwitschia, weibliche Pflanze.
Aus der Wüste Kalahari in Südafrika

Kannenpflanze
($^1/_3$ natürl. Größe)

Eine insektenfangende Pflanze, deren Kannen aus umgewandelten Blättern entstanden sind.

nenwand abgleiten. Sie ertrinken in der Flüssigkeit im Grund der Kanne und werden von Verdauungssäften, die darin enthalten sind, bis auf die Hartteile verdaut (vgl. Sonnentau). Die Flußläufe werden von undurchdringlichem Sumpfwald, den Dschungeln, begleitet. In der Mangrove, den Küstenwäldern der Gezeitenzone, bilden die Bäume Stelzwurzeln aus, mit denen sie bei Ebbe aus dem Schlick herausragen. Auch keimen vielfach die Früchte bereits auf den Bäumen und senken ihre Wurzeln von oben in den Schlick herab. An Kulturgewächsen, die hier zum großen Teil ihre Heimat haben, finden sich Reis, Mais, Weizen, Süße Kartoffel, Kokospalme, Zuckerrohr, Kaffee, Tee, Brotfruchtbaum, Pfeffer, Zimt, Muskatnuß, Gewürznelke, Sagopalme, Banane, Bambus u.a.

Das Reich des Kaplandes

Das Kapland wird in seinem nördlichen Teil von Steppen eingenommen, die reich an Fettpflanzen sowie an Knollen- und Zwiebelgewächsen sind. Unter den Fettpflanzen treten neben kaktusähnlichen Wolfsmilchgewächsen zahlreiche Aloearten auf, von denen mehrere bei uns als Zimmerpflanzen gehalten werden. Im Südosten des Gebietes fallen reichlichere Sommerregen. Daher findet sich hier eine fast tropische Pflanzenwelt (Palmen, Palmfarne und Baumfarne). Der Südwesten, der sich durch ergiebigere Winterregen auszeichnet, ist die Heimat zahlreicher Heidekrautarten, der Pelargonien und der „Zimmerkalla". Bäume fehlten dem Kapland ursprünglich völlig; die jetzt vorhandenen sind also erst eingeführt worden. In den feuchten Bezirken geben die Kulturgewächse (Obstbäume, Weinstock, Orange u.v.a.) große Erträge.

Das mittel- und südamerikanische Pflanzenreich

1. Im Gebiet von Mittelamerika herrschen sehr verschiedene Verhältnisse: Am Golf von Mexiko und an den Küsten des Stillen Ozeans sind unter dem Einfluß des feuchtheißen Klimas ausgedehnte Tropenwälder entstanden. Das Hochland dagegen ist steppen- und vielfach wüstenartig. Dementsprechend wird es von ausgeprägten Trockenlandpflanzen bewohnt: Agaven, Palmlilien und Kaktusgewächsen. Außer den einheimischen Nutzpflanzen (Mais, Agaven, Vanille, Ananas) werden alle tropischen Nutzpflanzen, besonders Kaffee, angebaut.

2. Im Gebiet des tropischen Südamerika zeigen sich gleichfalls große Unterschiede.

Die Länder am Orinoko haben feuchtheißes Klima und daher üppigen Pflanzenwuchs. Das Innere dagegen ist heiß und trocken. Es wird daher vorwiegend von Savannen (Ljanos) eingenommen. Einheimische Nutzpflanzen der Urwälder sind Elfenbeinpalme und Mahagonibaum.

Die vom Amazonenstrom und seinen Nebenflüssen durchströmten Länder haben ein feuchtheißes Klima und werden an Üppigkeit des Pflanzenwuchses von keinem Gebiet der Erde übertroffen. Aus den unermeßlichen Urwäldern (und den Nachbargebieten) stammen der Kakaobaum und verschiedene Kautschukarten.

Riesen-Seerose

Der heiße und feuchte östliche Teil von Brasilien ist mit üppigem Urwald bedeckt. In dem heißen und trockenen Westen dagegen haben sich weite Savannen gebildet. Hier gibt es jene merkwürdigen Wälder *(Catíngas)*, deren Bäume im Sommer das Laub abwerfen. Angebaut werden fast alle Nutzpflanzen der heißen Zone, besonders Kaffee. In den Flüssen wächst u.a. die *Riesen-Seerose* (Victória amazónica).

3. Das Gebiet der Anden weist schon infolge der riesigen Ausdehnung und der wechselnden Höhe des Gebirges sehr unterschiedliche Verhältnisse auf.

Der Westabhang des tropischen Teiles der Anden ist heiß und sehr wasserarm. Am Ostabhang dagegen herrscht ein feuchtheißes Klima. Hier gedeihen alle tropischen Kulturpflanzen. In den Gebirgswäldern sind die Fieberrindenbäume zu Hause. Aus diesen

Gegenden stammen auch Kartoffel, Gartenbohne und Kapuzinerkresse. Da das gewaltige Gebirge sich in seinem nordamerikanischen Teil bis in die nördliche kalte Zone erstreckt, konnten auf seinen Höhen nordische Pflanzen einwandern, die sich hier zu sehr merkwürdigen Formen umgebildet haben. Besonders zahlreich sind die Arten von Baldrian, die vielfach ganz den Polsterwuchs von Alpenpflanzen zeigen.

Nord- und Mittel-Chile haben ein ähnliches Klima wie die Mittelmeerländer. Da die Trockenheit aber länger als ein halbes Jahr währt, sind sie baumarme Gebiete. In wohlbewässerten Teilen dagegen gedeihen die Kulturgewächse von Südeuropa. Chile ist wie Mexiko die Heimat mehrerer Fuchsien.

Die Länder östlich der Andenkette werden im Innern zum größten Teil von Grassteppen, den *Pampas*, eingenommen.

Das Pflanzenreich der südlichen kalten Bezirke

(oder das antarktische Pflanzenreich) umfaßt die Spitze von Südamerika und die wenigen Inseln und Inselgruppen südlich von Amerika, Afrika und Australien. In den nördlichen, mäßig warmen Gebieten von Süd-Chile und dem Feuerland finden sich immergrüne Laubwälder und gedeihen alle mitteleuropäischen Kulturpflanzen; der mittlere Teil ist besonders reich an Buchenwäldern. Der Süden dagegen hat eine Pflanzenwelt, die an die des hohen Nordens erinnert.

Zweige eines Eukalyptusbaumes. Die Blattflächen der drei unteren, ausgebildeten Blätter stehen senkrecht (verkl.).

Das australische Pflanzenreich

erstreckt sich über Australien und die ihm benachbarten Inseln. Am Nordrand des Erdteils herrscht Tropen- und im Süden Mittelmeerklima vor. Die Kulturpflanzen sind daher auch die tropischen oder südeuropäischen. Die zwischen beiden Bezirken liegende Hauptmasse des Erdteils ist heiß und trocken, daher vorwiegend Wüste oder Steppe. Bekannte Gewächse des Gebietes sind die Eukalyptusbäume, die eine Höhe bis 100 m erreichen können. Da sie die Blattflächen, die bei unseren Pflanzen mehr oder weniger waagrecht stehen, senkrecht stellen, geben sie wie andere australische Bäume nur wenig Schatten. Die Urwälder der feuchtheißen Gegenden sind reich an Baumfarnen.

Naturschutz

Das in Deutschland gültige *Naturschutzgesetz* „dient dem Schutze und der Pflege der heimatlichen Natur in allen ihren Erscheinungen. Der Naturschutz im Sinne dieses Gesetzes erstreckt sich auf Pflanzen und nichtjagdbare Tiere, Naturdenkmale und ihre Umgebung, Naturschutzgebiete und sonstige Landschaftsteile in der freien Natur, deren Erhaltung wegen ihrer Seltenheit, Schönheit, Eigenart oder wegen ihrer wissenschaftlichen, heimatlichen, forst- oder jagdlichen Bedeutung im allgemeinen Interesse liegt".

Pflanzen und nichtjagdbare Tiere. „Der Schutz von Pflanzen und nichtjagdbaren Tieren erstreckt sich auf die Erhaltung seltener oder in ihrem Bestande bedrohter Pflanzenarten und Tierarten und auf die Verhütung mißbräuchlicher Aneignung und Verwertung

Straußfarn

Hirschzunge

Türkenbund

Schachblume

Rotes Waldvöglein

Alpenwindröschen

Frühlings-Adonisröschen

Fransen-Enzian

Gelber Enzian

Edelweiß

von Pflanzen und Pflanzenteilen oder Tieren (z.B. durch Handel mit Schmuckreisig, Handel oder Tausch mit Trockenpflanzen, Massenfänge und industrielle Verwertung von Schmetterlingen oder anderen Schmuckformen der Tierwelt)." Darum heißt es in der „Verordnung zum Schutze der wildwachsenden Pflanzen und der nichtjagdbaren wildlebenden Tiere" (der sog. Naturschutzverordnung): „Es ist verboten, wildwachsende Pflanzen mißbräuchlich zu nutzen oder ihre Bestände zu verwüsten; hierzu gehören besonders die offensichtlich übermäßige Entnahme von Blumen und Farnkräutern, das böswillige und zwecklose Niederschlagen von Stauden und Uferpflanzen, das unbefugte Abbrennen der Pflanzendecke und dergleichen, auch wenn dabei im einzelnen Fall ein wirtschaftlicher Schaden nicht entsteht. Es ist aber auch verboten, ohne Erlaubnis der Naturschutzbehörden standortfremde oder ausländische Gewächse in der freien Natur auszusäen oder anzupflanzen."

Vollkommen geschützte Pflanzenarten sind: Straußfarn, Hirschzunge, Königsfarn, Federgras, Türkenbund und alle anderen Arten von einheimischen Lilien, Schachblume, alle Orchideen, Pfingstnelke, Narzissenblütiges Windröschen oder Berghähnlein, Alpenwindröschen (weiße und gelbe Abarten), Großes oder Waldwindröschen, alle Arten der Kuhschelle, Akelei, Frühlingsadonis, Seerose, Diptam, alle Arten des Seidelbastes, Stranddistel, Alpenveilchen, Aurikel, Gelber Fingerhut, mehrere Enzianarten und Edelweiß.

Neben diesen Pflanzen gibt es andere, die weniger bedroht sind. Von ihnen darf jeder einen bescheidenen Strauß pflücken; es ist aber verboten, sie auszugraben, um sie in Gärten oder dergleichen zu pflanzen. Solche teilweise geschützte Pflanzen sind: Maiglöckchen, alle Arten Blaustern und Traubenhyazinthen, Schneeglöckchen und Märzenbecher, einheimische Arten der Schwertel oder Siegwurz (Gladíolus), Christrose oder Schwarze Nieswurz, alle rosettentragenden Leimkraut-, Hauswurz-, Steinbrech- und Mannsschildarten und alle einheimischen Arten der Schlüsselblume.

Manche wildwachsenden, nicht geschützten Pflanzen sind, auch wenn sie an sich nicht selten sind, dadurch gefährdet, daß sie für den Handel oder für gewerbliche Zwecke gesammelt werden (Kräutertee, Mottenkraut usw.). Für solches Sammeln ist ein Erlaubnisschein der Ortspolizei oder des zuständigen Forstamtes nötig.

Folgende Pflanzen dürfen nicht gesammelt werden: Rippenfarn, Eibe, Wacholder mit Ausnahme der Beeren, Schneeglöckchen und Märzenbecher, Grüne und Schwarze Nieswurz, Gagelstrauch, Trollblume, Leberblümchen, Stechpalme oder Hülse, Geißbart, Eichenblättriges Wintergrün, Sumpfporst, Arnika, Silberdistel, ferner alle einheimischen Arten von Bärlapp, Blaustern, Narzissen, Schwertlilie, Orchideen, Eisenhut, Sonnentau, Alpenrosen, Schlüsselblumen, Tausendgüldenkraut.

Zu manchen Jahreszeiten, z.B. im ersten Frühling zur Pfingstzeit und zu Weihnachten, werden unsere Bäume und Sträucher in den Anlagen und in der freien Natur oft geplündert. Weihnachtsbäume, Pfingstmaien sowie kätzchentragende Zweige von Weiden, Haseln, Espen, Erlen, Birken usw. darf man nur auf eigenem Grund und Boden schneiden, oder man muß sie käuflich erwerben. Jeder Verkäufer muß den rechtmäßigen Erwerb nachweisen können.

Naturdenkmale sind außer den alten oder seltenen Bäumen z.B. Felsen, erdgeschichtliche Aufschlüsse, Findlinge, Gletscherspuren, Quellen, Wasserläufe und Wasserfälle.

Naturschutzgebiete sind z.B. besonders bemerkenswerte Lebensgemeinschaften der Pflanzen- und Tierwelt, Vogelfreistätten oder Vogelschutzgehölze, die aus wissenschaftlichen, geschichtlichen, heimat- und volkskundlichen Gründen oder wegen ihrer landschaftlichen Schönheit geschützt werden.

Es können aber auch Landschaftsteile geschützt werden, die zur Zierde und Belebung der gesamten Landschaft beitragen, oder solche, die zum Besten der Tierwelt, besonders der Singvögel, erhalten werden müssen, z.B. Bäume, Baum- und Gebüschgruppen, Raine, Alleen, Landwehren, Wallhecken und sonstige Hekken sowie Parkanlagen und Friedhöfe.

In Deutschland gibt es heute mehrere hundert Naturschutzgebiete, von denen die meisten allerdings nur wenige Hektar groß sind. Umfangreichere Naturschutzgebiete liegen z.B. in der Lüneburger Heide, im Siebengebirge, im Bayerischen Wald, in den Ammergauer Bergen, am Königssee und im Karwendelgebirge. Sie sind dazu bestimmt, uns einen Einblick in das große Naturgeschehen zu geben, soweit es vom Menschen nicht oder erst wenig beeinflußt worden ist. In ihnen sollen uns die verschiedenen Waldtypen, Moore, Gesteinsfluren, Dünen- und Salzpflanzengesellschaften, aber auch die Pflanzenvereine des Hochgebirges ungestört erhalten bleiben. (Über Landschaftsschutzgebiete s. S. 51.)

Der Pflanzenschutzdienst

Alljährlich werden in Deutschland durch Krankheiten und durch Fraßschäden an Nutzpflanzen Ernteverluste hervorgerufen, deren Höhe man auf mehrere Milliarden DM berechnet hat (S. 245). Die Ursachen dieser Verluste zu erforschen und sie nach Möglichkeit auszuschalten, ist die Aufgabe des amtlichen Pflanzenschutzdienstes. In seinem Mittelpunkt steht die Biologische Bundesanstalt für Land- und Forstwirtschaft in Braunschweig mit ihren Zweigstellen (S. 180 und 238ff.). In den einzelnen Ländern bestehen Pflanzenschutzämter, die nach Bedarf in ihrem Bereich Nebenstellen einrichten. Vertrauensmänner des Pflanzenschutzdienstes sind dazu eingesetzt, das Auftreten von Schädlingen und Krankheiten zu überwachen, die Ämter auf dem laufenden zu halten und für Aufklärung und Anleitung der Bevölkerung im Pflanzenschutz zu sorgen. Pflanzenquarantänestellen an unseren Grenzen sollen verhindern, daß gefährliche Schädlinge eingeschleppt werden. Bei allen Stellen können kostenlos Auskünfte eingeholt werden. Auch geben die Pflanzenschutz-Abteilungen bedeutender chemischer Werke (z.B. Bayer-Pflanzenschutz-Abteilung, Leverkusen) mit ihren Beratungsstellen in größeren Städten bereitwillig Auskunft.

Vom inneren Bau und vom Leben der Pflanzen

Die Zelle

Die Zelle als Grundbestandteil des Pflanzenkörpers

1. Zerteile ein Stück vom Fruchtfleisch der Schneebeere so fein wie möglich in Wasser. Jedes „Bläschen" ist eine Zelle (Mikroskop).
2. Beobachte Zellen mit ihrem Kern in der dünnen, abziehbaren Oberhaut von Zwiebelschalen (Mikroskop).
3. Beobachte an Staubfadenhaaren der Ampelpflanze Tradescantia die fädlich aneinandergereihten Zellen und verfolge die Plasmaströmung (Mikroskop).
4. Stelle mit einem Rasiermesser durch einen Stengelknoten der Gartenbalsamine oder durch den Sproß des Kürbis dünne Querschnitte her und bringe sie auf einem Objektträger in einen Tropfen Wasser, den du mit einem Deckglas überdeckst. In diesen Präparaten kannst du die Zellen bereits mit der Lupe erkennen. – Skizziere, was du beobachtet hast.

Legen wir einen Algenfaden, ein Blatt des Sternmooses, der Wasserpest oder einen dünnen Schnitt durch irgendeinen Pflanzenteil unter das Mikroskop, so sehen wir, daß die Pflanze gekammert ist. Robert Hooke entdeckte 1667 erstmalig an dünnen Schnitten durch Flaschenkork die Kammerung. Er prägte den Begriff der Zelle, weil er an die Zellen einer Bienenwabe erinnert wurde.
Während z.B. der Körper der Kieselalgen und der Bakterien aus nur einer Zelle besteht, gliedern sich die größeren Gewächse in sehr viele Zellen. Es gibt also einzellige und vielzellige Pflanzen. Im allgemeinen beträgt der Durchmesser der Zellen nur Bruchteile eines Millimeters. Aber auch mit freiem Auge sind einige Zellen sichtbar. So besteht ein 1–5 cm langes Baumwollhaar aus einer einzigen Zelle. Die langen Stengelglieder der Armleuchteralge (Nitélla) sind ebenfalls einzellig. Pollenkörner des Kürbis und der Malven sind auch ohne Lupe als Einzelzellen zu erkennen.

Die Pflanzenzelle. An der lebenden Pflanzenzelle unterscheiden wir eine äußere, feste Haut, die *Zellwand* und einen weichen Inhalt, das *Protoplasma*[1]. Es gibt jedoch auch Zellen (Schwärmsporen der Algen, gewisse Entwicklungszustände der Schleimpilze), denen wie den tierischen Zellen die Zellwand fehlt. Die Lebenserscheinungen (Ernährung, Wachstum und Vermehrung) sind also an das Protoplasma gebunden. Es ist demnach das Wesentliche an der Zelle: *Das Protoplasma ist der Lebensträger der einzelnen Zelle wie der ganzen Pflanze.*
Das Protoplasma und seine Teile. Das Protoplasma enthält stets Wasser und darin gelöste Salze, Zucker, Fette, Eiweiße, Nukleïnsäuren und daneben zahlreiche andere Stoffe wie Vitamine und Hormone.
Das Protoplasma ist nach außen durch eine Haut abgegrenzt. Diese *Plasmahaut* ist für die Lebenstätigkeiten der Zelle besonders wichtig. Sie muß alle für die Zelle nötigen Stoffe eintreten, alle unbrauchbaren austreten lassen; unverträgliche Stoffe müssen zurückgehalten werden.
Innerhalb des Protoplasmas erkennt man feste Bestandteile von besonderer Gestalt (Strukturen). Die wichtigste Struktur ist der *Zellkern.* Schon bei schwacher mikroskopischer Vergrößerung ist er als dichterer, oft rundlicher Bestandteil zu sehen.
In den meisten pflanzlichen Zellen finden sich Körper, die das Blattgrün tragen, die *Chloroplasten.* Sie sind in der Regel linsenförmig, mitunter auch bandförmig (Schraubenalge) oder plattenartig (Diatomeen). Neben dem Blattgrün (dem Chlorophyll) können auch andere Farbstoffe vorkommen, z.B. gelbe bei den Gelbalgen, braune bei den Braunalgen, rote bei den Rotalgen.
Weitere Bildungen hat das Elektronenmikroskop enthüllt. Hier sollen nur einige genannt werden: die *Mitochondrien*, die für die Zellatmung unentbehrlich sind, die *Dictyosomen* (auch Golgi-Körper genannt), die bei der Zellwandbildung und bei der Stoffausscheidung in Drüsenzellen (Sonnentau) eine Rolle spielen,

[1] Protoplasma heißt etwa: das Zuerstentstandene.

Jugendliche Pflanzenzelle stark vereinfacht. Am aufgeschnittenen Zellkern sichtbar die poröse Kernwand und das Kernkörperchen. Die Körnchen auf den Schläuchen des Endoplasmatischen Reticulums sind Ribosomen, die mit der Eiweißsynthese in Zusammenhang stehen

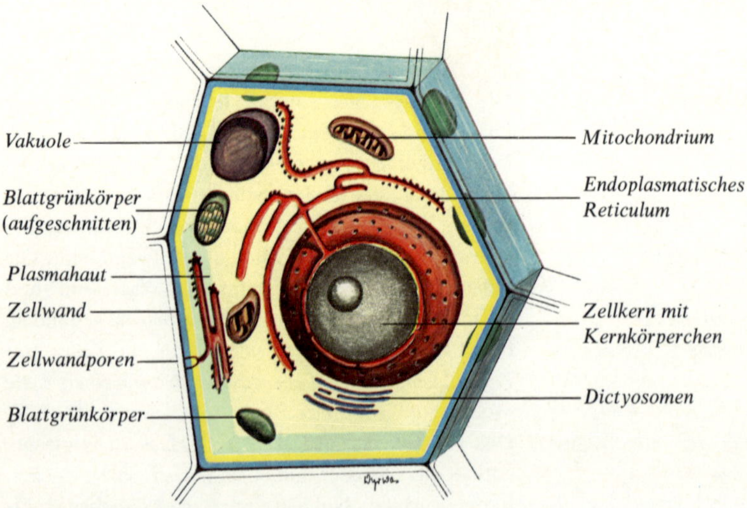

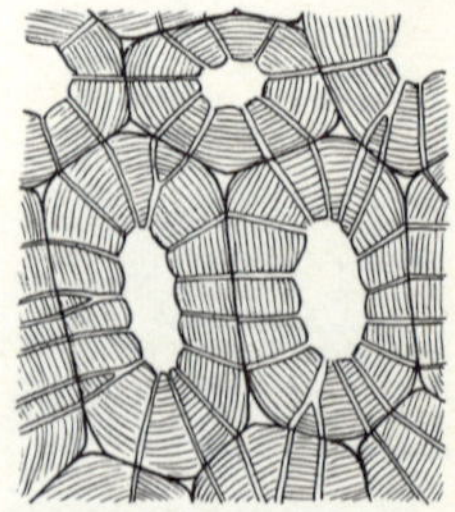

Tüpfel.
Zellen aus einem „Stein“ im Fruchtfleisch der Birne

ferner ein netzförmiges Röhrensystem (das *Endoplasmatische Reticulum*), das dem Stoffaustausch zwischen Kern und Plasma, vielleicht auch dem von Zelle zu Zelle dient.

Der Zellkern (Núkleus). Er ist durch eine Membran vom Plasma abgegrenzt. Behandelt man die Pflanzenzellen mit bestimmten Farbstoffen, dann färbt sich vor allem der Zellkern. Dabei zeigt sich, daß das Kerninnere ein Gewirr von Fäden enthält, die *Chromosomen*[1]. Ihren Namen haben sie von der Fähigkeit, besonders gut Farbstoffe aufzunehmen, erhalten. Daneben hebt sich noch ein *Kernkörperchen* (Nukléolus) ab (gelegentlich sind es auch mehrere). Vor allem in den Chromosomen und dem Nukleolus sind Nukleinsäuren festgestellt worden. Nukleinsäuren sind verwickelt gebaute Riesenmoleküle von etwa 0,05 mm Länge und nur 0,000002 mm Dicke. Sie bilden regelmäßig verzwirnte Ketten. Nukleinsäuren braucht die Pflanze, um Eiweißstoffe zu bilden.

Vakuolen. Junge Pflanzenzellen, die z. B. die wachsenden Stengel- und Wurzelspitzen bilden, sind völlig mit Protoplasma angefüllt. In etwas älteren Zellen dagegen umschließt das Zellplasma Hohlräume (Vakuolen[2]), die eine wäßrige Flüssigkeit, den *Zellsaft*, enthalten. Er ist eine Lösung von Säuren, Salzen, Zucker und anderen Stoffen. In noch älteren Zellen sind die Hohlräume miteinander zu einem einzigen Saftraum verschmolzen. Das Zellplasma liegt jetzt den Zellwänden nur noch als dünne Schicht an. Von ihm aus können Plasmastränge den Saftraum durchziehen.

Die Zellwand gibt der Pflanzenzelle ihre Gestalt. Sie wird vom Protoplasma abgeschieden und grenzt an die Plasmahaut. Neugebildete Zellen haben dünne Zellwände, die sich später verdicken. Die Verdickungen erstrecken sich entweder über die ganze Zellwand, oder haben die Form von Ringen, Schraubenlinien oder die eines Netzwerks (s. Abb. S. 312).

Sind die Wände gleichmäßig verdickt, so werden sie von Kanälen durchzogen, die mit solchen der Nachbarzellen zusammenstoßen. An diesen Stellen sind die Zellen nur durch die ursprüngliche Zellwand getrennt. Hier können Stoffe leicht ausgetauscht werden. Von der Fläche gesehen erscheinen die Kanäle wie rundliche Öffnungen, daher kommt der Name *Tüpfel*.

Die Wände der meisten lebenden Zellen bestehen aus Zellstoff (Zellulose), der ähnlich wie die Stärke eine Verbindung von Kohlenstoff, Wasserstoff und Sauerstoff ist. Dünne Zellstoffwände sind ähnlich wie Filtrierpapier für wäßrige Lösungen durchlässig. Daher

[1] Chróma, Farbe und sóma, Körper.
[2] Vacuus, leer.

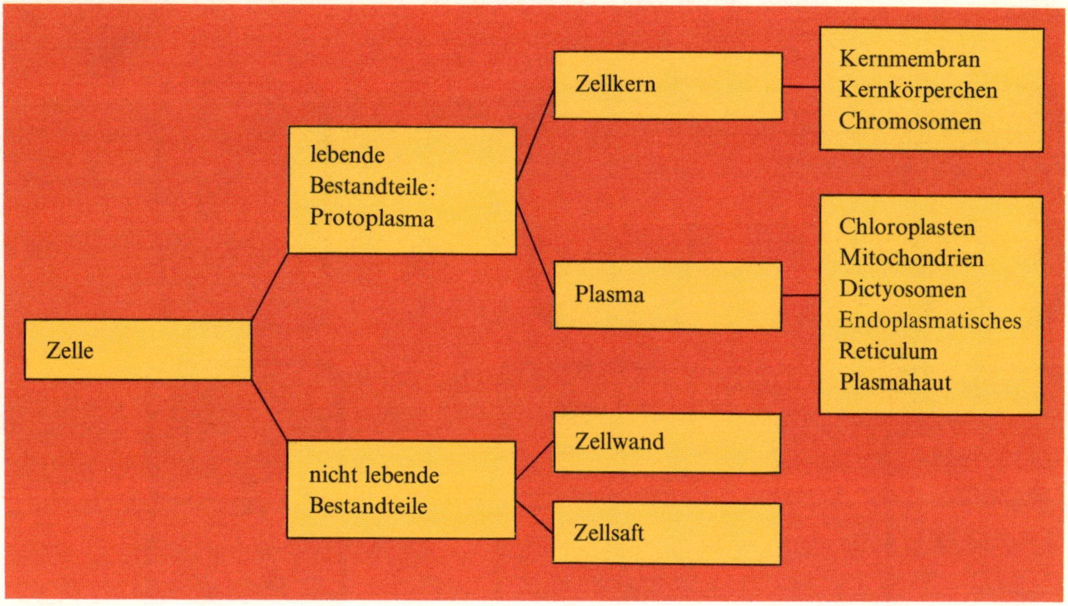

können die Zellen gelöste Baustoffe, die die Pflanze zum Wachstum braucht, durch die Zellwand hindurch aufnehmen. Die *Auswahl* unter den durch die Zellwand eingedrungenen Stoffen fällt aber der *Plasmahaut* zu (S. 310).

Ältere Zellen verändern sich oft durch Einlagerung von Holzstoff in die Zellulose, sie *verholzen*. Besonders stark verholzen die Zellwände in den Stämmen, Ästen und Wurzeln der Bäume und Sträucher. Anders verändert sind die *verkorkten* Zellwände. Kork ist für Luft und Wasser fast undurchlässig. Die Pflanze bildet ihn besonders an solchen Stellen aus, wo die Verdunstung einzuschränken (vgl. Kartoffelschale) oder wo eine Wunde zu schließen ist.

Junge, noch wachsende Zellen schließen dicht aneinander. Erst zwischen den Wänden älterer Zellen entstehen luftgefüllte Lücken, die Zwischenzellräume *(Interzellularen)*. Von ihrer Bedeutung wird später die Rede sein.

Kern und Plasma. Zwischen dem Zellkern und dem Plasma bestehen enge Beziehungen. Der Kern regt das Plasma an, *Wirkstoffe* zu bilden, die in der Pflanze umherwandern und das Wachsen und Blühen steuern. Diese Stoffe heißen *Hormone*. In verletzten Zellen regt der Kern das Plasma an, Wundstoffe zu bilden, die die Wundheilung beschleunigen.

Die Zellteilung (Mitóse)

An gefärbten Präparaten von austreibenden Wurzelspitzen (Tulpen- oder Küchenzwiebel, Saubohnenkeimlinge) läßt sich dieser Vorgang leicht verfolgen. Bevor aus einer Zelle 2 Tochterzellen werden, teilt sich der Zellkern: Zunächst wickeln sich die Chromosomenfäden schraubig auf; sie erscheinen dadurch kürzer und dicker.

In diesem Zustand lassen sie sich zählen und messen. Dabei stellt sich heraus, daß jede Pflanzen- (und Tier-) art eine kennzeichnende Zahl von bestimmt geformten Chromosomen aufweist (Saubohne 12, Erbse 14, Küchenzwiebel 16, Mais 20, Kartoffel 48, Honigbiene 32, Mensch 46).

Die Chromosomen sammeln sich nun in der Mittelebene der Zelle. Jetzt ist deutlich zu erkennen, daß jedes von ihnen aus 2 Längshälften (Fäden) besteht. *Die Chromosomen sind also Doppelfäden.* Inzwischen hat sich die Kernwand aufgelöst; das Kernkörperchen ist verschwunden. Von den Polen der Zelle gehen nun Plasmafäden aus, die an jede Längshälfte eines jeden Chromosoms führen. Dann wird die eine Hälfte eines jeden Chromosoms zu dem einen Pol, die andere Hälfte zu dem anderen Pol gezogen. Erst nachdem *alle Chromosomenhälften gleichmäßig auf beide Zellhälften*

Mitose

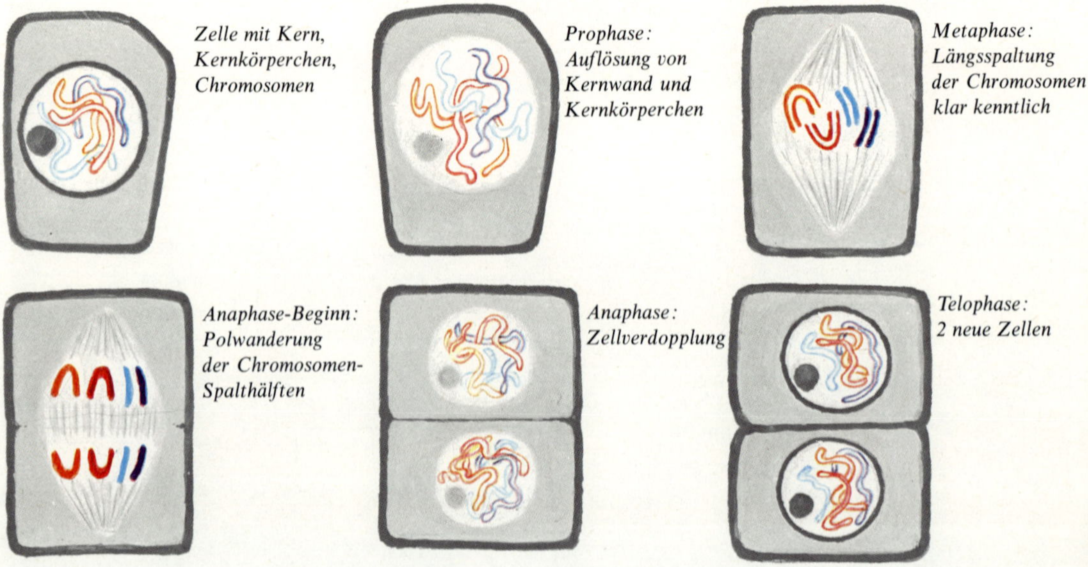

verteilt sind, bildet sich in der Mittelebene eine Zellwand aus. In den Tochterzellen nehmen die Chromosomen ihre ursprüngliche Fadenform wieder an; es entstehen 2 neue Kerne. Eine neue Kernwand bildet sich nunmehr aus; auch treten erneut Kernkörperchen wieder auf.

Durch diese verwickelte Zellteilung wird erreicht, daß jede Tochterzelle die gleiche Zahl und Art der Chromosomen erhält wie die Mutterzelle. Diese Chromosomen sind Träger der *Erbeinheiten* (Gene) des Organismus. Durch den Kernteilungsvorgang wird erreicht, daß alle Tochterzellen wieder die gleichen Gene haben wie die Mutterzelle.

Von den Chromosomen gehen Anweisungen (Informationen) für alle wichtigen Lebensvorgänge aus. Dieser verwickelte Steuerungsmechanismus regelt die Entwicklung des Organismus und seinen Stoffwechsel.

Einzeller und Vielzeller. Einzeller unter den Pflanzen müssen mit dieser einzigen Zelle für Ernährung, Wachstum und Vermehrung sorgen. Viele von ihnen, wie die Augengeißelalgen, sind zudem frei beweglich. Bei den vielzelligen Pflanzen werden Ernährung, Wachstum und Vermehrung auf besondere Zellgruppen *(Gewebe)* verteilt. Es findet eine Arbeitsteilung statt. Das zeigt uns jede Blütenpflanze: In den grünen Zellen eines Blattes werden pflanzeneigene Stoffe, die der Organismus braucht (organische Stoffe), aufgebaut (assimiliert). Diese Zellen bilden das Assimilationsgewebe. An den Wurzelspitzen und Sproßenden findet in dünnwandigen Zellen das Pflanzenwachstum statt. Diese Zellen stellen das Wachstumsgewebe dar. Verschiedene Gewebearten, die zu einer übergeordneten Aufgabe zusammengeschlossen sind, bilden ein *Organ.* An einem Blatt können wir Hautgewebe (Oberhaut oder Epidermis), Leitungsbahnen (Blattadern) und Assimilationsgewebe im Blattinnern unterscheiden. In den Blüten sind vielerlei Gewebe zu den Organen der Fortpflanzung, den Staubblättern und Fruchtblättern, vereinigt. Jede einzelne Zelle in einem Vielzeller ist für sich nicht lebensfähig. Das unterscheidet diese Zellen von der Zelle des Einzellers.

Bei vielen Einzellern bleiben die durch Zellteilungen entstandenen Tochterzellen untereinander in mehr oder weniger engen Zusammenhang. Dann entstehen *Zellkolonien,* die die Form von Kugeln, Fäden, Platten oder Paketen haben. Jede einzelne Zelle in einer solchen Kolonie ist lebensfähig, auch dann, wenn man sie aus dem Kolonie-Verband herauslöst (S. 224 u. 225).

Kennzeichnende Lebensvorgänge und ihre Organe

Stoffwechsel

Stoffaufnahme

Die Baustoffe der Pflanze

1. Bestimme den Wassergehalt einer Kartoffelknolle, eines Apfels, einer Gurke und dergleichen. (Bei mäßiger Hitze trocknen; vor und nach dem Trocknen wiegen.)
2. Verbrenne ein abgewogenes Stück trockenen Holzes und stelle das Gewicht der Asche fest.
3. Erhitze trockene Pflanzenteile, z.B. Holzspäne oder Pfeifentabak, in einem Reagenzglas (trockene Destillation). Es entweichen Wasserdampf und brennbare Gase, die man an der Reagenzglasmündung entzünden kann.
4. Verbrenne in der Flamme Tabakblätter. Die Flamme färbt sich gelb, ein Zeichen, daß Natrium-Verbindungen in der Pflanze enthalten sind.
5. Beobachte die verbrennenden Tabakblätter durch ein Kobaltglas. Die violette Färbung der Flamme zeigt an, daß Kalium in der Pflanze vorkommt.

Mangelkulturen von Maispflanzen.
Von rechts nach links:
Kultur mit Vollnährlösung; Kultur ohne Magnesium; Kultur ohne Calcium; Kultur ohne Kalium

Wie wir wissen, kann eine Pflanze ohne Wasser, eine Verbindung von Wasserstoff und Sauerstoff, nicht leben. Erhitzen wir ausgetrocknete Pflanzenteile in einem Reagenzglas, so entweichen zunächst Wasserdampf, danach Gase, die zum Teil brennbar sind. Schließlich bleibt Holzkohle zurück, die aus fast reinem Kohlenstoff besteht. Untersucht man die Gase, dann zeigt sich, daß sie u.a. stickstoffhaltige Verbindungen enthalten. Die Elemente Kohlenstoff, Wasserstoff, Sauerstoff und Stickstoff sind also wesentliche Bestandteile des Pflanzenkörpers.
Verbrennt man Pflanzenteile, dann bleibt Asche zurück. Ihre Untersuchung lehrt, daß die Pflanze außer den genannten Elementen noch Schwefel, Phosphor, Kalium, Calcium, Magnesium, Eisen und Spuren anderer Grundstoffe in chemischen Verbindungen enthält. Natrium und Kalium lassen sich leicht, wie die Versuche 3 und 4 zeigen, durch Flammenfärbung nachweisen.

Wir lösen in 1 l destilliertem Wasser 1 g Calciumnitrat ($Ca(NO_3)_2$), 0,25 g Magnesiumsulfat ($MgSO_4$), 0,25 g primäres Kaliumphosphat (KH_2PO_4) und geben einige Tropfen verdünnte Eisen-3-Chloridlösung ($FeCl_3$) zu. Hierauf bringen wir die Lösung in ein Zuchtgefäß (Einmachglas) und befestigen in dessen Deckel einen Maiskeimling so, daß nur die Wurzeln in die Lösung tauchen. Um zu verhindern, daß sich grüne Algen an den Wurzeln der Keimlinge ansiedeln, umhüllen wir das Zuchtgefäß mit lichtundurchlässigem Papier und stellen es dann an ein sonniges Fenster. Blasen wir täglich frische Luft durch das Wasser, so wächst der Keimling nach und nach zu einer stattlichen Pflanze heran.

Nährsalze. Fehlt auch nur eines der oben genannten Elemente, weil wir das betreffende Salz der Lösung nicht zugesetzt haben, so entwickelt sich die Pflanze nur kümmerlich. In destilliertem Wasser geht sie bald zugrunde. Man bezeichnet die notwendigen Salze allgemein als Nährsalze. In Gärtnereien und Wohnungen werden heute gar nicht selten anspruchsvolle Zimmerpflanzen in Nährsalzlösungen gehalten. Von solchen „Hydrokulturen“ war bereits die Rede (S. 24).
In den Nährsalzlösungen fehlt der Kohlenstoff. Wie dieser aufgenommen wird, erfahren wir später (S. 314).

Wasser und Nährsalze entnimmt die Pflanze in der Regel dem Boden, und zwar mit Hilfe der Wurzeln.

1. Überbinde die untere Öffnung von 4 Glaszylindern mit Leinwand; fülle sodann je einen mit trockenem Sand, Kies, Lehm und trockener Gartenerde; gieße auf die verschiedenen Bodenarten die gleiche Wassermenge und stelle fest, wieviel Wasser aus jedem Zylinder abläuft. Vergleiche, welche Bodenart die größte, welche die geringste Wasserdurchlässigkeit und welche die größte wasserhaltende Kraft hat.

2. Laß Samen von Hafer, Hirse oder Senf auf feuchtem Fließpapier in Petrischalen keimen. Beobachte, wo die Wurzelhaare entstehen und wie sie mit dem Fließpapier geradezu verwachsen.

Wurzelhaare. An Keimlingen beobachten wir, daß etwas oberhalb der Wurzelspitze Wurzelhaare ausgebildet werden. Das sind dünne Ausstülpungen der Oberhautzellen. Im Boden verkleben die Wurzelhaare innig mit den Bodenteilchen. Die Feuchtigkeit des Bodens löst die in den Bodenteilchen enthaltenen Nährsalze, und diese Nährsalzlösung wird von den Wurzelhaaren aufgenommen.

Diffusion und Osmose. Um die Aufnahme der Nährsalzlösungen in eine Zelle begreiflich zu machen, stellen wir folgende Versuche an:

Einen Glockentrichter verschließen wir mit einer dünnen Cellophanhaut. Den Glockenraum füllen wir mit einer 50%igen Rohrzuckerlösung, die wir mit einem roten Farbstoff (z.B. Eosin) angefärbt haben. Die Lösung soll ein wenig in das Steigrohr eindringen. Dann tauchen wir die gefüllte Glocke in ein Gefäß mit Wasser. Nach kurzer Zeit steigt die Flüssigkeit im Steigrohr.

Wird ein Zylinder aus ungebranntem Ton, dessen Wände porös sind, mit rotgefärbtem Zuckerwasser gefüllt und in ein Gefäß mit destilliertem Wasser gestellt, dann treten Zucker und Farbstoff nach einiger Zeit in das Wasser über. Der Wasserspiegel bleibt in beiden Gefäßen unverändert, wenn er zu Versuchsbeginn gleich hoch war. Bei diesem Vorgang der Diffusion tritt so lange Zucker nach außen, bis die Flüssigkeit in beiden Gefäßen gleich süß ist, d.h. die gleiche Zuckerkonzentration hat.

Nimmt man statt des porösen Tonzylinders einen mit Cellophanpapier verschlossenen Trichter mit einem Steigrohr, dann sieht man, daß das Wasser im Steigrohr hochsteigt. Also muß Wasser durch das Cellophan eingedrungen sein. Das destillierte Wasser außen wird aber weder süß noch rot, ein Zeichen, daß das Cellophan zwar Wasser durchläßt, nicht aber Zucker und Farbstoff. Die Cellophanhaut ist *halbdurchlässig. Die Diffusion durch eine halbdurchlässige Membran heißt Osmose.*

Auch die lebende Zelle besitzt in ihrer *Plasmahaut eine halbdurchlässige Membran.* Sie ist für Wasser – und in weit geringerem Maße für Salzlösungen –

Weg des aus dem Boden gesaugten Wassers in der Wurzel

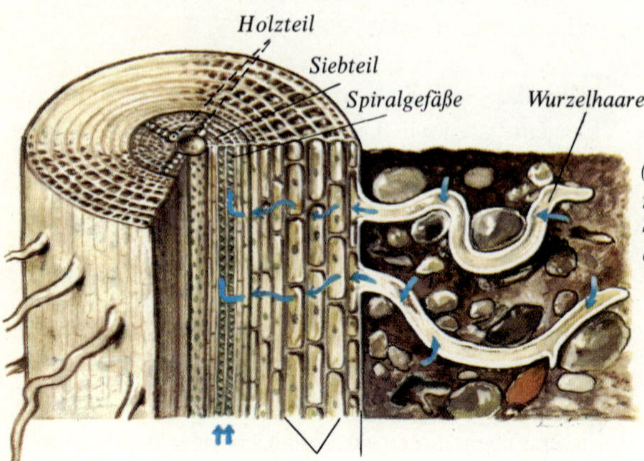

(Die Pfeile geben die Strömungsrichtung des Wassers an)

Versuchsanordnung zum Nachweis der Osmose und des osmotischen Druckes; Osmometer

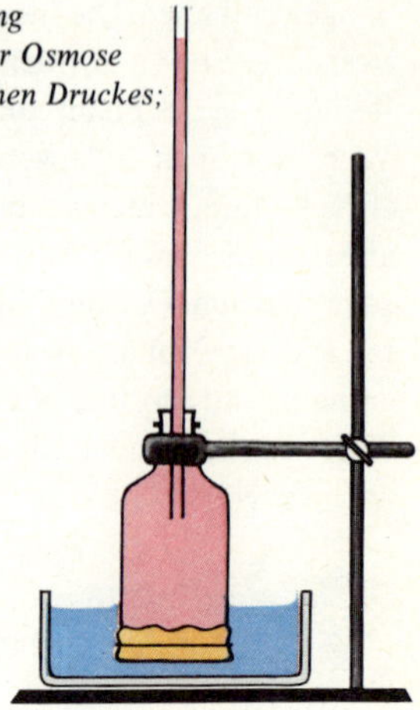

durchlässig. Wenn die Lösung von Zucker und Salzen im Innern der Zelle konzentrierter ist als die Außenlösung, kann sie Wasser aufnehmen. Auf diese Weise ziehen auch die Wurzelhaarzellen Wasser aus dem Erdreich an und nehmen dabei zugleich Nährsalze in stark verdünnter Lösung auf. Von den Wurzelhaarzellen wird das Wasser an die angrenzenden Zellen, deren Zellsaft höher konzentriert ist, weitergeleitet.

Dieser Vorgang der Weitergabe von Zelle zu Zelle würde aber für den Bedarf der Pflanze an Wasser und Nährsalzen nicht rasch genug gehen. Zur schnellen Weiterleitung sind *Leitungsbahnen* vorhanden, die uns bereits bekannten Leitungsröhren in den Stengeln und Blattadern. Sie befinden sich ebenso im Innern der Wurzeln (vgl. S. 312).

Düngung und Wechselwirtschaft. Verwesen die Pflanzen dort, wo sie gewachsen sind, z.B. im Urwald, so gelangen die mineralischen (unverbrennbaren) Stoffe, die sie dem Boden entnommen haben, wieder in diesen zurück. Ebenso gehen unseren Forsten, deren abgefallene Blätter und Zweige sich in eine Humusschicht verwandeln, in der Regel nur wenig Pflanzenbaustoffe verloren. Den Feldern und Wiesen dagegen entzieht man bei jeder Ernte gewaltige Mengen an Nährstoffen. Der Boden müßte verarmen, wenn ihm nicht die entzogenen Stoffe wiederzugeführt würden. Das geschieht durch die Düngung.

Am schnellsten verarmen unsere Felder und Wiesen an Stickstoff-, Kalium- und Phosphorverbindungen. Nur wenn diese Stoffe ausreichend im Erdboden vorhanden sind, kann der Landwirt mit einer ertragreichen Ernte rechnen. Das älteste und auch jetzt noch wichtige Düngemittel, das die 3 Hauptstoffe in genügenden Mengen enthält, ist der Stalldünger. Auch der Dünger, den das Hausgeflügel liefert, die Kotmassen von Seevögeln, die als Guano in den Handel kommen, und der Schlamm stehender oder langsam fließender Gewässer werden als Dünger verwendet. Auf Sandboden bedient man sich vielfach der „Gründüngung“ durch Schmetterlingsblütler (S. 87), unter denen die Lupine die erste Stelle einnimmt, und im Garten gewinnt man fruchtbare Erde durch Anlegen von Komposthaufen.

Neben diesen „natürlichen“ Düngemitteln, zu denen auch Kalk, Mergel und Holzasche gehören, haben zahlreiche Mineraldünger eine große Bedeutung erlangt: Kalisalze, Chilesalpeter, Kalkstickstoff, Ammoniumsulfat, Harnstoff, Superphosphat und Thomasmehl (phosphathaltige gemahlene Schlacke, die bei der Herstellung von Stahl abfällt).

Durch planvolle Verwendung dieser Mittel ist der Ernteertrag unserer Felder in erstaunlicher Weise gestiegen. Ohne Anwendung von Mineraldünger könnte die wachsende Menschheit auf die Dauer gar nicht ernährt werden. Mineraldünger wird heute in großen Mengen in die Entwicklungsländer geliefert; auch werden dort Düngerfabriken eingerichtet.

Die Gewächse entziehen dem Boden nicht alle Baustoffe in gleichen Mengen. Die eine Pflanze z.B. beansprucht mehr Kalium (Tabak, Zuckerrübe), die andere mehr Phosphor (Weizen) usw. Baut man auf einem Acker mehrere Jahre hindurch die gleiche „Feldfrucht“ an, so werden die Erträge immer geringer; anders aber, wenn man eine geordnete „Fruchtfolge“ durchführt. Hat der Acker in einem Jahr z.B. Roggen getragen, so wird er während der folgenden 2–4 Jahre mit anderen Pflanzen bestellt, bevor man wieder Roggen auf ihm anbaut. Auf Boden „mittlerer Güte“ ist etwa folgender Fruchtwechsel angebracht: Kartoffeln, Weizen, Klee, Rüben, Gerste. Eine entsprechende Wechselwirtschaft (s. auch S. 43) muß auch im Garten durchgeführt werden.

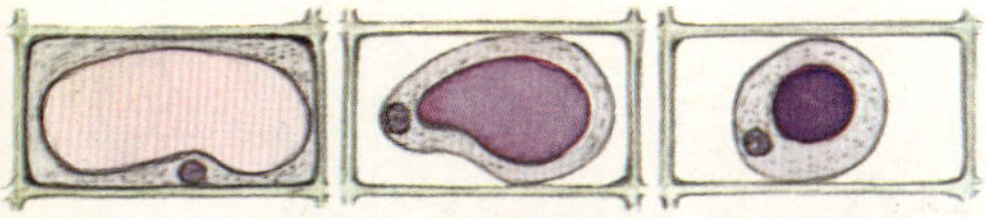

Die Unterhautzellen einer violettblättrigen Ampelpflanze (Tradescántia) enthalten in ihren Vakuolen einen roten Zellsaft. Eine Kochsalzlösung entzieht diesem Wasser, nicht aber den Farbstoff: Der Zellsaft wird stärker konzentriert. Dabei hebt sich das Plasma von der Zellwand ab (Plasmolýse). Das Plasma ist halbdurchlässig.

Leitung des Wassers und der Nährsalze

1. Stelle weißblütige Tulpen und Stengel vom Fleißigen Lieschen (Impátiens súltani) in Wasser, das mit Eosin rot angefärbt worden ist.
2. Fertige Dünnschnitte durch den Stengel des Fleißigen Lieschens an. Wo ist der rote Farbstoff sichtbar?
3. Stelle Dünnschnitte durch Taubnessel- oder Petunienstengel her. Beobachte und zeichne, was auf dem Querschnitt zu sehen ist.
4. Von einem dünnen Zweig der Linde entferne etwa 5 cm breit die Rinde bis auf das Holz. Stelle den Zweig in Wasser und beobachte, ob er welkt.
5. Prüfe die Geschwindigkeit des Wassersteigens mit Hilfe der nebenstehend abgebildeten Apparatur (S. 313).

Der Bauplan des Stengels. An Querschnitten durch einen krautigen Stengel erkennen wir zuäußerst die *Oberhaut.* Darauf folgt das *Rindengewebe*, und zuinnerst liegt der *Zentralzylinder.* In diesem befinden sich die Leitungsröhren, zu *Gefäßbündeln* zusammengefaßt, die in der Regel in einem Kreis angeordnet sind. Innerhalb des Gefäßbündelringes liegt das *Mark*, außerhalb die *Rinde.* Die Teile des Gewebes, die einerseits die einzelnen Gefäßbündel voneinander trennen und andererseits Mark und Rinde verbinden, werden als *Markstrahlen* bezeichnet. An einem Gefäßbündel unterscheiden wir den nach innen gerichteten Teil, den *Holzteil*, und den nach außen gerichteten, den *Sieb-* oder *Bastteil.* Eine Schicht dünnwandiger, teilungsfähiger Zellen, das *Kambium*, trennt den Holzteil von dem Siebteil.

Die Wasserleitungsbahnen. An den Stengeln, Blättern und Blüten von krautigen Pflanzen, die wir in rot gefärbtes Wasser stellten, haben wir beobachtet, daß die Farbstofflösung in den Adern der Blumen- oder Laubblätter vordringt und sich immer weiter über die Blattfläche verbreitet. Mit Hilfe des Mikroskops können wir uns an Querschnitten durch den Stengel und durch die Blatt- und Blütenstiele leicht überzeugen, daß nur der *Holzteil* der Gefäßbündel rot gefärbt ist. Daraus schließen wir, daß in ihm die Zuleitung des Wassers erfolgt.
Um festzustellen, wie die Leitung in einem Baumstamm vor sich geht, entfernen wir von einem Zweig einen Rindenring bis aufs Holz. Die Blätter dieses Zweiges vertrocknen über der geringelten Stelle nicht und bleiben so frisch wie unter ihr. Das Wasser kann also nur im Holz geleitet worden sein. Und zwar erfolgt die Leitung fast nur in den jüngsten Holzteilen, dem Splint, wie wir an Bäumen sehen können, die, obwohl sie im Innern völlig hohl sind (Weiden), doch lebhaft grünen. Im Holzteil steht für die Leitung des Wassers mit seinen Nährsalzen ein Rohrsystem aus langgestreckten Zellen zur Verfügung, deren Quer-

Stengelquerschnitt von einer Primel

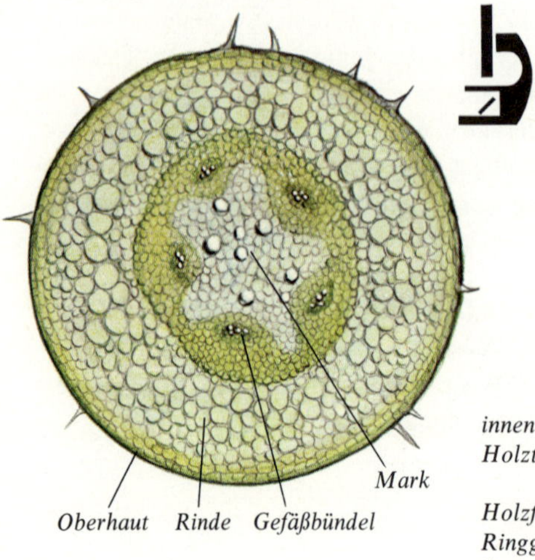

Gefäßbündel einer Zweikeimblättrigen Pflanze

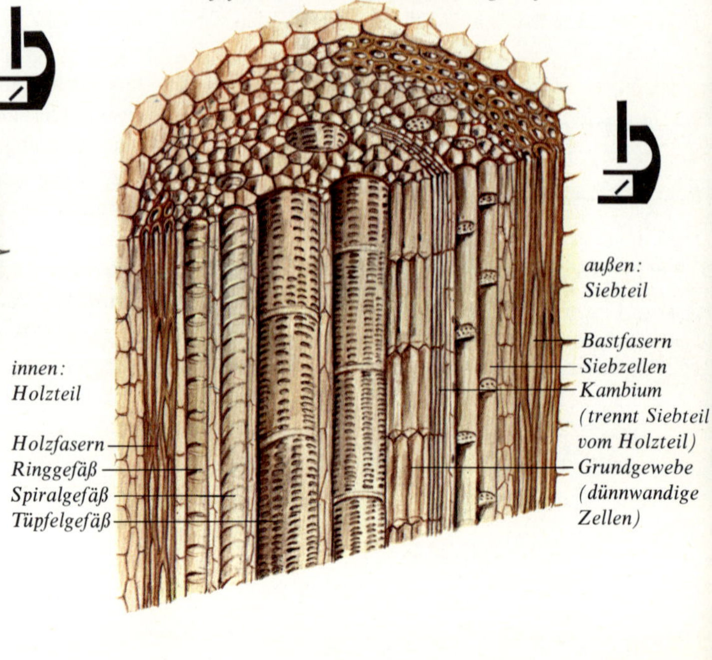

wände aufgelöst sind. Ihre Innenwände sind mit Ringen, Spiralen oder mit einem Netzwerk ausgesteift.

Leitung der assimilierten Stoffe. Röhrenförmige Zellen befinden sich auch im Sieb-(Bast-)teil der Holzgewächse. Diese Zellen sind mit siebartigen Querwänden versehen *(Siebröhren)* und dienen dem Transport der Bau- und Speicherstoffe, die in den Blättern gebildet werden. Sie werden zu den Stellen geleitet, an denen sie dringend gebraucht werden, z. B. zu den wachsenden Geweben und den sich entwickelnden Samen und Früchten. In Speicherorganen (Möhrenwurzeln, Kartoffelknollen, Zwiebeln, Erdsprossen u. a.) werden Baustoffe für die Triebe des nächsten Frühjahrs abgelagert. Bäume und Sträucher speichern auch in ihren holzigen Teilen.

Die Leitungsbahnen für Wasser und Nährsalze einerseits und für die assimilierten Stoffe andererseits laufen im Stamm nebeneinander her, durch das Kambium voneinander getrennt. Neben diesen Längsleitungen sorgen die *Markstrahlen* für einen Stofftransport von außen nach innen und umgekehrt, also in radialer Richtung. Im Frühjahr werden in den Leitungsbahnen des Holzteils auch Assimilate aus den Speicherorganen, z. B. den Wurzeln, rasch befördert und für den Frühjahrstrieb verwendet. Birken, die in dieser Zeit gefällt werden, scheiden aus dem Holz des Baumstumpfes einen zuckerhaltigen „Blutungssaft" aus.

Verdunstung

Streifen von Filtrierpapier werden mit einer wäßrigen Lösung von Kobalt-2-chlorid getränkt und getrocknet. Das Kobaltpapier ist in feuchtem Zustand rosa, in trocknem blau. Blaue Kobaltpapiere werden auf Ober- und Unterseite größerer Blätter (z. B. Flieder, Holunder) mit Klebestreifen befestigt. Wann rötet sich das Papier oben, wann unten?

In verschiedenen Versuchen konnten wir bereits feststellen, daß bei allen lebenden Pflanzen dauernd eine Wasserverdunstung *(Transpiration)* stattfindet (S. 6 u. 19). Zahlreiche Beobachtungen haben uns gezeigt, daß durch die Oberhaut kaum Wasser abgegeben wird. Wasserdampf entweicht vorwiegend durch die *Spaltöffnungen* der Blätter. Da die Blätter auf ihrer Unterseite förmlich von Spaltöffnungen übersät sind, müssen wir in den Blättern die wichtigsten Organe der Transpiration sehen. Ein mittelgroßes Kohlblatt z. B. hat etwa 11 Millionen und ein Blatt der Sonnenblume rund 14 Millionen Spaltöffnungen. An Blättern des Apfelbaumes hat man 250 Spaltöffnungen je mm^2 auf der Blattunterseite festgestellt.

Bedeutung der Verdunstung. Wie durch die Versuche gezeigt worden ist, übt die Verdunstung eine Saugwirkung aus, durch die Wasser in der Pflanze empor-

Reservestoffe in einem Roggenkorn

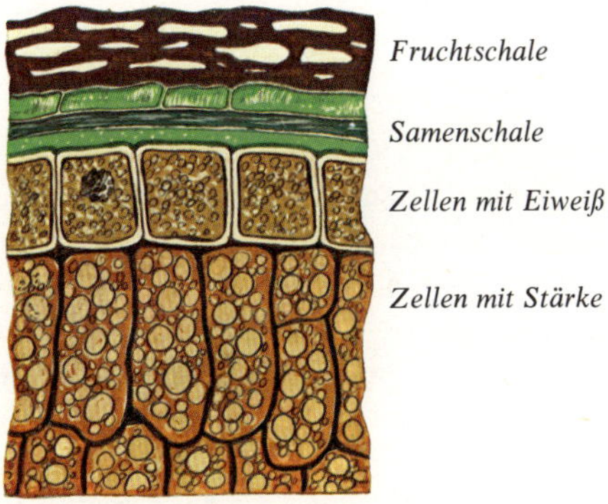

Versuchsanordnung zum Nachweis des Wassersteigens und der Transpiration

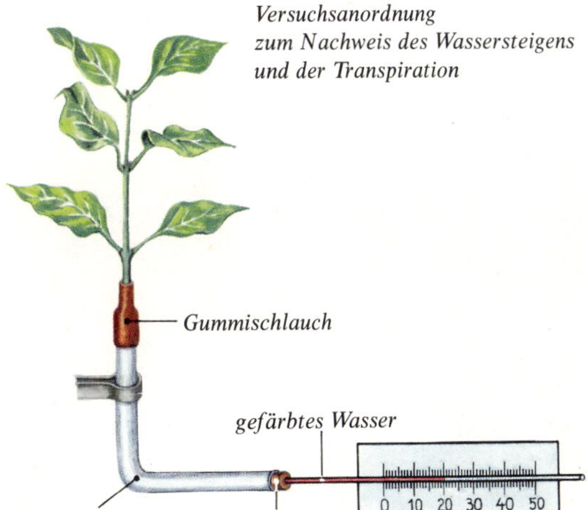

gehoben wird. Dadurch wird sie auch ausreichend mit Nährsalzen versorgt, obgleich das Bodenwasser nur sehr geringe Mengen enthält. Wird die Verdunstung bei dampfgesättigter Luft erschwert, dann können viele Pflanzen Wasser in Tropfen aus sog. Wasserspalten auspressen (*Guttation*, S. 19).
Die Verdunstung des Wassers bedingt auch eine Abkühlung. Sie verhindert, daß sich die Pflanze bei starker Sonneneinstrahlung zu sehr erwärmt. Wie die Pflanze ihre Transpiration je nach dem Standort regelt, läßt sich aus der Übersicht S. 172 ablesen.

Stoffaufbau

Assimilation. Aus kleinen Samen oder Früchten kann sich im Laufe eines einzigen Jahres eine stattliche Pflanze entwickeln (Sonnenblume mehr als 2 m, Mais bis zu 3 m hoch). Die Pflanzen müssen also für ihren Aufbau große Mengen an Baustoffen gebildet haben. Diese körpereigenen (organischen) Stoffe wie Zucker, Stärke, Zellstoff, Fett und Eiweiß, enthalten alle Kohlenstoff. In den Nährsalzen aber, die die Pflanzen mit ihren Wurzeln aufnehmen, fehlt der Kohlenstoff. Folglich müssen die Pflanzen den Kohlenstoff der Luft entnommen haben. In der Luft kommt der Kohlenstoff als Kohlendioxid vor. 100 l Luft enthalten ungefähr 79 l Stickstoff, 21 l Sauerstoff und nur 0,03 l Kohlendioxid. Die Umwandlung des Kohlendioxids der Luft unter Einwirkung des Lichts zu Stärke nannten wir Assimilation (S. 28). Diesem Vorgang folgt mit Hilfe der Nährsalze die Bildung weiterer

Versuchsanordnung zum Nachweis der Sauerstoffbildung während der Assimilation.

Unter dem Trichter befinden sich Sprosse der Wasserpest

Blasenzählmethode

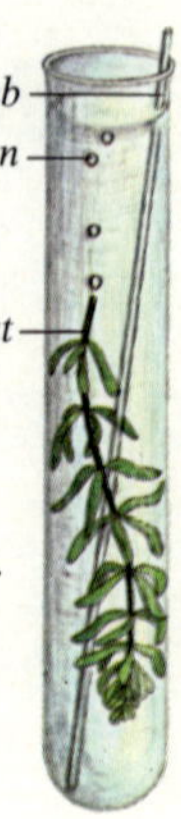

körpereigener Stoffe. In einem erweiterten Sinne wird jegliche Bildung körpereigener Stoffe Assimilation genannt (lat. assimilare, aneignen).

Die Assimilation des Kohlenstoffs

1. Wir bringen Zweige der Wasserpest unter einem Glastrichter in ein Gefäß mit frischem, möglichst ungechlorten Wasser. Dieses enthält Kohlendioxid gelöst. Über die Mündung des Trichters, die unter dem Wasserspiegel liegen muß, stülpen wir sodann ein mit Wasser gefülltes Reagenzglas und setzen das Ganze in die Sonne. Die von den Pflanzen aufsteigenden Gasblasen sammeln sich im Reagenzglas. Ist alles Wasser daraus verdrängt, dann schließen wir unter Wasser das Glas mit dem Daumen und führen einen glimmenden Span ein, der sofort mit heller Flamme brennt. Das von den Pflanzen ausgeschiedene Gas ist demnach Sauerstoff. Zur Kontrolle wiederholen wir den Versuch mit einem verdunkelten Gefäß.
2. In ein Reagenzglas bringen wir einen Zweig der Wasserpest wie die Abb. (s. u.) zeigt und stellen es ins Sonnenlicht. Die an der Schnittfläche aufsteigenden Sauerstoffbläschen werden gezählt: a) in Leitungswasser; b) in Sprudelwasser (reich an Kohlendioxid); c) in ausgekochtem Wasser.
3. In eine mit Wasser gefüllte Küvette (Glasgefäß mit planparallelen Scheiben) geben wir einen Sproß der Wasserpest und fügen eine wäßrige Lösung von Indigoweiß hinzu; dieses entsteht, wenn dem blauen Indigofarbstoff Sauerstoff entzogen wird. Sobald die Küvette der Sonne ausgesetzt wird, sieht man blaue Schlieren von den Blättern aufsteigen. Das ist ein Zeichen, daß Sauerstoff abgeschieden wird, denn Sauerstoff verwandelt das Indigoweiß wieder in Indigoblau.

Für unsere Versuche haben wir eine Wasserpflanze gewählt, weil bei dieser leicht zu beobachten ist, wie Sauerstoffblasen gebildet werden. Die Sauerstoffbildung unterbleibt, sobald die Pflanze verdunkelt wird. Sie unterbleibt auch dann, wenn das Wasser ausgekocht und dadurch das Kohlendioxid ausgetrieben wurde.
Die gleichen Vorgänge wie bei den Wasserpflanzen spielen sich auch bei allen grünen Landpflanzen ab. Alle grünen Pflanzen nehmen Kohlendioxid auf und scheiden im Licht Sauerstoff aus.

Wir können somit *die Bedingungen der Kohlenstoffassimilation* zusammenfassen: Sie ist an das Vorhandensein von Blattgrün und Kohlendioxid gebunden. Da die Kohlenstoffassimilation nur bei Licht stattfindet, hat man sie auch *Photosynthese* genannt.

Der bei der Photosynthese freiwerdende Sauerstoff entsteht in der Pflanze durch einen chemischen Prozeß, bei dem aus dem aufgenommenen Kohlendioxid und Wasser Traubenzucker gebildet wird:

Kohlendioxid + Wasser
→ Traubenzucker + Sauerstoff.

Aus dem Traubenzucker bildet die Pflanze Stärke. Der Traubenzucker ist aber auch für alle anderen Stoffe, die die Pflanze herstellt, unentbehrlich (S. 316).

Autotrophe und heterotrophe Pflanzen. Grüne Pflanzen und Bakterien, die selbsttätig assimilieren, werden autotrophe Pflanzen genannt. Alle anderen Pflanzen, die auf bereits aufbereitete Stoffe angewiesen sind, heißen heterotrophe Pflanzen. Dazu gehören die blattgrünfreien Pflanzen. Sie sind Schmarotzer (Parasiten), wie z. B. die Hopfenseide, oder Moderpflanzen (Saprophyten), wie zahlreiche Pilze, oder leben mit Pilzen in einer Ernährungsgemeinschaft (Symbiose), wie viele bleiche Gewächse (Fichtenspargel, Nestwurz).

Das Laubblatt als Organ der Kohlenstoffassimilation

1. Beobachte im Mikroskop Blattflächenschnitte von der Schwertlilie (Iris) und zeichne die Oberhautzellen mit ihren Spaltöffnungen.

2. Lege die Blattspitze eines Irisblattes in mehrere enge Falten und presse dieses Faltstück zwischen Holundermarkhälften. Dann stelle mit einer Rasierklinge möglichst dünne Querschnitte her, die mikroskopisch betrachtet und dann gezeichnet werden.

Stellen wir durch ein Laubblatt dünne Querschnitte her, so sehen wir mit Hilfe des Mikroskops, daß es aus mehreren Zellschichten aufgebaut ist. Unter der *Oberhaut* aus lückenlos aneinander schließenden Zellen stehen langgestreckte Zellen wie die Stämme eines Pfahl- oder Palisadenwerkes dicht nebeneinander; sie bilden die sog. *Palisadenschicht*. Unter dieser liegen Zellen von unregelmäßiger Form. Da sich zwischen ihnen große, luftgefüllte Räume wie in einem Badeschwamm befinden, bezeichnet man diese Zellage als *Schwammschicht*. Als Abschluß nach unten folgt wieder die Oberhaut (Epidermis).

Die Zellen der beiden mittleren Schichten, besonders die der Palisadenschicht, sind reich an Blattgrünkörnern. Wir haben daher in ihnen die eigentlichen Stätten der Kohlenstoffassimilation vor uns.

Um assimilieren zu können, müssen die Zellen der beiden mittleren Blattschichten mit der Luft in Berührung kommen. Dazu dienen die *Spaltöffnungen* in der Oberhaut, durch die die Luft in das Innere der Pflanze eintritt. Sie verteilt sich in den Zwischenzellräumen, so daß alle Zellen von ihr umspült werden. Der bei der Assimilation in den Zellen frei werdende

Innerer Bau eines Blattes

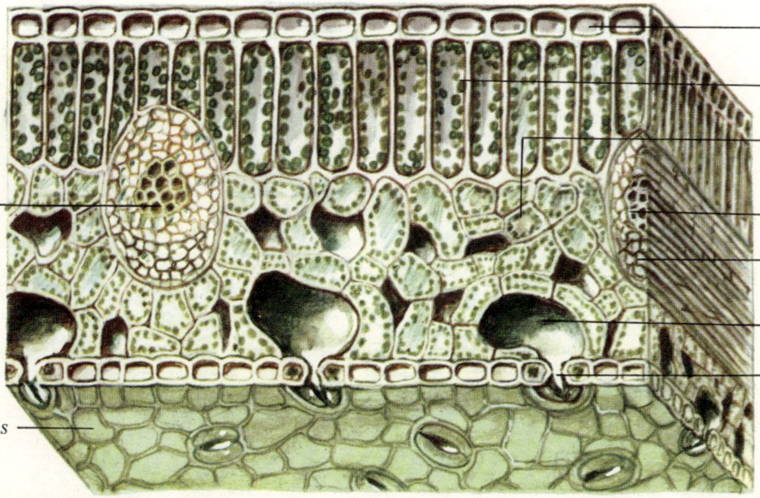

Sauerstoff entweicht durch die Zellwände ebenfalls in die Zwischenzellräume, aus denen er durch die Spaltöffnungen ins Freie treten kann.
Das Blatt wird in seiner Gestalt von dem Gerüst der widerstandsfähigen Blattadern gehalten. In ihnen verlaufen die Leitungsbahnen, die die ganze Blattfläche durchziehen und mit Nährsalzen und Wasser versorgen. Ferner leiten sie die weiteren, mit Hilfe der Photosynthese gebildeten Stoffe in den Siebröhren ab. An einem verrotteten Buchenblatt aus der Laubstreu eines Waldes läßt sich besonders deutlich das Gefüge der Blattadern erkennen.

Feinbau des Chlorophyllkorns. Das linsenförmige Chlorophyllkorn ist durch Lamellen unterteilt, zwischen denen die Blattgrünscheiben (Grana) liegen. Diese selbst sind wiederum in lamelläre Strukturen aufgegliedert.

Die Erzeugnisse der Photosynthese und ihre Weiterverwendung

1. Wir befestigen auf einem gut besonnten Blatt (Kapuzinerkresse, Zaunwicke, Gemüsebohne, Wilder Wein) einen Streifen Stanniolpapier. Nach etwa 10 Stunden wird das Blatt abgeschnitten, in siedendem Wasser abgetötet und mit heißem Brennspiritus übergossen. Dieser löst das Blattgrün heraus. Das nunmehr farblose Blatt wird in eine Lösung von Jodjodkalium übertragen.
2. Weißfleckige (panaschierte) Blätter (Pelargonien- und Ahornarten) werden wie in Versuch 1 behandelt.

Stärke als Produkt der Photosynthese. Das erste sichtbare Assimilationsprodukt ist die Stärke, die leicht nachzuweisen ist: Mit Jodjodkalium färbt sie sich schwarzblau. Nur an belichteten Stellen eines Blattes tritt die Färbung auf. Weißfleckige Blätter lassen die Färbung nur dort erkennen, wo das Blatt grün geblieben ist (Versuche 1 und 2).
Stärke wird als ein Erzeugnis der Photosynthese der grünen Pflanze mit Hilfe des Sonnenlichts aus dem Kohlendioxid der Luft und aus Wasser aufgebaut. Unter dem Mikroskop erkennen wir, daß die Stärke aus

Stärkekörner

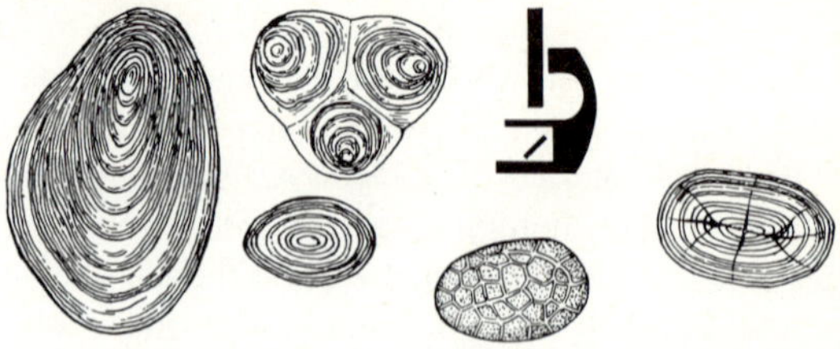

Kartoffel *Hafer* *Bohne*

winzigen Körnern besteht, die je nach der Pflanze, aus der sie stammen, verschieden geformt sind.
Sorgfältige Untersuchungen haben gezeigt, daß die Stärke in der Pflanze aus Traubenzucker aufgebaut wird. Sie kann auch leicht wieder in diesen zurückverwandelt werden. Stärke ist in Wasser unlöslich. Traubenzucker aber ist leicht löslich und kann von Zelle zu Zelle weitergeleitet und z.B. zur Herstellung von *Zellstoff* und *Fetten* verwendet werden. Auch *Eiweißstoffe* bildet die Pflanze mit Hilfe des Traubenzuckers und der Nährsalze.

1. Prüfe unreife und reife Früchte oder Samen, Holz, Erdsprosse und Wurzeln mit Jodjodkalium auf Stärke.
2. Untersuche die Kerne von Hasel- und Walnüssen sowie die Samen von Mohn und Raps durch Zerdrücken zwischen Papier auf fettes Öl.

Versuch zum Nachweis der Stärkeerzeugung durch die Assimilation. Blatt der Kapuzinerkresse mit Negativ eines Fotos abgedeckt.

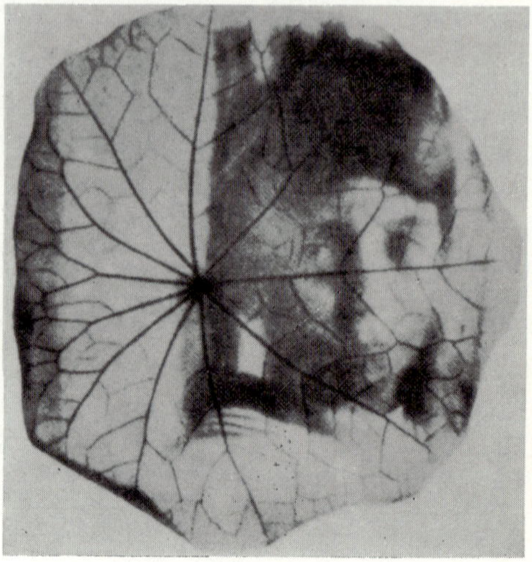

Die Bedeutung der Kohlenstoffassimilation. Die Laubblätter einer Pflanze sind besonders reich an Blattgrün und daher ihre wichtigsten Ernährungsorgane. Die Tiere und der Mensch können sich nicht von Wasser, Nährsalzen und Kohlendioxid ernähren. Sie sind vielmehr auf die organischen Stoffe angewiesen, die von der grünen Pflanze erzeugt werden. *Ohne Pflanzenleben kann es daher weder Tier- noch Menschenleben geben.*

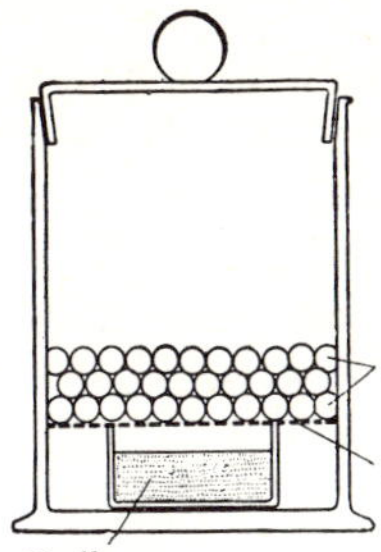

Kohlendioxidausscheidung. Nachweis durch keimende Erbsen

Stoffabbau
Nachweis der Atmung

1. In 2 gleichgroße Standzylinder füllen wir bis zur halben Höhe gequollene Erbsen ein, die eben zu keimen beginnen; die eine Füllung ist vorher durch kochendes Wasser abgetötet worden. Die Gefäße werden luftdicht verschlossen. Nach einiger Zeit senken wir eine brennende Kerze in die Gefäße. In dem Standzylinder mit den lebenden Erbsen erlischt sie sofort, weil der Luftsauerstoff von den Keimlingen verbraucht worden ist. In dem anderen brennt sie weiter.

2. Wir wiederholen die Versuche, stellen aber auf den Boden jedes Standzylinders ein Schälchen mit Kalkwasser. Das Kalkwasser trübt sich rasch in dem 1. Standzylinder mit den lebenden Keimlingen, weil diese Kohlendioxid ausgeatmet haben. Das Kalkwasser des 2. Gefäßes wird nur wenig von dem Kohlendioxid der Luft getrübt.

3. Ein Standzylinder wird zu einem Drittel mit (nicht grünen) Blütenknospen oder jungen Hutpilzen gefüllt. Die Prüfung mit Kalkwasser zeigt, daß auch nichtgrüne Pflanzenteile oder Pflanzen Kohlendioxid ausscheiden.

4. In eine kleine Kochflasche gibt man einige Zweige der Wasserpest. Die Flasche wird mit Wasser, dem etwas Indigo-Lösung zugesetzt wurde, gefüllt und mit einem Gummistopfen so verschlossen, daß keine Luftblase zurückbleibt. Dann stellt man sie ins Dunkle. Am nächsten Tage ist die Indigolösung entfärbt. Die Zweige der Wasserpest haben den Sauerstoff im Wasser verbraucht, wobei der Farbstoff entfärbt wurde. Bläst man Luft in das Wasser hinein, dann tritt die blaue Farbe wieder auf.

Genau wie der Mensch und die Tiere atmet auch die Pflanze: Sauerstoff wird aufgenommen, verbraucht und Kohlendioxid abgeschieden. Dieser Vorgang spielt sich bei allen Pflanzen tagsüber und nachts ab, und zwar bei grünen Pflanzen wie bei nichtgrünen. An grünen Pflanzen ist jedoch tagsüber die Atmung nicht zu erkennen, weil das auftretende Kohlendioxid sofort wieder in der Photosynthese verbraucht wird.

Wege der Atemluft. Der für die Atmung benötigte Sauerstoff gelangt von den Spaltöffnungen der Blätter über die Zwischenzellräume zu den einzelnen Zellen. Den umgekehrten Weg macht das Kohlendioxid des Atmungsprozesses. In den Wurzeln jedoch findet der Gasaustausch durch die gesamte Oberfläche der noch lebenden Oberhautzellen statt.

Ist in einem Boden die Luft durch Wasser völlig verdrängt, so stellt sich Mangel an Sauerstoff ein. Gelingt es den Pflanzen nicht, die Wurzeln von den oberirdischen Teilen her mit dem Sauerstoff der Luft zu versorgen, so sterben sie ab, die Pflanze geht zugrunde. Zahlreiche Wasser- und Sumpfpflanzen haben im Stengel große Zwischenzellräume (S. 68), durch die die atmosphärische Luft schnell zu den Wurzeln vordringen kann. Da unsere guten Futtergräser solche Luftbahnen nicht haben, verschwinden sie, wenn eine Wiese versumpft; Sauergräser und Binsen mit weiten Lufträumen treten dann an ihre Stelle. Auf feuchten Wiesen und Äckern ist daher nur eine gute Ernte möglich, wenn sie richtig entwässert werden.

Bedeutung der Atmung. In einem geschlossenen Gefäß mit keimenden Erbsen steigt die Temperatur an. Also wird von den Erbsenkeimlingen Wärme abgegeben. Sie entsteht als Folge der Atmung und trägt dazu bei, daß sich die Lebensvorgänge im Körper der Pflanze ununterbrochen abspielen. In der Regel ist aber bei den Gewächsen nichts von einer Wärmeentwicklung zu merken; denn sie haben eine verhältnismäßig große Oberfläche, so daß die Wärme schnell an die Luft abgegeben wird.

Photosynthese und Atmung. Wir haben gesehen, daß bei der Photosynthese Kohlendioxid aufgenommen und Traubenzucker bzw. Stärke aufgebaut werden. Der Atmungsvorgang läuft diesem Prozeß gleichsam entgegen: Traubenzucker wird abgebaut, dabei Kohlendioxid abgeschieden. Wir können also die Gleichung für den Atmungsvorgang umgekehrt schreiben wie die Gleichung für die Photosynthese:

$$\text{Traubenzucker} + \text{Sauerstoff} \rightarrow \text{Kohlendioxid} + \text{Wasser}.$$

Das Sonnenlicht, das für die Photosynthese unentbehrlich ist, liefert die für die Bildung des Traubenzuckers notwendige *Energie*. Bei der Atmung wird diese Energie wieder freigesetzt zur Unterhaltung der zahllosen Stoffumwandlungen in der lebenden Zelle, zu einem geringen Teil auch als Wärme.

Die Hauptunterschiede zwischen Photosynthese und Atmung zeigt folgende Gegenüberstellung:

	findet statt	verbraucht wird	ausgeschieden wird
Photosynthese	nur am Tag, nur mit grünen Pflanzenorganen	Kohlendioxid, Energie des Sonnenlichts	Sauerstoff
Atmung	bei Tag und Nacht, bei allen Pflanzen mit allen Organen	Sauerstoff	Kohlendioxid, Energie wird freigesetzt

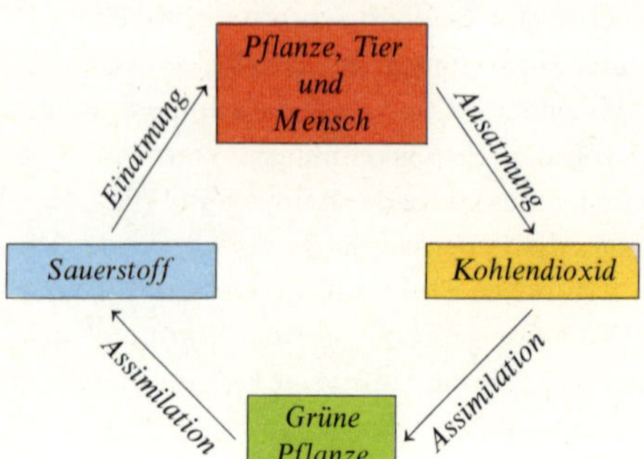

Wie aber kommt es, daß die Pflanzen wachsen können, wenn sie Tag und Nacht mit allen Organen atmen, d. h. assimilierten Stoff verbrauchen? Die Photosynthese findet zwar nur bei Tageslicht und nur in grünen Organen statt. Aber von dem bei der Photosynthese gebildeten Traubenzucker wird nur etwa ein Drittel bis ein Fünftel zu Kohlendioxid und Wasser abgebaut. Die Hauptmenge steht für die Lebensvorgänge innerhalb der Zelle zur Verfügung.

Kreislauf von Kohlendioxid und Sauerstoff. Wenn man bedenkt, welche riesige Menge von Kohlendioxid täglich der Luft entzogen wird, so müßte ihr Kohlendioxidgehalt immer geringer werden. Das ist jedoch nicht der Fall: Durch die Atmung der Lebewesen und ihre Verwesung und durch das Verbrennen von Holz und Kohlen wird der Luft dieses Gas immer wieder zugeführt. Ebensowenig wird durch die Assimilation der Pflanzen die Sauerstoffmenge der Luft vermehrt, denn Mensch, Tier und Pflanze verbrauchen bei der Atmung Sauerstoff. Auch bei Verbrennungsvorgängen wird Sauerstoff gebunden.

In der Natur findet also ein gewaltiger Kreislauf der beiden Gase statt. Alle Lebewesen atmen Kohlendioxid aus, das die grüne Pflanze zur Ernährung braucht, und der Sauerstoff, der von den grünen Pflanzen bei der Assimilation ausgeschieden wird, ist für die Atmung unentbehrlich (s. Schema).

Gärung. Bei den Hefepilzen und bei gewissen Bakterien war von Gärungserscheinungen die Rede. Dabei wird ebenfalls Zucker abgebaut, aber ohne Zufuhr von Sauerstoff. Wir sprachen von anaeroben Pflanzen. Bei der Gärung entsteht – wie wir wissen – Alkohol und Kohlendioxid. Auch hier wird Energie gewonnen, aber der Gewinn ist bedeutend geringer als bei der Atmung.

Entwicklung und Wachstum

Aus den Samen des Hirtentäschelkrautes kann man mit Nadeln leicht die Keimlinge herauspräparieren. Versuche, eine Entwicklungsreihe aus verschieden alten Keimlingen zusammenzustellen. Zeichne! Beachte, wie früh bereits der Sproß mit den beiden Keimblättern und die Wurzel angelegt werden. Die Zellen des Bildungsgewebes werden im Mikroskop deutlich sichtbar.

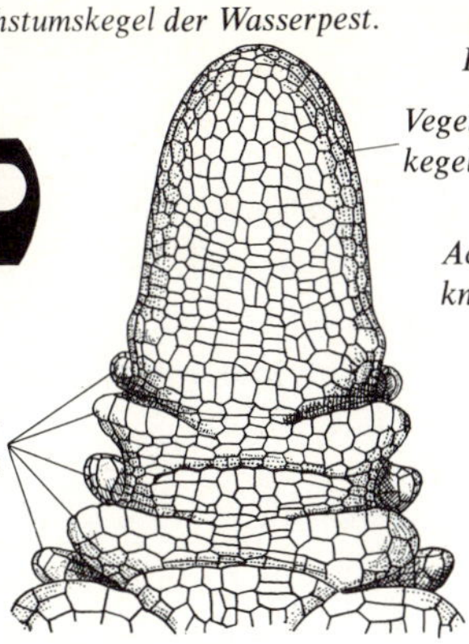

Wachstumskegel der Wasserpest.

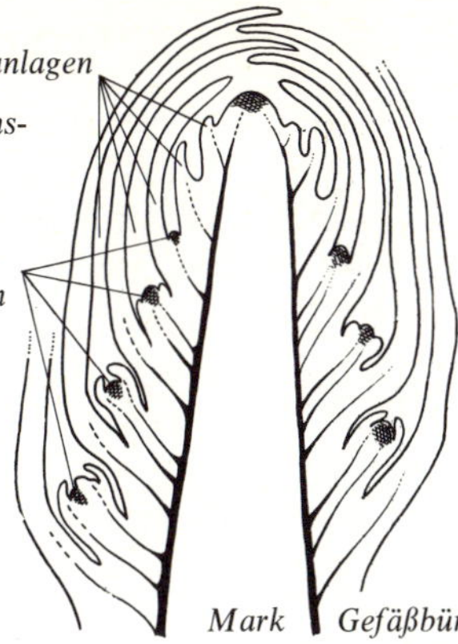

Endknospe (Längsschnitt)

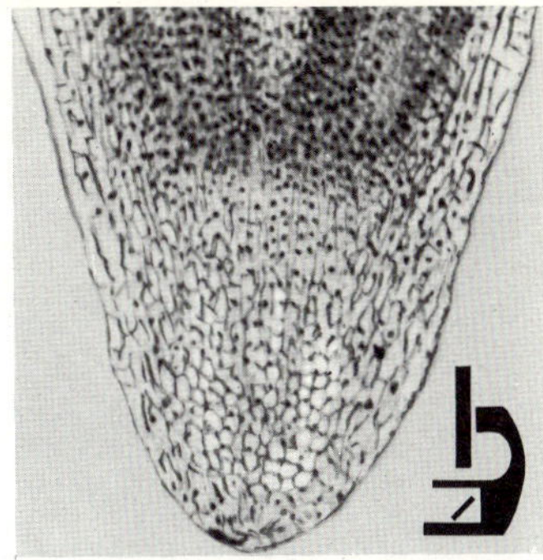

Wurzelspitze einer Bohne (Längsschnitt). Außen Wurzelhaube, innen (dunkel) Rindengewebe (etwa 130fach vergr.)

Das Längenwachstum

Der Wachstums- oder Vegetationskegel des Sprosses. Legen wir die äußerste Spitze eines Zweiges der Wasserpest unter das Mikroskop, nachdem wir mit Hilfe einer Pinzette alle Blättchen entfernt haben, so erkennen wir folgendes: Der Endabschnitt des Sprosses wird von Zellen aufgebaut, die dünnwandig sind und das kegelförmig vorgewölbte Bildungsgewebe darstellen. Man bezeichnet daher die Endspitze als Wachstums- oder Vegetationskegel.

An ihm sieht man ferner zahlreiche kleine Höcker, die mit zunehmender Entfernung von der Stammspitze immer mehr die Gestalt von Blättern annehmen. Je älter und größer diese Blattanlagen werden, um so mehr bedecken sie schützend die jüngeren samt dem Wachstumskegel. Dieser stellt mit den jungen Blättern die *Endknospe* dar.

In den Achseln der ausgebildeten Blätter bleibt vielfach das Bildungsgewebe erhalten: Es entstehen hier die Anlagen von Seitensprossen, die man *Achselknospen* nennt.

Der Wachstumskegel der Wurzel. Betrachten wir einen Längsschnitt durch die Spitze einer Wurzel unter dem Mikroskop, so zeigt sich, daß das kegelförmige Ende von einem Gebilde überdeckt ist, das die Form eines Fingerhutes hat. Diese Wurzelhaube bewahrt die sehr zarte Wurzelspitze vor Verletzungen. Die äußeren älteren Zellen der Haube werden nach und nach abgestoßen und verschleimen, so daß der Wurzel das Eindringen in den Erdboden erleichtert wird. Von innen her werden die verbrauchten Zellen immer wieder durch das Bildungsgewebe ersetzt.

Das Längenwachstum des Sprosses und der Wurzeln beruht nicht nur auf der Vermehrung der Zellen im Bildungsgewebe der „Vegetationspunkte“, sondern auch auf der Größenzunahme (Streckung) der wachsenden Zellen (Streckungswachstum).

Das Dickenwachstum

Bedeutung des Kambiums. Bei allen Holzgewächsen nimmt die Dicke des Sprosses mit fortschreitendem Alter zu. Bei den Nadelgewächsen und den Zwei-

Ulmenholz im Querschnitt. Weitporiges Frühjahrsholz, engporiges Herbstholz

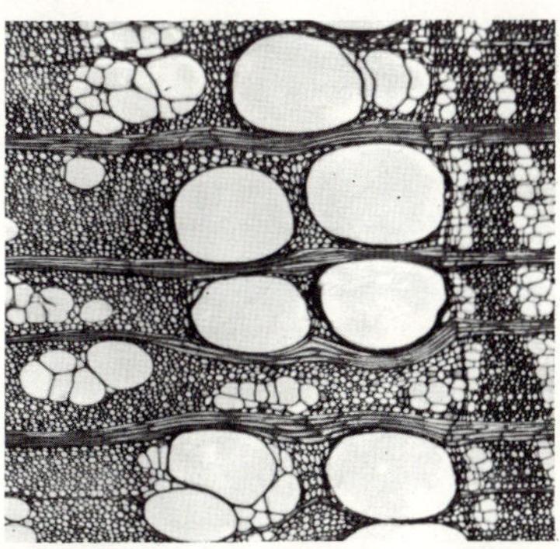

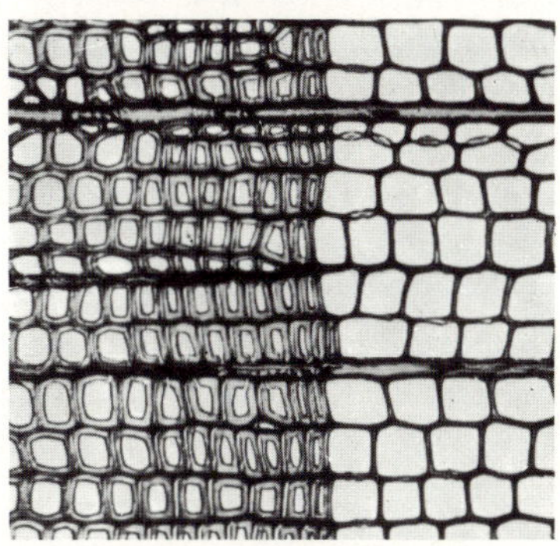

Kiefernholz im Querschnitt. Enge Gefäßzellen im Herbstholz, weite Gefäßzellen im Frühjahrsholz

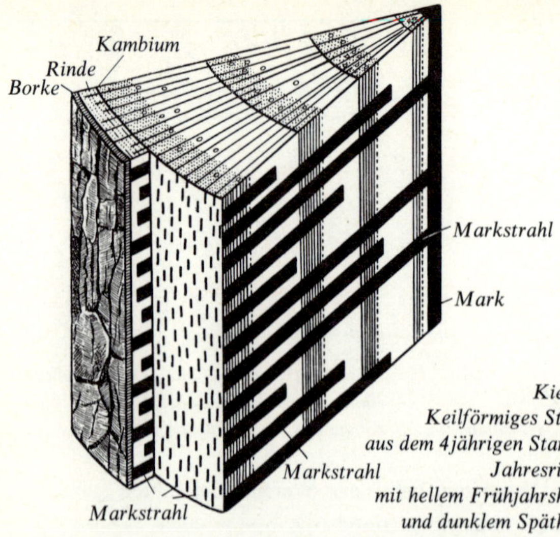

Kiefer. Keilförmiges Stück aus dem 4jährigen Stamm. Jahresringe mit hellem Frühjahrsholz und dunklem Spätholz

keimblättlern kommt dieses Dickenwachstum durch die Tätigkeit eines Bildungsgewebes, des Kambiums (S. 312), zustande. Es liegt als zylindrischer Mantel zwischen dem Holz und dem Bast. In diesem Kambiummantel finden regelmäßig Zellteilungen statt. Die Zellen, die nach innen gelegen sind, wandeln sich zu Geweben des Holzteiles um, während die Zellen, die nach außen liegen, Gewebe des Bastteiles bilden. Auf diese Weise entwickelt sich innerhalb des Kambiummantels ein fester Holzkörper, der das Mark umschließt, und außerhalb ein Bastkörper von der Form eines hohlen Zylinders. Dieser Bastkörper bildet nach außen die Rinde. Ihre abgestorbenen Teile nennt man die *Borke.* Auch die Wurzeln zeigen ein Dickenwachstum.

Die Zellen des Kambiums teilen sich vom Frühjahr bis zum Herbst. Im Frühjahr werden im Holz besonders weite, röhrenartige Gefäße angelegt, im Sommer überwiegt die Ausbildung von Holzfaserzellen. Infolgedessen unterscheidet sich das Frühjahrsholz deutlich vom Sommer- oder Spätholz. Da das Frühjahrsholz ohne Übergang an das Spätholz des vergangenen Jahres anschließt, kommt es zur Bildung von *Jahresringen.*

Das Kambium ist unter besonderen Umständen sogar in der Lage, völlig neue Pflanzen auszubilden. Das erkennt man an Baumstümpfen (Weide, Pappel, Linde), aus deren Kambium neue Triebe sprossen. Auch bei Verwundung sorgt das Kambium dafür, das die Wunde geschlossen, überwallt wird.

Bewegung und Reizbarkeit

Freibeweglichkeit bei Pflanzen. Augengeißelalgen, Schleimpilze und Bakterien können sich selbsttätig bewegen. Freibeweglich sind auch die Spermazellen der Moose und Farne, die durch chemische Stoffe angelockt den Weg zur Eizelle finden (Äpfelsäure bei Farnen, Zucker bei Laubmoosen). *Die Spermazellen reagieren somit auf chemische Reize.*

Organbewegungen. Von den Ausnahmen abgesehen, sind die Pflanzen im Gegensatz zu den Tieren festsitzend. Wohl aber führen bestimmte Organe einiger Pflanzen Bewegungen aus. Auf die Tag- und Nachtbewegungen bei Blüten (Gänseblümchen, Nachtkerze) und Blättern (Bohne, Sauerklee) wurde hingewiesen. Die Öffnungs- und Schließbewegungen bei Blüten erwiesen sich als Reaktion auf Wärme bzw. Kälte (Tulpe, Schneeglöckchen). Diese Bewegungen erfolgen stets auf Grund von äußeren Einwirkungen, von Reizen. Sie geschehen immer in gleicher Weise: die Blüten öffnen oder schließen sich, die Blätter heben oder senken sich.

Die Organbewegung kann aber auch eine Beziehung zur Richtung haben, aus der der Reiz kommt. Das ist bei den Zimmerpflanzen der Fall, die sich dem Licht zuwenden, beim Getreidehalm, der sich nach einem Hagelschlag wieder nach oben richtet, oder bei einer Wurzel, die wieder erdwärts wächst, wenn sie in eine horizontale Lage gebracht worden war (vgl. die Versuche S. 25 und S. 173).

Ganz allgemein dürfen wir sagen: *Alle Pflanzen sind reizempfindlich,* mag auch die Reaktion auf die Reize nicht immer auffällig sein.

Stelle weitere Beispiele zum Thema Bewegung und Reizbarkeit auf Grund der behandelten Pflanzen zusammen (vgl. S. 97 f).

Fortpflanzung

Die geschlechtliche und die ungeschlechtliche Fortpflanzung haben wir an zahlreichen Beispielen kennengelernt. Wie mit der Fortpflanzung auch die Vererbung zusammenhängt, soll später gezeigt werden (s. Schmeil „Der Mensch“ und Allgemeine Biologie).

Namen- und Sachverzeichnis

A
Abies 203f.
Abstammungslehre 296
Abteilung 63
Acer 101
ACHARD 128
Achillea 160
Achselknospe 319
Ackergauchheil 135, 182, 270
Ackerhahnenfuß 64, 182f.
Ackerhellerkraut 74, 182f.
Ackerklee 270
Ackerrettich 73
Ackerschachtelhalm 214
Ackersenf 73, 182
Ackerwinde 37, 182
Aconitum 64, 66
Actinomyceten 252f.
Actinomykose 187
Actinoptychus 226
Adansonia 299
Adlerfarn 213
Adonis 65
Adonisröschen 65, 303
aerob 251
Aesculus 100
Aethusa 109
Affenbrotbaum 299
Agar 230
Agaricus 231, 233
Agave 167
Agrimonia 83
Agropyron 185
Agrostemma 130
Agrostis 186
Agrumen 286
Ahlbeere 78
Ahorn 101, 171, 268
Ahorngewächse 100
Ährchen 175
Ähre 175, 184
Ährengräser 185
Ährenrispe 184
Ährenrispengräser 185
Ailantus 45
Aira 187
Ajuga 140, 142
Akazie 87
Akelei 64ff.
Alchemilla 83
Alectorolophus 150
Aleppo-Kiefer 298
Algen 223
Algin 230
Alisma 169
Alles-oder-Nichts-Reaktion 97
Alliaria 74
Allium 164
Alnus 114
Aloe 164, 299f.
Alopecurus 186
Alpenpflanzen 272f.
Alpenrose 135, 273
Alpenveilchen 135
Alpenwindröschen 272, 303
Althaea 95
Alyssum 74
Amanita 233
Amaryllis 23, 168
Ammophila 186
Ampelpflanze 20, 23, 111
anaerob 251
Anagallis 135
Ananas 287
Anaphase 308
Androsace 273
Anemone 60, 62, 66
Anethum 109
Angiospermae 258
Anis 109
Anpassung 7, 36, 85, 172
Antheridium 211, 227
Anthoxanthum 186
Anthriscus 109
Anthurium 194
Antibiotica 253
Antirrhinum 146
antiseptisch 254
Antitoxine 253
Anzeigerpflanzen 262
Apera 183
Apfel 48
Apfelbaum 10, 80
Apfelblütenstecher 13
Apfelsine 49, 286
Apfelwickler 9, 13
Apium 109
Apothecien 246
Aprikose 81
Aquilegia 64, 66
Araucaria 204, 295
Arbeitsteilung 308
Archegoniatae 222
Archegonium 211
Arctium 162
Aristolochia 126
Armeria 275
Armillariella 236
Armleuchteralge 224f.
Armoracia 74
Arnika 159f.
Aronstab 194f., 209
Arrhenatherum 186
Art 12, 58, 63
Artemisia 161, 275
Arum 194
Arve 203
Äscherich 242
Ascomycetes 258
aseptisch 254
Asparagus 167
Asplenium 213
Assimilation 28, 54, 314
Aster 49, 159, 272, 275
Astflechte 248
Astmoos 220f.
Atemhöhle 315
Athyrium 213
Atmung 28, 54, 317
Atriplex 129, 275
Atropa 144
Aubrietie 74
Auge (Veredeln) 16
Augen (Kartoffel) 40
Augengeißelalgen 229
Augentierchen 229
Augentrost 150
Aurikel 7, 51, 272
Ausläufer 40
Ausläuferknolle 129
Auslese 71
Auswintern 177, 181
autotrophe Pflanzen 315
Avena 178f.
Azalee 135

B
Bacillariophyceae 257
Bacteriophyta 257
Bakterien 250
Bakteriophagen 256
Balgkapsel 60, 155
Balkonpflanzen 17
Ballota 142
Banane 287
Bärenklau 108, 109, 261
Bärlapp 215
Bartflechte 247f.
Bartnelke 130
Bartweizen 177
Basidie 231
Basidiomycetes 258
Bastfaser 126
Bastteil 312
Bauchpilze 238
Baum 54
Baumalge 224
Baumhasel 112
Baumschicht 266
Baumwollstrauch 292
Bazillen 250
Becherflechte 248
Becherfrüchtler 115
Bedecktsamer 57, 64, 199, 208, 258
Beere 21, 41, 48, 53, 155, 171
Beerentang 229
Befruchtung 11, 18, 211
Begonie 22
Beifuß 161
Beinwell 138, 148
Belaubung 267
Bellis 159
Berberitze 67
Bergahorn 101, 268
Bergamotte 286
Bergaster 159
Bergkiefer 203
Bergklee 262
Berg-Ulme 123
Bernsteinbäume 207, 295
Berteroa 74
Berufskraut 270
Berührungsreiz 67, 75, 97, 154
Besenginster 85f., 88, 171
Besenrauke 73
Bestäubung 4, 6, 11, 18, 35f., 85, 170
Bestimmungstabelle 66, 88, 142
Bestimmungsübersicht (Knospen) 269
Bestockung 174
Beta 128
Betula 114, 296
Bewegung (bei Pflanzen) 320
Bibernelle 83
Bierhefe 243
Bildungsgewebe 319
Bilsenkraut 144
Binse 188
Binsengewächse 167
Birke 47, 113, 171, 268
Birkengewächse 111
Birken-Reizker 235
Birnbaum 9, 80
Birne 48, 53
Birnen-Gitterrost 239f.
Birntang 229
Bischofsmütze 103
Bisexualität 123
Blasenstrauch 88
Blasentang 227f.
Blasenzählmethode 314
Blatt 2, 29, 52
Blattadern 2, 20, 316
Blattbegonie 22
Blätterkohl 71
Blätterpilze 233
Blattfallpilz 244
Blattgrün 223, 305
Blattgrund 7
Blatthäutchen 175
Blattkaktus 22
Blattranken 83, 154
Blattscheide 55, 175
Blaualgen 230
Blaufichte 204
Blaustern 56, 163
Blechnum 214
Bleichmoos 280
Bleichmoostorf 281
Bleiwurz 299
Blühfolge 261
Blumenbinse 169
Blumenblätter 2, 29
Blumenkohl 48, 72
Blumenkrone 6, 18
Blüte 2, 53
Blütenboden 2, 156
Blütengrundriß 4
Blütenhülle 53
Blütenlose Gewächse 212
Blütenpflanzen 63f., 208
Blütenkelch 6, 18
Blütenstand 6, 30, 53, 156
Blütenstaub 4, 18
blütenstet 11
Blütezeit 267
Blut-Hirse 270
Blutlaus 14
Blutweiderich 89
Blutwurz 82
Bocksbart 163
Bohne 25, 85, 88
Bohnenkraut 141
Boletus 236
Borago 140
Boretsch 140
Boretschgewächse 138
Borke 7, 320
Botulinus 251
Bougainvillea 298f.
Bovist 237f.
Brachypodium 119
Brandpilze 238, 240
Brassica 71
Braunalgen 227
Braunelle 142
Braunkohle 207, 295
Braunrost 239
Brenner 13
Brennessel 125
Brennhaar 125
Briza 187
Brombeere 47, 82
Bromus 186, 262
Bruchwald 279
Brunnenkresse 74
Brunnenlebermoos 221
Brutbecher 222
Brutkörper 222, 246
Brutzwiebel 2, 55, 163
Bryonia 155
Bryophyta 258
Buche 47, 117, 209, 268
Buchecker 46, 117
Buchengewächse 115
Buchenwald 119
Buchweizen 127
Bürsteneinrichtung 84f.
Buschwindröschen 58f., 66, 118, 129
Butomus 169
Butterpilz 236f.

C
Calamites 216
Calamophyton 295
Calceolaria 147
Calendula 159
Callithamnion 229
Calluna 132
Caltha 60, 62, 66
Campanula 273
Cannabis 124
Cantharellus 238
Capsella 74
Capsicum 144
Cardamine 72
Carduus 161
Carex 188
Carlina 162
Carpinus 115
Carrageenin 230
Carum 109
Castanea 119
Catasetum 193

Catingas 301
Cedrus 204
Centaurea 161
Centaurium 137
Cephalanthera 119
Cerastium 131
Ceratophyllum 69
Cetraria 248
Chaenomeles 80
Chamaecyparis 206
Chamaenerion 90
Champignon 231
Charales 224
Charophyceae 257
Cheiranthus 73
Chelidonium 69
Chemosynthese 251
Chicorée 162
Chlorella 224, 230
Chlorophyceae 257
Chlorophyll 223, 305
Chlorophyllkorn 316
Chlorophyta 223, 257
Chloroplast 305
Cholera 250
Chondrus 229
Christrose 65
Christusdorn 22, 102
Chromosomen 306ff.
Chrysanthemum 49, 160
Chrysophyta 225, 257
Cichorium 162
Cicuta 110
Cinnamomum 291
Cirsium 161
Citrus 286
Cladonia 248
Clavaria 238
Claviceps 241
Clematis 64f.
Clivie 168
Closterium 224
Cocos 283
Coffea 288
Colchicum 165
Colutea 88
Coniferae 206
Conium 110
Conjugales 223, 257
Consolida 64
Convallaria 165
Coprinus 236
Coriandrum 109
Cornus 111
Corydalis 70
Corylus 111
Crassula 78
Crataegus 81
Craterellus 238
Crepis 162
Cucumis 155
Cucurbita 154
Cumarin 152
Cupressus 298
Cuscuta 150
Cyanophyta 257
Cycas 207
Cyclamen 135, 272
Cydonia 80
Cynoglossum 140
Cynosurus 186
Cyperus 299
Cypripedium 192

D

Dactylis 187
Dactylorhiza 189
Dahlie 49, 160
Daphne 90
Dattelpalme 286
Datura 144
Daucus 107
Dauerwald 265
Deckelkapsel 135, 155
Deckspelze 176
Dellesseria 229
Deschampsia 200
Descurainia 74
Desinfektion 254
Dianthus 130
Diatomeen 225, 257
Dicentra 70
Dickblatt 78
Dickblattgewächse 76
Dicke Bohne 85
Dickenwachstum 94, 319
Dicotyledonae 258
Dictyosomen 305
Didymium 249
Diffusion 310
Digitalis 146
Dill 109
Dinkel 178
Diphtherie 250
Distel 161
Dolde 6, 53, 107
Doldengewächse 107
Dorn 9, 15
Douglastanne 204
Dreifelderwirtschaft 87
Drosera 75
Drüsenhaar 18, 75
Dryopteris 210
Düngen 23, 43
Düngung 311

E

Eberesche 81, 268
Echium 139
Edelkastanie 46, 119
Edelreis 10, 17
Edelrose 14
Edelweiß 51, 161, 303
Efeu 110
Ehrenpreis 147
Eibe 206, 209
Eibisch 95
Eiche 115, 122, 268
Eichel 46, 116
Eichenwald 116
Eierpilz 238
Einbeere 166
einhäusig 112, 123
Einkeimblättler 57, 63, 163, 173, 208
Einkorn 177
Eisenhut 64f.
Eisenkraut 270
Eiszeit 263, 280, 295
Eizelle 11, 211
Elaeis 284
Elodea 170
Elymus 185
Emmer 177
Endivie 163
Endknospe 319
Endoplasmatisches Reticulum 306
Engerling 13, 42
Entfaltungsbewegung 33
Entwicklung 19, 25, 31, 54, 318
Enzian 51, 137, 272f., 303
Epidermis 315
Epipactis 119, 192
Epiphyt 192, 300
Equisetinae 258
Equisetum 214
Erbeinheit 308
Erbse 83, 89
Erbsenrost 240
Erdbeere 82
Erdbirne 157
Erdgeschichte 294
Erdrauch 70, 182
Erdsproß 5, 34, 38, 58, 129
Eremurus 164
Erica 134
Eriophorum 188
Erle 114, 276
Ernährungsgemeinschaft 192
Ernteverluste 180, 245
Erodium 95
Erophila 74
Ersatzzwiebel 2
Erschütterungsreiz 97
Eryngium 110, 275
Erysiphe 241
Esche 137, 268
Esparsette 86, 89
Espe 122
Estragon 161
Eucalyptus 302
Eucaryota 257
Eugenia 291
Euglena 229
Euglenophyta 257
Eumycetes 258
Eumycophyta 258
Euonymus 103
Euphorbia 22, 102
Euphrasia 150
Explosionseinrichtung 86

F

Fackellilie 164
Fadengeflecht 219, 231
Fadenpilze 248
Fadensporen 241
Fagopyrum 127
Fagus 117
Faltenpilze 236
Falterblume 55
Familie 55, 63
Färber-Reseda 270
Farnpflanzen 210, 216, 258
Faserzelle 98
Faulbaum 103, 268
Fäulniserreger 251
Federgras 186
Federtang 228f.
Fehnkultur 282
Feigenbaum 285
Felberich 135
Feldahorn 101, 209
Feldschicht 266
Fenchel 109
Fennisch 270
Fensterblatt 194
Festuca 187
Fetthenne 77
Fettkraut 76
Fettpflanze 77, 172
Feuchtigkeitspflanze 172
Feuerbohne 85, 88
Feuerlilie 163
Ficaria 62, 66
Fichte 201, 205
Fichtenspargel 193
Fichtenwald 202
Ficus 285
fiederadrig 5
Fiederblatt 15
fiederspaltig 30
Filicinae 258
Filipendula 83
Fingerhut 146
Fingerkraut 82
Flachmoor 279
Flachs 98
Flagellatae 257
Flamingoblume 194
Flammenblume 140
Flammendes Herz 70
Flaschenbovist 238
Flatterbinse 167, 188, 209
Flechten 246
Fleiß. Lieschen 19
Flieder 136, 209
Fliegenpilz 234
Flockenblume 161
Flora 296
Florengebiet 296
Flugblatt 94
Flugblätter 180
Flugbrand 239f.
Flugfrucht 171
Flughafer 179
Foeniculum 109
Forst 202, 265
Forstwirtschaft 201
Forsythia 137
Fossilien 294
Fragaria 82
Frauenfarn 118, 213
Frauenflachs 145, 147
Frauenhaar 217
Frauenmantel 83
Frauenschuh 192
Fraxinus 137
Freesia 169
Fremdbestäubung 6, 35
Fritillaria 164
Froschbiß 169, 277
Froschlöffel 169, 277
Frostspanner 13
Frucht 4, 18, 53
Fruchtbecher 116
Fruchtblatt 10, 29f., 60, 198f., 207
Fruchtfäule 14, 242f.
Fruchtknoten 4, 6, 18, 53, 155
Fruchtkörper 231
Fruchtreife 267
Fruchtschuppe 114, 198f.
Frühjahrsholz 319
Früh-Lorchel 240f.
Fuchs, Kleiner 6
FUCHS, L. v. 21
Fuchsie 1, 19, 90
Fuchsschwanz 186
Fucus 227
Fuligo 250
Fumaria 70
Fusicladium 242
Futterwicke 89

G

Gagea 163
Gaillardia 159
Galanthus 168
Galeopsis 141f.
Galinsoga 160
Galium 152
Gallen-Röhrling 236
Gallertalgen 230
Gallwespe 116
Gänseblümchen 159
Gänsedistel 163
Gänsefuß 270
Gänsefußgewächse 128
Garten 43ff.
Gartenaster 159
Gartenaurikel 7
Gartenerbse 83
Gartenglockenblume 39
Gartenkresse 74
Gartennelke 130
Gartenrettich 73
Gartensalat 163
Gartenschierling 109
Gartentulpe 1
Gärung 243, 252, 318
GASSNER 178
Gattung 58, 63
Gefäßbündel 152, 312
Gefäßsporenpflanzen 216, 256
Geißblatt 153
Gelbalgen 225
Gelbrost 239
Gemüse 48f.
Gemüsebohne 25, 88
Gemüsegarten 43
Gemüsekohl 71
Gen 308
Generationswechsel 212, 219
Genista 86, 88
Gentiana 137, 272
Genußmittel 288
Geranium 96
Gerste 178
Geschlechtsorgane 4, 12, 211
Geschwebe 227
Gespinstfaser 292
Getreidefeld 181
Getreiderost 238f.
Getreidezüchtung 176
getrenntblumenblättrig 53
Getrenntblumenblättrige 63, 208
getrenntgeschlechtlich 112, 123
Geum 83
Gewässerschutz 254
Gewebe 308
Geweihfarn 214
Gewürze 291
Gewürzkräuter 44
Gewürznelkenbaum 291
Gibberellin 243
Gilbweiderich 135
Ginkgo 207, 209
Ginster 86, 88
Gladiole 168
Glanzgras 187
Glatthafer 186
Glechoma 140, 142
Gleditschie 87
Gleitfallenblume 194
Gliederschote 73
Globularia 272

Glockenblume 38, 273
Glockenheide 133, 209
Glyzine 85
Goldflieder 137
Goldlack 73
Goldnessel 34, 36, 141f.
Goldregen 86, 88
Goldröhrling 194, 197
Goldrute 159
Goldstern 56, 163, 182
Golgi-Körper 305
Gossypium 292
Götterbaum 45
Grana 316
Granne 96, 176
Grapefrucht 286
Graphis 247
Gräser 173, 184
Grasfrucht 176
Graukresse 74
Greiskraut 160
Griffel 6, 18
Griffelbürste 39, 83
Grünalgen 223
Grundgewebe 312
Gründüngung 87, 311
Gundermann 18, 140, 142
Günsel 140, 142
Gurke 155
Guttation 314
Gymnospermae 207, 258
Gymnosporangium 240

H

Haarbirke 114
Haarkelch 158
Haarmoos 217ff.
Habichtskraut 162
Habichtsschwamm 236f.
Hackfrucht 42
Hafer 178
Hagebutte 15, 46
Hahnenfuß 61, 64, 66, 273
Hahnenfußgewächse 60, 62, 64ff.
Hahnenkamm 237
Hainbuche 115, 268
Hainmoos 220f.
Hainsimse 168, 188
Halbmond 224
Halbschmarotzer 149f.
Halden 270
Hallimasch 235f.
Halm 174
Hamamelis 79
handadrig 52
Hanf 124
Hartheu 93
Hartriegel 111, 268
Haschisch 125
Hasel 111, 268
Haselnuß 48
Haselnußbohrer 113
Haselzeit 111
Hasen-Bovist 237
Hasenbrot 188
Hauhechel 88
Hauptwurzel 25, 30
Hausschwamm 237
Hauswurz 77
Hautgewebe 308
Heckenkirsche 153
Heckenrose 14
Hedera 110
Hederich 73, 182
Hefen 243
Heidekorn 127
Heidekraut 132
Heidelbeere 134
Heidenelke 130
Helianthus 156
Helichrysum 162
Helleborus 65
Helmkraut 142
Helvella 240
Hepatica 66
Hepaticae 258
Heracleum 109
Herbstholz 319
Herbstlaub 46
Herbsttrompete 237f.
Herbstzeitlose 164f.
Herzblatt 79
Heterocontae 257
Heterosiphonales 257
heterotrophe Pflanzen 315
Heuwurm 106
Hevea 293
Hexenpilz 236f.
Hexenring 232
Hickory 120
Hieracium 162
Himbeere 82
Hippeastrum 23, 168
Hirschzunge 213, 303
Hirse 179, 270
Hirtentäschel 182
Hirtentäschelkraut 74
Hochblatt 55, 94
Hochgebirge 272
Hochmoor 279f.
Hochstamm 12
Hohlzahn 141f., 181f.
Holcus 187
Holunder 46, 153
Holzgewächse 11
Holzteil 312, 315
Honiggras 187
Honigklee 85f.
HOOKE 305
Hopfen 27, 124
Hopfenseide 150
Hordeum 178, 185
Hormone 307
Hornblatt 69
Hornklee 86ff.
Hornkraut 131, 276
Hortensie 78
Hoya 23
Huflattich 160
Hüllblatt 7, 29
Hüllkelch 156
Hüllspelze 176
Hülse 29, 84, 155
Hülsen 103
Hülsenfrüchtler 84
Hummelblume 36, 55
Humulus 124
Hundspetersilie 109
Hundsveilchen 92
Hundszunge 139
Hungerblümchen 74
Hyazinthe 24, 164
Hydnum 237
Hydrangea 78
Hydrocharis 169
Hydrokultur 24, 309
Hygrophoropsis 238
Hylocomium 221
Hymenium 231
Hyoscyamus 144
Hypericum 93
Hyphen 231
Hypholoma 236

I

Iberis 74
Igelkolben 196, 277
Ikebana 24
Ilex 103, 290
Immergrün 137
Immunisierung 252
Impatiens 19, 99
Infektion 252
Inocybe 234
Insektenfangende Blütenpflanzen 75
Insektenfangende Pflanze 300
Interzellularen 307
Iris 168, 315
Irisches Moos 230
Isländisches Moos 248

J

Jahresringe 94, 320
Jelängerjelieber 153
Jochalge 223
Jodjodkalium 28, 41, 102
Johannisbeerstrauch 78
Johanniskraut 93
Juglans 120
Juncus 167
Jungfernrebe 106
Juniperus 206, 272

K

Kaffeestrauch 288
Kaiserkrone 164
Kakaobaum 288
Kalamiten 216
Kambium 312, 319
Kamille 159f., 182
Kammgras 186
Kammkelch 222
Kammschmiele 262
Kaneel 291
Kannenpflanze 300
Kapsel 4, 19, 39, 53
Kapuzinerkresse 99, 316
Karotte 48, 107
Karthäusernelke 130
Kartoffel 40, 129, 143
Kartoffelbovist 237
Kartoffelkäfer 41
Kartoffelkrebs 42, 242, 244
Kautschuk 102
Kautschukbaum 293
Keimblatt 25, 29, 173
Keimesentwicklung 19, 25
Keimknospe 25
Keimling 173, 199
Keimscheide 173
Keimschlauch 223, 231
Keimung 25, 174
Keimzellen 211, 218
Kelch 6, 18
Kelchblätter 6, 29
Kernfrucht 10, 48
Kernkörperchen 306
Kernobstgewächse 80
Keulenpilze 237
Kiefer 197, 205, 209, 319f.
Kieferngewächse 197
Kiefernwald 200
Kieselalgen 225
Kieselgur 226
Kirsche 7, 47, 53
Kirschfruchtfliege 8f.
Klappertopf 150
Klappvorrichtung 85
Klasse 55, 63
Klatschmohn 32, 69, 181
Klauenschote 89
Klebkraut 152, 171
Klee 88
Kleie 176
Klette 162, 171
klettern 111
Kletterrose 16
Klettfrüchte 171
Knabenkraut 189, 209
Knäuelgras 187
Kniphofia 164
Knoblauch 164
Knoblauchhederich 73
Knolle 40
Knollenblätterpilz 233f.
Knopfkraut 160, 270
Knospenschuppe 7
Knöterich 127
KOCH, R. 252
Koeleria 262
Koffein 288
Kohlarten 48, 71
Kohlendioxid 28
Kohlhernie 244
Kohlrabi 48, 71f., 129
Kohlröschen 273
Kohlrübe 72
Kokardenblume 159
Kokken 250
Kokospalme 283f.
Kolben-Bärlapp 215
Kolbenweizen 177
Kolibri 20, 170
Kolonie 224f., 308
Kompost 43
Konidien 241
Königsfarn 213f.
Königskerze 147
Konjugation 223
Köpfchenschimmel 244
Kopfkohl 72
Kopra 283
Kopulation 249f.
Kopulieren 10
Koralle, Rötliche 237f.
Korallenflechte 248
Korallenpilz 237
Korbblütler 50, 156
Körbchen 156
Korbweide 121f., 209
Koriander 109
Kork 307
Korkeiche 298
Kornblume 161, 181f.
Kornelkirsche 111, 209
Kornrade 130, 182f.
Kratzdistel 161, 181f.
Kräuselkrankheit 243
Kraushaaralge 224
Kraut 54
Krautschicht 266
Kraut- und Knollenfäule 42, 242, 244
Krebs 243
Kreislauf 251, 318
Kreuzblütler 30, 71
kreuzweis-gegenständig 19
Krokus 56, 168
Krokusgewächse 56, 168
Kronsbeere 135
Krümmungsbewegung 25
Krustenflechten 247
Kryptogamen 212
Küchenzwiebel 129, 164
Kuckucksblume 190f.
Kuckucksnelke 130
Kuehneromyces 236
Kugelblume 272
Kuhschelle 64
Kümmel 108f.
Kürbis 48, 154, 209
Kurzgriffel 6, 89
Kurztagpflanze 92, 102, 163
Kurztrieb 197

L

Labkraut 152
Laburnum 86
Lackmus 246
Lactarius 234
Lactuca 163
Lagerpflanzen 223, 231
Laichkraut 170, 276
Lambertsnuß 112
Lamellen 231
Laminaria 229
Lamium 141f.
Landpflanzen 172
Landschaftsschutz 51
Landschaftschutzgebiet 265
Längenwachstum 319
Langgriffel 6, 89
Langtagpflanze 163
Langtrieb 197
Lärche 204f.
Larix 204
Lathraea 150
Lathyrus 85, 88
Laubblatt 29, 315
Laubdürre 243
Laubfall 46
Laubmoose 221
Lauch 164
Laurus 291
Lavendel 141
Lebensbaum 206
Lebensbedingungen 54
Lebenserscheinungen 54
Lebensgemeinschaft 259
Leberblume 59f., 66, 118
Lebermoose 222
Lebewesen 1
Lecanora 246
LEEUWENHOEK 250
Legföhre 203
Leimkraut 131, 272f.
Lein 98
Leinkraut 145, 148
Leitung d. Wassers 312
Leitungsbahnen 311
Leitungsröhren 2, 20, 28, 152
Lemna 196
Lens 85, 89
Leontopodium 161, 272
Lepidium 74
Lepidodendron 217
Lerchensporn 70

Leucobryum 219
Leucojum 168
Levkoie 73
Liane 153
Lichenes 258
Licht (u. Pflanze) 54
Lieschgras 186
Liguster 136, 268
Ligusterschwärmer 153
Lilie 163
Liliengewächse 57, 163
Limonium 275
Linaria 145
Linde 93, 122, 221, 267f.
Linkswinder 27, 36
Linse 85, 89
Linum 98
Lippenblütler 35, 140, 148
Liriodendron 67
Listera 192
Ljanos 301
LOCHOW v. 177
Lohblüte 250
Lolium 185
Lonicera 153
Lophocolea 222
Lorbeerbaum 290f.
Lorchel 240
Lotus 87f.
Löwenmaul 146
Löwenzahn 158, 171, 260
Luffa 155
Luftverschmutzung 247
Lunaria 74
Lungenentzündung 250
Lungenkraut 118, 139
Lupine 87f.
Luzerne 86, 88
Luzula 168
Lychnis 130
Lycoperdon 238
Lycopodiinae 258
Lycopodium 215
Lysimachia 135
Lythrum 89

M
Macchie 89, 141, 297
Macis 291
Macrocystis 229
Macrolepiota 235
Mädesüß 83
Magnolie 67
Mahonie 67
Maianthemum 166
Maiglöckchen 165
Maikäfer 13, 42
Mais 179
Maitrieb 197
Majoran 141
Malteserkeuz 224
Malus 80
Malve 95
Mammutbaum 205
Mandarine 286
Mandelbaum 81
Mangelkultur 309
Mangold 128
Mangrove 301
Manna 246
Mannsschild 273
Marchantia 221
Margerite 160
MARGGRAF 128
Marienglocke 39
Marihuana 125
Mark 312, 320
Markstrahl 312f., 320
Märzenbecher 56, 168
Maßholder 101
Maßliebchen 159
Mate-Tee 290
Matricaria 159f.
Matthiola 73
Mauerpfeffer 76
Mauerraute 213
Maulbeerbaum 123
Mäusegerste 185
Medicago 86, 88
Meeresstrand 274
Meerrettich 74
Meersaite 228
Meersalat 224, 228
Meerstrandbeifuß 275
Meerstranddreizack 262, 275
Meerstrandkiefer 298
Melampyrum 150
Melandrium 131
Melde 129, 209, 270
Melilotus 86, 88
Melisse 141
Meltau 241f.
Meltau, Falscher 242, 244
Mentha 141f.
Merulius 237
Mespilus 81
Metaphase 308
Metasequoia 44, 205
Micrasterias 224
Miere 131
Milch 42
Milchpilze 235
Milchsaft 33, 102, 158
Milzbrand 250, 252
Mimose 87
Minze 142
Mirabelle 81
Mirabilis 298
Mispel 80
Mistel 149f.
Mitochondrien 305
Mitose 307
Mnium 221
Moderpflanze 194, 232
Mohngewächse 69
Möhre 107, 261
Mondviole 74
Monilia 243
Monocotyledonae 258
Monotropa 193
Monstera 194
Montbretia 169
Moor 279
Moorbirke 114
Moorbrandkultur 282
Moose 217
Morchel 240
Morphium 33
Morus 123
Mucor 244
Mudde 278
Musa 287
Muscari 163
Musci 258
Muskatnußbaum 291
Mutterkornpilz 241
Mycelium 231
Mycophyta 257
Mykorrhiza 193, 197, 232, 241
Myosotis 139
Myrica 252
Myristica 291
Myrte 89
Myxamöben 249
Myxomycophyta 257

N
nachstäubend 100, 127
Nachtfalterblume 37
Nachtkerze 90, 270
Nachtlichtnelke 131
Nachtschattengewächse 143
Nachtstellung 27, 73
Nacktfarne 294f.
Nacktsamer 57, 197, 199, 208
Nacktweizen 178
Nadelhölzer 206
Nährgewebe 173
Nährsalze 309
Nährsalzleitung 312
Nährstoffe 26, 54
Nahrungsmittel 42
Nährwert 233
Narbe 4, 6, 18
Narzisse 56, 168
Narzissengewächse 56, 168
Nasturtium 74
Natterkopf 139
Naturschutz 51, 302
Navicula 226
Nebenblätter 7
Nectria 243
Nektar 6, 18
Nelke 23
Nelkengewächse 130
Nelkenwurz 82f., 171
Neottia 193
Nepenthes 300
Nerium 137
Nesselgewächse 125
Nesselseide 150
Nestwurz 118, 191, 193
Nicotiana 143
Niederblatt 55
Niedere Pilze 244, 258
Nieswurz 65f.
Nigritella 272
Nikotin 143
Nordmannstanne 204
Nostoc 230
Nukleinsäure 306
Nukleolus 306
Nukleus 306
Nuphar 69
Nüßchen 16, 36
Nuß 48, 155, 171
Nutzpflanzen 282
Nymphaea 68

O
Oberblatt 7
Oberhaut 132
Oberhautzellen 20
oberständig 53
Obst 48f.
Obstgarten 13
Obstschorf 14
Odermennig 82f.
Oenothera 90
Oidium 242
Okulieren 16f.
Ölbaum 282f.
Ölbaumgewächse 136
Olea 282
Oleander 137, 298
Olivenbaum 282
Ölpalme 284
Oncidium 193
Onobrychis 86, 89
Ononis 88
Oogonium 227
Ophrys 192
Opium 33
Orangenbaum 286
Orchideen 189
Orchis 190
Organ 308
Organbewegungen 320
Ornithopus 89
Orobanche 150
Oryza 284
Oscillatoria 230
Osmose 310
Osmunda 214
Osterluzei 126
Oxalis 97

P
Paarspore 223
Paeonia 65
Palisadenschicht 315
Palmfarn 207, 209
Palmlilie 167
Pampas 184, 302
Pampelmuse 286
Panicum 179
Pantherpilz 234
Pantoffelblume 147
Panzerweizen 177
Papaver 69
Papierstaude 299
Pappel 45, 122, 267f.
Pappus 158
Paprikapflanze 144, 291
Paraguay-Tee 290
paralleladrig 2
Parasit 149, 232, 251, 315
Parasolpilz 232ff.
Paris 166
Park 46, 49
Parmelia 247
Parnassia 79
Parthenocissus 106
PASTEUR 254
Pastinak 108, 261
Pechnelke 131
Pelargonie 97
Penicillin 241
Perltang 228f.
Perlzwiebel 164
Peronospora 244
Petersilie 109
Petroselinum 109
Petunie 17, 143
Pfaffenhütchen 46, 103, 268
Pfahlwurzel 9, 30, 33, 38
Pfefferminze 141
Pfefferstrauch 290f.
Pfeifenstrauch 78
Pfeilkraut 169
Pfennigkraut 135
Pferdebohne 88
Pfifferling 236, 238
Pfifferling, Falscher 238
Pfingstrose 65
Pfirsich 81
Pflanzenreiche 296
Pflanzenschutz 51, 245, 304
Pflanzenvereine 259
Pflaume 48, 81
Pfropfen 10
Phaeophyta 257
Phallus 238
Phanerogamen 212
Phaseolus 85, 88
Philadelphus 78
Philodendron 194
Phleum 186
Phlox 140
Phoenix 286
Photosynthese 315ff.
Phragmites 187
Phycophyta 257
Phyllitis 213
Phyllocactus 22
Phythophthora 244
Picea 201, 204
Pilze 231, 248, 257
Pilze, Niedere 244, 258
Pilzvergiftung 232
Pilzwurzel 193, 197
Pimpernelle 83
Pimpinella 109
Pinguicula 76
Pinie 297
Pinnularia 225
Pinselschimmel 241
Pinus 197, 203, 272, 298
Piper 291
Pippau 162
Pirola 135
Pisum 83, 89
Plankton 226f.
Plantago 151
Plasma 307
Plasmahaut 305, 310
Plasmodiophora 244
Plasmodium 249
Plasmolyse 311
Plasmopara 244
Platane 45, 79
Platanthera 190
Platterbse 85, 88
Platycerium 214
Pleurococcus 224
Plumaria 229
Plumbago 299
Poa 187
Pollen 4, 11, 18
Pollenanalyse 281
Pollenkeimung 11f.
Pollenschlauch 11
Pollenspender 12
Pollenüberträger 170
Polsterwuchs 273
Polygonatum 166
Polygonum 127
Polypodium 213
Polyporus 237
Polytrichum 217
Pomeranze 286
Populus 122
Porenkapsel 33, 155
Porlinge 236
Porree 164
Potamogeton 170
Potentilla 82
Preiselbeere 134
Primel 5, 312

Primula 135, 272
Procaryota 257
Prophase 308
Prothallium 211
Protolepidodendron 295
Protonema 219
Protoplasma 223, 305
Protopteridium 295
Prunella 142
Prunus 80, 81
Pseudotsuga 204
Psilophyten 295
Pteridium 213
Pteridophyta 258
Pteridospermae 295
Puccinia 238
Puffbohne 88
Pulmonaria 139
Pulsatilla 64, 272
Pumpwerk 86f.
Pyramidenpappel 122
Pyrus 80

Q
Quecke 184f.
Queller 275
Quendel 141
Quercus 116, 298
Quitte 80

R
Rachenblütler 148
Radieschen 73
Ragwurz 192
Rainfarn 270
Ramalina 248
ranken 111
Ranunculus 62, 64, 66, 273
Raphanus 73
Raphe 225
Raps 30, 53, 72
Rapskohl 72
Rasenschmiele 187
Rauhblättrige 138, 148
Raygras 185
Rebenmeltau 106, 242, 244
Reblaus 106
Rechtswinder 27, 124, 153
Reiherschnabel 95, 182
Reineclaude 81
Reinkultur 255
Reis 284
reizbare Staubblätter 67, 161
Reizbarkeit 320
Reizker 234f.
Reizleitung 75, 98
Relikt 296
Rentierflechte 248
Reservestoffe 313
Rettich 48
Rhabarber 127
Rhamnus 103
Rheum 127
Rhizobium 252
Rhododendron 135, 272
Rhodophyta 257
Rhynia 295
Ribes 78
Riedgräser 188
Rinde 312
Rindenflechte 247
Ringelblume 159
Rippenfarn 212, 214
Rispe 184
Rispengräser 186
Rispenhirse 179
Rißpilz 234
Rittersporn 64, 66, 181f.
Ritterstern 168
Robinie 45, 85, 88
Roggen 173, 177, 209, 313
Röhrenblüte 157
Röhrenblütige 161
Röhrenpilze 236
Rohrkolben 196, 277
Rollblatt 132, 185
Römischer Kohl 128
Rosa 80, 82
Rosenapfel 14
Rosenartige 80
Rosengallwespe 14
Rosengewächse 80, 82
Rosenkohl 72
Rosette 5, 30
Rosmarin 141
Roßkastanie 46, 100, 268
Rostpilze 238
Rotalgen 227
Rotbuche 117
Rotebete 128
Roteiche 45, 47, 116
Rotholz 205
Rotklee 85f., 89
Rottanne 201, 203
Rübenkohl 72
Rübsen 72
Rubus 82
Ruchgras 186
Rudbeckia 159
Ruderalpflanzen 271
Rumex 127
Runkelrübe 128f.
Ruprechtskraut 97
Russula 235
Rüster 123

S
Saatwicke 89
Saccharomyces 243
Saccharum 284
Saftmal 190
Saftpflanzen 172
Sagittaria 169
Salbei 140, 142
Salicornia 275
Salix 120
Salomonssiegel 166
Salpeterbakterien 251f.
Salvia 140, 142
Salweide 120
Sambucus 153
Same 4, 18
Samenanlage 4, 11
Samenblüte 198f.
Samenfarne 295
Samenpflanzen 64, 212, 258
Samenschale 25
Samenzellen 211
Sammelfrucht 16, 82, 156
Sandsegge 189
Sanguisorba 83
Sanseviera 167
Saponaria 131
Saprophyt 194, 232
Sarcodon 237
Sargassum 229
Sarothamnus 86, 88
Satanspilz 235f.
Satureja 141
Sauerampfer 127
Sauerdorn 46, 67
Sauergräser 188
Sauerkirsche 9, 81
Sauerklee 97
Sauerstoffbildung 314
Sauerteig 243
Sauerwurm 106
Savanne 184, 299, 301
Saxifraga 79, 273
Schachblume 303
Schachtelhalm 214f.
Schädlinge 9, 13, 24, 180, 241, 245
Schafgarbe 160
Schaft 6, 151
Schalotte 164
Scharbockkraut 61f., 66
Schattenblume 166
Scheinbeere 206
Scheinzypresse 206
Schierling 110
Schildchen 173
Schildlaus 14
Schilf 187, 276
Schirmpilz 235
Schlafmohn 32, 69
Schlafstellung 27, 97
Schlangenmoos 215
Schlauchalgen 227
Schlauchpilze 240
Schlauchspore 240
Schlehe 81
Schleifenblume 74
Schleimpilze 249
Schleuderfrucht 171
Schließfrucht 16, 58, 155
Schluckimpfung 256
Schlüsselblume 5, 118, 135
Schmarotzer 148, 232, 241, 252, 315
Schmetterlingsblütler 29, 83
Schmierbrand 239f.
Schneckenklee 88
Schneeball 46, 153
Schneebeere 154
Schneeglöckchen 55, 168
Schneerose 65
Schneeschimmel 181
Schnittlauch 164
Schnurbaum 45, 85
Schöllkraut 69
Schorf 242
Schötchen 73f.
Schote 30, 53, 72f., 84, 155
Schraubenalge 223
SCHREBER 43
Schriftflechte 247
Schrot 176
Schuppenbaum 216f.
Schuppenwurz 150
Schüsselflechte 246
Schutthaufen 270
Schutzgemeinschaft Deutscher Wald 265
Schutzimpfung 253
Schwammschicht 315
Schwanenblume 169
Schwärmer 211
Schwärmspore 224, 227
Schwarzerle 114, 268
Schwarznessel 142
Schwarzpappel 45, 122
Schwarzrost 238f.
Schwarzwurz 138
Schwarzwurzel 48, 163
Schwefelkopf 236
Schwellkörper 176
Schwertlilie 315
Schwertliliengewächse 57, 168
Schwimmfrucht 171
Schwingalge 230
Scleroderma 238
Sclerotinia 243
Scilla 163
Scorzonera 163
Scutellaria 142
Secale 173
Sedum 76
See 276
Seeampfer 228f.
Seegras 170
Seerose 68, 276, 301
Seesimse 276
Segge 188, 276
Seide 150
Seidelbast 90, 118, 272
Seifenkraut 131
Seitenwurzelbildung 108
Selbstbestäubung 6
Sellerie 109
Semmelstoppelpilz 236f.
Sempervivum 77
Senecio 160
Senf 72
Senfkohl 72
Senker 23, 149
Sequoiodendron 205
Seradella 89
Siebröhren 313
Siebteil 312, 315
Siegelbaum 216f.
Sigillaria 217
Silberahorn 101
Silberblatt 74
Silberdistel 162
Silber-Linde 94
Silberwurz 273
Silene 131, 273
Sinapis 73
Sinnpflanze 87
Sojabohne 85
Solanum 143
Soldanella 272
Solidago 159
Sommereiche 116
Sommerlevkoie 73
Sommerlinde 94
Sommerwurz 150
Sommerzwiebel 164
Sonchus 163
Sonnenblume 165
Sonnentau 75, 280
Sonnenwolfsmilch 102
Sophora 85
Sorbus 81
Soredie 246
Sorte 12
Sorus 211
Spalier 12
Spaltfrucht 107
Spaltöffnung 20, 28, 68, 313, 315
Spaltpilze 251
Spanischer Pfeffer 291
Sparganium 196
Spargel 167
Spargelgewächse 165
Speicherorgane 129, 313
Speisemorchel 240
Spei-Täubling 235
Spelz 177
Spelze 175
Spermatophyta 258
Spermatozoid 211
Spermazelle 211
Sphaerotheca 241
Sphagnum 219
Spielart 19, 71
Spieß-Melde 209
Spinat 129
Spindel 12, 175
Spirillen 250
Spirogyra 223
Spitzahorn 47, 101, 267
Spitzmorchel 240
Spitzwegerich 151, 261
Splint 312
Sporangien 211
Sporangienhäufchen 211
Spore 211
Sporenähre 214
Sporenblatt 214
Sporenkapsel 210
Sporenpflanze 212
Sporenständer 231
Spreite 7
Spreublatt 156f.
Springkraut 99, 171
Sproß 1, 52
sproßbürtige Wurzeln 35
Sproßknolle 40, 129
Sproßranke 105
Stachel 15
Stachelbeerstrauch 78
Stachelpilze 237
Stachys 142
Stamm 7, 11
Stammesgeschichte 256, 296
Ständerpilze 231, 233
Standort 172
Stärke 28, 41
Stärkekörner 40, 316
Staubbeutel 4, 18
Staubblatt 2, 18
Staubblüte 112, 198f.
Staubbrand 240
Staubfaden 4, 18
Staubkätzchen 114
Staubkölbchen 190
Staude 5, 36
Stechapfel 144
Stechpalme 103
Steckling 121
Steinbrech 79, 273
Steinbrechgewächse 78
Steineiche 116, 298
Steinfrucht 8, 48, 155, 171
Steinklee 86, 88
Steinkohle 216, 294f.
Steinkohlenwald 216
Steinkresse 74
Steinnelke 130
Steinobstgewächse 80f.
Steinpilz 235f.
Stellaria 131
Stempel 2, 6, 18
Stempelblüte 112
Stempelkätzchen 114
Stengel 1, 18
Stengelchen 25

Stengelknoten 35
Steppenkerze 164
Sternmiere 131
Sternmoos 220f.
sterilisieren 253
Stiefmütterchen 92, 182
Stieleiche 47, 115
Stinkbrand 240
Stinkmorchel 238
Stipa 186
Stockrose 95
Stockschwämmchen 235f.
Stockwerkbau im Walde 266
Stoffabbau 317
Stoffaufbau 314
Stoffaufnahme 309
Stoffwechsel 309
Storchschnabel 96, 171
Strahlenblütige 159
Strahlenpilz 187, 252
strahlig 35
Strandaster 275
Stranddistel 110, 275
Strandflieder 275
Strandhafer 185f., 274
Strandnelke 275
Strandroggen 185
Strandsoda 275
Strauch 54
Strauchflechte 247
Strauchschicht 266
Straußfarn 303
Straußgras 186
Streckungswachstum 319
Streptomyces 253
Streufrucht 155
Strohblume 162
Stufenfolge 63, 256
Sturmhut 64, 66
Suaeda 275
Südfrüchte 285
Suillus 237
Sukkulente 77, 172
Sumpfdotterblume 60, 66
Sumpfporst 252
Sumpfspierstaude 83
Sumpfwurz 118, 191f.
Süßgräser 188
Süßkirschbaum 7
Süßlupine 87
Symbiose 192f., 246, 252
Symphoricarpus 154
Symphytum 138
Synchytrium 244
Syringa 136
System der Pflanzen 256

T
Tabak 143
Taglichtnelke 131
Tagstellung 27
Tag- und Nachtbewegung 27
Tamariske 298
Tange 227
Tanne 201, 203, 205
Taphrina 243
Taraxacum 158
Taschenkrankheit 243
Taubenkropf 131
Taubenschwänzchen 17
Täubling 235
Taubnessel 34f., 141f., 148
Taumel-Lolch 185
Tausendblatt 276
Tausendgüldenkraut 137
Taxus 206
Teestrauch 289
Teich 277
Teichrose 68
Teichschachtelhalm 277
Teilfrucht 36, 171
Telophase 308
Thallus 223
Thea 289
Theobroma 288
Theobromin 289
Thlaspi 74
Thuja 206
Thylakoid 230
Thymian 141f.
Thymus 141
Tigerlilie 164
Tilia 93
Tilletia 240
Timotheusgras 186
Tintling 236
Tollkirsche 144
Tomate 144
Topinambur 157
Torf 221, 279f.
Torfmoos 219ff., 280
Torfstich 281
Toxin 253
Tradescantia 23, 311
Tragknospe 8f.
Tragopogon 162
Transpiration 313
Trapa 278
Traube 30, 53
Traubeneiche 116, 268
Traubenhyazinthe 56, 163
Trespe 186, 262
Trifolium 85, 88f., 262
Triglochin 275
Triticum 177
Tritonia 169
Trockenpflanzen 172
Tropaeolum 99
Trüffel 241
Tuber 241
Tuberkulose 250
Tulpe 1, 163
Tulpenbaum 67
Tüpfel 306
Tüpfelfarn 213
Türkenbund 164, 303
Tussilago 160
Tylopilus 236
Typha 196
Typhoides 187
Typhus 250, 255

U
Überpflanzen 192, 300
Ulme 123, 268, 319
Ulothrix 224
Ulotrichales 257
Ulva 224
Uncinula 242
Unkräuter 181ff., 245
Unterklasse 63
Unterlage 10
unterständig 10, 21, 53
Uromyces 240
Urtica 125
Usnea 248
Ustilago 240
Utricularia 76

V
Vaccinium 134
Vakuole 223, 306
Vanille 292
Vaucheria 227
Vegetationskegel 319
Veilchen 91
Venturia 242
Verbascum 147
Verdunstung 6, 20, 313
Veredlung 10
vererbt 47, 71
Vergißmeinnicht 139
Verlandung 278
Vermehrung 4, 12, 21, 54
Veronica 147
Versömmerlichung 178
Versteinerungen 217
verwachsenblumenblättrig 6, 21, 35, 53
Verwachsenblumenblättrige 63, 208
verwandt 10, 36, 56
Verwandtschaft 55
Verwandtschaft, Ähnlichkeit u. 148
Viburnum 153
Vicia 85, 89
Victoria 69, 301
Vinca 137
Viola 91
Viren 255
Viscaria 131
Viscum 149f.
Vitamine 107, 194
Vitis 104
Vogelkirsche 7
Vogelknöterich 127
Vogelmiere 131, 182
Vogelwicke 89, 182
Vorkeim 211
Vorratsspeicher 5, 28
Vorspelze 176
vorstäubend 89

W
Wacholder 206, 209
Wachsblume 23
Wachstum 318
Wachstumsbewegung 97
Wachstumskegel 108, 319
Wachtelweizen 150
Wald 263
Waldarten 264
Walderdbeere 82
Waldhyazinthe 190
Waldmeister 118, 152
Waldrebe 64f.
Wald-Schachtelhalm 214
Waldschmiele 200
Waldveilchen 92
Waldvögelein 118, 303
Waldzwenke 118
Walnuß 48
Walnußbaum 120
Wandflechte 246
Wasserausscheidung 19
Wasserhahnenfuß 64, 66
Wasserleitung 312
Wasserlinse 196, 277
Wassernuß 278
Wasserpest 170
Wasserpflanzen 172
Wasserschierling 110, 277
Wasserschlauch 76, 277
Wasserschwertlilie 168, 276
Wasserspalten 314
Watt 275
wechselständig 30
Wechselwirtschaft 311
Wegerich 151, 209
Wegmalve 95
Wegwarte 162
Weichsel 9
Weide (Baum) 120, 171, 268, 276
Weide (Pfl.-Gesellschaft) 184
Weidelgras 185, 188
Weidenröschen 90
Weiderichgewächse 89
Weihnachtsstern 102
Weimutskiefer 203
Weinhefe 243
Weinrebe 104, 209
Weinrose 82
Weinstock 104
Weintrauben 48
Weißbirke 114, 209
Weißbuche 115
Weißdorn 81
Weißklee 86, 89
Weißmoos 219f.
Weißtanne 203
Weißwurz 166
Weizen 177
Welwitschia 300
Wermut 161
Wicke 85, 89
Wickel 138
Wiese 259
Wiesen-Fuchsschwanz 186
Wiesenkerbel 108, 209, 260
Wiesenknopf 82, 260
Wiesen-Lieschgras 186
Wiesenmoor 279
Wiesenrispengras 187
Wiesenschaumkraut 72
Wiesenschwingel 186f.
Wiesensegge 188
Wiesen-Storchschnabel 209
Wilde Möhre 261
Wilder Wein 47, 106
Wildling 10, 17
Windblütler 113
Winden 27, 111, 124
Windenschwärmer 36
Windhalm 183
Windröschen 59, 64, 66f.
Wintergrün 135
Winterknospe 69, 76, 169
Winterlevkoie 73
winterliche Zweige 268
Winter-Linde 94, 268
Winterzwiebel 164
Wirkstoffe 307
Wirsingkohl 72
Wirtswechsel 239
Wolfsmilch 299
Wolfsmilchgewächse 102
Wollgras 188f., 209, 278
Wucherblume 160, 209, 260
Wuchsformen 11f., 54, 122, 205
Wuchsstoff 243
Wunderblume 298
Wundstarrkrampf 251
Wurmfarn 210
Wurzel 1, 26, 48, 52
Wurzel, sproßbürtige 35, 40, 173
Wurzelbakterien 87, 252
Würzelchen 25
Wurzelhaare 173, 211, 310
Wurzelhaube 319
Wurzelknolle 129
Wurzelspitze 319
Wurzelstock 5

X
Xanthoria 244

Y
Yucca 167

Z
Zahntrost 270
Zapfen 198f.
Zaubernuß 79
Zaunrübe 155
Zaunwicke 85, 89
Zaunwinde 36
Zea 179
Zeder 204
Zelle 20, 223, 305
Zellkern 223, 305
Zellkolonie 308
Zellsaft 306
Zellstoff 306
Zellteilung 307f.
Zellulose 306
Zellwand 306
Zentralzylinder 108, 312
Zichorie 162
Zieralge 224
Ziergarten 44
Ziest 142
Zimmerpflanzen 17, 22
Zimmertanne 204
Zimtbaum 290f.
Zinnie 159
Zirbelkiefer 203
Zitronenbaum 286
Zittergras 187
Zitterpappel 122, 268
Zostera 170
Züchtung 71, 176
Zuckerrohr 284f.
Zuckerrübe 128f.
Zuckertang 228f.
Zunderschwamm 237
Zungenblüte 157
Zungenblütige 162
Zweiblatt 191
Zweige, winterliche 268
Zweigeschlechtlichkeit 123
zweihäusig 121, 123
Zweikeimblättler 57, 63f., 208, 258
zweiseitig 35
Zwergbirke 296
Zwetschge 81
Zwiebel 1, 129
Zwischenzellräume 307, 317
Zwitterblüte 112
zwittrig 112, 123
Zygote 223
Zymbelkraut 146
Zypresse 206, 298
Zypressen-Wolfsmilch 209

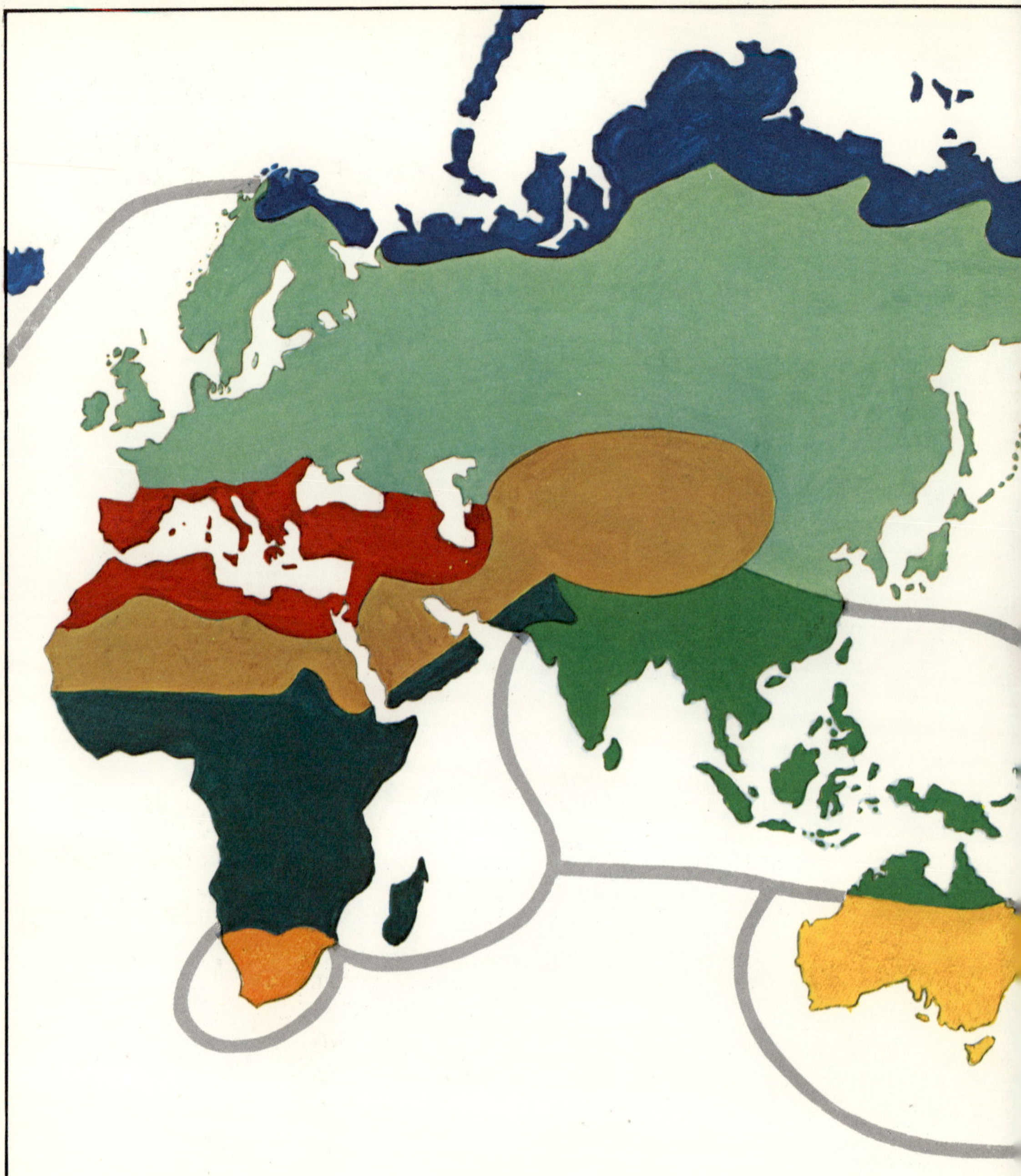

Pflanzenreiche der Erde

1. Reiche der nördlichen kalten und gemäßigten Zone:

- Nördliches kaltes Gebiet
- Nördliches Waldgebiet
- Mittelmeer und orientalisches Steppengebiet

2. Tropenreiche der Alten Welt:

- Afrikanisch-indisches Wüstengebiet
- Afrikanisches Wald- und Steppengebie
- Indisches Gebiet

Biologie für Gymnasien

Ernst Klett Verlag · Stuttgart

Herausgegeben und bearbeitet von Heiligmann, W.; Janus, H. und Länge, H.
Entwurf und zeichnerische Gestaltung des Bildteils von Homolka, Th.

Unterstufe: Die Pflanze, Band 1, Klettbuch 791, Preis DM 9.80
Das Tier, Band 1, Klettbuch 793, Preis DM 10.80

Mittelstufe: Die Pflanze, Band 2, Klettbuch 792, Preis DM 9.80
Das Tier, Band 2, Klettbuch 794, erscheint im 2. Halbjahr 1967

Oberstufe: Über den Aufbau der Oberstufenbände ergeht zu gegebener Zeit eine gesonderte Information

(Preise nach dem Stand vom 1. 11. 1966)

Geleitwort für den Lehrer

zu DIE PFLANZE, Band 2, Klettbuch 792

Dieses Geleitwort für den Lehrer ist nur als *vorläufige Information* vorgesehen. Nach Erscheinen des Mittelstufenbandes DAS TIER, Band 2, Klettbuch 794, wird ein Lehrerband zur gesamten Pflanzenkunde herausgegeben werden, der auch Unterrichtshilfen für den Lehrer enthält.

Das Geleitwort gliedert sich wie folgt:

A. Grundsätze für die Stoffauswahl . . . . S. 2

B. Übersicht über den gebotenen Stoff . . . . S. 3

C. Aufbau einzelner Unterrichtseinheiten . . . . S. 4

D. Bemerkungen zur Behandlung einzelner Stoffgebiete . . . . S. 4

E. Verschiedenes . . . . S. 7

Vorausbemerkung

Die schon nach Vorlage nur der 1. Bände von PFLANZE und TIER erfolgte weite Verbreitung des neuen Unterrichtswerkes zeigt, daß die für dieses aufgestellten Grundsätze zur Stoffgliederung und zur Stoffdarbietung auf allgemeines Interesse gestoßen sind. Noch während der Arbeit am zweiten Pflanzenkundeband gingen auch die ersten Erfahrungsberichte vom Einsatz der Bücher im Unterricht ein, die sich seither immer mehr häuften; sie übertrafen noch unsere hochgespannten Erwartungen auf die Brauchbarkeit der Bücher. Diese Urteile waren für uns eine wichtige Bestätigung, den bei den ersten Bänden eingeschlagenen Weg fortzusetzen; und wenn wir jetzt den 2. Band DIE PFLANZE, aufgebaut auf denselben Grundsätzen zur Stoffgliederung und Stoffdarbietung, vorlegen, so tun wir das bereits unter einer breiten Zustimmung zu diesen Grundsätzen im Gegensatz zu der Herausgabe der ersten Bände, die uns noch als ein Wagnis erscheinen mußte.
Über diese Grundsätze zur Stoffgliederung und Stoffgestaltung haben wir in den Geleitworten zu den Klettbüchern DIE PFLANZE I und DAS TIER I ausführlich berichtet. Wir dürfen uns daher an dieser Stelle auf eine Zusammenfassung dieser Grundsätze beschränken:

1. Die Sachgebiete der Botanik stehen gleichberechtigt nebeneinander, so Systematik, Morphologie, Anatomie, Physiologie, Ökologie.

2. Das Buch enthält Unterrichtseinheiten, die jeweils auf einer Doppelseite untergebracht sind, umfangreichere Themen auch auf mehreren. Diese Doppelseiten sind die Bausteine unseres Buches. Da die Unterrichtseinheiten so aufgebaut sind, daß sie trotz ihrer Beziehungen zu anderen Unterrichtseinheiten in sich abgeschlossene Themen darstellen, ist der Lehrer nicht an die im Buch vorliegende Reihenfolge gebunden. Er kann sie je nach den sich individuell ergebenden sachlichen, methodischen und lokalen Umständen und Bedingungen einsetzen. Aber auch für den Schüler ist die Aufteilung in Unterrichtseinheiten eine wichtige Hilfe; bei der Beschäftigung mit ihnen kann er sich den spezifischen Einzelheiten zuwenden, ohne darüber den Überblick zu verlieren, den ihm das Nebeneinanderhalten der Unterrichtseinheiten gewährt.

3. Der Bildteil hat eine dem Textteil gegenüber gleichwertige Aufgabe. Bild und Text stehen auf der Doppelseite stets beieinander; die Bilder sind ein integrierender Bestandteil der Aussage über einen Sachverhalt. Daher kann sich der Text auf das Wesentliche beschränken. Der Bildteil ist zugleich auch als ein Arbeitsmittel für den Unterricht gedacht.

4. Dem Farbfoto, in selteneren Fällen dem Schwarzweißfoto – dort, wo die Farbe entbehrt werden kann –, wird eine bedeutende Rolle zugewiesen. Es wird eingesetzt, wo es gilt, eine Pflanze oder ihre einzelnen Teile, mikroskopische und elektronenmikroskopische Präparate, einen Standort, eine Pflanzengemeinschaft, eine Landschaft und in einigen Fällen auch einen Versuch, als unmittelbares Abbild der Wirklichkeit darzustellen. Die Schemazeichnung tritt in Erscheinung, wo abstrahiert, schematisiert, erläutert werden muß und wo das Foto nicht ausreicht. Farbfoto und Schemazeichnung stehen beieinander, wo es gilt, zugleich das natürliche Objekt zu zeigen und die Abstraktion zu vollziehen. Auf diese Weise wird ein wichtiger Vorgang naturwissenschaftlicher Erkenntnisbildung erleichtert und gefördert.

A. Grundsätze für die Stoffauswahl

Bei der Stoffauswahl haben wir uns weitgehend an die Richtlinien der einzelnen Bundesländer gehalten. Während eine Zusammenfassung der vorgeschriebenen Stoffgebiete verhältnismäßig leicht durchgeführt werden kann, ist eine Verteilung des Stoffes auf die einzelnen Klassenstufen, die allen Forderungen gerecht wird, unmöglich. Dies hängt damit zusammen, daß verschiedene Stundenzahlen in den einzelnen Bundesländern jeweils eine andere Stoffaufteilung erfordern. Da wir uns nun in dieser Hinsicht nicht allen Lehrplänen anpassen konnten, haben wir die Trennung zwischen Band 1 und 2 nach botanischen Gesichtspunkten durchgeführt. So sind alle Holzgewächse des Waldes unter dem Leitthema Wald aufgeführt, mit dem Band 2 beginnt. Dadurch werden in manchen Bundesländern, wenigstens zeitweise, beide Botanikbände zusammen benützt werden müssen. Um diesem Übelstand abzuhelfen, wird der Verlag neben den Einzelbänden in Bälde einen Gesamtband anbieten, der den unveränderten Inhalt von Band 1 und 2 enthält. Aus diesem Grund haben wir die Doppelseiten im 2. Band fortnumeriert, das heißt der 2. Band beginnt mit der DS 73, nachdem im 1. Band der Text mit DS 72 geendet hat. Ein Gesamtband gibt dem Lehrer zudem mehr Freiheit in der Unterrichtsgestaltung, da er sich nicht auf das im Teilband Gebotene beschränken muß und Gelegenheit hat, auf früher behandelte Stoffe zurückzugreifen. Die Einzelbände werden aber selbstverständlich neben dem Gesamtband weitergeführt.

B. Übersicht über den gebotenen Stoff

Der erste Teil des 2. Bandes steht unter dem Leitgedanken Wald, dem wir nicht zuletzt wegen seines Umfanges und seiner Bedeutung das doppelseitige Einleitungsbild mit der Waldlandschaft vorangestellt haben. Neben den wichtigsten Holzgewächsen werden auch Bodenpflanzen besprochen. Teilweise sind diese Pflanzen nach ökologischen Gesichtspunkten zusammengefaßt, wie etwa die Pflanzen der Kahlschläge (DS 88) und die Bodenpflanzen des Waldes (DS 86 und 87). Obwohl die Pilze im Wald eine große Rolle spielen, haben wir sie nicht unter diesem Thema aufgeführt. Die Pilze sollten geschlossen abgehandelt werden. Damit würde aber dieses umfangreiche Kapitel den Rahmen des Themas Wald sprengen, und außerdem sind viele Pilze keine Waldbewohner. Sodann empfehlen ihr thallöser Bau und ihre besondere Ernährungsart die Besprechung zu einem späteren Zeitpunkt. Eine zusammenfassende Besprechung des Waldes schließt den 1. Teil des Buches ab.
Der 2. Teil des Bandes ist den Thallophyten gewidmet. Ihre Anordnung erfolgt, wie wohl kaum anders möglich, nach systematischen Gesichtspunkten. Im wesentlichen handelt es sich um Algen, Pilze, Flechten und Bakterien. Während die Fortpflanzung bei den einzelnen systematischen Gruppen eingehend besprochen wird, ist dem Stoffwechsel ein eigenes Kapitel gewidmet. Dabei kommt auch die Anatomie zu ihrem Recht. Anschließend an den Stoffwechsel folgen ökologische Erörterungen, soweit sie mit jenem zusammenhängen. Ein Überblick über das System, verbunden mit einer Einführung in die Abstammungslehre, schließt den 2. Band ab. Er beendet den Gang durchs Pflanzenreich. Die Pflanzen der Gewässer und Moore, des Meeresstrandes und des Hochgebirges sowie die ausländischen Nutzpflanzen sind in eigenen Kapiteln zusammengefaßt, die man nach Bedarf beliebig in den Unterricht einfügen kann. Ihre Stellung am Ende des Buches enthält also keine Empfehlung für den Zeitpunkt ihrer Besprechung.
Die beiden Inhaltsverzeichnisse zu Beginn des Bandes unterrichten den Leser in übersichtlicher Weise sowohl über den gebotenen Stoff, als auch über dessen Gliederung und die Zugehörigkeit der einzelnen Themen zu den verschiedenen Disziplinen der Botanik. Ein Register zusammenfassender Begriffe am Schluß des Bandes erleichtert eine Darbietung des Stoffs nach anderen Gesichtpunkten als den vorgeschlagenen.

C. Aufbau einzelner Unterrichtseinheiten

Die einzelnen Doppelseiten sind nach verschiedenen Gesichtspunkten gestaltet. Dies muß bei der Verwendung des Buches im Unterricht berücksichtigt werden. Dafür einige Beispiele! Die Doppelseiten 94 bis 96 beschäftigen sich mit den Farnen. Davon entfallen auf den Wurmfarn zwei Doppelseiten. Er ist als Beispiel für Bau und Fortpflanzung eines Farns gewählt worden. Den Abbildungen sind alle wesentlichen Tatbestände zu entnehmen. Abb. 94,1 zeigt den Farn an seinem natürlichen Standort. Das Bild dient hauptsächlich zur Einstimmung. Die Abbildungen 94,2–10 sowie 95,1–5 sind der Fortpflanzung gewidmet. Hier werden erstmals geschlechtliche Fortpflanzung und Generationswechsel erwähnt. Daher ist eine ausführliche Darstellung angezeigt. Nachdem die relativ einfache Befruchtung bei den Farnen bekannt ist, kann nun auch auf die kompliziertere der Blütenpflanzen hingewiesen werden. Diese beiden Doppelseiten enthalten sogenannten »Lernstoff« für den Schüler. Dagegen soll DS 96 Abwandlungen des Farnbauplans zeigen. Merkstoff enthält allenfalls der Text, nicht aber die Legende. Mit den Bildern zusammen soll die Legende das Erkennen von Farnen ermöglichen, sei es von im Unterricht vorgelegten Arten, sei es im Freien.
Nach den gleichen Gesichtspunkten sind die Doppelseiten über die Moose aufgebaut (DS 98 und 99). Auch bei den Pilzen dienen DS 121 bis 122 in erster Linie dem jungen Pilzfreund als Gedächtnisstütze zum Erkennen von Speise- und Giftpilzen, während die DS 118 und 119 in den Aufbau und die Entwicklung eines Pilzes einführen und damit natürlich Lernstoff enthalten.
DS 83 enthält Abbildungen von Knospen der wichtigsten Waldbäume. Der Text besteht aus einer Bestimmungstabelle. Es ist zu empfehlen, das Kennenlernen der Knospen durch eine kleine Ausstellung zu erleichtern. Diese Doppelseite hat neben der Aufgabe, Bäume an den Knospen erkennen zu lernen, auch noch die, ein Beispiel für einen Bestimmungsvorgang zu sein.
DS 91. Hier werden Fichte und Tanne vergleichend nebeneinander gestellt. Dies kommt schon in der Anordnung der Bilder zum Ausdruck. Bilder vom Habitus, von Zapfen und benadelten Zweigen sind nebeneinander gestellt. Hier wird man anhand der Abbildungen und, soweit möglich, auch anhand von vorgelegtem Material die unterscheidenden Merkmale beider Nadelhölzer mit den Schülern erarbeiten. Dies ist um so eher möglich, als die entscheidenden Aussagen nur von den Bildern, nicht aber vom Text geleistet werden, dem die allgemeine Beschreibung zugemessen wurde.
So ist im Buch ein Wechsel der Unterrichtsmethode angedeutet, der im Klassenunterricht in verstärktem Maß zum Zug kommen sollte.

D. Bemerkungen zur Behandlung einzelner Stoffgebiete

Morphologie

Die im Band 1 gewonnenen Kenntnisse über die Pflanzengestalt werden im Band 2 zunächst vertieft. Im Vordergrund stehen dabei die Holzgewächse des Waldes. Bei der Kiefer wird der Aufbau des Holzes erörtert. Auf die Holzgewächse folgen die Gefäßkryptogamen und die Moose, deren Bau anhand je eines Beispiels eingehender erörtert wird. Bei den Moosen tritt erstmals ein Thallus auf (vgl. Marchantia, DS 99!). Damit ist eine Überleitung zu den Thallophyten gegeben. Als erste Thallophytengruppe finden die Algen Berücksichtigung. Ausgangspunkt sind einzellige Algen, deren Zellkolonien eine Brücke zu den Vielzellern schlagen. Dafür wurde ins Buch eine Anzahl von Beispielen aufgenommen. Bei der Besprechung der Algen ist eine einfache, dem Alter der Schüler angemessene Beschreibung der Pflanzenzelle geboten. Im Rahmen der anschließenden physiologischen Kapitel findet dann die Anatomie von Blatt und Sproß Berücksichtigung (DS 114 und 115), ohne die eine wirksame Besprechung des Stoffwechsels nicht möglich ist. Dabei lernt der Schüler auch das Gewebe als einen Verband gleichartiger Zellen mit gleicher Leistung kennen. Andeutungen finden sich schon bei Volvox (DS 106). Die Kapitel über Pilze, Flechten und Bakterien vermitteln weitere morphologische Kenntnisse. Bei den Bakterien und Viren haben wir auch elektronenmikroskopische Aufnahmen ins Buch aufgenommen. Der Schüler soll einen Eindruck von der Leistung des Elektronenmikroskops bekommen, dem wir beachtliche Fortschritte in der Cytologie verdanken.

Systematik

Eine systematische Zusammenfassung wichtiger Laubhölzer befindet sich auf DS 82. Beim weiteren Gang durchs Pflanzenreich haben wir uns auf systematische Hinweise beschränkt. Diese findet man am Ende systematischer Einheiten bei der Zusammenfassung, so zum Beispiel für die Tanne auf DS 96 (oben), für die Moose auf DS 99, für die Algen auf DS 110, für die Pilze auf DS 126, für die Bakterien auf DS 130. Erst wieder die Doppelseiten 142–144 befassen sich ausschließlich mit der Systematik. DS 142 bringt eine vereinfachte Übersichtstabelle über das Pflanzenreich. Die Besprechung dieser Tabelle führt zu Fragen der Abstammung und Entwicklung. So ist denn die DS 143 der Paläobotanik gewidmet. Daran anschließend werden die im Buch aufgeführten Pflanzen nach systematischen Gesichtspunkten geordnet aufgeführt. Dabei konnten wir uns nicht entschließen, alle neueren Forschungen der Kryptogamensystematik zu berücksichtigen. Dies wäre nur auf Kosten der Übersichtlichkeit möglich gewesen. So haben wir zwar die neuen Abteilungen übernommen, die alten Klassen aber belassen. Einheiten unter der Unterklasse wurden bei den Kryptogamen nur selten aufgeführt, da sie für den Schulunterricht belanglos sind. Wir haben in unseren Büchern der Systematik den gleichen Rang gegeben wie den übrigen Disziplinen der Botanik. Sie sollte zwar in der Schule nicht überbewertet, aber auch keinesfalls vernachlässigt werden, gibt sie uns doch Auskunft über die Verwandtschaft der Lebewesen und ist für die Abstammungslehre Vorbedingung. Außerdem ist ohne sie ein Überblick über die Pflanzenwelt unmöglich.

Physiologie

a) Stoffwechsel und Wasserhaushalt

Im Band 1 wurden Stoffwechsel und Wasserhaushalt in einfachster Form dargestellt. Auf den Doppelseiten 111–113 werden nun diese Kenntnisse erweitert. Erschwerend für die Behandlung dieses wichtigen Themas wirken sich die noch fehlenden chemischen Kenntnisse bei den Schülern aus. Zahlreiche Angaben zum Stoffwechsel finden sich im Text verstreut, zum Beispiel bei den Pilzen (Saprophyten und Parasiten, alkoholische Gärung) und bei den Bakterien, aber auch in ökologischen Kapiteln.

Entsprechend dem Unterrichtsverfahren geht auch das Buch von dem Versuch aus. Es wurden solche Versuche bevorzugt, die ohne großen apparativen Aufwand durchgeführt werden können. Für den Aufbau mit einfachen Mitteln geben die Fotos von den Versuchsanordnungen einen gewissen Hinweis (zum Beispiel DS 111, 114). Im allgemeinen bedürfen die Versuche keiner weiteren Erläuterung. Schwierigkeiten können sich lediglich bei den Versuchen 112,3 ff. und 115,1 ergeben. Deshalb sind hier weitere Hinweise nötig:

Versuch zu den Bedingungen der Photosynthese (DS 112). Die Erlenmeyerkolben werden bis an den Hals mit Wasser gefüllt, das man zur Entfernung der gelösten Luft auskocht. Dann bedeckt man die Wasseroberfläche sofort mit einer Schicht Paraffinöl. Nach dem Abkühlen gibt man soviel Natriumbikarbonat zu, daß eine einprozentige Lösung entsteht (1 Kolben bleibt ohne Natriumbikarbonat). Drei Kolben werden mit Wasserpest beschickt, der vierte mit nichtgrünen Pflanzenteilen. In dem Kolben mit den hinreichenden Bedingungen für die Photosynthese kann man schon nach 2–3 Stunden Sauerstoff nachweisen. Dazu erhitzt man in einem Reagenzglas 10 ml Wasser, dem ein Löffelchen Pyrogallol zugesetzt wird. In einem zweiten Reagenzglas erhitzt man 10 ml

Kalilauge. Beide Lösungen werden mit je einer Pipette aufgenommen. Dann durchstößt man mit den Pipetten die Paraffinölschicht auf dem Wasser der Erlenmeyerkolben und läßt von beiden Flüssigkeiten etwa 1 ml zufließen. Bei Anwesenheit von Sauerstoff tritt Braunfärbung auf. Auch bei fehlendem Kohlendioxid ist eine leichte Braunfärbung festzustellen, weil durch anaerobe Atmung etwas Kohlendioxid gebildet wird, welches für die Photosynthese Verwendung findet.
Versuch zur Wasseraufnahme (DS 115). Der Versuch gelingt nur, wenn der Sproß luftdicht in der Bohrung des Gummistopfens sitzt. Dies ist ohne Schwierigkeiten zu bewerkstelligen, wenn man einen Weichgummistopfen wählt. Der Sproß wird mit dem Messer entsprechend zurechtgeschnitten. Vor dem Aufsetzen des Stopfens füllt man den Kolben randvoll mit Wasser. Beim Aufsetzen des Stopfens fließt überschüssiges Wasser durch die Kapillare ab. Luftblasen bekommt man in die Kapillare, wenn man deren Ende aus dem Wasser nimmt und auf den Gummistopfen drückt.

b) Fortpflanzung

In Band 1 wurden die geschlechtliche Fortpflanzung durch Samen und die ungeschlechtliche Fortpflanzung besprochen. Beim Wurmfarn wird erstmals die Befruchtung erwähnt. Sie ist hier verhältnismäßig einfach und daher leicht zu verstehen. Nachdem das Wesen der Befruchtung bekannt ist, kann man nun auch auf die Befruchtung bei den Blütenpflanzen eingehen (DS 95). Beim Wurmfarn wird auch der Begriff des Generationswechsels eingeführt, der dann bei den Schachtelhalmen und Moosen wieder auftaucht. Eine Erweiterung und Vertiefung der Kenntnisse bringen die Algenkapitel, in denen weitere Arten der geschlechtlichen Fortpflanzung vorgestellt werden. Es sind dies die Isogamie, die Anisogamie, die Oogamie und die Konjugation. Wir glauben, daß durch ausführliche Behandlung der Geschlechtsvorgänge auch die Botanik einen Beitrag zur Geschlechtserziehung leisten kann.

Ökologie, Pflanzengemeinschaften

Den Pflanzengemeinschaften wurde relativ viel Platz eingeräumt. So beschäftigen sich mit ihnen die Doppelseiten 86 und 87 (Bodenpflanzen des Waldes), 88 (Pflanzen der Kahlschläge), 100–104 (Wald), 110 (Meeresalgen), 132 (Pflanzen der Fließgewässer), 133 (Pflanzen der stehenden Gewässer), 134 (Pflanzen der Moore), 135 (Pflanzen des Meeresstrandes) und 136 (Pflanzen der Hochgebirge). Bei der Besprechung der Pflanzengemeinschaften stehen ökologische Gesichtspunkte im Vordergrund. Dabei wird immer wieder die Tatsache der Anpassung der Pflanzen an den Standort hervorgehoben. Ausschließlich diesem Thema sind die Doppelseiten 116 und 117 gewidmet. Kenntnisse darüber sind für den Oberstufenunterricht gewinnbringend. Ein weiteres, immer wieder anklingendes Thema sind die Beziehungen der Lebewesen untereinander. Die Erkenntnis der Abhängigkeit der Lebewesen voneinander ist für die Erziehung der jungen Menschen von Bedeutung. Grobe Eingriffe des Menschen in die Natur können verheerende Folgen zeitigen, wie dies am Beispiel der Waldvernichtung gezeigt wird. Weiteres Material findet man in W. Engelhardt, Naturschutz, Bayerischer Schulbuchverlag. Das Buch ist sehr lesenswert. Durch entsprechende Unterrichtung der Jugend kann der Biologielehrer einen Beitrag zur Erhaltung unserer Landschaft leisten. Dies ist eine Aufgabe, die täglich an Bedeutung gewinnt, wollen wir unseren Nachkommen ein lebenswertes Dasein ermöglichen.
Die den erwähnten Kapiteln beigefügten Abbildungen sollen eine Erweiterung der Pflanzenkenntnisse ermöglichen. Empfehlenswert sind dazu außerdem Pflanzenbestimmungsübungen, die zu genauem Beobachten zwingen und darüber hinaus morphologische Kenntnisse vermitteln.
Im Buch nicht aufgenommen sind die Pflanzenassoziationen und andere Einheiten der Pflanzensoziologie. Ihre Erarbeitung setzt, soll sie gewinnbringend sein, unmittelbare Anschauung voraus. Wer Gelegenheit zur Arbeit im Freien hat, wird derartige Probleme aufgreifen können. Die Auswahl der Beispiele richtet sich nach den örtlichen Gegebenheiten. Ein Betätigungsfeld für selb-

ständige Schülerarbeit ist die Phänologie. Reizvoll sind etwa Beobachtungen der Aufblühtermine gleicher Pflanzenarten an Standorten verschiedener Exposition oder verschiedener Höhenlage, weil man daraus auf die Wärmeverhältnisse schließen kann.

Der Wald als Beispiel für die Darstellung einer Lebensgemeinschaft. Die erste Doppelseite (DS 100) enthält Angaben über die Beziehungen der Pflanzen untereinander und über ihre Anpassung an den Standort. Wir erfahren dort etwas über die Lichtverhältnisse im Wald und über den Wettbewerb der Bäume untereinander (das Wort »Kampf« haben wir vermieden). Das folgende Kapitel befaßt sich mit dem Stoffkreislauf und dem Wasserhaushalt im Wald. Hier wird auch die Bedeutung der Waldtiere erwähnt. Der Wald hat für den Menschen in doppelter Hinsicht eine Bedeutung (DS 102). Er ist einmal ein Wirtschaftsfaktor, zum anderen beeinflußt er die Wasser- und Bodenverhältnisse in der Landschaft, weshalb seine Vernichtung wirtschaftliche Nachteile bringt, die sich politisch auswirken können. Hier kann die Biologie einen Beitrag zur Gemeinschaftskunde liefern. DS 103 beschäftigt sich zunächst mit dem Wald in vorgeschichtlicher Zeit, um dann auf die Veränderung des Waldes durch den Menschen hinzuweisen. Dabei erfährt der Schüler auch etwas über die Forstwirtschaft. Wir sind leicht geneigt, uns im Schulunterricht auf die gegenwärtigen Verhältnisse zu beschränken, wodurch beim Schüler sich falsche Vorstellungen einschleichen. Daher sind Kapitel, in denen ein zeitlicher Ablauf dargestellt wird, als Regulativ nötig (siehe auch DS 143!). Der Schüler soll einen Eindruck von der Veränderung von Flora und Vegetation im Laufe langer Zeiträume bekommen. Zahlen, die dabei notwendigerweise auftauchen, sind nicht zum Auswendiglernen da.

Die Gegenüberstellung der Waldgürtel im Hochgebirge und in Europa soll zu einem Vergleich anregen (DS 104). Dabei wird die Frage nach den Ursachen für die ähnliche Zonierung auftauchen. Eingeführt ist hier auch der Begriff des Areals. Das Areal gibt Auskunft über die Klimaansprüche einer Spezies. Entsprechend ist die Verwendung des Kärtchens 104,3 gedacht. Wir konnten uns nicht entschließen, eine Karte der Waldarten Deutschlands aufzunehmen. Verschiedene Gründe haben uns dazu veranlaßt. Eine Aufzählung von Waldarten, die der Schüler nicht kennt, bringt wenig Nutzen. Unsere heutigen Wälder sind das Werk des Menschen. Man hätte also die Waldverhältnisse etwa zur Zeitenwende darstellen müssen, um natürliche Waldgesellschaften zu bekommen. Schließlich vermittelt nur eine räumlich begrenzte und detaillierte Karte wirklich Aufschlüsse. So wertvoll solche Karten für den Botaniker sind, für den Klassenunterricht sind sie ungeeignet.

E. Verschiedenes

Bilder

Die reiche Ausstattung des Buches mit Farbfotos kann und soll das Naturobjekt nicht ersetzen. Bilder dienen zur Ergänzung. Sie treten nur dann an die Stelle des Naturobjekts, wenn dieses nicht beschafft werden kann. Nicht zuletzt ermöglichen sie dem Schüler, die Erinnerung bei der häuslichen Nacharbeit aufzufrischen. Schülerskizzen im Heft stellen nur das Wesentliche dar. Sie üben das Abstraktionsvermögen und lassen den Schüler tätig werden. Daher sind sie unentbehrlich.

Aufgaben

Beobachtungsaufgaben können nur bei Kenntnis des Leistungsstandes einer Klasse und der örtlichen Verhältnisse gestellt werden. Aus naheliegenden Gründen sollten nicht alle Schüler einer Klasse die gleiche Aufgabe bekommen. Die Anweisungen für die Schüler müssen die Aufgabe präzise umreißen. Teilweise ist eine individuelle Beratung angezeigt. Daraus geht hervor, daß das Stellen von Beobachtungsaufgaben nicht Sache eines Schulbuchs sein kann.

Abbildungen auf den Innenseiten des Einbandes

Wie beim 1. Band dienen die Schemazeichnungen auf den Innenseiten des Einbandes vorne und hinten (technischer Ausdruck: vorderes und hinteres Vorsatz) als Wegweiser durch das Buch und zugleich als knappe Zusammenfassung wesentlicher Merkmale der einzelnen systematischen Gruppen, die auf diese Weise rezitiert und miteinander vergleichend betrachtet werden können. Sowohl in diesem Band wie in Band 1 DIE PFLANZE sind sämtliche schematische Zeichnungen, die eine Aussage über Geschlechtsverhältnisse oder Geschlechtsorgane bringen, mit roter Farbe für die weiblichen und mit gelber Farbe für die männlichen Organe ausgestattet worden. Diese Farben sind natürlich auch auf dem Vorsatz eingezeichnet worden, so daß eine Rekapitulation und ein Vergleich auch der Geschlechtsverhältnisse möglich ist.

5 Bäume und Wälder

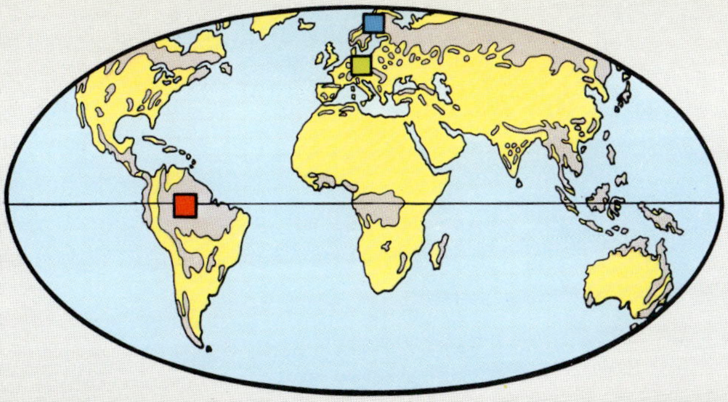

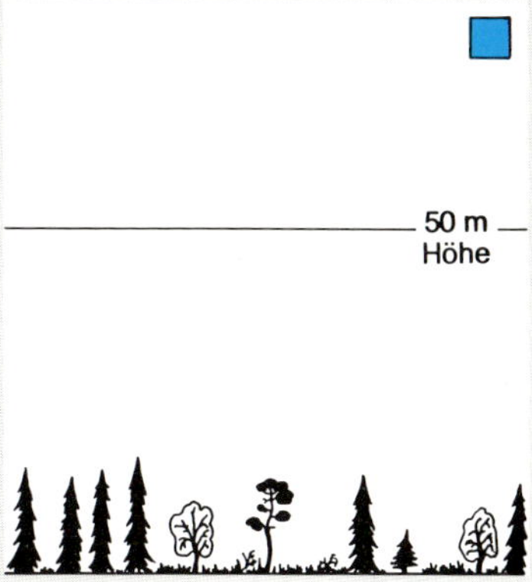

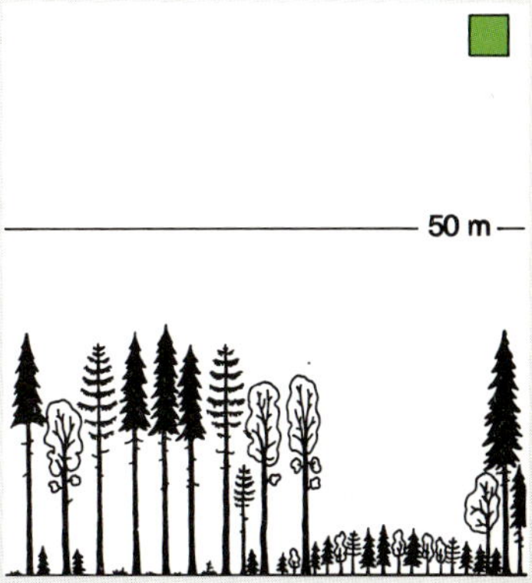

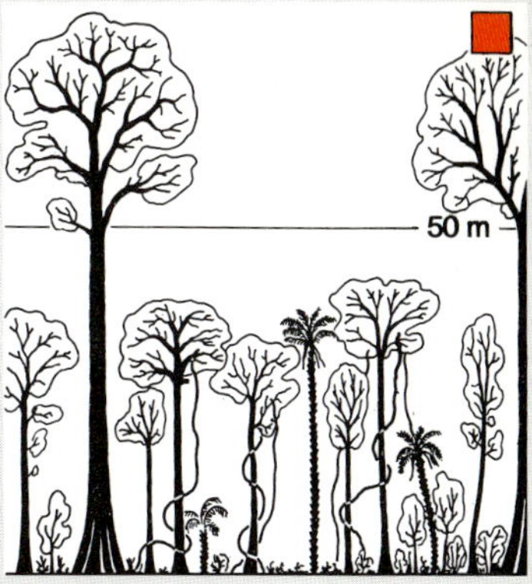

◁ *89.1 Die Weltkarte zeigt, wo die drei Waldbilder fotografiert wurden.*
Oben: Nordischer Wald in Nordschweden
Mitte: Mitteleuropäischer Mischwald in Süddeutschland
Unten: Tropischer Regenwald in Brasilien

90.1 Von den vielfältigen Lebensbeziehungen im Wald ist hier nur ein kleiner Ausschnitt dargestellt.
Blau: Tiere, die sich vorwiegend von Pflanzen ernähren
Rot: Tiere, die sich vorwiegend von Tieren ernähren

Für die graue Maus sind die Lebensbeziehungen nicht eingetragen. Welche kannst du dir denken?

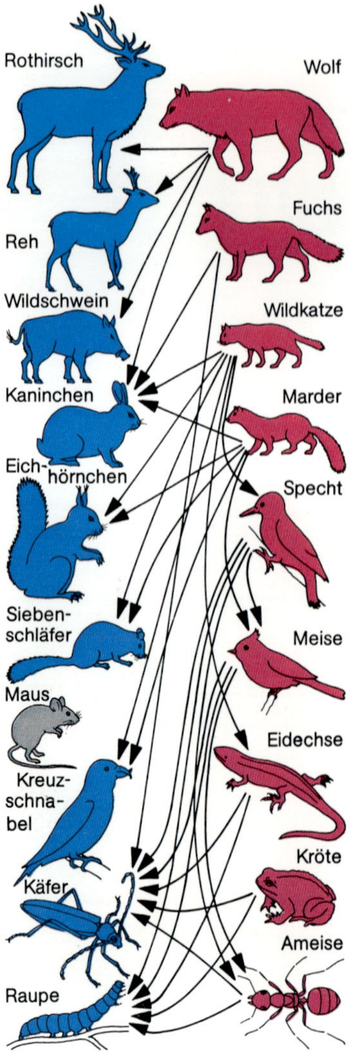

5.1 Im Wald gibt es nicht nur Bäume

Sicher kennst du die Redensart: „Er sieht den Wald vor lauter Bäumen nicht." In der Tat ist ein Wald mehr als eine Ansammlung von Bäumen. Unzählige Sträucher, Kräuter, Moose und Pilze sind ebenfalls *Pflanzen* des Waldes.

Zu einem Wald gehören auch *Tiere*. Aus der Tabelle auf S. 93 kannst du ersehen, welche Arten man zu den jagdbaren Säugetieren zählt, wie groß ihre Zahl in der Bundesrepublik Deutschland ist und wie viele jährlich davon abgeschossen werden. Die aufgeführten Arten machen allerdings nur einen kleinen Teil der Tiere aus, die im Wald leben. Von Eichhörnchen, Siebenschläfern, Haselmäusen, Wühlmäusen, Fledermäusen und Spitzmäusen nimmt diese Liste genauso wenig Notiz wie von Uhu, Waldkauz, Specht, Kreuzschnabel, Drossel, Meise, Laubsänger, Zaunkönig oder Goldhähnchen. Auch Kriechtiere wie Kreuzotter, Blindschleiche oder Bergeidechse wurden nicht berücksichtigt, ebensowenig Lurche wie Feuersalamander, Molche, Kröten, Frösche und Unken, die besonders in feuchten Wäldern häufig sind. Millionen von Insekten und anderen Kleinlebewesen haben im Wald ihren Lebensraum, der größte Teil davon im Boden:

Zahl der Tiere unter 1 m² Oberfläche im Wald		
Insekten, vor allem	Fliegenlarven,	90
	Käferlarven und	70
	flügellose Insekten	10 400
Tausendfüßler		300
Spinnentiere, vor allem Milben		36 400
Gürtelwürmer, vor allem Regenwürmer		190

Wer aufmerksam durch den Wald geht, bemerkt Sträucher, deren Knospen und junge Triebe abgebissen sind. Er sieht Bäume mit angefressenen Blättern, benagte Fichtenzapfen in der Nadelstreu und abgerissene Wurzeln im aufgewühlten Boden. Den Boden haben Wildschweine durchpflügt, die Zapfen werden vom Kreuzschnabel angenagt. Rehe, aber auch Eichhörnchen und Siebenschläfer fressen die Knospen und jungen Triebe. Eichhörnchen nagen ebenfalls Fichtenzapfen an und holen sich die fetten Samen heraus. Gelegentlich plündern sie auch Vogelnester. Viele Vögel ernähren sich von Käfern und Raupen. Von Raupen lebt aber auch die Rote Waldameise. Der Marder jagt Eichhörnchen und räumt Vogelnester aus. Uhu, Wildkatze und Habicht wiederum jagen den Marder.

- Im Wald bestehen zwischen Tieren und Pflanzen *vielfältige, wechselseitige Beziehungen.*

5.2 Vom Urwald zum Nutzwald

Während der Eiszeit war Mitteleuropa fast waldlos. Erst nach der Eiszeit, vor etwas mehr als 10 000 Jahren, breiteten sich wieder Wälder aus. Nur die höchsten Berge, die Moore, Sümpfe und die Gezeitenzone an den Meeresküsten blieben ohne Wald. Zunächst herrschten Birke und Kiefer vor, später Hasel, Eiche und Buche. Die Buche konnte sich in der folgenden Zeit unter diesen Bäumen durchsetzen. Rotbuchenwälder waren lange Zeit vorherrschend. Zu den größeren Tieren in diesen Wäldern gehörten Wisent, Auerochse, Rothirsch, Elch, Braunbär, Wolf, Luchs und Fuchs.

Jahrtausendelang blieben diese *Urwälder* nahezu unberührt. Erst im Mittelalter begann der Mensch, den Wald immer stärker zu nutzen und zu verändern: Etwa 70% der Wälder wurden *gerodet*, um Siedlungen, Wiesen und Äcker anzulegen. In den restlichen Waldgebieten wurde gejagt und Holz gefällt. Holz war damals für den Hausbau, für viele Geräte, zur Herstellung von Holzkohle und zum Heizen unentbehrlich. Wo man die Laubbäume alle 10–20 Jahre fällte, und die Baumstümpfe wieder ausschlugen, entstanden *Niederwälder*. Wo man einige Bäume, vor allem Eichen, als Bauholz bis zur vollen Größe heranwachsen ließ, bildeten sich *Mittelwälder*.

Bei der Zerstörung der zusammenhängenden Waldgebiete wurde *vielen Waldtieren der natürliche Lebensraum genommen:* Wildpferd und Auerochse wurden ausgerottet. Der Elch kommt heute nur noch in Skandinavien und Osteuropa vor. Der Wisent ist aus der freien Wildbahn ganz verschwunden. Die großen Raubtiere wie Braunbär, Wolf und Luchs sind in Europa vom Aussterben bedroht. Jahrhundertelang wurden sie gnadenlos verfolgt, weil sie dem im Wald weidenden Vieh und den jagdbaren Tieren nachstellten.

Um 1800 begann man in Mitteleuropa den Schaden zu erkennen, der dem Land durch die Waldvernichtung zugefügt

91.1 Niederwald

91.2 Mittelwald

91.3 Den Wisent gibt es heute nur noch in Wildgehegen.

91.4 Auch der Auerhahn ist sehr selten geworden.

91.5 Der Luchs ist in Mitteleuropa so gut wie ausgerottet.

92.1 und 92.2 Mitteleuropäischer Plenterwald mit „Stockwerken".

Wo gibt es in deiner Heimat Kunstforste, wo Plenterwälder? Welche Waldform überwiegt? Wie hoch ist der Anteil des Waldes auf eurer Gemarkung?

92.3 Anteil von Wald, landwirtschaftlicher Nutzfläche, Gewässer und Siedlungen an der Bodennutzung in der Bundesrepublik Deutschland.

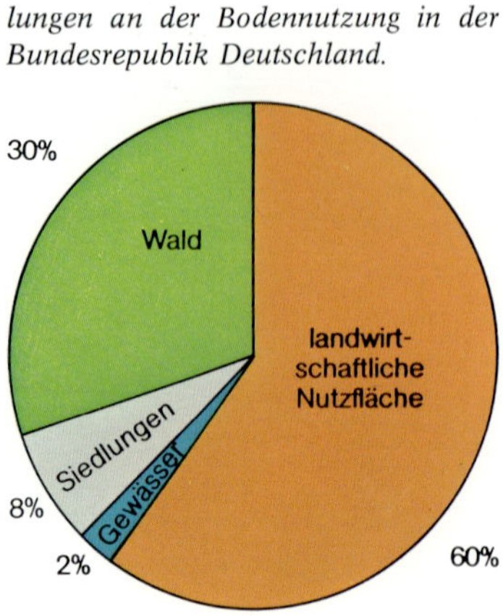

worden war. Aus dem *Jagdhüter* wurde der *Förster.* Er forstete die Ödflächen mit Nutzhölzern wie Kiefer und Fichte auf. Die Bäume in diesen *Kunstforsten* wuchsen gleich schnell heran und wurden als *Hochwald* gleichzeitig schlagreif. Das war für die Bewirtschaftung günstig. Breitete sich aber in einem solchen Wald, in dem eine Baumart vorherrschte, ein Schädling aus, war rasch der ganze Wald befallen. Deshalb vermeidet man heute solche *Monokulturen. Mischwälder,* die Nadel- und Laubbäume enthalten, nehmen wieder zu. Die älteren Bäume werden nach Bedarf gefällt. In der Zwischenzeit sind jüngere Bäume herangewachsen und schließen die entstandene Lücke. Solche Wälder verjüngen sich weitgehend von selbst. Man nennt sie *Dauerwälder* oder *Plenterwälder.* Sie zeigen ähnlich wie natürliche Wälder einen „Stockwerkbau". Von unten nach oben folgen *Krautschicht, Strauchschicht, Stammschicht* und *Kronenschicht der Bäume* aufeinander.

Hand in Hand mit der Ausrottung der Tiere, die man im Wald für unnütz hielt, ging die *Hege der „nützlichen" Tiere.* Schonzeiten wurden eingeführt, im Winter wurde gefüttert. Die erwünschten Reh- und Rotwildbestände nahmen stark zu. Da die Zahl der natürlichen Feinde dieser Tiere zurückging, mußte der Jäger immer mehr ihre Rolle übernehmen und dafür sorgen, daß diese großen Pflanzenfresser sich nicht zu stark vermehrten.

- Seit der Eiszeit haben sich bei uns die Wälder in ihrem Pflanzen- und Tierbestand grundlegend verändert. Die Wälder werden heute forstwirtschaftlich genutzt und unter genauer Kontrolle gehalten.

Jagdbare Säugetiere

Tierart	Vorkommen in Europa	Bundesrepublik Deutschland: Jagdsaison 1973/4 Bestand	Abschuß
Rothirsch	Waldreiche Gebiete; Mittelgebirge, Hochgebirge, Norddeutsche Tiefebene	95 000	30 000
Damhirsch	Laub- und Mischwälder; Mittelmeergebiet, in Mitteleuropa eingebürgert	35 000	8 100
Reh	Wälder, gebüschreiche Felder und Wiesen; Mitteleuropa	2 000 000	577 000
Gemse	Bergwälder, Steilhänge; Südeuropäische Hochgebirge, Schwarzwald, Schwäbische Alb	9 000	1 700
Mufflon	Bergwälder, Laub- und Mischwälder; Korsika, Sardinien, in Mitteleuropa eingebürgert	6 000	900
Wildschwein	ausgedehnte Wälder; in ganz Europa	60 000	41 000
Feldhase	Wälder, Felder, Wiesen; in ganz Europa	2 000 000	1 200 000
Wildkaninchen	Sandige, trockene, warme Gebiete; in ganz Europa	2 000 000	1 130 000
Waschbär	Erd- und Baumhöhlen, in Laub- und Mischwäldern; in Europa eingebürgert	50 000	2 100
Dachs	Wälder; in ganz Europa	?	2 900
Fuchs	Wälder mit angrenzenden Feldern und Wiesen; in ganz Europa	200 000	129 000
Steinmarder	Scheunen, Schutt- und Steinhalden; in fast ganz Europa	?	12 600
Iltis	Erdbaue, hohle Bäume in Wäldern; in ganz Europa	?	11 000
Hermelin	Wiesen, Felder, Wälder; in ganz Europa	?	150 000

5.3 Wald ist nicht gleich Wald

Auf S. 89 findest du Luftaufnahmen und erklärende Zeichnungen von Wäldern aus verschiedenen Gebieten der Erde. Ein Bild stammt aus Nordskandinavien, das andere aus Mitteleuropa, das dritte aus den Tropen.

Nordischer Wald. Im Wald, der in Nordschweden aufgenommen wurde, gibt es nur *wenige Baumarten: Fichten, Birken* und *Kiefern.* Wollte dort ein Förster einen Wald mit mehr und ertragreicheren Baumarten anlegen, hätte er kein Glück. Nur wenige Baumarten sind überhaupt in der Lage, die harten Klimabedingungen am Rande der Arktis durchzustehen.

Tropischer Regenwald. Ganz anders dagegen ist die Zusammensetzung der tropischen Regenwälder in Afrika oder Südamerika. Sie sind *reich an Baumarten:* In den Wäldern am Amazonas kennt man mehr als 3000 Arten. Im Gegensatz zu unseren Wäldern, wo Bäume derselben Art meist nahe zusammenstehen, ist in den tropischen Urwäldern der *Abstand zwischen gleichartigen Bäumen groß*, manchmal beträgt er einige Kilometer. Viele tropische Bäume haben leuchtende Blüten, die blütenbestäubende Insekten und Vögel von weitem anlocken.

Mitteleuropäischer Mischwald. Während das obere und das untere Luftbild Urwälder zeigen, sind auf dem mittleren Waldfoto die Eingriffe des Menschen zu erkennen. Er hat unter den *Baumarten diejenigen ausgewählt, von denen er sich den größten Nutzen verspricht.* Unter den in Deutschland vorkommenden etwa 50 verschiedenen Arten von Waldbäumen sind das vor allem *Kiefer, Tanne, Fichte, Buche* und *Eiche.* In unseren Wäldern sind *auffällige Blütenbäume selten.* Eberesche, Spitzahorn, Vogelkirsche und Holzbirne gehören zu den Ausnahmen. Die meisten Waldbäume haben unscheinbare Blüten, die fast immer vom Wind bestäubt werden. Fast alle Sträucher im Wald und am Waldrand, wie Brombeere, Himbeere oder Traubenholunder, haben dagegen leuchtende, weithin sichtbare Blüten. Sie werden von Insekten bestäubt.

94.1 Viele Bäume des tropischen Regenwaldes haben so auffällig gefärbte Blüten wie dieser Tecomabaum. Sie werden von Tieren bestäubt.

Was läßt sich daraus schließen, daß Birnbaum und Apfelbaum weiße Blüten haben?

94.2 Wie die Heckenkirsche haben fast alle Sträucher am Waldrand farbige Blüten.

94.3 Auffällige Blütenbäume wie die Vogelkirsche sind in unseren Wäldern selten.

94.4 Die Hainbuche gehört zu den Bäumen mit unauffälligen Blüten, die vom Wind bestäubt werden.

Nicht in allen Wäldern wachsen genau dieselben Bäume, Sträucher und Kräuter. Kannst du dir vorstellen, weshalb dies so ist? Manche Pflanzen gedeihen auf kalkreichem Boden besonders gut, andere bevorzugen einen trockenen Standort, wieder andere können auch Schatten ertragen. So sind *Sommerlinden* in feuchten, schattigen Wäldern mit tiefem, mineralstoffreichem Boden zu finden. Die *Eichen* dagegen brauchen vor allem Licht und sommerliche Wärme. Auch die *Birke* ist ein Lichtbaum. Sie stellt jedoch an Boden und Klima viel geringere Ansprüche als die Eiche.

Am Abhang der Teck, einem Berg der Schwäbischen Alb, sieht man den Einfluß des Gesteinsuntergrundes auf den Pflanzenbewuchs. Bild 95.1 und Bild 95.2 zeigen dir, welche Beziehungen bestehen:

Am Fuße des Berges stehen entlang eines Fahrwegs *Linden*. Obwohl mit dem Wind viele Lindenfrüchte in den Wald hinaufgetragen werden, haben dort kaum Linden Fuß gefaßt. Am trockeneren, kühleren Berghang sind ihr andere Baumarten, vor allem *Bergahorn* und *Rotbuche*, überlegen. Auf der noch kühleren Hochfläche finden sich auf den Lehmböden hauptsächlich feuchtigkeitsliebende, unempfindliche Eschen. Die trockenen Felsen hingegen sind von Kiefern bewachsen.

- Die Zusammensetzung der Wälder ist von den Bedingungen am Standort abhängig.

95.1 Luftaufnahme vom Teckberg. Der Steilanstieg wird vor allem von Buche und Ahorn besiedelt.

Betrachte auch die Umgebung! Welchen Zusammenhang zwischen Besiedlung und Waldverteilung kannst du erkennen? Wo liegen Wiesen und Weiden? Du bemerkst, daß der Wald auf die ungünstigsten Standorte abgedrängt ist.

95.2 Linden am Fuß des Teckberges.

96.1 *Eine 700jährige Sommerlinde. Linden haben steil ansteigende, fein verzweigte Äste. Ihre Krone ist halbkugelig.*

Verfolge die Entwicklung einer Linde über 1 Jahr hinweg! Wann entfalten sich die Blätter, wann die Blüten? Wie viele Blätter bildet die Linde? Wann sind die Früchte reif?

96.2 *Linden haben fünfzählige Blüten.*

96.3 *(unten) Blütenstände der Winterlinde.*

96.4 *Fruchtstände der Sommer- und Winterlinde. Linden bilden Trugdolden.*

5.4 Laubbäume

5.4.1 Sommerlinde und Winterlinde

Zu den schönsten Bäumen unserer Heimat zählen die Linden. Kaum ein Baum spielt in der Sage und im Volksglauben eine so große Rolle. Im Schatten der Linde wurde Recht gesprochen, um die Linde tanzte das junge Volk an den Festtagen, am Abend saßen dort die Alten. In manchem Burg- und Klosterhof steht eine Linde, ebenso neben vielen Kirchen und Schulen. Zwei Lindenarten kommen bei uns vor: die *Sommerlinde* und die *Winterlinde.*

Eine ausgewachsene Sommerlinde wird *bis zu 33 m hoch* und hat eine regelmäßige, weit ausladende *Krone.* Vom mächtigen *Stamm* gehen dicke Äste ab, die sich nach außen fein verzweigen und für eine dichte Belaubung sorgen. Die Blätter sind *herzförmig, fein gesägt* und auf beiden Seiten *behaart.* Auf der Blattunterseite stehen in den Achseln der Blattadern kleine,

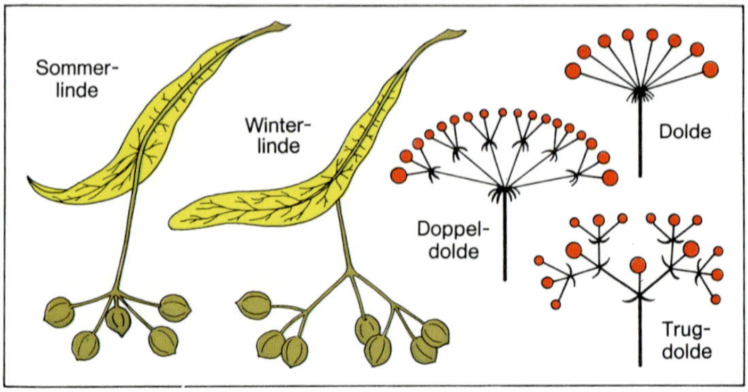

weißliche Haarbärtchen. Hier leben räuberische Milben, die das Blatt nach Pflanzensaft saugenden Milben und winzigen Pilzen absuchen. Die Sommerlinde blüht erst Ende Juni, weil ihre *Blüten* nicht wie bei vielen anderen Bäumen schon in den Winterknospen angelegt sind, sondern an den jungen, im Frühjahr entstandenen Trieben gebildet werden. An einem flügelförmigen Hochblatt stehen 2–5 Blüten. Sie bilden einen Blütenstand, eine *Trugdolde.* Jede Blüte ist fünfzählig: 5 Kelchblätter, 5 Kronblätter, zahlreiche Staubblätter in Fünferzahl und ein aus 5 Fruchtblättern verwachsener Fruchtknoten sind in 5 Strahlen symmetrisch angeordnet. *Die Bestäubung erfolgt durch Bienen.* Nach der Befruchtung entwickelt sich in dem 5fächrigen Fruchtknoten nur eine einzige *Nuß.* Die anderen Anlagen gehen zugrunde. Sobald die kleinen, kugeligen Früchte reif sind, fallen sie zusammen mit dem Hochblatt vom Baum, werden wie ein Schraubenflieger vom Wind davongetragen und so verbreitet.

Die Winterlinde wird mit 30 m *nicht ganz so hoch* wie die Sommerlinde. Auch ihre *Blätter sind kleiner.* Sie sind *herzförmig* wie bei der Sommerlinde, *aber nur wenig behaart.* In den Achseln der Blattadern stehen auf der Blattunterseite *rostrote Haarbärtchen.* Die Winterlinde blüht erst Anfang Juli, ihre Trugdolden werden aus 5–11 Blüten gebildet. Während die Sommerlinde in niederschlagsreichen Gebirgslagen bis in eine Höhe von 1000 m vorkommt, steigt die Winterlinde auch in trockeneren Gebieten bis über 1300 m auf.

Linden sind in unseren Wäldern heute selten geworden. Ihr *Holz hat wirtschaftlich keine große Bedeutung.* Früher stellte man aus ihm Zeichenkohle her, heute ist das weiche, leichte Holz nur noch bei Holzschnitzern beliebt. Mit getrockneten Lindenblüten kocht man *Lindenblütentee.* Er ist schweißtreibend und wird gegen Erkältungskrankheiten getrunken. Auch in den Dörfern und Städten haben Linden immer mehr mit Schwierigkeiten zu kämpfen. Nicht nur die zunehmende Verschmutzung der Luft macht den Linden zu schaffen. Parkende Autos verdichten den Boden um den Baum, so daß weniger Wasser und Luft eindringen können. Asphaltdecken ersticken das weite Wurzelwerk und lassen es austrocknen.

97.1 Holzschnitzer schätzen das weiche Lindenholz. Kopf des heiligen Johannes. Creglinger Altar von Tilman Riemenschneider (1460–1531).

Welche Bäume findest du in der Umgebung deiner Schule? Wo steht die nächste Linde, die nächste Stieleiche, die nächste Rotbuche?

97.2 Sommerlinde und Winterlinde haben herzförmige Blätter mit fein gesägtem Rand. Die Blätter der Winterlinde sind kleiner.

97.3 Verbreitung von Sommerlinde und Winterlinde in Europa.

Grün: Winterlinde
Gelb: Sommerlinde

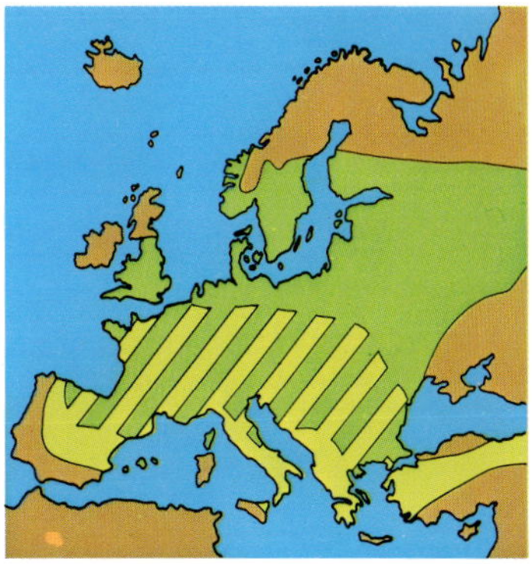

98.1 Freistehende Rotbuche. Rotbuchen sind stark verzweigt, ihre Krone ist kuppelförmig.

Welche Ursachen könnten zur ungewöhnlichen Form der Baumkrone in Bild 98.1 geführt haben? Kreuze an, was deiner Ansicht nach zutrifft!

- ○ *Ständiger Wind aus einer Richtung, zuviel Regen,*
- ○ *ein danebenstehender Baum wurde gefällt,*
- ○ *die Mineralstoffe im Boden sind ungleich verteilt.*

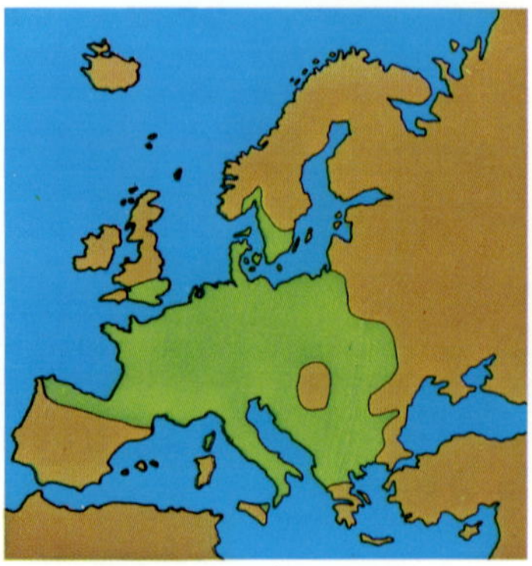

98.2 Verbreitung der Rotbuche in Europa.

5.4.2 Die Rotbuche

Der *wichtigste Baum unserer Laubwälder* ist die *Rotbuche.* Sie ist vor allem in den kalkreichen Mittelgebirgen zu Hause. Ein ausgewachsener Baum kann *bis 45 m hoch* und 300 Jahre alt werden. Die schlanken, geraden Stämme liefern ein schweres, haltbares Holz, das zur Herstellung von Sperrholz, Werkzeug oder Schulmöbeln verwendet wird.

Alljährlich im Mai entfalten sich aus den Knospen lange, hängende Triebe. Nur an ihnen stehen die *eiförmigen, glattrandigen Blätter.* In der Jugend sind sie seidig behaart, später glatt und glänzend. Die Rotbuche ist *einhäusig,* männliche und weibliche Blüten sitzen auf dem gleichen Baum. *Die Bestäubung erfolgt durch den Wind.* Die kugeligen Kätzchen der *männlichen Blüten* hängen meist zu zweit am unteren Ende eines langen, behaarten Triebs. Jede Einzelblüte enthält in einer 3–7zipfeligen Hülle nur Staubblätter. Die *weiblichen Blüten* stehen zu zweit am Ende von kurzen Trieben. Sie sind grünlich-gelb und besitzen dreigeteilte Narben. Die Blütenhülle ist stark zurückgebildet. Die beiden weiblichen Blüten sind von

98.3 Buchenblätter haben glatte, fein behaarte Ränder.

98.4 Weibliche und männliche Blüten der Rotbuche.

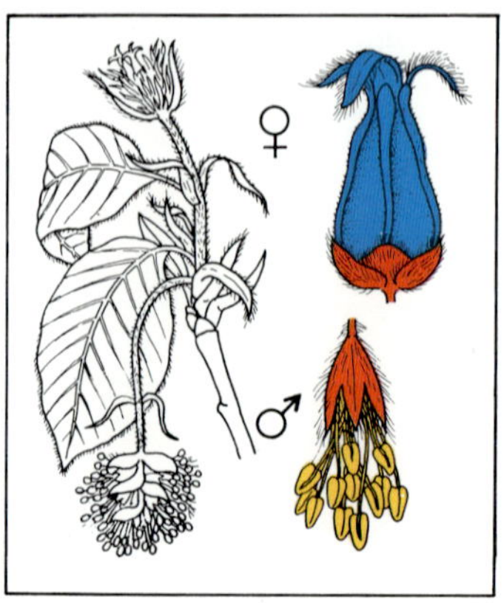

98.5 Im Herbst fallen die Bucheckern aus dem Fruchtbecher.

einer vierteiligen, stacheligen Hülle umgeben, die sich später zu einem gemeinsamen Fruchtbecher entwickelt. Dieser umhüllt die heranreifenden *Nußfrüchte,* die Bucheckern. Wenn im Herbst die Bucheckern reif sind, springt der Fruchtbecher auf, und die fetthaltigen Früchte fallen heraus. Alle 4–10 Jahre bildet die Buche besonders viele Samen. In solchen Mastjahren sammelt auch der Mensch Bucheckern, um daraus Speiseöl zu gewinnen.

5.4.3 Die Stieleiche

Eichen werden *bis zu 50 m hoch* und können einen Stammdurchmesser von mehr als 3 m erreichen. Ähnlich wie die Linden werden auch die Eichen viele hundert Jahre alt. Im Gegensatz zur Buche, die lockere, kalkreiche Böden liebt und auch im Schatten noch zurechtkommt, bevorzugt die *Stieleiche* schwere, feuchte Böden. Sie braucht sehr viel Licht, um gedeihen zu können. *Buchen sind Schattenhölzer, Eichen Lichthölzer.* Wie die Buche ist auch die Stieleiche *einhäusig* und *wird vom Wind bestäubt.* Die männlichen Blüten bilden lockere Kätzchen an den vorjährigen Trieben. Die einzelnen Blüten besitzen eine 5blättrige Blütenhülle und 7 Staubblätter. Die weiblichen Blüten sitzen meist zu zweit oder dritt an einem aufrecht stehenden Stiel. Deshalb wird der Baum Stieleiche genannt. Die weiblichen Blüten bestehen nur aus einem Fruchtknoten, dem die 3teilige Narbe aufsitzt. Der Fruchtknoten ist von einer Hülle umgeben. Aus dieser wird später der Fruchtbecher, der die Eichelfrucht etwa zur Hälfte umhüllt. Die Eicheln sind nährstoffreiche *Nüsse,* die gerne von Vögeln und Säugetieren gefressen werden. Früher ließ man deshalb die Schweineherden in den Eichenwäldern weiden.

Das Holz der Stieleiche ist stark gerbstoffhaltig und aus diesem Grunde sehr dauerhaft. Früher wurden Schiffe und Brücken aus Eichenholz gebaut, heute werden daraus vor allem Furniere geschnitten. Das sind millimeterdünne Platten, die bei der Herstellung von Möbeln Verwendung finden.

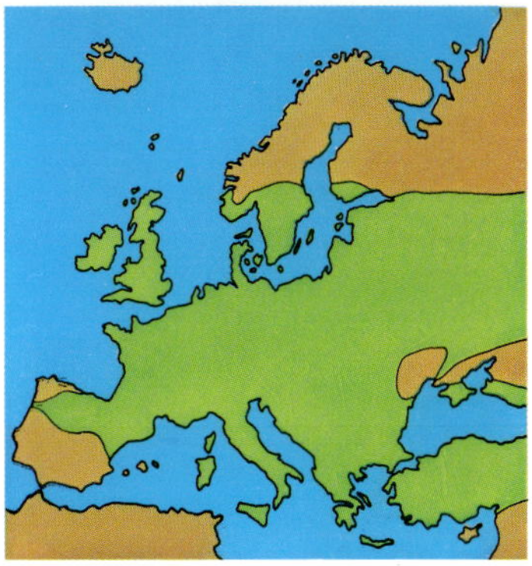

99.1 Freistehende Stieleiche. Stieleichen haben breite, unregelmäßig gewölbte Kronen.

99.2 Verbreitung der Stieleiche in Europa.

99.3 Eicheln sind wie die Bucheckern Nußfrüchte.

99.4 Weibliche und männliche Blüten der Stieleiche.

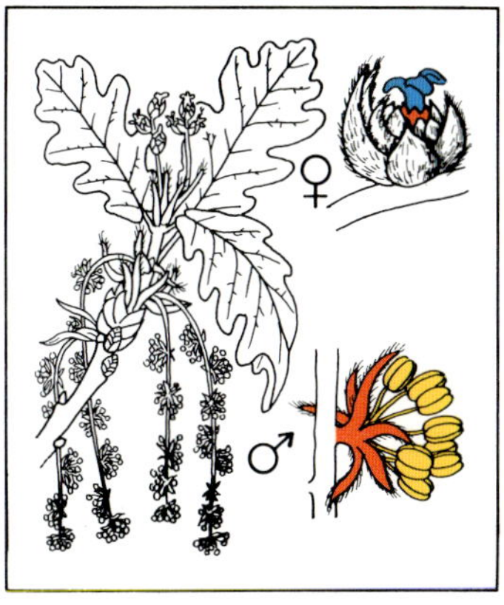

99.5 Die Blätter der Stieleiche sind unregelmäßig gebuchtet.

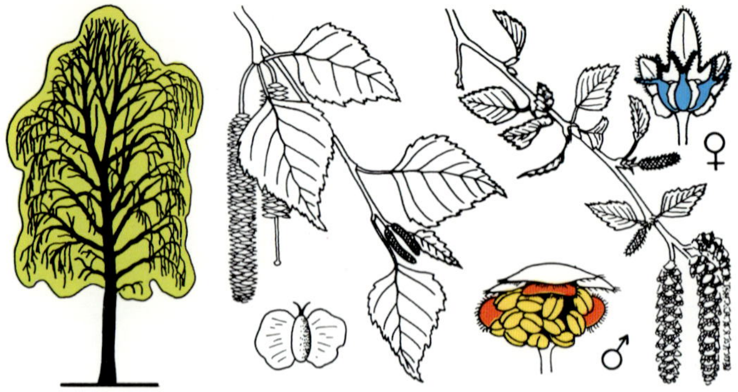

Weißbirke

Familie Birkengewächse;
auf mineralstoffarmen, sauren und sandigen Böden;
in Laub- und Nadelwäldern, Mooren;
Blüten in kätzchenartigen Blütenständen, getrenntgeschlechtig, einhäusig;
Nußfrüchte mit breiten Flügeln;
rautenförmige, doppelt gesägte Blätter.

Hainbuche

Familie Birkengewächse;
auf frischen, tiefgrundigen und mineralstoffreichen Böden;
in Laubwäldern;
Blüten in kätzchenartigen Blütenständen, getrenntgeschlechtig, einhäusig;
Nußfrüchte von 3lappigem Hochblatt umgeben;
Blätter eiförmig, doppelt gesägt, faltig.

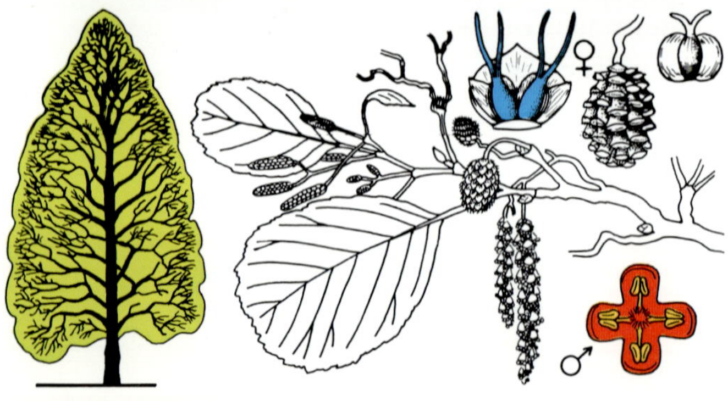

Schwarzerle

Familie Birkengewächse;
auf feuchten, mineralstoffreichen Böden;
in Erlenbruchwäldern und Auwäldern;
Blüten in kätzchenartigen Blütenständen, getrenntgeschlechtig, einhäusig;
Nußfrüchte in kleinen, holzigen Zapfen;
Blätter rundlich, ungleich gesägt.

Feldulme

Familie Ulmengewächse;
auf feuchten, mineralstoffreichen und meist kalkhaltigen Böden;
in Auwäldern;
Blüten zwittrig, in kleinen Knäueln;
ringsum breitgeflügelte Nußfrüchte;
Blätter eiförmig, einfach bis doppelt gesägt.

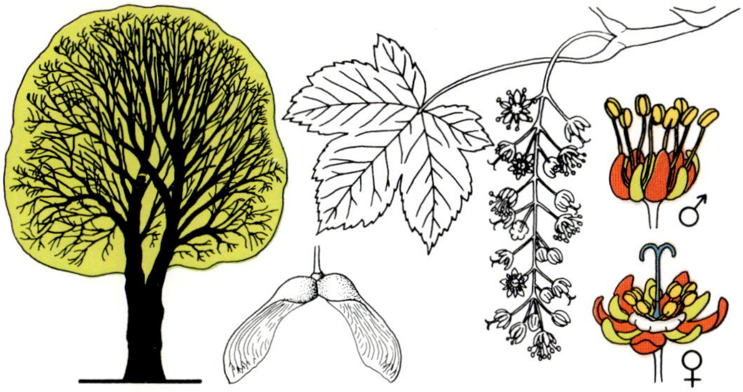

Bergahorn

Familie Ahorngewächse;
auf lockeren, mineralstoffreichen Böden;
in Laubmischwäldern;
Blüten getrenntgeschlechtig oder zwittrig, einhäusig, in Trauben;
geflügelte Nußfrüchte;
handförmige, fünflappige Blätter.

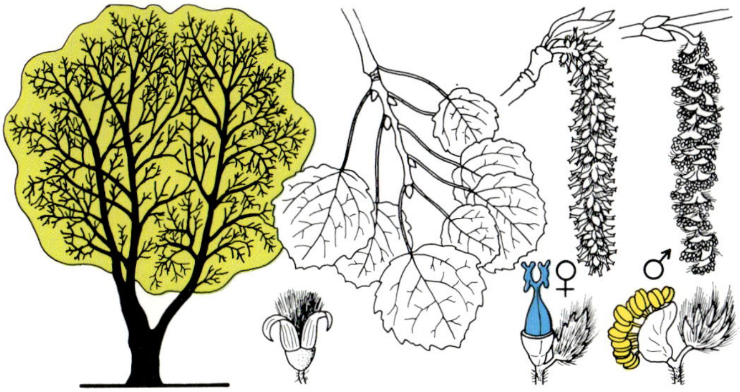

Zitterpappel

Familie Weidengewächse;
auf frischen, mineralstoffarmen Böden;
in Buchen- und Eichen-Birkenwäldern;
Blüten in kätzchenförmigen Blütenständen, getrenntgeschlechtig, zweihäusig;
Kapselfrüchte;
Blätter eiförmig oder kreisrund, grob und unregelmäßig gezähnt.

Eberesche

Familie Rosengewächse;
auf gut durchlüfteten, humusreichen Böden;
auf Kahlschlägen und Waldrändern;
Blüten in großen Trugdolden;
erbsengroße, rote Beerenäpfel, „Vogelbeeren";
Fiederblätter mit 9–19 länglichen Fiederblättchen.

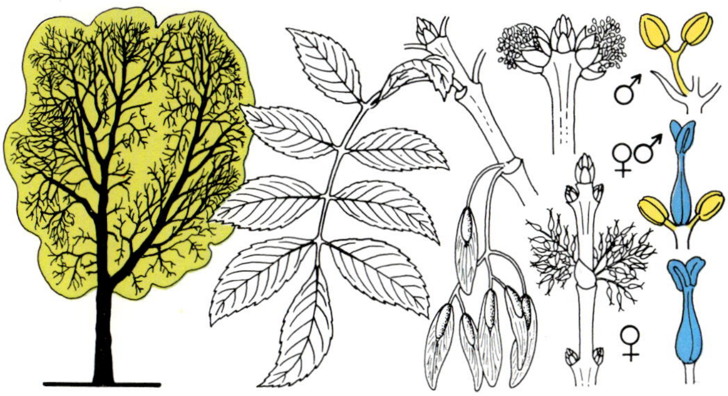

Esche

Familie Ölbaumgewächse;
auf feuchten, mineralstoffreichen Böden;
in Laubmischwäldern;
Blüten eingeschlechtig oder zwittrig, in unscheinbaren Rispen;
geflügelte Nußfrüchte;
Fiederblätter mit 9–13 Fiederblättchen.

102.1 Zu den ältesten und höchsten Bäumen der Welt gehören die Mammutbäume im Sequoia-Nationalpark in Kalifornien (USA).

5.4.4 Riesige und uralte Bäume

Wie alt die ältesten Linden und Eichen unserer Heimat sind, kann niemand ganz genau sagen. Daß sie aber älter sind als tausend Jahre, steht fest. Die Reste der ältesten Linde Deutschlands stehen in Staffelstein in Franken. Sie sind 1100–1900 Jahre alt. Etwa 1000 Jahre alt sind die Linden von Effeltrich in Franken, Kasberg im Bayerischen Wald und Ramsau bei Berchtesgaden.

Als ältester Baum Deutschlands gilt eine *Eibe*, die bei Balderschwang im Allgäu steht. Ihr Alter wird auf über 4000 Jahre geschätzt.

Als dieser Baum keimte, ging in Mitteleuropa die Steinzeit zu Ende. Zu Lebzeiten Abrahams war er 500 Jahre alt, bei Cäsars Tod schon 2000 Jahre. Er überlebte den Aufstieg und den Untergang des Römischen Reiches. Als Karl der Große um 800 n.Chr. gekrönt wurde, näherte sich die Eibe der 3000er Marke. Etwa 3500 Jahre war sie, als Columbus 1492 Amerika entdeckte. Und immer noch wächst der Baum, wird höher und breiter, allerdings nicht mehr in allen seinen Teilen.

In Bild 103.1 siehst du zwei nahe beieinanderstehende Bäume. In Wirklichkeit handelt es sich jedoch, wie Untersuchungen gezeigt haben, um Restteile einer einzigen Eibe. Wundflächen, die sich gegenüberliegen, lassen vermuten, daß der Baum vor langer Zeit gespalten wurde.

Eindrucksvoll sind die riesigen *Mammutbäume*, die in den Bergwäldern an der Westküste Nordamerikas stehen. Die ältesten sind auch etwa 4000 Jahre alt. Sicher bestimmt ist das Alter des „Grizzly-Giant" mit 3800 Jahren. Der etwa 3500 Jahre alte Mammutbaum „General Sherman" im Sequoia-Nationalpark ist 83 m hoch. Sein Durchmesser beträgt bis zu 11 m. Der größte jemals vermessene Baum, „Vater des Waldes" genannt, soll sogar 135 m hoch und 12 m dick gewesen sein. Man kann sich kaum vorstellen, daß diese Bäume aus 6 mm großen Samen entstanden sind.

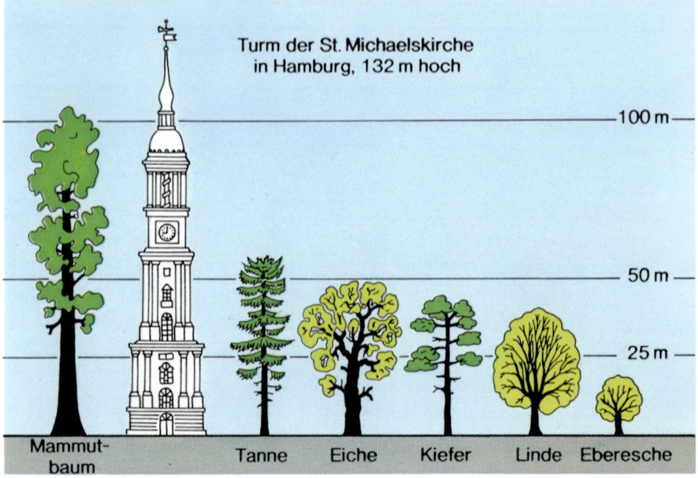

102.2 Größenvergleich einiger Baumarten.

Lebensdauer verschiedener Baumarten:

Eberesche	80 Jahre	Lärche	600 Jahre
Birke	120 Jahre	Spitzahorn	600 Jahre
Hainbuche	150 Jahre	Edelkastanie	700 Jahre
Salweide	150 Jahre	Rotbuche	900 Jahre
Zitterpappel	150 Jahre	Fichte	1000 Jahre
Apfel	200 Jahre	Eiche	1300 Jahre
Bergahorn	200 Jahre	Platane	1300 Jahre
Kirsche	400 Jahre	Linde	1900 Jahre
Walnuß	400 Jahre	Mammutbaum	4000 Jahre
Kiefer	500 Jahre	Eibe	4000 Jahre
Ulme	500 Jahre	Borstenkiefer	4600 Jahre

Sammle Blätter der beschriebenen Laubbäume! Welche Form und welche Farbe haben sie? Presse die Blätter zwischen Zeitungspapier und lege eine Sammlung an!

103.1 Einer der ältesten Bäume steht bei Balderschwang im Allgäu. Nach den neuesten Untersuchungen ist diese Eibe etwa 4000 Jahre alt.

5.5 Wie man das Alter der Bäume bestimmen kann

An gefällten Bäumen hast du schon gesehen, daß der Stamm ringförmige Zonen aufweist. Jedes Jahr wird, solange der Baum lebt, ein solcher Ring gebildet. Bei einem 3500 Jahre alten Mammutbaum findet man etwa 3500 Ringe, bei einer 1000-jährigen Linde etwa 1000. Sie werden deshalb *Jahresringe* genannt.

In Bild 104.3 ist eine Scheibe aus dem Zweig einer jungen Linde abgebildet. Kannst du feststellen, wie alt er ist? Wenn du weißt, wie alt der Zweig ist, weißt du dann auch, wie alt die Linde ist? Schaue dir zur Beantwortung dieser Frage Bild 104.2 an!

Bild 104.1 zeigt in einer Mikroaufnahme einen Ausschnitt aus diesem Lindenzweig. Du siehst, daß das Holz unterschiedlich große Poren hat. Jedes Jahr entsteht zunächst Holz mit großen Poren. Der Beginn des Wachstums in einem Jahr ist als Früh-

103.2 Mit dem „Försterdreieck“ kannst du die Höhe eines Baumes selbst bestimmen. Peile über die Spitze eines senkrecht gehaltenen Stabes, der so lang ist wie dein ausgestreckter Arm, die Spitze eines Baumes an! Wenn die Stabspitze die Baumspitze genau deckt, gilt: Abstand zum Baumstamm + Körperhöhe bis zum Auge = Baumhöhe.

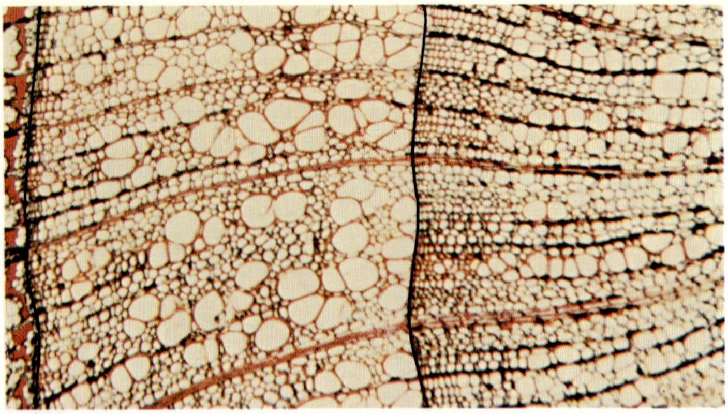

104.1 *Angefärbter Querschnitt durch Lindenholz. Das Holz zwischen den beiden Linien ist in einem Jahr gewachsen. Mikrofoto, Vergrößerung etwa 60fach.*

104.2 *Bäume wachsen nicht nur in die Länge, sondern auch in die Dicke. Der Zuwachs von Jahr zu Jahr ist durch verschiedene Farben gekennzeichnet.*

104.3 *Querschnitt durch einen Lindenzweig.*

jahrslinie eingezeichnet. Die Poren sind Querschnitte durch lange, verholzte *Röhren, durch die im Frühjahr das Wasser in die Zweige gelangt.* Sobald *im Sommer* genügend Röhren für den Wassertransport vorhanden sind, *werden nur noch dünne Röhren gebildet. Sie dienen der Festigung des Gewebes. Im Hochsommer stellen die Bäume ihr Holzwachstum ganz ein.* Erst im nächsten Frühjahr, markiert durch die äußere Linie, werden wieder große Röhren gebildet.

In Jahren mit besonders guten Wachstumsbedingungen werden die Jahresringe breiter. Wird der Baum aber durch einen späten Frost oder Insektenbefall schwer geschädigt, kann es sein, daß er das Wachstum vorübergehend einstellt, um wenig später erneut kräftig zu wachsen. So kann in Ausnahmefällen in einem Jahr auch einmal ein zweiter „Jahresring" angelegt werden. Ganz exakt ist also die *Jahresringzählmethode zur Altersbestimmung der Bäume* nicht.

● Durch das Zählen der Jahresringe kann man das Alter von Bäumen ziemlich genau bestimmen.

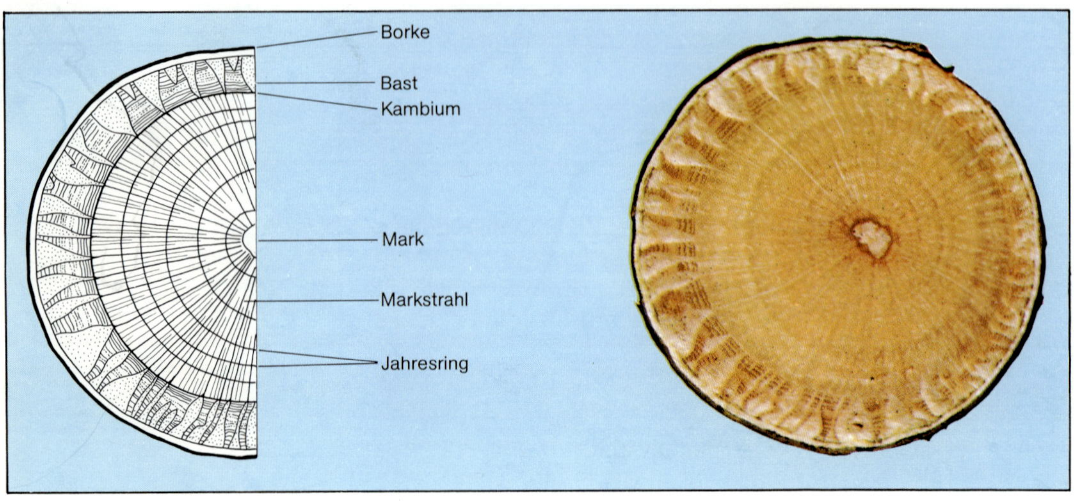